# 中国国家标准汇编

## 563

GB 29193～29234

（2012年制定）

中国标准出版社 编

中国标准出版社

北 京

**图书在版编目(CIP)数据**

中国国家标准汇编:2012年制定.563:
GB 29193～29234/中国标准出版社编.—北京:
中国标准出版社,2013.11
ISBN 978-7-5066-7293-1

Ⅰ.①中… Ⅱ.①中… Ⅲ.①国家标准-
汇编-中国-2012 Ⅳ.①T-652.1

中国版本图书馆CIP数据核字(2013)第183975号

中国标准出版社出版发行
北京市朝阳区和平里西街甲2号(100013)
北京市西城区三里河北街16号(100045)

网址 www.spc.net.cn
总编室:(010)64275323 发行中心:(010)51780235
读者服务部:(010)68523946
中国标准出版社秦皇岛印刷厂印刷
各地新华书店经销

*

开本 880×1230 1/16 印张 39.5 字数 1 200 千字
2013年11月第一版 2013年11月第一次印刷

*

定价 220.00 元

# 出 版 说 明

1.《中国国家标准汇编》是一部大型综合性国家标准全集。自1983年起，按国家标准顺序号以精装本、平装本两种装帧形式陆续分册汇编出版。它在一定程度上反映了我国建国以来标准化事业发展的基本情况和主要成就，是各级标准化管理机构，工矿企事业单位，农林牧副渔系统，科研、设计、教学等部门必不可少的工具书。

2.《中国国家标准汇编》收入我国每年正式发布的全部国家标准，分为"制定"卷和"修订"卷两种编辑版本。

"制定"卷收入上一年度我国发布的、新制定的国家标准，顺延前年度标准编号分成若干分册，封面和书脊上注明"20××年制定"字样及分册号，分册号一直连续。各分册中的标准是按照标准编号顺序连续排列的，如有标准顺序号缺号的，除特殊情况注明外，暂为空号。

"修订"卷收入上一年度我国发布的、被修订的国家标准，视篇幅分设若干分册，但与"制定"卷分册号无关联，仅在封面和书脊上注明"20××年修订-1，-2，-3，……"字样。"修订"卷各分册中的标准，仍按标准编号顺序排列(但不连续)；如有遗漏的，均在当年最后一分册中补齐。需提请读者注意的是，个别非顺延前年度标准编号的新制定的国家标准没有收入在"制定"卷中，而是收入在"修订"卷中。

读者配套购买《中国国家标准汇编》"制定"卷和"修订"卷则可收齐由我社出版的上一年度我国制定和修订的全部国家标准。

3.由于读者需求的变化，自1996年起，《中国国家标准汇编》仅出版精装本。

4.2012年我国制修订国家标准共2 101项。本分册为"2012年制定"卷第563分册，收入国家标准GB 29193～29234的最新版本。

中国标准出版社

2013年8月

# 目　录

ICS 01.040.01
A 22

# 中华人民共和国国家标准

GB/T 29193—2012

# 国际贸易术语字母代码

## Alphabetic code for incoterms

(UN/CEFACT REC.5, Abbreviations of incoterms alphabetic code for incoterms ® 2010, MOD)

2012-12-31 发布 2013-06-01 实施

中华人民共和国国家质量监督检验检疫总局
中国国家标准化管理委员会 发布

# 前言

本标准按照 GB/T 1.1—2009 给出的规则起草。

本标准使用重新起草法修改采用联合国贸易便利化与电子业务中心(UN/CEFACT)第 5 号建议书《国际贸易术语解释通则缩写》。

本标准与 UN/CEFACT 第 5 号建议书的技术性差异如下：

——删除了 UN/CEFACT 第 5 号建议书中的有关说明性内容；

——将 UN/CEFACT 第 5 号建议书中的“附件 Incoterms 2010”调整为本标准的第 2 章；

——将“国际贸易术语字母代码表(2000)”作为本标准的附录 A；

——对章条号作了调整。

本标准由全国电子业务标准化技术委员会(SAC/TC 83)提出并归口。

本标准起草单位：中国标准化研究院、天津财经大学、中国仪器进出口(集团)公司。

本标准主要起草人：佟文会、李文文、胡涵景、王捷、江洲、张荫芬、王凌云、张辉。

# 国际贸易术语字母代码

## 1 范围

本标准规定了国际贸易术语字母代码。

本标准适用于国际贸易的电子数据交换和信息处理。

## 2 国际贸易术语字母代码表

国际贸易术语字母代码(2010)见表1,国际贸易术语字母代码(2000)参见附录A。

表1 国际贸易术语字母代码表(2010)

| | 代码 | 英文名称 | 中文名称 |
|---|---|---|---|
| 适用于各种单一或联合运输方式的术语 | EXW | EX WORKS<br>(insert named place of delivery) | 工厂交货<br>(…指定交货地点) |
| | DAT | DELIVERED AT TERMINAL<br>(insert named terminal at port or place of destination) | 终点站交货<br>(…指定港口或目的地的运输终端) |
| | FCA | FREE CARRIER<br>(insert named place of delivery) | 货交承运人<br>(…指定交货地点) |
| | DAP | DELIVERED AT PLACE<br>(insert named place of destination) | 目的地交货<br>(…指定目的地) |
| | CPT | CARRIAGE PAID TO<br>(insert named place of destination) | 运费付至<br>(…指定目的地) |
| | DDP | DELIVERED DUTY PAID<br>(insert named place of destination) | 完税后交货<br>(…指定目的地) |
| | CIP | CARRIAGE AND INSURANCE PAID TO<br>(insert named place of destination) | 运费和保险费付至<br>(…指定目的地) |
| 适用于海上和内河运输的术语 | FAS | FREE ALONGSIDE SHIP<br>(insert named port of shipment) | 船边交货<br>(…指定装运港) |
| | CFR | COST AND FREIGHT<br>(insert named port of destination) | 成本加运费<br>(…指定目的港) |
| | FOB | FREE ON BOARD<br>(insert named port of shipment) | 船上交货<br>(…指定装运港) |
| | CIF | COST, INSURANCE AND FREIGHT<br>(insert named port of destination) | 成本、保险费加运费<br>(…指定目的港) |

# 附 录 A
（资料性附录）
# 国际贸易术语字母代码表(2000)

国际贸易术语字母代码(2000)见表A.1。

**表A.1 国际贸易术语字母代码表(2000)**

| 代码 | 英文名称 | 中文名称 |
|---|---|---|
| EXW | EX WORKS<br>(… named place) | 工厂交货<br>(…指定地点) |
| CIP | CARRIAGE AND INSURANCE PAID TO<br>(… named placed of destination) | 运费和保险费付至<br>(…指定目的地) |
| FCA | FREE CARRIER<br>(… named place) | 货交承运人<br>(…指定交货地点) |
| DAF | DELIVERED AT FRONTIER<br>(… named place) | 边境交货<br>(…指定地点) |
| FAS | FREE ALONG SHIP<br>(… named port of shipment) | 船边交货<br>(…指定装运港) |
| DES | DELIVERED EX SHIP<br>(… named port of destination) | 目的港船上交货<br>(…指定目的港) |
| FOB | FREE ON BOARD<br>(… named port of shipment) | 船上交货<br>(…指定装运港) |
| DEQ | DELIVERED EX QUAY<br>(… named port of destination) | 目的港码头交货<br>(…指定目的港) |
| CFR | COST AND FREIGHT<br>(… named port of destination) | 成本加运费<br>(…指定目的港) |
| DDU | DELIVERED DUTY UNPAID<br>(…named place of destination) | 未完税交货<br>(…指定目的地) |
| CIF | COST, INSURANCE AND FREIGHT<br>(… named port of destination) | 成本、保险费和运费<br>(…指定目的港) |
| DDP | DELIVERED DUTY PAID<br>(… named place of destination) | 完税后交货<br>(…指定目的地) |
| CPT | CARRIAGE PAID TO<br>(… named place of destination) | 运费付至<br>(…指定目的地) |

ICS 35.040
A 14

中华人民共和国国家标准

GB/T 29194—2012

# 电子文件管理系统通用功能要求

General functional requirements for electronic records management system

2012-12-31 发布　　　　2013-06-01 实施

中华人民共和国国家质量监督检验检疫总局
中国国家标准化管理委员会　发布

# 前　言

本标准按照 GB/T 1.1—2009 给出的规则起草。

本标准由国家密码管理局提出并归口。

本标准起草单位:国家电子文件管理部际联席会议办公室、中国人民大学信息资源管理学院。

本标准主要起草人:任守信、钱毅、刘越男、梁凯、李泽锋。

# 引　言

电子文件(Electronic records)是指机关、团体、企事业单位和其他组织在处理公务过程中,通过计算机等电子设备形成、办理、传输和存储的文字、图表、图像、音频、视频等不同形式的信息记录。电子文件记录了各种公务活动的过程和结果,其真实性、完整性、可用性和安全性必须得到维护和保障。电子文件生命周期中的任何管理行为均应以维护文件与业务活动、文件之间以及文件组成部分之间的联系为基本原则,这些管理行为最终都要在计算机系统中实现。电子文件管理系统(Electronic records management system,ERMS)是应用于电子文件形成单位的,旨在捕获电子文件并实施维护、利用和处置的专业系统。

为指导电子文件管理系统的建设和使用,提升系统环境下文件管理的规范化水平,现借鉴国际上同类标准,结合我国电子文件管理实际,制定本标准。

# 电子文件管理系统通用功能要求

## 1 范围

本标准规定了电子文件管理系统(Electronic records management system,ERMS)通用的功能性要求,不包括系统设计和实施的具体要求,不规定实现系统功能的平台和具体技术,不规定详细的实施细则,也不规定系统测试相关事项。

本标准适用于机关、团体、企业事业单位和其他社会组织对电子文件管理系统的建设、使用和评估,适用于相关企业和科研院所开展相关的科研和教学活动。

## 2 规范性引用文件

下列文件对于本文件的应用是必不可少的。凡是注日期的引用文件,仅注日期的版本适用于本文件。凡是不注日期的引用文件,其最新版本(包括所有的修改单)适用于本文件。

GB/T 18894 电子文件归档与管理规范

DA/T 1—2000 档案工作基本术语

DA/T 22—2000 归档文件整理规则

DA/T 31—2005 纸质档案数字化技术规范

DA/T 32—2005 公务电子邮件归档与管理规则

DA/T 38—2008 电子文件归档光盘技术要求和应用规范

DA/T 46—2009 文书类电子文件元数据方案

DA/T 47—2009 版式电子文件长期保存格式需求

DA/T 48—2009 基于XML的电子文件封装规范

信息安全等级保护管理办法(公通字〔2007〕43号)

ISO 15489-1:2001 信息与文献 文件管理 第1部分:通则(Information and documentation—Records management—Part 1:General)

## 3 术语和定义

DA/T 1—2000 界定的以及下列术语和定义适用于本文件。

3.1

**文件 records**

国家机构、社会组织或个人在履行其法定职责或处理事务中形成的各种形式的信息记录。

[DA/T 1—2000,定义2.12]

3.2

**电子文件 electronic records**

通过计算机等电子设备形成、办理、传输和存储的文字、图表、图像、音频、视频等不同形式的文件。

3.3

**文档 document**

构成文件的最小管理单元,也称为自然件。一份文件可以由一个或多个文档组成。

3.4

**组件 component**

独立的比特流，操作系统下文件系统中管理信息的基本单元。组件是相互独立的，它可以单独或与其他组件一起构成文档。

3.5

**组合文件 combined record**

若干文档按照关联关系组织在一起的集合，电子文件管理系统将其作为一份文件来处理。

3.6

**复合文件 compound record**

包含多个组件的文件。

3.7

**实体文件 physical records**

只具有物理实体形态的文件。

3.8

**双套制文件 dual records**

内容相同，既存在电子形式，也存在非电子形式的文件，如纸质文件与其数字化版本、电子文件与其硬拷贝版本等。

3.9

**混合文件 hybrid records**

文件（组合文件）或文件集合（如类、案卷）中既有电子的成分，也有非电子的成分，共同构成的完整活动、事务、事件的记录。

3.10

**文件类型 records type**

根据文件管理需要，对若干具有共性的文件的抽象表示。

3.11

**元数据 metadata**

描述文件背景、内容、结构及其整个管理过程的数据。

[ISO 15489-1:2001，定义 3.12]

3.12

**分类方案 classification scheme**

根据职能和业务活动对文件进行分类的等级结构，它是对类目的层次化组织。

3.13

**类 class/category**

也称类目，按照机构职能、文件主题、业务活动进行划分的具有一定规则和联系的实体组合。类目一般按照树状结构组织成分类方案。

3.14

**全宗 fond**

分类方案中最高的文件聚合层次，指机构形成的所有具有有机联系的文件。

3.15

**案卷 file**

同一主题、活动或者事务的相互关联的文件集合。

3.16

**保管期限与处置表 retention and disposal schedule**

以表册形式规定文件保管期限和处置行动的正式工具。

3.17

**电子文件管理系统　electronic records management system**

机关、团体、企事业单位和其他组织用来对电子文件的识别、捕获、存储、维护、利用和处置等进行管理和控制的信息系统。

3.18

**业务系统　business system**

生成或管理业务活动数据的自动化系统，用于形成电子文件。

3.19

**角色　role**

一定数量的权限的集合，是权限分配的单位或载体。

3.20

**文件管理员　records administrator**

制定并维护文件管理业务规则的人员。

3.21

**系统管理员　system administrator**

执行电子文件管理系统管理功能的人员。

3.22

**授权用户　authorized users**

被授予执行部分文件管理业务的人员或被授予部分系统管理员权限的人员。授权用户的权限根据机构的需要及其承担的职责而定。

3.23

**捕获　capture**

按照既定要求将电子文件及其元数据纳入 ERMS 加以管理的过程。

3.24

**登记　registration**

在电子文件管理系统中分配给文件唯一标识符的过程，通常伴随着一些元数据的描述。

3.25

**分类　classification**

依据分类方案对文件进行系统标识和整理的过程。

3.26

**处置　disposition**

按照文件保管期限与处置表或其他规定，对文件实施移交、销毁或续存的一系列过程。

［ISO 15489-1:2001，定义 3.9］

3.27

**销毁　destruction**

以文件的保管期限与处置表为依据，消除文件的过程。

3.28

**移交　transfer**

将文件从电子文件管理系统中转移到电子文件长期保存系统或其他系统（包括其他 ERMS 或第三方机构）的过程。

3.29

**检索　search and retrieve**

从计算机系统存储的数据中获得信息的行为。

3.30

**显示　presentation**

以用户可以接受的方式在屏幕上展现文件的过程和结果。

3.31

**审计跟踪　audit trail**

对电子文件管理系统重要行为的记录，用于显示系统的事务处理信息，确保未被授权行为被识别和跟踪。

3.32

**电子签名　electronic signature**

以电子形式所含、所附用于识别签名人身份并表明签名人认可其中内容的数据。

## 4　总则

### 4.1　系统定位

电子文件生命周期中，一般存在三种类型系统，即业务系统、电子文件管理系统和电子文件长期保存系统。其中，业务系统用来支持单位业务工作的开展并形成电子文件，如办公自动化系统、电子商务系统、财务管理系统、人力资源管理系统以及桌面办公系统等；电子文件管理系统负责从各业务系统中捕获电子文件，维护文件之间、文件和业务之间的各种关联，支持查询利用，并以有序的、系统的、可审计的方式进行处置；电子文件长期保存系统负责以正确的和长期有效的方式维护电子文件并提供利用。业务系统、电子文件管理系统、电子文件长期保存系统等三类系统之间的关系如图1所示。

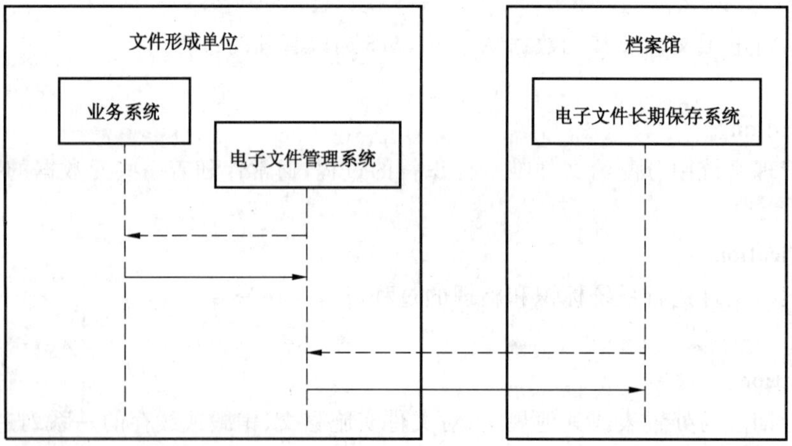


**图1　电子文件生命周期中三类系统关系示意图**

本标准所指ERMS，主要用来管理机关、团体、企事业单位和其他组织（以下简称机构）的电子文件，也可以辅助管理非电子的实体文件。ERMS可以相对独立地实施，也可以与业务系统或（和）电子文件长期保存系统集成实施。

### 4.2　功能架构

本标准分别规定了ERMS的基本功能和可选功能。其中，基本功能是指ERMS必须具备的核心功能，可选功能是指用户根据需要选择采用的功能。ERMS功能架构如图2所示。

本标准按照文件管理配置功能、文件管理业务功能、安全管理功能、系统管理功能对ERMS系统的基本功能进行划分。其中，文件管理配置功能是ERMS中建立和维护文件管理业务规范的功能，包括分类方案、保管期限与处置表、元数据方案、文件类型等内容；文件管理业务功能主要基于电子文件管理业务流程展开，包括捕获登记、分类组织、鉴定处置、统计管理、存储保管、检索利用等内容；安全管理功能是保护电子文件以及ERMS安全的功能；系统管理功能是指ERMS系统运行所需要的基本环境支撑、工具支撑等内容。

本标准规定的每一个功能要求以及非功能性要求的条款，均具备约束性声明，用以说明该要求的约束性程度，分必选和可选两种。必选表示必须采用，可选表示可根据用户需要选用或不选用。

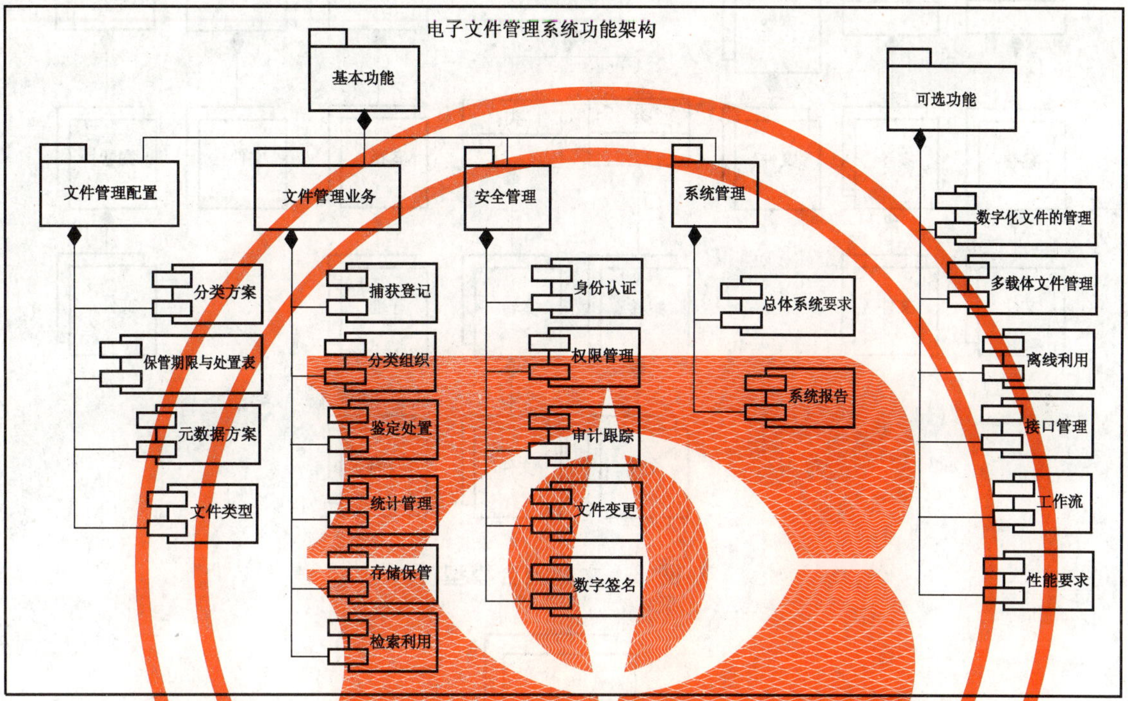


图2 ERMS功能架构图

## 4.3 文件聚合模型

ERMS按照一定的逻辑结构管理文件，形成不同层次的文件聚合，如图3所示。在图示的层次型结构中，类以上的部分被称为分类方案。分类方案一般应根据机构的业务职能确定，按照树状结构组织类目，其层次设置需要结合机构实际情况而定。

在分类方案的最底层类目下，可按照文件管理的需要设置案卷层次进行管理。必要时案卷可以划分为若干子卷。在ERMS中，案卷是逻辑上的文件集合。ERMS管理混合文件或辅助管理实体文件时，并不一定要建立物理的案卷。

## 4.4 文件信息模型

类或案卷层次下一般按文件进行管理。文件的信息模型如图4所示。文件可以包含多组件、多文档，即一份文件由多个组件组成，或者由多个文档组成。本标准分别将这两种类型的文件称为复合文件和组合文件。组成复合文件的组件之间具有技术上的紧密关联，如网页文件中的HTML、CSS、JPEG图片都是组件，它们共同构成一份复合文件。组成组合文件的文档之间具有管理意义上的紧密关联，如请示和批复是两个相对独立的文档，但二者需要组合在一起才能表示一个完整的管理活动。机构应根据各自特点识别文件各种"组合"情况，保障文件的完整性。

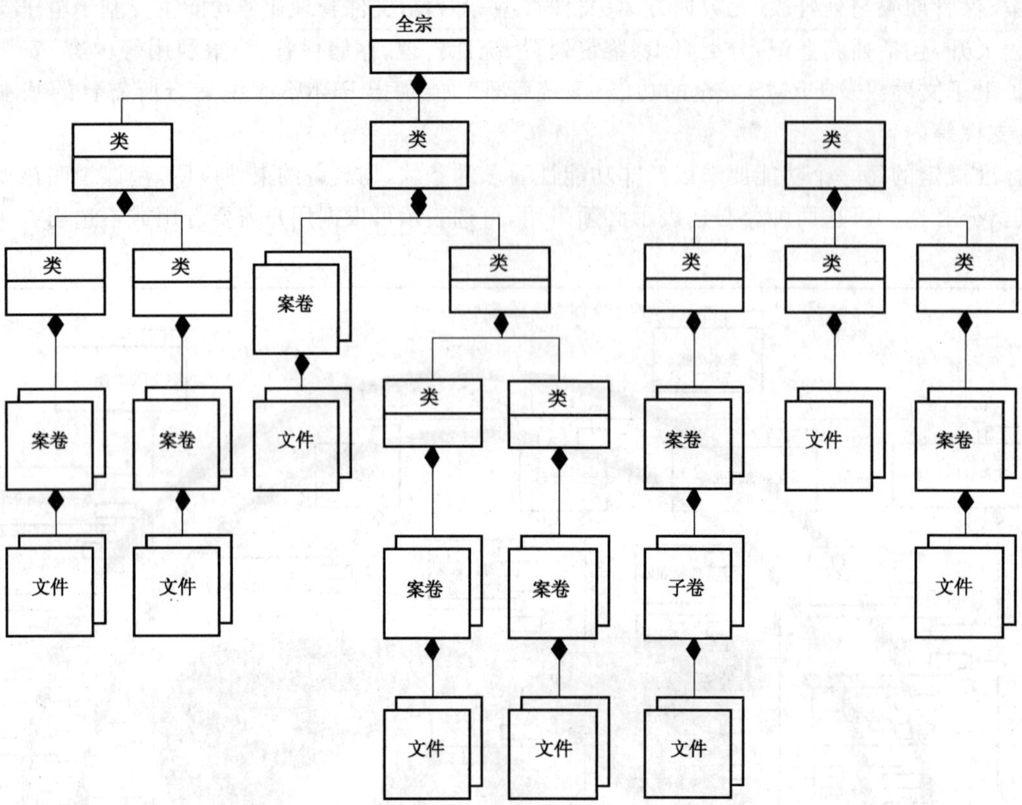


图 3 文件聚合模型

图 4 文件信息模型

### 4.5 法律法规遵从

ERMS的功能设计应当遵守证据留存、信息利用、安全管理、归档管理等方面法律、法规和规章的规定，符合文件、档案管理业务和信息技术等方面国家标准和行业标准的要求。特定机构使用的ERMS，还应满足本机构内部的制度规范。

## 5 基本功能要求

### 5.1 文件管理配置

#### 5.1.1 分类方案的配置与管理

分类方案是电子文件管理业务的基础，ERMS应支持机构建立和维护符合自身实际的分类方案。依据分类方案对文件进行的系统标识和整理。

##### 5.1.1.1 建立分类方案

本条规定建立和配置分类方案时所要遵循的要求。

| 序号 | 功能要求 | 约束 |
|---|---|---|
| 1 | ERMS应只允许文件管理员创建文件分类方案，以便对电子文件进行有等级层次的组织，创建活动应记入审计跟踪日志 | 必选 |
| 2 | 在分类方案所列文件类别较多或者分类层次较多时以及特定业务环境中，ERMS宜支持由授权用户创建、管理个别类目及其子类 | 可选 |
| 3 | ERMS应支持文件管理员对分类方案进行必要描述，包括赋予唯一标识符，标注标题和说明文字等 | 必选 |
| 4 | ERMS应支持按层级组织方式来组织分类方案 | 必选 |
| 5 | ERMS不应限制分类方案的层级数目 | 必选 |
| 6 | ERMS应支持给分类方案中的所有的类目提供元数据描述，如类目代码、类目名称、注释等 | 必选 |
| 7 | ERMS应支持自动生成类目代码，同时也允许文件管理员或授权用户手工赋值或调整 | 必选 |
| 8 | ERMS应支持文件管理员设定文件分类方案中类目代码（也称类目标识符、类号）的编码规则，包括但不限于：<br>a) 各级类目代码的组成、数据类型、长度；<br>b) 各级类目代码的起始值和默认增量；<br>c) 各级类目代码的增量规则；<br>d) 前导“0”的存在或略去；<br>e) 统一赋予全局前缀或后缀；<br>f) 每个标识符间的分隔符，如“/”、“-”；<br>g) 值域中禁用的字符，注：保留字 | 必选 |
| 9 | ERMS宜支持分类方案与其他文件管理流程如捕获、处置、利用、安全管理、统计报告等功能的关联 | 可选 |
| 10 | ERMS应支持导入分类方案的全部或部分 | 必选 |
| 11 | ERMS应在导入分类方案时，支持导入相关的元数据 | 必选 |
| 12 | ERMS应支持全部或部分分类方案的导出，导出时应包括相应的元数据 | 必选 |
| 13 | ERMS宜支持分类方案以XML或者其他开放标准的格式全部或部分导出 | 可选 |
| 14 | ERMS应支持在分类方案导入导出过程中的错误管理，如应拒绝导入没有题名描述的类目 | 必选 |
| 15 | ERMS宜支持多种分类方案的定义和同时使用，以适用于多机构文件管理或机构合并的情形 | 可选 |

#### 5.1.1.2 维护分类方案

本条规定对类目进行增加、删除、合并、拆分、复制等具体维护行为时所应遵循的要求，为了保证分类方案的质量和稳定性，维护行为一般要求由文件管理员执行，部分情形中可由授权用户执行。

| 序号 | 功能要求 | 约束 |
|---|---|---|
| 1 | ERMS应支持文件管理员或授权用户增加新的类目 | 必选 |
| 2 | ERMS应允许文件管理员或授权用户设定类目的默认元数据值 | 必选 |
| 3 | ERMS应支持文件管理员对类目的元数据值进行添加、删除和修改 | 必选 |
| 4 | ERMS应支持新增类目自动继承其上位类的相关元数据值 | 必选 |
| 5 | ERMS应允许授权用户更改继承的元数据值 | 必选 |
| 6 | ERMS应允许当上位类元数据值发生变动时，其下位类继承相关元数据值的变化 | 必选 |
| 7 | ERMS应允许文件管理员合并两个类。要求：<br>a) 之前类目中的所有下位类被移动至合并后的类目中；<br>b) 将之前的类目状态设为关闭；<br>c) 该操作记入审计跟踪日志 | 必选 |
| 8 | ERMS应允许文件管理员将一个独立的类目拆分为多个类目，该操作记入审计跟踪日志 | 必选 |
| 9 | ERMS应支持文件管理员在业务活动中复制任何类目，该操作记入审计跟踪日志 | 必选 |
| 10 | ERMS应支持文件管理员移动分类方案中的类目，该操作记入审计跟踪日志 | 必选 |
| 11 | ERMS应保证在类目移动期间文件与其所属类目保持正确关联 | 必选 |
| 12 | 当类目被移动或复制后，ERMS应确保在分类方案内新移动或新复制的类目按相应的类目代码规则编制 | 必选 |
| 13 | 当移动或复制类目时，ERMS应要求文件管理员将移动或复制的原因作为元数据录入 | 必选 |
| 14 | ERMS应允许文件管理员或者授权用户删除空类目 | 必选 |
| 15 | ERMS应支持提供分类方案维护活动的专门报告 | 必选 |

### 5.1.2 保管期限与处置表的配置与管理

保管期限与处置表是以表册形式规定文件保管期限和处置行动的正式工具。档案领域通常使用保管期限表来确定档案的留存期限。本标准根据电子文件管理特点，将文件保存到期后的处置行为与保管期限表整合称为保管期限与处置表。

保管期限与处置表的业务管理应依照《机关文件材料归档范围和文书档案保管期限规定》以及国家和行业的相关规定进行。保管期限与处置表应保持相对稳定，不宜频繁变动。机构应根据自身管理实际选择特定的文件聚合层次，如类、案卷、文件类型、组合文件等对应设置。

本条着重描述保管期限与处置表的内容构成，制定、维护保管期限与处置表时所要遵循的要求。

| 序号 | 功能要求 | 约束 |
|---|---|---|
| 1 | ERMS应只允许文件管理员创建或者维护保管期限与处置表 | 必选 |
| 2 | ERMS应在保管期限与处置表创建时赋予其唯一标识符，并支持系统自动或文件管理员对保管期限与处置表进行其他描述，如创建者、创建时间、审批者、审批日期、生效日期等，并留存审批信息 | 必选 |
| 3 | ERMS应不允许文件管理员修改保管期限与处置表的唯一标识符 | 必选 |

**表（续）**

| 序号 | 功能要求 | 约束 |
|---|---|---|
| 4 | ERMS 应支持文件管理员创建保管期限与处置表，包括但不限于以下内容：文件集合对象、保管期限、处置日期、处置行为、触发条件、描述、法规要求等 | 必选 |
| 5 | ERMS 应允许文件管理员对保管期限与处置表进行修订，其修改内容、修改原因、修改者、修改日期等信息，应记录在审计跟踪日志中 | 必选 |
| 6 | ERMS 应保证保管期限与处置表的任何改动都要立即应用到采用该保管期限与处置表的所有对象 | 必选 |
| 7 | ERMS 应提供保管期限与处置表的导入导出功能 | 必选 |
| 8 | ERMS 宜支持保管期限与处置表与分类方案的衔接，为对类目指定默认的保管期限，类目下的案卷和文件的保管期限可继承它们所属类目或案卷的保管期限 | 可选 |
| 9 | ERMS 应支持保管期限与处置表同类、案卷、文件类型等的关联，具体选择由机构自定 | 必选 |
| 10 | ERMS 应长久保存保管期限与处置表，保证其在系统迁移时依然有效 | 必选 |
| 11 | ERMS 应允许授权用户对保管期限与处置表进行查找，并提供查找结果的报告 | 必选 |
| 12 | ERMS 应能够为文件管理员或者授权用户显示特定保管期限的所有对象 | 必选 |
| 13 | ERMS 应允许文件管理员审查、比较和确认类、案卷的保管期限 | 必选 |
| 14 | ERMS 应支持文件管理员定义和管理处置触发条件 | 必选 |

### 5.1.3 元数据方案的配置与管理

元数据既是 ERMS 重要的管理对象，又是 ERMS 管理文件的基本工具。元数据形成、捕获和管理的整个过程贯穿于电子文件整个生命周期。ERMS 应支持使用元数据来描述文件，以支持自动管理程序，并维护电子文件的真实、完整、可用和安全。

#### 5.1.3.1 元数据方案的建立

本条规定元数据方案定义、注册与配置相关的内容。

| 序号 | 功能要求 | 约束 |
|---|---|---|
| 1 | 无论电子文件集中存储还是分散存储，ERMS 都应集中存储、管理和维护元数据 | 必选 |
| 2 | ERMS 应允许文件管理员为文件、案卷、类或文件分类方案等创建一份完整的元数据方案 | 必选 |
| 3 | ERMS 应支持文件管理员根据不同类型电子文件的特点创建相应的元数据方案，如图像、视频、音频电子文件，原生性电子文件和数字化文件，公文、财务票据、工程图纸等的元数据方案 | 必选 |
| 4 | ERMS 不能限制系统中每个实体对象的元数据元素数量 | 必选 |
| 5 | ERMS 应支持文件管理员定义每项元数据元素的约束性和可重复性 | 必选 |
| 6 | ERMS 应允许文件管理员定义元数据的语义和语法规则，包括但不限于以下方面：<br>a) 元数据元素的名称；<br>b) 元数据元素的定义；<br>c) 元数据元素赋值的数据类型，ERMS 应至少支持应用或混合应用字符型、数值型、日期/时间型、逻辑型的元数据值；<br>d) 元数据元素的值域；<br>e) 元数据元素的编码体系；<br>f) 元数据元素缺省值；<br>g) 元数据元素之间的关联关系，包括父子关系、参照关系等 | 必选 |
| 7 | ERMS 宜提供元数据方案备案注册功能，能够对系统涉及的元数据方案进行集中管理 | 可选 |

#### 5.1.3.2 元数据方案的维护

本条规定元数据方案的维护，包括修改、删除等功能要求。

| 序号 | 功能要求 | 约束 |
|---|---|---|
| 1 | ERMS应提供元数据方案设置的备份和恢复功能 | 必选 |
| 2 | ERMS应提供元数据方案的导入导出功能 | 必选 |
| 3 | ERMS应提供元数据方案的展现功能 | 必选 |
| 4 | 只有文件管理员或者授权用户才能对元数据方案进行修改、更新、删除，包括变更元数据元素以及元数据语法和语义规则等；修改应被记入审计跟踪日志 | 必选 |
| 5 | 元数据方案有重要变更时，ERMS应当支持文件管理员记录更新后方案的版本号 | 必选 |
| 6 | ERMS应保证元数据方案中各元数据元素之间的关系，以及元数据元素与其所描述的信息对象之间的关系始终一致 | 必选 |
| 7 | ERMS应支持不同层级实体的元数据继承关系，允许通过默认值的方式实现自动继承 | 必选 |

#### 5.1.3.3 元数据值的管理

本条主要规定依据元数据方案获取元数据值的基本要求。

| 序号 | 功能要求 | 约束 |
|---|---|---|
| 1 | ERMS应允许通过键盘或下拉列表输入元数据值 | 必选 |
| 2 | ERMS应提供多种方式，以便于人工输入元数据值，包括提供默认值、当前日期/时间、空白项等 | 必选 |
| 3 | ERMS应支持文件管理员或授权用户为每个元数据元素定义信息来源(数据源)，包括指定应由授权用户输入、修改，或由特定软件自动捕获等 | 必选 |
| 4 | ERMS宜通过查阅列表的方式或对其他应用软件的访问来获取元数据值 | 可选 |
| 5 | ERMS应支持多种元数据值有效性验证机制，包括格式验证、值域验证、分类方案引用等 | 必选 |
| 6 | ERMS宜允许通过调用其他程序来验证元数据值的有效性 | 可选 |
| 7 | ERMS应支持元数据值的批量替换 | 必选 |
| 8 | ERMS宜支持元数据被其他系统使用 | 可选 |
| 9 | ERMS应对元数据进行利用控制，如设置公开标识，根据授权规定建立用户组与元数据之间的利用关系等 | 必选 |
| 10 | ERMS应提供电子文件元数据集合的导出以及跨系统迁移，并保证元数据信息的可读性 | 必选 |
| 11 | ERMS应允许授权用户改变元数据值 | 必选 |

### 5.1.4 文件类型的配置与管理

文件类型是根据文件在保管要求、利用控制、文件种类(如照片、合同、简历等)或者重要元数据属性上存在较多共性而设置的灵活的管理层次。通过对文件类型设置相应的元数据方案模板可以实施对该类型文件的灵活管理和控制。文件类型很难作为一个类目在分类方案中得到体现，但通过对文件类型的定义和管理，可有效简化机构文件管理的复杂度。本条描述ERMS对于文件类型的定义和管理要求。

| 序号 | 功 能 要 求 | 约束 |
|---|---|---|
| 1 | ERMS应支持文件管理员定义和维护不同的文件类型模板,并记入审计跟踪日志 | 必选 |
| 2 | ERMS宜支持根据文件类型设置相应的元数据模板 | 可选 |
| 3 | ERMS宜允许依据不同的文件类型对文件采取相应的行动。如自动赋予某些元数据元素的值,自动归入某类或案卷等 | 可选 |
| 4 | ERMS宜支持形成或捕获文件的用户使用缺省的文件类型 | 可选 |
| 5 | 无论电子文件集中存储还是分散存储,ERMS宜对文件类型集中管理 | 可选 |

## 5.2 文件管理业务

### 5.2.1 捕获登记

捕获是将业务活动过程中生成或接收到的文档作为文件与其元数据一起保存到ERMS中的过程。登记是为证明文件在ERMS系统中存在而进行简要著录,并分配给文件唯一标识符的过程。捕获与登记具有密切联系,通常在同一个操作中完成,本标准将二者合并描述。

#### 5.2.1.1 捕获

本条主要描述电子文件及其元数据捕获的功能要求。

##### 5.2.1.1.1 电子文件的捕获

本条着重描述可被捕获的文件的范围及其主要捕获方式。

| 序号 | 功 能 要 求 | 约束 |
|---|---|---|
| 1 | ERMS应支持文件管理员或授权用户定义和维护捕获活动中电子文件的捕获范围;修改应记入审计跟踪日志 | 必选 |
| 2 | ERMS应在捕获文件或文档时出现提示信息 | 必选 |
| 3 | ERMS应支持以原始格式捕获电子文件,不管其编码方法和技术特征如何 | 必选 |
| 4 | 如果捕获的电子文件存在多种格式,ERMS应能在不同格式之间保持有效的联系 | 必选 |
| 5 | 如果捕获对象包含多个组件,且被当成一份复合文件加以捕获时,ERMS应保留该文件内组件之间的关系。例如:<br>a) 包含图片的网页;<br>b) 带有附件的电子邮件;<br>c) 带有工作表链接的年度报告;<br>d) 嵌入视频的工作总结 | 必选 |
| 6 | ERMS应将复合文件中所有组件作为一个整体单元进行检索、显示和管理 | 必选 |
| 7 | ERMS应将包含多文档的组合文件作为独立的单元进行检索、显示和管理 | 必选 |
| 8 | 如果电子邮件和其附件作为不同的文档分别捕获,ERMS应自动将这些文档进行关联,并允许用户通过利用这些关联从电子邮件找到每一份附件或从任何一份附件找到电子邮件 | 必选 |
| 9 | 如果多个文档作为一个组合文件加以捕获,无论ERMS将其作为一个整体进行捕获还是分别捕获,都应要求:<br>a) 每份文档的组成要素之间的关系是确定的;<br>b) 上述关联被记录并保持 | 必选 |

表（续）

| 序号 | 功能要求 | 约束 |
|---|---|---|
| 10 | ERMS应支持授权用户定义和维护能够捕获的文件格式类型；修改应被记入审计跟踪日志 | 必选 |
| 11 | ERMS应能识别复合文件内各组件的格式类型，并将格式类型作为元数据予以捕获 | 必选 |
| 12 | 当捕获的文件有多种版本时，ERMS应记录并维护不同版本之间的联系 | 必选 |
| 13 | ERMS应提供自动捕获或人工辅助捕获功能；自动捕获即将符合捕获范围的文件自动提交到指定位置，通常是在文件生成时或生成后通过与电子文件形成系统的应用程序接口自动执行 | 必选 |
| 14 | ERMS应提供主动的批量捕获功能和被动的批量接收功能 | 必选 |
| 15 | 在实施批量操作时，ERMS应根据用户定制的文件捕获或接收规则，实施批量电子文件及其元数据的导入，并保持导入文件及其组成要素、元数据之间的关联以及文件之间的逻辑层次和相互联系 | 必选 |
| 16 | ERMS应提供手工著录的捕获方式，手工著录是通过ERMS的录入界面将电子文件的元数据录入ERMS，手工著录时应根据元数据方案提供选择框、默认值等简化录入的功能 | 必选 |
| 17 | 在批量导入的时候，ERMS应能导入文件的审计跟踪日志 | 必选 |
| 18 | ERMS不应限定捕获文件的数量 | 必选 |
| 19 | 当重复捕获同一文件或文档时，ERMS应发出警告 | 必选 |
| 20 | 捕获不完全或尚未完成文件处理流程的文件时，ERMS应能发出警告。如：一份不具备有效的电子签名的发文，或者由未经认可的供应商提供的发货单 | 必选 |
| 21 | ERMS应支持授权用户定义、维护、修改某些特定种类的组合文件的完整构成要素，以便捕获时检查验证；修改应记入审计跟踪日志 | 必选 |
| 22 | ERMS应在文件成功捕获之后为其打上捕获标记 | 必选 |
| 23 | 任何用户在捕获过程中及其后均不得修改电子文件的内容 | 必选 |
| 24 | ERMS应能向特定用户或系统发出文件成功捕获的确认信息，以及不能被正确捕获的报告 | 必选 |
| 25 | ERMS宜按照要求将原始格式转化为目标格式 | 可选 |
| 26 | 除了可以捕获脱机载体或指定位置中的电子文件外，ERMS宜支持从各类文件形成系统中直接捕获文件，包括但不限于：<br>a) 桌面办公软件；<br>b) 工作流应用软件；<br>c) 电子邮件系统；<br>d) 电子商务及网络交易系统；<br>e) 图形和图像设计系统；<br>f) 条形码支持系统；<br>g) 多媒体应用软件等 | 可选 |
| 27 | ERMS宜允许以复合文件的形式捕获网页 | 可选 |

### 5.2.1.1.2 元数据的捕获

本条着重描述随同文件一并进入ERMS的元数据的捕获方式以及捕获阶段元数据的管理要求。

| 序号 | 功能要求 | 约束 |
|---|---|---|
| 1 | ERMS应支持元数据的捕获与电子文件的捕获同步进行 | 必选 |
| 2 | ERMS应将捕获/登记日期和时间以及捕获之后管理过程中重要的操作行为作为元数据加以捕获，同时将其存入审计跟踪日志 | 必选 |
| 3 | ERMS应提供如下自动化手段，支持元数据的捕获：<br>a) 自动捕获其他系统内文件元数据；<br>b) 根据元数据方案，检查元数据的完备性；<br>c) 根据元数据方案规定的编码体系，检查元数据取值的有效性；<br>d) 为需要手工填写的元数据提供值域列表；<br>e) 为需要手工填写的元数据提示一些常见值；<br>f) 自动提取电子文件的技术属性元数据 | 必选 |
| 4 | 在批量导入时，ERMS应能自动捕获与文件相关的元数据，同时允许手工著录或修改遗漏或错误的元数据 | 必选 |
| 5 | ERMS应在文件及其元数据之间建立并保持稳固的关联 | 必选 |
| 6 | 对于同一文件的副本、不同版本、格式，ERMS应要求其应与对应的元数据相关联 | 必选 |
| 7 | 当电子邮件的附件以单独的文件形式被捕获时，ERMS应要求为其捕获或录入适当的元数据值 | 必选 |
| 8 | ERMS应支持多个授权用户完成元数据的捕获，如通过工作流机制分配元数据登录任务 | 必选 |
| 9 | ERMS应明确规定不可修改的元数据项 | 必选 |
| 10 | ERMS允许授权用户修改部分元数据。应确保已登记的文件元数据未经授权不得修改；修改应记入审计跟踪日志 | 必选 |
| 11 | ERMS应按照事先设定的元数据方案捕获元数据 | 必选 |
| 12 | 如果不能自动捕获元数据，ERMS宜提示用户输入可能的选项 | 可选 |

### 5.2.1.2 登记

登记标志着文件正式进入到文件系统中，在登记完毕后，才允许对文件进行进一步的操作。

在ERMS中，登记的对象包括文件及其组成部分，如组合文件、复合文件、单份文件、文档、组件等。

| 序号 | 功能要求 | 约束 |
|---|---|---|
| 1 | ERMS应提供根据预定义的业务规则进行电子文件审核的功能，只有符合要求的文件才能启动登记进程 | 必选 |
| 2 | ERMS应支持对文件、文档、组件等对象的登记，包括组合文件、复合文件、单份文件、文档、组件等 | 必选 |
| 3 | ERMS应支持授权用户按照DA/T 22—2000的要求将相关文档登记为一份组合文件 | 必选 |
| 4 | ERMS开始登记前应检查登记对象构成要素和特定元数据是否完整，否则不予启动登记；如果登记前必填的元数据不完整，应允许登记对象暂时保存在ERMS中，等待元数据补充完整后再行登记 | 必选 |
| 5 | ERMS应支持文件管理员根据相关规定和特定的规则定义、修改各类文件及其组件标识符的表示方法；修改应被记入审计跟踪日志 | 必选 |
| 6 | ERMS应按照既定的唯一标识符构成规则，自动赋予登记对象唯一的标识符，并将其作为元数据与该文件一起保存 | 必选 |

表（续）

| 序号 | 功能要求 | 约束 |
|---|---|---|
| 7 | ERMS应在登记时遵循有关部门关于标识的具体规定 | 必选 |
| 8 | ERMS应在登记文件时采用自动方式或由授权用户为文件重新命名，并允许其与原文件名不同 | 必选 |
| 9 | ERMS应能在文件重名时发出警告，并提醒用户重新命名 | 必选 |
| 10 | 只有授权用户才能修改已经登记对象名称，且这种修改应被记入审计跟踪日志 | 必选 |
| 11 | 登记进入ERMS的文件应根据既定的分类方案进行分类，确保捕获的每一份文件都有类可归；分类可以在捕获之前或登记的同时完成 | 必选 |
| 12 | ERMS应支持一份文件不必重复保存，就可以归入多个案卷或类之中 | 必选 |
| 13 | ERMS应能在登记一个已在相同案卷中登记过的文件时发出警告 | 必选 |
| 14 | ERMS应允许授权用户在登记文件时创建新案卷，将文件归入新案卷中 | 必选 |
| 15 | ERMS应允许在登记后进一步手动输入、完善相关元数据 | 必选 |
| 16 | ERMS应支持授权用户登记文件关联，包括文件与组成文件的文档、组件以及其他文件、文件类型、案卷、类等之间的关联，并能以某种方式显示这些关联 | 必选 |
| 17 | ERMS应不允许任何用户在电子文件登记之后删除文件，除非根据处置方案销毁、移交文件 | 必选 |
| 18 | ERMS一般不允许用户修改唯一标识符 | 可选 |
| 19 | 登记进ERMS的文件宜归入合适的案卷之中。归卷可以在捕获之前或登记的同时完成。此处所称案卷是逻辑案卷，在对应的实体文件整理中，可能存在与逻辑案卷对应的实体案卷，也可能不存在这样的实体案卷 | 可选 |
| 20 | ERMS宜在登记过程中自动提供如下支持，以便于文件的分类和归卷：<br>a) 显示用户最近使用过的案卷；<br>b) 显示用户使用最频繁的类和案卷；<br>c) 显示包含已知相关文件类和案卷；<br>d) 根据文件元数据或用户配置文件，显示文件分类方案中的相关部分 | 可选 |
| 21 | ERMS应允许电子文件在登记时可以从其所属类、案卷继承元数据 | 必选 |

### 5.2.2 分类组织

分类组织实质是对ERMS管理范围内的对象，包括类目、案卷、文件等在层级上的有序化管理。

#### 5.2.2.1 分类管理

| 序号 | 功能要求 | 约束 |
|---|---|---|
| 1 | ERMS应能够维护所有文件与其所属案卷、类、分类方案的关联 | 必选 |
| 2 | ERMS应支持把案卷、文件重新定位到分类方案中的不同位置，并保证复合文件和组合文件中的关联保持不变 | 必选 |
| 3 | ERMS应支持授权用户对文件重新分类，并输入重新分类的原因，且作为元数据记入审计跟踪日志 | 必选 |
| 4 | ERMS应支持授权用户设计类的开放/关闭标记，并允许文件管理员或者授权用户标记某类目为关闭状态，防止新类、新案卷或者新文件增加到该类 | 必选 |

#### 5.2.2.2 案卷管理

本条着重描述案卷和类之间的关联性以及在管理案卷时所应遵循的要求。

案卷分为两种类型：一是实体案卷，也称物理案卷，用于实体管理；二是逻辑案卷，用于信息管理。实体案卷和逻辑案卷二者可以内容相同，也可以不同。本标准中的案卷主要指逻辑案卷。在某些情况下，案卷会再细分为子卷，一个案卷有可能由多个子卷构成。

| 序号 | 功能要求 | 约束 |
|---|---|---|
| 1 | ERMS应能将案卷设置与分类方案对应，在分类方案的最低层级下设置案卷 | 必选 |
| 2 | ERMS应依照规则支持自动或由授权用户为新创建的案卷设置唯一标识符与分类代码 | 必选 |
| 3 | ERMS宜支持授权用户根据需要对案卷进行子卷划分，并提供子卷管理 | 可选 |
| 4 | ERMS应设计案卷(子卷)的开放/关闭标记，当授权用户关闭案卷之后，确保无法再向该案卷中添加新的文件或者细分新的子卷 | 必选 |
| 5 | ERMS应允许授权用户根据特定的规则关闭或打开案卷，允许打开已关闭的案卷，添加文件后再次将其关闭 | 必选 |
| 6 | ERMS应支持在工作结束后，允许用户手工关闭打开的案卷；或在授权用户离线后，任何临时打开的案卷都被自动关闭 | 必选 |
| 7 | ERMS应允许授权用户增加、删除、移动、合并、拆分案卷或者对案卷进行重新归类，并能够对案卷的元数据进行自动或者手动调整，调整行为应记录在审计跟踪日志中 | 必选 |
| 8 | ERMS应能够自动记录案卷管理过程中的有关信息作为案卷的元数据，如形成时间、开放/关闭时间、读写状态、操作者等信息，实体案卷应记录其实体位置 | 必选 |
| 9 | ERMS应能保证案卷内各文件之间的联系不被破坏 | 必选 |
| 10 | ERMS不应限制分配到类目的案卷数量，尤其是逻辑案卷。不排除在某些情况下，系统可以支持授权用户为类或案卷按照一定规则设定数量限制 | 必选 |
| 11 | ERMS应只允许授权用户删除空卷，并记入审计跟踪日志 | 必选 |
| 12 | ERMS应支持文件管理员或授权用户对案卷的元数据进行添加、删除和修改 | 必选 |
| 13 | ERMS应允许案卷继承其所属类的元数据 | 必选 |
| 14 | ERMS应支持文件管理员预先设定案卷的编号规则和命名规则 | 必选 |
| 15 | ERMS宜限制案卷的大小 | 可选 |
| 16 | ERMS宜支持在满足系统设置的特定标准时，能够自动关闭案卷，这些标准包括：<br>a) 每年的截止日期(例如，自然年度，财政年度或者其他年度)；<br>b) 活动结束后的一段时间内(例如，把最近的电子文件添加到案卷中)；<br>c) 案卷中的文件数量 | 可选 |
| 17 | ERMS应能够显示所有或者特定类、案卷所对应的保管期限 | 必选 |
| 18 | ERMS应允许管理员或者授权用户能够通过预定义的保管期限列表为每个类、案卷分配保管期限 | 必选 |
| 19 | 当案卷或者文件从原类目中移动到其他类目时，ERMS应允许自动用新类的保管期限代替旧类的保管期限，同时也允许文件管理员或者授权用户手动更改保管期限，并记录到审计跟踪日志中 | 必选 |

### 5.2.3 鉴定处置

鉴定处置的主要工具是保管期限与处置表。ERMS应该支持随时对文件的保管状态进行调整并及时做出处置决定，能够对处置决定进行自动或者手动实施，并可通过审计跟踪日志对处置活动进行记录。文件处置通常包括移交、销毁和续存等类型。

#### 5.2.3.1 总体要求

| 序号 | 功能要求 | 约束 |
|---|---|---|
| 1 | ERMS应根据有关部门批准的保管期限与处置表或者是相关机构对特殊文件的处置要求来确定处置行为 | 必选 |
| 2 | ERMS应将所有处置行为的日期和其他细节作为处置对象的元数据予以记录 | 必选 |
| 3 | ERMS应在审计跟踪日志中记录所有处置行为的活动 | 必选 |
| 4 | ERMS应在处置文件时，留存元数据来证明文件的存在、管理和处置 | 必选 |

#### 5.2.3.2 保管期限的划分和处置行为的设定

本条着重描述根据保管期限与处置表划分文件的保管期限，设定其处置行为、处置行为触发条件。

| 序号 | 功能要求 | 约束 |
|---|---|---|
| 1 | ERMS应预先定义处置行为，可结合分类方案对某类文件预定义处置行为，包括：<br>a） 移交；<br>b） 销毁；<br>c） 续存 | 必选 |
| 2 | ERMS应支持对处置行为的各项管理和维护功能，包括：<br>a） 支持创建处置行为；<br>b） 标识并存储处置行为；<br>c） 审查处置行为 | 必选 |
| 3 | ERMS应支持定义和维护处置行为的触发条件，包括：<br>a） 时间触发。即文件保管到期后触发预定的处置行为或处置工作流，并予以提示；<br>b） 事件触发。当特定事件发生后触发处置行为，相应的，ERMS应允许文件管理员定义和管理事件列表；<br>c） 其他 | 必选 |
| 4 | ERMS应在文件登记时，要求赋予保管期限，设定处置行为及其触发条件 | 必选 |
| 5 | ERMS应支持文件自动继承其所在案卷、类目的保管期限、处置行为及其触发条件 | 必选 |
| 6 | 本级类、案卷所设定处置行为应优先于其上层分类实体的处置行为 | 必选 |
| 7 | ERMS应允许文件管理员修改文件的保管期限、处置行为及其触发条件，修改记入审计跟踪日志 | 必选 |
| 8 | ERMS应确保改动处置行为后对所有应用该类型的对象立即生效 | 必选 |

#### 5.2.3.3 处置行为的触发和审查

ERMS支持对文件处置行为的触发和审查。文件的处置要服从法律法规和机构的鉴定政策和程序。通常情况下，文件处置需要与档案主管部门协商，并经机构有关负责人审查之后方能执行。

| 序号 | 功 能 要 求 | 约束 |
|---|---|---|
| 1 | ERMS 宜支持以工作流方式实施处置流程 | 可选 |
| 2 | ERMS 应支持以自动触发的方式进行处置,减少人为干预 | 必选 |
| 3 | ERMS 宜能在自动触发处置程序之前提醒文件管理员对即将触发的行为做出回应 | 可选 |
| 4 | ERMS 应通过自动跟踪或定期手工检查方式识别超过保管期限的电子文件,以决定文件的处置触发时间 | 必选 |
| 5 | 对于触发处置行为的文件,ERMS 应支持以下处置程序:<br>a) 通知文件管理员或其他授权用户;<br>b) 审查处置行为;<br>c) 确认后实施相关处置行为 | 必选 |
| 6 | ERMS 应支持将审查对象与其元数据及处置行为提供给审查者,并使审查者能方便有效地浏览对象内容及其元数据 | 必选 |
| 7 | ERMS 应只准许审查者对每个对象执行下述一项操作:<br>a) 销毁,立即或未来的某个时间执行;<br>b) 移交,立即或未来的某个时间执行;<br>c) 续存,立即或未来的某个时间执行;<br>d) 不确定的标注为"再审查" | 必选 |
| 8 | ERMS 应支持审查者在审查对象(案卷、组合文件、文件等)的元数据中记录审查决定、原因、审查时间等 | 必选 |
| 9 | ERMS 在审查完成后,应支持文件管理员或授权用户:<br>a) 标注需要移交、销毁、续存的文件和案卷;<br>b) 不确定的标注为"再审查" | 必选 |
| 10 | ERMS 应能维护审查对象之间的有机联系,如组合文件内各文档一般应执行相同的处置行为 | 必选 |
| 11 | ERMS 应支持处置活动的持续性,当某处置行为被触发后,ERMS 应允许文件管理员设置后续处置行为,如原处置行为为"移交"的,经审查后可设置"续存"处置行为 | 必选 |
| 12 | ERMS 应支持为文件管理员或授权用户生成适用于特定时间段的各种处置方式的行为报告,提供关于处置对象数量和类型的定量报告 | 必选 |

#### 5.2.3.4 移交

移交分为内部移交或外部移交,内部移交是指文件移交到机构中的其他系统中,外部移交通常是将满足移交条件的文件移交到档案馆或第三方机构。机构移交文件后可根据自身需要在本地续存文件拷贝。移交文件是否需要封装、具体移交格式要求等,可根据相关标准或管理规范由机构与档案部门或第三方进行协商决定。

本条着重描述文件移交时所应遵循的要求。

| 序号 | 功 能 要 求 | 约束 |
|---|---|---|
| 1 | ERMS 应允许将文件移交到另一个 ERMS 或者档案馆的处置行为 | 必选 |
| 2 | ERMS 应支持按照机构移交管理程序的要求实现移交 | 必选 |
| 3 | ERMS 应保留所有已移交对象的副本,直到确认业已成功移交 | 必选 |

表(续)

| 序号 | 功能要求 | 约束 |
|---|---|---|
| 4 | ERMS应保证移交对象的完整性,应输出相应集合中的所有成分,并且应保护它们之间的正确联系。包括但不限于:<br>a) 移交对象内的所有组成部分,移交类则包括类下所有案卷和文件;移交案卷则包括案卷下所有子卷和文件;移交组合、复合文件则包括文件中的所有文档或组件;<br>b) 移交对象的相关元数据和日志一同移交,不得分散;<br>c) 移交对象的内容和结构不被破坏;<br>d) 保持移交对象之间的联系,以便在目标系统中重建联系;<br>e) 移交对象与其元数据的联系不得破坏;<br>f) 移交对象与其日志之间的联系不得破坏 | 必选 |
| 5 | ERMS应支持同时移交与移交对象有关的分类方案、保管期限与处置表、交接凭据等其他需要移交的信息 | 必选 |
| 6 | ERMS应支持在移交后根据相关管理规定由文件管理员或授权用户在确认移交成功后在规定时间内处理移交对象的副本 | 必选 |
| 7 | ERMS应生成关于移交的过程报告,包括移交案卷和文件的数量、移交时间、移交方式、移交人/接收人、移交状态、移交错误、未被成功移交的文件、未成功移交的原因等 | 必选 |
| 8 | ERMS应能够对未移交成功的电子文件进行二次移交 | 必选 |
| 9 | ERMS应能够对拟移交的文件添加档案管理所需的元数据 | 必选 |
| 10 | ERMS应能够对移交文件批量修改长期保存用的元数据 | 必选 |
| 11 | ERMS宜按照目标系统的格式规范移交文件,必要时在移交之前开展相关的格式转换工作,格式转换要求见5.2.5.2 | 可选 |
| 12 | 机构之间移交协议确定以封装格式移交时,ERMS应支持对移交电子文件进行封装,可参考DA/T 48—2009 | 必选 |
| 13 | ERMS应支持在移交对象集合内电子部分移交之前,要求文件管理员或授权用户确认同一组合的非电子部分也要移交 | 必选 |
| 14 | ERMS应能够为已移交的文件和案卷保留文件管理元数据 | 必选 |
| 15 | ERMS应将移交活动记录在审计跟踪日志中,包括但不限于:<br>a) 移交的日期;<br>b) 类目代码;<br>c) 标题;<br>d) 移交人/接收人;<br>e) 移交原因 | 必选 |

#### 5.2.3.5 销毁

本条着重描述文件销毁时所应遵循的要求。销毁是指ERMS不但删除文件的存放位置指针,而且从存储系统中将文件的实体删除。一般来说,ERMS不能销毁被销毁文件的元数据以及相关操作日志。

| 序号 | 功能要求 | 约束 |
|---|---|---|
| 1 | ERMS应通过完整的工作流程对销毁行为进行审批,只有在收到确认通知后才能执行销毁操作 | 必选 |
| 2 | 销毁应由文件管理员根据销毁管理程序实施 | 必选 |
| 3 | ERMS应支持按规定格式生成文件销毁清册 | 必选 |
| 4 | ERMS应允许文件管理员关闭销毁的功能 | 必选 |
| 5 | ERMS宜支持如果一份电子文件已被授权销毁,则其所有备份和相关版本都应被销毁 | 可选 |
| 6 | ERMS应确保文件销毁时留存文件相应的元数据,并应将销毁状态添加至文件的管理元数据中 | 必选 |
| 7 | ERMS应保证物理销毁的结果是对所有授权对象的彻底删除或不可用,机构应采用谨慎的方法避免可使用恢复技术进行数据恢复 | 必选 |
| 8 | ERMS应生成关于销毁的过程报告,包括销毁文件和案卷的数量、销毁时间、销毁人、监销人、销毁错误、未被成功销毁的文件、未成功销毁的原因等 | 必选 |
| 9 | ERMS应支持在销毁对象集合内电子部分销毁时,要求文件管理员或授权用户确认同一组合的非电子部分也要销毁 | 必选 |
| 10 | 销毁活动应记录在审计跟踪日志中,包括但不限于以下内容:<br>a) 销毁的日期;<br>b) 文件标识符;<br>c) 文件标题;<br>d) 负责销毁的用户;<br>e) 销毁原因 | 必选 |

#### 5.2.3.6 续存

本条着重描述文件续存时所应遵循的要求。

| 序号 | 功能要求 | 约束 |
|---|---|---|
| 1 | 若文件移交之后还需在ERMS中续存一段时间,系统应在移交前或移交同时触发续存行为 | 必选 |
| 2 | ERMS应允许文件管理员根据规定或需要设定相应续存时间 | 必选 |
| 3 | 文件续存后系统应根据续存时间自动提示下次鉴定处置时间 | 必选 |
| 4 | ERMS应允许文件多次续存 | 必选 |
| 5 | 文件续存后,应当将续存状态添加至文件的元数据中 | 必选 |
| 6 | ERMS应生成关于续存的过程报告,应指出续存文件、案卷的数量、续存的原因等 | 必选 |
| 7 | ERMS应将续存记录在审计跟踪日志中,包括但不限于:<br>a) 续存起始时间和续存期限;<br>b) 文件标识符;<br>c) 文件标题;<br>d) 续存原因 | 必选 |

### 5.2.4 统计管理

统计报表功能能够提供ERMS系统中各类管理对象的统计信息和描述分析报告。统计工作是电子文件管理的基本业务功能，需要按照相关业务管理的要求进行，在统计指标、统计口径、统计发布方面应有相应的管理要求。

#### 5.2.4.1 报表管理

本条规范了统计报表的基本管理功能要求。

| 序号 | 功能要求 | 约束 |
|---|---|---|
| 1 | ERMS应支持文件管理员或授权用户在其授权范围内生成相关统计数据信息及其他特定信息的功能 | 必选 |
| 2 | ERMS应只支持文件管理员或授权用户生成周期性的报表，如日报、周报、月报、季报、年报 | 必选 |
| 3 | ERMS应提供自定义或预定义统计报表的功能，包括：<br>a) 提供自定义或预定义的报表条件，便于自动生成统计信息；<br>b) 提供报表上报流程；<br>c) 提供报表审核流程；<br>d) 提供报表汇总功能 | 必选 |
| 4 | ERMS应支持以图形化界面的方式提供自定义报表功能 | 必选 |
| 5 | ERMS应能够提供各类形式的统计图形和图例功能 | 必选 |
| 6 | ERMS宜支持将报表导出到第三方软件进行编辑和分析 | 可选 |
| 7 | ERMS宜支持具有数据透视功能的统计报表，使用户可选择不同条件来观看报表，本功能可通过第三方软件实现 | 可选 |
| 8 | ERMS应支持报表打印、显示以及以不可更改的版式文件格式存储报表的功能 | 必选 |

#### 5.2.4.2 统计指标

本条规范用于统计工作的基本指标。

| 序号 | 功能要求 | 约束 |
|---|---|---|
| 1 | ERMS应统计所捕获文件的全部数量 | 必选 |
| 2 | ERMS应统计特定时间段所捕获文件的数量 | 必选 |
| 3 | ERMS应统计特定部门所捕获的文件数量 | 必选 |
| 4 | ERMS应统计所形成的案卷(子卷)的全部数量，特定案卷(子卷)中全部文件的数量 | 必选 |
| 5 | ERMS应统计不同开放等级的文件数量 | 必选 |
| 6 | ERMS应统计特定类(子类)中不同开放等级的案卷(子卷)和文件数量 | 必选 |
| 7 | ERMS应统计特定案卷(子卷)中不同开放等级的文件数量 | 必选 |
| 8 | ERMS应统计不同保管期限的文件数量 | 必选 |
| 9 | ERMS应统计特定类(子类)中不同保管期限的案卷(子卷)和文件数量 | 必选 |
| 10 | ERMS应统计特定案卷(子卷)中不同保管期限文件数量 | 必选 |
| 11 | ERMS宜统计不同格式的文件数量 | 可选 |
| 12 | ERMS宜统计全部文件的容量 | 可选 |
| 13 | ERMS应统计移交文件信息(移交文件时间、目录列表、数量、移交人员、接收人员、移交前审核信息、病毒检验信息等) | 必选 |

**表（续）**

| 序号 | 功能要求 | 约束 |
|---|---|---|
| 14 | ERMS应统计销毁文件信息(销毁时间、销毁理由、目录列表、数量、销毁人员、销毁前审核信息等) | 必选 |
| 15 | ERMS应统计续存文件信息(续存延续时间、续存理由、目录列表、数量、审核信息等) | 必选 |
| 16 | ERMS应统计特定时间段内借阅文件人次、案(件) | 必选 |
| 17 | ERMS应统计特定案卷(子卷)内借阅文件人次、案(件)次 | 必选 |
| 18 | ERMS应统计特定文件借阅人次、案(件)次 | 必选 |
| 19 | ERMS应统计文件开放等级变更信息 | 必选 |
| 20 | ERMS应统计文件保管期限变更信息 | 必选 |
| 21 | ERMS应支持按多项条件组合设定统计 | 必选 |

### 5.2.4.3 统计模板

为方便进行统计工作，本条规范了统计模板管理的基本功能。

| 序号 | 功能要求 | 约束 |
|---|---|---|
| 1 | ERMS宜提供捕获文件目录统计模板 | 可选 |
| 2 | ERMS宜提供开放等级变更统计模板 | 可选 |
| 3 | ERMS宜提供保管期限变更统计模板 | 可选 |
| 4 | ERMS宜提供文件开放情况登记模板 | 可选 |
| 5 | ERMS宜提供移交文件统计模板 | 可选 |
| 6 | ERMS宜提供销毁文件统计模板 | 可选 |
| 7 | ERMS宜提供续存文件统计模板 | 可选 |
| 8 | ERMS宜提供实体文件存放地点统计模板 | 可选 |
| 9 | ERMS宜提供利用情况年(月)统计模板 | 可选 |

### 5.2.5 存储保管

电子文件的存储应该能确保文件在保存期限内的可用性、可靠性、真实性，要完整解决这个问题需要在文件整个生命周期中考虑与维护、保管和存储相关的问题。

### 5.2.5.1 存储设备

本条规范了ERMS对存储介质和存储设备的管理要求。

| 序号 | 功能要求 | 约束 |
|---|---|---|
| 1 | ERMS的存储介质理化性质应符合相关规范的要求，其中归档用光盘可参照DA/T 38—2008 | 必选 |
| 2 | ERMS应提供基本的存储管理功能(或借助第三方软件)，实现对存储介质的状态监控和报告 | 必选 |
| 3 | ERMS采用的存储设备应提供第三方软件集成接口 | 必选 |
| 4 | ERMS存储介质应在特定环境下使用和存储，以保证在该环境下介质能达到其预期寿命 | 必选 |

表（续）

| 序号 | 功 能 要 求 | 约束 |
|---|---|---|
| 5 | 在对存储介质的各项管理活动中不允许对文件安全造成损坏，如在介质检测和更换过程中 | 必选 |
| 6 | ERMS 宜支持存储介质的定期更新，以防止介质老化，定期更新信息宜自动记录到审计跟踪日志中 | 可选 |
| 7 | ERMS 应将存储设备的管理信息记入系统审计跟踪日志 | 必选 |

### 5.2.5.2 存储格式

本条规范了在 ERMS 中对电子文件存储格式的一般管理要求。原则上 ERMS 应对管理范围内电子文件的各种格式变化能够进行管理控制。

| 序号 | 功 能 要 求 | 约束 |
|---|---|---|
| 1 | ERMS 宜选用符合 DA/T 47—2009 或其他相关规定的文件格式用于长久保存 | 可选 |
| 2 | 在多种格式并存的情形下，ERMS 宜以原始格式与长期保存格式保存电子文件，并建立关联 | 可选 |
| 3 | ERMS 宜提供格式转换的能力，能按照要求的目标格式标准将电子文件进行批量转换 | 可选 |
| 4 | ERMS 应记录格式转换的相关元数据信息，包括但不限于：<br>a) 原始格式；<br>b) 新格式；<br>c) 转换时间等 | 必选 |
| 5 | ERMS 宜支持以时间为条件触发格式转换 | 可选 |
| 6 | ERMS 应能够报告文件及其组件的格式和版本，便于进行格式监控，控制格式过时导致的风险 | 必选 |
| 7 | ERMS 应将文件格式管理和变化的信息记入元数据中 | 必选 |
| 8 | ERMS 宜保证格式转换过程中文件信息不丢失 | 可选 |

### 5.2.5.3 存储管理

本条规范了存储管理的基本要求。

| 序号 | 功 能 要 求 | 约束 |
|---|---|---|
| 1 | ERMS 宜支持在线、近线与离线存储 | 可选 |
| 2 | ERMS 宜支持集中式与分布式存储 | 可选 |
| 3 | ERMS 应制定适当的存储规划以保证系统升级后电子文件的可用性与完整性 | 必选 |
| 4 | ERMS 应保证在系统升级、文件迁移或转换、介质更新时没有数据丢失或损坏 | 必选 |
| 5 | ERMS 宜允许电子文件存储前进行压缩。如果支持压缩，ERMS 应：<br>a) 集成压缩机制；<br>b) 采用无损压缩；<br>c) 采用可靠的压缩机制，压缩与解压缩不能破坏文件及其元数据；<br>d) 保证压缩功能对用户透明 | 可选 |

表（续）

| 序号 | 功能要求 | 约束 |
|---|---|---|
| 6 | ERMS应提供有效的存储状态监控，当有效存储空间低于设定水平要求时应提醒管理员采取必要措施 | 必选 |
| 7 | ERMS宜允许用户根据需要对不同类型的电子文件与其元数据进行封装保存，封装规范可参考DA/T 48—2009 | 可选 |
| 8 | ERMS应将有关的存储管理信息记入审计跟踪日志 | 必选 |

#### 5.2.5.4 备份恢复

ERMS应能提供文件和元数据定期备份功能，一旦系统瘫痪、崩溃而使文件丢失，通过备份能够恢复原有数据。在实践中，备份与恢复功能可能更多的是机构IT运行方面的责任，可以由ERMS自身或通过与其他软件集成来完成，但ERMS应对其管理提供支持。

| 序号 | 功能要求 | 约束 |
|---|---|---|
| 1 | ERMS应支持所有类、案卷、文件、元数据、审计跟踪日志信息、ERMS配置信息等的自动备份和恢复功能，该功能或由ERMS自身提供或由ERMS环境下和其有接口连接的设备提供，并能在需要时恢复 | 必选 |
| 2 | ERMS应支持备份数据的独立物理存储 | 必选 |
| 3 | ERMS应当允许系统管理员，制定备份策略，包括但不限于：<br>a） 指定备份周期；<br>b） 确定备份方式，允许选择相应数据进行完全备份、条件备份或增量备份；<br>c） 指定备份存储介质、系统或存放地点，包括离线存储、独立系统、异地备份等 | 必选 |
| 4 | ERMS应支持系统管理员在系统故障后利用备份恢复整个ERMS，以保证全部数据的完整性与业务的连续性 | 必选 |
| 5 | ERMS应支持通过备份和恢复功能还原审计跟踪信息，并将备份恢复信息记录在审计报告中 | 必选 |
| 6 | ERMS应限定只有系统管理员才能恢复系统的备份 | 必选 |
| 7 | ERMS应能发现恢复过程中的问题并告知系统管理员 | 必选 |

### 5.2.6 检索利用

ERMS应提供多种检索途径和输出功能，满足不同用户需求，实现类目、案卷、文件及其元数据检索，并提供良好的显示和打印功能。实现对检索、显示和打印的权限管理。

本条中所有的特性与功能必须遵从本标准在其他章条所描述的利用控制。

#### 5.2.6.1 检索

检索是按照用户指定参数定位、利用和查看系统资源（包括类目、文件等实体及其元数据）的过程。

| 序号 | 功能要求 | 约束 |
|---|---|---|
| 1 | ERMS检索模块应：<br>a） 遵循访问控制要求，对没有权限的查询方式不予支持，但应显示提示信息；<br>b） 对于不在用户权限范围内显示的检索结果不予显示，但应显示提示信息；<br>c） 对于不可视的元数据项不予显示 | 必选 |

**表(续)**

| 序号 | 功能要求 | 约束 |
|---|---|---|
| 2 | ERMS检索模块应支持对类目、文件、文档、元数据、全文等层次的检索 | 必选 |
| 3 | ERMS应允许用户检索权限范围内所有的资源对象及其元数据 | 必选 |
| 4 | ERMS应允许用户检索电子文件、实体文件 | 必选 |
| 5 | ERMS应允许检索对象处于在线、近线或离线状态 | 必选 |
| 6 | ERMS应支持选定范围内的检索,包括跨类、跨卷检索 | 必选 |
| 7 | ERMS宜能通过专门查询模块或快速查询通道等多种方式查询文件 | 可选 |
| 8 | ERMS系统宜提供统一的检索界面 | 可选 |
| 9 | ERMS宜提供友好的检索界面,包括但不限于:<br>a) 检索进度提示;<br>b) 显示用户完整提问;<br>c) 估计检索完成时间;<br>d) 保留用户最近使用的检索词 | 可选 |
| 10 | ERMS应支持无条件查询,在特定用户视角可视的范围内按照电子文件目录进行浏览 | 必选 |
| 11 | ERMS宜支持采取树形展开等方式浏览,浏览内容包括目录、内容及其他元数据 | 可选 |
| 12 | ERMS应支持条件检索,条件来源可以是任何有检索意义的元数据项,如各类编号、分类标识、位置、各类时间(及其范围条件)、文件类型、标题、关键词等 | 必选 |
| 13 | ERMS宜支持条件的友好输入,包括但不限于:<br>a) 支持以日历方式输入日期;<br>b) 支持联想式词语输入 | 可选 |
| 14 | ERMS应允许用户使用自由文本检索文件全文 | 必选 |
| 15 | ERMS宜允许用户设定和更改检索字段 | 可选 |
| 16 | ERMS应支持组合条件检索,包括:<br>a) 允许用户同时使用文件管理元数据和文件内容进行组合检索;<br>b) 支持将查询条件配置在一个显示界面上的卡片式查询,方便用户输入 | 必选 |
| 17 | ERMS应支持布尔检索、部分匹配和通配符检索 | 必选 |
| 18 | ERMS宜支持递进检索,即在检索范围内实施二次检索 | 可选 |
| 19 | ERMS宜支持用户对检索途径进行定义、保存和再利用 | 可选 |
| 20 | ERMS宜提供智能检索手段,包括:<br>a) 根据检索频率提供;<br>b) 设计用户问答进行自动检索;<br>c) 为用户设置缺省查询选项;<br>d) 提供查询结果相关性分析 | 可选 |
| 21 | ERMS应支持检索结果导出 | 必选 |
| 22 | ERMS宜允许用户对检索结果进行选择、分组和排序允许同时进行查看、传输和打印 | 可选 |

表（续）

| 序号 | 功能要求 | 约束 |
|---|---|---|
| 23 | ERMS宜支持根据检索结果进行扩展显示，即可显示该结果的上级或下级层次，如结果为案卷的，可展开卷内文件；结果为文件的，可上溯到所属案卷，也可显示包括文件内容在内的各元数据项 | 可选 |
| 24 | ERMS宜支持对查询结果的显示格式进行设置，允许用户指定：<br>a) 查询结果显示的顺序；<br>b) 每页显示的数目；<br>c) 每次检索返回结果的最大数量；<br>d) 查询结果显示的元数据 | 可选 |
| 25 | ERMS检索模块应与其他功能模块集成，将其作为其他功能的入口，如利用、处置等 | 必选 |
| 26 | ERMS应支持查询频率统计报告功能 | 必选 |
| 27 | ERMS宜允许配置搜索引擎 | 可选 |
| 28 | ERMS应支持多用户的并发检索 | 必选 |

#### 5.2.6.2 利用

ERMS的利用要求重点在于对利用途径、利用权限的管理，同时要求机构为利用要求提供良好的政策环境。

| 序号 | 功能要求 | 约束 |
|---|---|---|
| 1 | ERMS应支持利用审批程序的建立与实施 | 必选 |
| 2 | ERMS应只有在通过认证机制确认授权用户的身份后才能允许执行相应的利用操作；本标准不指定认证的方法，机构根据自己的需要确定适当的认证方法 | 必选 |
| 3 | ERMS应支持文件管理员赋予指定的用户、用户组或角色在一定时间范围内对指定对象的使用权，并维护利用许可 | 必选 |
| 4 | ERMS宜支持以用户选择的数据格式输出电子文件的功能 | 可选 |
| 5 | ERMS应能在利用中维护电子文件的真实性、完整性、可理解性，包括：<br>a) 维护文件的内容；<br>b) 维护文件的背景信息；<br>c) 维护文件的结构；<br>d) 文件的正确显示 | 必选 |
| 6 | ERMS应支持在利用过程中正确显示电子文件内部各组件和/或电子文件之间的关系 | 必选 |
| 7 | ERMS应能支持文件管理员或授权用户制定电子文件阅读、复制策略，包括但不限于：<br>a) 不同利用者的下载、拷贝；<br>b) 不同利用者的文件阅读权限；<br>c) 不同利用者的元数据阅读权限；<br>d) 复制品的载体类型 | 必选 |
| 8 | ERMS应支持按照《中华人民共和国政府信息公开条例》提供利用服务 | 必选 |

5.2.6.3 显示

| 序号 | 功能要求 | 约束 |
|---|---|---|
| 1 | ERMS应允许通过按键或点击选择和打开类目、案卷、文件等,以显示其下位层次和相关元数据 | 必选 |
| 2 | ERMS宜支持集成独立的显示软件包,用于阅读电子文件正文的不同稿本、版本和元数据。包括显示图像、视音频文件和电子邮件等 | 可选 |
| 3 | ERMS应支持将电子文件输出到兼容的应用软件,以便进行查看或执行其他操作 | 必选 |
| 4 | 对于多版本的电子文件,ERMS应能显示所有可用的版本 | 必选 |
| 5 | ERMS应支持按所要求的格式显示电子文件和案卷的全部或规定有效的元数据 | 必选 |
| 6 | ERMS应能够显示其能捕获的所有类型电子文件的内容,并能将文件所有组成部分作为一个单元的形式加以显示 | 必选 |
| 7 | ERMS应能提供读取原始电子文件的能力,包括硬件和软件环境,也可采用第三方软件实现本功能,注意保持对原始文件格式的向后兼容性 | 必选 |
| 8 | ERMS宜能采用便捷的方式显示与当前文件相关的其他文件 | 可选 |

5.2.6.4 打印

ERMS支持用户在授权范围内对可打印对象物理输出的过程。在打印输出中要明确对象范围、参数设置,系统管理员应对打印进行良好的管理。

| 序号 | 功能要求 | 约束 |
|---|---|---|
| 1 | ERMS应能够打印其能捕获的所有可打印电子文件。不能打印的电子文件(如音视频文件)应支持输出设置 | 必选 |
| 2 | ERMS应支持对文件内容和元数据的打印功能 | 必选 |
| 3 | ERMS应支持打印选定的文件集合(类、案卷、或检索结果集)的指定元数据集合(如题名、责任者、生成日期等) | 必选 |
| 4 | ERMS宜支持设置默认的打印参数 | 可选 |
| 5 | ERMS应支持打印选定文件集合的清单 | 必选 |
| 6 | ERMS应支持管理员打印所有案卷或一个特定类目的清单 | 必选 |
| 7 | ERMS应支持管理员打印所有或部分的管理参数 | 必选 |
| 8 | ERMS应支持管理员打印所有或部分分类方案 | 必选 |
| 9 | ERMS应支持管理员打印保管或处置方案 | 必选 |
| 10 | ERMS应对打印结果赋予相应的文件管理元数据,如标题、编号、日期和安全级别等 | 必选 |
| 11 | ERMS应能对已下载到终端的电子文件进行打印权限的控制 | 必选 |
| 12 | ERMS宜对打印到物理打印机和虚拟打印机进行区别控制 | 可选 |
| 13 | ERMS宜能对打印到虚拟打印机的文件转换动作进行相应的监控 | 可选 |
| 14 | ERMS应支持不同用户打印权限的设置 | 必选 |

## 5.3 安全管理

### 5.3.1 身份认证

ERMS应保护系统内的文件资源不被非法存取和破坏，保证授权用户能够在其权限范围内进行合法操作，对系统中的重要行为进行审计跟踪。安全管理应遵循相关的专业规范。

| 序号 | 功能要求 | 约束 |
|---|---|---|
| 1 | ERMS应支持多种用户身份认证机制，如用户名/密码、数字证书、指纹识别等方式 | 必选 |
| 2 | ERMS提供用户名/密码认证时，宜提供校验码方式提高身份认证的安全性 | 可选 |
| 3 | ERMS宜允许系统管理员为失败的登录尝试设置安全参数或限制 | 可选 |

### 5.3.2 权限管理

ERMS必须有一个完整统一的安全访问机制，对用户的权限与系统分类方案下电子文件等实体的访问进行安全管理。从系统角度看，管理员角色只负责执行，安全策略应由机构管理者决定。

| 序号 | 功能要求 | 约束 |
|---|---|---|
| 1 | ERMS应限定只有系统管理员具有定义和维护权限管理的权限，或者由授权用户控制特定功能的权限分配 | 必选 |
| 2 | ERMS应允许角色下的所有用户自动继承角色的访问权限，一个用户可以拥有多个角色 | 必选 |
| 3 | ERMS宜提供给系统管理员单独的管理软件以维护系统的安全访问机制 | 可选 |
| 4 | ERMS应建立用户权限表或类似工具（如用户许可登记），以保证对文件的访问安全 | 必选 |
| 5 | 用户权限表宜通过相关机构审定，保证其合理性，便于ERMS自动实施文件的安全管理。合理的用户权限表是基于机构规章制度框架的分析、业务活动的分析以及风险评估产生的。一般需要注意以下要素：<br>a) 确定对文件及机构信息的利用的法定权利和限制；<br>b) 确定容易侵犯隐私权、个人机密、行业机密或商业机密的文件信息；<br>c) 根据风险程度，为业务活动的各类文件分配相应的限制级别；<br>d) 将限制级别与一些工具联系起来，如分类方案。这样，当ERMS进行文件捕获或登记时，就能自动发出警告或实施限制利用 | 可选 |
| 6 | ERMS的用户和角色的权限分配宜尽可能将用户权限和角色分配成其完成任务所需要的最小的权限集 | 可选 |
| 7 | ERMS应限定任何角色或用户均不能直接或间接同时拥有系统管理和审计管理的权限，其中系统审计权限是指所有审计跟踪日志的查看、导出、追踪、报告等。任何用户都不得有审计信息的修改和删除权限 | 必选 |
| 8 | ERMS应限制所有用户只能执行权限范围的功能，对超过权限范围的操作就应记入审计跟踪日志 | 必选 |
| 9 | ERMS应允许对文件、案卷等文件分类方案中的其他实体设置访问权限，并允许对该访问权限进行修改 | 必选 |
| 10 | ERMS应确保无权限访问案卷或电子文件的用户不能由于文件内容的任何检索而获取文件或案卷的任何信息，用户不能通过检索元数据获取相应信息，但应给出提示信息 | 必选 |

表（续）

| 序号 | 功能要求 | 约束 |
|---|---|---|
| 11 | ERMS宜支持为访问控制配置选项，包括：<br>a) 无适当权限的用户不能发现特定电子文件、案卷的存在；<br>b) 无适当权限的用户可以发现特定电子文件、案卷的存在，但不显示相关元数据，不能访问文件内容；<br>c) 无适当权限的用户可以浏览特定电子文件、案卷的元数据，但不能访问文件内容 | 可选 |
| 12 | ERMS应在审计日志中保存：<br>a) 登录系统的用户名单，登录时间、登录时间长度、登录后的操作；<br>b) 登录失败信息；<br>c) 访问(检索或查看)电子文件失败信息；<br>d) 超出用户权限的系统功能尝试使用的信息；<br>e) 超出用户权限的文件尝试利用的信息 | 必选 |

## 5.3.3 审计跟踪

审计跟踪是对ERMS重要行为的记录，用于显示ERMS的事务处理信息，确保未被授权行为被识别和跟踪，是ERMS安全管理的重要内容。跟踪的对象包括管理员、用户以及ERMS自身的行为。ERMS中的自动或人工实施的操作都可以被记入审计跟踪日志中，以证明这些行为是否遵循规定。由于审计跟踪会产生大量的信息，因而在具体实施中管理员可以限定一些必须审计的行为。

| 序号 | 功能要求 | 约束 |
|---|---|---|
| 1 | ERMS应提供文件跟踪功能，在文件捕获、登记、分类、利用和处置等环节跟踪文件的运转和利用过程 | 必选 |
| 2 | ERMS应提供行为跟踪功能，记录对文件操作的具体行为，包括行为描述、行为步骤、行为对象、行为日期、行为人员等要素 | 必选 |
| 3 | ERMS应支持系统管理员确定需要审计跟踪的行为对象，包括类、子类、文件、元数据等 | 必选 |
| 4 | ERMS宜支持系统管理员确定用于跟踪的行为，包括检索、创建、删除、编辑等。包括但不限于：<br>a) 电子文件的捕获；<br>b) 分类方案、保管期限与处置表等重要文件管理工具的编辑修改；<br>c) 任何处置行为的实施和编辑修改；<br>d) 重要元数据的改变；<br>e) 用户管理活动；<br>f) 权限管理活动；<br>g) 文件及元数据的利用活动；<br>h) 文件的删除或销毁等 | 可选 |
| 5 | ERMS应自动记录审计跟踪事件的信息，并支持把有关审计信息同时作为文件的元数据加以管理 | 必选 |
| 6 | ERMS应设置审计跟踪参数，以便管理员设定自动记录的对象与行为 | 必选 |
| 7 | ERMS应确保审计跟踪本身的设置以及之后的每一次重新设置记录在审计跟踪日志中 | 必选 |

表（续）

| 序号 | 功能要求 | 约束 |
|---|---|---|
| 8 | ERMS应按要求尽可能长时间地维护审计跟踪日志，至少不能短于电子文件或其案卷的生命周期 | 必选 |
| 9 | ERMS应确保审计跟踪数据可按要求审查，如事件、用户、文件、角色、时间等；ERMS应保证所有相关数据可被审查者访问，使不熟悉该系统的外部授权用户可以完成相应操作 | 必选 |
| 10 | ERMS应支持在指定日期时间内，从审计跟踪数据中产生特定报告：<br>a) 指定用户实施的操作；<br>b) 对指定案卷实施的操作；<br>c) 对指定文件实施的操作 | 必选 |
| 11 | ERMS应确保在规定的期限内审计跟踪数据不能被更改，数据的任何部分不能被任何用户（包括系统管理员）删除；超出期限的审计跟踪数据应设置导出功能，并支持对导出的数据进行查询 | 必选 |
| 12 | ERMS应提供相应的审计管理员角色，进行独立审计工作 | 必选 |

## 5.3.4 文件变更

ERMS应支持为满足特定的要求对文件进行必要的变更，完善对摘录件等的管理。

| 序号 | 功能要求 | 约束 |
|---|---|---|
| 1 | ERMS应对生效后文件的变更操作（移动、修改、摘录等）进行严格控制，文件变更应经过审查流程，审查过程应记录在审计跟踪日志中 | 必选 |
| 2 | ERMS应防止任何被捕获的文件被删除或者移动，由处置方案设定的动作除外 | 必选 |
| 3 | ERMS应保证文件管理员能修改任何由用户输入的元数据元素，以纠正诸如数据录入的错误。修改操作应记入日志 | 必选 |
| 4 | ERMS应允许复制已有电子文件的部分内容以形成新的独立的电子文件（摘录），并确保原始文件保持完整不变；摘录应在ERMS系统中予以登记，应保持摘录和原始文件之间的关联 | 必选 |
| 5 | ERMS应允许文件管理员或授权用户在保留原始文件的前提下创建一个或者一个以上的摘录 | 必选 |
| 6 | 当创建一个摘录的时候，ERMS必须自动存储摘录和文件的元数据的创建活动，包括创建原因、日期、时间和创建人 | 必选 |
| 7 | ERMS宜自动记录一个或多个摘录与原始文件之间的关系 | 可选 |
| 8 | 当检索到一份摘录件的时候，根据存取权限和安全控制的要求，ERMS宜向用户展示原件的存在形式 | 可选 |
| 9 | ERMS应能跟踪已登记电子文件的所有副本，在日志中记录这些副本的活动信息 | 必选 |
| 10 | ERMS应支持对于多版本电子文件的管理，能够方便地显示、追溯电子文件版本之间的变更 | 必选 |
| 11 | 若原有文件被新文件替代，ERMS应支持替代状态，并创建指向替代文件的链接 | 必选 |

## 5.3.5 电子签名

电子签名用于确认文件的完整性、验证发送者的身份和文件的来源。本条定义的要求仅适用于电子文件具有电子签名的情形。

| 序号 | 功能要求 | 约束 |
|---|---|---|
| 1 | 对于选用电子签名的机构，ERMS应支持符合国家或行业相关标准的电子签名法规、技术要求等 | 必选 |
| 2 | 对于应用电子签名的文件，ERMS使用的电子文件元数据方案应包含记录和管理电子签名的专门元数据元素 | 必选 |
| 3 | ERMS应能验证电子签名的有效性，如果发现无效结果应向指定用户或者管理人员提交报告 | 必选 |
| 4 | ERMS应在保存电子文件同时保存：<br>a) 与文件有关的电子签名结果；<br>b) 验证签名的数字证书；<br>c) 其他认证细节 | 必选 |
| 5 | ERMS应能捕获、验证和存储文件的电子签名以及相关联的电子证书和证书服务提供商的详细资料 | 必选 |
| 6 | ERMS应支持系统管理员对系统进行配置，让系统可以在捕获电子签名文件时存储公钥等验证元数据 | 必选 |
| 7 | ERMS应将认证元数据与相关文件一同存储，或分开存储但应与文件关联 | 必选 |
| 8 | ERMS应能存储相应数字证书，并在证书到期时通知管理员 | 必选 |
| 9 | ERMS应在审计跟踪日志中自动记录所有与电子签名相关的信息 | 必选 |
| 10 | ERMS宜能够持续证明经过电子签名的文件的真实性 | 可选 |
| 11 | ERMS在迁移或导出文件时，应导出电子签名以支持外部认证 | 必选 |

## 5.4 系统管理

系统管理功能要求管理员实现系统用户和资源的管理、系统功能的配置、操作权限的分配，在确保文件可用的同时不泄露敏感信息，同时对系统运行的各方面表现进行监控并作出报告。本条涉及系统管理的最低功能要求，各机构、行业有专业要求的，可一并参考执行。

### 5.4.1 总体管理要求

包括系统参数管理、系统管理、系统配置及用户管理的要求等。

| 序号 | 功能要求 | 约束 |
|---|---|---|
| 1 | ERMS应支持系统管理员查询、显示以及重新配置系统参数 | 必选 |
| 2 | ERMS应支持系统管理员重新确定用户范围和用户角色 | 必选 |
| 3 | ERMS应提供对系统总体状况的综合监测 | 必选 |
| 4 | ERMS应能识别错误，必要时能隔离错误，并提供错误报告 | 必选 |
| 5 | 为了适应机构变化情况，ERMS应支持管理员对分类方案进行较大的改动，以保证所有的文件管理元数据和元数据数据能被正确、完整地处理 | 必选 |

### 5.4.2 系统报告

ERMS要求采用较为灵活的报告制度来对系统实施监控管理，采用标准报告、专题报告、统计报告、临时报告等形式监控系统的活动和状态。

| 序号 | 功 能 要 求 | 约束 |
| --- | --- | --- |
| 1 | ERMS应支持系统管理员和授权用户定期生成周期性报告(如年报、季报、月报、周报等) | 必选 |
| 2 | ERMS应提供报表打印、阅读、排序、分类、存储、导出等基本管理功能 | 必选 |
| 3 | ERMS宜根据多个选择条件生成有关的系统报告。条件包括:<br>a) 时间段;<br>b) 对象范围,如机构、类目、案卷等;<br>c) 文件版本、格式;<br>d) 特定位置,如网段、工作站;<br>e) 用户等 | 可选 |
| 4 | ERMS应支持形成关于存储空间有关状况的报告 | 必选 |
| 5 | ERMS应支持形成审计跟踪报告 | 必选 |
| 6 | ERMS应支持形成失败/错误过程处理状况报告 | 必选 |
| 7 | ERMS应支持形成移交操作报告 | 必选 |
| 8 | ERMS应支持形成安全违规操作报告等 | 必选 |
| 9 | ERMS宜支持以图表形式展示报告 | 可选 |
| 10 | ERMS应提供报告基本统计和分析功能 | 必选 |
| 11 | ERMS应支持在显示界面上选择元数据自定义查询、统计、分析报表的功能 | 必选 |

## 6 可选功能要求

本条中的要求都是可选功能,建议有条件的机构采用。本条中的强制性要求,仅当机构采用该模块时有效。

### 6.1 数字化文件的管理

机构使用的文件不总是电子形式,还存在大量纸质文件,由于ERMS不能自动捕获纸质、胶片等传统实体文件,这些文件需要纳入ERMS进行管理时,可采用数字化方式获得电子版本,同时生成和维护其相关元数据信息。

本条描述当数字化设备与ERMS系统集成时的功能要求。

| 序号 | 功 能 要 求 | 约束 |
| --- | --- | --- |
| 1 | ERMS应支持对于数字化文件与原生电子文件基本等同的管理功能 | 必选 |
| 2 | ERMS应支持对纸质文件进行管理 | 必选 |
| 3 | ERMS宜支持集成扫描功能模块。该功能模块可支持:<br>a) 提供扫描管理界面;<br>b) 多页文件扫描;<br>c) 单色扫描、灰度扫描和彩色扫描;<br>d) 对扫描图像的注释功能,注释内容被保存到元数据项中;<br>e) 提供多种扫描参数设置,如单面/双面、分辨率、反差、亮度设置等,并记录相关元数据;<br>f) 记录数字化对象的形式特征;<br>g) 记录数字化过程元数据;<br>h) 集成图像处理功能 | 可选 |

表(续)

| 序号 | 功能要求 | 约束 |
|---|---|---|
| 4 | ERMS应支持以合乎DA/T 31等相关标准规范要求的格式保存图像 | 必选 |
| 5 | ERMS宜支持光学字符识别、条形码识别等功能 | 可选 |
| 6 | ERMS应允许用户将扫描图像作为文件或文档捕获 | 必选 |
| 7 | ERMS应支持以多种分辨率、多种格式保存图像,并保证各种分辨率、格式图像间的关联,以适应不同的应用环境 | 必选 |
| 8 | ERMS应支持显示扫描图像的缩略图 | 必选 |
| 9 | ERMS应支持对扫描图像的质量控制和调整,如允许为图像信息内容设置阈值,低于阈值就放弃该图像并以空白页显示 | 必选 |
| 10 | ERMS宜支持自动捕获指定扫描区域的相关元数据 | 可选 |
| 11 | ERMS应支持批量导入扫描图像及其元数据 | 必选 |
| 12 | ERMS应支持数字化文件的元数据编制,可采取导入、挂接既有元数据的方式,也可同时进行人工辅助编制 | 必选 |
| 13 | ERMS应支持记录扫描活动本身,包括操作者、操作时间、操作文件、检验员等信息 | 必选 |

## 6.2 多载体文件管理

多载体文件管理是不同载体形式文件的综合管理。ERMS管理多载体文件,主要有三种情况:

a) 混合文件。混合文件是处理相同职能、活动或业务的电子和非电子形式文件或文档的组合,包括混合类、混合案卷和单份的混合文件。如会议案卷中包括电子版的备忘录、胶片形式的照片,以及纸质的会议纪要等。混合文件管理需要整合电子文件管理流程和实体文件管理流程。

b) 双套制文件。指同一内容的文件既存在电子形式,也存在非电子形式。如纸质文件与其数字化版本、电子版与其硬拷贝版本等。

c) 实体文件。指某一内容的文件仅有非电子的物理实体形态,ERMS应通过元数据实现对实体文件的管理和控制。

机构可能同时存在以上两种或全部情况。

ERMS对于电子和非电子形式的文件、文件组合应采用基本一致的方式管理。ERMS管理多载体文件的关键,是在实体文件和相关电子文件与元数据之间建立关联。

| 序号 | 功能要求 | 约束 |
|---|---|---|
| 1 | ERMS应对实体文件、电子文件、混合文件及其组合实施统一的、基本一致的管理 | 必选 |
| 2 | ERMS应以统一的文件分类方案、分类标识符号管理实体文件和电子文件(包括数字化文件),并使用适当的标记区分不同的记录方式或载体形态 | 必选 |
| 3 | ERMS应在实体文件元数据中设立实体辅助管理信息,包括物理位置信息、装具识别信息等 | 必选 |
| 4 | ERMS宜以统一的保管期限与处置表管理实体文件和电子文件 | 可选 |
| 5 | ERMS应始终通过元数据中的物理位置定位到实体文件以及非电子文件中的实体部分,并始终维护实体文件以及非电子文件中的实体部分及其元数据之间的关联 | 必选 |
| 6 | ERMS宜允许双套制文件及其组合(如案卷)中内容相同的电子文档和纸质文档及其组合(如案卷)具有并维持明确的关联,可以使用相同的题名和唯一标识符 | 可选 |
| 7 | ERMS应支持授权用户在登记实体文件、混合文件、双套制文件时创建实体组合文件或逻辑组合文件(如案卷),并注明其类型 | 必选 |

表（续）

| 序号 | 功能要求 | 约束 |
|---|---|---|
| 8 | ERMS应支持授权用户创建、维护、修改混合文件、混合组合文件中电子和非电子部分之间的关联。修改应记入审计跟踪日志 | 必选 |
| 9 | ERMS宜支持混合文件、双套制文件中的纸质和电子部分具有相同的保管期限，实施相同的处置行为，如同时销毁到期电子和非电子文件 | 可选 |
| 10 | ERMS支持在移交、销毁非电子文件及其组合时，提供非电了部分的物理存放位置，并要求授权用户确认相应的处置行为 | 必选 |
| 11 | ERMS支持在移交非电子文件及其组合时，保持其各种关联 | 必选 |
| 12 | ERMS宜保证混合文件、双套制文件中的纸质和电子部分使用相同的访问控制 | 可选 |
| 13 | ERMS应保证对任何载体形式的文件进行检索时，其中的电子和非电子部分（如果存在的话）都能同时被检索到 | 必选 |
| 14 | ERMS应支持实体文件的利用预约登记、借阅等利用过程，实现对实体文件的定位与跟踪，整个利用过程应被记入审计跟踪日志 | 必选 |
| 15 | ERMS宜在实体文件借出利用即将到期或到期未还时提供相关信息 | 可选 |
| 16 | ERMS宜通过签入、签出功能来执行实体文件的借阅与归还，并允许用户记录签入签出的行为，自动记录签入签出的时间 | 可选 |
| 17 | ERMS宜允许授权用户查看借出的实体文件当前的物理位置、保管者以及借阅时间、应归还时间等信息 | 可选 |
| 18 | 任何对非电子文件及其组合的元数据的修改，应被记入审计跟踪日志 | 必选 |
| 19 | ERMS宜采用条形码、射频识别等技术实现对实体文件的跟踪 | 可选 |
| 20 | ERMS宜在审计跟踪日志中记录实体文件物理位置的变化，在导出实体文件数据的时候，也能导出存放位置的跟踪史 | 可选 |
| 21 | 在用户浏览、检索或者其他方式对类目、案卷、子卷进行处理行为时，ERMS应当用恰当的方式提示物理容器或者物理文件在其中 | 必选 |

## 6.3 离线利用

离线利用是在不能连入ERMS系统进行操作而又必须使用ERMS内电子文件的情况下，使用离线存储设备从ERMS中读取电子文件进行相关操作的过程。ERMS所使用的离线存储设备必须是专用设备，不可用于ERMS以外的其他场合。离线使用的存储设备离线使用完毕后，必须重新连入ERMS系统进行相关的删除、登记等操作。

| 序号 | 功能要求 | 约束 |
|---|---|---|
| 1 | ERMS支持电子文件的有条件离线使用，所有进入ERMS的离线存储设备必须在系统中进行登记 | 必选 |
| 2 | ERMS所支持的离线存储设备应为专用设备，必须有明确的标记 | 必选 |
| 3 | ERMS所支持的离线存储设备应采用符合安全和保密要求的存储介质，存储介质必须经过相关认定 | 必选 |
| 4 | ERMS文件在离线使用时，应有严格的审批流程，要有相应的使用记录 | 必选 |
| 5 | ERMS文件在离线存储审核时，宜提供批量审批的功能 | 可选 |
| 6 | 离线利用的信息应保证在权限许可范围内 | 必选 |

## 6.4 接口管理

ERMS应支持与多类应用系统的接口，鼓励按照特定文件类型的具体管理办法拓展功能。

| 序号 | 功能要求 | 约束 |
|---|---|---|
| 1 | ERMS宜提供电子邮件系统接口，能按照DA/T 32—2005进行管理和操作 | 可选 |
| 2 | ERMS宜提供与网站系统的接口管理机制，能根据机构网页归档管理办法进行 | 可选 |
| 3 | ERMS宜提供传真集成功能 | 可选 |
| 4 | ERMS宜提供文件图像处理工具与硬件接口 | 可选 |
| 5 | ERMS宜提供条形码系统接口 | 可选 |
| 6 | ERMS宜提供表格生成软件系统接口 | 可选 |
| 7 | ERMS宜提供图示用户界面以显示和管理所有电子文件 | 可选 |
| 8 | ERMS宜提供与内容管理系统接口 | 可选 |
| 9 | ERMS宜提供与业务系统、电子文件长期保存系统的接口 | 可选 |

## 6.5 工作流

ERMS系统可支持以工作流机制进行管理，即电子文件及其管理活动可按照预先设定好的流程，自动在用户之间进行传递。

| 序号 | 功能要求 | 约束 |
|---|---|---|
| 1 | ERMS应能定义工作组，可按照组织机构人事划分定义工作组，也可以是其他逻辑组合 | 必选 |
| 2 | ERMS应能提供访问控制权限与工作组之间的有机结合，如可将特定来源的电子文件管理权限分配给某工作组 | 必选 |
| 3 | 在工作组中可以定义工作流管理员和普通用户角色，前者可以重新分配流程和任务 | 必选 |
| 4 | ERMS应能管理工作组的各项活动，包括暂停、启动、追踪、报告状态等 | 必选 |
| 5 | 只有获得授权的人员才能进行工作组管理 | 必选 |
| 6 | 只有获得授权的人员才能进行工作流管理 | 必选 |
| 7 | ERMS应能管理工作流，包括定义、删除、修改工作流。不得限制工作流、工作流中工作步骤的数量 | 必选 |
| 8 | ERMS应能启动、暂停、取消、保存、显示、报告工作流 | 必选 |
| 9 | ERMS应对工作流定义并将其管理活动记入审计跟踪日志 | 必选 |
| 10 | ERMS应提供对工作流的报告工具，包括对容量、性能、工作量和意外情况进行监控 | 必选 |
| 11 | ERMS应提供工作流的图形管理界面，工作流的管理活动可通过图形界面进行 | 必选 |
| 12 | ERMS应能设置和调整工作流的优先级别 | 必选 |
| 13 | ERMS应能向用户通报工作流程 | 必选 |
| 14 | ERMS应允许用户以队列方式管理、查看工作任务 | 必选 |
| 15 | ERMS宜设定触发工作流的机制，如在文件生成完毕或接收电子邮件时触发捕获登记工作流 | 可选 |
| 16 | ERMS应在工作流中支持电子文件元数据的累进增加 | 必选 |
| 17 | ERMS宜允许工作流管理员设定工作步骤期限，并生成报告 | 可选 |
| 18 | ERMS应支持有条件的工作流，即根据用户输入或系统数据来决定工作流的方向 | 必选 |
| 19 | ERMS应支持工作流与即时通信工具或电子邮件系统集成，以便提醒用户 | 必选 |
| 20 | ERMS工作流应支持多种提醒功能，保证工作流顺畅完成 | 必选 |

## 6.6 性能要求

性能要求是ERMS设计时必须考虑的指标，它是衡量系统能够在何种程度上满足用户需要的标志，其目标实现是在管理和技术共同作用下达到的。性能指标的满足需要考虑合理的管理措施和具体的技术环境。

| 序号 | 功能要求 | 约束 |
|---|---|---|
| 1 | ERMS应具备稳定且灵活的体系结构，以适应不断变化的业务需要，并能一直以适合实施的方式满足文件管理需求 | 必选 |
| 2 | ERMS应能达到满足特定业务需要和用户期望的标准 | 必选 |
| 3 | ERMS应能够以可控的方式不断发展，以长期持续满足预期的组织需要 | 必选 |
| 4 | ERMS宜考虑如下具体性能指标，并使其达到用户期望的水平：<br>a) 并行用户数量；<br>b) 并行事务处理能力；<br>c) 海量检索响应时间；<br>d) 电子文件仓储最大容量；<br>e) 与ERMS有关的数据库管理能力；<br>f) 可持续服务时间；<br>g) 可持续保管文件能力；<br>h) 可容忍的最长停机中断时间；<br>i) 宕机后系统恢复时间 | 可选 |
| 5 | ERMS应通过认证来验证其满足性能指标的能力 | 必选 |
| 6 | ERMS应能收集并显示性能指标 | 必选 |

## 参 考 文 献

[1] 中华人民共和国政府信息公开条例
[2] 中华人民共和国档案法
[3] 中华人民共和国档案法实施办法
[4] 中华人民共和国电子签名法
[5] 机关文件材料归档范围和文书档案保管期限规定(国家档案局令第8号)

ICS 27.160
K 83

# 中华人民共和国国家标准

GB/T 29195—2012

# 地面用晶体硅太阳电池总规范

General specification of crystalline silicon terrestrial solar cells

2012-12-31 发布　　2013-06-01 实施

中华人民共和国国家质量监督检验检疫总局
中国国家标准化管理委员会　发布

# 前　言

本标准按照 GB/T 1.1—2009 给出的规则起草。

请注意本文件的某些内容可能涉及专利。本文件的发布机构不承担识别这些专利的责任。

本标准由全国太阳光伏能源系统标准化技术委员会(SAC/TC 90)提出并归口。

本标准起草单位:无锡尚德太阳能电力有限公司。

本标准主要起草人:李华、陈如龙、汪义川、梁哲、杨林、张光春、施正荣。

# 地面用晶体硅太阳电池总规范

## 1 范围

本标准规定了地面用晶体硅太阳电池的技术要求、试验方法、检验规则、标志、包装、储存和运输。

本标准适用于地面用单晶硅太阳电池和地面用多晶硅太阳电池(以下简称电池)。

## 2 规范性引用文件

下列文件对于本文件的应用是必不可少的。凡是注日期的引用文件,仅注日期的版本适用于本文件。凡是不注日期的引用文件,其最新版本(包括所有的修改单)适用于本文件。

GB/T 191 包装储运图示标志(GB/T 191—2008,ISO 780:1997,MOD)

GB/T 2828.1—2003 计数抽样检验程序 第1部分:按接收质量限(AQL)检索的逐批检验抽样计划(ISO 2859-1:1999,IDT)

GB/T 2829 周期检验计数抽样程序及表(适用于对过程稳定性的检验)

GB/T 6495.1—1996 光伏器件 第1部分:光伏电流-电压特性的测量(idt IEC 60904-1:1987)

GB/T 6495.3—1996 光伏器件 第3部分:地面用光伏器件的测量原理及标准光谱辐照度数据(idt IEC 60904-3:1989)

GB/T 6618 硅片厚度和总厚度变化测试方法

GB/T 17473.7—2008 微电子技术用贵金属浆料测试方法 可焊性、耐焊性测定

IEC 60891 晶体硅光伏器件的Ⅰ-Ⅴ实测特性的温度和辐照度修正方法(Photovoltaic devices Procedures for temperature and irradiance corrections to measured Ⅰ-Ⅴ characteristics)

ASTM D 3359 胶带试验测定粘合性的方法(Standard test methods for measuring adhesion by tape test)

SEMI PV22 太阳电池用硅片规范(Specification for silicon wafers for use in photovoltaic solar cells)

## 3 术语和定义

下列术语和定义适用于本文件。

3.1

**钝形缺口 obtuse nick**

缺口形状呈现为沿边缘平缓过渡,并不向中心深入的状态。

3.2

**V形缺口 V-type nick**

缺口形状呈现为向中心尖锐深入的形状,类似字母“V”。

3.3

**基体材料 substrate**

符合SEMI PV22要求的单晶硅片或多晶硅片。

3.4

**电池隐性裂纹　cell invisible crack**

肉眼不可见的但用其他检测技术可使其显现的具有一定尺寸的裂纹。

## 4　要求

### 4.1　设计和结构

#### 4.1.1　电极

4.1.1.1　电极图形完整性，电极图形尺寸、形状和位移应符合产品详细规范的规定。

4.1.1.2　电极应无变色现象。

4.1.1.3　电极应具有良好的可焊性。

#### 4.1.2　背面铝膜[1)]

**4.1.2.1　背面铝膜与基体材料的附着强度**

背面铝膜应牢固附着在基体材料上，按 5.1.2.1 规定的方法检测，背面铝膜不应出现任何脱落现象。

**4.1.2.2　背面铝膜的外观**

背面铝膜的允许凸起高度应在产品详细规范中规定。背面铝膜应图形完整。背面铝膜的形状、图形位移应符合产品详细规范的规定。

#### 4.1.3　减反射膜的附着强度

采用减反射膜设计结构的电池，减反射膜应牢固附着在基体材料上，按 5.1.3 规定的方法检测，减反射膜不应出现任何脱落现象。

#### 4.1.4　尺寸

表 1 和表 2 规定了典型电池的尺寸要求，其他电池的尺寸规格要求应符合产品详细规范的规定。

**表 1　多晶硅太阳电池的尺寸要求**

| 尺寸<br>mm | 尺寸公差<br>mm | 垂直度<br>(°) | 厚度偏差<br>μm | 总厚度变化率<br>% |
|---|---|---|---|---|
| 103×103 | ±0.5 | 90±0.3 | ±20 | 16 |
| 125×125 | | | | |
| 156×156 | | | | |

注 1：厚度偏差：电池厚度的测量值与标称厚度的最大差值。

注 2：总厚度变化率：在一系列点的厚度（包含电极厚度）测量中，被测电池的最大厚度与最小厚度的差值与电池标称厚度的比率。

1)　4.1.2 针对采用背面铝膜设计结构的电池。

表2 单晶硅太阳电池的尺寸要求

| 尺寸<br>mm | (准方)直径<br>mm | 尺寸公差<br>mm | 垂直度<br>(°) | 厚度偏差<br>μm | 总厚度变化率<br>% |
|---|---|---|---|---|---|
| 103×103 | 135 | ±0.5 | 90±0.3 | ±20 | 16 |
| 125×125 | 150 或 165 | | | | |
| 156×156 | 195 或 200 | | | | |

注1：厚度偏差：电池厚度的测量值与标称厚度的最大差值。
注2：总厚度变化率：在一系列点的厚度(包含电极厚度)测量中，被测电池的最大厚度与最小厚度的差值与电池标称厚度的比率。

4.1.5 外观

电池的外观应符合以下要求：

——电池的颜色应均匀一致，无水痕、手印等外观缺陷。电池间应无明显的色差；

——电池上不应存在肉眼可见的孔洞、裂纹及V形缺口；

——同一片电池上出现的崩边、钝形缺口不应超过两处，且外形缺陷的长度应不大于1.5 mm，由边缘向中心的深度应不大于0.5 mm。

4.2 力学性能

4.2.1 弯曲变形

一般情况下，电池的弯曲变形用电池的弯曲量来衡量，电池的弯曲量如图1所示。不同尺寸规格的电池允许的最大弯曲量应符合产品详细规范的规定。

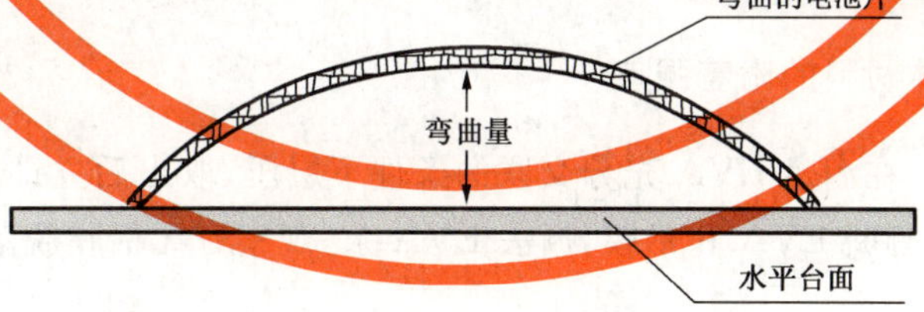


图1

4.2.2 电极附着强度及电极与焊点的抗拉强度

电极附着应牢固，焊接后，电极与焊点应结合牢固，按5.2.2规定的方法检测，电极不应从基体材料上脱落，电极与焊点之间不应脱离。

4.2.3 电池隐性裂纹

电池体内不应有影响电池性能的隐性裂纹。

4.3 电性能

4.3.1 电性能参数

电池电性能参数包括但不仅限于开路电压、短路电流、填充因子、最大功率、转换效率、低辐照度性能。电池电性能参数应符合相关产品详细规范的规定。

4.3.2 电性能参数的温度系数

电池电性能参数的温度系数包括但不仅限于短路电流温度系数 $\alpha$、开路电压温度系数 $\beta$ 和最大功率温度系数 $\gamma$。电池电性能参数的温度系数应符合相关产品详细规范的规定。

4.3.3 电池最大功率初始光衰减比率

电池最大功率初始光衰减比率应符合产品详细规范的规定。

4.4 热循环试验

按 5.4 规定的方法检测，电池的外观、力学性能应符合 4.1.5、4.2 的规定，电池的最大功率衰减比率应不超过 3%。

## 5 试验方法

5.1 设计和结构

5.1.1 电极

5.1.1.1 电极图形完整性，电极图形尺寸、形状和位移的检验应使用分辨力优于 0.02 mm 的卡尺测量。

5.1.1.2 在照度不小于 800 lx 的白色光源下，目测电极是否变色。

5.1.1.3 电池电极的可焊性按 GB/T 17473.7—2008 进行检测。

5.1.2 背面铝膜[2)]

5.1.2.1 背面铝膜与基体材料的附着强度

如图 2 所示放置样品，在满足 EVA 充分交联的条件下层压，取出后立即撕下聚四氟乙烯耐高温漆布，待冷却到室温后，用刀割断 EVA 和铝膜，撕去 EVA 条，观察有无铝膜脱落现象。

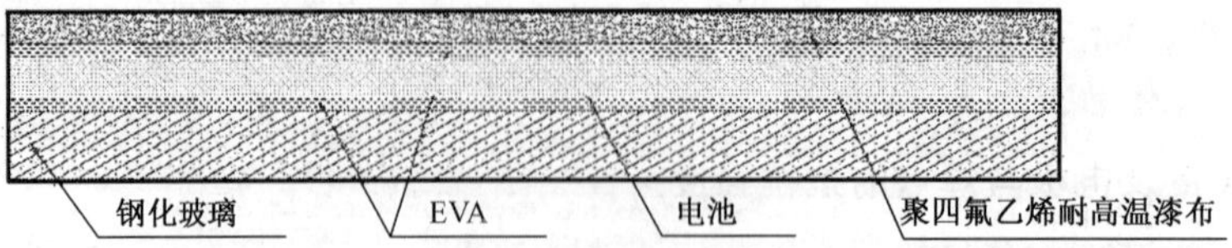


图 2

2) 5.1.2 针对采用背面铝膜设计结构的电池。

5.1.2.2 背面铝膜的外观

背面铝膜的凸起高度应使用分辨力优于 0.01 mm 的带标尺的光学显微镜测量，图形缺陷采用目测。图形位移采用分辨力优于 0.02 mm 的卡尺测量。

5.1.3 减反射膜附着强度

减反射膜附着强度的检测采用胶带试验测定粘合性的方法，胶带附着强度不小于 0.44 N/mm。具体参照 ASTM D 3359 的规定进行。

5.1.4 尺寸

电池的尺寸采用分辨力优于 0.02 mm 的卡尺测量，电池的厚度采用分辨力优于 0.01 mm 的千分尺测量。

电池的角度偏差采用分辨力优于 0.1°的量角器测量。

电池的厚度偏差和总厚度变化率参照 GB/T 6618 进行检测。

5.1.5 外观

在照度不小于 800 lx 的白色光源下对电池进行目测。

电池的崩边、钝形缺口等外形缺损的尺寸检测，采用分辨力优于 0.02 mm 的卡尺测量。

5.2 力学性能

5.2.1 弯曲变形

使用表面平整度优于 0.01 mm 平台，电池背面朝下水平放置，用分辨力优于 0.01 mm 的量具进行检测。

5.2.2 电极附着强度及电极与焊点抗拉强度

电极的附着强度及电极与焊点的抗拉强度检测采用同一方法。按图 3 所示，将小于或等于电极宽度的镀锡铜带焊接在电池电极上，焊接长度为 10 mm±0.5 mm，焊接质量以不虚焊为准。按图 4 所示将焊接镀锡铜带的电池固定在上下两片硬质夹板之间，将镀锡铜带通过上夹板的开槽引出(开槽的宽度应略大于镀锡铜带的宽度)。在与焊接面成 45°角方向对镀锡铜带逐渐施加拉力，拉力达到 1.73 N/mm (拉力/镀锡铜带宽度)后持续 10 s。

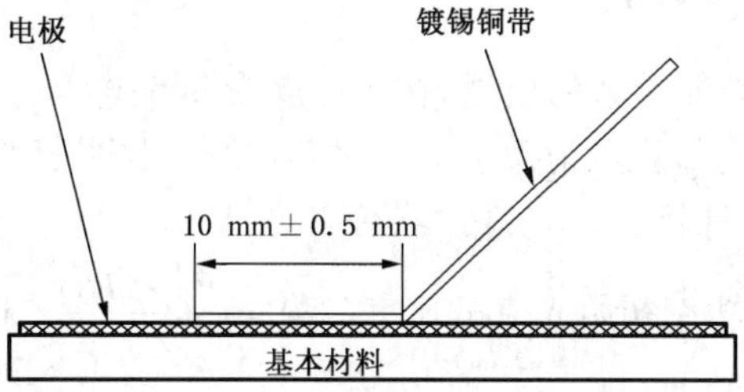


图 3

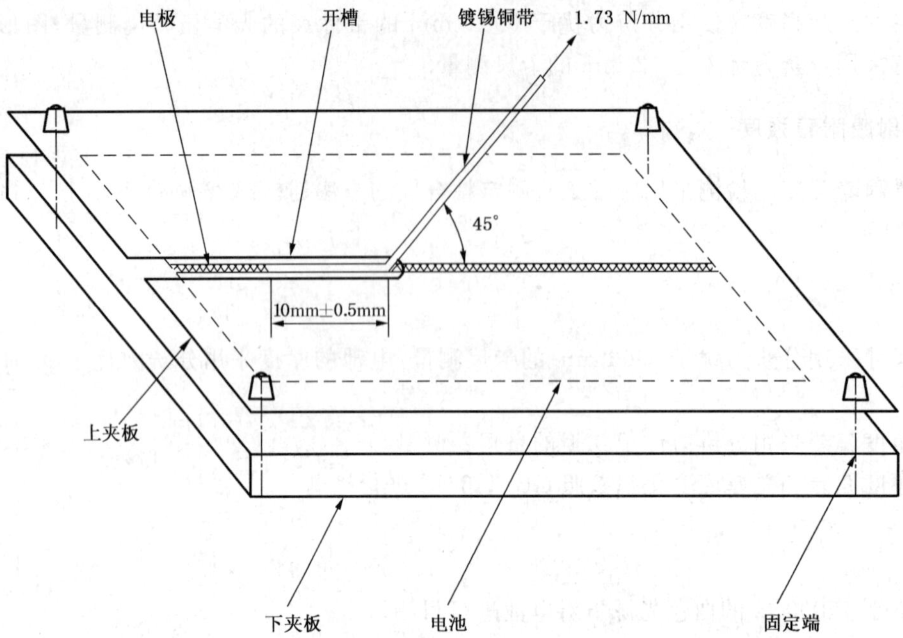


图 4

### 5.2.3 电池隐性裂纹

在电池电极两端加正向电压,使电流密度大小和电池短路电流密度相当,用分辨率优于0.5 mm/pixel的红外相机采集图像。

## 5.3 电性能

### 5.3.1 电性能参数

电池电性能参数检测按 GB/T 6495.1—1996 和 GB/T 6495.3—1996 进行。

注:低辐照度性能的检测应在 25 ℃、200 W/m² 的室外自然光或模拟光源条件下进行。

### 5.3.2 电性能参数的温度系数

电池电性能参数的温度系数检测按 IEC 60891 进行。

### 5.3.3 电池最大功率初始光衰减比率

按照 5.3.1 要求检测过电性能参数的电池,在辐照度为 800 W/m²～1 100 W/m² 的室外自然光或模拟光源下照射 2 h(该过程中应保证电池温度不超过 80 ℃),再次按照 5.3.1 要求检测电性能,电池最大功率初始光衰减比率由式(1)计算:

$$最大功率初始光衰减比率(\%)=\frac{P_1-P_0}{P_0}\times 100\% \qquad \cdots\cdots(1)$$

式中:

$P_0$——光衰减前电池最大功率;

$P_1$——光衰减后电池最大功率。

### 5.4 热循环试验

将经初始光衰减稳定后的电池样品间隔地放置在环境试验箱(相对湿度小于60%)中,按照图5的温度分布,使电池的温度在−40 ℃±2 ℃和85 ℃±2 ℃之间循环。在两个极端温度的保持时间不少于10 min,一次循环时间不超过6 h,循环次数5次。再按5.1.5、5.2、5.3.1的规定对电池的外观、力学性能和电性能参数中的最大功率进行检测。

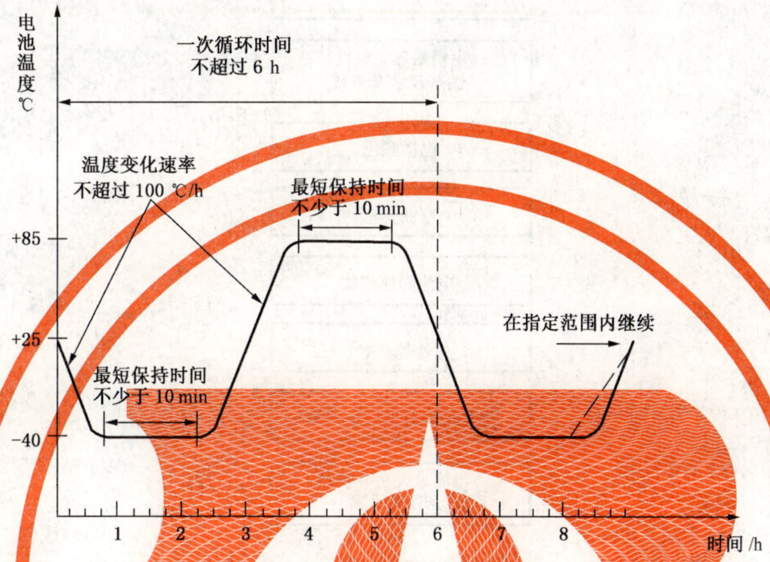


图5

## 6 检验规则

### 6.1 检验分类

检验分为型式试验、交收检验。

### 6.2 型式试验

每年至少进行一次型式试验,有下列情况之一时,也应进行型式试验:

——设计定型鉴定和生产定型鉴定时;

——停产半年恢复生产时;

——当设计、工艺或者材料变更可能影响产品性能时;

——交收检验结果与上次型式试验结果有较大差异时;

——国家质量监督机构提出进行型式试验的要求时。

一个型式试验批由采用同一材料、同一结构设计、同一工艺条件、基本相同的生产设备在不超过三天的时间内所生产的电池组成。型式试验时,按GB/T 2829规定的方法从同一批样品中随机抽取10片样品,按图6所示的程序进行全项目检测。检测项目、试验方法及要求见表3规定,各项检测结果应符合对应要求条款的规定。如任意一片样品的任一项目不符合要求,则该设计被判定达不到定型要求,应查明原因,进行改进后,重新进行型式试验。

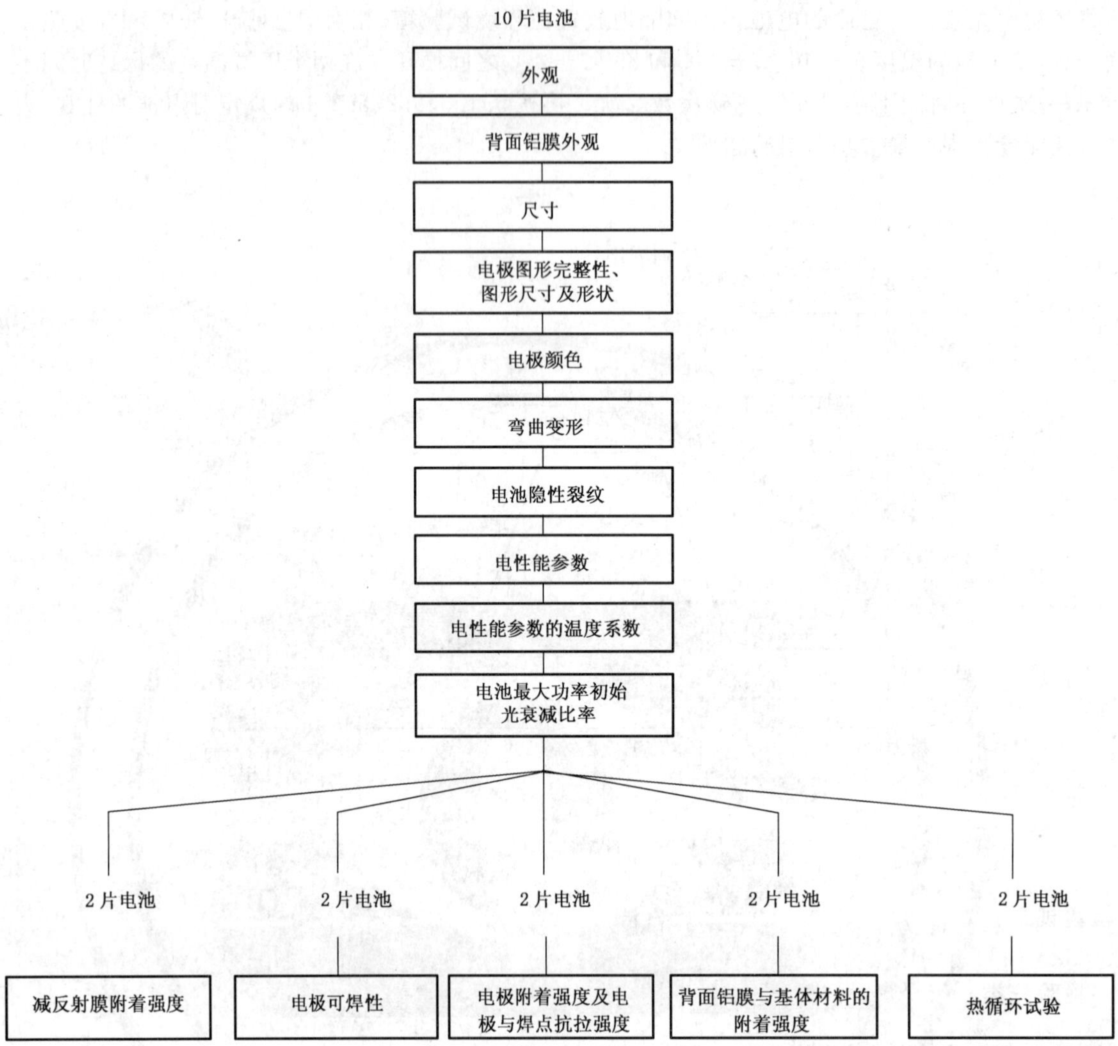


图6

**表3 型式试验项目**

| 序号 | 项　目 | 要求章条号 | 试验方法章条号 |
|---|---|---|---|
| 1 | 外观 | 4.1.5 | 5.1.5 |
| 2 | 背面铝膜外观 | 4.1.2.2 | 5.1.2.2 |
| 3 | 尺寸 | 4.1.4 | 5.1.4 |
| 4 | 电极图形完整性、图形尺寸及形状 | 4.1.1.1 | 5.1.1.1 |
| 5 | 电极颜色 | 4.1.1.2 | 5.1.1.2 |
| 6 | 弯曲变形 | 4.2.1 | 5.2.1 |
| 7 | 电池隐性裂纹 | 4.2.3 | 5.2.3 |
| 8 | 电性能参数 | 4.3.1 | 5.3.1 |
| 9 | 电性能参数的温度系数 | 4.3.2 | 5.3.2 |

表 3（续）

| 序号 | 项　　目 | 要求章条号 | 试验方法章条号 |
|---|---|---|---|
| 10 | 电池最大功率初始光衰减比率 | 4.3.3 | 5.3.3 |
| 11 | 减反射膜的附着强度 | 4.1.3 | 5.1.3 |
| 12 | 电极的可焊性 | 4.1.1.3 | 5.1.1.3 |
| 13 | 电极附着强度及电极与焊点的抗拉强度 | 4.2.2 | 5.2.2 |
| 14 | 背面铝膜与基体材料的附着强度 | 4.1.2.1 | 5.1.2.1 |
| 15 | 热循环试验 | 4.4 | 5.4 |

## 6.3 交收检验

一个交收检验批可由一个生产批组成或由采用基本相同的材料、工艺和设备，间隔时间不超过一周的几个生产批组成。交收检验项目除全检项目外，其他项目抽样方案按 GB/T 2828.1—2003 中的规定进行，其检测项目、抽样方案，检验水平、接收质量限(AQL)按照表 4 规定进行。对于在线全检项目，如电池达不到任意一项要求，则该片电池应被判定为不合格品。

表 4　交收检验项目

<table>
<tr><th>序号</th><th>项　　目</th><th>要求章条号</th><th>试验方法章条号</th><th>检验水平</th><th>AQL</th></tr>
<tr><td>1</td><td>外观</td><td>4.1.5</td><td>5.1.5</td><td colspan="2" rowspan="4">在线 100%全检</td></tr>
<tr><td>2</td><td>背面铝膜外观</td><td>4.1.2.2</td><td>5.1.2.2</td></tr>
<tr><td>3</td><td>电极颜色</td><td>4.1.1.2</td><td>5.1.1.2</td></tr>
<tr><td>4</td><td>电性能参数</td><td>4.3.1</td><td>5.3.1</td></tr>
<tr><td>5</td><td>尺寸</td><td>4.1.4</td><td>5.1.4</td><td rowspan="6">S-4</td><td rowspan="6">0.25</td></tr>
<tr><td>6</td><td>弯曲变形</td><td>4.2.1</td><td>5.2.1</td></tr>
<tr><td>7</td><td>电池隐性裂纹</td><td>4.2.3</td><td>5.2.3</td></tr>
<tr><td>8</td><td>电池最大功率初始光衰减比率</td><td>4.3.3</td><td>5.3.3</td></tr>
<tr><td>9</td><td>电极的可焊性</td><td>4.1.1.3</td><td>5.1.1.3</td></tr>
<tr><td>10</td><td>电极附着强度及电极与焊点的抗拉强度</td><td>4.2.2</td><td>5.2.2</td></tr>
<tr><td colspan="6">注：检验水平和 AQL 要求见 GB/T 2828.1 的规定。</td></tr>
</table>

# 7 标志、包装、储存和运输

## 7.1 标志

电池上宜印有生产厂家的标志。

## 7.2 包装

电池的包装应符合以下要求：

——电池内包装和外包装要求应在产品详细规范中规定，确保电池在储存、运输过程中完好无损；

——电池包装盒(或箱)上至少印有如下产品标志:厂名、产品名称、产品型号或标记、制造日期、生产批号、标称厚度、转换效率、合格标识;

——外包装箱应印有正放置、防潮、防晒、易碎、堆码极限等标志,包装储运图示标志应符合GB/T 191的规定。

## 7.3 储存

产品应在干燥(相对湿度小于60%)、无腐蚀性气体的环境条件下储存。储存期限应符合产品详细规范的规定。

## 7.4 运输

应使用有缓冲材料的包装进行运输,运输过程中做好防护措施。

ICS 27.160
K 83

# 中华人民共和国国家标准

GB/T 29196—2012

## 独立光伏系统 技术规范

## Technical specification for stand—Alone photovoltaic systems

2012-12-31 发布 2013-06-01 实施

中华人民共和国国家质量监督检验检疫总局
中国国家标准化管理委员会 发布

# 前　言

本标准依据 GB/T 1.1—2009 给出的规则编制。

本标准由中华人民共和国工业和信息化部提出。

本标准由全国太阳光伏能源系统标准化技术委员会(SAC/TC 90)归口。

本标准起草单位：云南师范大学、云南半导体器件厂、北京日佳电源有限公司、信息产业部天津电源研究所、新疆新能源股份有限公司、昆明光伏科技有限公司。

本标准主要起草人：刘祖明、李杰慧、杨鸿雁、周立新、康乐。

# 引　言

独立光伏系统是将入射的太阳辐射能直接转换为电能，不与公用电网连接的发电系统。对于独立光伏系统中配电系统及配电系统工程部分技术要求，由于有较为齐全的相关标准，可按设计电压等级，依据相关输配电标准执行。对于土建工程部分，按相关建筑标准要求，依据设计要求执行，其中有需要强调或特殊要求的按第5章“其他要求”执行。

# 独立光伏系统　技术规范

## 1　范围

本标准规定了独立光伏系统要求、子系统规格和要求、现场检测及系统评价。

本标准适用于功率不小于1 kW的地面用独立光伏系统。聚光光伏系统、其他互补独立供电系统与光伏相关的部分可参照本标准。

注：系统功率是指使用的光伏组件在地面标准测试条件下功率的总和。

## 2　规范性引用文件

下列文件对于本文件的应用是必不可少的。凡是注日期的引用文件，仅注日期的版本适用于本文件。凡是不注日期的引用文件，其最新版本(包括所有修改单)适用于本文件。

GB/T 2828.1　计数抽样检验程序　第1部分：按接收质量限(AQL)检索的逐批检验抽样计划

GB/T 3859.1　半导体变流器基本要求的规定

GB/T 9535　地面用晶体硅光伏组件　设计、鉴定和定型(IEC 61215)

GB 12527　额定电压1 kV及以下架空绝缘电缆

GB/T 13337.1　固定型防酸式铅酸蓄电池技术条件

GB/T 18210　晶体硅光伏(PV)方阵I-V特性的现场测量(IEC 61829)

GB/T 18911—2002　地面用薄膜光伏组件　设计鉴定和定型(IEC 61646)

GB/T 19001　质量管理体系　要求(ISO 9001)

GB 50054—1995　低压配电设计规范

GB 50094　建筑物防雷设计规范

GB 50164　混凝土质量控制标准

GB 50168　电气装置安装工程电缆线路施工及验收规范

GB 50169　电气装置安装工程接地装置施工及验收规范

GB 50172—1992　电气装置安装工程蓄电池施工验收规范

GB 50202—2002　建筑地基基础工程施工质量验收规范

GB 50205—2001　钢结构工程施工质量验收规范

GB 50258　电气装置安装工程1 kV及以下配线工程施工及验收规范

DL 408　电业安全工作规程

DL/T 464.1～5　额定电压1 kV及以下架空绝缘电线金具和绝缘部件

DL 477　农村低压电气安全工作规程

DL 499　农村低压电力技术规程

DL 5009.2　电力建设安全工作规程

DL 5027　电力设备典型消防规程

SJ/T 11127　光伏发电系统过电压保护　导则(IEC 61173)

YD/T 799—2002　通信用阀控式密封铅酸蓄电池

IEC 61683　光伏系统功率调节器效率测量步骤(Photovoltaic systems—Power conditioners—Procedure for measuring efficiency)

IEC 61724 光伏系统性能监测 测量、数据交换和分析导则(Photovoltaic system performance monitoring—Guidelines for measurement, data exchange and analysis)

## 3 系统要求

### 3.1 组成

独立光伏系统从功能上主要包括下列子系统:

——主控和监视子系统:监控光伏发电系统总体运行和各子系统间的相互配合,也可作用于负载;

——光伏子系统:将入射太阳辐射能直接转化为直流电能的单元;

——功率调节器:把电能变换为一种或多种适于后续负载使用的系统;

——储能子系统:用于存储电能、满足负载连续用电的要求。包括储能装置及输入—输出控制装置。

在某一特定光伏发电系统设计中,上述子系统的某些部分可以省略,而子系统的部分元件可以以单个或组合的形式出现。如:光伏系统中使用的控制设备一般兼有主控和监视功能及储能子系统中的输入—输出控制功能;逆变器除具有功率调节器部分功能,也可能包含部分储能子系统输入—输出控制功能。

作为独立光伏系统与一般性负载接口的配电系统,一般不作为独立光伏系统的组成部分,但在光伏系统工程建设中常配套进行配电系统工程建设,因此在本标准中对配电系统不作详细要求,其基本要求见第5章“其他要求”。

系统主要部件均应选用经过相关的质量检测或认证的合格产品。

### 3.2 系统供电保障率

系统供电保障率,即一年中能保障负载供电时间的百分率。系统的失效一是由于连续阴雨天导致发电量不足,储能子系统存储能量不能满足系统负载用电量,二是由于系统故障。前者取决于系统设计配置,后者取决于系统可靠性及维修响应时间。

系统供电保障率的确定主要取决于用电要求。对常规用电系统供电保障率要求一般为80%~90%;对供电保障率要求高的特殊系统,应考虑采用多种供电电源形式互补。

### 3.3 安全要求

系统应满足基本安全要求:

——建筑安全:应满足GB 50054—1995中3.3的要求。对于放置固定式防酸隔爆铅酸蓄电池的蓄电池室必须具有强制通风保障;应满足防酸、防爆要求;

——电气安全:应符合GB 50054—1995相应的规定,系统所有电气设备的带电外露部分应设有安全提示标志;系统的过电压保护应符合SJ/T 11127的规定;

——消防安全:应符合DL 5027的要求。蓄电池室应配置灭火器。

### 3.4 资料要求

独立光伏系统应具有完整的技术资料,包括设计、设备和材料、工程管理、培训、运行管理等相关资料。

系统设计资料主要包括设计说明书、系统配置清单和/或设计图纸等。

系统设备和材料资料至少包括各子系统主要设备和材料的相关资料,如:合格证、检验和/或相关认证报告、使用说明书和/或技术说明书等。

工程管理资料中安装工程资料包括主要设备开箱检查记录,系统安装记录等。土建及输电工程资料应符合第5章“其他要求”的规定。

培训资料主要包括培训教材、用户使用的图示说明等。

运行管理资料主要包括运行管理规程、运行记录、维护操作规程、故障排除指南等。

所有操作标识必须为中文或有中文注释。在少数民族地区，操作标识宜有少数民族文字，运行管理规程等除了中文版还宜增加少数民族文字版本。

## 3.5 设计原则

独立光伏系统的设计应在保证满足对系统负载供电保障率要求的前提下，对环境条件、系统性能进行综合评价，适当的系统可扩展性，设计各子系统。光伏系统设计是非常复杂的过程，本标准仅给出一些总体原则和要求，详细的要求由将来的光伏系统设计规范给出。

光伏系统的负载估算是系统设计和成本核算的关键环节。负载设备的功率可以通过测量或产品技术资料获得，或参考同类型设备的有关数据。负载设备工作的时间可通过测算得到。在测算所得在负载基础上，还应对负载可能的变动因素进行分析和评估，进行设计调整。有直流负载时，系统直流电压一般综合最大负载直流电压或最高负载直流电压选取；交流电压一般根据负载设备的要求选取。

光伏子系统的设计功率应在设计月倾斜面日辐射量下，标准日发电量乘以光伏系统效率满足系统负载日用电量的要求。年均衡负载的独立光伏系统设计月倾斜面日辐射量应小于倾斜面年平均日辐射量，一般等于倾斜面最小辐射月平均日辐射量。非均衡性负载独立光伏系统设计主要依据是使负载使用时段获得最大的太阳辐射。光伏子系统电压设计应充分考虑光伏系统的电压温度关系：设计工作电压应保证全年对蓄电池的有效充电，系统可能达到的最高电压不能超过单块光伏组件所能承受的最大系统电压。

注：光伏子系统标准日发电量等于方阵功率乘标准等价发电时。标准等价发电时的计算见IEC 61724。光伏系统效率主要由光伏子系统的温度损耗、组合损耗、遮挡损耗；储能子系统的充放电效率；功率调节器的逆变效率、功率调节损耗以及输电电网损耗等组成。晶体硅光伏系统效率可参考选取0.51。

独立光伏系统中宜使用适宜深度放电并具有较长循环寿命的储能型蓄电池。独立光伏系统蓄电池的容量应在倾斜面日辐射量的一定变化范围内能储存满足负载用电所需的电能。蓄电池容量的设计应综合考虑蓄电池设计寿命、负荷情况、倾斜面辐射的不均衡度、光伏子系统功率、系统效率等。对于蓄电池使用温度偏离标准温度较大时，应根据使用温度适当调整蓄电池设计容量。

对于确定的供电保障率，光伏子系统设计功率取值较小时，系统的蓄电池配置容量增加，光伏子系统功率变化量与蓄电池容量变化量的关系取决于光伏系统建设地的辐射状况。按满足系统供电保障率要求、系统综合造价最低的光伏子系统功率与蓄电池容量优化设计原则，设计月倾斜面日辐射量以最小月平均倾斜面日辐射量(或接近值)为基础设计为宜。光伏子系统设计余量不高时，蓄电池容量不宜选取过大；光伏子系统设计余量较大时，蓄电池容量不宜选取过小。

注：晶体硅光伏系统蓄电池设计容量，一般应不小于光伏子系统设计标准日发电量的2.44倍。

功率调节器的容量应综合考虑负载的功率、功率因数，用电同时率、逆变器的负荷率和各相不平衡系数。

系统设计应有冗余量，功率调节器应具有限制、保护功能以满足系统可靠工作的要求，对于高供电保障率要求的系统可考虑采用关键设备备份或模块化冗余配置，提高系统运行可靠性。

系统设计还应考虑防爆、防静电、防盗等安全设计。

系统设计应考虑建站地点的地理条件，如高海拔、沿海、海岛及潮湿环境等。

用于海拔较高地区的系统，设计时要充分考虑建站地点特殊的地理条件，如：气压低，空气密度小，散热条件差等因素，要保证密封蓄电池的排气阀压力范围和电子元件的散热特性。用于环境温度过高或过低地区的系统，除关键设备设计选型对其温度适应性进行相关要求外，还应特别考虑蓄电池室的温度调控设计。

在地震多发地区的系统工程应考虑相应的防震设计，包括土建、方阵支架、蓄电池架等的防震。

设计使用的环境气象数据主要有：现场地理位置（包括地点、纬度、经度和海拔等）、气象资料（包括逐月太阳总辐射、直接辐射或散射辐射、年平均气温、最高和最低气温、最长连续阴雨天数、最大风速、冰雹、降雪、雷电等情况）。在无完整气象资料时，可参考条件相似地点的气象资料或采用经验公式/方法进行估算。

应进行系统设计的综合优化，以提高系统效率，更好地满足系统供电保障率要求。在系统参数设计中，应尽量选取本技术规范推荐的相应技术参数值，也可按用户的特殊要求设计。由于系统设计涉及环境气象参数，如太阳辐射等复杂计算，宜采用计算机辅助设计。

独立光伏系统设计的主要内容：

a) 计算负载用电量及确定供电电压等级；
b) 按负载功率及系统供电保障率要求，结合太阳辐射资源、现场情况、系统效率因素，选择方位角，优化倾角，计算光伏组件用量，确定光伏组件选型，方阵电气结构设计；
c) 综合负载功率、系统供电保障率要求、气象条件、系统功率、储能装置（蓄电池）特性，计算储能装置（蓄电池）容量、优化光伏子系统功率和蓄电池容量配置。根据系统直流电压或逆变器的要求选取蓄电池组的电压。
d) 主控和监视子系统设计。
e) 功率调节器设计。
f) 工程设计（可能包括占地、围墙、光伏方阵、电缆沟、机房、防雷、接地、排水系统等）。
g) 配电系统设计（可选择）。

## 4 子系统规格及要求

### 4.1 主控和监视子系统

主控和监视子系统主要包括（但不限于）以下监视和控制功能：

——系统数据信号的传感和采集；
——系统数据处理、记录、传输和显示；
——电能的传输控制；
——设备的启动和控制；
——保护。

为了简化设计和使用，主控和监视子系统的某些或全部功能可包含在其他子系统中。本标准在相应的子系统中对其进行规范。

### 4.2 光伏子系统

光伏子系统主要包括光伏组件、基础、支撑结构、内部电气连接、防护设施、接地等。

#### 4.2.1 一般要求

光伏子系统一般设计成满足系统年电量输出平均值或峰值要求，其大小既可根据所需满足的特定负载确定，也可根据某一普通负载范围及包括系统性能价格比等在内的系统优化结果确定。

方阵支架可以是固定的或间断/连续可调的，系统设计时应为方阵选择合适的方位，光伏组件一般应面向正南；在为避免遮挡等特定地理环境情况下，可考虑在正南$\pm 20^{\circ}$内调整设计。

可调倾角支架，一般调整方式有：一年调整二次，一年调整四次及自动跟踪连续可调，其对应的时间及倾角值参见表1。

表 1 可调倾角支架的倾角

| 方式 | 时间 | 倾角 |
| --- | --- | --- |
| 一年调整二次 | 4 月～9 月 | 使用地纬度－11°45′ |
| | 10 月～3 月 | 使用地纬度＋11°45′ |
| 一年调整四次 | 2 月～4 月 | 使用地纬度 |
| | 5 月～7 月 | 使用地纬度－11°45′ |
| | 8 月～10 月 | 使用地纬度 |
| | 11 月～1 月 | 使用地纬度＋11°45′ |
| 自动跟踪连续可调 | 全年 | 使方阵的光伏组件表面始终与入射阳光垂直 |

固定式方阵安装倾角的最佳选择取决于诸多因素，如：地理位置、全年太阳辐射分布、直接辐射与散射辐射比例、负载供电要求和特定的场地条件等。全年均衡性负载独立光伏系统的方阵倾角宜使辐射最小月斜面辐射量最大化，非均衡性负载独立光伏系统的方阵倾角宜侧重考虑使负载用电较大期间的倾斜面辐射量最大化。

按一定方式串联、并联使用的光伏组件 *I-V* 特性曲线应具有良好的一致性，以减小方阵组合损失；优化设计的光伏子系统组合损失应不大于 8%。

注：系统组合损失是指使用的光伏组件功率总和与光伏子系统输出功率的差除以光伏子系统输出的功率的比值（地面标准条件下）。

方阵支撑结构设计应综合考虑地理环境、方阵场状况、光伏组件规格等，保证光伏方阵的牢固、安全和可靠。

#### 4.2.2 光伏方阵场要求

方阵场的选择应避免阴影影响，各阵列间应有足够间距，保证全年每天中当地时间的上午 9 时至下午 3 时之间光伏组件无阴影遮挡。

对于安装在地面的光伏系统，方阵场应夯实表面层，松软土质的应增加夯实，对于年降水量在 900 mm 以上地区，应有排水设施，以及考虑在夯实表面铺设砂石层等，以减小泥水溅射。

方阵基础应符合 GB 50202—2002 第 5 章的要求。

#### 4.2.3 主要元件、部件技术规格及要求

##### 4.2.3.1 光伏组件

光伏组件必须选用符合产品标准，并按 GB/T 9535 或 GB/T 18911—2002 的要求通过鉴定及定型的合格产品；应由符合相应的图纸和工艺要求所规定的材料和元件制造，并经过制造商常规检测、质量控制与产品验收程序。

组件产品应是完整的，每个光伏组件标志应有 GB/T 9535—1998 或 GB/T 18911—2002 中第 4 章的要求项目，并标注额定输出功率（或电流）、额定工作电压、开路电压、短路电流；有合格标志。光伏组件产品应附带制造商的贮运、安装和电路连接指示，以及经由国家有关管理行政部门批准的，具有相应资质的质量检测中心的质量检测报告。宜采用产品生产质量管理体系满足 GB/T 19001 要求的产品。

组件互连应符合方阵电气结构设计，每个光伏组件均应考虑在组件接线盒内加装旁路二极管。

##### 4.2.3.2 接线箱（盒）

接线箱（盒）用于光伏组件互连组成的子方阵间的接线连接及该子方阵到控制机房的连线。对于多

并联组系统，宜分组设置阻逆二极管。阻逆二极管通过电流的容量应大于标准测试条件下该串联组短路电流的150%，峰值反向电压至少应为该串联组开路电压的两倍。

#### 4.2.3.2.1 结构要求

接线箱(盒)应采用密封结构，设计应能满足室外使用要求。

采用金属箱体的接线箱(盒)应可靠接地。

采用绝缘高分子材料加工的，所选用材料应有良好的耐候性，并附有所用材料的说明书、材质证明书等相关技术资料。

#### 4.2.3.2.2 性能要求

接线箱(盒)接线端子设计应能保证电缆线可靠连接，应有防松动零件，对既导电又作紧固用的紧固件，应采用铜质零件。

各光伏支路接入进线端及子方阵出线端，以及接线端子与接线箱(盒)接地端绝缘电阻应不小于10 MΩ(DC500V)。

#### 4.2.3.3 连接电缆

接线箱(盒)输入输出电缆应采用耐候、耐紫外辐射等抗老化的电缆，电缆的线径应满足方阵最大输出电流的要求，以减少线路的损耗。电缆与接线端应连接紧固无松动。

#### 4.2.3.4 方阵支架

光伏子系统安装可采用多种形式，如地面、屋顶、建筑一体化等。屋顶、建筑一体化的安装形式应考虑支承面载荷能力，工程设计应符合相关建筑标准要求。

地面安装的光伏方阵支架宜采用钢结构，支架设计应保证光伏组件与支架连接牢固、可靠，底座与基础连接牢固，组件距地面宜不低于0.6 m，考虑站点环境、气象条件，可适当调整。

支架应有足够强度，满足方阵静载荷及动载荷要求，在风比较大的地区，应考虑光伏组件或光伏子方阵之间留出空隙或合理布置支架以减少动载荷，设计强度应满足当地历史上的最大风载要求，保证阵列牢固、安全和可靠，钢结构支架应符合GB 50205—2001的要求，其他刚性结构材料的支架应不低于钢结构支架性能要求。

方阵支架应保证可靠接地，接地体的接地电阻不大于10 Ω，接地应有防腐及降阻处理，符合第5章的要求。

方阵支架钢结构件应经防锈涂镀处理，满足长期室外使用要求。光伏组件和方阵使用的紧固件应采用不锈钢件或经表面涂镀处理的金属件或具有足够强度的其他防腐材料。

### 4.3 储能子系统

储能子系统的输入—输出控制功能由专用的控制设备或其他子系统(主控和监视、功率调节器)的控制调节设备实现，如控制设备、逆变设备等，本标准在相应子系统中进行规范。

铅酸蓄电池是目前独立光伏系统较为适宜使用的储能装置，本标准规定了固定型防酸式、阀控式密封铅酸蓄电池技术要求。其他类型的蓄电池可参见相关的国家标准或行业标准。

#### 4.3.1 一般要求

每只蓄电池应有生产合格证，合格证上要标明蓄电池型号和生产日期，制造商应提供同型号产品的国家有关行政管理部门批准的质检机构出具的质检报告。蓄电池的生产时间应尽可能靠近发货日期，存放时间不得超过6个月，静置90 d后其荷电保持不低于80%。蓄电池的标志、包装、运输、贮存应符合 YD/T 799—2002 中第 8 章的规定。同一路充放电控制的蓄电池应采用相同生产商,相同规格和容量的产品,如果不属于同一批产品,生产日期的间隔时间不得超过 1 个月。

对于目前独立光伏系统中常用的铅酸蓄电池,设计日放电深度宜不超过 30%,最大放电深度不超过 80%(在并联使用情况下,应减少最大允许放电深度);对于依据蓄电池电压进行充放电控制的系统,在设计放电控制电压点时应充分考虑蓄电池放电率,以保证蓄电池的设计放电深度。

产品应提供设计日放电深度及极限放电深度下的循环寿命指标。

蓄电池的工作环境温度可按产品要求,推荐温度范围为 5 ℃～30 ℃。

蓄电池的外观不得有变形、漏液、裂纹及污迹;标志要清晰。

#### 4.3.2 阀控式密封铅酸蓄电池

容量、大电流放电、容量保存率、密封反应效率、防酸雾性能、安全阀要求、耐过充电能力、电池间连接电压降、防爆性能指标应符合 YD/T 799—2002 的要求。

单体电池端电压均衡性应满足如下要求:

a) 各蓄电池间的开路电压最高与最低差值应不大于 20 mV(单体 2 V 系列)。

b) 运行 3～6 月后,浮充端电压与平均值差小于 5%。

#### 4.3.3 固定型防酸式铅酸蓄电池

蓄电池槽、气密性、容量、自放电、防酸性能、安全性能、最大放电电流、耐涓流充电能力和电解液储存、寿命、封口剂性能、贮存期应符合 GB/T 13337.1 的要求。

#### 4.3.4 绝缘性能

蓄电池对地的绝缘电阻应不低于 10 MΩ(DC500V)。

#### 4.3.5 蓄电池浮充电压的温度补偿

蓄电池的浮充电压为 25 ℃时的规定值,当环境温度发生变化时,必须对阀控式密封铅酸蓄电池浮充电压进行温度补偿,温度高于 25 ℃时,从浮充电压中减去补偿量,反之则加上,产品应明确给出温度补偿系数。

#### 4.3.6 蓄电池的并联

蓄电池并联组数最大不超过 6 组。

#### 4.3.7 蓄电池安装

蓄电池安装符合 GB 50172—1992 中 2.1.3 的要求。电池进行连接线连接紧固螺母时,扭矩应达到相应的设计要求。初充电应按制造商的规定进行。

### 4.4 功率调节器

功率调节器主要由下列一个或多个部分组成:直流调节器、直流/直流接口、逆变器、交流/交流接口、部分主控和监视子系统。为获得较高的效率和可靠性,宜采用综合优化设计的一体机。

控制设备和逆变设备是目前独立光伏系统较为常见的实现功率调节器功能的装置,本标准规定了控制设备和逆变设备的技术要求。设备技术参数宜采用本标准推荐值,也可按用户的特殊要求设计。

#### 4.4.1 一般要求

功率调节器设备选型应满足光伏系统设计功能需要,各功能设备间应考虑功能和/或功率(容量)的协调及匹配性。

功率调节器设备应是符合产品标准，并通过检验的合格产品，效率测量程序参见 IEC 61683；出厂时应带有铭牌标志、接地标志、功能标志等，相应内容标识应清晰、正确。铭牌最少要标明制造商名称、出厂编号、生产日期以及该设备的主要特征参数。

设备柜架应有足够的刚性并设有安装孔和吊装装置；运行操作的器件应适宜于人员操作；应有可靠接地，产品结构防护等级应不低于 IP20。

设备主要元器件必须选用符合产品标准并经过定型试验的合格产品。元器件的安装应符合产品说明书、设计文件或图样中的规定。指示仪表量程应选择适当，测量最大值应达到满量程 85%以上。

设备绝缘性能应符合 GB/T 3859.1 的要求。耐振动性能应满足在频率 10 Hz～55 Hz 间变化、振幅 0.35 mm 的三轴向各振动 30 min 后，应能正常工作。

产品的正常使用环境条件为：

a) 环境温度在 0 ℃～+40 ℃范围内；

b) 在环境温度 20 ℃以下时，相对湿度不大于 90%；

c) 海拔高度不大于 1 000 m；

d) 无腐蚀性气体和导电尘埃的室内使用。

当产品的实际使用环境条件超出正常使用范围时，应与制造商协商进行相应的修正处理。

#### 4.4.2 控制设备

控制设备是指在独立光伏系统中实现直流调节器、直流/直流接口、部分(或全部)主控和监视功能的设备。控制设备功率的选取应与光伏方阵功率匹配。控制设备主要特征参数包括：标称功率(或最大工作电流)、标称电压、输入电压范围。

##### 4.4.2.1 技术参数

a) 直流标称功率宜在下列数值中选取(kW)：1、3、5、(7.5)、10、15、20、30、50、80、100、125、150、200；

注：带括号者为非优选值。

b) 最大直流工作电流宜在下列数值中选取(A)：5、10、20、50、100、(150)、200、250、300、400、500；

注：带括号者为非优选值。

c) 直流标称电压宜在下列数值中选取(V)：24、48、(60)、120、240、360、480；

注：带括号者为非优选值。选用更高的系统直流电压时应注意选用高系统电压的光伏组件。

d) 直流输入电压范围应不小于标称电压 80%～200%的范围。

##### 4.4.2.2 保护功能

控制设备应具有如下保护功能：

a) 负载、蓄电池短路保护；

b) 太阳电池、蓄电池极性反接保护；

c) 蓄电池向太阳电池反放电保护。

##### 4.4.2.3 控制功能

控制设备应具有如下控制功能：

a) 根据蓄电池容量或电压进行蓄电池充电控制，当蓄电池容量或电压达到充电控制设定值时，控制设备可关断蓄电池充电回路；当蓄电池容量或电压低于充电控制设定值时，控制设备可自动恢复接通蓄电池充电回路；设定值应可调节和改变。

b) 根据蓄电池容量或电压进行蓄电池放电控制，当蓄电池容量或电压达到放电控制设定值时，控制设备可关断蓄电池放电回路；当蓄电池容量或电压高于放电控制恢复设定值时，控制设备可自动恢复接通蓄电池放电回路；设定值应可调节和改变。放电控制设定值及放电控制恢复设定值应在蓄电池放电率基础上，根据蓄电池参数具体设置，以满足设计的蓄电池放电深度要求；放电控制恢复设定值宜设定能使蓄电池容量恢复到90%。

注：蓄电池放电控制也可由逆变设备实现。

c) 蓄电池工作环境温度变化时，控制设备应具有温度补偿控制，温度补偿系数根据蓄电池参数确定。

#### 4.4.2.4 静态特性要求

控制设备静态特性应满足如下要求：

a) 在额定输入条件下，控制设备满载(输出标称功率)时的效率应不小于95%；
b) 在额定输入电压时，控制设备的空载损耗应不大于其标称功率的0.5%；
c) 在额定输入条件下，控制设备满载(输出标称功率)时距设备1 m处的噪声应不大于60 dB(A声级)。

#### 4.4.2.5 动态特性要求

控制设备动态特性应满足如下要求：

——控制设备应能承受输入电压从标称电压到最大输入电压(2倍标称电压)的突变循环冲击；
——控制设备应能承受输入电流从零到最大允许输入电流的突变循环冲击。

#### 4.4.2.6 测量显示

控制设备应有主要运行参数的测量显示和运行状态的指示。参数测量精度应不低于1.5级。测量显示参数至少包括光伏方阵电流和蓄电池电压、电流；状态指示蓄电池状态和光伏方阵状态。

#### 4.4.2.7 远程监测功能

控制设备宜设有远程监测功能，接口宜采用RS-232C或RS-485方式。

### 4.4.3 逆变设备

逆变设备是指在独立光伏系统中实现逆变器、交流/交流接口、部分(或全部)主控和监视功能的设备。逆变设备容量的选取应与最大峰值负荷的功率匹配。逆变设备主要特征参数包括：标称容量、输入标称电压、输入电压范围、输出电压、输出频率、输出相数。

#### 4.4.3.1 技术参数

a) 交流标称容量(功率因数0.8)应在下列数值中选取(kVA)：1、3、5、(7.5)、10、15、20、30、50、80、100、125、150、200。

注：带括号者为非优选值。

b) 直流输入标称电压应在下列数值中选取(V)：24、48、(60)、(110)、120、(220)、240、360、480。

注：带括号者为非优选值。选用更高的系统直流电压时应注意选用高系统电压的光伏组件。

c) 直流输入电压范围应不小于标称电压80%～140%的范围。
d) 交流输出为正弦波，额定频率为50 Hz，额定电压为单相220 V，三相380 V。

#### 4.4.3.2 保护功能

逆变设备应具有如下保护功能：

a) 直流输入过电压、欠电压、极性反接保护；当直流欠压保护被用作蓄电池过放保护动作后，应待蓄电池容量恢复到90%以上才能自动恢复工作。
b) 输出短路、过压、欠压、过载、过频、欠频保护。

#### 4.4.3.3 静态特性要求

逆变设备静态特性应满足如下要求：

a) 在输入电压变化范围内，输出容量为0～100%标称值(功率因数0.8)时，逆变设备输出的交流频率变化应不超过50 Hz±1 Hz；交流电压变化应不超过额定电压的±5%；交流电压总谐波应不大于5%，各次谐波应不大于3%；
b) 在输入电压变化范围内，输出容量为标称值的10%～100%时，逆变设备输出的峰值因数应不小于2.5；
c) 在额定输入条件下，逆变设备满载(阻性负载)的效率其标称容量小于10 kVA时，应不小于85%；标称容量不小于10 kVA时，应不小于90%；
d) 在额定输入电压时，逆变设备的空载损耗其标称容量小于10 kVA时，应不大于2.5%；标称容量不小于10 kVA时，应不大于1.5%；
e) 在额定输入条件下，逆变设备满载(阻性负载)时，距设备1 m处的噪声应不大于60 dB(A声级)；
f) 对三相逆变设备，在额定输入电压下，三相负载极端不平衡时(一相为0，另两相为100%，或一相为100%，另两相为0)，三相输出电压的不平衡度应不大于10%。

#### 4.4.3.4 动态特性要求

逆变设备动态特性应满足如下要求：

a) 逆变设备应能承受输入电压从标称电压到最大输入电压(1.4倍标称电压)的突变循环冲击，输出电压突变峰值应不超过输出额定电压的10%；
b) 逆变设备应能承受输出容量从零到满载的突变循环冲击，输出电压突变峰值应不超过输出额定电压的10%；
c) 在额定输入电压时，逆变设备应能承受输出过载120%，1 min，承受输出过载150%，10 s。

#### 4.4.3.5 测量显示

逆变设备应有主要运行参数的测量显示和运行状态的指示。参数测量精度应不低于1.5级。测量显示参数至少包括直流输入电压、输入电流、交流输出电压、输出电流(容量)；状态指示显示逆变设备状态(运行、故障、停机等)。

#### 4.4.3.6 远程监测功能

逆变设备宜设有远程监测功能，接口宜采用RS-232C或RS-485方式。

### 4.4.4 交(直)流配电设备

交(直)流配电设备是指在独立光伏系统中实现交流/交流(直流/直流)接口、部分主控和监视功能的设备。交(直)流配电设备容量的选取应与输入的电源设备和输出的供电负荷容量匹配。交(直)流配电设备主要特征参数包括：标称电压、标称电流。

#### 4.4.4.1 技术参数

a) 标称电流宜在下列数值中选取(A)：5、10、20、50、100、(150)、200、250、300、400、500；

注：带括号者为非优选值。

b) 标称电压应在下列数值中选取(V)：直流：24、48、60、110、220；交流：220、380；

c) 输入、输出电压范围应为标称电压 80%～140%的范围。

#### 4.4.4.2 保护功能

交(直)流配电设备至少应具有如下保护功能：

a) 输出过载、短路保护；

b) 过电压保护(含雷击保护)。

#### 4.4.4.3 测量显示

交(直)流配电设备应有主要运行参数的测量显示和运行状态的指示。参数测量精度应不低于 1.5 级。测量显示参数至少包括输出电流(或输出容量)、输出电压、用电量；运行状态指示至少应包括交(直)流配电设备状态(运行、故障等)。

## 5 其他要求

配电设备的布置应按 GB 50054—1995 第 3 章的要求。

蓄电池应装置在单独的室内，蓄电池室的地面载荷应充分考虑能安全承载蓄电池的重量，应有适度的通风，根据环境条件应采取温度调控措施，使室内温度保证蓄电池安全可靠工作。使用防酸隔爆式铅酸蓄电池的，蓄电池室还应考虑防酸、防爆。

机房设计必须考虑能达到二十年以上的使用寿命。

机房消防应符合 DL 5027 要求。机房内应放置消防设施。

注：蓄电池室灭火器应放在门外。

光伏系统围栏或围墙应牢固可靠，高度宜不低于 1.5 m，距光伏方阵的距离应符合 6.2.4.1 中 f)的要求；

年降水量在 900 mm 以上的方阵场应设置排水沟；年降水量在 900 mm 以内，可利用地势缓坡排水。

在雷区必须设置避雷装置，设计符合 GB 50094 要求。机房的进线和出线应设置防雷设施。

混凝土工程应符合 GB 50164 要求。

基础工程应符合 GB 50202—2002 要求。

钢结构工程应符合 GB 50205—2001 要求。

架空线路应符合 GB 12527、DL/T 464.1～5、DL 5009.2、DL 477、DL 499、DL 408 及其他相关标准要求。

电缆敷设应符合 GB 50168 的规定。

室内布线应符合 GB 50258 要求。

接地应符合 GB 50169 要求。

## 6 现场验收

独立光伏系统安装完成，试运行正常后，可进行验收检查。

验收宜采用初验收和最终验收两次验收的模式。安装完成试运行正常后，可进行初验收检查。试运行一年后进行最终验收检查。

## 6.1 系统综合评价

依据 3.5 的原则进行系统综合评价。

## 6.2 现场检测

现场检测宜选择辐照良好的当地时间中午时段进行，光伏子系统功率现场检测时辐照度应大于 700 W/m²。所有检测中需要断开部分系统电路时应按系统相关要求，注意安全操作。在测量时完成附录 A 的“独立光伏系统现场检测表”。

### 6.2.1 主要仪器、设备

——方阵 *I-V* 特性测量仪，直流电压测量精度 1%，直流电流测量精度 1%；

——可调直流电源，精度 1%；

——兆欧表，精度等级不低于 1.5 级，500 V；

——温度传感器或具有测温功能的万用电表，精度 1 ℃；

——电流表，精度不低于 0.5 级；

——电压表，精度不低于 0.5 级；

——温度计，分度值不大于 1 ℃；

——直尺、卷尺，精度不低于 0.5 mm；

——密度计，标定精度不低于 0.005 g/cm³；

——试验开关，带灭弧装置；

——水平仪；

——指南针；

——辐射强度计或标准太阳电池(组件)(C 级)。

注：检测仪器、设备量程应符合待检系统要求。

### 6.2.2 一般性检查

按 3.4 要求进行资料审查。应具备完整设计、施工资料；使用设备、材料，并且工程施工应与设计一致。对质量、性能有疑义的应对设计进行评审或抽样复验，其复验结果应满足现行国家标准和设计要求。

进行相关标识检查。检查运行管理资料。

### 6.2.3 安全检测

进行资料验证及目测，按各分项要求检测，应符合 3.3 的要求。

### 6.2.4 光伏子系统检测

#### 6.2.4.1 工程检测

a) 目测方阵支架是否具有接地和防雷装置，测量接地电阻不大于 10 Ω。

b) 目测光伏组件连线及进入接线箱(盒)的连线，应走向合理、整齐；进线孔应进行防渗水处理。

c) 目测方阵支架涂镀层是否一致和完整。

d) 支架连接应牢固，外观整齐。测量水平位置偏差应符合设计要求。

e) 方阵紧固螺栓连接符合 GB 50205—2001 中 6.2 的要求。

f) 光伏方阵阵列间距或可能遮挡物与方阵底边垂直距离在纬度小于等于 45°时应不小于 *D*：

$$D=\frac{H(0.707\tan\phi+0.434)}{0.707-0.434\tan\phi}$$

式中：

$\phi$ ——纬度(在北半球为正、南半球为负)；

$H$ ——光伏方阵阵列或遮挡物的最高处与可能被遮挡组件底边垂直高度差。

在纬度大于45°时，根据光伏方阵场实际面积情况，$D$ 的值可适当降低，但光伏方阵阵列间距或可能遮挡物与方阵底边垂直距离不应低于纬度为45°的地区 $D$ 值。

g) 测量光伏方阵的方位角，应符合4.2.1的要求。

h) 测量光伏方阵的倾角，应符合设计要求，误差小于E3°。

i) 测量方阵组件最低处距地面高度，应符合设计要求。

#### 6.2.4.2 性能检测

特性检测按GB/T 18210进行，将检测数据外推到标准条件下与光伏系统额定功率之比应不小于92%，即光伏子系统方阵组合损失不大于8%。

在相关各方同意下，也可依据厂家的光伏组件质量认证、光伏系统实际运行记录、组件标称功率及安装组件总数，确认方阵总功率，如对方阵总功率有疑义，可按GB/T 2828.1规定进行组件抽样，送国家认可的光伏组件测试机构检测，检测组件在标准测试条件下的实际输出功率应不低于标称值的95%。

### 6.2.5 储能子系统检测

#### 6.2.5.1 蓄电池外观

目测检查蓄电池外观质量应符合4.3.1的要求。

#### 6.2.5.2 蓄电池端电压的均衡性检测

按YD/T 799—2002中6.15.1的方法进行检测，符合4.3.2的要求。

#### 6.2.5.3 电池间连接件紧固检测

检测连接紧固螺母扭矩应符合4.3.7的要求。

#### 6.2.5.4 蓄电池组容量

在相关各方同意下，可依据厂家的蓄电池质量认证、光伏系统运行记录、安装蓄电池总数，确认蓄电池组的总容量，如对蓄电池组的总容量有疑义，可按GB/T 2828.1规定进行蓄电池抽样，送国家认可的蓄电池检测机构进行检测，检测蓄电池质量应满足相应国家标准的规定。

### 6.2.6 功率调节器检测

#### 6.2.6.1 一般检测

根据4.4.1所列各项要求，进行目测或通用工具检测。如功率调节器具有远程监测功能，应根据使用说明检验其功能是否正常。

#### 6.2.6.2 控制设备检测

##### 6.2.6.2.1 保护功能检测

检查设备检验报告，应具有符合4.4.2.2要求的保护功能。

6.2.6.2.2 控制功能检测

根据 4.4.2.3 的要求进行蓄电池充放电控制功能试验。断开蓄电池，将可调直流电源接入控制设备的蓄电池连接端，光伏子系统应正常接入控制设备。用可调直流电源电压模拟蓄电池电压，检测功率调节器充放电控制功能是否符合要求（当蓄电池放电控制功能由逆变器实现时，则检测蓄电池放电控制功能时，应将可调直流电源相应接入逆变器蓄电池连接端）。检测值与设定值偏差应小于±1.5%：

a) 调节直流电源电压，当模拟电压高于蓄电池充电控制设定值时（如有延时电路，则待延时时间结束），检查蓄电池充电回路可否关断；
b) 逐渐调低模拟电压，当模拟电压低于蓄电池充电控制设定值时（如有延时电路，则待延时时间结束），检查蓄电池充电回路可否恢复接通；
c) 逐渐调低模拟电压，当模拟电压达到蓄电池放电控制设定值时（如有延时电路，则待延时时间结束），检查蓄电池放电回路可否关断；
d) 逐渐调高模拟电压，当模拟电压达到蓄电池放电控制恢复设定值时（如有延时电路，则待延时时间结束），检查蓄电池放电回路可否恢复接通。

检测完成后应将蓄电池正常接回系统。

6.2.6.2.3 特性检测

检查设备检验报告，设备特性检测应符合 4.4.2.4、4.4.2.5 要求。

6.2.6.2.3.1 空载损耗检测

断开光伏子系统及蓄电池，将可调直流电源接入控制设备蓄电池端，当控制设备能正常工作时，控制设备输入功率即为空载损耗。空载损耗应符合 4.4.2.4 中 b)的要求。

检测完成后应将光伏子系统及蓄电池正常接回系统。

6.2.6.2.4 测量显示功能检测

按 4.4.2.6 的要求进行测量显示功能试验，用目测法检查是否符合要求。

6.2.6.2.5 远程监控功能检测

系统设计具有远程监控功能时应按设备操作说明，进行远程监控检测，各项功能正常。

6.2.6.3 逆变设备检测

6.2.6.3.1 保护功能检测

检查设备检验报告，应具有符合 4.4.3.2 的要求的保护功能。

6.2.6.3.1.1 短路保护

断开负载，用试验开关将逆变设备输出端直接短接，逆变设备应能自动保护，当短路解除后，可恢复运行。

检测完成后应将负载正常接回系统。

6.2.6.3.1.2 极性反接保护

断开逆变设备的蓄电池连接，将可调直流电源的正极和负极分别接入逆变设备的蓄电池连接端的负极和正极，逆变设备应能自动保护，当连接极性正确后，逆变设备能正常工作。

检测完成后应将蓄电池正常接回系统。

6.2.6.3.2 静态和动态特性检测

检查设备检验报告，设备特性检测应符合4.4.3.3、4.4.3.4要求。

6.2.6.3.2.1 空载损耗检测

将负载与逆变设备断开，这时的逆变设备输入功率即为空载损耗。空载损耗应符合4.4.3.3中d）的要求。

检测完成后应将负载正常接回系统。

6.2.6.3.3 测量显示功能检测

按4.4.3.5的要求进行测量显示功能试验，用目测法检查是否符合要求。

6.2.6.3.4 远程监控功能检测

系统设计具有远程监控功能时应按设备操作说明，进行远程监控检测，各项功能正常。

6.3 要求

设计资料合理、完整；主要设备和材料资料齐全，管理、培训资料齐备。

维护操作规程应符合各设备的运行、操作要求，应包含保证独立光伏系统长期正常运行所需的各级维护内容，如：蓄电池的均衡充电、系统的定期检查维护等。

现场检测结果符合要求，检测确认的光伏子系统功率及蓄电池容量应符合设计要求。根据系统综合评价及系统现场检测结果，评估系统供电保障率应达到设计（或合同）规定的要求。

有条件对系统总体性能进行详尽评价的，可参照IEC 61724的方法，进行光伏系统电性能的监测和分析，给出系统电性能综述。

# 附 录 A
# （规范性附录）
# 独立光伏系统现场检测表

## A.1 基本情况

<table>
<tr><td colspan="2">系统名称</td><td colspan="6"></td></tr>
<tr><td colspan="2" rowspan="2">系统位置</td><td>行政地址</td><td colspan="5"></td></tr>
<tr><td>经度</td><td></td><td>纬度</td><td></td><td>海拔</td><td></td></tr>
<tr><td colspan="2">承 建 商</td><td colspan="2"></td><td>检测日期</td><td colspan="3"></td></tr>
<tr><td colspan="2">业　　主</td><td colspan="2"></td><td>检 测 人</td><td colspan="3"></td></tr>
<tr><td rowspan="5">系<br>统<br>描<br>述</td><td>系统功率/kW</td><td colspan="2"></td><td>蓄电池容量/Ah/<br>电压/V</td><td colspan="3"></td></tr>
<tr><td>系统输出电压</td><td colspan="2"></td><td>电网供电距离</td><td colspan="3"></td></tr>
<tr><td>系统占地面积</td><td colspan="2"></td><td>围栏类型</td><td colspan="3"></td></tr>
<tr><td>机房建筑类型</td><td colspan="2"></td><td>机房面积</td><td colspan="3"></td></tr>
<tr><td colspan="7">其他系统情况：</td></tr>
<tr><td colspan="8">承建商代表：　　　　　　　　业主代表：　　　　　　　　检验人：</td></tr>
</table>

## A.2 一般检测

| | | | | |
|---|---|---|---|---|
| 资料审查 | 序号 | 类别 | 提交审查资料名称 | 备注 |
| | | | | |
| | | | | |
| | | | | |
| | | | | |
| | | | | |
| | | | | |
| | | | | |
| | | | | |
| | | | | |
| | | | | |
| | | | | |
| | 注：类别：1. 设计资料；2. 施工资料；3. 设备资料；4. 主材料资料；5. 培训资料；6. 运行管理资料；7. 其他。 | | | |
| 安全检测 | 内容 | 检测标准 | 描述 | 备注 |
| | 建筑安全 | GB 50054—1995 3.3 | | |
| | 电气安全 | GB 50054—1995 SJ/T 11127 | | |
| | 消防安全 | DL 5027 | | |
| | 安全标识 | GB 50054—1995 | | |
| 承建商代表： | | 业主代表： | | 检验人： |

## A.3 光伏子系统

<table>
<tr><td rowspan="3">光伏组件</td><td>制造商</td><td colspan="7"></td></tr>
<tr><td>型号</td><td></td><td>功率</td><td></td><td>工作电压</td><td></td><td>工作电流</td><td></td></tr>
<tr><td>开路电压</td><td></td><td>短路电流</td><td></td><td>旁路二极管</td><td colspan="3"></td></tr>
<tr><td rowspan="8">光伏方阵</td><td>方阵功率</td><td></td><td>组件总数</td><td></td><td>工作电压</td><td colspan="3"></td></tr>
<tr><td>子方阵数</td><td></td><td>子方阵功率</td><td></td><td>阻逆二极管</td><td colspan="3"></td></tr>
<tr><td>安装类型</td><td colspan="2">□地面 □屋顶</td><td>支架防腐处理</td><td colspan="4"></td></tr>
<tr><td>接地电阻</td><td colspan="2"></td><td>连接线规范</td><td colspan="4">□是 □否</td></tr>
<tr><td colspan="2">接线箱/盒耐候设计</td><td>□有 □无</td><td>绝缘电阻</td><td colspan="4"></td></tr>
<tr><td>遮挡最小距离 D</td><td></td><td>遮挡高度差 H</td><td></td><td>组件距地面最小距离</td><td colspan="3"></td></tr>
<tr><td>支架倾角</td><td colspan="3">□固定：__° □可调：次/年 □跟踪</td><td>方位角</td><td colspan="3"></td></tr>
<tr><td colspan="2">备注(安装质量描述等)</td><td colspan="6"></td></tr>
<tr><td rowspan="12">光伏方阵检测</td><td>序号</td><td>项目</td><td>子方阵 1</td><td>子方阵 2</td><td>子方阵 3</td><td>子方阵 4</td><td>子方阵 5</td><td>子方阵 6</td></tr>
<tr><td>1</td><td>环境温度/℃</td><td></td><td></td><td></td><td></td><td></td><td></td></tr>
<tr><td>2</td><td>电池温度/℃</td><td></td><td></td><td></td><td></td><td></td><td></td></tr>
<tr><td>3</td><td>辐照度/($W/m^2$)</td><td></td><td></td><td></td><td></td><td></td><td></td></tr>
<tr><td>4</td><td>工作电流/A</td><td></td><td></td><td></td><td></td><td></td><td></td></tr>
<tr><td>5</td><td>工作电压/V</td><td></td><td></td><td></td><td></td><td></td><td></td></tr>
<tr><td>6</td><td>开路电压/V</td><td></td><td></td><td></td><td></td><td></td><td></td></tr>
<tr><td>7</td><td>短路电流/A</td><td></td><td></td><td></td><td></td><td></td><td></td></tr>
<tr><td>8</td><td>最大功率点电压/V</td><td></td><td></td><td></td><td></td><td></td><td></td></tr>
<tr><td>9</td><td>最大功率点电流/A</td><td></td><td></td><td></td><td></td><td></td><td></td></tr>
<tr><td>10</td><td>最大功率/W</td><td></td><td></td><td></td><td></td><td></td><td></td></tr>
<tr><td>11</td><td>外推标准条件下功率/W</td><td></td><td></td><td></td><td></td><td></td><td></td></tr>
<tr><td colspan="4">外推标准测试条件下方阵总功率/W</td><td colspan="2"></td><td>方阵组合损失</td><td colspan="2"></td></tr>
<tr><td colspan="9">备注：</td></tr>
<tr><td colspan="3">承建商代表：</td><td colspan="3">业主代表：</td><td colspan="3">检验人：</td></tr>
</table>

## A.4 储能子系统

<table>
<tr><td rowspan="6">单体蓄电池</td><td colspan="2">制造商</td><td colspan="8"></td></tr>
<tr><td colspan="2">型号</td><td colspan="2"></td><td colspan="2">类型</td><td></td><td colspan="2">容量</td><td></td></tr>
<tr><td colspan="2">标称电压</td><td colspan="2"></td><td colspan="2">出厂日期</td><td></td><td colspan="2">浮充电压</td><td></td></tr>
<tr><td colspan="2">均衡充电电压/V</td><td colspan="4"></td><td colspan="2">温度补偿系数</td><td colspan="2"></td></tr>
<tr><td colspan="2" rowspan="2">循环寿命/次</td><td colspan="2">30%DOD</td><td colspan="2">50%DOD</td><td colspan="2">80%DOD</td><td colspan="2">DOD</td></tr>
<tr><td colspan="2"></td><td colspan="2"></td><td colspan="2"></td><td colspan="2"></td></tr>
<tr><td rowspan="17">蓄电池组</td><td colspan="2">单体电池总数</td><td colspan="2"></td><td colspan="2">总容量</td><td></td><td colspan="2">开路电压</td><td></td></tr>
<tr><td colspan="2">设计日放电深度</td><td colspan="2"></td><td colspan="2">设计充电电流</td><td></td><td colspan="2">设计放电电流</td><td></td></tr>
<tr><td colspan="2">设计最大放电深度</td><td colspan="2"></td><td colspan="2">设计寿命</td><td></td><td colspan="2">电池组结构</td><td>串 并</td></tr>
<tr><td colspan="2" rowspan="2">外观描述</td><td colspan="3">电池组架/框</td><td colspan="5">□锈蚀 □变形 □损坏 □其他：</td></tr>
<tr><td colspan="3">其他外观</td><td colspan="5"></td></tr>
<tr><td colspan="10">单体开路电压/V(抽检数不低于单体电池总数的25%)检测温度：____℃</td></tr>
<tr><td>1</td><td>2</td><td>3</td><td>4</td><td>5</td><td>6</td><td>7</td><td>8</td><td>9</td><td>10</td></tr>
<tr><td></td><td></td><td></td><td></td><td></td><td></td><td></td><td></td><td></td><td></td></tr>
<tr><td>11</td><td>12</td><td>13</td><td>14</td><td>15</td><td>16</td><td>17</td><td>18</td><td>19</td><td>20</td></tr>
<tr><td></td><td></td><td></td><td></td><td></td><td></td><td></td><td></td><td></td><td></td></tr>
<tr><td>21</td><td>22</td><td>23</td><td>24</td><td>25</td><td>26</td><td>27</td><td>28</td><td>29</td><td>30</td></tr>
<tr><td></td><td></td><td></td><td></td><td></td><td></td><td></td><td></td><td></td><td></td></tr>
<tr><td>31</td><td>32</td><td>33</td><td>34</td><td>35</td><td>36</td><td>37</td><td>38</td><td>39</td><td>40</td></tr>
<tr><td></td><td></td><td></td><td></td><td></td><td></td><td></td><td></td><td></td><td></td></tr>
<tr><td colspan="2">平均值/V</td><td colspan="2"></td><td colspan="2">最大值/V</td><td colspan="2"></td><td>最小值/V</td><td></td></tr>
<tr><td colspan="10">备注：</td></tr>
<tr><td colspan="2">连接检查</td><td colspan="8">□正常 □松动 □发热 □其他：</td></tr>
<tr><td rowspan="2">蓄电池室</td><td colspan="2">温度调控</td><td colspan="8">□主动 □被动 □无</td></tr>
<tr><td colspan="2">防腐设计</td><td colspan="3">□有 □无</td><td>通风</td><td colspan="4">□强制 □被动 □无</td></tr>
<tr><td colspan="11">备注：</td></tr>
<tr><td colspan="11">承建商代表：　　　　业主代表：　　　　检验人：</td></tr>
</table>

## A.5 功率调节器

（控制设备）

<table>
<tr><td>制造商</td><td colspan="3"></td></tr>
<tr><td>型号</td><td></td><td>标称功率</td><td></td></tr>
<tr><td colspan="4">显示状态检测</td></tr>
<tr><td>方阵电流</td><td></td><td>方阵电压</td><td></td></tr>
<tr><td>蓄电池电流</td><td></td><td>蓄电池电压</td><td></td></tr>
<tr><td colspan="4">功能检测</td></tr>
<tr><td>项目</td><td>设定值</td><td>检测值</td><td>备注</td></tr>
<tr><td>过充切断</td><td></td><td></td><td></td></tr>
<tr><td>过充恢复</td><td></td><td></td><td></td></tr>
<tr><td>过放保护</td><td></td><td></td><td rowspan="2">蓄电池放电控制由控制设备完成时</td></tr>
<tr><td>过放恢复</td><td></td><td></td></tr>
<tr><td>短路保护</td><td colspan="2">□有　　□无</td><td rowspan="4">设备检验报告提供</td></tr>
<tr><td>反放电保护</td><td colspan="2">□有　　□无</td></tr>
<tr><td>太阳电池极性反接保护</td><td colspan="2">□有　　□无</td></tr>
<tr><td>蓄电池极性反接保护</td><td colspan="2">□有　　□无</td></tr>
<tr><td colspan="4">特性检测</td></tr>
<tr><td>空载损耗</td><td></td><td>其他</td><td></td></tr>
<tr><td>远程监测</td><td>□有　□无</td><td>功能<br>（有远程监测时检测）</td><td>□正常　□不正常</td></tr>
<tr><td colspan="4">其他运行特性：</td></tr>
<tr><td colspan="4">备注：</td></tr>
<tr><td colspan="4">承建商代表：　　　　业主代表：　　　　检验人：</td></tr>
</table>

## A.6 功率调节器

（逆变设备）

<table>
<tr><td>制造商</td><td colspan="5"></td></tr>
<tr><td>型号</td><td></td><td>额定输出容量</td><td></td><td>输出相数</td><td></td></tr>
<tr><td>额定输入电压</td><td></td><td>额定输入电压范围</td><td></td><td>额定输出电压</td><td></td></tr>
<tr><td>额定输出频率</td><td></td><td></td><td></td><td></td><td></td></tr>
<tr><td colspan="6">显示状态检测</td></tr>
<tr><td>直流输入电流</td><td colspan="2"></td><td>直流输入电压</td><td colspan="2"></td></tr>
<tr><td>交流输出电流/容量</td><td colspan="2"></td><td>交流输出电压</td><td colspan="2"></td></tr>
<tr><td colspan="6">功能检测</td></tr>
<tr><td>项　目</td><td colspan="2">设定值</td><td>检测值</td><td colspan="2">备　注</td></tr>
<tr><td>过放保护</td><td colspan="2"></td><td></td><td colspan="2" rowspan="2">蓄电池放电控制由逆变设备完成时</td></tr>
<tr><td>过放保护</td><td colspan="2"></td><td></td></tr>
<tr><td>过电流保护</td><td colspan="2"></td><td></td><td colspan="2" rowspan="4">设备检验报告提供</td></tr>
<tr><td>过电流恢复</td><td colspan="2"></td><td></td></tr>
<tr><td>过压切断</td><td colspan="2"></td><td></td></tr>
<tr><td>过压恢复</td><td colspan="2"></td><td></td></tr>
<tr><td>短路保护</td><td colspan="3">□有　　□无</td><td colspan="2"></td></tr>
<tr><td>蓄电池极性反接保护</td><td colspan="3">□有　　□无</td><td colspan="2"></td></tr>
<tr><td colspan="6">特性检测</td></tr>
<tr><td>空载损耗</td><td colspan="2"></td><td>效率</td><td colspan="2">（设备检验报告提供）</td></tr>
<tr><td>远程监测</td><td colspan="2">□有　　□无</td><td>功能<br>（有远程监测时检测）</td><td colspan="2">□正常　　□不正常</td></tr>
<tr><td colspan="6">其他运行特性：</td></tr>
<tr><td colspan="6">备注：</td></tr>
<tr><td colspan="2">承建商代表：</td><td colspan="2">业主代表：</td><td colspan="2">检验人：</td></tr>
</table>

## A.7 系统其他特性、信息

| |
|---|
| 过电流保护和断路器件(列出类型、位置和等级):<br>______________________________<br>______________________________<br>接地(系统接地、设备接地、接地电极):<br>______________________________<br>______________________________<br>过电压保护器件(列出类型、位置和等级):<br>______________________________<br>______________________________<br>防雷措施(列出类型、位置):<br>______________________________<br>______________________________<br>电缆、导线(列出线径(尺寸)、类型、长度和颜色标志):<br>光伏组件间连接:______________________________<br>光伏方阵接线箱(盒)至控制设备间连接:______________________________<br>控制设备至DC负载间连接:______________________________<br>蓄电池至控制设备:______________________________<br>蓄电池至逆变设备:______________________________<br>逆变设备至交流负载:______________________________<br><br>其他信息:______________________________<br>______________________________ |
| 承建商代表:　　　　业主代表:　　　　检验人: |

ICS 33.120.10
L 26

# 中华人民共和国国家标准

GB/T 29197—2012

# 铜包铝线

## Copper-clad aluminum wire

2012-12-31 发布　　2013-06-01 实施

中华人民共和国国家质量监督检验检疫总局
中国国家标准化管理委员会　发布

# 前言

本标准按照 GB/T 1.1—2009 给出的规则起草。

请注意本标准的某些内容可能涉及专利,本标准的发布机构不承担识别这些专利的责任。

本标准由中华人民共和国工业和信息化部提出。

本标准由全国电子设备用高频电缆及连接器标准化技术委员会(SAC/TC 190)归口。

本标准起草单位:中国电子科技集团公司第二十三研究所、大连傅氏科普复合导体研发中心有限公司、大连市产品质量监督检验所和大连通发新材料开发有限公司。

本标准主要起草人:高文浩、戴雅康、高扬、刘云、陈志彬、杨芳、刘丕家、周振山。

# 铜 包 铝 线

## 1 范围

本标准规定了铜包铝线的产品分类、型号、要求、试验方法、检验规则以及包装、标志、运输和贮存等。

本标准适用于电工裸圆铜包铝线。该铜包铝线的典型用途为射频同轴电缆内导体,其他用途也可选用。

## 2 规范性引用文件

下列文件对于本文件的应用是必不可少的。凡是注日期的引用文件,仅注日期的版本适用于本文件。凡是不注日期的引用文件,其最新版本(包括所有的修改单)适用于本文件。

GB/T 3048.2—2007 电线电缆电性能试验方法 第2部分:金属导体材料电阻率试验(IEC 60468:1974, MOD)

GB/T 4909.2 裸电线试验方法 第2部分:尺寸测量

GB/T 4909.5 裸电线试验方法 第5部分:弯曲试验——反复弯曲

IEC 61196-1-310 同轴通信电缆 第1-310部分:机械试验方法 铜包金属的扭转特性试验(Coaxial communication cables—Part 1-310 Mechanical test methods—Test for torsion characteristics of copper-clad metals)

## 3 分类与型号

### 3.1 分类

铜包铝线按铜层体积比(10%、15%、20%)和软硬状态(软态A、硬态H)的不同分为以下6个类别:

10A——铜层体积比为10%的软态铜包铝线;

10H——铜层体积比为10%的硬态铜包铝线;

15A——铜层体积比为15%的软态铜包铝线;

15H——铜层体积比为15%的硬态铜包铝线;

20A——铜层体积比为20%的软态铜包铝线;

20H——铜层体积比为20%的硬态铜包铝线。

### 3.2 型号与标记

#### 3.2.1 型号

铜包铝线的型号由型式代号(CCA)、类别代号(10A、10H、15A、15H、20A、20H)和标称直径(mm)组成。

表示方法如下:

CCA-□-□

- 标称直径
- 类别代号
- 型式代号

### 3.2.2 产品标记

产品标记由名称、型号和本标准编号组成。

示例：标称直径为2.50 mm、铜层体积比为15%的软态铜包铝线表示为：铜包铝线 CCA-15A-2.50 GB/T 29197—2012

## 4 要求

### 4.1 外观

铜包铝线表面应光洁圆整，不应有凹痕、划伤、竹节、鼓泡、裂纹、露铝和影响使用的任何缺陷。

### 4.2 直径

铜包铝线的直径应符合表1的规定。

**表1 标称直径及直径偏差**

单位为毫米

| 标称直径 $d^a$ | 偏 差 |
|---|---|
| 0.080～0.344 | ±0.003 |
| 0.345～0.500 | ±0.004 |
| 0.501～8.25 | ±1%$d$ |

[a] 铜包铝线的标称直径应从所列范围中选取，小于1.00mm时，取三位小数；大于或等于1.00mm时，取两位小数。

### 4.3 铜层厚度

铜包铝线的铜层厚度应符合下列规定：

a) 10A和10H铜包铝线，最薄厚度不应小于标称直径的1.75%；

b) 15A和15H铜包铝线，最薄厚度不应小于标称直径的2.5%；

c) 20A和20H铜包铝线，最薄厚度不应小于标称直径的3.5%。

### 4.4 铜层体积比

铜包铝线的铜层体积比应符合下列规定：

a) 10A和10H铜包铝线，铜层体积比应不小于8%且不大于12%；

b) 15A和15H铜包铝线，铜层体积比应不小于13%且不大于17%；

c) 20A和20H铜包铝线，铜层体积比应不小于18%且不大于22%。

### 4.5 直流电阻率

铜包铝线在20 ℃时的直流电阻率应符合表2的规定。

**表 2 直流电阻率**

| 线材类别 | 最大电阻率<br>$\Omega \cdot mm^2/m$ |
|---|---|
| 10A、10H | 0.027 43 |
| 15A、15H | 0.026 76 |
| 20A、20H | 0.025 94 |

## 4.6 抗拉强度和断裂时伸长率

铜包铝线抗拉强度和断裂时伸长率应符合表 3 的规定。

**表 3 抗拉强度和断裂时伸长率**

| 标称直径<br>mm | 抗拉强度<br>MPa | | 断裂时伸长率<br>% | |
|---|---|---|---|---|
| | 所有 H 类别<br>min | 所有 A 类别<br>max | 所有 H 类别<br>min | 所有 A 类别<br>min |
| 0.080～0.120 | 205 | 172 | 1.0 | 5 |
| 0.121～0.360 | 207 | 172 | 1.0 | 5 |
| 0.361～0.574 | 207 | 172 | 1.0 | 10 |
| 0.575～0.642 | 207 | 138 | 1.0 | 10 |
| 0.643～2.05 | 207 | 138 | 1.0 | 15 |
| 2.06～2.30 | 200 | 138 | 1.0 | 15 |
| 2.31～2.59 | 193 | 138 | 1.0 | 15 |
| 2.60～2.91 | 186 | 138 | 1.0 | 15 |
| 2.92～3.26 | 179 | 138 | 1.0 | 15 |
| 3.27～3.67 | 172 | 138 | 1.5 | 15 |
| 3.68～4.12 | 166 | 138 | 1.5 | 15 |
| 4.13～4.62 | 159 | 138 | 1.5 | 15 |
| 4.63～5.19 | 152 | 138 | 1.5 | 15 |
| 5.20～5.83 | 138 | 138 | 1.5 | 15 |
| 5.84～6.54 | 124 | 138 | 1.5 | 15 |
| 6.55～8.25 | 110 | 138 | 1.5 | 15 |

## 4.7 扭转

扭转试验时，铜包铝线铜层表面不应出现任何目力可见的裂纹或凹痕；并且扭断后，其铜层与铝芯线的界面上应无分层现象。

### 4.8 反复弯曲

反复弯曲试验时，铜包铝线的铜层与铝芯线的界面上应无分层现象。

### 4.9 密度

铜包铝线密度应符合表4的规定。

**表4 密度**

| 线材类别 | 密度<br>g/cm³ |
|---|---|
| 10A，10H | 3.32±0.12 |
| 15A，15H | 3.63±0.12 |
| 20A，20H | 3.94±0.12 |

### 4.10 接头

每盘(轴)铜包铝线应为一整根，不允许有接头。当订货合同有规定时，软态铜包铝线允许有冷压焊接头，但应满足以下要求：

a) 每盘(轴)软态铜包铝线的接头部分应经过局部退火并对露铝处用镀层或涂层紧密覆盖，两接头间铜包铝线的质量应满足表5要求，接头处应有使用者能清晰辨认的标记；

b) 含有接头的铜包铝线，接头处应圆整，每个接头处直径应符合4.2的规定，抗拉强度和断裂时伸长率应符合4.6的规定。

**表5 接头间铜包铝线的质量(软态)**

| 标称直径<br>mm | 接头间铜包铝线的质量<br>kg | | |
|---|---|---|---|
| | 10%铜层体积比 | 15%铜层体积比 | 20%铜层体积比 |
| 1.00～1.99 | ≥50 | | |
| 2.00～2.99 | ≥70 | | |
| 3.00～3.99 | ≥85 | | |
| 4.00～4.99 | ≥85 | ≥90 | ≥100 |
| 5.00～8.25 | ≥105 | ≥110 | ≥120 |
| 注：对于标称直径小于1.00 mm的铜包铝线，两接头间间距由供货双方在合同中进行规定。 | | | |

## 5 试验方法

### 5.1 外观检查

应对成品盘(轴)表面进行外观检查。对于标称直径大于或等于1.50 mm的铜包铝线，外观质量用目力检查；对于标称直径小于1.50 mm的铜包铝线，外观质量用放大倍数不超过10倍的放大镜检查。需要时，采用生产厂与用户商定的其他合适方法检查。

## 5.2 直径

铜包铝线的直径应按 GB/T 4909.2 的规定进行测量。

## 5.3 铜层厚度

对于标称直径大于或等于 2.00 mm 的铜包铝线，应将其横截面用金相砂纸研磨并抛光，达到镜面要求，使用大于 20 倍的读数显微镜测量铜层最薄厚度。

对于标称直径小于 2.00 mm 的铜包铝线，应按附录 A 的规定测量铜层最薄厚度。

## 5.4 铜层体积比

按 5.2 的规定测量铜包铝线的直径。

按 5.3 的规定，在图 1 所示的相互垂直的四个位置上测定铜层厚度，其中应包含铜层最薄部位。

铜层平均厚度用四个位置测量值的平均值计算。

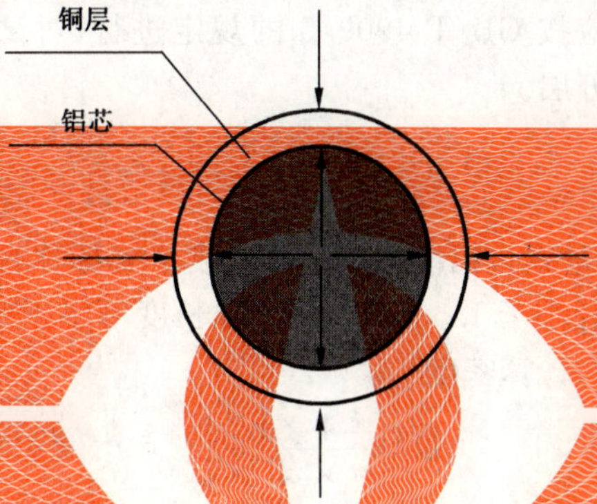


图 1 铜层平均厚度的测量

铜层体积比按式(1)计算：

$$r=[1-(d-2t)^2/d^2]\times 100\% \quad \cdots\cdots(1)$$

式中：

$r$——铜层体积比；

$d$——铜包铝线直径，单位为毫米(mm)；

$t$——铜层平均厚度，单位为毫米(mm)。

## 5.5 直流电阻率

铜包铝线的直流电阻率通过测量直流电阻后计算得到。

直流电阻测量应按 GB/T 3048.2—2007 的规定进行。当测试温度非 20 ℃时，应按 GB/T 3048.2—2007 中的式(9)修正至 20 ℃时的电阻值，其中 20 ℃时的电阻温度系数为 0.004 055/℃(10A、10H)，0.004 049/℃(15A、15H)、0.004 042/℃(20A、20H)。

直流电阻率应按式(2)计算：

$$\rho=\frac{R\times S}{l} \quad \cdots\cdots(2)$$

式中：

$\rho$ ——直流电阻率，单位为欧姆平方毫米每米($\Omega \cdot mm^2/m$)；

$R$——直流电阻，单位为欧姆($\Omega$)；

$S$——横截面积，单位为平方毫米($mm^2$)；

$l$ ——长度，单位为米(m)。

### 5.6 抗拉强度和断裂时伸长率

铜包铝线的抗拉强度和断裂时伸长率试验应按附录B的规定进行。当断裂时伸长率小于规定值且断裂点出现在距试验机夹头或引伸计标距25 mm以内，则数据无效，应重新进行试验。

### 5.7 扭转

铜包铝线的扭转试验应按IEC 61196-1-310的规定进行。

### 5.8 反复弯曲

铜包铝线的反复弯曲试验应按GB/T 4909.5的规定进行，对试样进行反复弯曲，直至试样断裂。试验后检查铜层与铝芯间是否分层。

### 5.9 密度

按GB/T 4909.2的规定测量铜包铝线的直径和长度。当标称直径大于或等于1.5 mm时，试样长度不小于1 000 mm；当标称直径小于1.5 mm时，试样长度不小于4 000 mm。用准确度不低于1 mg的天平测量其质量，然后按式(3)计算密度：

$$D=\frac{4\times W}{\pi\times d^2\times l}\times 10^3 \qquad \cdots\cdots(3)$$

式中：

$D$ ——密度，单位为克每立方厘米($g/cm^3$)；

$W$——质量，单位为克(g)；

$d$ ——直径，单位为毫米(mm)；

$l$ ——长度，单位为毫米(mm)。

### 5.10 接头

用目力检查接头及其标记，相邻接头间的重量采用准确度不低于0.1 kg的称量器具测量。接头处直径应按5.2的规定进行测量，抗拉强度和断裂时伸长率应按5.6的规定进行测量。取样时，接头应尽量位于试样的中间部位。

## 6 检验规则

### 6.1 通则

成品铜包铝线应经生产厂质量检验部门检验合格后方可出厂。每批出厂的产品应附有出厂检验合格证。检验分为出厂检验和型式检验。

### 6.2 出厂检验

#### 6.2.1 出厂检验项目

出厂检验应逐批进行，项目应按表6的规定。

表 6　检验项目

| 序 号 | 检验项目 | 要求章条号 | 检验类型 | | 试验方法章条号 |
|---|---|---|---|---|---|
| | | | 出厂检验 | 型式检验 | |
| 1 | 外观 | 4.1 | √ | √ | 5.1 |
| 2 | 直径 | 4.2 | √ | √ | 5.2 |
| 3 | 铜层厚度 | 4.3 | — | √ | 5.3 |
| 4 | 铜层体积比 | 4.4 | — | √ | 5.4 |
| 5 | 直流电阻率 | 4.5 | √ | √ | 5.5 |
| 6 | 抗拉强度和断裂时伸长率 | 4.6 | √ | √ | 5.6 |
| 7 | 扭转 | 4.7 | √ | √ | 5.7 |
| 8 | 反复弯曲 | 4.8 | √ | √ | 5.8 |
| 9 | 密度 | 4.9 | — | √ | 5.9 |
| 10 | 接头 | 4.10 | √ | √ | 5.10 |

#### 6.2.2　抽样方案

一个检验批应由同一批原材料、采用相同工艺、连续生产的同一型号的产品组成。样本大小为提交检验批的1%，但不少于3盘(轴)，最多10盘(轴)，检验批小于或等于3盘(轴)时100%检验。接头检验样本大小为1，试样应从每个样本单位(盘或轴)上截取。

#### 6.2.3　批的合格与不合格

出厂检验项目出现不合格时，应对同批产品进行第二次抽样检验，第二次抽样样本数应加倍。若第二次抽样检验仍出现不合格，则该检验批不合格。

### 6.3　型式检验

#### 6.3.1　型式检验项目

型式检验项目应按表6的规定进行。

#### 6.3.2　抽样方案

型式检验的样本应从出厂检验合格的检验批中随机抽取，样本大小为3盘(轴)。试样从每个样本单位(盘或轴)上截取。

#### 6.3.3　型式检验周期

有下列情况之一时，应进行型式检验：

a)　新产品或老产品转厂生产的试制定型鉴定；
b)　正式生产后，当原料、配方或工艺条件改变时；
c)　正常生产时，每年进行一次；
d)　产品长期停产后，恢复生产时；
e)　出厂检验结果与正常生产检验结果有较大差异时；
f)　国家质量监督检验机构提出时。

#### 6.3.4 型式检验合格与不合格

表6规定的项目全部合格时，则型式检验合格。

型式检验出现不合格时，应加倍抽样进行复检，如仍然不合格时，则判为不合格。此时应停止产品交货，同时分析原因，采取纠正措施，消除不合格原因，直至新的型式检验合格后，才能恢复出厂检验。

## 7 包装、标志、运输和贮存

### 7.1 包装

铜包铝线应成盘(轴)供应，并卷绕整齐、妥善包装、防止污染、氧化和损伤。

铜包铝线的包装中应附有产品出厂检验合格证。包装用材料应符合环保要求，外包装上应有相应的标志。

### 7.2 标志

每盘(轴)铜包铝线上应附有标签或标牌，标明下列内容：

a) 生产单位名称或商标；
b) 型号；
c) 生产日期；
d) 毛重及净重；
e) 产品批号；
f) 检验员印记；
g) 本标准编号；
h) 接头信息；
i) 其他。

### 7.3 运输

铜包铝线运输中应防潮、防蚀，防止在装卸、吊运、堆放和运输中受到损伤。

### 7.4 贮存

铜包铝线应妥善贮存在干燥通风(湿度不大于65%)、防雨、防水及不含酸碱性物质或有害气体的库房内。

## 8 订货合同内容

订货合同至少应包括以下内容：

a) 产品名称、型号及规格；
b) 本标准编号；
c) 数量(或重量)；
d) 接头要求；
e) 包装要求；
f) 检验要求和检验地点；
g) 交货日期和地点；
h) 订购非标准规格的铜包铝线时，应在合同中另行规定其直径与偏差、铜层厚度、铜层体积比、直流电阻率等要求。

# 附 录 A
# （规范性附录）
# 金相显微镜法

## A.1 试验原理

本试验通过对铜包铝线的试样经研磨抛光使其横截面达到镜面要求后，采用金相显微镜测量标称直径小于 2.00 mm 铜包铝线的铜层最薄厚度。

## A.2 试验装置

采用金相显微镜，其放大倍数不小于 100 倍，目镜上应带有刻度尺。

## A.3 样品制备

### A.3.1 试样切取

从抽取的铜包铝线试样上切取 15 mm 左右长度的试样 6 个。切取时应尽量减小线材横截面变形。

### A.3.2 试样镶嵌

将试样每隔 2 mm～3 mm 的距离平行粘在宽度约为 10 mm 的胶带上。将胶带连同试样一起粘在直径约为 5 mm、长度约为 15 mm 的铝杆上。将铝杆和试样纵立在直径约为 15 mm、高度约为 15 mm 的铝管或塑铝管中。在两者的间隙处充填环氧树脂，待固化后备用；或在镶嵌机上用电木粉镶嵌后备用。

### A.3.3 试样的研磨、抛光和浸蚀

将镶嵌的试样垂直于金相砂纸进行研磨。先在较粗的砂纸上研磨，当磨痕方向一致后，换用较细的砂纸研磨。每更换一次砂纸，必须将上一道磨制的灰尘清除干净，并将试样的研磨方向转动 90°。所用砂纸的标号从粗到细分别为：280 号、400 号、800 号、1 000 号和 1 500 号。

研磨后的试样在抛光机上使用金相抛光膏进行抛光，或进行电解抛光，使试样表面达到镜面光洁。抛光后的试样表面用清水清洗后，再用热风吹干。

## A.4 观察和测量

### A.4.1 试样的观察

采用放大倍数不小于 100 倍、目镜上带有刻度尺的金相显微镜，观察铜包铝线试样的横截面。

### A.4.2 铜层厚度的测量

在一定的放大倍数下，用金相显微镜自带的测微尺校对目镜刻度尺，确定刻度尺每小格所代表的实际尺寸。根据铜层在测微目镜中所占有的格数，就可算出铜层的厚度，如图 A.1 所示。

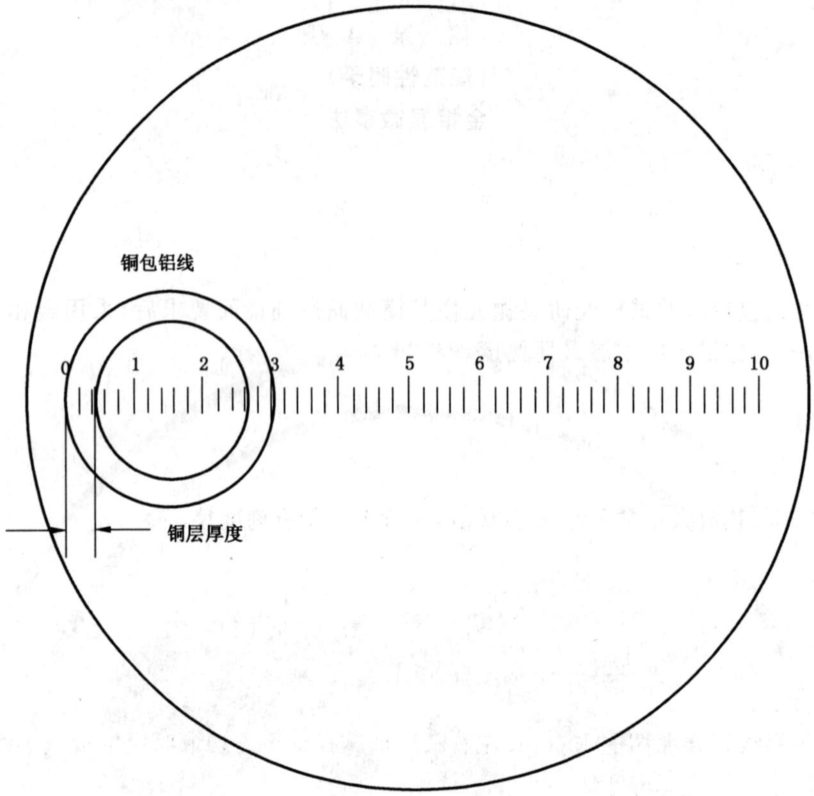


图 A.1 用金相显微镜目镜上的刻度尺测量铜层厚度示意图

# 附　录　B
# （规范性附录）
# 抗拉强度和断裂时伸长率试验

## B.1　试验原理

本试验通过向一段试样施加拉伸力，来测定铜包铝线的抗拉强度和断裂时的伸长率。

除非另有规定，本试验应在 10 ℃～35 ℃的环境温度中进行。

## B.2　试验装置

试验机测力系统的示值误差应不大于 1%。

应使用标距长度大于 250 mm 引伸计或其他适合的测量伸长率装置。此装置应带有分辨率优于 0.25 mm 的标尺。

## B.3　试样

试样原始标距长度（$L_0$）为 250 mm，试样总长度为 300 mm 左右。

试样应用手工或其他适当的方法校直。

## B.4　试验程序

### B.4.1　确定原始横截面积（$S_0$）

按 GB/T 4909.2 的规定测量铜包铝线的直径，原始横截面积按式（B.1）计算：

$$S_0=\frac{1}{4}\pi d^2 \qquad \cdots\cdots\cdots\cdots\cdots\cdots\cdots\cdots\cdots\cdots\text{( B.1 )}$$

式中：

$S_0$——原始横截面积，单位为平方毫米（$mm^2$）；

$d$——直径，单位为毫米（mm）。

### B.4.2　拉伸试样

将试样安装于试验设备夹具上，施加最低断裂负荷的 10%的负荷。将引伸计或其他合适的装置安装到试样上，拉伸段的测量长度大于 250 mm。

向试样施加拉伸负荷的过程中，应同时监视试样的伸长情况。记录最大拉伸力（$F_m$）和断裂发生时的标距长度（$L_t$）。

对于硬态铜包铝线，夹头分离速率应不超过 25 mm/min。

对于软态铜包铝线，夹头分离速率应不超过 300 mm/min。

## B.5　试验结果

抗拉强度按式（B.2）计算：

$$R_m = F_m / S_0 \qquad \text{( B. 2 )}$$

式中：

$R_m$ ——抗拉强度，单位为牛顿每平方毫米（$N/mm^2$）；

$F_m$ ——拉力最大值，单位为牛顿（N）；

$S_0$ ——原始横截面积，单位为平方毫米（$mm^2$）。

断裂时伸长率按式（B. 3）计算：

$$A_t = (L_t - L_0) / L_0 \times 100\% \qquad \text{( B. 3 )}$$

式中：

$A_t$ ——断裂时的伸长率（%）；

$L_t$ ——断裂时的标距长度，单位为毫米（mm）；

$L_0$ ——原始标距长度，单位为毫米（mm）。

ICS 33.040.30
M 10

# 中华人民共和国国家标准

GB/T 29198—2012

# No.7 信令与 IP 互通适配层技术要求 消息传递部分(MTP)第二级对等适配层(M2PA)

**Technical requirements of adaptation layer of No.7 signalling interworking with IP—MTP2 peer-to-peer adaptation layer**

[IETF RFC 4165:2005, Signaling system 7 (SS7) message transfer Part 2(MTP2)-User peer-to-peer adaptation layer (M2PA), NEQ]

2012-12-31 发布　　　　2013-06-01 实施

中华人民共和国国家质量监督检验检疫总局
中国国家标准化管理委员会　发布

# 前　言

本标准是《No.7信令与IP互通适配层技术要求》系列国家标准之一，该系列国家标准的预计结构如下：

——No.7信令与IP互通适配层技术要求　消息传递部分(MTP)第二级用户适配层(M2UA)；

——No.7信令与IP互通适配层技术要求　消息传递部分(MTP)第三级用户适配层(M3UA)；

——No.7信令与IP互通适配层技术要求　消息传递部分(MTP)第二级对等适配层(M2PA)。

本标准按照GB/T 1.1—2009给出的规则起草。

本标准使用重新起草法参考IETF RFC 4165:2005《七号信令系统消息传递部分2(MTP2)　用户对等适配层(M2PA)协议》编制，与IETF RFC 4165:2005的一致性程度为非等效。主要差别如下：

——明确要求在远端处理机故障的情况下不能向对端发送用户数据消息；

——按照我国网络的实际情况给出了定时器建议的取值范围。

本标准由中华人民共和国工业和信息化部提出。

本标准由中国通信标准化协会归口。

本标准起草单位：工业和信息化部电信研究院、上海贝尔股份有限公司、中兴通讯股份有限公司。

本标准主要起草人：盛蕾、吴宏建、吕军、续合元、沈蕾、许明、黄少军、高峰。

# No.7信令与IP互通适配层技术要求 消息传递部分(MTP)第二级对等适配层(M2PA)

## 1 范围

本标准规定了No.7信令消息传递部分第二级对等适配层(M2PA)协议的功能、消息参数、格式和程序。

本标准适用于采用M2PA协议作为信令传送适配协议的IP信令点、信令网关等设备。

## 2 规范性引用文件

下列文件对于本文件的应用是必不可少的。凡是注日期的引用文件,仅注日期的版本适用于本文件。凡是不注日期的引用文件,其最新版本(包括所有的修改单)适用于本文件。

GB/T 28510—2012 流控制传送协议(SCTP)

GF 001—9001 中国国内电话网No.7信号方式技术规范

ITU-T Q.2140 B-ISDN信令ATM适配层 网络节点接口信令的业务特定协调功能(SSCF-NNI)(B-ISDN ATM adaptation layer—Service specific coordination function for signalling at the network node interface (SSCF AT NNI))

ITU-T Q.2210 使用ITU-T Q.2140业务的消息传递部分第3级功能和消息(Message transfer part level 3 functions and messages using the services of ITU-T recommendation Q.2140)

IETF RFC3788 信令传送协议的安全考虑(Security considerations for signaling transport protocols)

## 3 术语、定义和缩略语

### 3.1 术语和定义

GB/T 28510—2012界定的以及下列术语和定义适用于本文件。

3.1.1

**MTP2用户 MTP2-User**

使用MTP2的服务的一个协议。MTP2仅有的用户是MTP3。MTP2的用户等于M2PA的用户。

3.1.2

**信令端点 signaling end point**

始发或终结信令消息的No.7信令点。

3.1.3

**IP信令点 IP signaling point**

具有IP网络连接的、使用IP承载的No.7信令的No.7信令点。

3.1.4

**信令网关 signaling gateway**

处于IP网络和SCN网络边界用于信令承载转换的设备。在这种情况下,一个SG既有用于No.7

信令叠加在IP之上的IP网络连接，又有到No.7信令网的传统(非IP)链路。

3.1.5

**偶联　association**

一个SCTP偶联，即在两个SCTP端点间的一个对应关系，它包括了两个SCTP端点，以及包括验证标签和传送顺序号码等信息在内的协议状态信息。一个偶联可以由使用该偶联的SCTP端点用传送地址来唯一识别，在任何时候两个SCTP端点间都不会有多于一个的偶联。

[GB/T 28510—2012，定义3.1.1]

3.1.6

**流　stream**

一个SCTP流，即从两个SCTP端点建立的一个单向逻辑通道。对于顺序递交业务，在这个通道中所有的用户消息都应按照顺序进行递交。

[GB/T 28510—2012 3.1.3]。

## 3.2 缩略语

下列缩略语适用于本文件。

BIB：后向指示语比特(Backward Indicator Bit)

BSN：后向序号(Backward Sequence Number)

BSNT：下一个要发送的信号单元的后向序号(Backward Sequence Number to be Transmitted)

CK：检验比特(Check Bit)

FIB：前向指示语比特(Forward Indicator Bit)

FISU：填充信号单元(Fill-In Signal Units)

FSN：前向序号(Forward Sequence Number)

FSNC：远端第二级已接受的最后一个消息的前向序号(Forward Sequence Number Of Last Message Accepted By Remote Level 2)

IANA：互联网号码分配管理局(Internet Assigned Numbers Authority)

IP：网际互联协议(Internet Protocol)

IPSP：基于IP承载的信令点：(IP Signaling Point)

IPSTP：基于IP承载的信令转接点(IP Signaling Transfer Point)

LI：长度指示语(Length Indicator)

LPO：本地处理机故障(Local Processor Outage)

LSB：最低有效位(Least Significant Bit)

LSSU：链路状态信号单元(Link Status Signal Units)

M2PA：MTP2用户点对点适配层(MTP2 User Peer-to-Peer Adaptation Layer)

MGC：媒体网关控制器(Media Gateway Controller)

MSU：消息信号单元(Message Signal Unit)

MTP：消息传递部分(Message Transfer Part)

MTP1：消息传递部分第一级(Message Transfer Part Level 1)

MTP2：消息传递部分第二级(Message Transfer Part Level 2)

MTP3：消息传递部分第三级(Message Transfer Part Level 3)

OOS：暂停服务(状态)(Out Of Service)

PRI：优先级字段(Priority Field)

RPO：本地处理机故障(Remote Processor Outage)

SCCP：信令连接控制部分(Signalling Connection Control Part)

SCN:电路交换网(Switched Circuit Network)
SCTP:流控制传送协议(Stream Control Transmission Protocol)
SEP:信令端点(Signalling End Point)
SG:信令网关(Signalling Gateway)
SIB:链路忙指示(Status Indication Busy)
SIE:紧急定位状态指示(Status Indication Emergency Alignment)
SIF:信令信息字段(Signaling Information Field)
SIGTRAN:信令传送(Signaling Transport)
SIN:正常定位状态指示(Status Indication Normal Alignment)
SIo:业务信息八位位组(Service Information Octet)
SIO:未定位状态指示(Status Indication Out of Alignment)
SIOS:未服务状态指示(Status Indication Out of Service)
SIPO:处理机故障状态指示(Status Indication Processor Outage)
SLC:信令链路码(Signaling Link Code)
SSN:流顺序号码(Stream Sequence Number)
STP:信令转接点(Signaling Transfer Point)
XCA:扩展的倒换证实(Extended Changeover Acknowledgment)
XCO:扩展的倒换命令(Extended Changeover Order)

## 4 综述

### 4.1 信令传送结构

本标准规定了一种 No.7 信令适配到 IP 层的适配方式,即 M2PA 适配层协议,可传送 No.7 信令 MTP3 的消息。M2PA 为 MTP 提供了类似 MTP2 的接口和服务。MTP3 通过 M2PA 层适配到 SCTP 层。M2PA 支持 MTP3 与 MTP2 层之间的所有原语。

图 1 给出了 M2PA 应用在对称的 IPSP 之间的协议栈结构。SCTP 偶联可看做 IPSP 之间的一条 No.7 信令链路。一个 IPSP 在 MTP3 上可能有 SCCP 和其他 No.7 应用层。

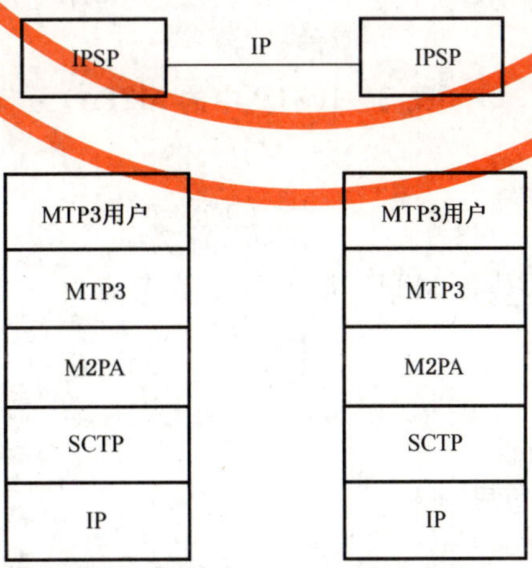


图 1 M2PA 对称的对等层结构

图2给出了在包含SG的网络中应用M2PA的协议栈示意图。SG相当于是有传统No.7信令链路和IP网络连接的IPSP。事实上SG就像一个STP。SEP和SG之间的No.7信令路径中可能有STP,也可能没有STP。

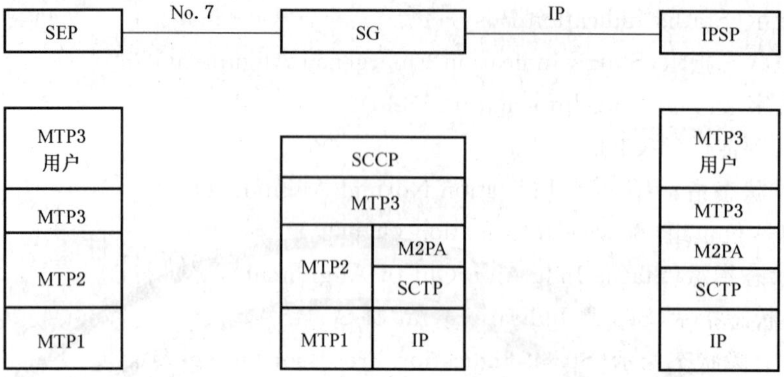


**图2 IP信令网关中的M2PA**

图3给出了在包含IPSTP的网络中应用M2PA的协议栈示意图。

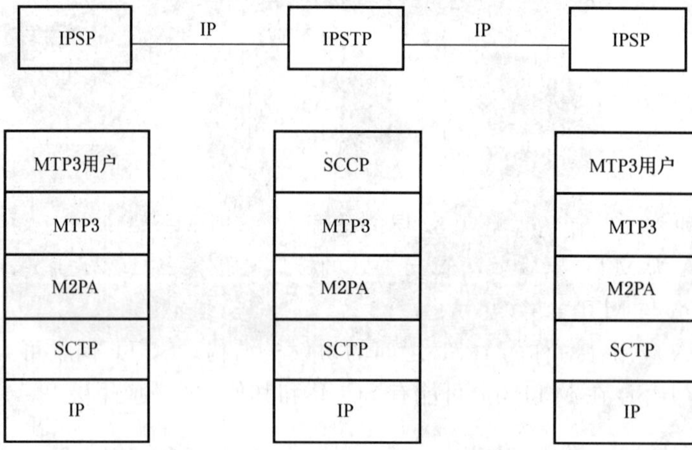


**图3 IPSTP中的M2PA**

## 4.2 信令点表示

根据GF 001—9001的要求,具有MTP3层的每个节点应由一个No.7信令点码表示,所以每个IPSP应有它自己的No.7信令点码。

## 4.3 M2PA提供的业务

### 4.3.1 支持MTP2/MTP3接口边界

M2PA和MTP3之间接口与GF 001—9001和ITU-TQ.2140中定义的MTP2/MTP3接口一样。MTP3向M2PA发送原语。M2PA负责处理这些原语,或将它们映射到M2PA/SCTP接口的合适的原语。反过来,M2PA向MTP3发送与MTP3/MTP2接口原语相类似的原语。

同时,M2PA和MTP3之间接口还要支持ITU-TQ.2210中规定的24 bit的顺序号。因为M2PA

使用比 MTP2 更大的 24 bit 的顺序号，MTP3 的倒换过程应要用支持 24 bit 顺序号的 XCO 和 XCA 消息。XCO 和 XCA 消息的格式见 5.4。

下列 MTP3/MTP2 原语也应支持 24 bit 的顺序号：

——BSNT confirmation；

——Retrieval Request and FSNC。

#### 4.3.2 M2PA 的消息类型

在 No.7 信令中，MTP2 发送三类消息，即 MSU、LSSU 和 FISU。

MSU 来自 MTP2 的上层并要传送到另一节点的对等层。同样，M2PA 也需要将这些消息作为数据从 MTP3 发送到 SCTP 并经过特定的链路发送出去。在 M2PA 中，这些消息称为“用户数据”消息。

LSSU 允许不同节点的 MTP2 层之间交换状态信息。M2PA 的“链路状态”消息与 LSSU 相似。

FISU 是在当无 MSU 等待发送时连续发送。FISU 也携带对收到的 MSU 消息的证实信息。由于 IP 网络是资源共享的，不太可能在没有数据消息发送时在 IP 网中持续地发送类似 FISU 的消息，所以 M2PA 并不提供类似 FISU 的消息类型。在 M2PA 中，对消息的证实信息可通过“用户数据”消息来携带。当需要证实收到对方的消息，而本端又没有 MTP3 消息需要发送时，可以发送空白用户数据消息。

### 4.4 M2PA 提供的功能

#### 4.4.1 MTP2 的功能

M2PA 提供 SCTP 不能提供的 MTP2 的功能，也就是说，M2PA 和 SCTP 共同提供类似 MTP2 的功能。

SCTP 提供可靠的、有序的消息传送功能。

M2PA 提供的功能包括：

——数据恢复，以支持 MTP3 倒换过程；

——向 MTP3 报告 M2PA 链路状态改变；

——处理机故障程序；

——M2PA 链路定位程序。

#### 4.4.2 SCTP 偶联管理

SCTP 允许在偶联建立期间开启由用户规定数量的流。M2PA 层应保证对每个偶联中的流进行适当的管理。

为了能让 M2PA 按优先顺序发送消息，需要将“链路状态” 和“用户数据”消息分给不同的流来传送。M2PA 在每一个偶联中的每一个方向上使用两个流。每一个方向中的流 0 是用于传送“链路状态”消息。流 1 是用于传送“用户数据”消息。

M2PA 从 SCTP 收到通知时，负责处理或者翻译成适当的通知发送给 MTP3。

#### 4.4.3 No.7 网络 MTP3 功能的保留

M2PA 允许 IPSP 的 MTP3 执行所有的与 No.7 信令节点的 MTP3 相同的消息处理和信令网管理功能。

### 4.5 M2PA 边界的定义

#### 4.5.1 M2PA / MTP3 边界的定义

M2PA 提供的上层原语与 MTP2 提供给 MTP3 的原语一样。这些原语的描述见 GF 001—9001

和 ITU-TQ.2140。

从 MTP3 向 M2PA 发送的原语：

——Message for Transmission 请求：用来发送一个数据消息。

——Start 请求：用来激活一条链路。

——Stop 请求：用来去激活一条链路。

——Retrieve BSNT 请求：为倒换过程请求 BSNT 值。

——Retrieval Request and FSNC 请求：请求恢复未证实和未发送的消息。该请求包括一个 FSNC 值。

——Local Processor Outage 请求：通知 M2PA 本地处理机故障情况。

——Local Processor Outage Recovered 请求：通知 M2PA 本地处理机故障已解除。

——Flush Buffers 请求：请求清空所有发送和接收的缓冲区。

——Continue 请求：在处理机故障后请求处理恢复。

——Emergency 请求：请求 M2PA 使用紧急定位程序。

——Emergency Ceases 请求：请求 M2PA 使用正常定位程序。

从 M2PA 向 MTP3 发送的原语：

——Received Message 指示：用来向 MTP3 传送数据消息。

——Congestion 指示：按拥塞状态指示变化情况。若协议使用任选拥塞等级，则这个指示包括拥塞状态。它还包括丢弃状态。

——In Service 指示：指示链路进入服务。

——Out of Service 指示：指示链路不工作。

——Retrieved Messages 指示：指示未证实或未发送的消息的向上递交。

——Retrieval Complete 指示：指示完成了未证实或未发送的消息的递交。

——BSNT 确认：对 Retrieve BSNT 请求的确认。这个确认包括 BSNT 值。

——BSNT Not Retrievable 确认：当 BSNT 值无法获得时，用来作为对 Retrieve BSNT 请求的确认。

——Remote Processor Outage 指示：指示远端处理机故障。

——Remote Processor Ceases 指示：指示远端处理机故障状态解除。

#### 4.5.2 M2PA 和 SCTP 之间的低层边界定义

SCTP 提供的上层原语见 GB/T 28510—2012。

### 4.6 M2PA 在 IANA 中注册的信息

在 IANA 中注册的分配给 M2PA 的 SCTP 端口号是 3565。

分配给 M2PA 的 SCTP 净荷协议标识是 5。

## 5 消息格式

### 5.1 公共消息头

#### 5.1.1 公共消息头的结构

M2PA 消息所使用的公共消息头包括版本、消息类别（Message Class）、消息类型（Message Type）和消息长度。公共消息头结构如图 4 所示。

0 1 2 3

0 1 2 3 4 5 6 7 8 9 0 1 2 3 4 5 6 7 8 9 0 1 2 3 4 5 6 7 8 9 0 1

| 版本 | 备用 | 消息类别 | 消息类型 |
|---|---|---|---|
| 消息长度 | | | |

图 4　公共消息头

### 5.1.2　版本

版本字段包括 M2PA 的版本。本标准所规定的版本是:1,表示 M2PA 协议的 Release 1.0 版。

### 5.1.3　备用

备用字段应由发送方置为全零并由接收方忽略。备用字段不宜用于专用信息。

### 5.1.4　消息类别

表 1 给出了消息类别(Message Class)的编码。

表 1　消息类别编码

| 值(十进制) | 消息类别 |
|---|---|
| 11 | M2PA 消息 |

其他值无效。

### 5.1.5　消息类型

表 2 给出消息类型(Message Type)的编码。

表 2　消息类型的编码

| 值(十进制) | 类　型 |
|---|---|
| 1 | 用户数据(User Data) |
| 2 | 链路状态(Link Status) |

其他值无效。

### 5.1.6　消息长度

消息长度定义了按八位位组计算的 M2PA 消息长度,包括公共消息头在内。

## 5.2　M2PA 专用消息头

M2PA 的所有协议消息应有一个 M2PA 专用的消息头。M2PA 专用消息头的结构见图 5。

0 1 2 3

0 1 2 3 4 5 6 7 8 9 0 1 2 3 4 5 6 7 8 9 0 1 2 3 4 5 6 7 8 9 0 1

| | |
|---|---|
| 未用 | 后向序号(BSN) |
| 未用 | 前向序号(FSN) |

图 5　M2PA 专用消息头

后向序号(BSN):从对端收到的最后一个消息的前向序号。

前向序号(FSN):正在被发送的用户数据消息的 M2PA 顺序号。

FSN 和 BSN 的值范围:0～16,777,215。

## 5.3　M2PA 消息

### 5.3.1　M2PA 消息结构

图 6 给出了 M2PA 消息的结构。M2PA 消息由公共消息头和 M2PA 专用消息头以及随后的消息数据组成。

0 1 2 3

0 1 2 3 4 5 6 7 8 9 0 1 2 3 4 5 6 7 8 9 0 1 2 3 4 5 6 7 8 9 0 1

| |
|---|
| 公共消息头 |
| M2PA专用消息头 |
| 消息数据 |

图 6　M2PA 消息结构

消息数据字段要么包含用户数据消息(见 5.3.2),要么包含链路状态消息(见 5.3.3)。对于空的用户数据消息,则该 M2PA 消息不包含消息数据部分。

### 5.3.2　用户数据消息

用户数据是来自 MTP3 的数据。它是可选的字段,当只是为了证实收到的消息时,可以不发送用户数据字段,即空白的用户数据消息。

用户数据消息的格式见图 7。

0 1 2 3

0 1 2 3 4 5 6 7 8 9 0 1 2 3 4 5 6 7 8 9 0 1 2 3 4 5 6 7 8 9 0 1

| |
|---|
| 数据 |

图 7　用户数据格式

图 8 中的“数据”字段包含 MSU 的下列字段(具体格式见图 8):

—— 消息优先字段(PRI)(我国未启用该字段,置为全 0);

—— 业务信息八位组(SIo);

—— 信令信息字段(SIF)。

|MSB ——————————————————————————————— LSB|

| 0 | | | | | | | | | | 1 | | | | | | | | | | 2 | | | | | | | | | | 3 | |
|---|---|---|---|---|---|---|---|---|---|---|---|---|---|---|---|---|---|---|---|---|---|---|---|---|---|---|---|---|---|---|---|
| 0 | 1 | 2 | 3 | 4 | 5 | 6 | 7 | 8 | 9 | 0 | 1 | 2 | 3 | 4 | 5 | 6 | 7 | 8 | 9 | 0 | 1 | 2 | 3 | 4 | 5 | 6 | 7 | 8 | 9 | 0 | 1 |

| PRI | 备用 | SIo | SIF八位组 | …… |
|---|---|---|---|---|
| | | ⋮ | | |
| …… | | …… | …… | SIF八位组 |

图 8　用户数据消息具体格式

图 7 中的“数据”字段包含 MSU 的以下字段,

——标志(Flag);

——后向序号 (BSN);

——后向指示语 (BIB);

——前向序号(FSN);

——前向指示语 (FIB);

——长度指示语 (LI);

——检验比特 (CK)。

“数据”字段应该按照 MTP3 中定义的字节顺序来发送。在每一个八位组中,最不重要的比特(LSB)放在右边。

M2PA 不能对 MTP3 消息进行填充。

### 5.3.3　链路状态消息

M2PA 链路状态消息可在 M2PA 对等层之间发送,用来指示链路状态。这个消息完成与 MTP2 中的链路状态信号单元(LSSU)相似的功能。链路状态消息的格式见图 9。

| 0 | | | | | | | | | | 1 | | | | | | | | | | 2 | | | | | | | | | | 3 | |
|---|---|---|---|---|---|---|---|---|---|---|---|---|---|---|---|---|---|---|---|---|---|---|---|---|---|---|---|---|---|---|---|
| 0 | 1 | 2 | 3 | 4 | 5 | 6 | 7 | 8 | 9 | 0 | 1 | 2 | 3 | 4 | 5 | 6 | 7 | 8 | 9 | 0 | 1 | 2 | 3 | 4 | 5 | 6 | 7 | 8 | 9 | 0 | 1 |

| 状态 |
|---|

图 9　链路状态消息格式

“状态”字段的有效值见表 3。

表 3 “状态”字段的取值

| 值(十进制) | 说 明 |
|---|---|
| 1 | 定位(Alignment) |
| 2 | 正常验证(Proving Normal) |
| 3 | 紧急验证(Proving Emergency) |
| 4 | 就绪(Ready) |
| 5 | 处理机故障(Processor Outage) |
| 6 | 处理机故障恢复(Processor Recovered) |
| 7 | 链路忙(Busy) |
| 8 | 链路忙结束(Busy Ended) |
| 9 | 链路退出服务(Out of Service,OOS) |

### 5.3.4 链路状态验证

链路状态验证消息可附带任选的字节。如果携带这些任选的字节,则消息格式见图 10。

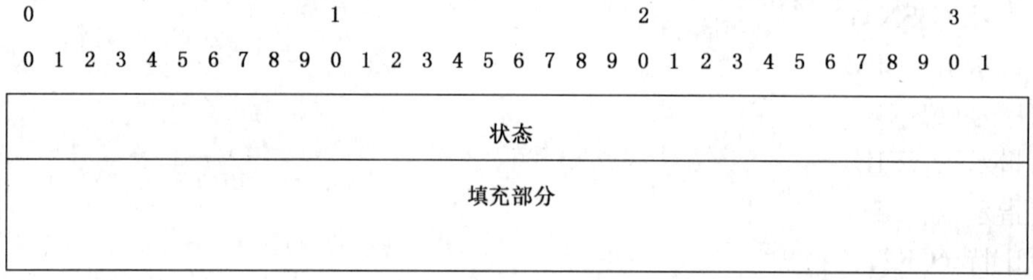


图 10 链路状态验证消息

建议链路状态验证消息的长度与此 M2PA 链路上准备承载的用户数据消息的长度相当。

建议链路状态验证消息的填充部分字段包含一个数字模型(Number Pattern),这个数字模型在不同的链路状态验证消息中会有所不同,并允许用 SCTP 的校验来验证传送的准确性。

## 5.4 扩展的倒换命令和扩展的倒换证实消息(**XCO** 和 **XCA**)

由于 M2PA 消息的顺序号(FSN/BSN)为 24 bit,所以 M2PA 需要采用扩展的倒换命令消息和扩展的倒换证实消息(XCO 和 XCA),其格式如图 11 所示。

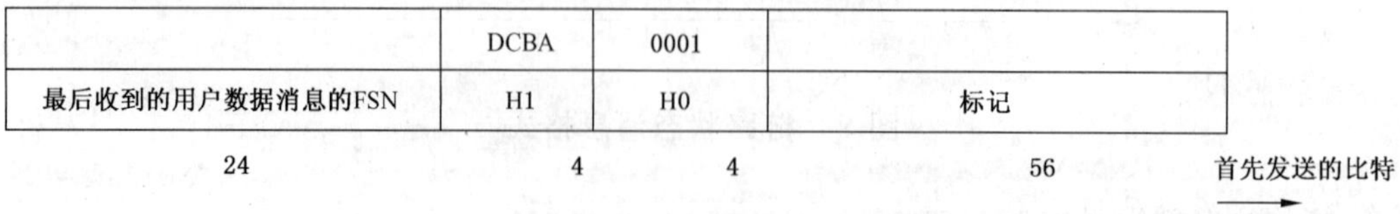


图 11 扩展的倒换命令和扩展的倒换证实消息

其中 H1 取值如下:

——0011:XCO;

——0100:XCA。

## 6 M2PA 链路状态控制

### 6.1 SCTP 偶联状态控制

M2PA 对 SCTP 偶联状态的管理见图 12,一些差错情况并没有体现在图中。

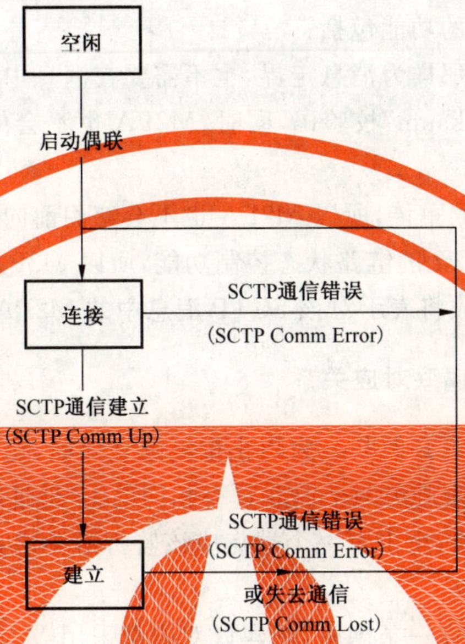


图 12 SCTP 偶联状态转移图

M2PA 的偶联状态包括:

——空闲(Idle):加电启动期间偶联的状态;

——连接(Associating):M2PA 尝试建立 SCTP 偶联;

——建立(Established):SCTP 偶联已经建立。

### 6.2 M2PA 链路状态控制

特定的事件会使得 M2PA 链路从一个状态转移到另一个状态。导致状态改变的事件包括:

——MTP3 原语请求;

——从对端 M2PA 层收到消息;

——定时器超时;

——SCTP 通知。

这些事件对 M2PA 链路状态变化的影响方式与对 MTP2 链路状态变化的影响方式相类似,具体见 GF 001—9001。

## 7 程序

### 7.1 基本原则

如果本标准没有特别说明,则 M2PA 将重用 MTP2 的程序。

### 7.2 支持 MTP2 特性的程序

#### 7.2.1 信号单元格式、定界和接受

在网络上传送的 M2PA 消息的格式应该满足第 5 章的要求。

由于 SCTP 和 M2PA 共同完成了 MTP2 的功能，所以 SCTP 已经提供的功能，M2PA 将不再提供。而 SCTP 没有提供的功能，则 M2PA 应提供。

M2PA 不需要提供的 MTP2 的功能包括：

——M2PA 不需要像 MTP2 那样为消息定界，也不需要在消息中执行插“0”和删“0”的操作；

——M2PA 不需要使用“checksum”校验码，同时，M2PA 也不会使用 MTP2 中规定的差错率监视程序；

——M2PA 不需要负责消息的重传，所以 M2PA 也不会使用前向指示语比特和后向指示语比特。

但是，由于 SCTP 不提供 MTP2 的链路状态控制功能，所以 M2PA 需要提供该功能。

对整个 SCTP 消息的成功接收将表示对该 SCTP 消息中的 M2PA 消息的接收。

#### 7.2.2 M2PA 信令链路和 SCTP 偶联对应关系

每条 M2PA 链路对应一个 SCTP 偶联。为防止重复建立偶联，建议偶联的每个端点事先知道双方的 IP 地址和端口号。SCTP 协议应避免两个偶联具有相同的 IP 地址和端口号。

对于建立偶联的两个端点来说，至少有一个端点应该监听需要建立偶联的端口，因此建议至少有一方采用 M2PA 注册的端口号。

如果要在两个 IP 地址之间建立一条偶联，则建议双方都采用 M2PA 注册的端口号。

如果要在两个 IP 地址之间建立多条偶联(多链路的情况)，则需要用到不同的端口号，但是，还是建议至少一条偶联的一端采用 M2PA 注册的端口号。

两个端点的每个 IP 地址/端口的组合(即每条偶联)在每个端点都应拥有相同的信令链路码(SLC)，以便在 SCTP 偶联建立时每个端点都知道是哪一条 M2PA 链路需要被创建。但是，M2PA 不做基于 SLC 的任何处理。

一条 M2PA 链路对应于由两个端点标识的一个 SCTP 偶联，而一个端点由一个 IP 地址和一个端口号标识。每个偶联对应一个 SLC。附录 B 给出了偶联和 M2PA 链路之间关系的示例。

#### 7.2.3 M2PA 链路定位程序

M2PA 链路定位的程序采用与 MTP2 相同的程序，除非在本章条中有特殊说明。定位程序的流程见附录 A 中 A.2。

M2PA 链路定位在 SCTP 偶联建立好后进行。若 SCTP 建立偶联失败并且 M2PA 已从它的 MTP3 收到一个启动请求(Start 请求)，则 M2PA 应向 MTP3 报告 M2PA 链路处于不工作状态。

在偶联建立之后，M2PA 应当向它的对等层发送 OOS(Out of Service)消息。M2PA 的 OOS 消息将代替 MTP2 的 SIOS 消息。与 MTP2 连续发送 SIOS 消息不同，不建议 M2PA 连续发送 OOS 消息。在启动定位程序之前，M2PA 也可以发送附加的 OOS 消息。

发送 Alignment 消息则表示向对端指示开始定位程序。M2PA 的 Alignment 消息将代替 MTP2 的 SIO 消息。在 M2PA 中，不建议连续发送 Alignment 消息。M2PA 可以向对端发送附加的 Alignment 消息，直到收到 Alignment、Proving Normal 或 Proving Emergency 消息。

M2PA 的 Proving Normal 和 Proving Emergency 将分别代替 MTP2 的 SIN 和 SIE 消息。M2PA 可以不使用定位验证程序。如果使用定位验证程序，则在验证周期内(即 T4 时间内)，M2PA 应按照一定的时间间隔发送 Proving Normal 或 Proving Emergency 消息。这个时间间隔建议设成一个适当的

值，以保证在验证期间所产生的链路负荷与链路正常工作时所期望的负荷相当。

在验证周期正常结束后，M2PA将发送Ready消息。在这里，Ready消息将代替MTP2的FISU消息。当M2PA启动T1定时器的时候，应发送Ready。在T1运行期间，M2PA可以发送附加的Ready消息。这些Ready消息应在流0上发送。

在验证周期结束时，对应于MTP发送MSU和SIPO的情况，M2PA将会分别发送用户数据消息和Processor Outage消息。

SCTP慢启动算法可能会对M2PA的定位过程会带来一定的影响，相关的考虑见附录C。

### 7.2.4 处理机故障程序

M2PA的Processor Outage消息将代替MTP2的SIPO消息。与MTP2连续发送SIPO不同，M2PA不建议连续发送Processor Outage消息。M2PA应在处理机故障开始的时候发送一个Processor Outage消息。M2PA在处理机故障期间也可以发送附加的Processor Outage消息。Processor Outage消息应该在流1上发送。

在本地处理机故障(LPO)期间，应该进行以下处理：

a) 任何从对端收到的用户数据消息都不能给以证实，但应缓存；

b) 对于在LPO之前，上层MTP3收到并接受了的用户数据消息，M2PA可以给以证实；

c) 已经从上层MTP3收到的消息，M2PA可以继续发送出去。

在远端处理机故障(RPO)期间，应进行以下处理：

a) 上层MTP3收到并接受的用户数据消息，M2PA可以继续给以证实，而不用考虑对端处理机故障状态；

b) 如果在RPO后收到的用户数据消息不能递交给MTP3，则这些消息不能给以证实，但应缓存；

c) M2PA收到对端发送的Processor Outage消息后，应停止向对端发送用户数据消息。

如果M2PA收到MTP3的Flush Buffers请求，则执行以下操作：

a) M2PA应丢弃在处理机故障状况时队列中的所有未被证实的入局消息；

b) M2PA应丢弃发送队列或重发队列中的所有消息。

如果M2PA收到MTP3的Continue请求时，M2PA应该开始处理在处理机故障期间未被证实的被缓存的入局消息。

当本地处理机故障状况解除时，M2PA应该在流1上向对端发送Processor Recovered消息。该消息用来表示处理机故障的结束。该消息的BSN设成最后收到的(并且没有被丢弃的)用户数据消息的FSN。M2PA在发送Processor Recoverved消息后，应停止发送用户数据消息，直到收到对方发来的Ready消息。

RPO状态下的M2PA，在收到对方发送来的Processor Recovered消息后，应该在流1上响应一个Ready消息。Ready消息的BSN应设成最后收到的(并且没有被丢弃的)用户数据消息的FSN。

之前处于LPO状态下的M2PA收到Ready后，也应该在流1上响应Ready消息，Ready消息的BSN应设成最后收到的(并且没有被丢弃的)用户数据消息的FSN。

无论是LPO还是RPO状态下的M2PA，都应该利用收到的Ready消息中的BSN来重新同步本端的顺序号。M2PA不能发送用户数据消息，直到它发送了Ready消息。

在重新同步的过程中，M2PA不能丢弃任何在处理机故障结束后收到的用户数据消息。

在本地处理机故障的时候，M2PA也可以通过发送OOS消息使得M2PA链路退出服务。

除了前面所描述的内容之外，M2PA可以遵循MTP2对处理机故障规定的程序。

处理机故障相关程序的流程见附录A中A.5。

### 7.2.5 第二级流量控制

M2PA 在接收拥塞状态刚开始的时候会发送 Busy 消息，类似于 MTP2 的 SIB 消息。在 M2PA 中，Busy 消息将代替 MTP2 的 SIB 消息。Busy 消息不建议连续发送。在拥塞持续期间，M2PA 也可以发送附加的 Busy 消息。当拥塞解除时，M2PA 向对端发送 Busy Ended 消息。

M2PA 在接收拥塞的状态下，可以继续发送消息，但是不能证实消息，包括触发本端发送 Busy 的那个消息，以及在发送 Busy Ended 消息之前收到的所有消息。

当 M2PA 收到第一条 Busy 消息，如果重发缓存器中仍有未被证实的消息(即 T7 正在运行中)，它应当启动远端拥塞定时器 T6。如果 T7 正在运行，M2PA 应当停止 T7 定时器。如果收到附加的 Busy 消息，应该不能重启 T6 定时器，也不应该激活 T7 定时器。T6 运行的时候，不能启动 T7。

当 M2PA 收到 Busy Ended 消息且 T6 还没有超时，则停止 T6。此时如果重发缓存中还有未被证实的消息，则还需要启动 T7。

如果对端处于接收拥塞状态，则本端 M2PA 可以继续接收和证实对端发来的消息。但是，本端 M2PA 在收到 Busy 之后和 Busy Ended 之前都不能再发送用户数据消息。

第二级流量控制程序的流程见附录 A 中 A.6。

### 7.2.6 链路不服务状态

在 M2PA 中，M2PA 的 OOS 消息将代替 MTP2 的 SIOS。但是建议 OOS 消息不要连续发送。M2PA 应当在链路不服务状态的最初发送 OOS。如果链路不服务状态仍在持续的话，M2PA 也可以发送附加的 OOS。

当 M2PA 将链路置于不服务状态时，不宜同时终结 SCTP 偶联。

当 MTP3 用 Stop 命令请求 M2PA 去激活一条 M2PA 链路时，M2PA 应当向它的对端发送 OOS 消息。当 M2PA 收到 OOS 消息后，应当向 MTP3 报告 M2PA 链路处于不工作状态，见附录 A 中 A.8。

### 7.2.7 SCTP 偶联问题

当以下任意事件发生时，SCTP 偶联链路都变得不可用：

——SCTP 向 M2PA 上报“发送失败”(Send Failure)通知；

——SCTP 向 M2PA 上报“失去通信”(Communication Lost)通知；

——SCTP 向 M2PA 上报“通信错误”(Communication Error)通知；

——SCTP 偶联中断。

当 SCTP 偶联链路不能够发送或接收消息时，M2PA 应该向 MTP3 上报，M2PA 链路已进入不服务状态。

### 7.2.8 发送和接收优先级

M2PA 把链路状态消息和用户数据消息放在 SCTP 偶联的不同流上发送。M2PA 使用 SCTP 的顺序递交选项来发送所有的消息。

在发送消息到 SCTP 时，需要在流 0 上发送的消息应当比需要在流 1 上发送的消息享有更高的优先级。

M2PA 应该优先读取流 0 的信息，然后再读取流 1 的信息。

M2PA 应当优先接收来自 SCTP 的通知，然后再读取流 0 和流 1 的信息。

### 7.2.9 M2PA 版本控制

建议使用新版本 M2PA 的节点能够兼容老版本，以保证能与使用老版本的 M2PA 节点互通。

建议按照以下方式处理不同版本的 M2PA 之间互通的问题：

——任何新版本的 M2PA 应能处理老版本的消息；

——任何新版本的 M2PA 不宜向老版本的 M2PA 发送后者不能处理的消息；

——老版本的 M2PA 收到它不能处理的消息，它可以将消息丢弃；

——当遇到不同版本的消息格式一样但处理方式不一样的情况时，建议使用新版本的 M2PA 能够识别这种情况并进行适当的处理。

当新版本不能兼容老版本时，新版本应识别这种情况，并避免该 M2PA 链路进行定位。如果新版本的 M2PA 收到带有一个版本不支持的 Alignment 消息，则它应该响应 OOS 消息。

## 7.3 支持 MTP3/MTP2 接口的程序

### 7.3.1 发送/接收消息

当 MTP3 将待发送的消息发给 M2PA 时，M2PA 用 SEND 原语将相应的 M2PA 消息传递给 SCTP。链路状态消息也是使用 SEND 原语传给 SCTP 的。

M2PA 的偶联在每个方向上应包括两个流：流 0 和流 1。

流 1 主要分配给用户数据消息使用。

下列链路状态消息应在流 0 上传送：

——定位(Alignment)；

——正常验证(Proving Normal)；

——紧急验证(Proving Emergency)；

——就绪(Ready，在定位完成时)；

——链路忙(Busy)；

——链路忙结束(Busy Ended)；

——链路退出服务(OOS)。

下列链路状态消息应在流 1 上传送：

——处理机故障(Processor Outage)；

——处理机故障恢复(Processor Recovered)；

——就绪(Ready，在处理机故障结束的时候)。

当 M2PA 从 SCTP 收到的消息中，带有无效的消息类别或不支持的消息类型时，M2PA 应丢弃该消息。

对于消息类型是非用户数据的消息，FSN 设成最后发送的用户数据消息的 FSN。

如果 M2PA 收到的用户数据消息带有失序的 FSN，则 M2PA 应丢弃该消息。

注：程序员应当注意 FSN 和 BSN 的数值当增长到最大时，会出现数值翻转回到 0 的情况，这不能视为失序。

当有消息需要证实时，M2PA 必须立即在下一个发送的用户数据消息中给以证实。如果当时没有用户数据消息可以发送，可以立即发送空白的用户数据消息。空白的用户数据消息的 FSN 不能增加，应保持与最近发送的带有数据的用户数据消息的 FSN 一致。

如果 M2PA 收到一个空白的用户数据消息，M2PA 不能对这条消息进行证实。

不能将链路状态消息和空白的用户数据消息放在 M2PA 的重传缓存器中，因为在发生倒换时没有必要将这些消息恢复，而且 T7 定时器并不应用于这些消息。

消息的发送和接收程序的流程见附录 A 中 A.3。

### 7.3.2 MTP3 信令链路拥塞

M2PA 应当能够接收 SCTP 发送缓存拥塞的通知，但 SCTP 如何通知 M2PA 拥塞依赖于具体实现。

当 M2PA 收到 SCTP 的拥塞通知时，M2PA 应用拥塞指示原语通知它的上层 MTP3 信令链路拥塞状态的变化。

MTP3 信令链路拥塞程序的流程见附录 A 中 A.7。

### 7.3.3 倒换

倒换的目标是为了保证将不可用的信令链路上的话务尽快地转到另一条信令链路上以避免消息的丢失、重复或错序。因此，倒换程序包括数据恢复，它在打开另一条信令链路前执行。数据恢复包括以下步骤：

a) 缓存器更新，即标识不可用链路的重传缓存器和发送缓存器内所有的用户数据消息；

b) 将这些消息传送到另一条链路的发送缓存器中。

M2PA 的顺序号是 24 bit，因此在倒换过程中 MTP3 应采用 24 bit 的顺序号，这通过采用 XCO/XCA 消息来实现。

如果 M2PA 从 MTP3 层收到 Retrieval Request and FSNC 原语，应从它的缓存器中恢复消息并顺序递交给 MTP3。这些消息包括：

——从第一个 FSN 大于 FSNC 的消息开始的任何一个已经发送但未被证实的用户数据消息；

——任何一个未发送的用户数据消息。

对于紧急倒换，MTP3 只恢复不可用链路上的未发送的用户数据消息。如果 M2PA 收到 Retrieval Request and FSNC 原语中没有 FSNC 信息，或者带有无效的 FSNC，M2PA 应当只恢复发送缓存器中未发送的消息并顺序递交给 MTP3。

本标准目前只考虑在 M2PA 中采用一个数据流(即流 1)的情况。如果 M2PA 要支持多个数据流，而且要保证消息的接收没有丢失或重复，则需要重新扩展 M2PA 协议。例如一个 XCO/XCA 消息中可以带有多个 BSNT 参数或可以发送能够针对每个数据流的多个 XCO/XCA。

倒换程序的流程见附录 A 中 A.9。

## 8 定时器

M2PA 中的定时器建议如下：

——T1 定位准备就绪定时器(T1=40 s～50 s)；

——T2 未定位定时器 (T2=10 s～150 s)；

——T3 已定位定时器 (T3=1 s～2 s)；

——T4 验证周期定时器 (T4n=1 s～60 s，建议取 8.2 s；T4e=400 ms～600 ms，建议取 500 ms)；

——T5 发送状态指示忙定时器(T5=80 ms～120 ms)；

——T6 远端拥塞定时器 (T6=3 s～6 s)；

——T7 最大的允许证实延时定时器(T7=1 s～7 s)。

以上定时器应可配置。

## 9 安全

M2PA 作为电信业务的信令消息的一个传送协议，M2PA 应包含以下各方的安全需求：

——使用该业务的端用户；

——网络提供者；

——相关的应用。

可能还需要考虑有关的本地管理规定。

各方的安全需求可能有重叠的地方，也可能都不一样。IETF RFC3788 对安全协议的使用提供了指导，M2PA 的实现应遵循 IETF RFC3788 的要求。

# 附 录 A
# （规范性附录）
# M2PA 程序举例

## A.1 概述

通常，MTP3 与 M2PA 之间传递的消息和 MTP3 与 MTP2 之间传递的消息是一样的。M2PA 解释 MTP3 的消息并将适当的消息发送给 SCTP。同样地，来自 SCTP 的消息被生成有意义的消息发送给 MTP3。

## A.2 M2PA 链路初始化（定位）

图 A.1 给出了一个使 M2PA 链路进入服务的流程。定位由链路的两端完成。为简化这个流程，仅在一端表示出定位，部分远端发送的消息并未在图中画出。这个例子假设 SCTP 已经初始化。

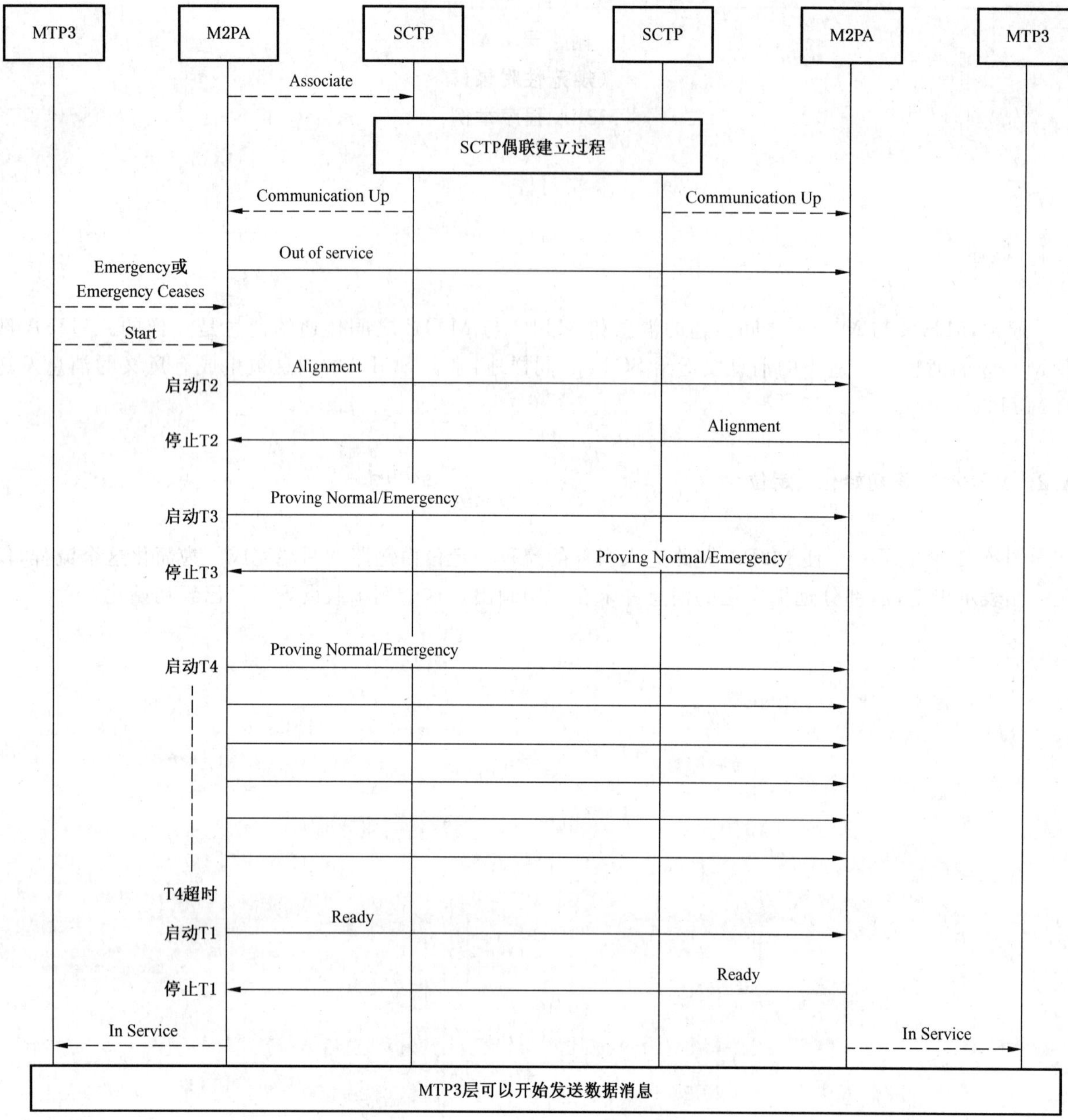


**图 A.1　M2PA 链路初始化(定位)过程**

## A.3　消息的发送和接收

图 A.2 给出了消息的发送和接收的流程。MTP3 使用 Message for Transmission 原语将消息发送到 M2PA。流程中 M2PA 链路已处于服务状态。消息从源 MTP3 传递到目的 MTP3。

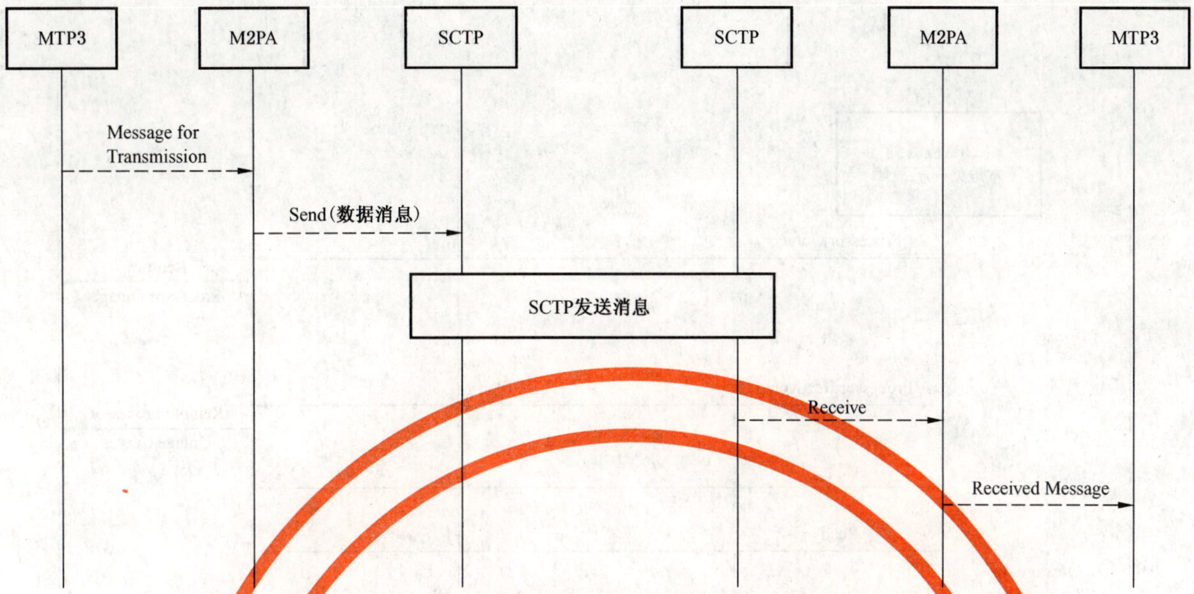


图 A.2 消息的发送和接收

## A.4 链路故障

图 A.3 给出了偶联中断时链路状态的指示流程。如果 SCTP 发送 Communication Lost 原语给 M2PA，M2PA 通知 MTP3 链路退出服务。

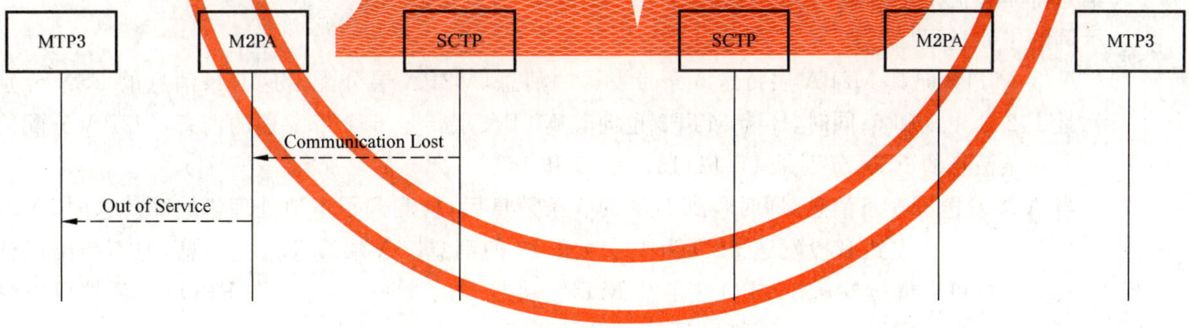


图 A.3 链路故障时的链路状态指示

## A.5 处理机故障

### A.5.1 处理机故障基本过程

图 A.4 描述了 M2PA 如何处理本地处理机故障。M2PA 向对方发送 Processor Outage 消息。对方 M2PA 通知 MTP3 远端处理机故障，MTP3 就按正常处理机故障程序处理。

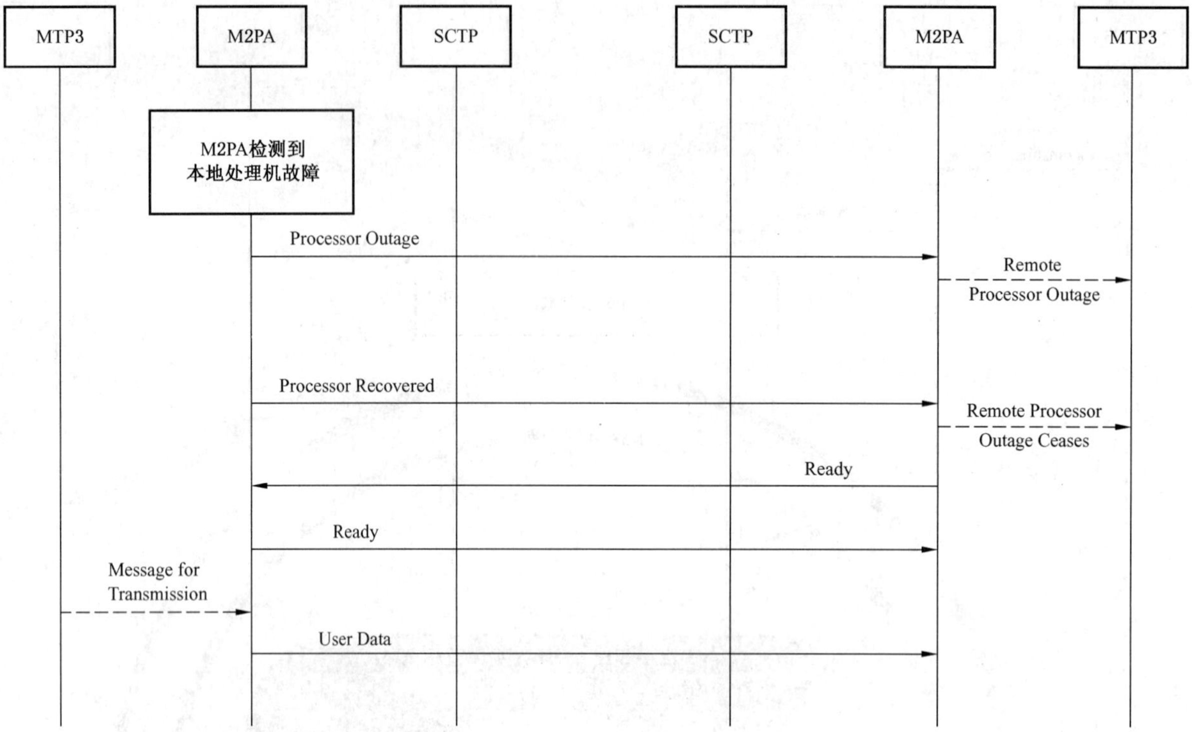


**图 A.4 处理机故障基本过程**

### A.5.2 处理机故障中的消息处理示例

图 A.5 给出示例描述了在处理机故障过程中发送和接收消息的详细过程。在这个例子中所有的 M2PA 消息都是在流 1 上发送。

该示例的主要过程描述如下：

1) A 端 MTP3 向其 M2PA 层传送 6 条带发送的消息，M2PA 层分配给这 6 条消息的 FSN 分别是 1、2、3、4、5 和 6；同时，B 端 MTP3 也向其 M2PA 层传送 6 个带发送的消息，M2PA 分配给这 6 条消息的 FSN 分别是 11、12、13、14、15 和 16。
2) 当 A 端发送了 3 条消息，同时收到 B 端的 3 条消息后，检测到了本地处理机故障。这时，A 端 M2PA 层陆续收到 B 段发送 FSN 为 13、14 和 15 的消息。A 端缓存这些消息，但不能给以证实。A 端可以继续发送在 LPO 之前从 MTP3 层收到的 4～6 消息。在 RPO 时，B 端可以继续证实消息。假设证实了 4 和 5，还没有来得及证实 6。
3) 处理机故障解除后，A 端和 B 端的 MTP3 都请求清空所有的缓存器。A 端清除了收到但没有给以证实的 14～16。B 端清除了收到但未给以证实的 6。
4) B 端在完成顺序号的同步后发送 Ready，同时发送用户数据消息。
5) A 端通过 B 的 Ready 来同步本端的顺序号，并发送 Ready，之后，A 端可以正常发送用户数据消息。

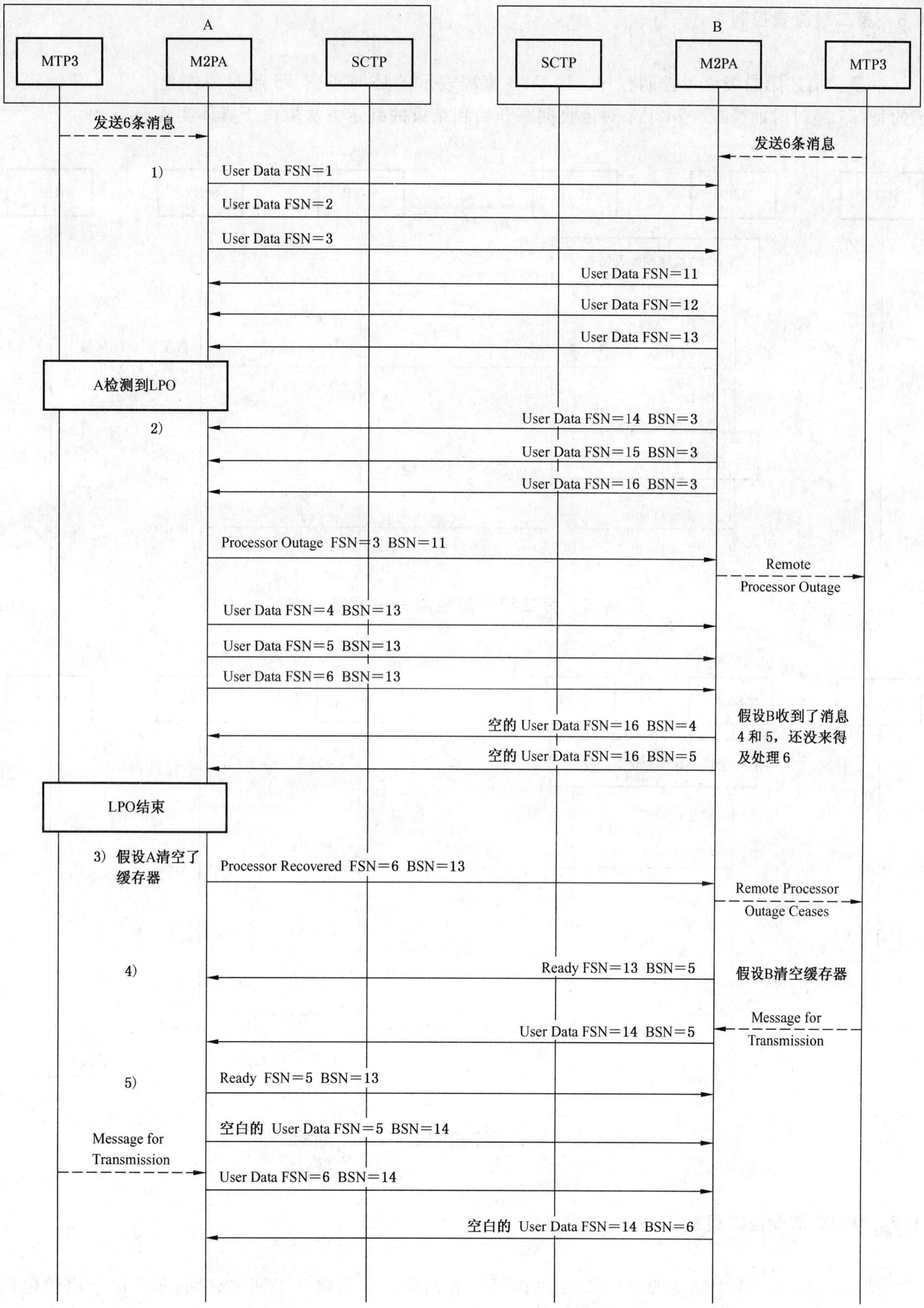


图 A.5　处理机故障过程中的消息处理

## A.6 第二级流量控制

本条款描述第二级流量控制程序。图 A.6 流程表示的是拥塞在 T6 超时前停止。图 A.7 流程表示的是 T6 超时时的情况。M2PA 对接收拥塞开始和结束的判定方法取决于具体实现。

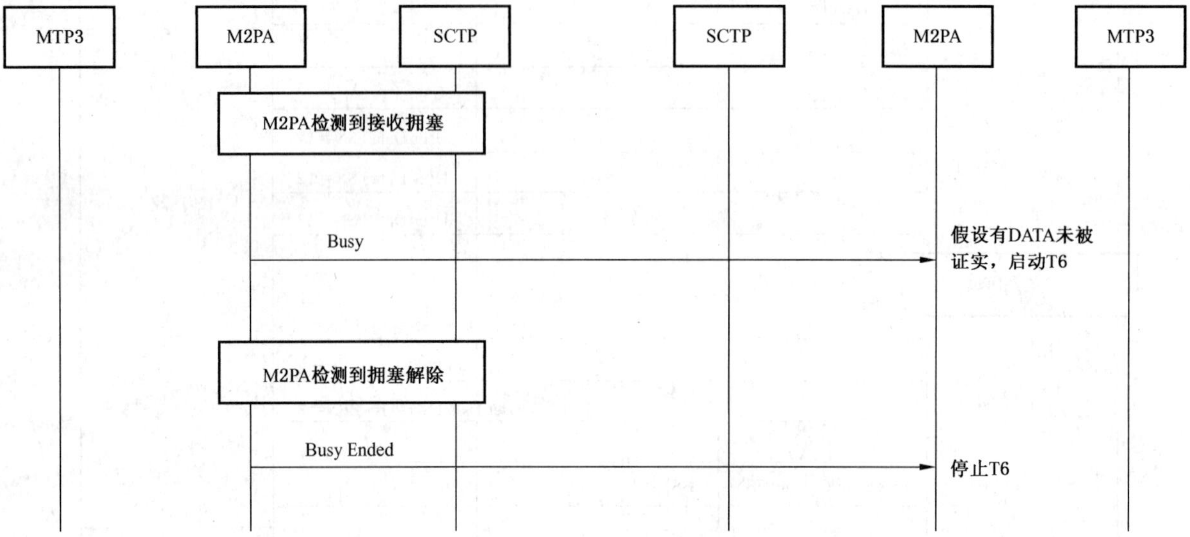


图 A.6 第二级流量控制——拥塞结束

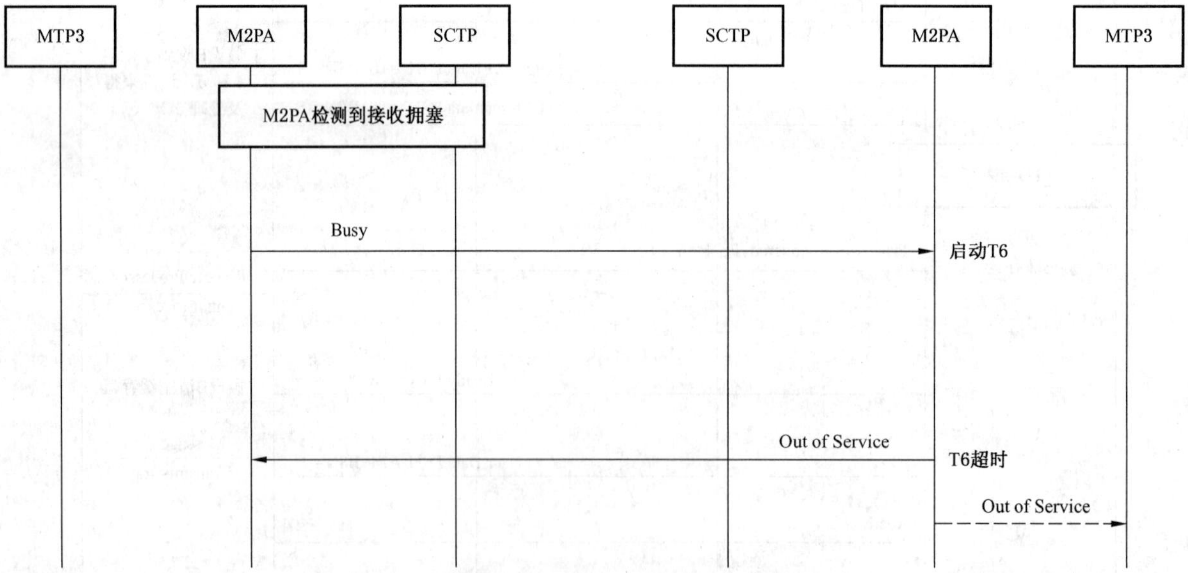


图 A.7 第二级流量控制——T6 超时

## A.7 MTP3 信令链路拥塞

图 A.8 给出了 M2PA 通知 MTP3 拥塞的开始和消除。如果定义了拥塞级别，那么这个通知包括拥塞级别。M2PA 对 MTP3 拥塞开始和结束的判定方法取决于具体实现。

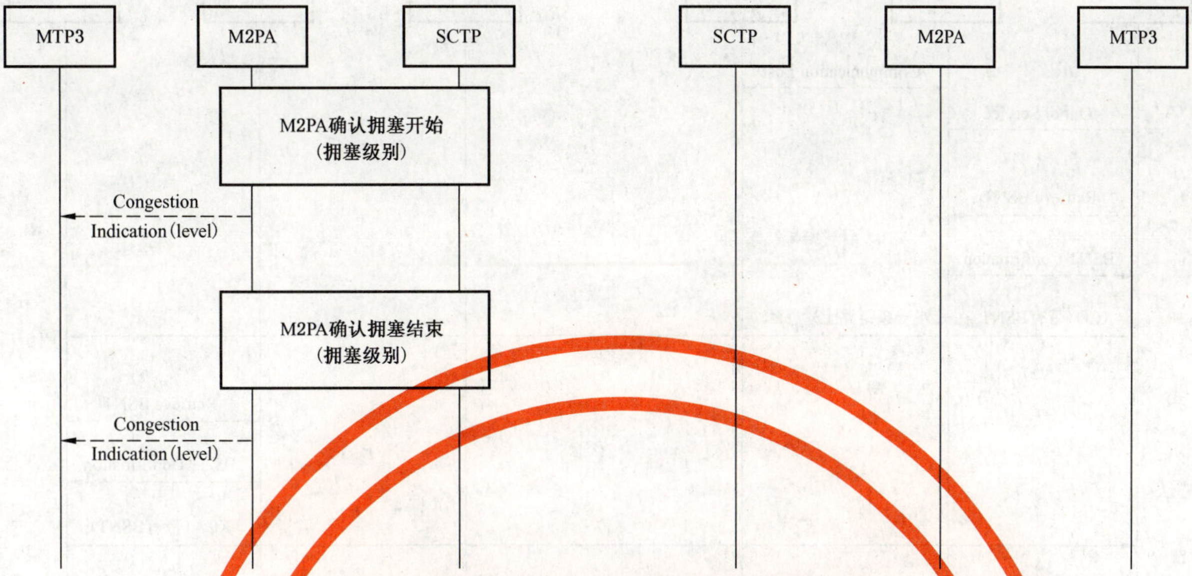


图 A.8　MTP3 信令链路拥塞

## A.8　链路去激活

图 A.9 给出了 MTP3 请求使一条 M2PA 链路不工作(去激活)的过程。

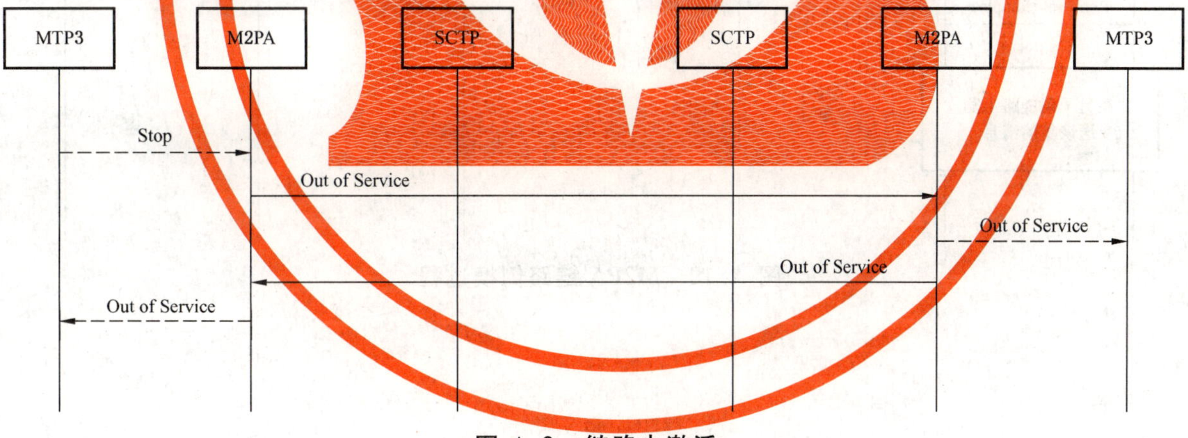


图 A.9　链路去激活

## A.9　M2PA 链路倒换

图 A.10 给出了 M2PA 链路间倒换的过程。在这个过程中,由于链路不可用使得 MTP3 执行倒换。MTP3 选择一条不同的链路重传未证实的和未发送的消息。

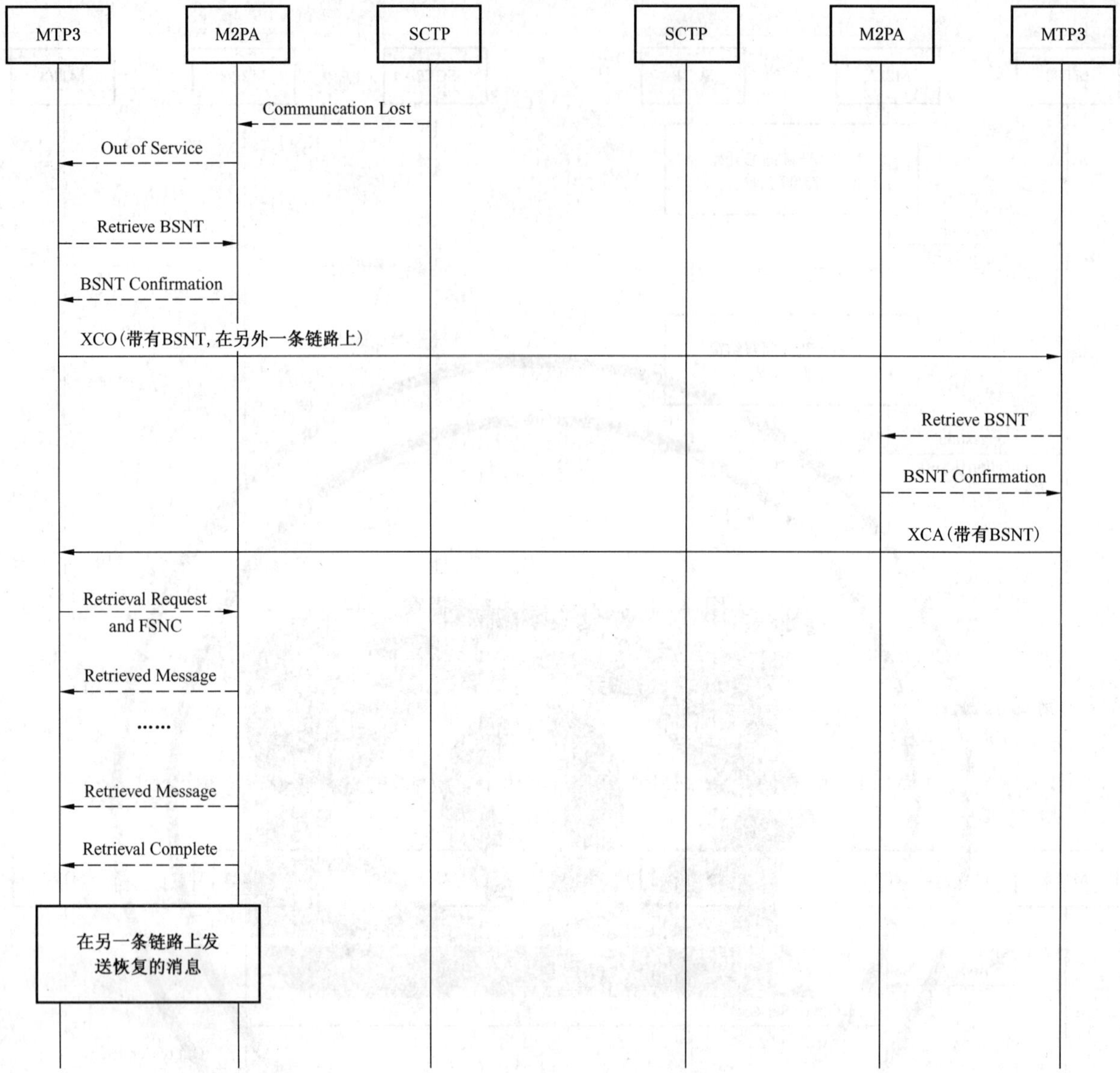


图 A.10 **M2PA 链路倒换过程**

# 附　录　B
# （资料性附录）
# 偶联和 M2PA 链路对应关系

## B.1　各有两个 IP 地址的两个 IPSP

图 B.1 表示两个 IPSP 的情况，每个 IPSP 有两个 IP 地址。两个偶联是连接两个 IPSP 的 M2PA 链路。因为这些 M2PA 链路是在一个链路组中，所以它们应有不同的 SLC。

表 B.1 是以表格形式表示的 M2PA 链路和偶联的关系。将 SCTP 偶联映射到 SLC 的实际方法依赖于具体的实现。

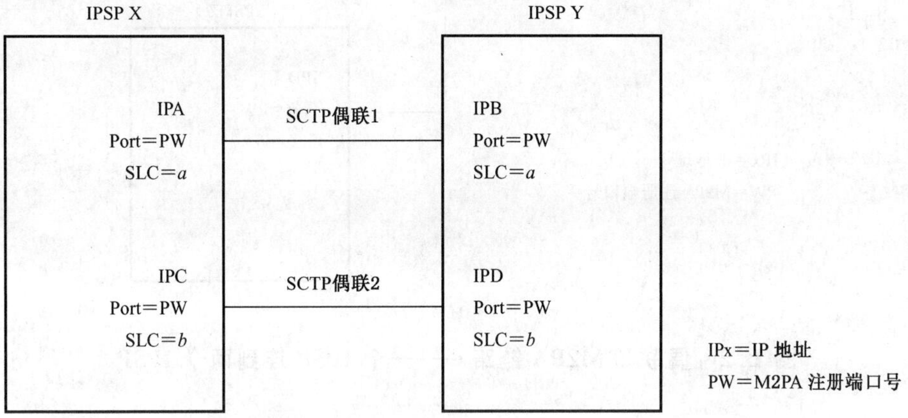


**图 B.1　偶联和 M2PA 链路——各有两个 IP 地址的两个 IPSP**

**表 B.1　偶联和 SLC——各有两个 IP 地址的两个 IPSP**

| 偶联 | IPSP X | | IPSP Y | | SLC |
|---|---|---|---|---|---|
| | IP 地址 | 端口号 | IP 地址 | 端口号 | |
| 1 | IPA | PW | IPB | PW | *a* |
| 2 | IPC | PW | IPD | PW | *b* |

## B.2　一个 IPSP 连到两个 IPSP

图 B.2 和表 B.2 表示的是 3 个 IPSP 的情况。在这个例子中，两个 M2PA 链路在不同的链路组中。因此，*a* 和 *b* 值可能相等。

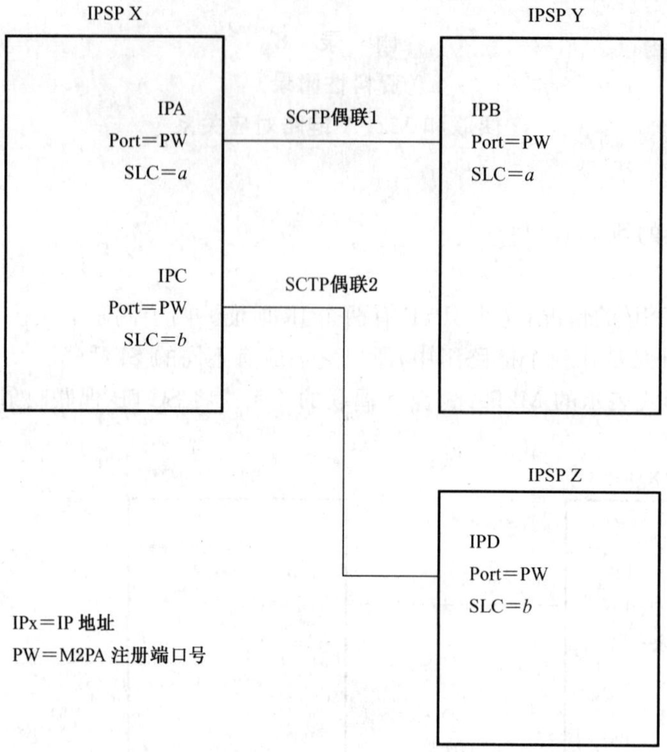


**图 B.2 偶联和 M2PA 链路——一个 IPSP 连到两个 IPSP**

**表 B.2 偶联和 SLC——一个 IPSP 连接到两个 IPSP**

| 偶联 | IPSP X | | IPSP Y/Z | | SLC |
|---|---|---|---|---|---|
| | IP 地址 | 端口号 | IP 地址 | 端口号 | |
| 1 | IPA | PW | IPB | PW | *a* |
| 2 | IPC | PW | IPD | PW | *b* |

## B.3 两个 IP 地址间的多个偶联

图 B.3 和 表 B.3 表示的是在同一对 IP 地址之间的两个偶联。这通过每个偶联的某一个端点使用不同的端口号来实现。

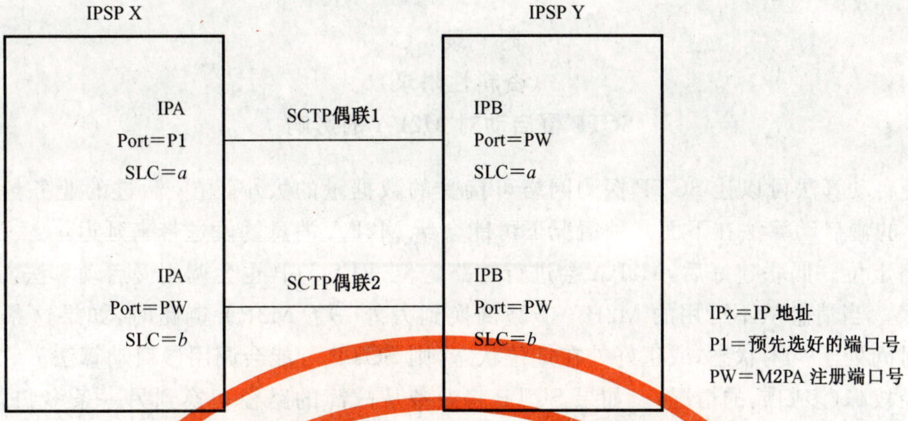


**图 B.3 偶联和 M2PA 链路——两个 IP 地址间的多个偶联**

**表 B.3 偶联和 SLC——两个 IP 地址间的多个偶联**

| 偶联 | IPSP X | | IPSP Y | | SLC |
|---|---|---|---|---|---|
| | IP 地址 | Port | IP 地址 | Port | |
| 1 | IPA | P1 | IPB | PW | *a* |
| 2 | IPA | PW | IPB | PW | *b* |

# 附 录 C
## （资料性附录）
## SCTP 慢启动对 M2PA 的影响

SCTP 慢启动算法可以让 SCTP 探测网络可接受的数据量的大小，避免激进的业务量对网络造成冲击。SCTP 的慢启动算法在下面几种情况下可能会给 M2PA 消息的发送带来延迟：

a） 链路定位。偶联建好后，M2PA 会进行链路定位，而 SCTP 也会调用慢启动算法。

b） 倒换。当消息从不可用的 M2PA 链路倒换到另外一条 M2PA 链路时，如果这条新链路之前长时间处于空闲状态，或正好处在定位状态，则 SCTP 可能会调用慢启动算法。

c） 路径故障（多归属的情况）。如果 SCTP 将业务从故障的路径切换到另一条多归属路径，如果新的路径之前处于空闲状态，则 SCTP 可能会调用慢启动算法。

d） 业务量的变化。在 M2PA 从发送低业务量转变到发送高业务量的时候，SCTP 也可能会调用慢启动算法。

程序员在开发 M2PA 的时候，应该要留意 SCTP 慢启动对 M2PA 性能的影响。在某些情况下，可以消除慢启动带来的负面影响。例如，在验证周期发送的验证消息可以用来完成慢启动过程，可以避免在链路服务状态下使用 SCTP 慢启动。

ICS 33.180.10
M 33

# 中华人民共和国国家标准

GB/T 29199—2012

# 光缆防鼠性能测试方法

Test methods for rodent resistance of optical fiber cable

2012-12-31 发布　　2013-06-01 实施

中华人民共和国国家质量监督检验检疫总局
中国国家标准化管理委员会　发布

# 前　言

本标准按照 GB/T 1.1—2009 给出的规则起草。

本标准由中华人民共和国工业和信息化部提出。

本标准由中国通信标准化协会归口。

本标准起草单位：北京康宁光缆有限公司、成都康宁光缆有限公司、北京邮电大学、北京通和实益电信科学技术研究所有限公司、武汉邮电科学研究院、长飞光纤光缆有限公司、江苏永鼎股份有限公司、江苏亨通光电股份有限公司。

本标准主要起草人：纪磊、杨世信、肖斌、王振岳、宋志佗、雷非、史惠萍、熊壮、陈晓红、马建林。

# 引　言

光缆行业所说的“鼠害”,通常指光缆由于敷设环境中啮齿动物噬咬而造成的功能失效、服务寿命缩短和通信中断。鼠害引起的通信故障使社会活动和国民经济遭受不可估量的损失。“防鼠”概念中的“鼠”泛指引起此类光缆损坏的啮齿类动物。

本标准规定的三种试验方法分别检验光缆防鼠能力的几个不同侧重面:设定标准鼠,通过标准鼠对光缆的噬咬以及光缆受鼠害后的耐腐蚀能力的综合考评,来统一考评不同光缆的防鼠性能;对不同的鼠害类型,为提高测试结果的一致性,并加快测试速度而设计的仿真鼠牙,对光缆穿刺能力的试验;对不同的鼠害类型,通过鼠类对光缆非金属材料的噬咬破坏特性考评光缆护套对特定目标鼠的防范能力。针对光缆防鼠能力的不同方面和不同目的,可选用本标准所规定的不同方法进行试验。

化学方法防鼠及非金属光缆防鼠效果的测试方法待研究。

建议本标准的使用者对光缆的防鼠性能指标及实际应用效果进行收集、比对,明确不同敷设环境对光缆防鼠性能的要求,指导和推动光缆的防鼠设计、制造和应用。

本文件的发布机构提请注意,声明符合本文件时,可能涉及到第 6 章“方法 B 机械模拟鼠咬法”中与线缆及材料抗啮齿动物破坏能力的测试方法和测试装置相关的专利的使用。

本文件的发布机构对于该专利的真实性、有效性和范围无任何立场。

该专利持有人已向本文件的发布机构保证,他愿意同任何申请人在合理且无歧视的条款和条件下,就专利授权许可进行谈判。该专利持有人的声明已在本文件的发布机构备案。相关信息可以通过以下联系方式获得:

专利持有人:成都康宁光缆有限公司

地址:中国四川成都高新技术开发区西门子路 1 号

请注意除上述专利外,本文件的某些内容仍可能涉及专利。本文件的发布机构不承担识别这些专利的责任。

# 光缆防鼠性能测试方法

## 1 范围

本标准规定了三种防鼠性能测试方法，包括测试的试样、装置、程序、结果的表示和试验报告等。

本标准适用于具有单层或多层金属铠装且不含忌避剂等任何化学药剂的光缆、护套材料、金属铠装材料的防鼠性能评估。其中的金属铠装层可以是金属管、纵包(或绕包)金属带或绞合(或编织)金属丝。具有类似结构的其他线缆等产品的防鼠性能测试也可参照使用。

## 2 规范性引用文件

下列文件对于本文件的应用是必不可少的。凡是注日期的引用文件，仅注日期的版本适用于本文件。凡是不注日期的引用文件，其最新版本(包括所有的修改单)适用于本文件。

GB/T 1040.2—2006　塑料　拉伸性能的测定　第2部分：模塑和挤塑塑料的试验条件

GB 14922.1—2001　实验动物　寄生虫学等级及监测

GB 14922.2—2001　实验动物　微生物学等级及监测

GB 14924.2—2001　实验动物　配合饲料卫生标准

GB 14924.3—2010　实验动物　配合饲料营养成分

GB 14925—2010　实验动物　环境及设施

GB/T 16491—2008　电子式万能试验机

GB/T 19291—2003　金属和合金的腐蚀　腐蚀试验一般原则(ISO 11845:1995,IDT)

## 3 术语和定义

下列术语和定义适用于本文件。

3.1

**对照护套材料　reference sheath material**

由客户和评估单位共同协商选择的一种用于鼠咬试验、作为比对基准的光缆护套材料。

3.2

**对照光缆试样　reference cable sample**

用一定厚度的对照护套材料作为护套层的光缆试样。

3.3

**单齿痕型碎屑　one tooth mark gnawed piece**

鼠噬咬试样产生的只有一个门齿咬痕的碎屑，如图1所示。

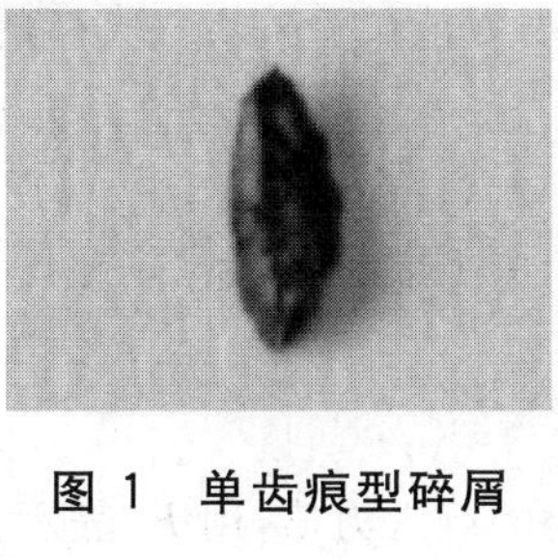

图1　单齿痕型碎屑

3.4

**双齿痕型碎屑　two teeth mark gnawed piece**

鼠噬咬试样产生的有两个门齿咬痕印的碎屑，如图2所示。

图2　双齿痕型碎屑

3.5

**碎屑厚度　gnawed piece thickness**

双齿痕型或单齿痕型碎屑垂直于噬咬面的最大厚度。

3.6

**下门齿长度　lower incisor length**

鼠下门齿尖至内侧牙龈的长度 $L$，如图3所示。

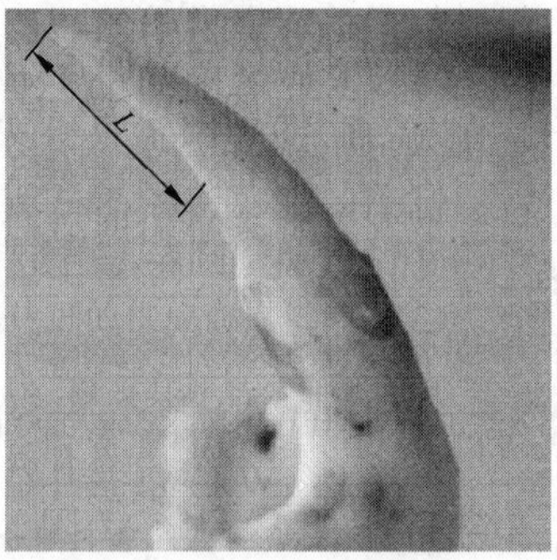


图3　鼠下门齿照片

3.7

**仿真牙　simulated incisors**

采用机械加工的方法制作，可以模仿啮齿动物下门牙部分的形状，能代表所测啮齿动物种群下门牙刺入力学性能的金属部件。

3.8

**真牙组件　real incisors module**

由动物下门牙和金属基座连接而成、可由万能试验机夹头夹持的组件。

3.9

**仿真牙组件　simulated incisors module**

由仿真牙与金属基座连接而成、可由万能试验机夹头夹持的组件。

3.10

**刺入力　penetration force**

动物真牙或仿真牙刺入被测样品的压力值，用 $F$ 表示。

3.11

**刺穿力　break through force**

仿真牙或真牙刺穿金属铠装材料时的刺入力值，用 $F_t$ 表示。

## 4 总则

本标准规定了三种防鼠性能测试方法，分别检验光缆对特定鼠种的鼠害及其二次损害的综合耐受能力、对选定危害鼠种的直接鼠害耐受能力，以及光缆非金属材料耐选定危害鼠种鼠害能力：

——方法A循环鼠咬腐蚀法；

——方法B机械模拟鼠咬法；

——方法C直接鼠咬法。

本标准规定的三种光缆防鼠性能测试方法的原理、目的、试样、装置、程序和结果的表示等互不相同，测试结果相互间不具有可替代性。使用本标准的单位可根据测试目的和具备的试验条件选择适当的方法进行测试。

## 5 方法A 循环鼠咬腐蚀法

### 5.1 概述

本方法使用实验室用鼠和指定腐蚀液，通过鼠咬和化学腐蚀交替进行的“鼠咬—化学腐蚀”循环，对光缆缆芯以外的结构由外到内进行测试，直至光缆的最内层金属铠装被鼠咬或化学腐蚀穿透性破坏。测试时，首先对光缆进行一定时间的鼠噬咬破坏，造成光缆外层较软材料的穿透性破坏，并导致一层或多层金属铠装暴露。鼠咬也对暴露的金属铠装造成一定程度的机械损伤。然后，利用化学腐蚀对受到损伤并暴露的金属铠装层进行腐蚀穿孔时间测试。“鼠咬—化学腐蚀”测试循环以金属铠装的腐蚀穿孔作为结束。剥除全部待测光缆试样被破坏的金属铠装层及其外层结构，进行下一循环的测试。当光缆的最内层金属铠装被鼠咬或化学腐蚀破坏后，整个测试过程结束。腐蚀穿孔时间反映出受损伤的金属铠装层的剩余抵抗能力，由各循环的腐蚀穿孔时间构造出光缆防鼠性能指标。该方法用于综合评估光缆金属铠装层及其他缆芯外结构的抗鼠噬咬破坏和抗环境腐蚀的能力。

本方法所测光缆试样的金属铠装层可以是金属管、纵包(或绕包)金属带或绞合(或编织)金属丝铠装。

本方法的测试流程图见附录A中图A.1。

### 5.2 试样

光缆试样应从待检测光缆上任意截取。光缆试样长度应保证试样可以按照5.3.1.2的要求牢固安装在鼠笼的光缆固定板上，一般取大于或等于100 mm、小于光缆固定板宽度。

### 5.3 试验装置及条件

#### 5.3.1 鼠笼及光缆试样安装

##### 5.3.1.1 鼠笼

鼠咬测试使用20只鼠笼，鼠笼宜用直径不小于2 mm的不锈钢丝网制成，网孔的短边尺寸10 mm～15 mm，网孔长边尺寸不大于50 mm。鼠笼结构及各部分尺寸示意图见图4。鼠笼由光缆固定板分隔为两部分：饲养区和引诱食物放置区。引诱食物放置区各面(包括上盖及光缆固定板)用不透光的材料制成。鼠笼高250 mm，宽180 mm，饲养区长250 mm，引诱食物放置区长100 mm。

单位为毫米

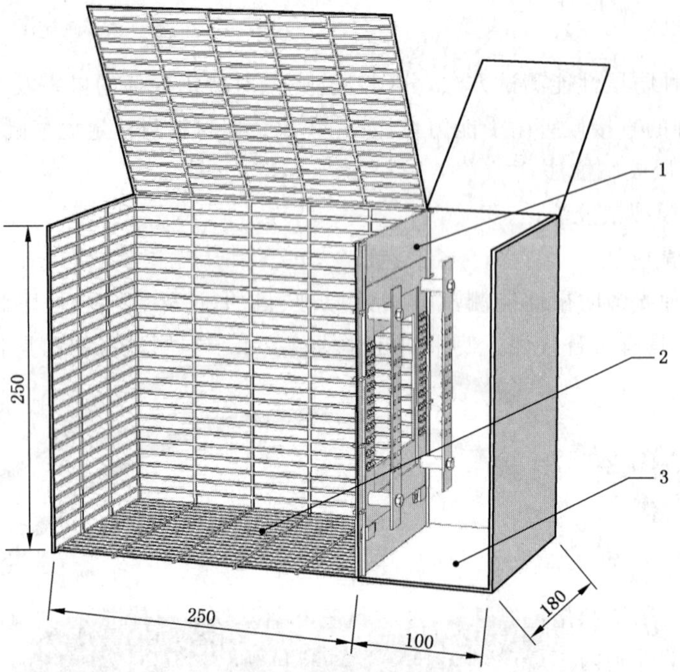


说明：

1——光缆固定板；

2——饲养区；

3——引诱食物放置区。

**图 4　方法 A　鼠笼结构示意图**

光缆固定板开口居中，宽度 70 mm，开口下边缘距底部 50 mm，开口高度 $h$ 根据待测光缆的直径确定，应保证光缆安装时可以满足 5.3.1.2 对光缆间隙、光缆与固定板开口边缘的间隙要求。光缆固定板开口位置和尺寸见图 5。

单位为毫米

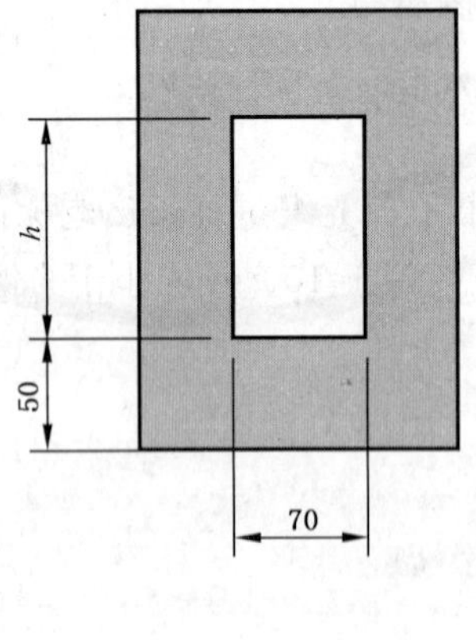


说明：

$h$——光缆固定板开口高度。

**图 5　光缆固定板开口位置和尺寸**

### 5.3.1.2　光缆试样安装

每只鼠笼水平固定 3 根光缆试样，光缆试样应固定在光缆固定板上远离饲养区的一侧。光缆之间、光缆与固定板开口边缘之间的间隙应为 5 mm～15 mm。如果待测试样的最外层金属铠装是纵包金属带，则安装光缆试样时，最外层金属带搭接部分应在远离饲养区的一侧。如果待测试样的最外层金属铠装是绞合(或编织)金属丝且内层是纵包金属带，则光缆试样安装时，金属丝内的纵包金属带搭接部分应在远离饲养区的一侧。光缆试样安装应牢固可靠，保证鼠咬过程中试样不发生转动或平移。纵包金属带铠装的光缆试样安装示意图见图 6。

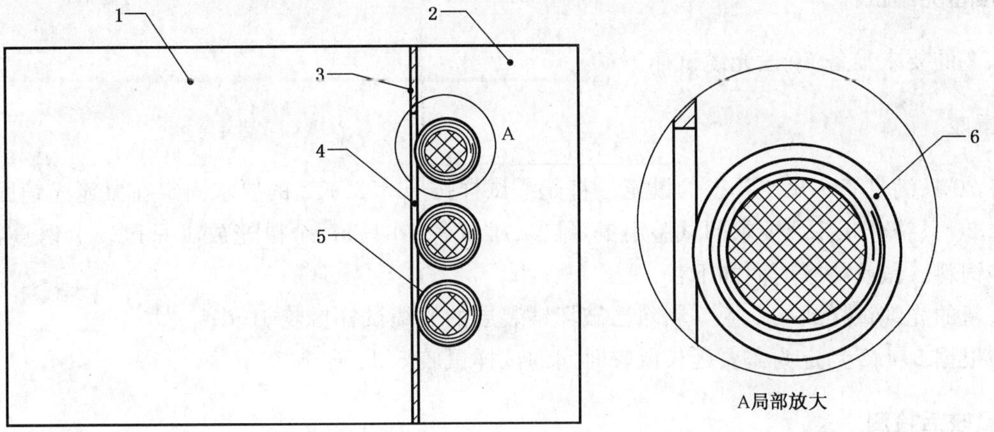


说明：
1——饲养区；
2——引诱食物放置区；
3——光缆固定板；
4——光缆固定板开口；
5——光缆试样；
6——纵包金属带搭接部分。

**图 6　纵包金属带铠装的光缆试样安装示意图**

此处所说的光缆试样包括：

——从待测光缆上截取的、准备进行第一次鼠咬的试样；

——经过腐蚀测试、剥掉了外层金属铠装，继续进行鼠咬的试样。

### 5.3.2　试验用鼠及饲养条件

鼠咬测试应使用 12～24 周龄(按用于试验时的周龄)、健康的实验室用 SD(sprague-dawley)大鼠，体重应为 250 g～300 g，牙齿健全，其寄生虫学等级和微生物学等级应分别达到 GB 14922.1—2001 和 GB 14922.2—2001 的清洁级或以上的等级。雌鼠和雄鼠的数量相同，各占总数的 50%。试验用鼠不应重复使用，也不允许使用之前曾用于其他任何试验、研究的鼠。测试期间，每 5 d 重新挑选、更换一批新鼠。对每一批鼠，前 3 d 不喂食，第 4 d、第 5 d 正常喂食，饲料应符合 GB 14924.2—2001 和 GB 14924.3—2010 的要求。试验期间正常喂水。饮水应符合 GB 14925—2010 的要求。

饲养房环境要求：试验环境条件及技术指标应不低于 GB 14925—2010 对动物实验设施(设备)环境指标(静态)规定中适用于鼠类的普通环境要求。控制照明条件，昼夜明暗交替时间为 12 h/12 h。

满足上述条件的饲养房是温度、湿度、空气质量、照度及噪声等指标受控的、封闭的环境。

废弃物及动物尸体的处理应符合 GB 14925—2010 的要求。

### 5.3.3　腐蚀容器及腐蚀液

5.3.3.1　腐蚀容器为广口烧瓶等玻璃制容器。

5.3.3.2 相对于光缆实际敷设环境下的腐蚀，本方法的化学腐蚀过程是加速的化学腐蚀。使用的腐蚀液是0.3 mol/L的盐酸配成氯化钠饱和溶液，其配制方法是：首先配制0.3 mol/L的盐酸溶液，然后添加氯化钠至饱和。

## 5.4 程序

### 5.4.1 准备光缆试样

按5.2的要求准备60段光缆试样。

### 5.4.2 鼠咬

准备20只满足5.3.1.1要求的鼠笼。将光缆试样按照5.3.1.2的要求固定在鼠笼光缆固定板上。随机挑选20只符合5.3.2要求的试验用鼠，雌鼠、雄鼠各10只，每个鼠笼放1只鼠。引诱食物放置区放入少许饲料。鼠咬持续时间如下：

——新的光缆试样或按5.4.5剥除已破坏铠装层的光缆试样鼠咬10 d；

——根据5.4.3判定为需要延长鼠咬时间的试样鼠咬5 d。

### 5.4.3 鼠咬后检测

对鼠咬后的试样进行观测，检查鼠咬破坏到的金属铠装层，统计至少有一个光缆试样金属铠装层暴露的鼠笼数量。金属铠装层暴露指光缆外层结构受鼠咬破坏后，金属层暴露的面积超过1 $mm^2$（目视即可）。若鼠咬破坏了一层以上的金属铠装，鼠笼数量应根据最内层暴露的金属铠装进行统计。若该层金属铠装被咬穿（在鼠咬阶段，如果发生钢带穿孔、至少钢丝一根断裂，或某层金属铠装以内的结构受到损伤，则认为这一层金属层被咬穿），则应计入铠装层暴露鼠笼数量。鼠咬后根据下面所列的情况选择下一步进程：

——金属铠装层暴露的鼠笼数不足8个：全部鼠笼继续延长鼠咬时间。

——金属铠装层暴露的鼠笼数等于或超过8个：

- 金属铠装层暴露且未被咬穿：光缆试样进入到5.4.4化学腐蚀阶段；
- 金属铠装层已被咬穿且内层仍有金属铠装：光缆试样进入到5.4.5剥除已破坏的金属铠装层；
- 金属铠装层已被咬穿且内层无金属铠装：测试结束。

### 5.4.4 化学腐蚀

将光缆试样上附着的不牢固聚合物残渣清除，清除时不要伤及金属铠装层或其他光缆内部结构。待测光缆试样宜使用橡胶封帽等物品对两端进行密封，密封时不应遮挡鼠咬造成的金属铠装层暴露位置。每个待测光缆试样使用一个独立的玻璃容器进行腐蚀，每个容器内的腐蚀液要完全浸没光缆试样，且多于200 mL。容器盖上塑料膜，但不应密封。在（23±5）℃条件下浸泡光缆试样。腐蚀容器及腐蚀液的要求见5.3.3。化学腐蚀过程应遵循GB/T 19291—2003的规定。

每天定时取出试样。在流水中用软毛刷进行轻微机械清洗，去除附着不牢固或疏松的腐蚀产物（参考GB/T 16545—1996/ISO 8407:1991）。检测光缆试样的金属铠装层是否穿孔，检测后更换新的腐蚀液。腐蚀穿孔是指腐蚀过程中，对于金属带或金属管铠装层，目测出现面积超过1 $mm^2$的内层结构暴露；腐蚀断是指绞合（或编织）金属丝铠装层中任一金属丝被腐蚀断。

腐蚀穿孔（或腐蚀断）的光缆试样停止腐蚀，所有待测光缆试样均腐蚀穿孔，则该阶段的腐蚀测试完成，记录光缆试样的腐蚀穿孔（或腐蚀断）天数。直接被咬穿的试样的腐蚀穿孔天数记为0。若腐蚀超过指定的最大天数后（最大腐蚀天数由送检方与测试单位协商确定），光缆试样仍未腐蚀穿孔（或腐蚀断)，可中止腐蚀。记录中止腐蚀时光缆试样已进行的腐蚀天数，可在试验报告中注明实际腐蚀穿孔(或腐蚀断)天数不低于此天数。

若已腐蚀的金属铠装层内层仍有金属铠装，按照5.4.5剥除所有光缆试样已被破坏的金属铠装层。若内层没有金属铠装，则测试结束。

#### 5.4.5 剥除已破坏的金属铠装层

将光缆试样已破坏的金属铠装层及其外层结构剥离，剥离时不应损伤光缆内部结构。返回5.4.2继续进行测试。

### 5.5 结果的表示

按照方法A进行鼠咬测试的光缆，其防鼠性能指标按式(1)进行计算。

$$R_A = \sum_{i=1}^{M} R_i \qquad \cdots\cdots(1)$$

式中：

$R_A$——光缆防鼠性能指标；

$M$——进行化学腐蚀的金属铠装层的层数；

$R_i$——第$i$层金属铠装的防鼠性能指标。$R_i$按式(2)进行计算，常见鼠咬天数对应的$R_i$计算公式可参见表1。

$$R_i = c_i\left[0.5 \times \frac{(t'_i - 10)}{5} + \overline{t_i}\right] \qquad \cdots\cdots(2)$$

式中：

$t'_i$——第$i$层金属铠装的鼠咬天数，指从测试开始或上一次化学腐蚀后到该层铠装腐蚀前的全部鼠咬天数；

$\overline{t_i}$——第$i$层金属铠装腐蚀穿孔天数的平均值，等于试样腐蚀穿孔天数之和除以进行腐蚀的和被直接咬穿的试样总数；

$c_i$——金属铠装层腐蚀穿孔天数折算系数，应根据附录B进行计算。

**表1 常见鼠咬天数对应的$R_i$计算公式**

| 鼠咬天数 $t'_i$<br>d | $R_i$计算公式 |
|---|---|
| 10 | $c_i\overline{t_i}$ |
| 15 | $c_i(0.5+\overline{t_i})$ |
| 20 | $c_i(1+\overline{t_i})$ |
| 25 | $c_i(1.5+\overline{t_i})$ |
| 30 | $c_i(2+\overline{t_i})$ |

### 5.6 试验报告

试验报告应包括以下内容：

a) 委托单位、试验单位；

b) 光缆试样名称、数量、规格(或截面结构)、来源及生产厂家；

c) 试验动物质量合格证明(应显示品系、动物等级等信息)、试验动物使用许可证明(应显示试验环境条件分类级别等信息)；

d） 动物试验温度范围、湿度范围及其他状态调节条件范围，化学腐蚀溶液温度范围；

e） 试验程序；

f） 试验过程中的检测结果；

g） 光缆防鼠性能指标的计算；

h） 试验日期、人员及其他要求等。

## 6 方法B 机械模拟鼠咬法

### 6.1 概述

金属铠装是光缆制造行业内广泛使用的物理防鼠设计。不同种类的鼠对光缆的破坏能力各不相同，本方法选取在光缆应用环境中种群数量大且对光缆危害频繁的单一鼠种或不同鼠种的门牙，制作成动物真牙组件。通过测定真牙的刺入力特性，制作出模拟其典型刺入力特性的金属仿真牙组件。

本方法规定了采用金属仿真牙组件，使用机械刺入试验的方法模拟啮齿动物对光缆用金属铠装材料的噬咬破坏，测定光缆用金属铠装保护材料的耐鼠咬能力的试验。本方法适用于测试通信用室(野)外和通信用室(局)内各类型光缆金属铠装保护材料耐啮齿动物门牙噬咬穿刺的力值；测定不同厚度、材质的金属铠装材料耐同一种鼠噬咬的力值；测定同一种金属铠装材料耐不同鼠种噬咬的力值；测定金属铠装材料经过化学腐蚀后耐鼠噬咬力值的变化评估。本方法用于评估选定的啮齿类动物破坏光缆金属铠装层需要的刺穿力值和金属铠装材料耐指定鼠种一次咬穿的力值。

本方法所测的金属铠装层可以是金属管、纵包(或绕包)金属带。

### 6.2 试样

#### 6.2.1 试样分类

被测试样分为金属带试样和金属带铠装光缆试样。当需要测试金属铠装材料经过化学腐蚀后耐鼠噬咬力值的变化时，还应按照6.2.2.3进行化学腐蚀处理。

#### 6.2.2 试样制备

##### 6.2.2.1 金属带试样

将金属带材料或轧纹金属带裁剪成40 mm×20 mm的长方形，每组5个试样。

##### 6.2.2.2 金属带铠装光缆试样

当取得金属带试样有困难时，可截取50 mm长度光缆试样，抽出待测金属层以内的光缆元件，剥除金属层以外的光缆组件，露出金属保护层，每组5个试样。

##### 6.2.2.3 化学腐蚀试样

当需要试验金属铠装材料经过化学腐蚀后耐鼠噬咬力值的变化时，取满足6.2.2.1或6.2.2.2要求的试样，每组5个，共8组。其中一组作为对照，不进行腐蚀处理。对于钢带应使用0.3 mol/L的HCl溶液。用酒精灯火焰或适当的有机溶剂去除金属带表面的塑料复合膜。每个烧杯放入一组试样，倒入200 mL腐蚀溶液。试样在(23±5)℃条件下分别浸泡1 d～7 d，每隔24 h取出1组试样用水冲洗干净后晾干。如需增加腐蚀天数，则每增加一个时间测试点，相应增加一组腐蚀试样。

### 6.3 试验装置

#### 6.3.1 电子式万能试验机(简称试验机)

万能试验机应满足 GB/T 16491—2008 所规定的 0.5 级电子式万能试验机要求。最大容量为 0.5 kN 或 1 kN。

#### 6.3.2 V 形槽

固定于试验机基座,用于安装被测试样的 V 形金属槽。

#### 6.3.3 动物真牙组件

根据选取的测试鼠类,按照 6.4.2 制作而成。

#### 6.3.4 仿真牙组件

金属仿真牙组件是代表动物真牙的平均刺入力特性,按照 6.4.3 制作而成。

#### 6.3.5 不锈钢管

用于支撑金属带试样,与光缆缆芯直径相同的不锈钢管。其管壁厚度不宜低于 0.5 mm,侧面有直径为(6.0±0.5)mm 的圆孔。如图 7 所示。

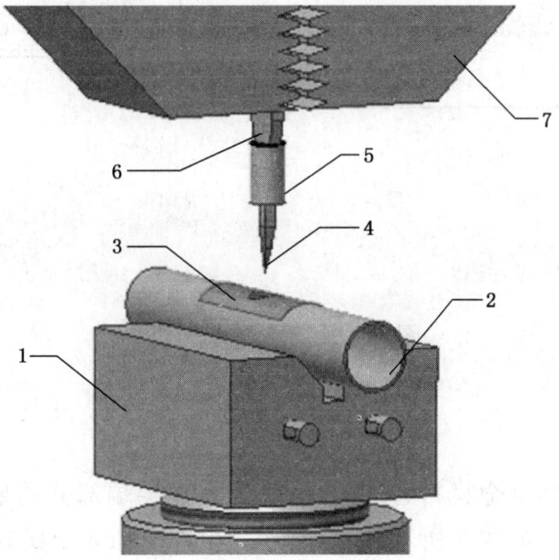


说明:

1——V 形槽;

2——不锈钢管;

3——试样;

4——真牙或仿真牙;

5——金属管;

6——金属基座;

7——试验机夹头。

图 7 刺入力测试试验装置

### 6.4 校准程序

#### 6.4.1 校准用试样

校准用试样的材料宜为高密度聚乙烯，其制备方法应按 GB/T 1040.2—2006 中 6.2 的规定通过压塑或注塑而成，其外形尺寸应为 40 mm×20 mm×5 mm（长度×宽度×厚度）。试片表面应无可见裂痕、划痕或其他缺陷，内部应无气泡。

#### 6.4.2 真牙组件的制作

根据选取啮齿动物品种（鼠种）要求，应选择每组不少于 20 只，雌雄各半，体重在正常范围，上下门牙无缺失的健康成年鼠。截取被测动物的下门牙，如图 8 所示，将真牙牙根部分插入金属管，在金属管中填充固化胶粘合固定，金属基座用于试验机夹头夹持。金属基座和金属管的尺寸可根据试验机夹头结构的具体情况而定。组件的各部件承力强度应大于测试强度要求。

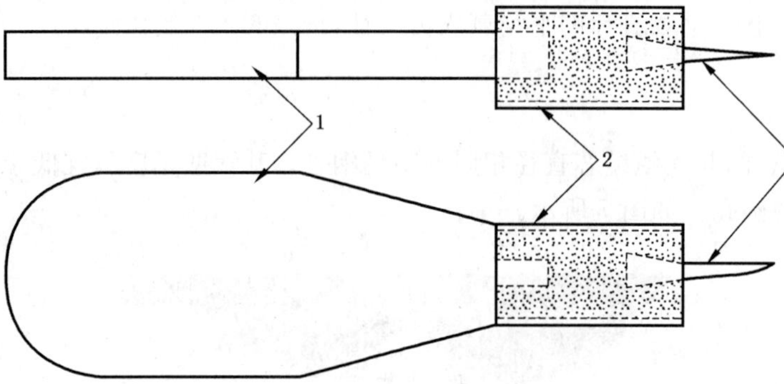


说明：

1——金属基座；

2——金属管；

3——真牙或仿真牙。

**图 8 真牙、仿真牙组件**

#### 6.4.3 仿真牙组件的制作

使用硬度超过被测试样的合金材料，按照啮齿动物真牙尖端部分的形状，按 1∶1 比例制作并打磨成啮齿动物下门牙的仿真牙。如图 8 所示，将仿真牙牙根部分插入金属管，在金属管中填充固化胶粘合固定，金属基座用于试验机夹头夹持。组件的各部件承力强度应大于测试强度要求。

#### 6.4.4 仿真牙的校准

##### 6.4.4.1 测试动物真牙的刺入力曲线

用夹头将动物真牙组件夹持紧固于试验机可移动横梁上，将校准试片平放并固定在试验机 V 形槽上。

调整可移动夹头角度使牙尖部分与被测校准试片保持垂直，调整试验机横梁的位置，使牙尖刚好接触被测试样的表面，且压力显示值应在 0.1 N～1 N 之间，作为刺入试验的初始位置，即位移为零。

控制试验机横梁以 2.0 mm/min 速度向下移动，使牙尖刺入校准试片位移达到 2.0 mm 时停止，同步记录刺入力随位移变化曲线。每套动物真牙组件应重复测试 3 次，记录 3 次试验的测试结果。

更换动物真牙组件，重复上述测试步骤，可获得共 60 组动物真牙的刺入力随位移变化曲线。参见附录 C 的图 C.1。

取上述 60 组曲线的平均值，拟合出一条代表该种啮齿动物的平均刺入力学性能的刺入力随位移变化曲线。

#### 6.4.4.2 校准及统计学检验

更换动物真牙组件为仿真牙组件，按照上述动物真牙测试步骤进行测试，获得仿真牙的刺入力随位移变化曲线。每一仿真牙测试次数不少于三次。

比较仿真牙和真牙刺入力曲线的差异，通过精细打磨距仿真牙尖 2 mm 长度部分的锐度和光洁度，反复测试，直至其刺入力曲线与动物真牙的平均刺入力曲线满足下面的条件：

以位移间距小于或等于 0.25 mm，取真牙刺入力平均值和仿真牙刺入力平均值两组数据进行统计学的显著性检验。如检验合格，则仿真牙组件即可作为代表该品种啮齿动物真牙的平均刺入力学性能的标准仿真牙。参见附录 C 的图 C.2。

### 6.5 程序

6.5.1 在 V 形槽中放置试样支撑用不锈钢管，开孔向上。将金属带试样覆盖在开孔上，沿钢管侧壁紧密贴合后固定。在放置经过化学腐蚀处理的试样前，应用 5 倍放大镜检查试样有无穿孔。如发现穿孔则试验结束，记录穿孔时的腐蚀时间，刺穿力值记为零。如无穿孔，则进行下面 6.5.3 试验。对于含金属保护层的光缆芯试样可直接放在 V 形槽中固定。

6.5.2 用试验机可移动夹头将仿真牙组件夹住，使牙尖向下。调整试验机横梁的位置，使牙尖刚好接触被测试样的表面，且压力显示值应在 0.1 N～1 N 之间，作为刺入试验的初始位置，即位移为零。

6.5.3 控制试验机横梁的移动速度为(2±0.1)mm/min 向下运动，使仿真牙组件刺入金属铠装材料或光缆芯试样表面，直至试样被刺穿或力值达到试验设定的上限。电脑同步记录相应刺入力随位移变化的曲线。重复上述步骤，分别记录每组 5 个试样的测试曲线。

### 6.6 结果的表示

分析刺入力随位移变化曲线，计算出屈服力值即求得刺穿力 $F_t$(N)。

记录每组 5 个试样刺穿力的算术平均值和最小值，分别代表鼠种的平均刺穿力和最小刺穿力。

对于经腐蚀处理的试样，应记录平均和最小刺穿力值按天数变化的曲线。

测试结果对试样耐鼠咬能力的评估参见附录 C Wistar 大鼠试验结果的示例。

由刺入力随位移变化曲线分析计算屈服力值即求得刺穿力 $F_t$(N)的方法参见附录 C 的图 C.3。

### 6.7 试验报告

试验报告应包括以下内容：

a) 委托单位、试验单位；

b) 光缆缆芯的名称、数量、金属铠装材料、规格(或截面结构)、来源及生产厂家；

c) 动物来源，动物特征描述，包括试样噬咬用鼠与对照试样噬咬用鼠种类、性别、体重和典型的下门齿切割面长度描述等；

d) 化学腐蚀溶液温度范围；

e) 试验程序；

f) 试验过程中的测试曲线及其他数据；

g) 统计分析及重要变量的计算及结论；

h) 试验日期、人员及其他要求等。

## 7 方法C 直接鼠咬法

### 7.1 概述

不同种类的鼠对光缆护套材料的破坏能力各不相同，同一种鼠对不同护套材料噬咬破坏能力也不相同。本方法根据需要，采用在光缆应用环境中种群数量大且对光缆危害频繁的单一鼠种或不同鼠种对光缆或护套材料试样进行鼠咬试验，观察分析动物对光缆试样、不同种类光缆护套材料的噬咬统计特征，得到咬掉指定体积的护套材料所需的噬咬次数。不同鼠种对同一材料的噬咬次数（对于光缆则是各层材料噬咬次数的叠加）之比可反映出该材料（光缆护套层）对不同鼠种的抵抗能力差异。同一鼠种对不同材料的噬咬次数（对于光缆则是各层材料噬咬次数的叠加）之比可反映出不同材料（光缆护套层）对同一鼠种的抵抗能力差异。本方法用于评估通信用室（野）外和通信用室（局）内各类型光缆护套层材料相对耐鼠咬能力指数。

### 7.2 试样

#### 7.2.1 试样厚度要求

试验材料厚度最小值应大于鼠咬碎屑平均厚度的3倍值或大于待测试动物下门齿切割面长度值。

鼠咬碎屑平均厚度值可以通过进行本标准规定的试验，应用尺寸为150 mm长，30 mm宽，厚度大于待测试动物下门齿切割面长度的矩形材料试样获得。

#### 7.2.2 光缆试样制备

光缆试样与对照光缆试样尺寸应制作成同一长度，长度宜为150 mm长或其他适合鼠笼内放置且便于试验观察的长度。光缆外护套材料应为待试验材料，厚度应满足7.2.1要求。

#### 7.2.3 材料试样

##### 7.2.3.1 材料试样通用要求

所有试验材料与对照材料试样几何尺寸规格应当一致。试样制备应满足GB/T 1040.2—2006中6.2规定。

##### 7.2.3.2 材料试样

材料试样应采用单一待试验材料制作，试样形状宜为矩形片状或其他适合鼠啃咬的形状。矩形片状试样的尺寸宜为150 mm长，30 mm宽。任何形状试样材料厚度应满足7.2.3.1对厚度的要求。

### 7.3 试验装置及条件

#### 7.3.1 试验用鼠及数量要求

按评估鼠种要求，应选择每组不少于20只，共分为试验A组与对照B组两个组，雌雄各半，体重在正常范围，上下门齿无缺失的健康成年动物。根据评估目的不同，A、B两组试验动物也可按评估要求选择不同种类鼠。

#### 7.3.2 防疫与疾病控制要求

采用野生的啮齿动物（鼠）进行试验，试验用的动物不得从疫区捕捉，不得使用明确携带传染病病原体的动物；试验前动物应先饲养观察一周。

试验场所、饲养与试验环境选择、个人防护措施、用品用具、噬咬碎屑、试验产生的垃圾和处死后的动物与环境消毒等应按当地政府疾病控制的要求。

#### 7.3.3 鼠笼

鼠笼应能约束测试用鼠的活动范围，易于取放和观察测试试样。鼠笼应易于清洁，便于饲养和收集鼠咬试样碎屑。鼠笼材料应对饲养鼠无害，与被测试样材料不同，当采用同类或相近材料时，鼠笼材料颜色应与测试试样材料颜色明显不同。鼠笼的长度宜为动物体长1.5倍以上，但不小于26 cm，宽度宜为动物体宽3倍以上，但不小于14 cm，高度宜为动物的立高1.5倍以上，但不小于17 cm。一个鼠笼放一只试验用鼠。

#### 7.3.4 鼠的喂养

喂养时需不间断提供清洁饮用水，可采用定时或不定时喂养鼠饲料。

#### 7.3.5 其他用品

千分尺、卡尺、十万分之一分析天平、供水瓶和鼠饲料，防护衣物、手套及口罩等。

### 7.4 程序

#### 7.4.1 试样数量与放置要求

A组鼠笼和B组鼠笼中分别放入相同数量的试验试样和对照试样，试样的放置或固定方式可根据鼠种的不同习性确定。

#### 7.4.2 试验要求

每天定时观察试样被鼠咬破坏情况，并对破坏部分进行照相与记录，收集可见的散落于鼠笼中或鼠粪中的被咬下的材料碎屑，消毒、洗净干燥后，选择双齿痕型和单齿痕型碎屑，分别用十万分之一分析天平和千分尺测试双齿痕型和单齿痕型碎屑的重量和厚度。

#### 7.4.3 单只鼠咬测试结束要求

当某一编号鼠对测试试样噬咬收集到的双齿痕型和单齿痕型碎屑的对应鼠单门齿咬痕合计数量超过100个时，可结束该鼠对试样的噬咬试验。

#### 7.4.4 试验结束的条件

当满足7.4.3试验要求的试样和对照试样数量均已超过雌雄各7只时，可以结束对该试样和对照试样的鼠咬动物试验。

可以通过增加试验时间或增加试验动物和试样数量的方式获得满足7.4.3与本条款要求的雌雄鼠数量。

### 7.5 结果的表示

#### 7.5.1 单只鼠双齿痕型碎屑平均重量计算

将每一符合试验结束条件的试样的双齿痕型碎屑重量的一半值与单齿痕型碎屑按碎屑重量进行由高到低的排序，取前20%数据，但累计齿痕数量不少于100个，计算对应单一齿痕碎屑的平均重量，单一齿痕碎屑平均重量值的两倍为该试样双齿痕型碎屑的平均重量。

#### 7.5.2 鼠群双齿痕型碎屑平均重量、体积计算

一组试验或对照试样的双齿痕型碎屑平均重量是应用 7 只以上雌鼠、7 只以上雄鼠噬咬试验或对照试样的双齿痕型碎屑平均重量的平均值。平均体积值应根据材料比重和平均重量值计算获得。

#### 7.5.3 鼠群噬咬碎屑的平均厚度

将每一符合试验结束条件的试样的双齿痕型碎屑重量的一半值与单齿痕型碎屑测试记录按碎屑重量进行由高到低的排序，取前 20% 数据，但累计齿痕数量不少于 100 个，计算对应碎屑的平均厚度。再用 7 只以上雌鼠、7 只以上雄鼠噬咬试验的碎屑平均厚度的平均值作为鼠群对试样噬咬碎屑平均厚度值。

#### 7.5.4 耐鼠咬能力指数定义与计算

耐鼠咬能力指数 $R_p$ 由式(3)定义：

$$R_p = \frac{\sum_{i=1}^{n} \frac{V_i}{V_s^i}}{\sum_{j=1}^{m} \frac{V_j}{V_r^j}} \qquad \cdots\cdots (3)$$

式中：

$n$ ——试验光缆中护套层数，当类似于聚乙烯外被覆尼龙的护套层应分开计护套层数，对护套厚度小于用相同材料测试获得的平均碎屑厚度时，该层护套不计入护套层数；

$m$ ——对照光缆护套层数，当类似与聚乙烯外被覆尼龙的护套层应分开计护套层数，对护套厚度小于用相同材料测试获得的平均碎屑厚度时，该层护套不计入护套层数；

$V_i$ ——(A 组)鼠在破坏光缆前需咬掉的试验光缆第 $i$ 层护套材料体积，可定义为单位长度光缆所对应 $i$ 层护套体积；

$V_j$ ——(B 组)鼠在破坏光缆前需咬掉的对照光缆第 $j$ 层护套材料体积，可定义为单位长度光缆所对应 $j$ 层护套体积；

$V_s^i$ ——是试验得到的鼠可一口咬掉试验光缆第 $i$ 层护套材料的平均体积；

$V_r^j$ ——是试验得到鼠可一口咬掉对照光缆第 $j$ 层材料的试验平均体积。

### 7.6 耐鼠咬能力指数的意义

当 A、B 组鼠为同一鼠种时：

a) $R_p>1$ 时，$R_p$ 越大，表示试样比对照试样耐此鼠种噬咬的能力越强；

b) $R_p=1$ 时，表示试验试样与对照试样耐此鼠种噬咬的能力相同；

c) $R_p<1$ 时，$R_p$ 越小，表示试样比对照试样耐此鼠种噬咬的能力越弱。

当 A、B 组鼠为不同鼠种时：

a) $R_p>1$ 时，$R_p$ 越大，表示试样耐 A 组鼠种噬咬能力比对照试样耐 B 组鼠种噬咬能力越强；

b) $R_p=1$ 时，表示试样耐 A 组鼠种噬咬能力与对照试样耐 B 组鼠种噬咬能力相同；

c) $R_p<1$ 时，$R_p$ 越小，表示试样耐 A 组鼠种噬咬能力比对照试样耐 B 组鼠种噬咬能力越弱。

### 7.7 试验报告

试验报告应包括以下内容：

a) 委托单位、试验单位；

b) 试验与对照试样材料的名称、数量、规格(或截面结构)、来源及生产厂家；

c) 动物来源,动物特征描述,包括试样种类、性别等;

d) 动物试验温度范围、湿度范围及其他状态调节条件范围;

e) 试验程序;

f) 试验过程中的检测结果;

g) 试验碎屑收集与测试记录、计算结果和试验样品与对照样品的试验计算结果是否存在具有统计意义差异的检验结果;

h) 耐鼠咬能力指数的计算及结论;

i) 试验日期、人员及其他要求等。

# 附　录　A
# （规范性附录）
# 方法 A 的测试流程图

光缆防鼠性能测试方法 A 的测试流程图见图 A.1。

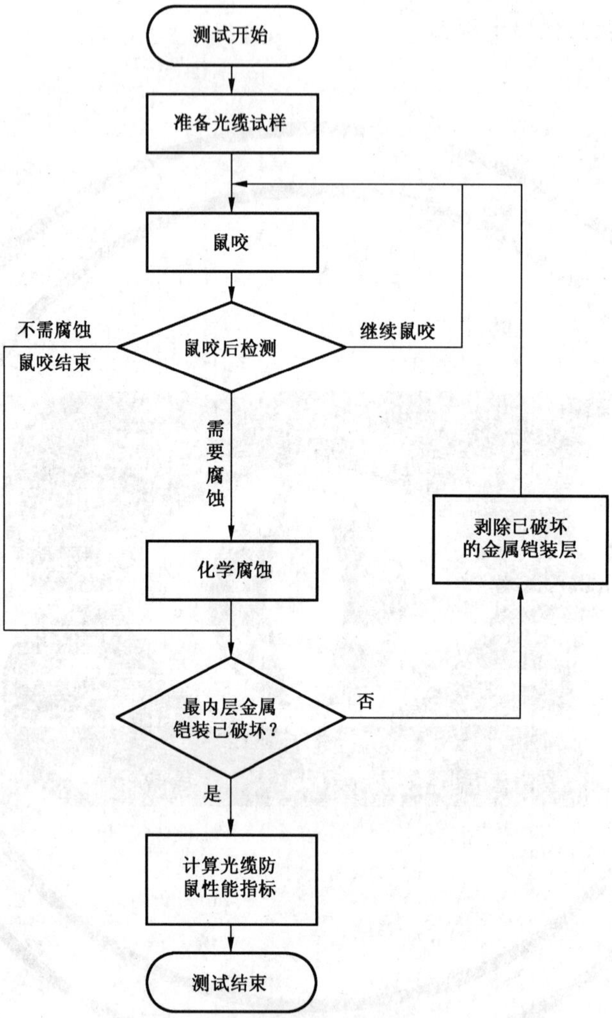


图 A.1　光缆防鼠性能测试方法 A 的测试流程图

# 附 录 B
（规范性附录）
金属铠装层腐蚀穿孔天数折算系数计算

## B.1 绞合(或编织)金属丝铠装层腐蚀穿孔天数折算系数

光缆横截面上绞合(或编织)金属丝铠装层的几何参数定义见图 B.1。其中，$a$ 是金属丝截面椭圆的短轴，$b$ 是金属丝截面椭圆的长轴长，$r$ 是绞合(或编织)金属丝内接圆半径。

按式(B.1)和式(B.2)分别定义变量 $S_0$ 和 $S_1$。

$$S_0 = \pi[(r+a)^2 - r^2] \quad \text{(B.1)}$$

$$S_1 = N \times \pi ab \quad \text{(B.2)}$$

式中：

$N$——绞合(或编织)金属丝的根数。

绞合(或编织)金属丝铠装层的折算系数 $c_i$ 由式(B.3)定义。

$$c_i = \frac{S_1}{S_0} \quad \text{(B.3)}$$

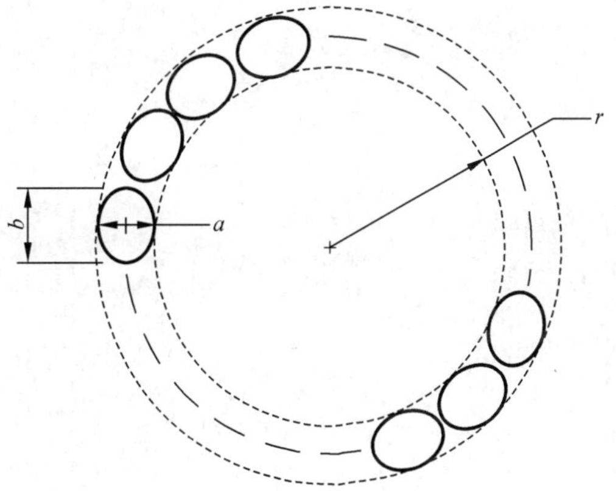


说明：

$a$——金属丝截面椭圆的短轴长；

$b$——金属丝截面椭圆的长轴长；

$r$——绞合(或编织)金属丝内接圆半径。

**图 B.1 光缆横截面绞合(或编织)金属丝铠装层几何参数示意图**

## B.2 金属带或金属管铠装层腐蚀穿孔天数折算系数

金属带或金属管铠装层腐蚀穿孔天数折算系数取 1，即 $c_i = 1$。

## B.3 铠装层腐蚀穿孔天数折算系数小结

综合B.1和B.2，金属铠装层腐蚀断的天数折算系数计算公式见式(B.4)。

$$c_i=\begin{cases}1 & \text{对于金属带或金属管铠装层}\\ \dfrac{S_1}{S_0} & \text{对于绕包金属丝铠装层}\end{cases} \qquad \cdots\cdots(B.4)$$

式中：

$S_0$，$S_1$——其定义见式(B.1)和式(B.2)。

# 附 录 C
## （资料性附录）
## Wistar 大鼠试验结果示例

图 C.1 为 Wistar 大鼠真牙刺入 HDPE 校准试片试验中刺入力随位移变化曲线，每条曲线表示一个 Wistar 大鼠真牙多次测量的平均值。图 C.2 为 Wistar 大鼠刺入力平均值与仿真牙刺入力平均值的随刺入深度变化曲线，经统计显著性水平 $\alpha=0.05$ 的双边配对 t 检验无显著性差异。

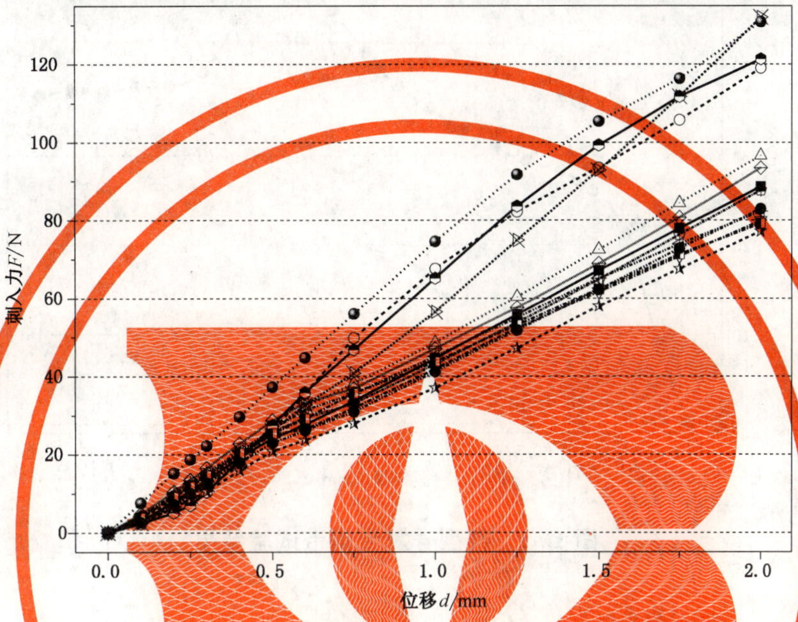


图 C.1 Wistar 大鼠真牙组件的刺入力曲线

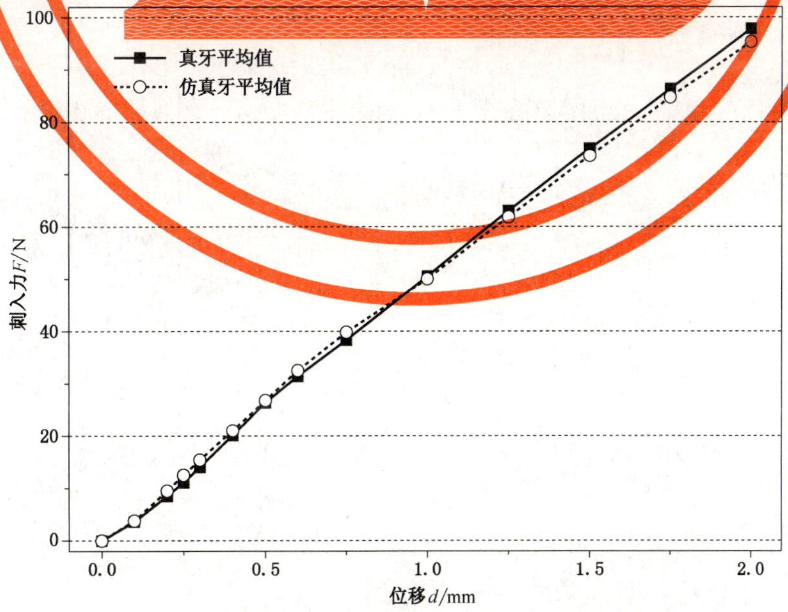


图 C.2 Wistar 大鼠真牙和仿真牙的刺入力平均值随位移变化曲线

图 C.3 为某型号复合钢带采用 Wistar 大鼠仿真牙刺入的试验结果，其刺穿力 $F_t$ 为 52.9 N。设 $F_b$ 为啮齿动物最大咬合力，指定品种鼠的最大咬合力 $F_b$ 可在自然条件测试，或在麻醉条件下通过电刺激表面咬合肌的方法得到，(参见参考文献[2]、参考文献[3])。据报道 Wistar 大鼠在自然条件下的最大咬合力在 9.3 N～46.6 N 之间，在麻醉条件下通过电刺激测得的最大咬合力在 25.8 N～50.2 N 之间(参见参考文献[2])。可见 Wistar 大鼠咬穿上述示例中复合钢带的可能性非常小。

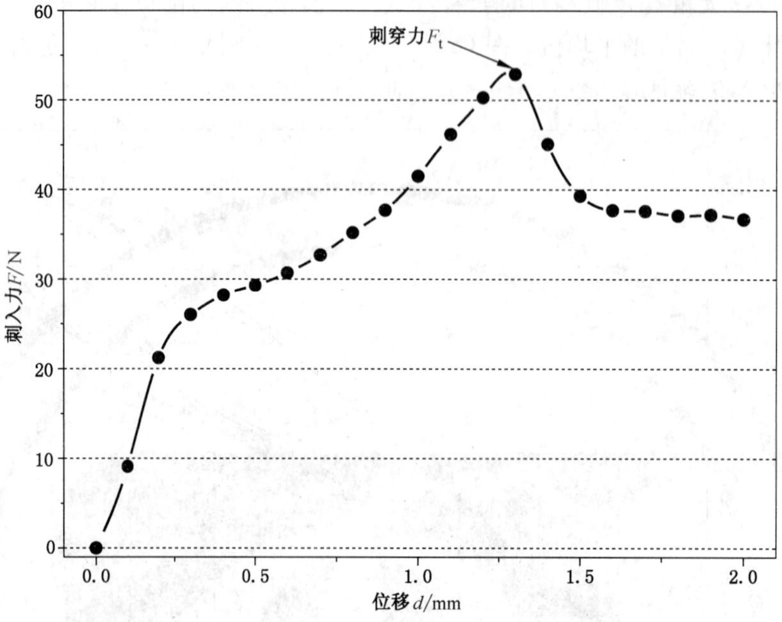


**图 C.3 某型号复合钢带试验结果**

## 参 考 文 献

[1] GB/T 16545—1996 金属和合金的腐蚀 腐蚀试样上腐蚀产物的清除(idt ISO 8407:1991)

[2] ROBINS M W. Biting loads generated by the laboratory rat[J]. Archives of Oral Biology, 1977,22(1):43-47.

[3] FREEMAN P W,LEMEN C A. A simple morphological predictor of bite force in rodents [J]. Journal of Zoology,2008,275(4):418-422.

ICS 33.040.35
M 11

# 中华人民共和国国家标准

GB/T 29200—2012

# 公用电信网设备安全测试方法
# 主叫用户号码信息

**Test method for public telecommunication network equipments security—Calling party number information**

2012-12-31 发布　　　　2013-06-01 实施

中华人民共和国国家质量监督检验检疫总局
中国国家标准化管理委员会　发布

# 前　言

本标准是《公用电信网设备安全》系列标准之一。本系列的标准结构和名称如下：

——公用电信网设备安全技术要求 主叫用户号码信息；

——公用电信网设备安全测试方法 主叫用户号码信息。

本标准按照 GB/T 1.1—2009 给出的规则起草。

本标准由中华人民共和国工业和信息化部提出。

本标准由中国通信标准化协会归口。

本标准起草单位：工业和信息化部电信研究院、中国电信集团公司、中国移动通信集团公司、中国联合网络通信有限公司。

本标准主要起草人：吴宏建、龚双瑾、赵尽辉、孙立志、张强。

# 公用电信网设备安全测试方法
# 主叫用户号码信息

## 1 范围

本标准规定了应用于公用电信网上的固定交换设备、移动交换设备、智能网设备、IP 网关设备、短消息设备和多媒体消息设备等网络设备对主叫用户号码的生成、传送和拦截等技术内容的测试方法。

本标准主要适用于公用电信网中与主叫用户号码信息有关的设备。

## 2 规范性引用文件

下列文件对于本文件的应用是必不可少的。凡是注日期的引用文件，仅注日期的版本适用于本文件。凡是不注日期的引用文件，其最新版本(包括所有的修改单)适用于本文件。

GB/T 29228　公用电信网设备安全技术要求　主叫用户号码信息

## 3 缩略语

下列缩略语适用于本文件。

CIC：运营商标识码(Carrier Identification Code)

MMSC：多媒体业务中心(Multi-Media Service Center)

SCP：业务控制点(Service Controlling Point)

SSP：业务交换点(Service Switching Point)

VPN：虚拟专用网(Virtual Private Network)

WAP：无线应用协议(Wireless Application Protocol)

## 4 固定电话网交换设备

### 4.1 固定端局

| |
|---|
| 测试编号：4.1.1 |
| 测试参考：GB/T 29228《公用电信网设备安全技术要求　主叫用户号码信息》 |
| 测试项目：固定端局 |
| 测试分项目：主叫用户号码的生成和传送 |
| 测试目的：验证固定端局能够生成正确的主叫用户号码并能够正确传送。 |
| 测试配置： |

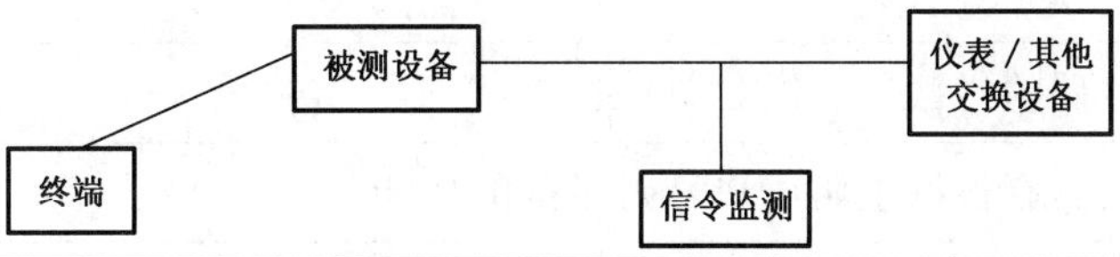

预置条件：
作为固定端局的被测设备与仪表或其他交换设备之间链路和中继连接正常，局数据配置正常。

测试步骤：
1. 固定端局上的终端用户呼叫仪表或其他交换设备的用户；
2. 跟踪被测设备和仪表或其他交换设备之间的信息流；
3. 反方向上重复测试，即从仪表产生到被测设备的呼叫。

测试说明：
1. 被测设备发送的主叫号码应当为：PQR(S)ABCD；
2. 地址性质应为“本地电话号码(用户号码)”；
3. 反方向测试时，被测设备应该保持主叫用户号码信息不变。

测试编号：4.1.2

测试参考：GB/T 29228《公用电信网设备安全技术要求　主叫用户号码信息》

测试项目：固定端局

测试分项目：主叫用户号码的修改

测试目的：验证固定端局能够修改用户交换机送上来的不正确的主叫用户号码。

测试配置：

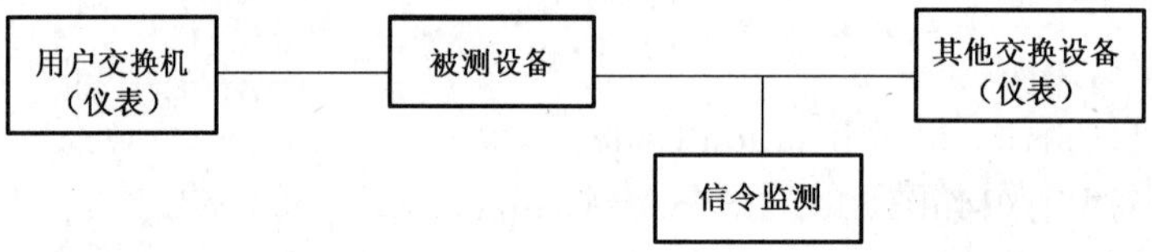


预置条件：
1. 作为固定端局的被测设备与仪表或其他交换设备之间链路和中继连接正常，局数据配置正常；
2. 被测设备给用户交换机分配了特定的号段和引示号。

测试步骤：
1. 仿真用户交换机的仪表呼叫其他交换设备的用户，并且给被测设备送出的主叫用户号码不是被测设备分配给用户交换机的特定用户号码；
2. 跟踪被测设备和仪表或其他交换设备之间的信息流。

测试说明：
1. 被测设备应能将主叫用户号码更改为用户交换机的引示号；
2. 地址性质应为“本地电话号码(用户号码)”。

测试编号：4.1.3

测试参考：GB/T 29228《公用电信网设备安全技术要求　主叫用户号码信息》

测试项目：固定端局

测试分项目：主叫用户号码的拦截——黑名单

测试目的：验证固定端局具有根据主叫用户号码拦截的功能。

测试配置：

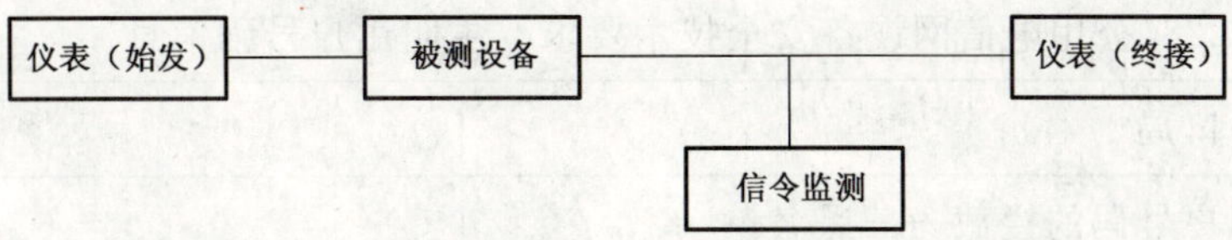


预置条件：

1. 作为固定端局的被测设备与仪表或其他交换设备之间链路和中继连接正常，局数据配置正常；
2. 被测设备配置黑名单，使用户 A 位于黑名单之中。

测试步骤：

1. 仪表(始发)模拟被测设备的用户 A 发起呼叫，查看被测设备是否拦截用户 A 发起的呼叫；
2. 仪表(始发)模拟被测设备的其他用户发起呼叫，查看被测设备是否拦截该呼叫。

测试说明：

1. 用户 A 发起的呼叫应该被拦截，同时被测设备应该产生拦截记录；
2. 其他用户发起的呼叫应该能够正常通话。

## 4.2 固定网关口局

测试编号：4.2.1

测试参考：GB/T 29228《公用电信网设备安全技术要求　主叫用户号码信息》

测试项目：固定网关口局

测试分项目：主叫用户号码的传送

测试目的：验证固定网关口局能够正确地传送主叫用户号码。

测试配置：

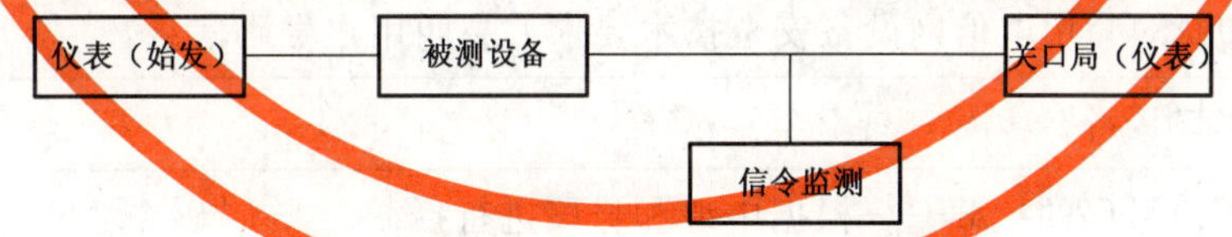


预置条件：

固定网关口局与仪表之间链路和中继连接正常，局数据配置正常。

测试步骤：

1. 由仪表(始发)向被测设备发起呼叫，其中主叫号码设成本地号码格式；
2. 查看被测设备向对联的关口局转发的主叫用户号码信息；
3. 由仪表(始发)向被测设备发起呼叫，其中主叫号码改成“0”＋国内有效号码格式；
4. 查看被测设备向对联的关口局转发的主叫用户号码信息；
5. 反方向重复以上测试，查看被测设备转发出去的主叫用户号码信息。

测试说明：

1. 在第 1 步和第 3 步的情况下，被测设备都应该保持主叫号码格式不变；
2. 反方向重复测试时，被测设备应该保持主叫号码格式不变

测试编号:4.2.2

测试参考:GB/T 29228《公用电信网设备安全技术要求　主叫用户号码信息》

测试项目:固定网关口局

测试分项目:主叫用户号码的拦截——黑名单

测试目的:验证固定网关口局具有根据主叫用户号码拦截的功能。

测试配置:

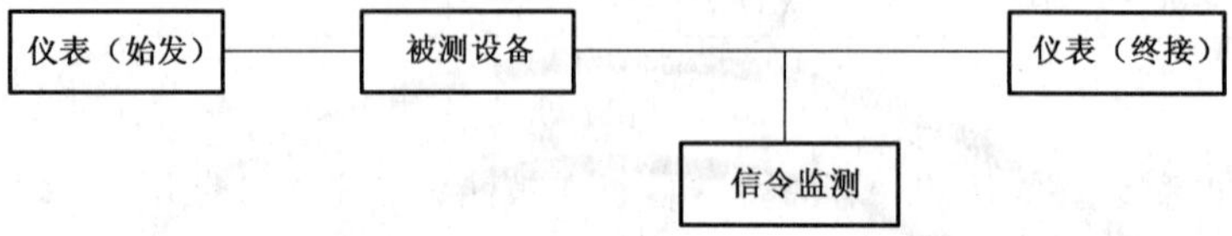


预置条件:

1. 关口局与仪表之间的链路和中继连接正常,局数据配置正常;
2. 被测设备配置黑名单,使用户A位于黑名单之中;
3. 用户B为合法用户。

测试步骤:

1. 仪表(始发)分别模拟用户A和用户B发起呼叫,查看被测设备是否拦截用户A和用户B发起的呼叫;
2. 查看被测设备是否产生此次拦截的记录。

测试说明:

1. 用户A发起的呼叫应该被拦截,被测设备应生成相应的拦截记录;
2. 用户B的呼叫应该接续成功。

---

测试编号:4.2.3

测试参考:GB/T 29228《公用电信网设备安全技术要求　主叫用户号码信息》

测试项目:固定网关口局

测试分项目:主叫用户号码的拦截——根据中继和号段进行拦截

测试目的:验证固定网关口局具有拦截来自指定中继的特定主叫用户号码段的呼叫的能力,且该功能的开启具有一定的鉴权保护机制。

测试配置:

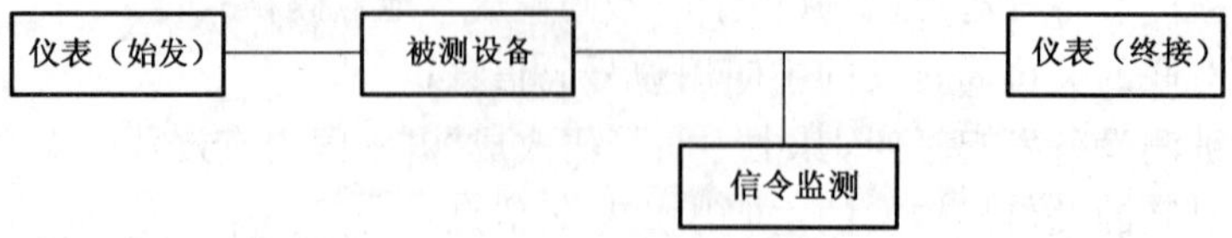


预置条件:

作为关口局的被测设备与仪表之间的链路和中继连接正常,局数据配置正常。

测试步骤：

1. 被测设备配置数据，使得被测设备可以拦截来自仪表(始发)的特定主叫用户号码段的呼叫，查看该拦截功能启动的时候是否需要鉴权；
2. 仪表(始发)产生到仪表(终接)的呼叫，其中主叫用户号码设成非允许的号段，查看被测设备是否能够拦截此次呼叫；
3. 查看被测设备是否产生此次拦截的记录。

测试说明：

1. 被测设备应该能够拦截此次呼叫；
2. 被测设备应生成相应的拦截记录。

测试编号：4.2.4

测试参考：GB/T 29228《公用电信网设备安全技术要求　主叫用户号码信息》

测试项目：固定网关口局

测试分项目：VPN 短号码

测试目的：验证网间不会传送 VPN 短号码。

测试配置：

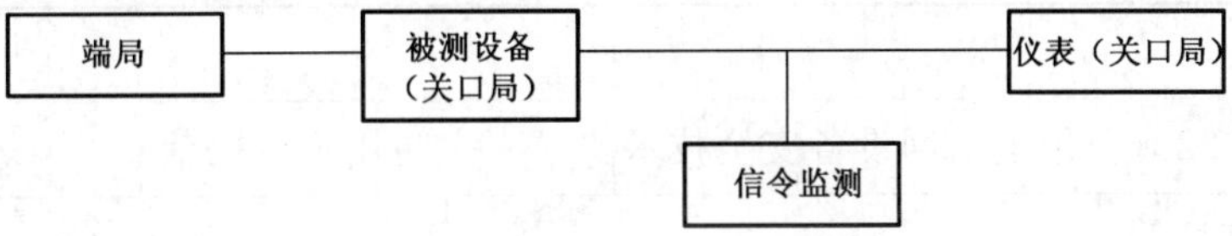


预置条件：

1. 关口局与其他设备之间的链路和中继连接正常，局数据配置正常；
2. 用户 A 和用户 B 同属于一个 VPN(Centrex)下的用户；
3. 用户 B 设置无条件前转至其他运营商的用户 C。

测试步骤：

1. 用户 A 拨打用户 B 的 VPN 短号码，查看呼叫能够建立成功；
2. 查看网间传送的主叫号码是否满足要求。

测试说明：

1. 用户 A 应能和用户 C 正常通话；
2. 网间应该传送用户 A 真实的号码。

## 4.3　汇接局

测试编号：4.3.1

测试参考：GB/T 29228《公用电信网设备安全技术要求　主叫用户号码信息》

测试项目：固定网汇接局

测试分项目：主叫用户号码的传送

测试目的：验证固定网汇接局能够正确地传送主叫用户号码。

测试配置：

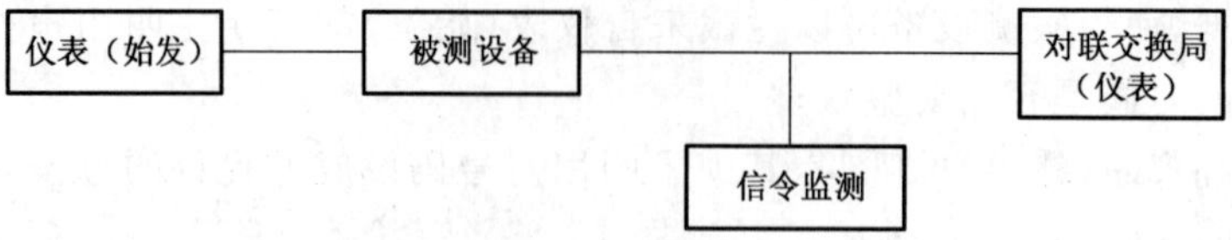


预置条件：

1. 仪表(始发)和被测设备之间配置市话中继和长途中继；
2. 固定网对联交换局与仪表之间链路和中继连接正常，局数据配置正常。

测试步骤：

1. 由仪表(始发)向被测设备发起呼叫，其中主叫号码设成本地号码格式；
2. 查看被测设备向对联的对联交换局转发的主叫用户号码信息；
3. 由仪表(始发)向被测设备发起呼叫，其中主叫号码改成“长途字冠＋国内有效号码”；
4. 查看被测设备向对联的对联交换局转发的主叫用户号码信息；
5. 反方向上重复测试，查看被测设备转发的主叫用户号码信息。

测试说明：

1. 在第1步和第3步的情况下，被测设备都应该保持主叫号码格式不变；
2. 在反方向重复测试时，被测设备也应该保持主叫号码格式不变。

测试编号：4.3.2

测试参考：GB/T 29228《公用电信网设备安全技术要求　主叫用户号码信息》

测试项目：固定网汇接局

测试分项目：主叫用户号码的拦截——黑名单

测试目的：验证固定网汇接局具有根据主叫用户号码拦截的功能。

测试配置：

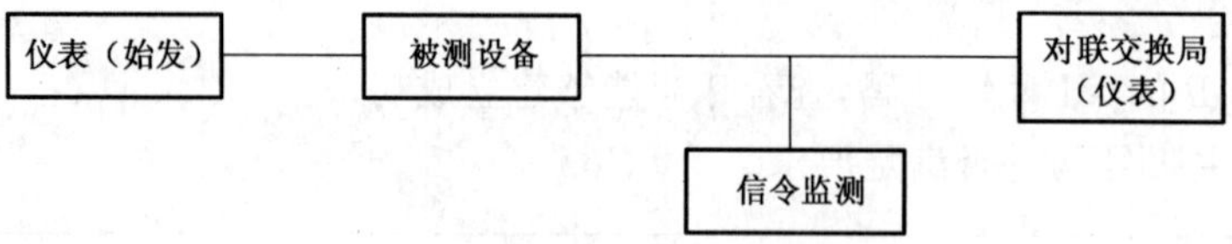


预置条件：

1. 汇接局与仪表之间的链路和中继连接正常，局数据配置正常；
2. 被测设备配置黑名单，使用户A位于黑名单之中。

测试步骤：

1. 仪表(始发)模拟用户A发起呼叫，查看被测设备是否拦截用户A发起的呼叫，查看被测设备是否产生此次拦截的记录；
2. 仪表(始发)模拟其他用户发起呼叫，查看被测设备是否拦截此次呼叫。

测试说明：

1. 用户A发起的呼叫应该被拦截，且被测设备应该产生相应的拦截记录；
2. 其他用户发起的呼叫应该能够正常通话。

## 4.4 长途局

测试编号:4.4.1

测试参考:GB/T 29228《公用电信网设备安全技术要求　主叫用户号码信息》

测试项目:固定网长途局

测试分项目:主叫用户号码的传送

测试目的:验证固定网长途局能够正确地传送主叫用户号码。

测试配置:

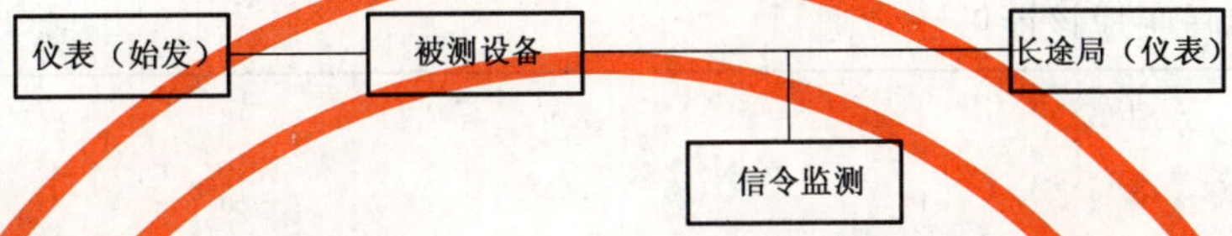


预置条件:

1. 仪表(始发)和被测设备之间配置市话中继和长途中继;
2. 固定网长途局与仪表之间链路和中继连接正常,局数据配置正常。

测试步骤:

1. 由仪表(始发)从市-长入中继上向被测设备发起呼叫,其中主叫号码设成本地号码格式;
2. 查看被测设备向仪表(终接)转发的主叫用户号码信息;
3. 由仪表(始发)从长-长入中继上向被测设备发起呼叫,其中主叫号码改成"长途字冠+国内有效号码"格式;
4. 查看被测设备向仪表(终接)转发的主叫用户号码信息;
5. 反方向上重复第3和第4步测试。

测试说明:

1. 第一种情况下,被测设备应能够将主叫号码变为"长途字冠+国内有效号码",并将信令发送到相对应的长途出中继上;
2. 第二种情况下,被测设备应该保持主叫号码格式不变;
3. 反方向重复第3步测试时,被测设备应该保持主叫号码格式不变。

测试编号:4.4.2

测试参考:GB/T 29228《公用电信网设备安全技术要求　主叫用户号码信息》

测试项目:固定网长途局

测试分项目:主叫用户号码的拦截——黑名单

测试目的:验证固定网长途局具有根据主叫用户号码拦截的功能。

测试配置:

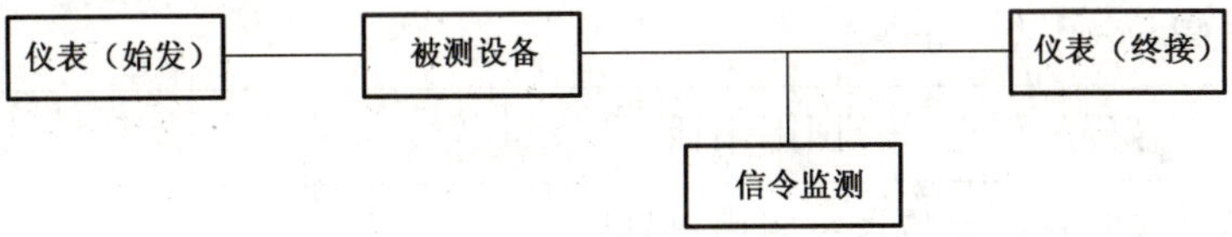

预置条件：
1. 长途局与仪表之间的链路和中继连接正常，局数据配置正常；
2. 被测设备配置黑名单，使用户 A 位于黑名单之中。

测试步骤：
1. 仪表(始发)模拟用户 A 发起呼叫，查看被测设备是否拦截用户 A 发起的呼叫，查看被测设备是否产生此次拦截的记录；
2. 仪表(始发)模拟其他用户发起呼叫，查看被测设备是否拦截此次呼叫。

测试说明：
1. 用户 A 发起的呼叫应该被拦截，且被测设备应该产生相应的拦截记录；
2. 其他用户发起的呼叫应该能够正常通话。

## 4.5 国际交换局

测试编号：4.5.1

测试参考：GB/T 29228《公用电信网设备安全技术要求　主叫用户号码信息》

测试项目：国际交换局

测试分项目：主叫用户号码的生成

测试目的：验证国际局的交换机在国际来话时，如果没有主叫用户号码，则能够生成符合规范要求的主叫用户号码。

测试配置：

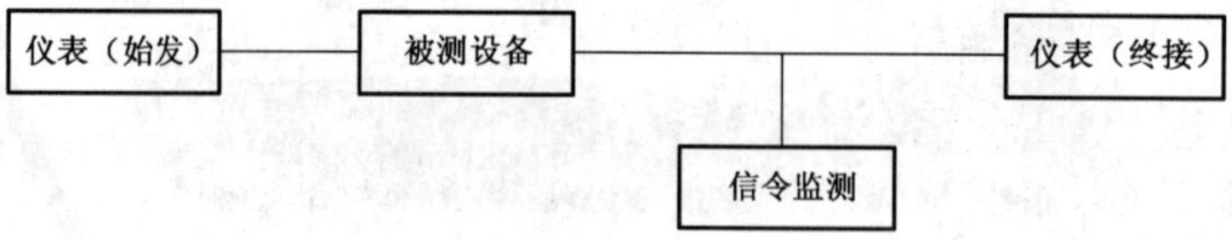


预置条件：
被测设备作为国际局与仪表之间链路和中继连接正常，局数据配置正常。

测试步骤：
1. 由仪表(始发)模拟国际来话，向被测设备发起呼叫，且没有携带主叫号码信息；
2. 查看被测设备向仪表(终接)转发的主叫用户号码信息。

测试说明：
被测设备应该产生主叫号码，主叫号码为：00＋0＋CIC＋中继的对端国国家码＋国际局所在城市的长途区号＋国际局的序号。

测试编号：4.5.2

测试参考：GB/T 29228《公用电信网设备安全技术要求　主叫用户号码信息》

测试项目：国际交换局

测试分项目：主叫用户号码的传送——国际来话

测试目的：验证国际局能够正确地传送主叫用户号码。

测试配置：

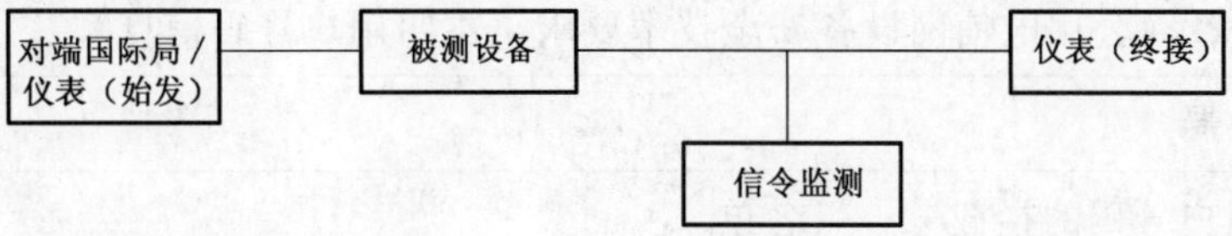


预置条件：

被测设备与仪表之间链路和中继连接正常，局数据配置正常。

测试步骤：

1. 由仪表(始发)向被测设备发起一个呼叫，主叫号码 A 设为：国家码＋国内有效号码；
2. 查看被测设备向仪表(终接)转发的主叫用户号码信息。

测试说明：

被测设备在转发呼叫时，主叫用户 A 应改为：00＋国家码＋国内有效号码，地址性质为国际号码。

---

测试编号：4.5.3

测试参考：GB/T 29228《公用电信网设备安全技术要求　主叫用户号码信息》

测试项目：国际交换局

测试分项目：主叫用户号码的传送——国际去话

测试目的：验证国际局能够正确地传送主叫用户号码。

测试配置：

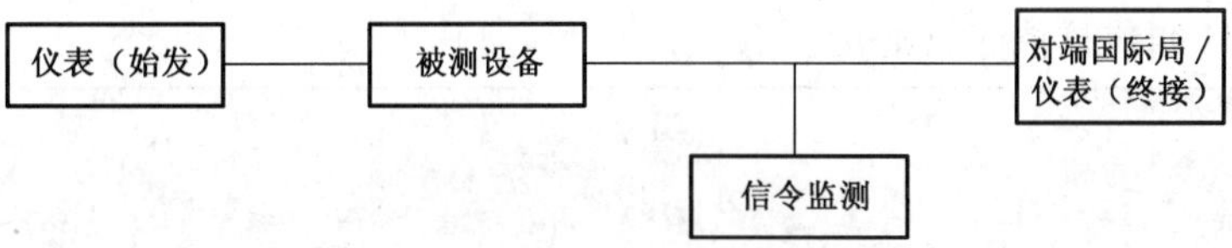


预置条件：

被测设备与仪表之间链路和中继连接正常，局数据配置正常。

测试步骤：

1. 由仪表(始发)向被测设备发起三个呼叫，呼叫 1 的主叫号码 A 设为：PQR(S)ABCD；呼叫 2 的主叫号码 B 设为：$1XYH_0H_1H_2H_3$ABCD(移动用户)；呼叫 3 的主叫号码 C 设为：0＋长途区号＋PQR(S)ABCD；
2. 查看被测设备向仪表(终接)转发的主叫用户号码信息。

测试说明：

1. 被测设备在转发呼叫时，主叫用户 A 的号码格式应改为：86＋长途区号＋ PQR(S)ABCD，地址性质为国际号码；
2. 被测设备在转发呼叫时，主叫用户 B 的号码格式应改为：86＋$1XYH_0H_1H_2H_3$ABCD，地址性质为国际号码；
3. 被测设备在转发呼叫时，主叫用户 C 的号码格式应改为：86＋长途区号＋ PQR(S)ABCD，地址性质为国际号码。

测试编号:4.5.4

测试参考:GB/T 29228《公用电信网设备安全技术要求　主叫用户号码信息》

测试项目:国际交换局

测试分项目:主叫用户号码的拦截——黑名单

测试目的:验证国际局交换机具有根据主叫用户号码拦截的功能。

测试配置:

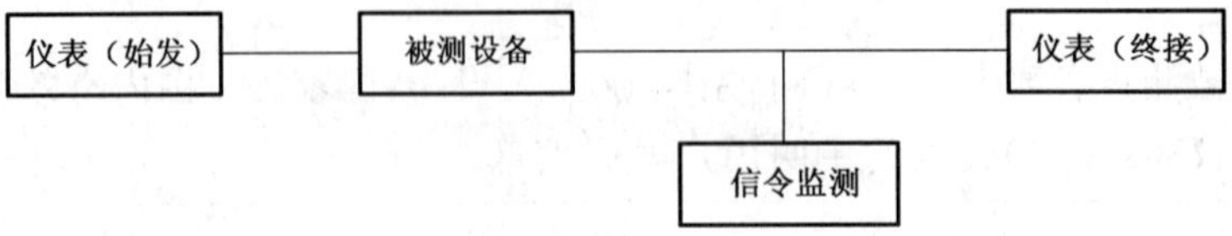


预置条件:
1. 被测设备与仪表之间的链路和中继连接正常,局数据配置正常;
2. 被测设备配置黑名单,使用户 A 位于黑名单之中。

测试步骤:
1. 仪表(始发)模拟用户 A 发起呼叫,查看被测设备是否拦截用户 A 发起的呼叫,如果拦截,查看被测设备是否产生此次拦截的记录;
2. 仪表(始发)模拟其他用户发起呼叫,查看被测设备是否拦截此次呼叫。

测试说明:
1. 用户 A 发起的呼叫应该被拦截,被测设备应该产生相应的拦截记录;
2. 其他用户发起的呼叫应该能正常通话。

## 5 移动网交换设备

### 5.1 移动端局

测试编号:5.1.1

测试参考:GB/T 29228《公用电信网设备安全技术要求　主叫用户号码信息》

测试项目:移动端局

测试分项目:主叫用户号码的生成和传送

测试目的:验证移动端局能够正确地传送主叫用户号码。

测试配置:

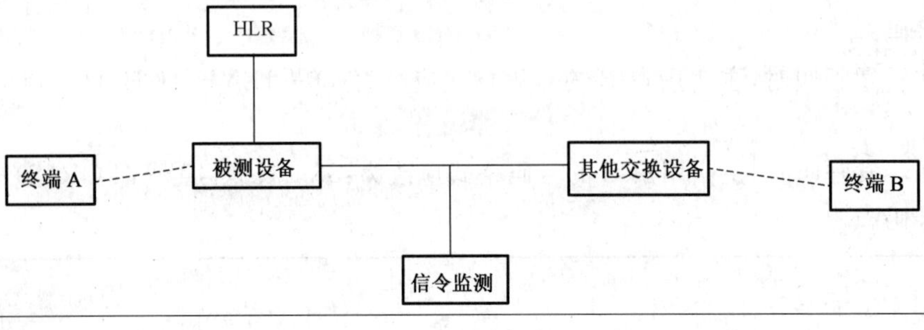

预置条件：

1. 被测设备与其他网络实体之间链路和中继连接正常，局数据配置正常；
2. 终端 A 成功在被测设备上登录；
3. 终端 B 也成功登入网络。

测试步骤：

1. 终端 A 向终端 B 发起呼叫，检查被测设备发出的主叫用户信息；
2. 终端 B 向终端 A 发起呼叫，查看终端 A 是否能够正确显示用户 B 的主叫号码。

测试说明：

1. 当 A 向 B 发起呼叫时，被测设备应该能正确转发的用户 A 的主叫号码信息；
2. 当 B 向 A 发起呼叫时，被测设备应该通过空口正确传送用户 B 的主叫号码信息。

测试编号：5.1.2

测试参考：GB/T 29228《公用电信网设备安全技术要求　主叫用户号码信息》

测试项目：移动端局

测试分项目：主叫用户号码的拦截——黑名单

测试目的：验证移动端局具有对特定主叫用户进行拦截的功能。

测试配置：

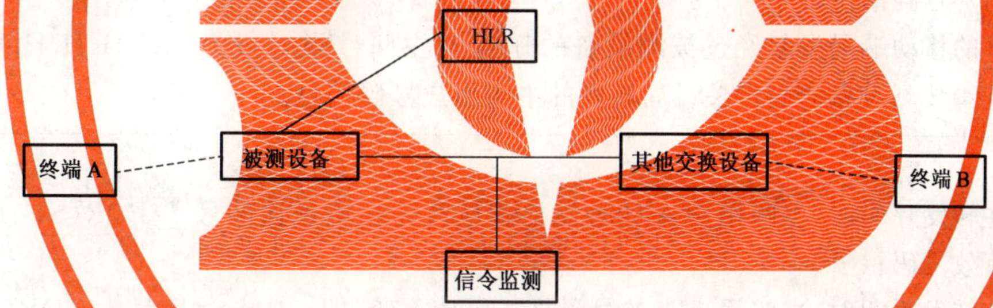


预置条件：

1. 被测设备与其他网络实体之间之间的链路和中继连接正常，局数据配置正常；
2. 被测设备配置黑名单，使用户 A 位于黑名单之中；
3. 用户 B 为合法用户。

测试步骤：

1. 用户 A 和用户 B 分别发起呼叫，查看被测设备是否拦截用户 A 和用户 B 发起的呼叫；
2. 查看被测设备是否产生此次拦截的记录。

测试说明：

1. 用户 A 发起的呼叫应该被拦截，被测设备应生成相应的拦截记录；
2. 用户 B 的呼叫应该接续成功。

## 5.2 移动关口局

测试编号:5.2.1

测试参考:GB/T 29228《公用电信网设备安全技术要求 主叫用户号码信息》

测试项目:移动关口局

测试分项目:主叫用户号码的传送

测试目的:验证移动关口局能够正确地传送主叫用户号码。

测试配置:

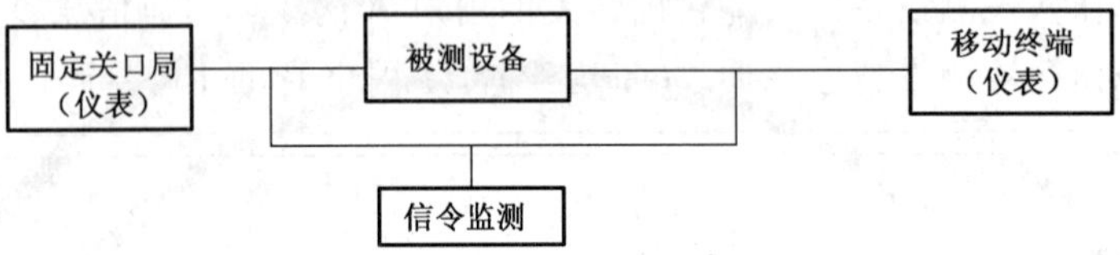


预置条件:

被测设备与仪表之间链路和中继连接正常,局数据配置正常。

测试步骤:

1. 由仪表仿真的固定关口局分别发起两个经过被测设备的呼叫,呼叫1的主叫号码A设为:PQR(S)ABCD;呼叫2的主叫号码B设为:0+长途区号+PQR(S)ABCD,查看被测设备向移动端局转发的主叫用户号码信息;
2. 由仪表仿真的移动端局发起经过被测设备的呼叫3,主叫号码C设为$1XYH_0H_1H_2H_3ABCD$(移动用户),查看被测设备向固定关口局转发的主叫用户号码信息。

测试说明:

1. 被测设备在转发呼叫时,主叫用户A的号码格式应改为:0+长途区号+ PQR(S)ABCD,地址性质为国内有效号码;
2. 被测设备在转发呼叫时,主叫用户B的号码格式保持不变,即:0+长途区号+ PQR(S)ABCD,地址性质为国内有效号码;
3. 被测设备在转发呼叫时,主叫用户C的号码格式保持不变,即:$1XYH_0H_1H_2H_3ABCD$,地址性质为国内有效号码。

测试编号:5.2.2

测试参考:GB/T 29228《公用电信网设备安全技术要求 主叫用户号码信息》

测试项目:移动关口局

测试分项目:主叫用户号码的拦截——黑名单

测试目的:验证移动关口局具有根据主叫用户号码拦截的功能。

测试配置:

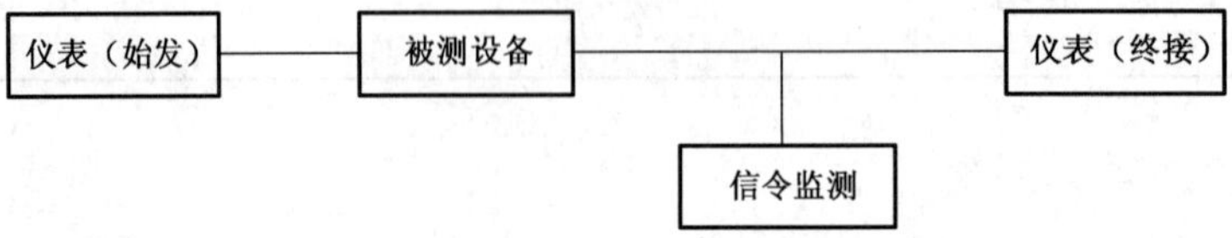

| |
|---|
| 预置条件:<br>1. 被测设备与仪表之间的链路和中继连接正常,局数据配置正常;<br>2. 被测设备配置黑名单,使用户 A 位于黑名单之中;<br>3. 用户 B 为合法用户。 |
| 测试步骤:<br>1. 仪表(始发)分别模拟用户 A 和用户 B 发起呼叫,查看被测设备是否拦截用户 A 和用户 B 发起的呼叫;<br>2. 查看被测设备是否产生此次拦截的记录。 |
| 测试说明:<br>1. 用户 A 发起的呼叫应该被拦截,被测设备应生成相应的拦截记录;<br>2. 用户 B 的呼叫应该接续成功。 |

| |
|---|
| 测试编号:5.2.3 |
| 测试参考:GB/T 29228《公用电信网设备安全技术要求　主叫用户号码信息》 |
| 测试项目:移动关口局 |
| 测试分项目:VPN 短号码 |
| 测试目的:验证网间不会传送 VPN 短号码。 |
| 测试配置:<br>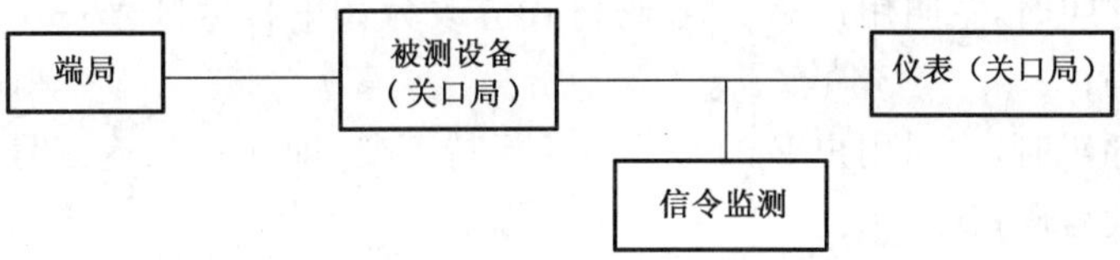<br> |
| 预置条件:<br>1. 关口局与其他设备之间的链路和中继连接正常,局数据配置正常;<br>2. 用户 A 和用户 B 同属于一个 VPN(Centrex)下的用户;<br>3. 用户 B 设置无条件前转至其他运营商的用户 C。 |
| 测试步骤:<br>1. 用户 A 拨打用户 B 的 VPN 短号码,查看呼叫能够建立成功;<br>2. 查看网间传送的主叫号码是否满足要求。 |
| 测试说明:<br>1. 用户 A 应能和用户 C 正常通话;<br>2. 网间应该传送用户 A 真实的号码。 |

## 5.3 移动汇接局

| |
|---|
| 测试编号:5.3.1 |
| 测试参考:GB/T 29228《公用电信网设备安全技术要求　主叫用户号码信息》 |
| 测试项目:移动汇接局 |
| 测试分项目:主叫用户号码的传送 |

测试目的：验证移动汇接局能够正确地传送主叫用户号码。

测试配置：

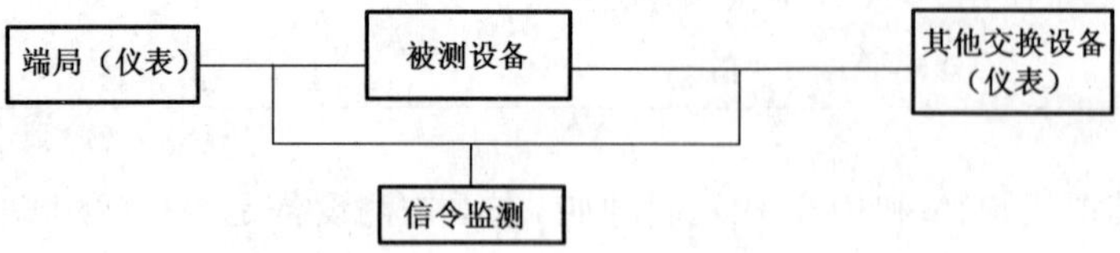


预置条件：

被测设备与仪表之间链路和中继连接正常，局数据配置正常。

测试步骤：

1. 由仪表仿真的端局分别发起三个经过被测设备的呼叫，呼叫 1 的主叫号码 A 设为：PQR(S)ABCD；呼叫 2 的主叫号码 B 设为：0＋长途区号＋PQR(S)ABCD；呼叫 3 的主叫号码 C 设为：$1XYH_0H_1H_2H_3ABCD$(移动用户)；
2. 查看被测设备向其他交换设备转发的主叫用户号码信息；
3. 从仪表仿真的其他交换设备再分别发起两个经过被测设备到达端局的呼叫，呼叫 4 的主叫号码 D 设为：0＋长途区号＋PQR(S)ABCD；呼叫 5 的主叫号码 E 设为：$1XYH_0H_1H_2H_3ABCD$(移动用户)，重复以上测试；
4. 查看被测设备向端局转发的主叫用户号码信息。

测试说明：

1. 被测设备在转发呼叫时，主叫用户 A 的号码格式应改为：0＋长途区号＋ PQR(S)ABCD，地址性质为国内有效号码；
2. 被测设备在转发呼叫时，主叫用户 B 的号码格式保持不变，即：0＋长途区号＋ PQR(S)ABCD，地址性质为国内有效号码；
3. 被测设备在转发呼叫时，主叫用户 C 的号码格式保持不变，即：$1XYH_0H_1H_2H_3ABCD$，地址性质为国内有效号码；
4. 被测设备在转发呼叫时，主叫用户 D 的号码格式保持不变，即：0＋长途区号＋ PQR(S)ABCD，地址性质为国内有效号码；
5. 被测设备在转发呼叫时，主叫用户 E 的号码格式保持不变，即：$1XYH_0H_1H_2H_3ABCD$，地址性质为国内有效号码。

测试编号：5.3.2

测试参考：GB/T 29228《公用电信网设备安全技术要求　主叫用户号码信息》

测试项目：移动汇接局

测试分项目：主叫用户号码的拦截——黑名单

测试目的：验证移动汇接局具有根据主叫用户号码拦截的功能。

测试配置：

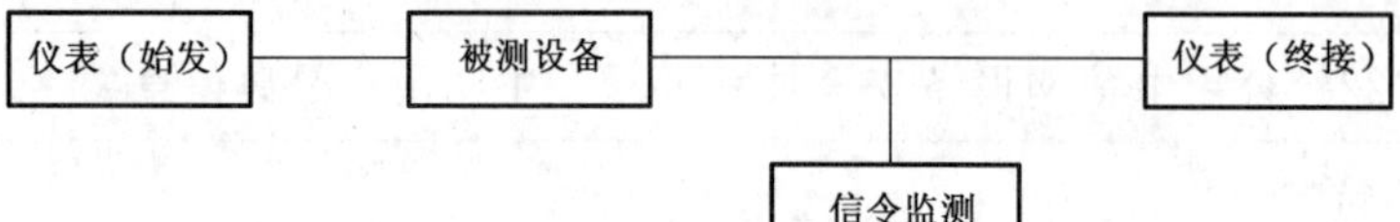

| |
|---|
| 预置条件：<br>1. 被测设备与仪表之间的链路和中继连接正常，局数据配置正常；<br>2. 被测设备配置黑名单，使用户 A 位于黑名单之中；<br>3. 用户 B 为合法用户。 |
| 测试步骤：<br>1. 仪表(始发)分别模拟用户 A 和用户 B 发起呼叫，查看被测设备是否拦截用户 A 和用户 B 发起的呼叫；<br>2. 查看被测设备是否产生此次拦截的记录。 |
| 测试说明：<br>1. 用户 A 发起的呼叫应该被拦截，被测设备应生成相应的拦截记录；<br>2. 用户 B 的呼叫应该接续成功。 |

## 5.4 移动国际交换局

移动国际交换局的测试项目同 4.4 内容。

# 6 接入公共电信网设备

| |
|---|
| 测试编号：6.1 |
| 测试参考：GB/T 29228《公用电信网设备安全技术要求　主叫用户号码信息》 |
| 测试项目：接入公共电信网设备(见注) |
| 测试分项目：主叫用户号码的生成 |
| 测试目的：验证接入公共电信网设备能够生成符合规定的主叫用户号码。 |
| 测试配置：<br>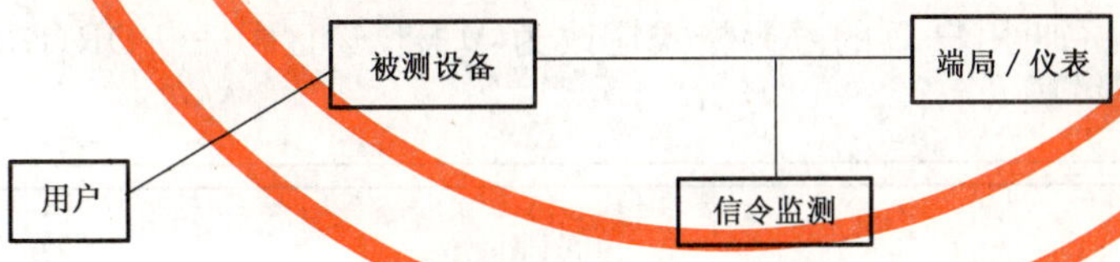<br> |
| 预置条件：<br>1. 被测设备通过中继线接入到端局，从而可以接入公共电信网，端局可由仪表仿真；<br>2. 被测设备与端局(仪表)之间链路和中继连接正常，局数据配置正常。 |
| 测试步骤：<br>1. 端局为被测设备下的用户分配一定的号段或用户号码；<br>2. 被测设备下的用户发起呼叫，在端局上或信令监测仪上查看被测设备发起的呼叫信令，检查主叫号码信息是否正确。 |
| 测试说明：<br>1. 被测设备下的用户在发起呼叫时，被测设备应该能够产生携带主叫号码；<br>2. 被测设备产生的主叫号码应属于分配的号码或号段，并且主叫号码的格式正确。 |
| 注：接入公共电信网的设备包括用户交换机设备、IP 电话网关设备等。 |

测试编号:6.2

测试参考:GB/T 29228《公用电信网设备安全技术要求　主叫用户号码信息》

测试项目:接入公共电信网设备

测试分项目:IP 电话网关传送主叫用户号码

测试目的:验证 IP 电话网关设备能够正确地传送主叫用户号码。

测试配置:

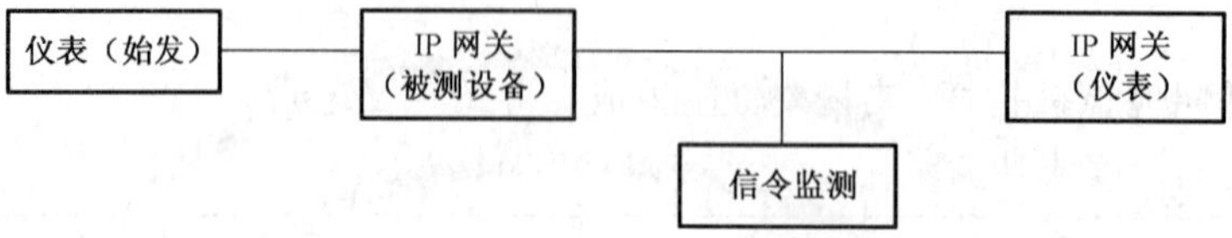


预置条件:

1. 被测设备接入到公共电信网的 IP 网关设备,从而可以接入公共电信网,该 IP 网关可由仪表仿真;
2. 被测设备与仪表之间链路和中继连接正常,局数据配置正常。

测试步骤:

1. 由仪表(始发)向被测设备发起三个呼叫,呼叫 1 的主叫号码 A 设为:PQR(S)ABCD;呼叫 2 的主叫号码 B 设为:$1XYH_0H_1H_2H_3ABCD$(移动用户);呼叫 3 的主叫号码 C 设为:0＋长途区号＋PQR(S)ABCD;
2. 查看被测设备向仪表(终接)转发的主叫用户号码信息。

测试说明:

1. 被测设备在转发呼叫时,主叫用户 A 的号码格式应改为:0＋长途区号＋ PQR(S)ABCD,地址性质为国内有效号码;
2. 被测设备在转发呼叫时,主叫用户 B 的号码格式应改为:$1XYH_0H_1H_2H_3ABCD$,地址性质国内有效号码;
3. 被测设备在转发呼叫时,主叫用户 C 的号码格式应改为:0＋长途区号＋ PQR(S)ABCD,地址性质为国内有效号码。

测试编号:6.3

测试参考:GB/T 29228《公用电信网设备安全技术要求　主叫用户号码信息》

测试项目:接入公共电信网设备

测试分项目:主叫用户号码的拦截——黑名单

测试目的:验证接入公共电信网设备具有根据主叫用户号码拦截的功能。

测试配置:

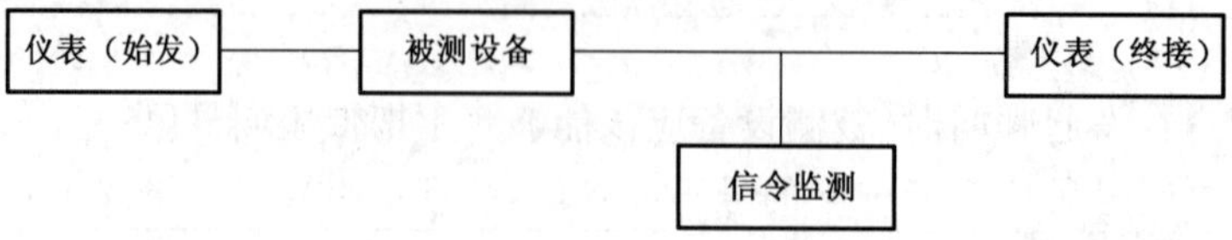

预置条件：
1. 接入公共电信网设备与仪表之间的链路和中继连接正常，局数据配置正常；
2. 被测设备配置黑名单，使用户A位于黑名单之中；
3. 用户B是一合法用户。

测试步骤：
1. 仪表(始发)分别模拟用户A和用户B发起呼叫，查看被测设备是否拦截用户A和用户B发起的呼叫；
2. 查看被测设备是否产生此次拦截的记录。

测试说明：
1. 用户A发起的呼叫应该被拦截，被测设备应生成相应的拦截记录；
2. 用户B的呼叫应该接续成功。

测试编号：6.4

测试参考：GB/T 29228《公用电信网设备安全技术要求　主叫用户号码信息》

测试项目：接入公共电信网设备

测试分项目：号码格式的转换

测试目的：验证IP电话网关设备能够完成URI的号码格式和E.164的号码格式之间的转换。

测试配置：

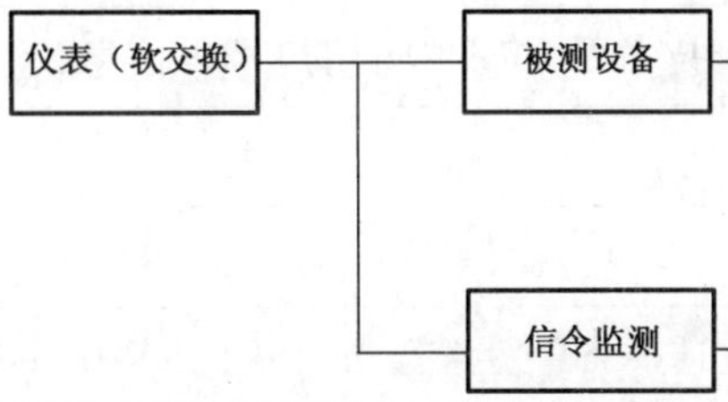


预置条件：

被测设备与仪表之间链路和中继连接正常，局数据配置正常。

测试步骤：
1. 由仪表(软交换)向仪表(PSTN)发起呼叫，其中主叫号码设成采用URI格式；
2. 查看被测设备转发的主叫用户号码信息；
3. 由仪表(PSTN)向仪表(软交换)发起呼叫，其中主叫号码为E.164格式；
4. 查看被测设备转发的主叫用户号码信息。

测试说明：
1. 在软交换到PSTN的呼叫中，被测设备能将URI格式的主叫号码转成E.164的格式；
2. 在PSTN到软交换的呼叫中，被测设备能将E.164格式的主叫号码转成URI格式。

## 7 智能网设备

测试编号：7.1

测试参考：GB/T 29228《公用电信网设备安全技术要求　主叫用户号码信息》

| |
|---|
| 测试项目:智能网设备——SSP |
| 测试分项目:固定网 SSP 在端局 |
| 测试目的:检查固定网 SSP 在端局时,检验 SSP 是否有能力在主叫号码前加上长途区号,并且发送给 SCP 的 IDP 中主叫号码的长途区号是否正确。 |
| 测试配置:<br>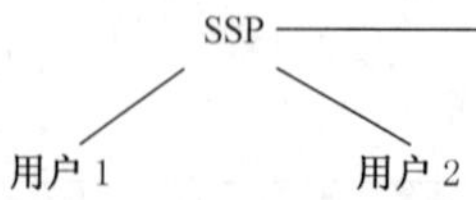<br> |
| 预置条件:<br>1. 使用智能网业务进行测试,且 SCP 可为多个本地网提供智能网服务;<br>2. 跟踪 SSP 和 SCP 之间的信息流。 |
| 测试步骤:<br>1. 用户拨智能网业务接入码;<br>2. 跟踪 SSP 和 SCP 之间的信息流。 |
| 测试说明:<br>SSP 在发送给 SCP 的 IDP 消息中的主叫号码应该正确带上区号。 |

| |
|---|
| 测试编号:7.2 |
| 测试参考:GB/T 29228《公用电信网设备安全技术要求　主叫用户号码信息》 |
| 测试项目:智能网设备——SSP |
| 测试分项目:固定网 SSP 在汇接局/长途局 |
| 测试目的:检查固定网 SSP 在汇接局/长途局时,SSP 发送给 SCP 的 IDP 中主叫号码的长途区号是否正确。 |
| 测试配置:<br>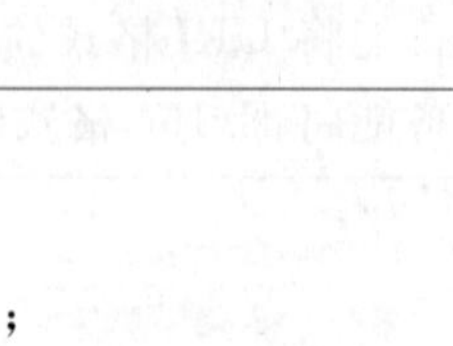<br> |
| 预置条件:<br>1. 使用智能网业务进行测试,且 SCP 可为多个本地网提供智能网服务;<br>2. 跟踪 SSP 和 SCP 之间的信息流。 |
| 测试步骤:<br>1. 用户拨智能网业务接入码;<br>2. 使 SSP 收到的主叫号码不带长途区号;<br>3. 跟踪 SSP 和 SCP 之间的信息流;<br>4. 用户拨智能网业务接入码;<br>5. 使 SSP 收到的主叫号码带有长途区号;<br>6. 跟踪 SSP 和 SCP 之间的信息流。 |

测试说明：

1. 当 SSP 收到的主叫用户号码不带长途区号时，SSP 发给 SCP 的 IDP 的主叫号码参数中会加上正确的区号；
2. 当 SSP 收到的主叫用户号码带有长途区号时，则 SSP 不会再加长途区号。

测试编号：7.3

测试参考：GB/T 29228《公用电信网设备安全技术要求　主叫用户号码信息》

测试项目：智能网设备——SCP

测试分项目：主叫用户号码的拦截

测试目的：验证 SCP 具有根据主叫用户号码拦截的功能。

测试配置：

预置条件：

被测设备 SCP 与其他网络实体之间的链路连接正常，局数据配置正常。

测试步骤：

1. SCP 根据业务的需要，按照设定的原则对主叫用户 A 进行拦截；
2. 主叫用户 A 正常发起呼叫，查看 SCP 如何处理此次呼叫。

测试说明：

1. SCP 应该发送 Release Call 操作释放用户 A 发起的呼叫；
2. 被测设备应生成相应的拦截记录。

## 8　信令设备及增值业务平台

### 8.1　信令转接点设备

测试编号：8.1.1

测试参考：GB/T 29228《公用电信网设备安全技术要求　主叫用户号码信息》

测试项目：信令转接点设备

测试分项目：主叫用户号码的传送

测试目的：验证转接点设备不会对传送的信令消息中的主叫号码进行任何处理和修改。

测试配置：

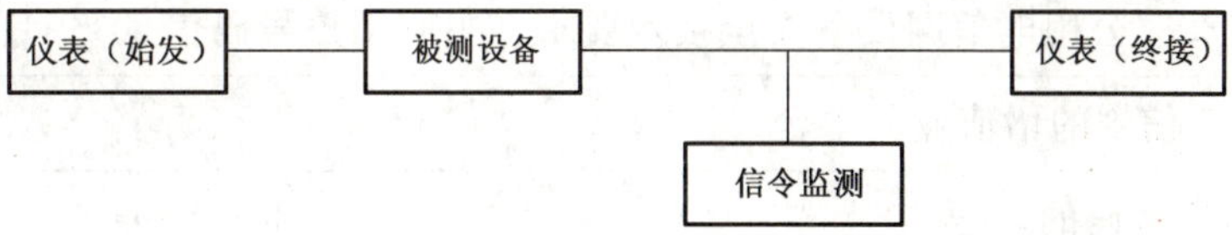

| |
|---|
| 预置条件：<br>被测设备与仪表之间链路和连接正常，局数据配置正常。 |
| 测试步骤：<br>1. 由仪表(始发)向仪表(终接)发送经过被测设备的带有主叫号码信息的 IAM 消息；<br>2. 查看被测设备向仪表(终接)转发的主叫用户号码信息；<br>3. 由仪表(始发)向仪表(终接)发送经过被测设备的带有主叫号码信息的 SCCP 消息；<br>4. 查看被测设备向仪表(终接)转发的主叫用户号码信息。 |
| 测试说明：<br>这两种情况下，被测设备都应该保持主叫号码信息不变。 |

## 8.2 信令网关设备

| |
|---|
| 测试编号：8.2.1 |
| 测试参考：GB/T 29228《公用电信网设备安全技术要求　主叫用户号码信息》 |
| 测试项目：信令网关设备 |
| 测试分项目：主叫用户号码的传送 |
| 测试目的：验证信令网关设备不会对传送的信令消息中的主叫号码进行任何处理和修改。 |
| 测试配置：<br>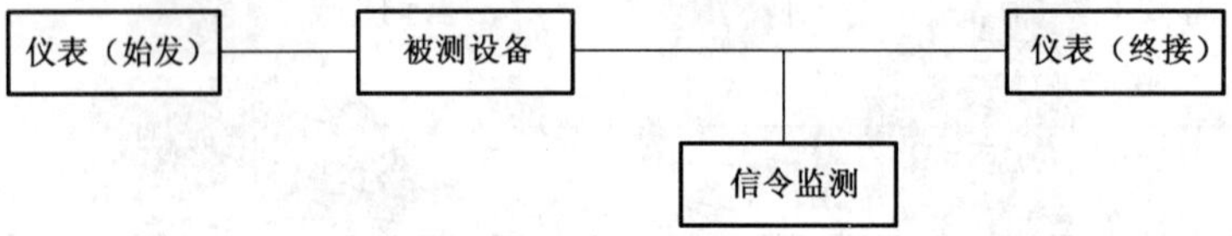<br> |
| 预置条件：<br>被测设备与仪表之间链路和连接正常，局数据配置正常。 |
| 测试步骤：<br>1. 由仪表(始发)向仪表(终接)发送经过被测设备的带有主叫号码信息的 IAM 消息；<br>2. 查看被测设备向仪表(终接)转发的主叫用户号码信息；<br>3. 由仪表(始发)向仪表(终接)发送经过被测设备的带有主叫号码信息的 SCCP 消息；<br>4. 查看被测设备向仪表(终接)转发的主叫用户号码信息。 |
| 测试说明：<br>这两种情况下，被测设备都应该保持主叫号码信息不变。 |

## 8.3 基于 No.7 信令的增值业务平台

| |
|---|
| 测试编号：8.3.1 |
| 测试参考：GB/T 29228《公用电信网设备安全技术要求　主叫用户号码信息》 |
| 测试项目：基于 No.7 信令的增值业务平台 |
| 测试分项目：主叫用户号码的传送 |

测试目的:验证基于 No.7 信令的增值业务平台能够正确地传送主叫用户号码。

测试配置:

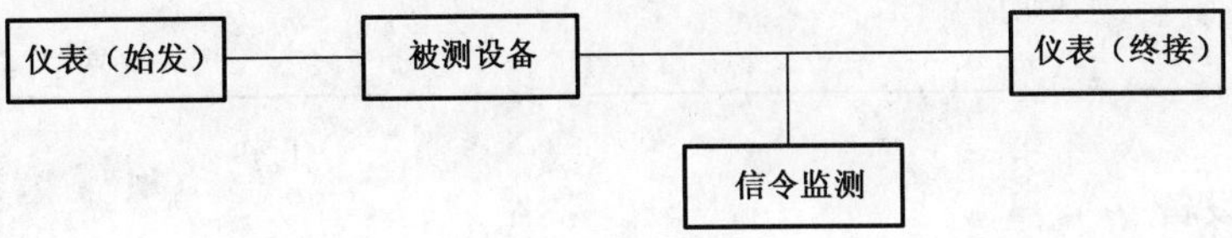


预置条件:

1. 被测设备与仪表之间链路和中继连接正常,局数据配置正常;
2. 基于 No.7 信令的增值业务平台并没有启用任何修改主叫号码参数的业务。

测试步骤:

1. 由仪表(始发)向被测设备发起呼叫,其中主叫号码设成本地号码格式;
2. 查看被测设备向仪表(终接)转发的主叫用户号码信息;
3. 由仪表(始发)向被测设备发起呼叫,其中主叫号码设成国内有效号码格式;
4. 查看被测设备向仪表(终接)转发的主叫用户号码信息。

测试说明:

这两种情况下,被测设备都应该保持主叫号码格式不变。

测试编号:8.3.2

测试参考:GB/T 29228《公用电信网设备安全技术要求　主叫用户号码信息》

测试项目:基于 No.7 信令的增值业务平台

测试分项目:主叫用户号码的拦截——黑名单

测试目的:验证基于 No.7 信令的增值业务平台具有根据主叫用户号码拦截的功能。

测试配置:

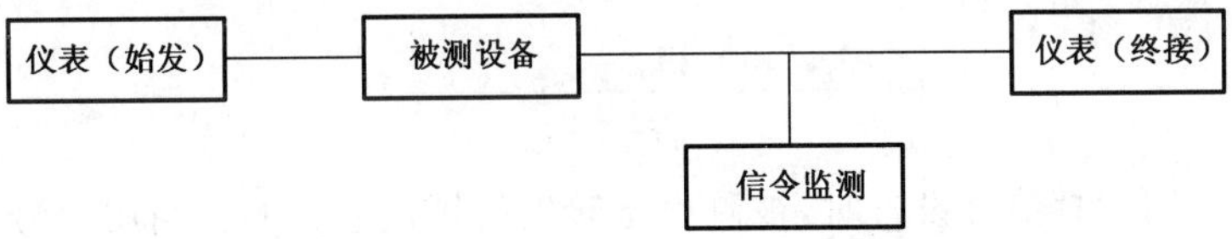


预置条件:

1. 基于 No.7 信令的增值业务平台与仪表之间的链路和中继连接正常,局数据配置正常;
2. 被测设备配置黑名单,使用户 A 位于黑名单之中;
3. 用户 B 为合法用户。

测试步骤:

1. 仪表(始发)分别模拟用户 A 和用户 B 发起呼叫,查看被测设备是否拦截用户 A 和用户 B 发起的呼叫;
2. 查看被测设备是否产生此次拦截的记录。

| |
|---|
| 测试说明：<br>1. 用户 A 发起的呼叫应该被拦截，被测设备应生成相应的拦截记录；<br>2. 用户 B 的呼叫应该接续成功。 |

## 9 短消息业务相关设备

| |
|---|
| 测试编号：9.1 |
| 测试项目：短消息设备 |
| 测试分项目：主叫号码的正确传送 |
| 测试目的：验证被测设备能够正确传送主叫用户号码 |
| 被测设备：短消息网间互联网关，短消息中心，短消息网关(SP) |
| 测试预置条件：网络连接已建立，并且状态良好。 |
| 测试结构<br>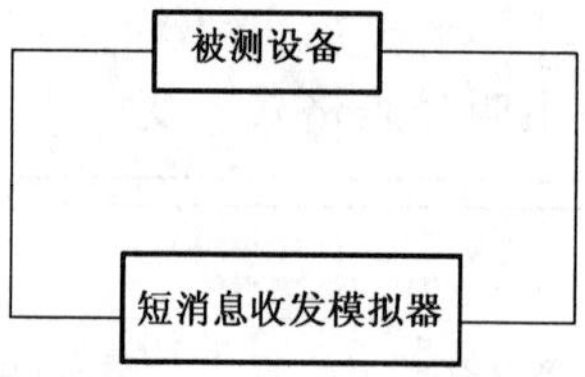<br> |
| 测试步骤：<br>1. 当被测设备为移动网中的短消息设备时，仪表模拟移动用户向被测设备发送两条短消息，其中第一条短消息的主叫号码带有“86”，第二条短消息的主叫用户号码不带“86”，查看被测设备转发的短消息中的主叫号码格式；<br>2. 当被测设备为固定网中的短消息设备时，仪表模拟固定用户向被测设备发送一条短消息，短消息中主叫号码格式设为“0”＋长途区号＋固定本地用户号码，查看被测设备转发的短消息中的主叫号码格式。 |
| 测试结果：<br>1. 当被测设备为移动网的短消息设备时，被测设备转发的短消息中的主叫用户号码的主体部分应该保持不变，且格式都为：86＋移动电话用户号码；<br>2. 当被测设备为固定网的短消息设备时，被测设备转发的短消息中的主叫用户号码格式应保持不变，即仍为：“0”＋长途区号＋固定本地用户号码。 |

| |
|---|
| 测试编号：9.2 |
| 测试项目：短消息设备 |
| 测试分项目：根据主叫号码拦截短消息 |
| 测试目的：验证被测设备能够正确传送主叫用户号码 |
| 被测设备：短消息网间互联网关，短消息中心，短消息网关(SP) |

测试预置条件：

1. 在被测设备上配置黑名单，使其对主叫号码为 a、b、c、d 的短消息进行过滤；
2. 网络连接已建立，并且状态良好。

测试结构

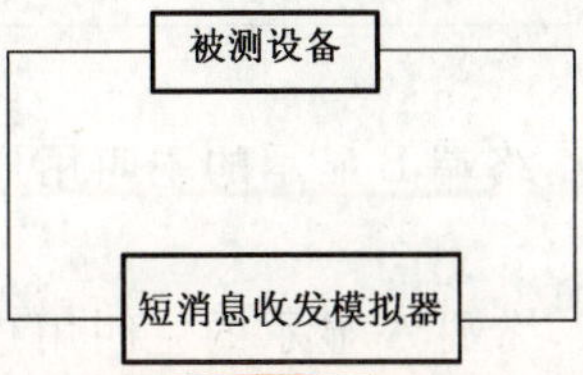


测试步骤：

1. 仪表向被测设备发送主叫号码为 a、b、c、d 的短消息各为多条；
2. 仪表向被测设备发送主叫号码非 a、b、c、d 的短消息各为多条。

测试结果：

1. 主叫号码为 a、b、c、d 的短消息不能通过被测设备；对于被拦截的短消息，应检查：给用户的提示是短消息成功提交，短消息中心按照失败的短消息处理。被叫用户无法收到这条短消息；
2. 主叫号码非 a、b、c、d 的短消息顺利通过被测设备。对于不拦截的短消息，短消息的收发成功。

## 10 多媒体消息业务相关设备

### 10.1 多媒体消息中心

测试编号：10.1.1

测试参考：GB/T 29228《公用电信网设备安全技术要求 主叫用户号码信息》

测试项目：多媒体消息中心

测试分项目：主叫用户号码的正确传送

测试目的：验证多媒体消息中心能够正确传送主叫用户号码。

测试配置：

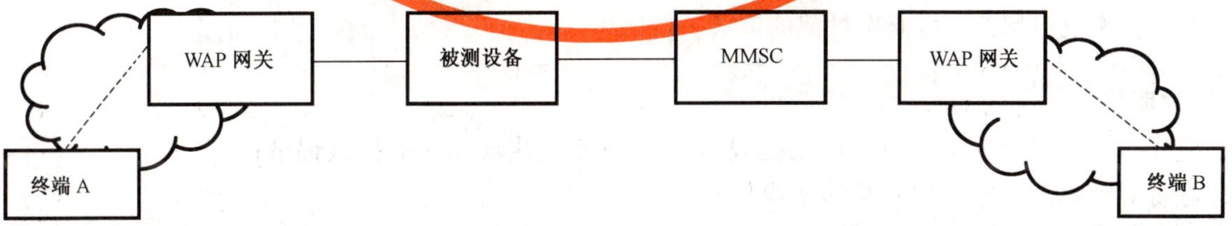


预置条件：

1. 多媒体消息的网络环境搭建完成，局数据配置正常；
2. 用户可以正常发送多媒体消息。

| |
|---|
| 测试步骤：<br>1. 终端 A 向终端 B 发送多媒体消息；<br>2. 查看终端 B 收到的多媒体消息显示的主叫用户号码；<br>3. 终端 B 向终端 A 发送多媒体消息；<br>4. 查看终端 A 收到的多媒体消息显示的主叫用户号码。 |
| 测试说明：<br>1. 终端 A 能够成功发送的多媒体消息，终端 B 显示的主叫用户号码格式应为："＋86"＋"终端 A 的用户号码"；<br>2. 终端 B 能够成功发送的多媒体消息，终端 A 显示的主叫用户号码格式应为："＋86"＋"终端 B 的用户号码"。 |

| |
|---|
| 测试编号：10.1.2 |
| 测试参考：GB/T 29228《公用电信网设备安全技术要求　主叫用户号码信息》 |
| 测试项目：多媒体消息中心 |
| 测试分项目：主叫用户号码的拦截——黑名单 |
| 测试目的：验证多媒体消息中心具有根据主叫用户号码拦截多媒体消息的功能。 |
| 测试配置：<br>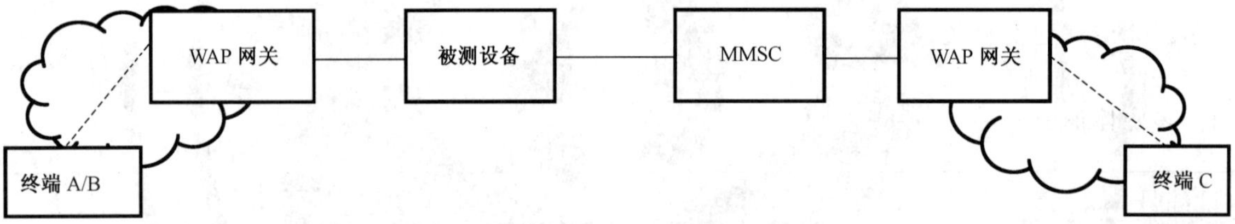<br> |
| 预置条件：<br>1. 多媒体消息的网络环境搭建完成，局数据配置正常；<br>2. 被测设备配置黑名单，使用户 A 位于黑名单之中；<br>3. 用户 B 和用户 C 为合法用户。 |
| 测试步骤：<br>1. 终端 A 和终端 B 分别向终端 C 发送多媒体消息，查看被测设备是否拦截该多媒体消息；<br>2. 查看被测设备是否产生此次拦截的记录。 |
| 测试说明：<br>1. 终端 A 发送的多媒体消息应该被拦截，且被测设备应生成相应的拦截记录；<br>2. 终端 B 能够成功向终端 C 放送多媒体消息。 |

## 10.2　多媒体消息互通网关

| |
|---|
| 测试编号：10.2.1 |
| 测试参考：GB/T 29228《公用电信网设备安全技术要求　主叫用户号码信息》 |
| 测试项目：多媒体消息互通网关 |

测试分项目:主叫用户号码的正确传送

测试目的:验证多媒体消息互通网关能够正确传送主叫用户号码。

测试配置:

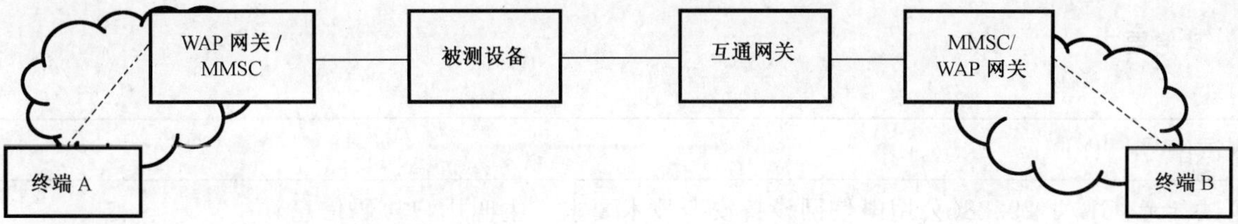


预置条件:

1. 多媒体消息的网络环境搭建完成,局数据配置正常;
2. 用户可以正常发送多媒体消息。

测试步骤:

1. 终端 A 向终端 B 发送多媒体消息;
2. 查看终端 B 收到的多媒体消息显示的主叫用户号码。

测试说明:

1. 终端 A 能够成功发送的多媒体消息;
2. 终端 B 显示的主叫用户号码格式应为:"+86"+"终端 A 的用户号码"。

测试编号:10.2.2

测试参考:GB/T 29228《公用电信网设备安全技术要求　主叫用户号码信息》

测试项目:多媒体消息互通网关

测试分项目:主叫用户号码的拦截——黑名单

测试目的:验证多媒体消息互通网关具有根据主叫用户号码拦截多媒体消息的功能。

测试配置:

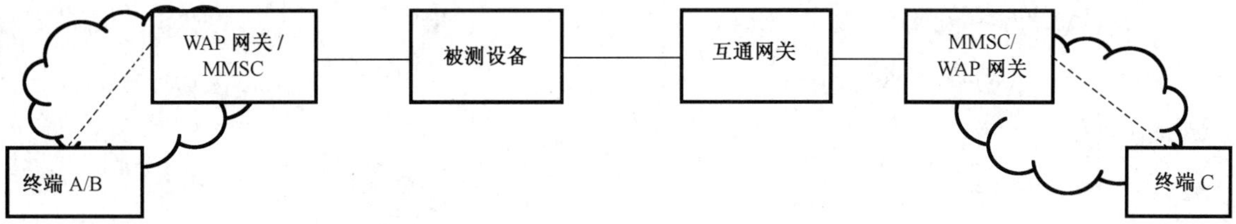


预置条件:

1. 多媒体消息的网络环境搭建完成,局数据配置正常;
2. 被测设备配置黑名单,使用户 A 位于黑名单之中;
3. 用户 B 和用户 C 为合法用户。

测试步骤:

1. 终端 A 和终端 B 分别向终端 C 发送多媒体消息,查看被测设备是否拦截该多媒体消息;
2. 查看被测设备是否产生此次拦截的记录。

| |
|---|
| 测试说明：<br>1. 终端 A 发送的多媒体消息应该被拦截，且被测设备应生成相应的拦截记录；<br>2. 终端 B 能够成功向终端 C 放送多媒体消息。 |

## 11 其他要求

| |
|---|
| 测试编号：11.1 |
| 测试参考：GB/T 29228《公用电信网设备安全技术要求　主叫用户号码信息》 |
| 测试项目：黑名单数量 |
| 测试分项目：设置主叫用户号码黑名单数量 |
| 测试目的：查看被测设备可以设置主叫用户号码黑名单的数量。 |
| 预置条件：<br>被测设备工作正常。 |
| 测试步骤：<br>1. 查看被测设备的黑名单设置功能；<br>2. 查看被测设备最大能够设置的黑名单号码数量；<br>3. 如果设备允许，可在被测设备上设置最大的黑名单数量，检查设备运行状态。 |
| 测试说明：<br>1. 被测设备可以设置大量的黑名单号码；<br>2. 记录被测设备最大的黑名单号码数量。 |

# 中华人民共和国国家标准

GB 29201—2012

# 食品安全国家标准
## 食品添加剂　氨水

2012-12-25 发布　　2013-01-25 实施

中华人民共和国卫生部　发布

# 食品安全国家标准
# 食品添加剂　氨水

## 1　范围

本标准适用于以液氨为原料生产的食品添加剂氨水。

## 2　化学名称、分子式和相对分子质量

### 2.1　化学名称

氢氧化铵

### 2.2　分子式

$NH_3 \cdot H_2O$

### 2.3　相对分子质量

35.05(按 2007 年国际相对原子质量)

## 3　技术要求

### 3.1　感官要求

应符合表 1 的规定。

表 1　感官要求

| 项目 | 要　求 | 检验方法 |
|---|---|---|
| 色泽 | 无色 | 取适量试样置于 50 mL 烧杯中，在自然光下观察色泽和状态 |
| 状态 | 透明液体 | |

### 3.2　理化指标

应符合表 2 的规定。

表 2　理化指标

| 项　　目 | | 指　标 | 检验方法 |
|---|---|---|---|
| 氨($NH_3$)含量，$w$/% | | 27.0～30.0 | 附录 A 中 A.4 |
| 铅(Pb)/(mg/kg) | ≤ | 0.5 | 附录 A 中 A.5 |
| 蒸发残渣，$w$/% | ≤ | 0.02 | 附录 A 中 A.6 |
| 易氧化物 | | 通过试验 | 附录 A 中 A.7 |

# 附 录 A
# 检 验 方 法

## A.1 警示

本标准的检验方法中使用的部分试剂具有毒性或腐蚀性，操作时应采取适当的安全和防护措施。

## A.2 一般规定

本标准所用试剂和水，在没有注明其他要求时，均指分析纯试剂和 GB/T 6682—2008 中规定的三级水。试验中所用标准滴定溶液、杂质测定用标准溶液、制剂及制品，在没有注明其他要求时，均按 GB/T 601、GB/T 602、GB/T 603 之规定制备。所用溶液在未注明用何种溶剂配制时，均指水溶液。

## A.3 鉴别试验

### A.3.1 试剂和材料

盐酸。

### A.3.2 鉴别方法

用玻璃棒蘸取盐酸，靠近试样，会有白色浓烟生成。

## A.4 氨($NH_3$)含量的测定

### A.4.1 方法提要

移取适量的试样置于硫酸溶液中，用氢氧化钠标准滴定溶液滴定过量的酸，以甲基红为指示剂判断终点。

### A.4.2 试剂和材料

**A.4.2.1** 硫酸溶液：1＋35。

**A.4.2.2** 氢氧化钠标准滴定溶液：$c(NaOH)=1$ mol/L。

**A.4.2.3** 甲基红指示液：1 g/L。

### A.4.3 分析步骤

移取 35 mL 硫酸溶液，置于 125 mL 具塞锥形瓶中，称量，精确至 0.000 2 g。冷却试样至 10 ℃以下，用 10 mL 吸量管移取，擦去吸量管外部的所有液体，弃去前面的 1 mL，移取 2 mL(管里至少留 1 mL)试样置于装有硫酸溶液的具塞锥形瓶中，摇匀，再次称量，计算得出试样的质量。向试验溶液中加入几滴甲基红指示液，用氢氧化钠标准滴定溶液滴定，至溶液由粉红色变为亮黄色即为终点。同时进行空白试验。

空白试验除不加试样外其他操作及加入试剂的种类和量(标准滴定溶液除外)与测定试验相同。

A.4.4 结果计算

氨($NH_3$)含量的质量分数 $w_1$,按式(A.1)计算:

$$w_1 = \frac{[(V_0 - V)/1\,000]c \times M}{m} \times 100\% \quad \cdots\cdots (A.1)$$

式中:

$V_0$ ——空白试验所消耗的氢氧化钠标准滴定溶液的体积的数值,单位为毫升(mL);

$V$ ——滴定试验溶液所消耗的氢氧化钠标准滴定溶液的体积的数值,单位为毫升(mL);

$c$ ——氢氧化钠标准滴定溶液浓度的准确数值,单位为摩尔每升(mol/L);

$m$ ——试样质量的数值,单位为克(g);

$M$ ——氨($NH_3$)的摩尔质量的数值,单位为克每摩尔(g/mol)($M$=17.03);

1 000 ——换算因子。

实验结果以平行测定结果的算术平均值为准。在重复性条件下获得的两次独立测定结果的绝对差值不大于0.2%。

A.5 铅(Pb)的测定

A.5.1 试剂和材料

A.5.1.1 硝酸。

A.5.1.2 硝酸溶液:1+2。

A.5.1.3 铅(Pb)标准溶液:0.010 mg/mL。

A.5.1.4 水:符合GB/T 6682—2008中二级水的规定。

A.5.2 仪器和设备

原子吸收光谱仪:配有铅空心阴极灯。

A.5.3 分析步骤

A.5.3.1 试验溶液的制备

称取50 g(约55 mL)试样,精确至0.01 g,置于瓷坩埚中,在水浴上蒸干,加入1 mL硝酸,再蒸干,用1 mL硝酸溶液及适量水溶解残渣,全部转移至100 mL容量瓶中,用水稀释至刻度,摇匀。

A.5.3.2 工作曲线的绘制

取4只100 mL容量瓶,分别移取加入0.00 mL、2.50 mL、5.00 mL、10.00 mL铅标准溶液,分别加入5 mL硝酸溶液,用水稀释至刻度,摇匀。

使用空气-乙炔火焰,于波长283.3 nm处,以水调零,测量其吸光度。以铅标准溶液的浓度(mg/mL)为横坐标,对应的吸光度为纵坐标,绘制工作曲线。

A.5.3.3 测定

用A.5.3.1制备的试验溶液直接测定,使用空气-乙炔火焰,于波长283.3 nm处,以水调零,测量其吸光度。从工作曲线上查出试验溶液中铅的浓度。

A.5.4 结果计算

铅(Pb)的质量分数 $w_2$,数值以毫克每千克(mg/kg)表示,按式(A.2)计算:

$$w_2=\frac{\rho\times 100}{m/1\ 000} \qquad \cdots\cdots(A.2)$$

式中：

$\rho$ ——从工作曲线上查得的试验溶液中铅浓度的数值，单位为毫克每毫升(mg/mL)；

$m$ ——试样的质量的数值，单位为克(g)；

100 ——容量瓶容积的数值，单位为毫升(mL)；

1 000——换算因子。

实验结果以平行测定结果的算术平均值为准。在重复性条件下获得的两次独立测定结果的绝对差值不大于 0.05 mg/kg。

## A.6 蒸发残渣的测定

### A.6.1 仪器和设备

电热恒温干燥箱：温度能控制在 105 ℃±2 ℃。

### A.6.2 分析步骤

用已于 105 ℃±2 ℃条件下干燥 1 h 的蒸发皿，称取约 10 g 试样，精确至 0.000 2 g。在水浴上蒸干后，置于电热恒温干燥箱中，在 105 ℃±2 ℃条件下干燥 1 h，取出冷却至室温，称量。

### A.6.3 结果计算

蒸发残渣的质量分数 $w_3$，按式(A.3)计算：

$$w_3=\frac{m_1-m_2}{m}\times 100\% \qquad \cdots\cdots(A.3)$$

式中：

$m_1$——蒸发后蒸发皿和残渣的质量的数值，单位为克(g)；

$m_2$——蒸发前空蒸发皿的质量的数值，单位为克(g)；

$m$ ——试样质量的数值，单位为克(g)。

实验结果以平行测定结果的算术平均值为准。在重复性条件下获得的两次独立测定结果的绝对差值不大于 0.005%。

## A.7 易氧化物的测定

### A.7.1 试剂和材料

A.7.1.1 硫酸溶液：1+17。

A.7.1.2 高锰酸钾溶液：$c(1/5KMnO_4)=0.1$ mol/L。

### A.7.2 分析步骤

移取 4 mL 试样置于已装有 6 mL 水的烧杯中，加约 20 mL 稍过量的硫酸溶液和 0.1 mL 高锰酸钾溶液，溶液所呈的粉红色 10 min 内不应消失。

中华人民共和国国家标准

GB 29202—2012

# 食品安全国家标准
## 食品添加剂　氮气

2012-12-25 发布　　2013-01-25 实施

中华人民共和国卫生部　发布

# 食品安全国家标准
## 食品添加剂　氮气

## 1　范围

本标准适用于深冷空分制氮、变压吸附制氮和膜分离制氮以及小型专用制氮机生产的食品添加剂氮气。

## 2　分子式和相对分子质量

### 2.1　分子式

$N_2$

### 2.2　相对分子质量

28.01(按 2007 年国际相对原子质量)

## 3　技术要求

### 3.1　感官要求

应符合表 1 的规定。

**表 1　感官要求**

| 项目 | 要　求 | 检验方法 |
| --- | --- | --- |
| 色泽 | 无色 | 使用透明无色软管连接气瓶减压出口，短时间启闭一下阀门，在自然光下观察管路中的色泽和状态 |
| 状态 | 气体 | |

### 3.2　理化指标

应符合表 2 的规定。

**表 2　理化指标**

| 项　　目 | | 指　标 | 检验方法 |
| --- | --- | --- | --- |
| 氮($N_2$)含量，$\varphi$/% | ≥ | 99.9 | 附录 A 中 A.3 |
| 氧($O_2$)，$\varphi$/% | ≤ | 0.1 | 附录 A 中 A.4 |
| 二氧化碳($CO_2$)，$\varphi$/% | ≤ | 0.003 | GB/T 8984.1 |
| 一氧化碳(CO)，$\varphi$/% | ≤ | 0.001 | GB/T 8984.1 |
| 水分(24 000 mL 气体)，$\varphi$/% | ≤ | 0.005 | GB/T 5832.2 |

# 附 录 A
# 检 验 方 法

## A.1 警示

本标准的检验方法中使用到高压气瓶，操作应采取适当的安全和防护措施。

## A.2 鉴别试验

小心地将点燃的小木条插入装有试验气体的试验管中，火焰熄灭。

## A.3 氮($N_2$)含量的测定

氮($N_2$)含量的体积分数 $\varphi$，按式(A.1)计算：

$$\varphi = 100\% - \varphi_1 \qquad \cdots\cdots(A.1)$$

式中：

$\varphi_1$——A.4 测定的氧的体积分数。

## A.4 氧($O_2$)的测定

### A.4.1 电化学法

#### A.4.1.1 方法提要

将试样以适当形式置于电化学反应器中，通过直接测定法或比较测定法检测并计算氧含量。

#### A.4.1.2 仪器和设备

微量氧分析仪：符合 GB/T 6285 的要求。

#### A.4.1.3 分析步骤

按照 GB/T 6285 的有关规定进行测定，具体操作按仪器说明书进行。

### A.4.2 氧化锆检测器气相色谱法

#### A.4.2.1 方法提要

采用氧化锆固体电池作为气相色谱的检测器。试样中被测组分氧经色谱柱分离后进入检测器，产生相应的色谱峰信号，然后用外标法定量。

#### A.4.2.2 仪器和设备

气相色谱仪：符合 HG/T 2686 的要求。

**A.4.2.3 分析步骤**

按照 HG/T 2686 的有关规定进行测定。

# 中华人民共和国国家标准

GB 29203—2012

# 食品安全国家标准
## 食品添加剂 碘化钾

2012-12-25 发布

2013-01-25 实施

中华人民共和国卫生部 发布

# 食品安全国家标准

# 食品添加剂　碘化钾

## 1　范围

本标准适用于以氢氧化钾与碘反应生成碘酸钾后，再经还原制得的食品添加剂碘化钾。

## 2　化学名称、分子式和相对分子质量

### 2.1　化学名称

碘化钾

### 2.2　分子式

KI

### 2.3　相对分子质量

166.0(按 2007 年国际相对原子质量)

## 3　技术要求

### 3.1　感官要求

应符合表 1 的规定。

**表 1　感官要求**

| 项目 | 要　求 | 检验方法 |
| --- | --- | --- |
| 色泽 | 无色或白色 | 取适量试样置于 50 mL 烧杯中，在自然光下观察色泽和状态 |
| 状态 | 晶体 | |

### 3.2　理化指标

应符合表 2 的规定。

**表 2　理化指标**

| 项　　目 | 指　标 | 检验方法 |
| --- | --- | --- |
| 碘化钾(KI)含量(以干基计)，$w$/% | 99.0～101.5 | 附录 A 中 A.4 |
| 干燥减量，$w$/%　　　　≤ | 1 | 附录 A 中 A.5 |
| 碘酸盐/(mg/kg)　　　　≤ | 4 | 附录 A 中 A.6 |

**表 2（续）**

| 项　　目 | 指　标 | 检验方法 |
| --- | --- | --- |
| 铅(Pb)/(mg/kg)　　　　≤ | 4 | GB 5009.12 |
| 硝酸盐、亚硝酸盐和氨 | 通过试验 | 附录 A 中 A.7 |
| 硫代硫酸盐和钡 | 通过试验 | 附录 A 中 A.8 |
| pH(10 g/L 溶液) | 6～10 | GB/T 23769 |

# 附 录 A
# 检验方法

## A.1 警示

本标准的检验方法中使用的部分试剂具有毒性或腐蚀性，操作时应采取适当的安全和防护措施。

## A.2 一般规定

本标准所用试剂和水，在没有注明其他要求时，均指分析纯试剂和 GB/T 6682—2008 中规定的三级水。本标准试验中所需标准溶液、杂质测定用标准溶液、制剂和制品，在没有注明其他要求时均按 GB/T 601、GB/T 602、GB/T 603 之规定制备。所用溶液在未注明用何种溶剂配制时，均指水溶液。

## A.3 鉴别试验

### A.3.1 试剂和材料

A.3.1.1 盐酸。

A.3.1.2 过氧化氢。

A.3.1.3 淀粉指示液：10 g/L。

### A.3.2 鉴别方法

#### A.3.2.1 钾离子的鉴别

称量 0.1 g 试样，加水溶解。用铂丝环蘸取盐酸，在火焰上燃烧至无色。再蘸取试验溶液在火焰上燃烧，在钴玻璃下观察，火焰应呈紫色。

#### A.3.2.2 碘离子的鉴别

称量 0.1 g 试样，加 20 mL 水、1 mL 盐酸、2 滴淀粉指示液和 2 滴过氧化氢，溶液应呈现蓝色。

## A.4 碘化钾（KI）含量的测定

### A.4.1 方法提要

在盐酸介质溶液中，用碘酸钾标准滴定溶液进行滴定，通过三氯甲烷层颜色的消失判断终点。

### A.4.2 试剂和材料

A.4.2.1 盐酸。

A.4.2.2 三氯甲烷。

A.4.2.3 碘酸钾标准滴定溶液：$c(1/6KIO_3)=0.3$ mol/L。

### A.4.3 分析步骤

称取约 0.5 g 按照 A.5 操作后的试样，精确至 0.000 2 g。置于 250 mL 锥形瓶中，加入 10 mL 水溶解，加入 35 mL 盐酸，摇匀。加 5 mL 三氯甲烷，用碘酸钾标准滴定溶液进行滴定(近终点时，剧烈振摇)，直至三氯甲烷层无色后静置 5 min 不再呈紫色为止，即为终点。

**A.4.4 结果计算**

碘化钾(KI)含量的质量分数 $w_1$，按式(A.1)计算：

$$w_1 = \frac{V \times c \times M}{m \times 1\,000} \times 100\% \qquad \cdots\cdots(A.1)$$

式中：

$V$ ——滴定试验溶液所消耗的碘酸钾标准滴定溶液的体积的数值，单位为毫升(mL)；

$c$ ——碘酸钾标准滴定溶液浓度的准确数值，单位为摩尔每升(mol/L)；

$m$ ——试样质量的数值，单位为克(g)；

$M$ ——碘酸钾($1/6KIO_3$)的摩尔质量的数值，单位为克每摩尔(g/mol)($M$=55.33)；

1 000——换算因子。

实验结果以平行测定结果的算术平均值为准。在重复性条件下获得的两次独立测定结果的绝对差值不大于 0.02%。

## A.5 干燥减量的测定

**A.5.1 仪器和设备**

**A.5.1.1** 称量瓶：$\phi$30 mm×25 mm。

**A.5.1.2** 电热恒温干燥箱：温度能控制在 105 ℃±2 ℃。

**A.5.2 分析步骤**

在预先于 105 ℃±2 ℃下干燥至质量恒定的称量瓶中称取约 2 g 试样，精确至 0.000 2 g，置于电热恒温干燥箱内，在 105 ℃±2 ℃下干燥 4 h，称量。

**A.5.3 结果计算**

干燥减量的质量分数 $w_2$，按式(A.2)计算：

$$w_2 = \frac{m_1 - m_2}{m} \times 100\% \qquad \cdots\cdots(A.2)$$

式中：

$m_1$——干燥前试样和称量瓶的质量的数值，单位为克(g)；

$m_2$——干燥后试样和称量瓶质量的数值，单位为克(g)；

$m$ ——试样质量的数值，单位为克(g)。

实验结果以平行测定结果的算术平均值为准。在重复性条件下获得的两次独立测定结果的绝对差值不大于 0.1%。

## A.6 碘酸盐测定

**A.6.1 试剂和材料**

**A.6.1.1** 硫酸溶液：3+97。

**A.6.1.2** 碘酸盐标准溶液：1 mL 含碘酸钾($KIO_3$)0.010 mg。称取 0.010 g 碘酸钾，置于 1 000 mL 容量瓶中，用水稀释至刻度，摇匀。贮存于棕色瓶中。

A.6.1.3　淀粉指示液:10 g/L。

A.6.1.4　无氨和无二氧化碳的水:将无氨的水倒入烧瓶中,煮沸 15 min,立即用装有钠石灰管的胶塞塞紧,冷却。

### A.6.2　分析步骤

称取 1.10 g±0.01 g 试样,溶解在 5 mL 无氨和无二氧化碳的水中,然后转移到 10 mL 比色管中,加入 2 滴淀粉指示液,加 2 滴硫酸溶液,混匀,用无氨和无二氧化碳的水稀释至刻度。其溶液的颜色不应深于标准比色液。

标准比色液是用移液管移取 0.4 mL 碘酸盐标准溶液置于 10 mL 比色管中,称取 0.10 g±0.01 g 试样,加无氨和无二氧化碳的水溶解,再加入 2 滴淀粉指示液,加 2 滴硫酸溶液,混匀,用无氨和无二氧化碳的水稀释至刻度。

## A.7　硝酸盐、亚硝酸盐和氨的测定

### A.7.1　试剂和材料

A.7.1.1　氢氧化钠溶液:40 g/L。

A.7.1.2　铝丝。

A.7.1.3　石蕊试纸。

### A.7.2　分析步骤

称取 1.00 g±0.01 g 试样,置于 50 mL 试管中,加 5 mL 水溶解,然后加 5 mL 氢氧化钠溶液,加 0.2 g 铝丝。用脱脂棉塞住试管口,在试管口上面放一条湿润的红色石蕊试纸。将试管置于沸水浴上加热 15 min,试纸不应变蓝。

## A.8　硫代硫酸盐和钡的测定

### A.8.1　试剂和材料

硫酸溶液:3+97。

### A.8.2　分析步骤

称取 0.50 g±0.01 g 试样,用 10 mL 无氨和无二氧化碳的水(同 A.6.1.4)溶解,加 2 滴硫酸溶液,1 min 内溶液不应混浊。

# 中华人民共和国国家标准

GB 29204—2012

# 食品安全国家标准
## 食品添加剂　硅胶

2012-12-25 发布　　　　2013-01-25 实施

中华人民共和国卫生部　发布

# 食品安全国家标准
# 食品添加剂　硅胶

## 1　范围

本标准适用于由硅酸钠溶液与酸反应生产的食品添加剂硅胶。

## 2　分子式和相对分子质量

### 2.1　分子式

$SiO_2$

### 2.2　相对分子质量

60.08(按2007年国际相对原子质量)

## 3　技术要求

### 3.1　感官要求

应符合表1的规定。

表1　感官要求

| 项目 | 要　求 | 检验方法 |
| --- | --- | --- |
| 色泽 | 白色 | 取适量试样置于50 mL烧杯中，在自然光下观察色泽和状态 |
| 状态 | 粉末或颗粒 | |

### 3.2　理化指标

应符合表2的规定。

表2　理化指标

| 项　　目 | | 指　标 | 检验方法 |
| --- | --- | --- | --- |
| 二氧化硅($SiO_2$)含量(灼烧后)，$w$/% | ≥ | 94.0 | 附录A中A.4 |
| 灼烧减量，$w$/% | ≤ | 70.0 | 附录A中A.5 |
| 重金属(以Pb计)/(mg/kg) | ≤ | 30 | GB/T 5009.74 |
| 砷(As)/(mg/kg) | ≤ | 3.0 | GB/T 5009.76 |
| 水溶物，$w$/% | ≤ | 5.0 | 附录A中A.6 |

# 附 录 A
# 检 验 方 法

## A.1 警示

本方法中的部分试剂具有毒性、腐蚀性,操作时应采取适当的安全和防护措施。

## A.2 一般规定

本标准所用试剂和水在没有注明其他要求时,均指分析纯试剂和 GB/T 6682—2008 中规定的三级水。试验中所用杂质测定用标准溶液、制剂及制品,在没有注明其他要求时,均按 GB/T 602、GB/T 603 之规定制备。所用溶液在未注明用何种溶剂配制时,均指水溶液。

## A.3 鉴别试验

### A.3.1 试剂和材料

**A.3.1.1** 无水碳酸钾。

**A.3.1.2** 氨水。

**A.3.1.3** 氨水溶液:1+1。

**A.3.1.4** 硝酸溶液:4+5。

**A.3.1.5** 磷酸氢二钠溶液:称取 12 g 磷酸氢二钠($Na_2HPO_4 \cdot 7H_2O$),溶于 100 mL 水中。

**A.3.1.6** 钼酸铵溶液:称取 6.5 g 钼酸铵,溶于 30 mL 氨水溶液中,冷却,搅拌下缓慢加入到 70 mL 硝酸溶液中,放置 48 h。抽滤,滤液保存于暗处。该溶液久置会变质失效,向 5 mL 该溶液中加入 2 mL 磷酸氢二钠溶液后,不立刻产生大量黄色沉淀时,即表明该溶液失效。

**A.3.1.7** 邻联甲苯胺的冰乙酸饱和溶液。

### A.3.2 鉴别方法

**A.3.2.1** 称取约 5 g 试样于铂坩埚中,加入 200 mg 无水碳酸钾混合,在红热的电炉上灼烧约 10 min,冷却,加 2 mL 水溶解,必要时加热,然后缓慢加入 2 mL 钼酸铵溶液,有深黄色产生。

**A.3.2.2** 在滤纸上滴加 1 滴 A.3.2.1 中产生的黄色硅钼酸盐溶液,水浴蒸干溶剂,然后加 1 滴邻联甲苯胺的冰乙酸饱和溶液,将试纸放在氨水上,应有蓝绿色斑出现。

## A.4 二氧化硅($SiO_2$)含量的测定

### A.4.1 方法提要

试样经 950 ℃±50 ℃灼烧 1 h 后,用过量氢氟酸加热分解二氧化硅,反应生成的氟硅酸逸出。灼烧后称量,损失的质量即为二氧化硅含量。

### A.4.2 试剂和材料

**A.4.2.1** 氢氟酸。

A.4.2.2 硫酸。

A.4.2.3 乙醇。

### A.4.3 仪器和设备

A.4.3.1 铂坩埚:30 mL。

A.4.3.2 高温炉:可控温 950 ℃±50 ℃。

### A.4.4 分析步骤

称取约 1 g 灼烧后的试样 A(A.5.2),置于已于 950 ℃±50 ℃灼烧至质量恒定的铂坩埚中,用 2 mL 乙醇润湿,加入 5~6 滴硫酸,加入 10 mL 氢氟酸淹没试样。置于电炉上蒸发至刚出现大量白色烟雾后,冷却,再加入 5 mL 氢氟酸,小心转动坩埚以冲洗内壁,再蒸发至干。于 950 ℃±50 ℃灼烧至质量恒定。

### A.4.5 结果计算

二氧化硅($SiO_2$)含量的质量分数 $w_1$,按式(A.1)计算:

$$w_1 = \frac{m_1 - m_2}{m_1 - m_0} \times 100\% \quad \cdots\cdots(A.1)$$

式中:

$m_1$——试样 A 和铂坩埚的质量的数值,单位为克(g);

$m_2$——残渣和铂坩埚的质量的数值,单位为克(g);

$m_0$——铂坩埚的质量数值,单位为克(g)。

实验结果以平行测定结果的算术平均值为准,在重复性条件下获得的两次独立测定结果的绝对差值不大于 0.2%。

## A.5 灼烧减量的测定

### A.5.1 仪器和设备

A.5.1.1 电热恒温干燥箱:可控温度 105 ℃±2 ℃。

A.5.1.2 高温炉:可控温度 950 ℃±50 ℃。

A.5.1.3 铂坩埚:30 mL。

### A.5.2 分析步骤

称取 3 g~5 g 预先于 105 ℃±2 ℃下干燥 2 h 的试样,精确至 0.000 2 g,置于已于 950 ℃±50 ℃下灼烧至质量恒定的铂坩埚中,于 950 ℃±50 ℃灼烧 30 min。取出,于干燥器中冷却,称量。保留此灼烧过的试样为试样 A,供 A.4 测定二氧化硅含量时使用。

### A.5.3 结果计算

灼烧减量的质量分数 $w_2$,按式(A.2)计算:

$$w_2 = \frac{m_1 - m_2}{m_1 - m_0} \times 100\% \quad \cdots\cdots(A.2)$$

式中:

$m_1$——试样和铂坩埚灼烧前的质量的数值,单位为克(g);

$m_2$——试样和铂坩埚灼烧后的质量的数值，单位为克(g)；

$m_0$——铂坩埚的质量的数值，单位为克(g)。

实验结果以平行测定结果的算术平均值为准，在重复性条件下获得的两次独立测定结果的绝对差值不大于 0.2%。

## A.6 水溶物的测定

### A.6.1 仪器和设备

**A.6.1.1** 电导率仪。

**A.6.1.2** 玻璃砂芯漏斗：滤板孔径 5 μm ～15 μm ，容积 100 mL。

### A.6.2 分析步骤

称取 5.00 g±0.01 g 于 105 ℃±2 ℃干燥 2 h 的试样，置于 250 mL 烧杯中，加 100 mL 水，搅拌 15 min。静置，待不溶物沉淀下来后，用玻璃砂芯漏斗进行抽滤，将滤液转入 250 mL 容量瓶中。用热水洗涤不溶物 3 次，每次约 20 mL 水，最后用约 20 mL 热水洗涤漏斗和抽滤瓶，将滤液冷却至室温，洗液合并于滤液转入容量瓶中，用水稀释至刻度，摇匀。用电导率仪测定试验溶液的比电阻，试验溶液比电阻不应小于相应的参比溶液的比电阻。参比溶液为每 250 mL 水中含 250 mg 无水硫酸钠。

GB

# 中华人民共和国国家标准

GB 29205—2012

# 食品安全国家标准

## 食品添加剂　硫酸

2012-12-25 发布　　2013-01-25 实施

中华人民共和国卫生部　发布

# 食品安全国家标准
# 食品添加剂　硫酸

## 1　范围

本标准适用于接触法硫酸精制后生产的食品添加剂硫酸。

## 2　分子式和相对分子质量

### 2.1　分子式

$H_2SO_4$

### 2.2　相对分子质量

98.08(按2007年国际相对原子质量)

## 3　技术要求

### 3.1　感官要求

应符合表1的规定。

表1　感官要求

| 项目 | 要　求 | 检验方法 |
|---|---|---|
| 色泽 | 白色或浅褐色 | 取适量试样置于50 mL烧杯中,在自然光下观察色泽和状态 |
| 状态 | 清亮、油状液体 | |

### 3.2　理化指标

应符合表2的规定。

表2　理化指标

| 项　　目 | | 指标 | | 检验方法 |
|---|---|---|---|---|
| | | 92酸 | 98酸 | |
| 硫酸($H_2SO_4$)含量,$w$/% | ≥ | 92.5 | 98.0 | 附录A中A.4 |
| 硝酸盐(以$NO_3$计),$w$/% | ≤ | 0.001 | | 附录A中A.5 |
| 还原性物质 | | 通过试验 | | 附录A中A.6 |
| 氯化物(以Cl计),$w$/% | ≤ | 0.005 | | 附录A中A.7 |

表 2（续）

| 项　　目 | | 指标 | | 检验方法 |
|---|---|---|---|---|
| | | 92 酸 | 98 酸 | |
| 铁(Fe)，w/% | ≤ | 0.020 | | 附录 A 中 A.8 |
| 硒(Se)/(mg/kg) | ≤ | 20 | | GB 5009.93 |
| 铅(Pb)/(mg/kg) | ≤ | 5 | | GB 5009.12 |
| 砷(As)/(mg/kg) | ≤ | 3 | | GB/T 5009.76 |

# 附 录 A
# 检 验 方 法

## A.1 警示

本标准的试样具有强腐蚀性，检验方法中使用的部分试剂具有毒性或腐蚀性，操作时应采取适当的安全和防护措施。

## A.2 一般规定

本标准所用试剂和水在没有注明其他要求时，均指分析纯试剂和 GB/T 6682—2008 中规定的三级水。试验中所用标准滴定溶液、杂质测定用标准溶液、制剂及制品，在没有注明其他要求时，均按 GB/T 601、GB/T 602、GB/T 603 之规定制备。所用溶液在未注明用何种溶剂配制时，均指水溶液。

## A.3 鉴别试验

### A.3.1 试剂和材料

**A.3.1.1** 氯化钡溶液：100 g/L。

**A.3.1.2** 盐酸溶液：1+1。

**A.3.1.3** 乙酸铅溶液：80 g/L。

**A.3.1.4** 乙酸铵溶液：100 g/L。

### A.3.2 鉴别方法

**A.3.2.1** 取约 1 g 试样，溶于 20 mL 水，加入氯化钡溶液，即产生白色沉淀，此白色沉淀不溶于盐酸溶液。

**A.3.2.2** 取约 1 g 试样，溶于 20 mL 水，加入乙酸铅溶液，即产生白色沉淀，此白色沉淀溶于乙酸铵溶液。

**A.3.2.3** 取约 1 g 试样，溶于 20 mL 水，加入盐酸不产生沉淀。

## A.4 硫酸($H_2SO_4$)含量的测定

### A.4.1 方法提要

用氢氧化钠标准滴定溶液滴定试样溶液，根据氢氧化钠标准滴定溶液的消耗量，确定硫酸的含量。

### A.4.2 试剂

**A.4.2.1** 氢氧化钠标准滴定溶液：$c(NaOH)=1$ mol/L。

**A.4.2.2** 甲基红指示液：1 g/L。

### A.4.3 分析步骤

移取约 1 mL 试样，置于已知质量的具塞小锥形瓶中，准确称其质量，精确至 0.000 2 g，小心加入 30 mL 水，冷却后滴入 2 滴甲基橙指示液，用氢氧化钠标准滴定溶液滴定至黄色。

同时作空白试验。空白试验除不加试样外，其他操作及加入试剂的种类和量(标准滴定溶液除外)与测定试验相同。

### A.4.4 结果计算

硫酸($H_2SO_4$)含量的质量分数 $w_1$，按式(A.1)计算：

$$w_1=\frac{[(V-V_0)/1\,000]cM}{m}\times 100\% \quad \cdots\cdots(A.1)$$

式中：

$V$ ——滴定试样溶液所消耗的氢氧化钠标准滴定溶液体积的数值，单位为毫升(mL)；

$V_0$ ——滴定空白试样溶液所消耗的氢氧化钠标准滴定溶液体积的数值，单位为毫升(mL)；

$c$ ——氢氧化钠标准滴定溶液浓度的准确数值，单位为摩尔每升(mol/L)；

$m$ ——试样的质量的数值，单位为克(g)；

1 000——换算因子；

$M$ ——硫酸($1/2\ H_2SO_4$)摩尔质量的数值，单位为克每摩尔(g/mol)($M$=49.04)。

实验结果以平行测定结果的算术平均值为准，在重复性条件下获得的两次独立测定结果的绝对差值不大于0.2%。

## A.5 硝酸盐(以 $NO_3$ 计)的测定

### A.5.1 试剂和材料

**A.5.1.1** 硫酸。

**A.5.1.2** 硝酸盐($NO_3$)标准溶液：0.100 mg/mL。

称取8.022 g已于105 ℃±2 ℃干燥1 h的硝酸钾，置于500 mL容量瓶中，用水溶解并稀释至刻度，摇匀。移取5 mL该溶液，将滴管插入400 mL硫酸液面以下，缓慢滴入，冷却至室温。转移至500 mL容量瓶，用硫酸稀释至刻度。

**A.5.1.3** 硫酸亚铁($FeSO_4\cdot 7H_2O$)溶液：100 g/L，即配即用。

### A.5.2 分析步骤

分别于两支(A、B)100 mL比色管中移入50 mL硫酸，缓慢加入5 mL硫酸亚铁溶液，用玻璃棒搅拌均匀，用冰浴冷却至10 ℃～15 ℃。A比色管中加入10 mL试样，冷却至室温，用硫酸稀释至100 mL刻度。B比色管中边滴加0.1 mL硝酸盐标准溶液边混匀，用硫酸稀释至刻度。在白色发光背景下自上而下的观察A比色管中溶液的颜色与B比色管所呈颜色。A比色管所呈颜色不应深于B比色管所呈颜色。

## A.6 还原性物质的测定

称量8.00 g±0.01 g试样，置于100 mL烧杯中，用50 mL冰水稀释，冷却，滴加0.10 mL高锰酸钾溶液[$c(1/5KMnO_4)$=0.1 mol/L]，溶液所呈粉红色能保持5 min。

## A.7 氯化物(以 Cl 计)的测定

### A.7.1 试剂和材料

**A.7.1.1** 95%乙醇。

A.7.1.2 硝酸溶液:1+2。

A.7.1.3 硝酸银溶液:17 g/L。

A.7.1.4 氯化物(Cl)标准溶液:0.010 mg/mL。

## A.7.2 分析步骤

称取 1.00 g±0.01 g 试样,置于 50 mL 烧杯中,加入适量的水使之溶解,全部转移至 100 mL 容量瓶中,用水稀释至刻度,摇匀。用移液管移取 10 mL 上述试样溶液,置于 50 mL 比色管中,加入 4 mL 硝酸溶液和 2 mL 硝酸银溶液,用水稀释至刻度,轻轻摇匀。静置 10 min 后,于黑背景下自上而下的观察与标准比浊溶液比对,所产生的浊度不应深于标准比浊溶液。

标准比浊溶液是移取 5.00 mL 氯化物标准溶液,与试样同时同样处理。

## A.8 铁(Fe)的测定

## A.8.1 试剂和材料

A.8.1.1 盐酸溶液:1+3。

A.8.1.2 其他试剂和材料同 GB/T 3049—2006 第 4 章。

## A.8.2 仪器和设备

分光光度计:配有 4 cm 比色皿。

## A.8.3 分析步骤

### A.8.3.1 工作曲线的绘制

按 GB/T 3049—2006 中 6.3 的规定,使用 4 cm 比色皿,绘制铁含量为 10 μg~100 μg 工作曲线。

### A.8.3.2 测定

称取约 0.5 g 试样,精确至 0.01 g,置于 150 mL 烧杯中,在砂浴或可控温电炉上加热近干。以下按 GB/T 3049—2006 中 6.4 规定从"必要时,加水至 60 mL……"开始进行操作。同时同样处理空白试样溶液。从工作曲线上查出相应的铁的质量。

## A.8.4 结果计算

铁(Fe)的质量分数 $w_2$,按式(A.2)计算:

$$w_2 = \frac{(m_1 - m_0)/1\,000}{m} \times 100\% \qquad \cdots\cdots (A.2)$$

式中:

$m_1$ ——从工作曲线上查出的试样溶液中铁的质量的数值,单位为毫克(mg);

$m_0$ ——从工作曲线上查出的空白试样溶液中铁的质量的数值,单位为毫克(mg);

$m$ ——试样质量的数值,单位为克(g);

1 000 ——换算因子。

实验结果以平行测定结果的算术平均值为准,在重复性条件下获得的两次独立测定结果的绝对差值不大于 0.000 5%。

# 中华人民共和国国家标准

GB 29206—2012

# 食品安全国家标准
## 食品添加剂　硫酸铵

2012-12-25 发布　　2013-01-25 实施

中华人民共和国卫生部　发布

# 食品安全国家标准
# 食品添加剂　硫酸铵

## 1　范围

本标准适用于以硫酸和碳酸氢铵或氨水为原料经中和反应制得的食品添加剂硫酸铵。

## 2　化学名称、分子式和相对分子质量

### 2.1　化学名称

硫酸铵

### 2.2　分子式

$(NH_4)_2SO_4$

### 2.3　相对分子质量

132.14(按2007年国际相对原子质量)

## 3　技术要求

### 3.1　感官要求

应符合表1的规定。

表1　感官要求

| 项目 | 要　求 | 检验方法 |
|---|---|---|
| 色泽 | 无色或白色 | 取适量试样置于50 mL烧杯中,在自然光下观察色泽和状态 |
| 状态 | 晶体或小颗粒 | |

### 3.2　理化指标

应符合表2的规定。

表2　理化指标

| 项　　目 | | 指　标 | 检验方法 |
|---|---|---|---|
| 硫酸铵[$(NH_4)_2SO_4$]含量,$w$/% | | 99.0～100.5 | 附录A中A.4 |
| 灼烧残渣,$w$/% | ≤ | 0.25 | 附录A中A.5 |
| 硒(Se)/(mg/kg) | ≤ | 30 | 附录A中A.6 |

表 2（续）

| 项　　目 | 指　标 | 检验方法 |
| --- | --- | --- |
| 铅(Pb)/(mg/kg)　　　　≤ | 3 | 附录 A 中 A.7 |
| 砷(As)/(mg/kg)　　　　≤ | 3 | GB/T 5009.76 |

# 附 录 A
# 检 验 方 法

## A.1 警示

本标准的检验方法中使用的部分试剂具有毒性或腐蚀性,操作时应采取适当的安全和防护措施。

## A.2 一般规定

本标准所用试剂和水在没有注明其他要求时,均指分析纯试剂和GB/T 6682—2008中规定的三级水。试验中所用标准滴定溶液、杂质测定用标准溶液、制剂及制品,在没有注明其他要求时,均按GB/T 601、GB/T 602、GB/T 603的规定制备。所用溶液在未注明用何种溶剂配制时,均指水溶液。

## A.3 鉴别试验

### A.3.1 试剂和材料

**A.3.1.1** 氯化钡溶液:100 g/L。

**A.3.1.2** 盐酸溶液:1+1。

**A.3.1.3** 乙酸铅溶液:80 g/L。

**A.3.1.4** 乙酸铵溶液:100 g/L。

**A.3.1.5** 氢氧化钠溶液:40 g/L。

**A.3.1.6** 氯化钡溶液:100 g/L。

### A.3.2 鉴别方法

**A.3.2.1 铵离子鉴别**

在试样中加入氢氧化钠溶液,释放出的氨气,可使湿润石蕊试纸变蓝。加热可促进试样分解。

**A.3.2.2 硫酸根离子鉴别**

**A.3.2.2.1** 取约1 g试样,溶于20 mL水,加入氯化钡溶液,即产生白色沉淀,此白色沉淀不溶于盐酸溶液。

**A.3.2.2.2** 取约1 g试样,溶于20 mL水,加入乙酸铅溶液,即产生白色沉淀,此白色沉淀溶于乙酸铵溶液。

**A.3.2.2.3** 取约1 g试样,溶于20 mL水,加入盐酸溶液不产生沉淀。

## A.4 硫酸铵[$(NH_4)_2SO_4$]含量的测定

### A.4.1 方法提要

在中性溶液中,铵盐与甲醛作用生成相当于铵盐含量的酸,以酚酞为指示剂,用氢氧化钠标准滴定溶液滴定。

### A.4.2 试剂和材料

A.4.2.1 甲醛溶液：1+1。将 200 mL 甲醛加入 200 mL 水中，混匀，加入 2 滴酚酞指示液，滴加氢氧化钠溶液(1 mol/L)至溶液呈微粉红色。

A.4.2.2 氢氧化钠标准滴定溶液：$c(NaOH)=1$ mol/L。

A.4.2.3 酚酞指示液：10 g/L。

### A.4.3 分析步骤

称取约 2 g 试样，精确至 0.000 2 g，置于 250 mL 锥形瓶中，加入 100 mL 水溶解试样，加入 40 mL 甲醛溶液，混匀，放置 30 min，加入 2 滴酚酞指示液，用氢氧化钠标准滴定溶液滴定至粉红色，并保持 5 min 不褪色。

同时做空白试验，除不加试样外，其他加入的试剂量与试样溶液的完全相同，并与试样同时同样处理。

### A.4.4 结果计算

硫酸铵[$(NH_4)_2SO_4$]含量的质量分数 $w_1$，按式(A.1)计算：

$$w_1=\frac{c(V-V_0)M/1\,000}{m}\times 100\% \qquad \cdots\cdots(\text{A.1})$$

式中：

$c$ ——氢氧化钠标准滴定溶液浓度的准确数值，单位为摩尔每升(mol/L)；

$V$ ——滴定试样溶液所消耗氢氧化钠标准滴定溶液体积的数值，单位为毫升(mL)；

$V_0$ ——滴定空白试样溶液消耗氢氧化钠标准滴定溶液体积的数值，单位为毫升(mL)；

$m$ ——试样的质量的数值，单位为克(g)；

$M$ ——硫酸铵[$1/2(NH_4)_2SO_4$]摩尔质量的数值，单位为克每摩尔(g/mol)($M=66.07$)；

1 000—— 换算因子。

实验结果以平行测定结果的算术平均值为准。在重复性条件下获得的两次独立测定结果的绝对差值不大于 0.3%。

## A.5 灼烧残渣的测定

### A.5.1 试剂和材料

硫酸溶液：1+33。

### A.5.2 仪器和设备

A.5.2.1 瓷坩埚：50 mL。

A.5.2.2 高温炉：温度可控制在 800 ℃±25 ℃。

### A.5.3 分析步骤

称取约 1 g 试样，精确至 0.000 2 g。置于预先于 800 ℃±25 ℃灼烧至质量恒定的瓷坩埚中，滴加硫酸溶液使试样润湿，于电炉上慢慢加热，直到所有试样挥发，冷却。加入 0.1 mL 硫酸溶液润湿残渣，继续加热至硫酸蒸气逸尽。置于 800 ℃±25 ℃高温炉中灼烧至质量恒定。

A.5.4　结果计算

灼烧残渣含量的质量分数 $w_2$，按式(A.2)计算：

$$w_2 = \frac{m_1 - m_2}{m} \times 100\% \qquad \cdots\cdots\cdots\cdots\cdots\cdots\cdots\cdots\cdots\cdots (A.2)$$

式中：

$m_1$——瓷坩埚和残渣的质量的数值，单位为克(g)；

$m_2$——瓷坩埚的质量的数值，单位为克(g)；

$m$ —— 试样的质量的数值，单位为克(g)。

实验结果以平行测定结果的算术平均值为准。在重复性条件下获得的两次独立测定结果的绝对差值不大于0.03%。

A.6　硒(Se)的测定

A.6.1　试剂和材料

A.6.1.1　环已烷。

A.6.1.2　盐酸羟胺。

A.6.1.3　盐酸溶液：1+2。

A.6.1.4　氨水溶液：1+2。

A.6.1.5　硒(Se)标准溶液：0.001 mg/mL。

A.6.1.6　2,3-二氨基萘溶液：称取0.100 g 2,3-二氨基萘和0.500 g盐酸羟胺，溶解在100 mL 0.1 mol/L盐酸溶液中。

A.6.1.7　精密pH试纸：0.5～5.0。

A.6.2　仪器和设备

A.6.2.1　分液漏斗：125 mL。

A.6.2.2　分光光度计：配有1 cm光程的比色皿。

A.6.3　分析步骤

A.6.3.1　试样溶液的制备

称取0.20 g±0.01 g试样，置于150 mL烧杯中，加25 mL盐酸溶液溶解试样。加入5 mL氨水溶液，然后用氨水溶液调节溶液的pH为1.8～2.2(用精密pH试纸检查)，用水稀释至约60 mL，转移至分液漏斗中，在烧杯中加10 mL水，0.2 g盐酸羟胺，搅拌至溶解，转移至分液漏斗中。立刻加5.0 mL 2,3-二氨基萘溶液。塞上塞子，摇匀，在室温放置100 min。加5.0 mL环已烷，用力振摇2 min，静置分层，弃去水相，保留萃取液。

A.6.3.2　标准溶液的制备

用移液管移取6 mL硒标准溶液，置于150 mL烧杯中，加入25 mL盐酸溶液。以下操作同A.6.3.1中“加入5 mL氨水溶液……保留萃取液”。

A.6.3.3　测定

于380 nm处使用1 cm比色皿测定萃取液的吸光值，试样溶液的吸光值不应大于标准溶液的吸光值。

## A.7 铅(Pb)的测定

### A.7.1 试剂和材料

A.7.1.1 盐酸。
A.7.1.2 硝酸。
A.7.1.3 三氯甲烷。
A.7.1.4 氢氧化钠溶液:250 g/L。
A.7.1.5 吡咯烷二硫代氨基甲酸铵(APDC)溶液:20 g/L。使用前过滤。
A.7.1.6 铅(Pb)标准溶液:0.005 mg/mL。
A.7.1.7 精密 pH 试纸:0.5～5.0。
A.7.1.8 水:符合 GB/T 6682—2008 中二级水的规定。

### A.7.2 仪器和设备

A.7.2.1 分液漏斗:250 mL。
A.7.2.2 原子吸收分光光度计(配有铅空心阴极灯)。

### A.7.3 分析步骤

#### A.7.3.1 玻璃仪器的清洗

所用玻璃仪器:均以硝酸溶液(1+2)浸泡过夜,用自来水反复冲洗,最后用水冲洗干净。

#### A.7.3.2 试样溶液的制备

称取 5.00 g±0.01 g 试样,置于 150 mL 烧杯中,加 30 mL 水溶解,加入 1 mL 盐酸。加热煮沸几分钟,冷却,稀释至 100 mL,用氢氧化钠溶液调整溶液 pH 为 1.0～1.5。将此溶液转移至 250 mL 分液漏斗中,用水稀释至约 200 mL。加 2 mL 吡咯烷二硫代氨基甲酸铵(APDC)溶液,混合。分别用 20 mL 三氯甲烷萃取两次,收集三氯甲烷层于 50 mL 烧杯中,蒸汽浴蒸发至干(此操作必须在通风橱中进行),于残渣中加入 3 mL 硝酸,继续于汽浴蒸发至近干。加入 0.5 mL 硝酸和 10 mL 水,加热至溶液体积约为 3 mL～5 mL。转移至 10 mL 容量瓶,用水稀释至刻度,摇匀。

#### A.7.3.3 标准溶液的制备

移取 3.00 mL 铅标准溶液置于 150 mL 烧杯中,加入 30 mL 水,以下操作同 A.7.3.2 中“加入 1 mL 盐酸……转移至 10 mL 容量瓶,用水稀释至刻度,摇匀”。

#### A.7.3.4 测定

使用空气-乙炔火焰,于 283.3 nm 波长处,以水调零,测定吸光值,试样溶液吸光值不应高于标准溶液吸光值。

中华人民共和国国家标准

GB 29207—2012

# 食品安全国家标准
# 食品添加剂 硫酸镁

2012-12-25 发布　　2013-01-25 实施

中华人民共和国卫生部 发布

# 食品安全国家标准

# 食品添加剂　硫酸镁

## 1　范围

本标准适用于以天然碳酸镁(菱镁矿)和硫酸、硫镁钒及海水为原料生产的食品添加剂硫酸镁。

## 2　化学名称、分子式和相对分子质量

### 2.1　化学名称

无水硫酸镁
一水合硫酸镁
三水合硫酸镁
七水合硫酸镁
硫酸镁干燥品

### 2.2　分子式

无水硫酸镁:$MgSO_4$
一水合硫酸镁:$MgSO_4 \cdot H_2O$
三水合硫酸镁:$MgSO_4 \cdot 3H_2O$
七水合硫酸镁:$MgSO_4 \cdot 7H_2O$
硫酸镁干燥品:$MgSO_4 \cdot nH_2O$($n$ 是水合作用的平均值,在 2～3 之间)

### 2.3　相对分子质量

无水硫酸镁:120.37(按 2007 年国际相对原子质量)
一水合硫酸镁:138.38(按 2007 年国际相对原子质量)
三水合硫酸镁:174.41(按 2007 年国际相对原子质量)
七水合硫酸镁:246.47(按 2007 年国际相对原子质量)

## 3　技术要求

### 3.1　感官要求

应符合表 1 的规定。

**表 1　感官要求**

| 项目 | 要　求 | 检验方法 |
|---|---|---|
| 色泽 | 无色或白色 | 取适量试样置于 50 mL 烧杯中,在自然光下观察色泽和状态 |
| 状态 | 晶体或粉末 | |

## 3.2 理化指标

应符合表 2 的规定。

表 2 理化指标

| 项目 | | | 指标 | 检验方法 |
|---|---|---|---|---|
| 硫酸镁($MgSO_4$)含量(灼烧后),$w$/% | | ≥ | 99.0 | 附录 A 中 A.4 |
| 重金属(以 Pb 计)/(mg/kg) | | ≤ | 10 | GB/T 5009.74 |
| 铅(Pb)/(mg/kg) | | ≤ | 2 | 附录 A 中 A.5 |
| 硒(Se)/(mg/kg) | | ≤ | 30 | 附录 A 中 A.6 |
| pH(50 g/L 溶液) | | | 5.5～7.5 | GB/T 23769 |
| 氯化物(以 Cl 计),$w$/% | | ≤ | 0.03 | 附录 A 中 A.7 |
| 砷(As)/(mg/kg) | | ≤ | 3 | GB/T 5009.76 |
| 铁(Fe)/(mg/kg) | | ≤ | 20 | 附录 A 中 A.8 |
| 灼烧减量,$w$/% | 无水硫酸镁 | ≤ | 2 | 附录 A 中 A.9 |
| | 一水合硫酸镁 | | 13.0～16.0 | |
| | 三水合硫酸镁 | | 29.0～33.0 | |
| | 七水合硫酸镁 | | 40.0～52.0 | |
| | 硫酸镁干燥品 | | 22.0～32.0 | |

# 附 录 A
# 检 验 方 法

## A.1 警示

本标准的检验方法中使用的部分试剂具有毒性或腐蚀性，操作时应采取适当的安全和防护措施。

## A.2 一般规定

本标准所用试剂和水，在没有注明其他要求时，均指分析纯试剂和 GB/T 6682—2008 规定的三级水。试验中所需标准滴定溶液、杂质测定用标准溶液、制剂和制品，在没有注明其他要求时均按 GB/T 601、GB/T 602、GB/T 603 之规定制备。所用溶液在未注明用何种溶剂配制时，均指水溶液。

## A.3 鉴别试验

### A.3.1 试剂和材料

A.3.1.1 氯化铵溶液：200 g/L。
A.3.1.2 碳酸铵溶液：200 g/L。
A.3.1.3 磷酸钠溶液：60 g/L。
A.3.1.4 氨水溶液：2+3。
A.3.1.5 氯化钡溶液：100 g/L。
A.3.1.6 盐酸溶液：1+1。
A.3.1.7 乙酸铅溶液：80 g/L。
A.3.1.8 乙酸铵溶液：100 g/L。

### A.3.2 鉴别方法

#### A.3.2.1 镁离子鉴别

取约 0.5 g 试样，溶于 10 mL 水，加 5 mL 氯化铵溶液、5 mL 碳酸铵溶液，搅拌，不产生沉淀，再加入 5 mL 磷酸钠溶液，产生白色结晶沉淀，加入 10 mL 氨水溶液白色结晶沉淀不溶解。

#### A.3.2.2 硫酸根离子鉴别

A.3.2.2.1 取约 0.5 g 试样，溶于 10 mL 水，加入氯化钡溶液，即产生白色沉淀，此白色沉淀不溶于盐酸溶液。
A.3.2.2.2 取约 0.5 g 试样，溶于 10 mL 水，加入乙酸铅溶液，即产生白色沉淀，此白色沉淀溶于乙酸铵溶液。
A.3.2.2.3 取约 0.5 g 试样，溶于 10 mL 水，加入盐酸不产生沉淀。

## A.4 硫酸镁($MgSO_4$)含量的测定

### A.4.1 方法提要

在试样溶液中加入 pH≈10 的氨-氯化铵缓冲溶液甲，以铬黑 T 为指示剂，用乙二胺四乙酸二钠

(EDTA)标准滴定溶液滴定镁含量。

### A.4.2 试剂和材料

A.4.2.1 氨-氯化铵缓冲溶液甲：pH≈10。

A.4.2.2 乙二胺四乙酸二钠标准滴定溶液：$c$(EDTA)=0.05 mol/L。

A.4.2.3 铬黑 T 指示剂。

### A.4.3 分析步骤

称取约 1.5 g 按照 A.9 灼烧后的试样，精确至 0.000 2 g，置于 200 mL 烧杯中，加入 25 mL 水溶解，然后转移至 250 mL 容量瓶中，用水稀释至刻度，摇匀。用移液管移取 25 mL 试样溶液，置于 250 mL 锥形瓶中，加 25 mL 水，加入 10 mL 氨-氯化铵缓冲溶液甲，少量铬黑 T 指示剂，用乙二胺四乙酸二钠标准滴定溶液滴定至溶液由紫红色变为纯蓝色为终点。

同时同样做空白试验，空白试样溶液除不加试样外，其他加入试剂的种类和量(标准滴定溶液除外)与试样溶液相同。

### A.4.4 结果计算

硫酸镁($MgSO_4$)含量的质量分数 $w_1$，按式(A.1)计算：

$$w_1=\frac{(V_1-V_0)\times c\times M/1\,000}{m\times 25/250}\times 100\% \qquad \cdots\cdots(\text{A.1})$$

式中：

$V_1$ ——滴定试样溶液消耗乙二胺四乙酸二钠(EDTA)标准滴定溶液的体积的数值，单位为毫升(mL)；

$V_0$ ——滴定空白试样溶液所消耗的乙二胺四乙酸二钠标准滴定溶液体积的数值，单位为毫升(mL)；

$c$ ——乙二胺四乙酸二钠(EDTA)标准滴定溶液的浓度的准确数值，单位为摩尔每升(mol/L)；

$m$ ——试样的质量的数值，单位为克(g)；

$M$ ——硫酸镁($MgSO_4$)的摩尔质量的数值，单位为克每摩尔(g/mol)($M$=120.37)；

25 ——移取试样溶液体积的数值，单位为毫升(mL)；

250 ——容量瓶的容积的数值，单位为毫升(mL)；

1 000 ——换算因子。

实验结果以平行测定结果的算术平均值为准。在重复性条件下获得的两次独立测定结果的绝对差值不大于 0.2%。

## A.5 铅(Pb)的测定

### A.5.1 试剂和材料

A.5.1.1 三氯甲烷。

A.5.1.2 盐酸。

A.5.1.3 硝酸。

A.5.1.4 氢氧化钠溶液：250 g/L。

A.5.1.5 吡咯烷二硫代甲酸铵(APDC)溶液：20 g/L。使用前过滤。

A.5.1.6 铅(Pb)标准溶液：0.005 mg/mL。

A.5.1.7 水：符合 GB 6682—2008 中二级水的规定。

A.5.2 仪器和设备

原子吸收分光光度计:配有铅空心阴极灯。

A.5.3 分析步骤

A.5.3.1 玻璃仪器的清洗

均以硝酸溶液(1+5)浸泡过夜,用自来水反复冲洗,最后用水冲洗干净。

A.5.3.2 试样溶液的制备

称取约 5 g 试样,精确至 0.01 g,置于 150 mL 烧杯中,加 30 mL 水,加入 1 mL 盐酸。加热煮沸几分钟,冷却,用水稀释至 100 mL。用氢氧化钠溶液调整溶液 pH 为 1.0～1.5。将此溶液转移至 250 mL 分液漏斗中,用水稀释至约 200 mL。加 2 mL 吡咯烷二硫代氨基甲酸铵(APDC)溶液,混合。分别用 20 mL 三氯甲烷萃取两次,收集萃取物于 50 mL 烧杯中,蒸汽浴蒸发至干(此操作必须在通风橱中进行),于残渣中加入 3 mL 硝酸,继续蒸发至近干。加入 0.5 mL 硝酸和 10 mL 水,加热直至溶液体积约 3 mL～5 mL。转移至 10 mL 容量瓶,用水稀释至刻度,摇匀。

A.5.3.3 空白试样溶液的制备

取 30 mL 水置于 150 mL 烧杯中,加入 1 mL 盐酸。以下操作同 A.5.3.2 中"加热煮沸几分钟,冷却,用水稀释至 100 mL……转移至 10 mL 容量瓶,用水稀释至刻度,摇匀"。

A.5.3.4 标准溶液的制备

移取 2.00 mL 铅标准溶液置于 150 mL 烧杯中,加入 1 mL 盐酸。以下操作同 A.5.3.2 中"加热煮沸几分钟,冷却,用水稀释至 100 mL……转移至 10 mL 容量瓶,用水稀释至刻度,摇匀"。

A.5.3.5 分析步骤

将试样溶液、标准溶液导入原子吸收分光光度计中,于波长 283.3 nm 处,用空气-乙炔火焰,以空白试样溶液调零,测量吸光度。试样溶液的吸收值不应高于标准溶液吸收值。

A.6 硒(Se)的测定

A.6.1 试剂和材料

A.6.1.1 盐酸羟胺。
A.6.1.2 环己烷。
A.6.1.3 盐酸溶液:1+1。
A.6.1.4 氨水溶液:1+1。
A.6.1.5 2,3-二氨基萘溶液:称取 0.1 g 2,3-二氨基萘和 0.5 g 盐酸羟胺,溶解在 0.1 mol/L 的盐酸溶液中,制成 100 mL 溶液。
A.6.1.6 硒(Se)标准溶液:0.01 mg/mL。

A.6.2 仪器和设备

分光光度计,配有光程为 1 cm 的比色皿。

**A.6.3　分析步骤**

称取约1 g试样，精确至0.000 2 g，置于150 mL烧杯中，加25 mL水，5 mL盐酸溶液，搅拌，加热煮沸15 min，冷却。用氨水溶液调节pH为2±0.2(用精密pH试纸检查)，加入0.2 g盐酸羟胺，搅拌至溶解，立即加入5 mL 2,3-二氨基萘溶液，混匀。盖上表面皿，在室温下静置100 min。然后全部转移至125 mL分液漏斗中，补加水至约60 mL。用移液管加10 mL环己烷，用力振荡2 min，静置分层后，弃去水层。用1 cm的比色管，在波长约380 nm处，以水作参比，测定吸光度。其吸光度不应大于标准。

标准是用移液管移取3 mL硒标准溶液，与试样同时同样处理。

## A.7　氯化物(以Cl计)的测定

称取1.00 g±0.01 g试样，置于50 mL烧杯中，加10 mL水使试样溶解。然后全部转移至50 mL比色管中，加2 mL硝酸银溶液(17 g/L)和1 mL硝酸溶液(1+2)，再加水至刻度，摇匀。置于暗处放置10 min，与标准比浊溶液比较，其浊度不应深于标准。

标准比浊溶液是移取3.00 mL氯(Cl)标准溶液(0.1 mg/mL)，置于50 mL比色管中。与试样溶液同时同样处理。

## A.8　铁(Fe)的测定

**A.8.1　试剂和材料**

**A.8.1.1**　铁(Fe)标准溶液：0.01 mg/mL。

**A.8.1.2**　其余同GB/T 3049—2006中第4章。

**A.8.2　仪器和设备**

分光光度计：配有光程为4 cm的比色皿。

**A.8.3　分析步骤**

**A.8.3.1　工作曲线的绘制**

按GB/T 3049—2006中6.3的规定，使用4 cm比色皿，绘制铁含量为0.01 mg～0.1 mg工作曲线。

**A.8.3.2　测定**

称取约10 g试样，精确至0.01 g，置于150 mL烧杯中，加50 mL水、5 mL盐酸溶液，加热煮沸4 min，取下冷却至室温。全部转移至100 mL容量瓶中，用水稀释至刻度，摇匀。

用移液管移取10 mL试样溶液，置于100 mL容量瓶中，以下按GB/T 3049—2006中6.4从“必要时，加水至60 mL……”开始进行操作。

同时做空白试验，空白试样溶液除不加试样外，其他操作和加入的试剂与试样溶液相同。

根据测得的吸光度，从工作曲线上查出相应的铁的质量(mg)。

**A.8.4　结果计算**

铁(Fe)含量的质量分数$w_2$，按式(A.2)计算：

$$w_2=\frac{m_1-m_0}{m\times(10/100)/1\ 000}\times100\%\qquad\cdots\cdots(A.2)$$

式中：

$m_1$ ——从工作曲线上查出的试样溶液中铁的质量的数值，单位为毫克(mg)；

$m_0$ ——从工作曲线上查出的空白试样溶液中铁的质量的数值，单位为毫克(mg)；

$m$ ——试样质量的数值，单位为克(g)；

10 ——移取试样溶液的体积的数值，单位为毫升(mL)；

100 ——容量瓶的容积的数值，单位为毫升(mL)；

1 000——换算因子。

实验结果以平行测定结果的算术平均值为准。在重复性条件下获得的两次独立测定结果的绝对差值不大于 2 mg/kg。

## A.9 灼烧减量的测定

### A.9.1 仪器和设备

A.9.1.1 电热恒温干燥箱：控制温度 105 ℃±2 ℃。

A.9.1.2 高温炉：控制温度 450 ℃±25 ℃。

### A.9.2 分析步骤

称取约 1 g 试样，精确至 0.000 2 g，置于在 450 ℃±25 ℃下质量恒定的瓷坩埚中，于 105 ℃±2 ℃电热恒温干燥箱中烘 2 h，再移入 450 ℃±25 ℃的高温炉中灼烧至质量恒定。

### A.9.3 结果计算

灼烧减量的质量分数 $w_3$，按式(A.3)计算：

$$w_3=\frac{m_1-m_2}{m}\times100\%\qquad\cdots\cdots(A.3)$$

式中：

$m_1$——灼烧前试样和瓷坩埚的质量的数值，单位为克(g)；

$m_2$——灼烧后试样和瓷坩埚的质量的数值，单位为克(g)；

$m$ ——试样的质量的数值，单位为克(g)。

实验结果以平行测定结果的算术平均值为准。在重复性条件下获得的两次独立测定结果的绝对差值不大于 0.05%。

# 中华人民共和国国家标准

GB 29208—2012

# 食品安全国家标准

## 食品添加剂　硫酸锰

2012-12-25 发布　　　　2013-01-25 实施

中华人民共和国卫生部　发布

# 食品安全国家标准
# 食品添加剂　硫酸锰

## 1　范围

本标准适用于以软锰矿、菱锰矿或金属锰为原料制得的食品添加剂硫酸锰。

## 2　化学名称、分子式和相对分子质量

### 2.1　化学名称

一水合硫酸锰

### 2.2　分子式

$MnSO_4 \cdot H_2O$

### 2.3　相对分子质量

169.02(按 2007 年国际相对原子质量)

## 3　技术要求

### 3.1　感官要求

应符合表 1 的规定。

表 1　感官要求

| 项目 | 要　求 | 检验方法 |
|---|---|---|
| 色泽 | 淡粉红色 | 取适量试样置于 50 mL 烧杯中,在自然光下观察色泽和状态 |
| 状态 | 颗粒或粉末 | |

### 3.2　理化指标

应符合表 2 的规定。

表 2　理化指标

| 项　　目 | 指　标 | 检验方法 |
|---|---|---|
| 硫酸锰($MnSO_4 \cdot H_2O$)含量,$w$/% | 98.0～102.0 | 附录 A 中 A.4 |
| 砷(As)/(mg/kg)　　≤ | 3 | GB/T 5009.76 |
| 铅(Pb)/(mg/kg)　　≤ | 4 | 附录 A 中 A.5 |
| 硒(Se)/(mg/kg)　　≤ | 30 | 附录 A 中 A.6 |
| 灼烧减量,$w$/% | 10.0～13.0 | 附录 A 中 A.7 |

# 附 录 A
# 检 验 方 法

## A.1 警示

本标准的检验方法中使用的部分试剂具有毒性或腐蚀性，操作时应采取适当的安全和防护措施。

## A.2 一般规定

本标准所用试剂和水，在没有注明其他要求时，均指分析纯试剂和 GB/T 6682—2008 中规定的三级水。试验中所用标准滴定溶液、杂质测定用标准溶液、制剂及制品，在没有注明其他要求时，均按 GB/T 601、GB/T 602 和 GB/T 603 之规定制备。所用溶液在未注明用何种溶剂配制时，均指水溶液。

## A.3 鉴别试验

### A.3.1 试剂和材料

A.3.1.1 硫化铵。

A.3.1.2 乙酸。

A.3.1.3 氨水。

A.3.1.4 乙酸铵。

A.3.1.5 氯化钡溶液：120 g/L。

A.3.1.6 盐酸溶液：1+1。

A.3.1.7 乙酸铅溶液：95 g/L。

### A.3.2 鉴别方法

#### A.3.2.1 锰离子鉴别

取约 1 g 试样，溶于 10 mL 水，加入硫化铵，产生浅橙色沉淀，此沉淀溶于乙酸。

#### A.3.2.2 硫酸根离子鉴别

A.3.2.2.1 取约 1 g 试样，溶于 10 mL 水，加入氯化钡溶液，即产生白色沉淀，此白色沉淀不溶于盐酸溶液。

A.3.2.2.2 取约 1 g 试样，溶于 10 mL 水，加入乙酸铅溶液，即产生白色沉淀，此白色沉淀溶于乙酸铵溶液。

A.3.2.2.3 取约 1 g 试样，溶于 10 mL 水，加入盐酸不产生沉淀。

## A.4 硫酸锰（$MnSO_4 \cdot H_2O$）含量的测定

### A.4.1 方法提要

在 pH 为 10 的氨-氯化铵缓冲溶液中，以铬黑 T 为指示剂，用乙二胺四乙酸二钠（EDTA）标准溶液滴定。

### A.4.2 试剂和材料

A.4.2.1 盐酸羟胺溶液:100 g/L。

A.4.2.2 氨-氯化铵缓冲溶液甲:pH≈10。

A.4.2.3 乙二胺四乙酸二钠(EDTA)标准滴定溶液:$c$(EDTA)=0.05 mol/L。

A.4.2.4 铬黑T指示液:5 g/L。

### A.4.3 分析步骤

称取约0.25 g试样,精确至0.000 2 g,置于250 mL锥形瓶中,加100 mL水溶解,加入10 mL盐酸羟胺溶液、25 mL氨-氯化铵缓冲溶液甲和5滴铬黑T指示液,加热至沸并保持15 min,用乙二胺四乙酸二钠(EDTA)标准滴定溶液滴定至溶液由紫红色变为纯蓝色,即为终点。

同时同样做空白试验,空白试样溶液除不加试样外,其他加入试剂的种类和量(标准滴定溶液除外)与试样溶液相同。

### A.4.4 结果计算

硫酸锰($MnSO_4 \cdot H_2O$)含量的质量分数 $w_1$,按式(A.1)计算:

$$w_1=\frac{(V-V_0)cM}{m\times 1\,000}\times 100\% \quad\cdots\cdots\cdots(A.1)$$

式中:

$V$ ——滴定试样溶液消耗的乙二胺四乙酸二钠标准滴定溶液体积的数值,单位为毫升(mL);

$V_0$ ——滴定空白试样溶液消耗的乙二胺四乙酸二钠标准滴定溶液体积的数值,单位为毫升(mL)

$c$ ——乙二胺四乙酸二钠(EDTA)标准滴定溶液浓度的准确数值,单位为摩尔每升(mol/L);

$m$ ——试样质量的数值,单位为克(g);

$M$ ——硫酸锰的摩尔质量的数值,单位为克每摩尔(g/mol)[$M(MnSO_4 \cdot H_2O)$=169.02];

1 000——换算因子。

实验结果以平行测定结果的算术平均值为准,在重复性条件下获得的两次独立测定结果的绝对差值不大于0.2%。

## A.5 铅(Pb)的测定

### A.5.1 试剂和材料

A.5.1.1 三氯甲烷。

A.5.1.2 盐酸。

A.5.1.3 硝酸。

A.5.1.4 氢氧化钠溶液:250 g/L。

A.5.1.5 吡咯烷二硫代甲酸铵(APDC)溶液:20 g/L。使用前过滤。

A.5.1.6 铅(Pb)标准溶液:0.01 mg/ mL。

A.5.1.7 水:符合GB/T 6682—2008中二级水的规定。

### A.5.2 仪器和设备

原子吸收分光光度计:配有铅空心阴极灯。

### A.5.3 分析步骤

#### A.5.3.1 玻璃仪器的清洗

均以硝酸溶液(1+2)浸泡过夜,用自来水反复冲洗,最后用水冲洗干净。

#### A.5.3.2 铅标准溶液的制备

移取2.00 mL铅标准溶液置于150 mL烧杯中,加入1 mL盐酸。加热煮沸5 min,冷却,用水稀释至100 mL。用氢氧化钠溶液调整溶液pH为1.0~1.5(用精密pH试纸检查)。将此溶液转移至250 mL分液漏斗中,用水稀释至约200 mL。加2 mL吡咯烷二硫代氨基甲酸铵(APDC)溶液,混合。用三氯甲烷萃取两次,每次加入20 mL,收集萃取液(即有机相)于50 mL烧杯中,在蒸汽浴上蒸发至干(此操作必须在通风橱中进行),于残渣中加入3 mL硝酸,继续蒸发至近干。加入0.5 mL硝酸和10 mL水,加热直至溶液体积约3 mL~5 mL。转移至10 mL容量瓶,用水稀释至刻度,摇匀。

#### A.5.3.3 试样溶液的制备

称取约5 g试样,精确至0.01 g,置于150 mL烧杯中,加30 mL水,加入1 mL盐酸。盖上表面皿加热煮沸5 min。冷却,用水稀释至100 mL。用氢氧化钠溶液调整溶液pH为1.0~1.5(用精密pH试纸检验)。以下操作同A.5.3.2中"将此溶液转移至250 mL分液漏斗中……转移至10 mL容量瓶,用水稀释至刻度,摇匀"。

#### A.5.3.4 测定

选用空气-乙炔火焰,于波长283.3 nm处,用水调零,测定铅标准溶液和试样溶液的吸光度。试样溶液的吸光度不应大于铅标准溶液的吸光度。

## A.6 硒(Se)的测定

### A.6.1 试剂和材料

**A.6.1.1** 盐酸羟胺。
**A.6.1.2** 环己烷。
**A.6.1.3** 盐酸溶液:1+2。
**A.6.1.4** 氨水溶液:1+1。
**A.6.1.5** 2,3-二氨基萘溶液:称取0.1 g 2,3-二氨基萘和0.5 g盐酸羟胺,溶解在0.1 mol/L的盐酸溶液中,制成100 mL溶液。
**A.6.1.6** 硒(Se)标准溶液:0.001 mg/mL。

### A.6.2 仪器和设备

分光光度计:带有光程为1 cm的比色皿。

### A.6.3 分析步骤

#### A.6.3.1 试样溶液的制备

称取约0.2 g试样,精确至0.000 2 g,置于150 mL烧杯中,加入25 mL盐酸溶液,搅拌,加热煮沸15 min。加25 mL水,冷却。用氨水溶液调节溶液pH为2±0.2(用精密pH试纸检查),加入0.2 g盐酸羟胺,搅拌至溶解,立即加入5 mL 2,3-二氨基萘溶液,混匀。盖上表面皿,在室温下静置100 min。

然后全部转移至分液漏斗中，补加水至约 60 mL。加 5.0 mL 环己烷，用力振荡 2 min，静置分层后，弃去水层，收集萃取液。

### A.6.3.2 标准溶液的制备

移取 6.00 mL 硒标准溶液置于 150 mL 烧杯中，以下操作同 A.6.3.1“加 25 mL 盐酸溶液……收集萃取液”。

### A.6.3.3 空白试样溶液的制备

空白试样溶液除不加试样外，其余加入试剂的种类和量与试样溶液相同。

### A.6.3.4 测定

用 1 cm 的比色皿，在波长约 380 nm 处，以空白试样溶液为参比，测定吸光度，试样溶液的吸光度不应大于标准溶液的吸光度。

## A.7 灼烧减量

### A.7.1 仪器和设备

**A.7.1.1** 电热恒温干燥箱：控制温度在 110 ℃±2 ℃。

**A.7.1.2** 高温炉：能控制温度在 450 ℃±25 ℃。

### A.7.2 分析步骤

称取约 1 g 试样，精确至 0.01 g，置于在 450 ℃±25 ℃下质量恒定的瓷坩埚中，于 110 ℃±2 ℃电热恒温干燥箱中烘 1 h，再移入 450 ℃±25 ℃的高温炉中灼烧至质量恒定。

### A.7.3 结果计算

灼烧减量的质量分数 $w_2$，按式(A.2)计算：

$$w_2 = \frac{m_1 - m_0}{m} \times 100\% \qquad \cdots\cdots\cdots\cdots(A.2)$$

式中：

$m_1$——灼烧前试样和瓷坩埚的质量的数值，单位为克(g)；

$m_0$——灼烧后试样和瓷坩埚的质量的数值，单位为克(g)；

$m$ ——试样质量的数值，单位为克(g)。

实验结果以平行测定结果的算术平均值为准，在重复性条件下获得的两次独立测定结果的绝对差值不大于 0.1%。

# 中华人民共和国国家标准

GB 29209—2012

# 食品安全国家标准
## 食品添加剂 硫酸钠

2012-12-25 发布　　2013-01-25 实施

中华人民共和国卫生部 发布

# 食品安全国家标准
# 食品添加剂 硫酸钠

## 1 范围

本标准适用于以天然芒硝等为原料生产的食品添加剂硫酸钠。

## 2 化学名称、分子式和相对分子质量

### 2.1 化学名称

无水硫酸钠

十水合硫酸钠

### 2.2 分子式

无水硫酸钠：$Na_2SO_4$

十水合硫酸钠：$Na_2SO_4 \cdot 10H_2O$

### 2.3 相对分子质量

无水硫酸钠：142.04（按2007年国际相对原子质量）

十水合硫酸钠：322.20（按2007年国际相对原子质量）

## 3 技术要求

### 3.1 感官要求

应符合表1的规定。

表1 感官要求

| 项目 | 要求 | | 检验方法 |
|---|---|---|---|
| | 无水硫酸钠 | 十水合硫酸钠 | |
| 色泽 | 无色或白色 | 无色透明或白色半透明 | 取适量试样置于50 mL烧杯中，在自然光下观察色泽和状态 |
| 状态 | 结晶颗粒或粉末 | 均匀粒状晶体 | |

### 3.2 理化指标

应符合表2的规定。

表 2 理化指标

| 项 目 | | 指 标 | 检验方法 |
|---|---|---|---|
| 硫酸钠($Na_2SO_4$)含量(以干基计),$w$/% | | 99.0～100.5 | 附录 A 中 A.4 |
| 铅(Pb)/(mg/kg) | ≤ | 2 | 附录 A 中 A.5 |
| 硒(Se)/(mg/kg) | ≤ | 30 | 附录 A 中 A.6 |
| 砷(As)/(mg/kg) | ≤ | 3 | GB/T 5009.76 |
| 干燥减量,$w$/% | 无水硫酸钠 ≤ | 1.0 | 附录 A 中 A.7 |
| | 十水合硫酸钠 | 51.0～57.0 | |

# 附 录 A
# 检 验 方 法

## A.1 警示

本标准的检验方法中使用的部分试剂具有毒性或腐蚀性，操作时应采取适当的安全和防护措施。

## A.2 一般规定

本标准所用试剂和水，在没有注明其他要求时，均指分析纯试剂和 GB/T 6682—2008 中规定的三级水。试验中所用杂质测定用标准溶液、制剂及制品，在没有注明其他要求时，均按 GB/T 602 和 GB/T 603 的规定制备。所用溶液在未注明用何种溶剂配制时，均指水溶液。

## A.3 鉴别试验

### A.3.1 试剂和材料

**A.3.1.1** 盐酸。
**A.3.1.2** 碳酸钾溶液：150 g/L。
**A.3.1.3** 焦锑酸钾溶液：称取 2 g 焦锑酸钾溶于 95 mL 热水中，迅速冷却，加 50 mL 氢氧化钾溶液（50 g/L）和 1 mL 氢氧化钠溶液（85 g/L），放置 24 h 后，过滤，加水至 150 mL。
**A.3.1.4** 氯化钡（$BaCl_2 \cdot 2H_2O$）溶液：122 g/L。
**A.3.1.5** 乙酸铅溶液：95 g/L。
**A.3.1.6** 铂丝。

### A.3.2 鉴别方法

#### A.3.2.1 钠离子鉴别

**A.3.2.1.1** 称取约 0.1 g 试样溶于 2 mL 水中，加入 2 mL 碳酸钾溶液，加热至沸，应无沉淀生成。加入 4 mL 焦锑酸钾溶液，加热至沸。置于冰水中冷却，必要时用玻璃棒摩擦试管内壁，应有白色沉淀生成。
**A.3.2.1.2** 取铂丝，用盐酸溶液润湿后在无色火焰中燃烧至无色，再蘸取少许试样溶液在无色火焰上燃烧，火焰应呈亮黄色。

#### A.3.2.2 硫酸根离子鉴别

**A.3.2.2.1** 取约 0.5 g 试样，溶于 10 mL 水，加入氯化钡溶液，即产生白色沉淀，此白色沉淀不溶于盐酸溶液。
**A.3.2.2.2** 取约 0.5 g 试样，溶于 10 mL 水，加入乙酸铅溶液，即产生白色沉淀，此白色沉淀溶于乙酸铵溶液。
**A.3.2.2.3** 取约 0.5 g 试样，溶于 10 mL 水，加入盐酸不产生沉淀。

## A.4 硫酸钠（$Na_2SO_4$）含量的测定

### A.4.1 方法提要

用水溶解试样，在酸性条件下加入氯化钡，与试液中的硫酸根离子生成硫酸钡沉淀，经过滤、洗涤、干燥、灰化、灼烧后称量计算含量。

### A.4.2 试剂和材料

A.4.2.1 盐酸溶液：1＋1。

A.4.2.2 氯化钡($BaCl_2 \cdot 2H_2O$)溶液：122 g/L。

A.4.2.3 硝酸银溶液：20 g/L。

A.4.2.4 慢速定量滤纸。

### A.4.3 仪器和设备

A.4.3.1 电热恒温干燥箱：105 ℃±2 ℃。

A.4.3.2 高温炉：能控制温度在 800 ℃±25 ℃。

### A.4.4 分析步骤

称取约 5 g 于 105 ℃±2 ℃下干燥 4 h 后的试样，精确至 0.000 2 g，置于 250 mL 烧杯中，加热溶解。过滤到 500 mL 容量瓶中，用水洗涤至无硫酸根离子为止(用氯化钡溶液检验)。冷却，用水稀释至刻度，摇匀。用移液管移取 25 mL 试样溶液置于 500 mL 烧杯中，加入 5 mL 盐酸溶液，270 mL 水，加热至微沸。在搅拌下滴加 10 mL 氯化钡溶液，时间约需 1.5 min。继续搅拌并微沸 2 min～3 min，然后盖上表面皿，保持微沸 5 min。再把烧杯放到沸水浴上保持 2 h。将烧杯冷却至室温，用慢速定量滤纸过滤。用温水洗涤沉淀至无氯离子为止(取 5 mL 洗涤液，加 5 mL 硝酸银溶液混匀，放置 5 min 不出现浑浊)。将沉淀连同滤纸转移至已于 800 ℃±25 ℃下灼烧至质量恒定的瓷坩埚中，低温灰化，在 800 ℃±25 ℃灼烧至质量恒定。

### A.4.5 结果计算

硫酸钠($Na_2SO_4$)含量的质量分数 $w_1$，按式(A.1)计算：

$$w_1 = \frac{(m_1 - m_2) \times 0.608\,6}{m} \times 100\% \qquad \text{(A.1)}$$

式中：

$m_1$ ——灼烧后硫酸钡及瓷坩埚的质量的数值，单位为克(g)；

$m_2$ ——瓷坩埚的质量的数值，单位为克(g)；

$m$ ——试样的质量的数值，单位为克(g)；

0.608 6——硫酸钡换算为硫酸钠的系数。

实验结果以平行测定结果的算术平均值为准，在重复性条件下获得的两次独立测定结果的绝对差值不大于 0.3%。

## A.5 铅(Pb)的测定

### A.5.1 试剂和材料

A.5.1.1 三氯甲烷。

A.5.1.2 盐酸。

A.5.1.3 硝酸。

A.5.1.4 氢氧化钠溶液：250 g/L。

A.5.1.5 吡咯烷二硫代甲酸铵(APDC)溶液：20 g/L。使用前过滤。

A.5.1.6 铅(Pb)标准溶液：0.01 mg/mL。

A.5.1.7 水：符合 GB/T 6682—2008 中二级水的规定。

A.5.2 仪器和设备

原子吸收分光光度计:配有铅空心阴极灯。

A.5.3 分析步骤

A.5.3.1 玻璃仪器的清洗

均以硝酸溶液(1+2)浸泡过夜,用自来水反复冲洗,最后用水冲洗干净。

A.5.3.2 铅标准溶液的制备

移取 2.00 mL 铅标准溶液置于 150 mL 烧杯中,加入 1 mL 盐酸。加热煮沸 5 min,冷却至室温,用水稀释至 100 mL。用氢氧化钠溶液调整溶液 pH 为 1.0~1.5(用精密 pH 试纸检验)。将此溶液转移至 250 mL 分液漏斗中,用水稀释至约 200 mL。加 2 mL 吡咯烷二硫代氨基甲酸铵(APDC)溶液,混合。用三氯甲烷萃取两次,每次加入 20 mL,收集萃取液(即有机相)于 50 mL 烧杯中,在蒸汽浴上蒸发至干(此操作必须在通风橱中进行),于残渣中加入 3 mL 硝酸,继续蒸发至近干。加入 0.5 mL 硝酸和 10 mL 水,加热直至溶液体积约 3 mL~5 mL。转移至 10 mL 容量瓶,用水稀释至刻度,摇匀。

A.5.3.3 试样溶液的制备

称取约 10 g 试样,精确至 0.01 g,置于 150 mL 烧杯中,加 30 mL 水,加 1 mL 盐酸。盖上表面皿加热煮沸 5 min,冷却。用水稀释至 100 mL。用氢氧化钠溶液调节溶液 pH 为 1.0~1.5(用精密 pH 试纸检验)。以下操作同 A.5.3.2 中"将此溶液转移至 250 mL 分液漏斗中……转移至 10 mL 容量瓶,用水稀释至刻度,摇匀"。

A.5.3.4 测定

选用空气-乙炔火焰,于波长 283.3 nm 处,用水调零,测定铅标准溶液和试样溶液的吸光度。试样溶液的吸光度不应大于铅标准溶液的吸光度。

A.6 硒(Se)的测定

A.6.1 试剂和材料

A.6.1.1 盐酸羟胺。
A.6.1.2 环己烷。
A.6.1.3 盐酸溶液:1+2。
A.6.1.4 氨水溶液:1+2。
A.6.1.5 2,3-二氨基萘溶液:称取 0.1 g 2,3-二氨基萘和 0.5 g 盐酸羟胺,溶解在 0.1 mol/L 的盐酸溶液中,制成 100 mL 溶液。
A.6.1.6 硒(Se)标准溶液:0.001 mg/mL。

A.6.2 仪器和设备

分光光度计:带有光程为 1 cm 的比色皿。

A.6.3 分析步骤

A.6.3.1 试样溶液的制备

称取约 0.2 g 试样,精确至 0.000 2 g,置于 150 mL 烧杯中,加 25 mL 盐酸溶液,搅拌,加热煮沸

15 min。加 25 mL 水，冷却。用氨水溶液调节溶液 pH 为 2±0.2(用精密 pH 试纸检查)，加入 0.2 g 盐酸羟胺，搅拌至溶解，立即加入 5 mL 2,3-二氨基萘溶液，混匀。盖上表面皿，在室温下静置 100 min。然后全部转移至分液漏斗中，补加水至约 60 mL。加 5.0 mL 环己烷，用力振荡 2 min，静置分层后，弃去水层，收集萃取液。

### A.6.3.2 标准溶液的制备

移取 6.00 mL 硒标准溶液置于 150 mL 烧杯中，以下操作同 A.6.3.1“加 25 mL 盐酸溶液……收集萃取液”。

### A.6.3.3 空白试样溶液的制备

空白试样溶液除不加试样外，其余加入试剂的种类和量与试样溶液相同。

### A.6.3.4 测定

用 1 cm 的比色皿，在波长约 380 nm 处，以空白试样溶液为参比，测定吸光度，试样溶液的吸光度不大于标准溶液的吸光度。

## A.7 干燥减量的测定

### A.7.1 仪器和设备

电热恒温干燥箱：温度能控制在 105 ℃±2 ℃。

### A.7.2 分析步骤

用已于 105 ℃±2 ℃烘干至质量恒定的称量瓶称取 1 g～2 g 试样，精确至 0.000 2 g，于 105 ℃±2 ℃电热恒温干燥箱中烘 4 h。

### A.7.3 结果计算

干燥减量的质量分数 $w_2$，按式(A.2)计算：

$$w_2=\frac{m-m_1}{m}\times 100\% \qquad \text{(A.2)}$$

式中：

$m$ ——试样的质量的数值，单位为克(g)；

$m_1$——干燥后试样的质量的数值，单位为克(g)。

实验结果以平行测定结果的算术平均值为准，在重复性条件下获得的两次独立测定结果的绝对差值无水硫酸钠不大于 0.2%，十水合硫酸钠不大于 1.0%。

# 中华人民共和国国家标准

GB 29210—2012

# 食品安全国家标准
## 食品添加剂　硫酸铜

2012-12-25 发布　　2013-01-25 实施

中华人民共和国卫生部　发布

# 食品安全国家标准

# 食品添加剂 硫酸铜

## 1 范围

本标准适用于氧化铜与硫酸反应制得的食品添加剂硫酸铜。

## 2 化学名称、分子式和相对分子质量

### 2.1 化学名称

五水合硫酸铜

### 2.2 分子式

$CuSO_4 \cdot 5H_2O$

### 2.3 相对分子质量

249.7(按 2007 年国际相对原子质量)

## 3 技术要求

### 3.1 感官要求

应符合表 1 的规定。

表 1 感官要求

| 项目 | 要 求 | 检验方法 |
|---|---|---|
| 色泽 | 蓝色 | 取适量试样置于 50 mL 烧杯中,在自然光下观察色泽和状态 |
| 状态 | 粒状晶体或粉末 | |

### 3.2 理化指标

应符合表 2 的规定。

表 2 理化指标

| 项 目 | | 指 标 | 检验方法 |
|---|---|---|---|
| 硫酸铜($CuSO_4 \cdot 5H_2O$)含量,$w$/% | | 98.0~102.0 | 附录 A 中 A.4 |
| 硫化氢不沉淀物,$w$/% | ≤ | 0.3 | 附录 A 中 A.5 |
| 铁(Fe),$w$/% | ≤ | 0.01 | 附录 A 中 A.6 |
| 铅(Pb)/(mg/kg) | ≤ | 4 | 附录 A 中 A.7 |
| 砷(As)/(mg/kg) | ≤ | 3 | 附录 A 中 A.8 |

# 附 录 A
# 检 验 方 法

## A.1 警示

本标准的检验方法中使用的部分试剂具有毒性或腐蚀性，操作时应采取适当的安全和防护措施。

## A.2 一般规定

本标准所用试剂和水，在没有注明其他要求时，均指分析纯试剂和 GB/T 6682—2008 中规定的三级水。试验中所用标准滴定溶液、杂质测定用标准溶液、制剂及制品，在没有注明其他要求时，均按 GB/T 601、GB/T 602、GB/T 603 之规定制备。所用溶液在未注明用何种溶剂配制时，均指水溶液。

## A.3 鉴别试验

### A.3.1 试剂和材料

A.3.1.1 盐酸。

A.3.1.2 盐酸溶液：1＋4。

A.3.1.3 盐酸溶液：1＋1。

A.3.1.4 氨水溶液：2＋3。

A.3.1.5 氯化钡溶液：100 g/L。

A.3.1.6 乙酸铅溶液：80 g/L。

A.3.1.7 乙酸铵溶液：100 g/L。

A.3.1.8 亚铁氰化钾溶液：称取 1 g 亚铁氰化钾［$K_4Fe(CN)_6 \cdot 3H_2O$］，溶解于 10 mL 的水中。该溶液现用现配。

### A.3.2 鉴别方法

#### A.3.2.1 铜离子的鉴别

A.3.2.1.1 取约 1 g 试样，溶于 20 mL 水，加入少量盐酸酸化试样溶液。将一个光亮的未生锈的金属铁片放入酸化后的试样溶液中，在铁片表面会形成红色的金属铜薄膜。

A.3.2.1.2 取约 1 g 试样，溶于 20 mL 水，加入过量的氨水溶液，先生成蓝色的沉淀，然后转变为深蓝色的溶液。

A.3.2.1.3 取约 1 g 试样，溶于 20 mL 水，加入亚铁氰化钾溶液，生成红棕色沉淀，沉淀不溶于盐酸溶液(A.3.1.2)。

#### A.3.2.2 硫酸根离子的鉴别

A.3.2.2.1 取约 1 g 试样，溶于 20 mL 水，加入氯化钡溶液，即产生白色沉淀，此白色沉淀不溶于盐酸溶液(A.3.1.3)。

A.3.2.2.2 取约 1 g 试样，溶于 20 mL 水，加入乙酸铅溶液，即产生白色沉淀，此白色沉淀溶于乙酸铵溶液。

A.3.2.2.3　取约 1 g 试样，溶于 20 mL 水，加入盐酸不产生沉淀。

## A.4　硫酸铜（$CuSO_4 \cdot 5H_2O$）含量的测定

### A.4.1　方法提要

在微酸性条件下，试样中加入过量碘化钾与二价铜定量反应，用硫代硫酸钠标准滴定溶液滴定析出的碘，以淀粉为指示剂，由颜色的变化来判断终点。

### A.4.2　试剂和材料

A.4.2.1　碘化钾。

A.4.2.2　冰乙酸。

A.4.2.3　硫氰酸铵溶液：100 g/L。

A.4.2.4　硫代硫酸钠标准滴定溶液：$c(Na_2S_2O_3)=0.1$ mol/L。

A.4.2.5　淀粉指示液：10 g/L（使用期为 2 周）。

### A.4.3　分析步骤

称取 0.8 g～1.0 g 试样，精确至 0.000 2 g，置于 250 mL 碘量瓶中，加入 50 mL 水溶解，加 4 mL 冰乙酸和 3 g 碘化钾，摇匀，置于暗处放置 10 min。用硫代硫酸钠标准滴定溶液滴定至溶液呈淡黄色，加入 3 mL 淀粉指示液，继续滴定至溶液呈淡蓝色，加入 20 mL 硫氰酸铵溶液，摇匀。继续滴定至溶液蓝色消失，即为终点。

同时进行空白试验。空白试验除不加试样外，其他操作及加入试剂的种类和量（标准滴定溶液除外）与测定试验相同。

### A.4.4　结果计算

硫酸铜（$CuSO_4 \cdot 5H_2O$）的质量分数 $w_1$，按式（A.1）计算：

$$w_1=\frac{[(V_1-V_0)/1\,000]cM}{m}\times 100\% \quad \cdots\cdots\cdots\cdots（A.1）$$

式中：

$V_1$　——滴定试样溶液所消耗硫代硫酸钠标准滴定溶液体积的数值，单位为毫升（mL）；

$V_0$　——滴定空白试样溶液所消耗硫代硫酸钠标准滴定溶液体积的数值，单位为毫升（mL）；

$c$　——硫代硫酸钠标准滴定溶液浓度的准确数值，单位为摩尔每升（mol/L）；

$m$　——试样的质量的数值，单位为克（g）；

$M$　——硫酸铜（$CuSO_4 \cdot 5H_2O$）摩尔质量的数值，单位为克每摩尔（g/mol）（$M$=249.7）；

1 000——换算因子。

实验结果以平行测定结果的算术平均值为准。在重复性条件下获得的两次独立测定结果的绝对差值不大于 0.3%。

## A.5　硫化氢不沉淀物的测定

### A.5.1　方法提要

用硫化氢沉淀试样中的铜等离子，不沉淀的离子留在溶液中，过滤后的滤液经蒸发、灼烧后测定硫化氢不沉淀物的含量。

### A.5.2 试剂和材料

A.5.2.1 硫化氢。

**警告**：硫化氢为毒性气体，操作应在通风橱中进行。

A.5.2.2 硫酸溶液：1+100。

### A.5.3 仪器和设备

A.5.3.1 瓷蒸发皿（或瓷坩埚）：容量为 100 mL。

A.5.3.2 高温炉：能控制温度为 800 ℃±25 ℃。

A.5.3.3 硫化氢吸收装置。

硫化氢吸收装置见图 A.1，尾气吸收瓶中使用饱和硫酸铜溶液。

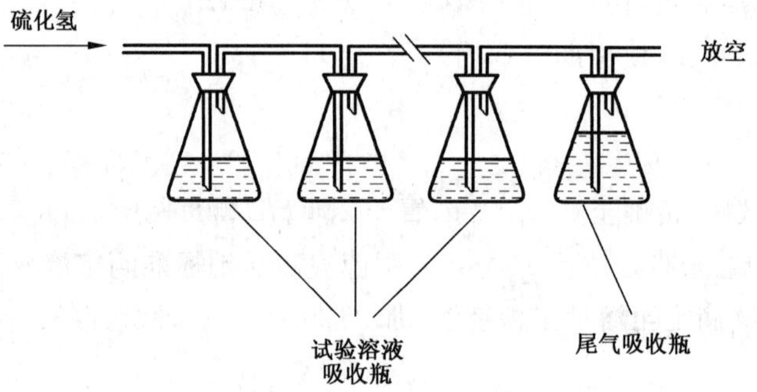


**图 A.1 硫化氢吸收装置图**

### A.5.4 分析步骤

称取 5.00 g±0.01 g 试样，置于试样溶液吸收瓶中（250 mL 锥形瓶），加入 200 mL 硫酸溶液，加热至 70 ℃，按硫化氢吸收装置图连接好试样溶液吸收瓶和尾气吸收瓶，先进行试漏检验，试漏合格后向溶液中通入硫化氢气体直至铜离子沉淀完全。将沉淀完全的试样溶液转移至 250 mL 容量瓶中，用水稀释至刻度，摇匀。放置至沉淀下沉，用慢速定性滤纸干过滤，弃去初滤液 10 mL。用移液管移取 200 mL 滤液，转移至 250 mL 烧杯中，盖上表面皿，置于垫有石棉网的电炉上小火加热溶液（加热过程应随时调整电炉温度，防止溶液飞溅）。蒸发至溶液约 20 mL，转移溶液至已于 800 ℃±25 ℃下灼烧至质量恒定的瓷蒸发皿（或瓷坩埚）中，置于水浴上加热至干，再于电炉上用中火加热至硫酸烟雾冒尽，转移至高温炉中，于 800 ℃±25 ℃条件下灼烧至质量恒定。冷却后称量。保留残渣 A 用于铁的测定（A.6.2）。

### A.5.5 结果计算

硫化氢不沉淀物的质量分数 $w_2$，按式（A.2）计算：

$$w_2=\frac{m_1-m_0}{m\times(200/250)}\times 100\% \quad \cdots\cdots(A.2)$$

式中：

$m_1$ ——残渣和瓷蒸发皿质量的数值，单位为克（g）；

$m_0$ ——瓷蒸发皿质量的数值，单位为克（g）；

$m$ ——试样的质量的数值，单位为克（g）；

200——移取试样溶液的体积的数值,单位为毫升(mL);

250——容量瓶容积的数值,单位为毫升(mL)。

实验结果以平行测定结果的算术平均值为准。在重复性条件下获得的两次独立测定结果的绝对差值不大于0.02%。

## A.6 铁(Fe)的测定

### A.6.1 电感耦合等离子体发射光谱法(仲裁法)

#### A.6.1.1 方法提要

采用电感耦合等离子体发射光谱法测定试样中的铁元素含量,用钇作内标校正铜基体的干扰。

#### A.6.1.2 试剂和材料

A.6.1.2.1 硝酸溶液:1+1。

A.6.1.2.2 钇(Y)内标使用液:0.2 mg/mL。

准确称取0.127 g三氧化二钇($Y_2O_3$),溶于少量盐酸中,用盐酸溶液(1+99)稀释至100 mL。该溶液为钇内标储备液,1 mL溶液含钇(Y)1 mg。

用移液管移取20 mL上述溶液,置于100 mL容量瓶中,用盐酸溶液(1+99)稀释至刻度,摇匀。该溶液为钇内标使用液,1 mL溶液含钇(Y)0.2 mg。

A.6.1.2.3 铁(Fe)标准溶液:0.1 mg/mL。

A.6.1.2.4 水:符合GB/T 6682—2008中二级水的规定。

#### A.6.1.3 仪器和设备

全谱直读型电感耦合等离子体发射光谱仪(ICP-OES)。

#### A.6.1.4 分析步骤

##### A.6.1.4.1 试样溶液的制备

称取约2 g试样,精确至0.000 2 g,加水溶解后移入100 mL容量瓶中,加入2.00 mL钇内标使用液、2 mL硝酸溶液,用水稀释至刻度,摇匀。

##### A.6.1.4.2 工作曲线溶液的制备

分别移取0 mL、1.00 mL、2.00 mL、4.00 mL铁标准溶液,置于四个100 mL容量瓶中,分别加入2.00 mL钇内标使用液、2 mL硝酸溶液,用水稀释至刻度,摇匀。

##### A.6.1.4.3 测定

选择最佳的仪器工作条件,于波长238.204 nm处,对试样溶液和工作曲线溶液进行测定,用内标法校正分析结果,所用内标钇的测定波长为242.219 nm。

#### A.6.1.5 结果计算

铁(Fe)的质量分数$w_3$,按式(A.3)计算:

$$w_3 = \frac{\rho \times 0.1}{m \times 1\ 000} \times 100\% \qquad \cdots\cdots(A.3)$$

式中：

$\rho$ ——由工作曲线查出的铁浓度的数值，单位为毫克每升(mg/L)；

$m$ ——试样的质量的数值，单位为克(g)；

0.1 ——容量瓶的容积的数值，单位为升(L)；

1 000——换算因子。

实验结果以平行测定结果的算术平均值为准。在重复性条件下获得的两次独立测定结果的绝对差值不大于0.001%。

### A.6.2 硫氰酸盐比色法

#### A.6.2.1 方法提要

试样中所含的铁被过硫酸铵氧化为三价铁，与硫氰酸铵反应生成血红色络合物，与标准比色溶液比较。

#### A.6.2.2 试剂和材料

A.6.2.2.1 盐酸。

A.6.2.2.2 硝酸。

A.6.2.2.3 过硫酸铵。

A.6.2.2.4 硫氰酸铵溶液：80 g/L。

A.6.2.2.5 铁标准溶液：1 mL溶液含铁(Fe)0.010 mg。用移液管移取10 mL按GB/T 602配制的铁标准溶液，置于100 mL容量瓶中，用水稀释至刻度，摇匀。

#### A.6.2.3 分析步骤

A.6.2.3.1 测定硫化氢不沉淀物的残渣A(A.5.4)中加入2 mL盐酸和0.1 mL硝酸，加盖表面皿，置于蒸气浴上消化20 min。移开表面皿，继续蒸发至干。加入1 mL盐酸溶解残渣，转移至50 mL容量瓶中，用水稀释至刻度，摇匀。用移液管移取5 mL上述溶液，置于50 mL比色管中，用水稀释至约30 mL，加入2 mL盐酸，摇匀。加0.04 g过硫酸铵，摇至溶解，加入10 mL硫氰酸铵溶液，用水稀释至刻度，摇匀。试样溶液所产生的颜色不应深于标准比色溶液所产生的颜色。

A.6.2.3.2 标准比色溶液是用移液管移取5 mL铁标准溶液，置于50 mL比色管中，以下按A.6.2.3.1从“用水稀释至约30 mL……”开始与试样溶液同时同样操作。

## A.7 铅(Pb)的测定

### A.7.1 方法提要

试样中加入铁盐，用氨水将试样中的铁离子和铅离子共沉淀而与主体铜盐分离，沉淀经过滤、洗涤、溶解后用原子吸收分光光法进行测定。

### A.7.2 试剂和材料

A.7.2.1 碳酸铵。

A.7.2.2 硝酸。

A.7.2.3 氨水。

A.7.2.4 盐酸溶液：1+1。

A.7.2.5 盐酸溶液：1+100。

**A.7.2.6** 硝酸溶液：1+5。

**A.7.2.7** 铁溶液：8 g/L。称取 57.8 g 硝酸铁[$Fe(NO_3)_3 \cdot 9H_2O$]溶于 1 000 mL 硝酸（1+100）中，混匀。

**A.7.2.8** 洗涤液：称取 10 g 碳酸铵溶于 500 mL 水中，加入 20 mL 氨水，混匀。

**A.7.2.9** 铅（Pb）标准溶液：0.10 mg/mL。

**A.7.2.10** 水：符合 GB/T 6682—2008 中二级水的规定。

### A.7.3 仪器和设备

原子吸收分光光度计：配有铅空心阴极灯。

### A.7.4 分析步骤

#### A.7.4.1 仪器的清洗

所用玻璃仪器均以硝酸溶液（A.7.2.6）浸泡过夜，用自来水反复冲洗，最后用水冲洗干净。

#### A.7.4.2 工作曲线的绘制

用移液管移取 0 mL、1.00 mL、2.00 mL、3.00 mL 铅标准溶液，置于一组 50 mL 容量瓶中，分别加入 2 mL 盐酸溶液（A.7.2.4），10.0 mL 铁溶液，用水稀释至刻度，摇匀。选用空气-乙炔火焰，于波长 283.3 nm 处，用水调零，使用原子吸收分光光度计测定工作曲线的吸光度。从每个标准溶液的吸光度中减去空白溶液的吸光度，以铅的浓度为横坐标，对应吸光度为纵坐标，绘制工作曲线。

#### A.7.4.3 试样溶液的制备

称取约 20 g 试样，精确至 0.01 g，置于 250 mL 烧杯中，加适量水和 3 滴硝酸，加热至沸，稍冷，加入 10.0 mL 铁溶液，用水稀释至约 200 mL，在搅拌下缓缓加入氨水至溶液呈现深蓝色并过量 20 mL，加入 10 g 碳酸铵，盖上表面皿将溶液加热至微沸 5 min，于 70 ℃～80 ℃水浴中放置 1 h，沉淀用中速定性滤纸过滤，用热洗涤液洗涤烧杯及滤纸至滤纸无蓝色，再用温水（40 ℃～50 ℃）洗涤一次，弃去滤液。用水将沉淀洗入原烧杯中，滤纸上残留的沉淀用 10 mL 热盐酸溶液（A.7.2.4）溶解，以热盐酸溶液（A.7.2.5）洗涤至滤纸无色，再洗 3 遍，洗液并入原烧杯中，水浴加热蒸发至溶液剩 2 mL～3 mL，移入 50 mL 容量瓶中，冷却至室温，用水稀释至刻度，摇匀。

#### A.7.4.4 测定

选用空气-乙炔火焰，于波长 283.3 nm 处，用水调零，使用原子吸收分光光度计测定试样溶液的吸光度。从工作曲线上查出试样溶液中铅的浓度（mg/L）。

### A.7.5 结果计算

铅（Pb）的质量分数 $w_4$，数值以毫克每千克（mg/kg）表示，按式（A.4）计算：

$$w_4 = \frac{\rho \times 0.05 \times 1\,000}{m} \qquad \cdots\cdots\cdots\cdots (A.4)$$

式中：

$\rho$ ——由工作曲线查出的铅的浓度的数值，单位为毫克每升（mg/L）；

$m$ ——试样的质量的数值，单位为克（g）；

0.05 ——容量瓶容积的数值，单位为升（L）；

1 000——换算因子。

实验结果以平行测定结果的算术平均值为准。在重复性条件下获得的两次独立测定结果的绝对差值不大于 1 mg/kg。

## A.8 砷(As)的测定

### A.8.1 方法提要

用硫脲-抗坏血酸作基体改进剂消除试样中铜的干扰，采用氢化物发生原子荧光法测定砷含量。

### A.8.2 试剂和材料

**A.8.2.1** 盐酸溶液：5+95。

**A.8.2.2** 氢氧化钠溶液：5 g/L。

**A.8.2.3** 硼氢化钾溶液：20 g/L。称取约 20 g 硼氢化钾，溶于 1 000 mL 5 g/L 的氢氧化钠溶液中。

**A.8.2.4** 硫脲-抗坏血酸混合液：称取 10 g 硫脲，加约 80 mL 水搅拌至溶解，加入 10 g 抗坏血酸，溶解后用水稀释至 100 mL。

**A.8.2.5** 砷标准溶液Ⅰ：1 mL 溶液含砷(As)0.010 mg。用移液管移取 10 mL 按 GB/T 602 配制的砷标准溶液，置于 100 mL 容量瓶中，用水稀释至刻度，摇匀。该溶液现用现配。

**A.8.2.6** 砷标准溶液Ⅱ：1 mL 溶液含砷(As)0.5 μg。用移液管移取 5 mL 砷标准溶液Ⅰ，置于 100 mL 容量瓶中，用水稀释至刻度，摇匀。该溶液现用现配。

### A.8.3 仪器和设备

双道原子荧光光度计：配有砷空心阴极灯。

### A.8.4 分析步骤

#### A.8.4.1 工作曲线的绘制

用移液管移取 0 mL、0.50 mL、1.00 mL、1.50 mL、2.00 mL、2.50 mL 砷标准溶液Ⅱ，置于 100 mL 容量瓶中，加入 5 mL 盐酸溶液，20 mL 硫脲-抗坏血酸混合液，用水稀释至刻度，摇匀。放置 15 min，使用双道原子荧光光度计测量上述溶液的吸光度。从每个标准溶液的吸光度中减去空白溶液的吸光度，以砷的质量为横坐标，对应吸光度为纵坐标，绘制工作曲线。

#### A.8.4.2 测定

称取约 5 g 试样，精确至 0.000 2 g，置于 100 mL 烧杯中，加水溶解后移入 100 mL 容量瓶中，用水稀释至刻度，摇匀。用移液管移取 2 mL 上述溶液，置于 100 mL 容量瓶中，加入 5 mL 盐酸溶液、20 mL 硫脲-抗坏血酸混合液，不断摇动至白色絮状物全部溶解，用水稀释至刻度，摇匀。放置 15 min，使用双道原子荧光光度计测量试样溶液的吸光度(推荐的仪器工作条件参见附录 B)。从工作曲线中查出试样溶液中砷的质量(μg)。

### A.8.5 结果计算

砷(As)的质量分数 $w_5$，数值以毫克每千克(mg/kg)表示，按式(A.5)计算：

$$w_5=\frac{m_1\times 1\,000}{m\times 1\,000} \qquad \text{(A.5)}$$

式中：

$m_1$ ——从工作曲线上查得的试样溶液中砷的质量的数值，单位为微克(μg)；

$m$ ——试样的质量的数值，单位为克(g)；

1 000——换算因子。

实验结果以平行测定结果的算术平均值为准。在重复性条件下获得的两次独立测定结果的绝对差值不大于 1 mg/kg。

# 附 录 B
# 双道原子荧光光度计仪器工作条件

推荐的双道原子荧光光度计仪器工作条件见表 B.1。

表 B.1 双道原子荧光光度计仪器工作条件表

| | |
|---|---|
| 灯电流/mA | 60 |
| 辅助阴极电流/mA | 30 |
| 负高压/V | 300 |
| 原子化器高度/mm | 6 |
| 原子化器温度/℃ | 200 |
| 载气(空气)流量/(mL/min) | 300 |
| 屏蔽气(空气)流量/(mL/min) | 80 |
| 读数时间/s | 10 |
| 延迟时间/s | 1 |
| 进样体积/mL | 0.5 |
| 重复次数/次 | 1 |
| 读数方式 | 峰面积 |
| 还原剂浓度 | 20 g/L 硼氢化钾溶液 |
| 载流 | 5%(体积分数)盐酸溶液 |

中华人民共和国国家标准

GB 29211—2012

# 食品安全国家标准
# 食品添加剂　硫酸亚铁

2012-12-25 发布　　　　2013-01-25 实施

中华人民共和国卫生部　发布

# 食品安全国家标准
# 食品添加剂　硫酸亚铁

## 1　范围

本标准适用于铁与硫酸反应，经精制生产的食品添加剂七水合硫酸亚铁和硫酸亚铁干燥品。

## 2　化学名称、分子式和相对分子质量

### 2.1　化学名称

七水合硫酸亚铁
硫酸亚铁干燥品

### 2.2　分子式

七水合硫酸亚铁：$FeSO_4 \cdot 7H_2O$
硫酸亚铁干燥品：$FeSO_4 \cdot nH_2O$

### 2.3　相对分子质量

七水合硫酸亚铁：278.01（按2007年国际相对原子质量）

## 3　术语和定义

下列术语和定义适用于本文件。

### 3.1　硫酸亚铁干燥品

七水合硫酸亚铁经过加热烘干工艺生产的硫酸亚铁。加热烘干的程度不同，硫酸亚铁干燥品中含有不同比例的一水合硫酸亚铁和四水合硫酸亚铁。

## 4　技术要求

### 4.1　感官要求

应符合表1的规定。

表1　感官要求

| 项目 | 要求 | | 检验方法 |
|---|---|---|---|
| | 七水合硫酸亚铁 | 硫酸亚铁干燥品 | |
| 色泽 | 灰色或蓝绿色 | 灰白色或淡绿色 | 取适量试样置于50 mL烧杯中，在自然光下观察色泽和状态 |
| 状态 | 粒状晶体 | 粉末 | |

## 4.2 理化指标

应符合表2的规定。

**表2 理化指标**

| 项　目 | 指标 | | 检验方法 |
|---|---|---|---|
| | 七水合硫酸亚铁 | 硫酸亚铁干燥品 | |
| 硫酸亚铁含量，$w$/% | （以 $FeSO_4 \cdot 7H_2O$ 计）99.5～104.5 | （以 $FeSO_4$ 计）86.0～89.0 | 附录A中A.4 |
| 铅(Pb)/(mg/kg)　　≤ | 2 | | 附录A中A.5 |
| 汞(Hg)/(mg/kg)　　≤ | 1 | | 附录A中A.6 |
| 砷(As)/(mg/kg)　　≤ | 3 | | GB/T 5009.76 |
| 酸不溶物，$w$/%　　≤ | — | 0.05 | 附录A中A.7 |

# 附 录 A
# 检 验 方 法

## A.1 警示

本标准的试样具有强腐蚀性，检验方法中使用的部分试剂具有毒性或腐蚀性，操作时应采取适当的安全和防护措施。

## A.2 一般规定

本标准所用试剂和水在没有注明其他要求时，均指分析纯试剂和GB/T 6682—2008中规定的三级水。试验中所用标准滴定溶液、杂质测定用标准溶液、制剂及制品，在没有注明其他要求时，均按GB/T 601、GB/T 602、GB/T 603之规定制备。所用溶液在未注明用何种溶剂配制时，均指水溶液。

## A.3 鉴别试验

### A.3.1 试剂和材料

A.3.1.1 铁氰化钾溶液：100 g/L。

A.3.1.2 氯化钡溶液：100 g/L。

A.3.1.3 盐酸溶液：1+1。

A.3.1.4 乙酸铅溶液：80 g/L。

A.3.1.5 乙酸铵溶液：100 g/L。

### A.3.2 仪器和设备

酸度计：分度值为0.02。

### A.3.3 鉴别方法

#### A.3.3.1 亚铁离子的鉴别

称取约0.2 g试样，溶于10 mL水中，滴加铁氰化钾溶液，生成深蓝色沉淀。

#### A.3.3.2 硫酸根的鉴别

A.3.3.2.1 取约1 g试样，溶于20 mL水，加入氯化钡溶液，即产生白色沉淀，此白色沉淀不溶于盐酸溶液。

A.3.3.2.2 取约1 g试样，溶于20 mL水，加入乙酸铅溶液，即产生白色沉淀，此白色沉淀溶于乙酸铵溶液。

A.3.3.2.3 取约1 g试样，溶于20 mL水，加入盐酸不产生沉淀。

#### A.3.3.3 酸性的鉴别

称取10 g±0.01 g试样，溶于100 mL水中，搅拌均匀。使用已校准的酸度计测量溶液的pH，应为3.7±0.5。

## A.4 硫酸亚铁含量的测定

### A.4.1 方法提要

在酸性介质中，用硫酸铈标准滴定溶液滴定，以1,10-菲啰啉-亚铁作指示剂指示终点。

### A.4.2 试剂和材料

**A.4.2.1** 硫酸溶液：$c(1/2H_2SO_4)=2$ mol/L。

**A.4.2.2** 1,10-菲啰啉-亚铁指示液：将0.700 g硫酸亚铁（$FeSO_4 \cdot 7H_2O$）溶于100 mL 15 g/L的1,10-菲啰啉溶液中，溶液保存于密闭容器内。

**A.4.2.3** 硫酸铈标准滴定溶液：$c(CeSO_4)=0.1$ mol/L。

### A.4.3 分析步骤

称取约1 g七水合硫酸亚铁试样或约0.6 g硫酸亚铁干燥品，精确至0.000 2 g，置于500 mL锥形瓶中，加25 mL刚刚煮沸并冷却的水和25 mL硫酸溶液溶解，加入数滴1,10-菲啰啉-亚铁指示液，用硫酸铈标准滴定溶液由红色变为浅蓝色。

同时进行空白试验。空白试验除不加试样外，其他操作及加入试剂的种类和量（标准滴定溶液除外）与测定试验相同。

### A.4.4 结果计算

硫酸亚铁（以$FeSO_4 \cdot 7H_2O$计或以$FeSO_4$计）含量的质量分数$w_1$，按式（A.1）计算：

$$w_1=\frac{(V-V_0)cM}{m\times 1000}\times 100\% \qquad \cdots\cdots\cdots\cdots(A.1)$$

式中：

$V$ ——滴定试样溶液消耗的硫酸铈标准滴定溶液的体积的数值，单位为毫升（mL）；

$V_0$ ——滴定空白试样溶液消耗的硫酸铈标准滴定溶液的体积的数值，单位为毫升（mL）；

$c$ ——硫酸铈标准滴定溶液浓度的准确数值，单位为摩尔每升（mol/L）；

$m$ ——试样的质量的数值，单位为克（g）；

$M$ ——七合硫酸亚铁（$FeSO_4 \cdot 7H_2O$）、硫酸亚铁（$FeSO_4$）的摩尔质量的数值，单位为克每摩尔（g/mol）[$M(FeSO_4 \cdot 7H_2O)=278.01$，$M(FeSO_4)=151.91$]；

1000 ——换算因子。

实验结果以平行测定结果的算术平均值为准。在重复性条件下获得的两次独立测定结果的绝对差值不大于0.3%。

## A.5 铅（Pb）的测定

### A.5.1 试剂和材料

**A.5.1.1** 盐酸溶液：3+1。

**A.5.1.2** 抗坏血酸-碘化钠溶液：100 mg/mL抗酸血酸溶液与192.5 mg/mL碘化钠水溶液等比例混合。

**A.5.1.3** 三正辛基氧膦溶液：称取5.0 g三正辛基氧膦转移到100 mL容量瓶中，用甲基异丁基甲酮溶解并稀释至刻度，摇匀。

**警告**：三正辛基氧膦具有刺激性，避免与眼睛、皮肤和衣服接触。

**A.5.1.4** 铅(Pb)标准溶液:0.1 mg/mL。

**A.5.1.5** 水:符合 GB/T 6682—2008 中二级水的规定。

### A.5.2 仪器和设备

原子吸收分光光度计:配有铅空心阴极灯。

### A.5.3 分析步骤

#### A.5.3.1 标准比对溶液的制备

移取 1.0 mL 铅标准溶液至 100 mL 容量瓶中,用水稀释至刻度,摇匀。移取 2.0 mL 此溶液至 50 mL 容量瓶中,加入 10 mL 盐酸溶液、10 mL 水、20 mL 抗坏血酸-碘化钠溶液、5.0 mL 三正辛基氧膦溶液,振摇 30 s,静置分层。向容量瓶中加水,使有机层升至容量瓶的颈部,再次摇匀并静置。

#### A.5.3.2 试样溶液的配制

称取 1.0 g 试样,精确至 0.01 g,置于 100 mL 容量瓶中,加入 10 mL 盐酸溶液、10 mL 水,振摇使试样溶解,再加入 20 mL 抗坏血酸-碘化钠溶液、5.0 mL 三正辛基氧膦溶液,振摇 30 s,静置分层。向容量瓶中加水,使有机层升至容量瓶的颈部,再次摇匀并静置。

#### A.5.3.3 测定

使用乙炔-空气火焰,在波长 283.3 nm 处将原子吸收分光光度计调至最佳工作状态,以甲基异丁基甲酮调零,测量试样溶液和标准比对溶液的吸光度,试样溶液的吸光度不应大于标准比对溶液的吸光度。

## A.6 汞(Hg)的测定

称取 3 g 试样,精确值 0.01 g,加入 30 mL 硝酸溶液(1.7 mol/L),在蒸汽浴上加热溶解。在冰浴中冷却至室温,用已分别以硝酸溶液(1.7 mol/L)和水冲洗过的滤纸过滤。在滤液中加入 20 mL 乙酸钠溶液和 1 mL 盐酸羟胺溶液。同时制备空白试样溶液。然后按照 GB/T 5009.17 中规定方法进行测定。

## A.7 酸不溶物的测定

### A.7.1 试剂和材料

硫酸溶液:1+99。

### A.7.2 仪器和设备

**A.7.2.1** 玻璃砂芯坩埚:滤板孔径为 5 μm~15 μm。

**A.7.2.2** 电热恒温干燥箱:能控制温度在 105 ℃±2 ℃。

### A.7.3 分析步骤

称取约 2 g 试样,精确至 0.1 g,置于 500 mL 烧杯中,加入 20 mL 刚加热至沸的硫酸溶液使之溶解。然后加热至沸,盖上表面皿,在蒸气浴上加热 1 h。用已于 105 ℃±2 ℃下干燥至质量恒定的玻璃砂芯坩埚趁热过滤,用水洗涤 3 次~5 次。将玻璃砂芯坩埚移入电热恒温干燥箱中,在 105 ℃±2 ℃下干燥至质量恒定。

**A.7.4 结果计算**

酸不溶物含量的质量分数 $w_2$，按式(A.2)计算：

$$w_2 = \frac{m_1 - m_2}{m} \times 100\% \qquad \cdots\cdots(A.2)$$

式中：

$m_1$——玻璃砂芯坩埚和不溶物的质量的数值，单位为克(g)；

$m_2$——玻璃砂芯坩埚的质量的数值，单位为克(g)；

$m$ ——试样质量的数值，单位为克(g)。

实验结果以平行测定结果的算术平均值为准。在重复性条件下获得的两次独立测定结果的绝对差值不大于0.005%。

中华人民共和国国家标准

GB 29212—2012

# 食品安全国家标准
## 食品添加剂　羰基铁粉

2012-12-25 发布　　2013-01-25 实施

中华人民共和国卫生部　发布

# 食品安全国家标准
# 食品添加剂　羰基铁粉

## 1　范围

本标准适用于以海绵铁为原料，与一氧化碳反应合成五羰基铁，五羰基铁经热分解制得的食品添加剂羰基铁粉。

## 2　化学名称、分子式和相对分子质量

### 2.1　化学名称

羰基铁

### 2.2　分子式

Fe

### 2.3　相对分子质量

55.85（按2007年国际相对原子质量）

## 3　技术要求

### 3.1　感官要求

应符合表1的规定。

表1　感官要求

| 项目 | 要　求 | 检验方法 |
|---|---|---|
| 色泽 | 黑灰色 | 取适量试样置于50 mL烧杯中，在自然光下观察色泽和状态 |
| 状态 | 粉末 | |

### 3.2　理化指标

应符合表2的规定。

表2　理化指标

| 项　　目 | | 指　标 | 检验方法 |
|---|---|---|---|
| 铁(Fe)含量，$w$/% | ≥ | 98.0 | 附录A中A.4 |
| 砷(As)/(mg/kg) | ≤ | 3 | 附录A中A.5 |
| 铅(Pb)/(mg/kg) | ≤ | 4 | 附录A中A.6 |

表 2（续）

| 项　　目 | | | 指　标 | 检验方法 |
|---|---|---|---|---|
| 汞(Hg)/(mg/kg) | | ≤ | 2 | 附录 A 中 A.7 |
| 酸不溶物，$w$/% | | ≤ | 0.2 | 附录 A 中 A.8 |
| 细度，$w$/% | 通过 75 μm 标准筛 | | 100 | 附录 A 中 A.9 |
| | 通过 45 μm 标准筛 | ≥ | 95 | |

# 附 录 A
# 检 验 方 法

## A.1 警示

本标准的检验方法中使用的部分试剂具有毒性或腐蚀性，操作时应采取适当的安全和防护措施。

## A.2 一般规定

本标准所用试剂和水，在没有注明其他要求时，均指分析纯试剂和 GB/T 6682—2008 规定的三级水。试验中所用标准滴定溶液、杂质测定用标准溶液、制剂及制品，在没有注明其他要求时均按 GB/T 601、GB/T 602、GB/T 603 之规定制备。所用溶液在未注明用何种溶剂配制时，均指水溶液。

## A.3 鉴别试验

### A.3.1 试剂和材料

A.3.1.1 盐酸溶液：2＋8。

A.3.1.2 铁氰化钾溶液：100 g/L。

A.3.1.3 氢氧化钠溶液：40 g/L。

### A.3.2 鉴别方法

将少量试样溶于盐酸溶液中，有氢气逸出，停止后加入铁氰化钾溶液，生成不溶于盐酸溶液的黑蓝色沉淀。此沉淀可被氢氧化钠溶液分解，生成绿白色沉淀，颜色很快转变为绿色，振荡后变为棕色。

## A.4 铁(Fe)含量的测定

### A.4.1 方法提要

试样在隔绝空气条件下加酸溶解后，以 1,10-菲啰啉-亚铁作指示剂，用硫酸铈标准滴定溶液滴定，溶液由红色变为淡蓝色，根据所消耗的硫酸铈标准溶液的量计算铁含量。

### A.4.2 试剂和材料

A.4.2.1 硫酸溶液：3＋100。

A.4.2.2 硫酸铈标准滴定溶液：$c[Ce(SO_4)_2]=0.1$ mol/L。

A.4.2.3 1,10-菲啰啉-亚铁指示液。

### A.4.3 分析步骤

称取约 0.2 g 试样，精确至 0.000 2 g，置于 250 mL 锥形瓶，加 50 mL 硫酸溶液，盖上连有本生阀的瓶塞(本生阀的制作方法是在塞子上插入一根连有一短段橡胶管的玻璃管，橡胶管的侧面有一狭长的切口，其另一端插入一段玻璃棒，使气体能够逸出，而空气不能进入)。在蒸汽浴上加热锥形瓶，使试样溶解，冷却，加 50 mL 沸腾并冷却的水稀释，加 2 滴 1,10-菲啰啉-亚铁指示液，用硫酸铈标准滴定溶液滴定至红色变为淡蓝色，即为终点。

同时进行空白试验。空白试样溶液除不加试样外，其他操作和加入的试剂与试样溶液相同。

### A.4.4 结果计算

铁(Fe)含量的质量分数 $w_1$，按式(A.1)计算：

$$w_1 = \frac{(V_1 - V_0)cM}{m \times 1\,000} \times 100\% \quad \cdots\cdots\cdots\cdots (A.1)$$

式中：

$V_1$ ——滴定试样溶液所消耗的硫酸铈标准滴定溶液的体积的数值，单位为毫升(mL)；

$V_0$ ——滴定空白试样溶液所消耗的硫酸铈标准滴定溶液的体积的数值，单位为毫升(mL)；

$c$ ——硫酸铈标准滴定溶液的浓度的准确数值，单位为摩尔每升(mol/L)；

$m$ ——试样质量的数值，单位为克(g)；

$M$ ——铁(Fe)的摩尔质量的数值，单位为克每摩尔(g/mol)($M$=55.85)；

1 000——换算因子。

实验结果以平行测定结果的算术平均值为准，在重复性条件下获得的两次独立测定结果的绝对差值不大于 0.3%。

## A.5 砷(As)的测定

称取 1.00 g±0.01 g 试样，置于锥形瓶中，加入 25 mL 硫酸溶液(3+100)，蒸汽浴上加热至氢气停止逸出。冷却，加 4 mL 盐酸，以下操作按照 GB/T 5009.76 规定的方法进行测定。

## A.6 铅(Pb)的测定

### A.6.1 试剂和材料

A.6.1.1 盐酸。

A.6.1.2 硝酸。

A.6.1.3 甲基异丁基甲酮。

A.6.1.4 盐酸溶液：4+5。

A.6.1.5 硝酸溶液：1+1。

A.6.1.6 抗坏血酸-碘化钠溶液：称取 20 g 抗坏血酸和 38.5 g 碘化钠，加水溶解，转移到 200 mL 容量瓶中，用水稀释至刻度，摇匀。

A.6.1.7 三正辛基氧膦溶液：称取 5.0 g 三正辛基氧膦转移到 100 mL 容量瓶中，用甲基异丁基甲酮溶解并稀释至刻度，摇匀。

**警告**：三正辛基氧膦溶液具有刺激性，避免与眼睛、皮肤和衣服接触。

A.6.1.8 铅(Pb)标准溶液：0.002 mg/mL。

A.6.1.9 水：符合 GB/T 6682—2008 中二级水的规定。

### A.6.2 仪器和设备

原子吸收分光光度计：配有铅空心阴极灯。

A.6.3 分析步骤

A.6.3.1 玻璃仪器的清洗

所有配制溶液的玻璃容器用前应在硝酸溶液中浸泡 30 min,并用自来水反复冲洗,最后用水冲洗干净。

A.6.3.2 试样溶液的制备

称取 1.00 g±0.01 g 试样,置于 50 mL 烧杯中,盖上表面皿,缓慢地加入 8 mL 盐酸、2 mL 硝酸,待反应平静后,在蒸汽浴上蒸发至干,冷却。加入 10 mL 盐酸溶液溶解残渣,如果需要可适当加热。溶解后,用 10 mL 水冲洗转移到 125 mL 分液漏斗中,加入 20 mL 抗坏血酸-碘化钠溶液、5 mL 三正辛基氧膦溶液,振摇 30 s,静置分层,弃去水相,将有机相放入 10 mL 具塞刻度管中,备用。

A.6.3.3 标准参比溶液的制备

取 2 mL 铅标准溶液于 50 mL 烧杯中,盖上表面皿,缓慢地加入 8 mL 盐酸、2 mL 硝酸,在蒸汽浴上蒸发至干,冷却。加入 10 mL 盐酸溶液溶解残渣,用 10 mL 水冲洗转移到 125 mL 分液漏斗中,加入 20 mL 抗坏血酸-碘化钠溶液、5 mL 三正辛基氧膦溶液,振摇 30 s,静置分层,弃去水相,将有机相放入 10 mL 具塞刻度管中,备用。

A.6.4 测定

在波长 283.3 nm 处,使用空气-乙炔火焰,将原子吸收分光光度计调至最佳工作状态,以甲基异丁基甲酮调零,分别测量标准参比溶液、试样溶液的吸光度,试样溶液的吸光度不应大于标准参比溶液的吸光度。

A.7 汞(Hg)的测定

称取 2.00 g±0.01 g 试样,置于 250 mL 烧杯中,加入 20 mL 硝酸溶液(1+2),在蒸汽浴上消解 45 min。加 5 mL 盐酸溶液(1+3),继续在蒸汽浴上加热直到试样完全溶解。冷却至室温,过滤,其他操作按照 GB/T 5009.17 规定的方法进行测定。

A.8 酸不溶物的测定

A.8.1 试剂和材料

A.8.1.1 硫酸溶液:3+100。

A.8.1.2 氯化钡($BaCl_2 \cdot 2H_2O$)溶液:122 g/L。

A.8.2 仪器和设备

A.8.2.1 电热恒温干燥箱:温度可控制在 105 ℃±2 ℃。

A.8.2.2 玻璃砂芯坩埚:滤板孔径 5 μm~15 μm。

A.8.3 分析步骤

称取 1.00 g±0.01 g 试样,置于 100 mL 烧杯中,加 25 mL 硫酸溶液。蒸汽浴上加热,直至氢气逸尽。用预先于 105 ℃±2 ℃干燥至质量恒定的玻璃砂芯坩埚过滤。用水洗涤至滤液无硫酸盐反应(用氯化钡溶液检验)，置于电热恒温干燥箱中，于 105 ℃±2 ℃下干燥 1 h，冷却，称量。

**A.8.4 结果计算**

酸不溶物的质量分数 $w_2$，按式(A.2)计算：

$$w_2=\frac{m_2-m_1}{m}\times 100\% \qquad \cdots\cdots(A.2)$$

式中：

$m_1$——玻璃砂芯坩埚的质量的数值，单位为克(g)；

$m_2$——玻璃砂芯坩埚和不溶物的质量的数值，单位为克(g)；

$m$ ——试样质量的数值，单位为克(g)。

实验结果以平行测定结果的算术平均值为准，在重复性条件下获得的两次独立测定结果的绝对差值不大于 0.1%。

## A.9 细度的测定

### A.9.1 仪器和设备

**A.9.1.1** 振筛机：摇动频率 270 r/min～300 r/min，振动频率 140 次/min～160 次/min。

**A.9.1.2** 试验筛：$\phi$200×50—0.075/0.05，$\phi$200×50—0.045/0.032 GB/T 6003.1—1997。

### A.9.2 分析步骤

将试验筛按筛孔尺寸由小至大、自下而上安装好。称取约 100 g 试样，精确至 0.01 g，倒入最上层试验筛中，盖上筛盖，固定在振筛机上，开启振筛机，振筛 15 min，将筛余物缓慢倒入已称重的玻璃纸上，用干燥软毛刷轻轻刷扫，最后轻敲收集筛余物，准确称量。

### A.9.3 结果计算

细度的质量分数 $w_3$，按式(A.3)计算：

$$w_3=\frac{m-m_1}{m}\times 100\% \qquad \cdots\cdots(A.3)$$

式中：

$m$ ——试样质量的数值，单位为克(g)；

$m_1$——筛余物的质量的数值，单位为克(g)。

实验结果以平行测定结果的算术平均值为准，在重复性条件下获得的两次独立测定结果的绝对差值不大于 2%。

# 中华人民共和国国家标准

GB 29213—2012

# 食品安全国家标准
# 食品添加剂 硝酸钾

2012-12-25 发布　　2013-01-25 实施

中华人民共和国卫生部 发布

# 食品安全国家标准
# 食品添加剂　硝酸钾

## 1　范围

本标准适用于以硝酸铵、硝酸钠和氯化钾为原料，经复分解法或离子交换法等方法生产的，再经精制而得的食品添加剂硝酸钾。

## 2　化学名称、分子式和相对分子质量

### 2.1　化学名称

硝酸钾

### 2.2　分子式

$KNO_3$

### 2.3　相对分子质量

101.1(按 2007 年国际相对原子质量)

## 3　技术要求

### 3.1　感官要求

应符合表 1 的规定。

表 1　感官要求

| 项　　目 | 要　　求 | 检　验　方　法 |
|---|---|---|
| 色泽 | 无色透明或白色 | 取适量试样置于 50 mL 烧杯中，在自然光下观察色泽和状态 |
| 状态 | 粒状晶体或结晶状粉末 | |

### 3.2　理化指标

应符合表 2 的规定。

表 2　理化指标

| 项　　目 | 指　　标 | 检　验　方　法 |
|---|---|---|
| 硝酸钾($KNO_3$)含量(以干基计)，$w$/% | 99.0～100.5 | 附录 A 中 A.4 |
| 干燥减量，$w$/%　　$\leqslant$ | 1.0 | 附录 A 中 A.5 |

表 2（续）

| 项　　目 | 指　　标 | 检 验 方 法 |
|---|---|---|
| 氯酸盐 | 通过试验 | 附录 A 中 A.6 |
| 砷(As)/(mg/kg) ≤ | 3 | GB /T 5009.76 |
| 铅(Pb)/(mg/kg) ≤ | 4 | GB 5009.12 |

# 附 录 A
# 检 验 方 法

## A.1 警示

本标准的检验方法中使用的部分试剂具有毒性或腐蚀性，操作时应采取适当的安全和防护措施。

## A.2 一般规定

本标准所用试剂和水，在没有注明其他要求时，均指分析纯试剂和 GB/T 6682—2008 中规定的三级水。本标准试验中所需标准滴定溶液、杂质测定用标准溶液、制剂和制品，在没有注明其他要求时均按 GB/T 601、GB/T 602、GB/T 603 之规定制备。所用溶液在未注明用何种溶剂配制时，均指水溶液。

## A.3 鉴别试验

### A.3.1 试剂和材料

**A.3.1.1** 乙酸。

**A.3.1.2** 乙醇。

**A.3.1.3** 酒石酸钠溶液：100 g/L。

**A.3.1.4** 氨水溶液：4+6。

**A.3.1.5** 高锰酸钾溶液：$c(1/5KMnO_4)=0.1$ mol/L。称取 3.161 g 高锰酸钾，用适量水溶解后，再稀释定容至 1 000 mL。

### A.3.2 鉴别方法

#### A.3.2.1 钾离子的鉴别

称取 1 g 试样溶于 10 mL 水中，加入酒石酸钠，生成白色晶体沉淀，在氨试样溶液中、碱性氢氧化物和碳酸盐溶液中可被溶解。搅拌、用玻璃棒摩擦试管内壁或加入少量的乙酸或乙醇可以加速沉淀的生成。

#### A.3.2.2 硝酸根离子的鉴别

**A.3.2.2.1** 称取 1 g 试样溶于 10 mL 水中，滴入高锰酸钾溶液中不会引起褪色反应。

**A.3.2.2.2** 将试样置于铜箔上，滴加硫酸，加热时，放出棕红色的烟。

## A.4 硝酸钾($KNO_3$)含量的测定

### A.4.1 试剂和材料

**A.4.1.1** 氢氧化钠溶液：400 g/L。

**A.4.1.2** 硫酸溶液：$c(H_2SO_4)=0.1$ mol/L。

**A.4.1.3** 氢氧化钠标准滴定溶液：$c(NaOH)=0.1$ mol/L。

**A.4.1.4** 甲基红-亚甲基蓝混合指示液。

A.4.1.5　无氨的水。

A.4.1.6　定氮合金：粒径不大于 0.85 mm。

**A.4.2　仪器和设备**

A.4.2.1　蒸馏仪器：按图 A.1 配备或其他具有相同蒸馏能力的定氮蒸馏仪器。

A.4.2.2　沸石。

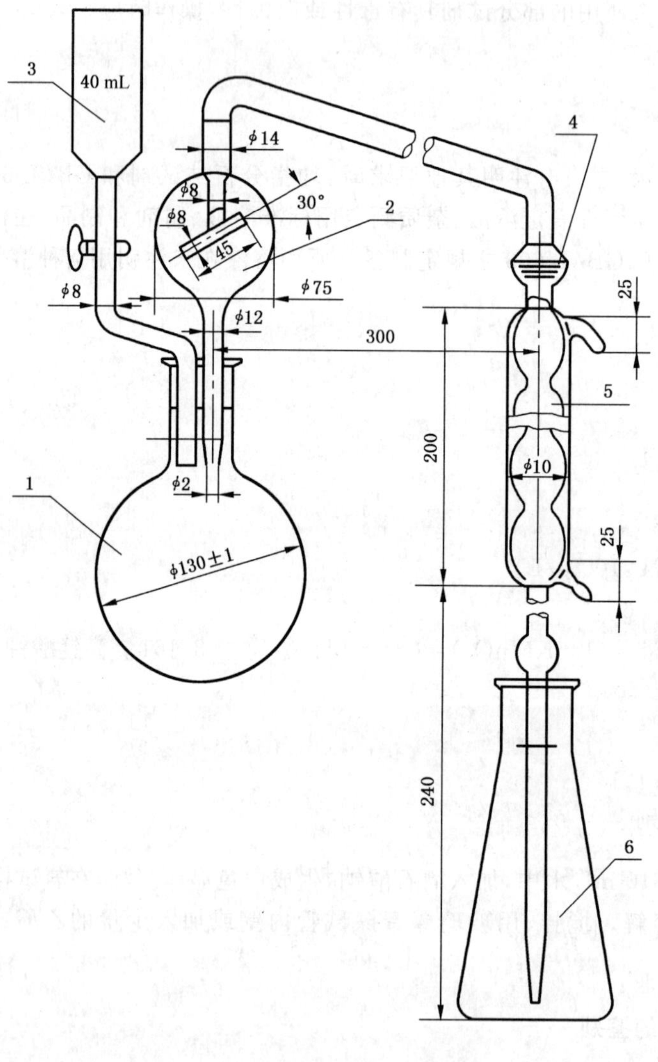


1——蒸馏瓶；
2——防溅球管；
3——滴液漏斗；
4——球型磨口或橡胶塞；
5——球形冷凝管；
6——吸收瓶。

**图 A.1　蒸馏仪器图**

**A.4.3　分析步骤**

称取已于 105 ℃±2 ℃干燥 4 h 的 0.4 g 样品，精确至 0.000 2 g。在蒸馏瓶中加 300 mL 无氨的水，摇动使试样溶解。加入约 3 g 定氮合金和几粒沸石，将蒸馏瓶连接于蒸馏装置上，接口处均应涂上硅脂以防止漏气。在吸收瓶中用移液管移入 50 mL 硫酸溶液，加 4 滴～5 滴甲基红-亚甲基蓝混合指示液，并与蒸馏装置连接。在吸收瓶中加适量水，以保证导流管出口位于吸收液液面下约 1.5 cm。通过蒸馏装置的分液漏斗加入 15 mL 氢氧化钠溶液，在溶液将流尽时加入 20 mL～30 mL 水冲洗漏斗，剩 3 mL～5 mL 水时关闭活塞。静置 10 min 后，开通冷却水，同时加热，沸腾时根据泡沫产生程度调节供热强度，避免泡沫溢出或液滴带出。蒸馏出至少 150 mL 馏出液后，用 pH 试纸检查液滴，如不呈碱性则结束蒸馏。用少量水冲洗导流管的下端，取下吸收瓶。用氢氧化钠标准滴定溶液滴定吸收瓶中的吸收液呈灰绿色为终点。

同时进行空白试验。空白试验除不加试样外，其他操作及加入试剂的种类和量(标准滴定溶液除外)与测定试验相同。

### A.4.4 结果计算

硝酸钾($KNO_3$)含量的质量分数 $w_1$，按式(A.1)计算：

$$w_1=\frac{[(V_0-V_1)/1\,000]cM}{m}\times 100\% \qquad \text{(A.1)}$$

式中：

$V_0$ ——空白试验所消耗的氢氧化钠标准滴定溶液的体积的数值，单位为毫升(mL)；

$V_1$ ——滴定试样溶液所消耗的氢氧化钠标准滴定溶液的体积的数值，单位为毫升(mL)；

$c$ ——氢氧化钠标准滴定溶液浓度的准确数值，单位为摩尔每升(mol/L)；

$M$ ——硝酸钾($KNO_3$)的摩尔质量的数值，单位为克每摩尔(g/mol)($M$=101.1)；

$m$ ——试样的质量的数值，单位为克(g)；

1 000——换算因子。

实验结果以平行测定结果的算术平均值为准，在重复性条件下获得的两次独立测定结果的绝对差值不大于 0.3%。

## A.5 干燥减量的测定

### A.5.1 仪器和设备

**A.5.1.1** 称量瓶：$\phi$30 mm×25 mm。

**A.5.1.2** 电热恒温干燥箱：能控制温度在 105 ℃±2 ℃。

### A.5.2 分析步骤

在预先于 105 ℃±2 ℃下干燥至质量恒定的称量瓶中称取约 2 g 试样，精确到 0.000 2 g，在 105 ℃±2 ℃下干燥 4 h，冷却 30 min，称量。

### A.5.3 结果计算

干燥减量的质量分数 $w_2$，按式(A.2)计算：

$$w_2=\frac{m_1-m_2}{m}\times 100\% \qquad \text{(A.2)}$$

式中：

$m_1$——试样和称量瓶的质量的数值，单位为克(g)；

$m_2$——干燥后试样和称量瓶质量的数值，单位为克(g)；

$m$ ——试样的质量的数值，单位为克(g)。

实验结果以平行测定结果的算术平均值为准，在重复性条件下获得的两次独立测定结果的绝对差值不大于0.2%。

## A.6 氯酸盐的测定

称取约0.1 g已于105 ℃±2 ℃下干燥4 h后的试样于烧杯中，加入2 mL硫酸，试样保持白色，没有气味和气体产生，即为通过试验。

# 中华人民共和国国家标准

GB 29214—2012

# 食品安全国家标准
# 食品添加剂　亚铁氰化钠

2012-12-25 发布　　2013-01-25 实施

中华人民共和国卫生部　发布

# 食品安全国家标准
# 食品添加剂　亚铁氰化钠

## 1　范围

本标准适用于以氰化钠和硫酸亚铁或者以还原铁粉、氢氧化钠和氰化氢为原料生产的食品添加剂亚铁氰化钠。

## 2　化学名称、分子式和相对分子质量

### 2.1　化学名称

十水合亚铁氰化钠

### 2.2　分子式

$Na_4Fe(CN)_6 \cdot 10H_2O$

### 2.3　相对分子质量

484.06(按2007年国际相对原子质量)

## 3　技术要求

### 3.1　感官要求

应符合表1的规定。

表1　感官要求

| 项目 | 要　求 | 检验方法 |
|---|---|---|
| 色泽 | 淡黄色 | 取适量试样置于50 mL烧杯中,在自然光下观察色泽和状态 |
| 状态 | 粒状或粉状晶体 | |

### 3.2　理化指标

应符合表2的规定。

表2　理化指标

| 项　目 | 指　标 | 检验方法 |
|---|---|---|
| 亚铁氰化钠[$Na_4Fe(CN)_6 \cdot 10H_2O$]含量,$w$/%　≥ | 99.0 | 附录A中A.4 |
| 氰化物 | 通过试验 | 附录A中A.5 |
| 铁氰化物 | 通过试验 | 附录A中A.6 |

表 2（续）

| 项　　目 | | 指　标 | 检验方法 |
|---|---|---|---|
| 氯化物(以 Cl 计),$w$/% | ≤ | 0.2 | 附录 A 中 A.7 |
| 硫酸盐(以 $SO_4$ 计),$w$/% | ≤ | 0.07 | 附录 A 中 A.8 |
| 干燥减量,$w$/% | ≤ | 1.0 | 附录 A 中 A.9 |
| 水不溶物,$w$/% | ≤ | 0.03 | 附录 A 中 A.10 |
| 砷(As)/(mg/kg) | ≤ | 3 | GB/T 5009.76 |
| 铅(Pb)/(mg/kg) | ≤ | 5 | GB 5009.12 |

# 附 录 A
# 检 验 方 法

## A.1 警示

本标准的检验方法中使用的部分试剂具有毒性或腐蚀性，操作时应采取适当的安全和防护措施。

## A.2 一般规定

本标准所用试剂和水在没有注明其他要求时，均指分析纯试剂和 GB/T 6682—2008 中规定的三级水。试验中所用标准滴定溶液、杂质测定用标准溶液、制剂及制品，在没有注明其他要求时，均按 GB/T 601、GB/T 602、GB/T 603 的规定制备。所用溶液在未注明用何种溶剂配制时，均指水溶液。

## A.3 鉴别试验

### A.3.1 试剂和材料

氯化铁($FeCl_3 \cdot 6H_2O$)溶液：100 g/L。

### A.3.2 鉴别方法

称取 0.1 g 试样，溶于 10 mL 水中，加入 1 mL 氯化铁溶液，有蓝黑色沉淀生成。

## A.4 亚铁氰化钠[$Na_4Fe(CN)_6 \cdot 10H_2O$]含量的测定

### A.4.1 方法提要

在酸性介质中，硫酸铈与亚铁氰化钠发生氧化还原反应，根据硫酸铈标准滴定溶液的消耗量计算亚铁氰化钠含量。

### A.4.2 试剂和材料

**A.4.2.1** 硫酸。

**A.4.2.2** 硫酸铈标准滴定溶液：$c[Ce(SO_4)_2]=0.1$ mol/L。

**A.4.2.3** 1,10-菲罗啉-亚铁指示液。

### A.4.3 分析步骤

称取约 1.5 g 试样，精确至 0.000 2 g，置于 500 mL 锥形瓶中，加入 225 mL 水溶解，沿瓶壁缓缓加入 25 mL 硫酸，边摇边加入 3 滴 1,10-菲罗啉-亚铁指示液，用硫酸铈标准滴定溶液滴定至颜色由桔黄色变为纯黄色。

同时做空白试验，除不加试样外，其他加入的试剂量与试样溶液的完全相同，并与试样同时同样处理。

**A.4.4 结果计算**

亚铁氰化钠[$Na_4Fe(CN)_6 \cdot 10H_2O$]含量的质量分数 $w_1$，按式(A.1)计算：

$$w_1=\frac{c(V-V_0)M/1\,000}{m}\times 100\% \qquad \text{(A.1)}$$

式中：

$c$ ——硫酸铈标准滴定溶液浓度的准确数值，单位为摩尔每升(mol/L)；

$V$ ——滴定试样溶液所消耗硫酸铈标准滴定溶液体积的数值，单位为毫升(mL)；

$V_0$ ——滴定空白试样溶液消耗硫酸铈标准滴定溶液体积的数值，单位为毫升(mL)；

$m$ ——试样的质量的数值，单位为克(g)；

$M$ ——亚铁氰化钠[$Na_4Fe(CN)_6 \cdot 10H_2O$]的摩尔质量数值，单位为克每摩尔(g/mol)($M$=484.06)；

1 000——换算因子。

实验结果以平行测定结果的算术平均值为准。在重复性条件下获得的两次独立测定结果的绝对差值不大于 0.3%。

**A.5 氰化物的测定**

**A.5.1 试剂和材料**

**A.5.1.1** 硫酸铜溶液：1 g/L。将 0.1 g 硫酸铜溶于 100 mL 氨水溶液(1+15)中。

**A.5.1.2** 滤纸：将一条滤纸用硫酸铜溶液润湿，并将湿的滤纸置于硫化氢气体中，使滤纸呈棕色。

**A.5.2 分析步骤**

称取约 1 g 试样，溶解于 100 mL 水中。滴 1 滴此溶液于滤纸(A.5.1.2)上，应无白色环状产生。

**A.6 铁氰化物的测定**

**A.6.1 试剂和材料**

**A.6.1.1** 硝酸铅溶液：10 g/L。

**A.6.1.2** 对二氨基联苯的乙酸(1+2)饱和溶液。

**A.6.2 分析步骤**

称取约 0.1 g 试样，溶解于 100 mL 水中，滴 1 滴此溶液于点滴板上，加 1 滴硝酸铅，再加几滴对二氨基联苯的乙酸(1+2)饱和溶液，不应有蓝色沉淀或蓝色出现。

**A.7 氯化物(以 Cl 计)的测定**

**A.7.1 试剂和材料**

**A.7.1.1** 硝酸溶液：1+4。

**A.7.1.2** 硝酸银溶液：17 g/L。

**A.7.1.3** 无氯化物的硫酸铜溶液：50 g/L。称取 5 g 无氯化物的硫酸铜(用分析纯的五水合硫酸铜重结晶两次制得)，溶于水，稀释至 100 mL。

A.7.1.4　氯化物(Cl)标准溶液:0.01 mg/mL。

A.7.1.5　蓝色石蕊试纸。

### A.7.2　分析步骤

称取0.50 g±0.01 g试样,加水溶解后,在搅拌下滴加12.5 mL无氯化物的硫酸铜溶液,搅匀,将此溶液转移至100 mL容量瓶中,用水稀释至刻度,摇匀。待上层溶液澄清后,干过滤,弃去初始20 mL。移取5.00 mL滤液置于50 mL比色管中,加水至25 mL,用硝酸溶液中和(以蓝色石蕊试纸检验),再加入1 mL硝酸溶液,1 mL硝酸银溶液,用水稀释至刻度,摇匀。避光放置10 min,所呈浊度不应深于标准比浊溶液。

标准比浊液的制备:移取5.00 mL氯标准溶液于50 mL比色管中,加水至约25 mL,滴加无氯化物的硫酸铜溶液,使其颜色与稀释至25 mL的试样溶液的颜色相同,加入1 mL硝酸溶液,1 mL硝酸银溶液,用水稀释至刻度,摇匀。避光放置10 min。

## A.8　硫酸盐(以$SO_4$计)的测定

### A.8.1　试剂和材料

A.8.1.1　盐酸溶液:1+3。

A.8.1.2　氯化钡溶液:250 g/L。

A.8.1.3　硫酸盐($SO_4$)标准溶液:0.05 mg/mL。

A.8.1.4　蓝色石蕊试纸。

### A.8.2　分析步骤

称取0.50 g±0.01 g试样,置于50 mL比色管中,加入30 mL水溶解试样,用盐酸溶液中和至蓝色石蕊试纸变红,再加入1 mL盐酸溶液,3 mL氯化钡溶液,用水稀释至刻度,摇匀。放置10 min,所呈浊度不应深于标准比浊溶液。

标准比浊溶液的制备:移取7.00 mL硫酸盐标准溶液于50 mL比色管中,加入1 mL盐酸溶液,3 mL氯化钡溶液,用水稀释至刻度,摇匀。放置10 min。

## A.9　干燥减量的测定

### A.9.1　仪器和设备

电热恒温干燥箱:温度可控制在105 ℃±2 ℃。

### A.9.2　分析步骤

称取约2 g试样,精确至0.000 2 g。置于预先于105 ℃±2 ℃干燥至质量恒定的称量瓶中,于105 ℃±2 ℃电热恒温干燥箱中干燥至质量恒定。

### A.9.3　结果计算

干燥减量的质量分数$w_2$,按式(A.2)计算:

$$w_2 = \frac{(m - m_1) - 0.372\,1 \times m w_1}{m} \times 100\% \qquad \cdots\cdots(A.2)$$

式中：

$m$ ——干燥前的质量的数值，单位为克(g)；

$m_1$ ——干燥后的质量的数值，单位为克(g)；

$w_1$ ——按 A.4 测定的亚铁氰化钠含量的数值；

0.372 1——亚铁氰化钠中结晶水的分子质量与亚铁氰化钠[$Na_4Fe(CN)_6 \cdot 10H_2O$]的分子质量之比。

实验结果以平行测定结果的算术平均值为准。在重复性条件下获得的两次独立测定结果的绝对差值不大于 0.05%。

### A.10 水不溶物的测定

#### A.10.1 试剂和材料

硫酸铁铵溶液：50 g/L。

#### A.10.2 仪器和设备

**A.10.2.1** 玻璃砂芯坩埚：滤板孔径 5 μm～15 μm。

**A.10.2.2** 电热恒温干燥箱：能控制温度在 105 ℃±2 ℃。

#### A.10.3 分析步骤

称取约 50 g 试样，精确至 0.01 g，置于 400 mL 烧杯中，加 300 mL 热水使试样溶解。趁热用预先于 105 ℃±2 ℃干燥至质量恒定的玻璃砂芯坩埚过滤，用热水洗涤至滤液中无亚铁氰化钠(用硫酸铁铵溶液检验)。置于电热恒温干燥箱中，于 105 ℃±2 ℃干燥至质量恒定。

#### A.10.4 结果计算

水不溶物含量的质量分数 $w_3$，按式(A.3)计算：

$$w_3 = \frac{m_1 - m_2}{m} \times 100\% \qquad \cdots\cdots\cdots (A.3)$$

式中：

$m_1$——玻璃砂芯坩埚和残渣的质量的数值，单位为克(g)；

$m_2$——玻璃砂芯坩埚的质量的数值，单位为克(g)；

$m$ —— 试样的质量的数值，单位为克(g)。

实验结果以平行测定结果的算术平均值为准。在重复性条件下获得的两次独立测定结果的绝对差值不大于 0.003%。

# 中华人民共和国国家标准

GB 29215—2012

# 食品安全国家标准

# 食品添加剂　植物活性炭（木质活性炭）

2012-12-25 发布　　2013-01-25 实施

中华人民共和国卫生部　发布

# 食品安全国家标准
## 食品添加剂　植物活性炭(木质活性炭)

## 1　范围

本标准适用于以木屑、竹子、椰壳或果壳等植物材料经物理法或化学法制得的食品添加剂植物活性炭(木质活性炭)。

## 2　分子式和相对分子质量

### 2.1　分子式

C。

### 2.2　相对分子质量

12.01(按 2007 年国际相对原子质量)

## 3　技术要求

### 3.1　感官要求

应符合表 1 的规定。

表 1　感官要求

| 项　目 | 要　求 | 检验方法 |
| --- | --- | --- |
| 色泽 | 黑色 | 取适量试样置于 50 mL 烧杯中,在自然光下观察色泽和状态 |
| 状态 | 粉末或颗粒 | |

### 3.2　理化指标

应符合表 2 的规定。

表 2　理化指标

| 项　　目 | | 指　　标 | 检验方法 |
| --- | --- | --- | --- |
| 碘吸附值(以干基计)/(mg/g) | ≥ | 400 | GB/T 12496.8 |
| 硫酸盐灰分(以干基计),$w$/% | ≤ | 7.0 | 附录 A 中 A.4 |
| 氰化物 | | 通过试验 | GB/T 12496.14 |
| 高级芳香烃 | | 通过试验 | 附录 A 中 A.5 |
| 水溶物(以干基计),$w$/% | ≤ | 4.0 | 附录 A 中 A.6 |
| 砷(As)(以干基计)/(mg/kg) | ≤ | 3 | 附录 A 中 A.7 |
| 铅(Pb)(以干基计)/(mg/kg) | ≤ | 5 | 附录 A 中 A.8 |

# 附 录 A
# 检 验 方 法

## A.1 警示

本标准的检验方法中使用的部分试剂具有毒性或腐蚀性,操作时应采取适当的安全和防护措施。

## A.2 一般规定

本标准所用试剂和水,在没有注明其他要求时,均指分析纯试剂和 GB/T 6682—2008 中规定的三级水。试验中所用标准滴定溶液、杂质测定用标准溶液、制剂及制品,在没有注明其他要求时,均按 GB/T 601、GB/T 602、GB/T 603 之规定制备。所用溶液在未注明用何种溶剂配制时,均指水溶液。

## A.3 鉴别试验

### A.3.1 试剂和材料

**A.3.1.1** 盐酸溶液:5%。

**A.3.1.2** 碘溶液:在 100 mL 水中溶解 14.0 g 碘和 36.0 g 碘化钾,加 3 滴盐酸,用水稀释至 1 000 mL,摇匀。

### A.3.2 鉴别方法

取约 3.0 g 试样,置于盛有 10 mL 盐酸溶液的碘量瓶中,煮沸并保持 30 s,冷却到室温,加 100 mL 碘溶液,塞上瓶塞,剧烈振摇 30 s。用中速定性滤纸过滤,弃去初滤液 20 mL,滤液转移到 50 mL 比色管中至刻度,与参比溶液比对,其颜色不应深于参比溶液。

参比溶液:用移液管移取 10 mL 碘溶液置于 50 mL 比色管中,用水稀释至刻度,摇匀。

## A.4 硫酸盐灰分的测定

### A.4.1 试剂和材料

**A.4.1.1** 碳酸铵。

**A.4.1.2** 硫酸。

**A.4.1.3** 硫酸溶液:1+19。

### A.4.2 仪器和设备

**A.4.2.1** 瓷坩埚:30 mL。

**A.4.2.2** 高温炉:能控制温度在 800 ℃±25 ℃。

### A.4.3 分析步骤

称取约 0.5 g 试样,精确至 0.000 2 g,置于预先于 800 ℃±25 ℃下干燥至质量恒定的瓷坩埚中,加入足够量的硫酸溶液，浸润全部样品。置于电热板上缓慢加热，直到样品干燥并完全炭化，继续加热直到所有样品挥发或几乎所有的炭都被氧化，冷却至室温。加 0.1 mL 硫酸润湿残渣，按上述方式继续加热直到残余物和过量的硫酸被蒸发，为促进硫酸的挥发可在加入硫酸的残渣中加几粒碳酸铵。继续在 800 ℃±25 ℃下灼烧至质量恒定。

### A.4.4 结果计算

硫酸盐灰分的质量分数 $w_1$，按式(A.1)计算：

$$w_1=\frac{m_1-m_2}{m\times(100\%-w_4)}\times 100\% \quad \cdots\cdots(A.1)$$

式中：

$m_1$——灼烧后残渣和坩埚的质量的数值，单位为克(g)；

$m_2$——坩埚的质量的数值，单位为克(g)；

$m$ ——试样的质量的数值，单位为克(g)；

$w_4$——按附录 B 测定的干燥减量的质量分数，%。

实验结果以平行测定结果的算术平均值为准。在重复性条件下获得的两次独立测定结果的绝对差值不大于 0.5%。

## A.5 高级芳香烃试验

### A.5.1 试剂和材料

A.5.1.1 环己烷。

A.5.1.2 硫酸奎宁标准使用溶液：1 mL 溶液含硫酸奎宁[$(C_{20}H_{24}N_2O_2)_2\cdot H_2SO_4$]0.1 μg。

称取 1.048 g 硫酸奎宁[$(C_{20}H_{24}N_2O_2)_2\cdot H_2SO_4\cdot 2H_2O$]，置于 1 000 mL 容量瓶中，溶解于硫酸溶液(3+1 000)中，用硫酸溶液(3+1 000)稀释至刻度，摇匀。该溶液为硫酸奎宁标准溶液Ⅰ，1 mL 溶液含硫酸奎宁[$(C_{20}H_{24}N_2O_2)_2\cdot H_2SO_4$]1 mg。

用移液管移取 1 mL 硫酸奎宁标准溶液Ⅰ，置于 100 mL 容量瓶中，用硫酸溶液(3+1 000)稀释至刻度，摇匀。该溶液为硫酸奎宁标准溶液Ⅱ，1 mL 溶液含硫酸奎宁[$(C_{20}H_{24}N_2O_2)_2\cdot H_2SO_4$]0.01 mg。

用移液管移取 1 mL 硫酸奎宁标准溶液Ⅱ，置于 100 mL 容量瓶中，用硫酸溶液(3+1 000)稀释至刻度，摇匀。该溶液为硫酸奎宁标准使用溶液，1 mL 溶液含硫酸奎宁[$(C_{20}H_{24}N_2O_2)_2\cdot H_2SO_4$]0.1 μg，该溶液现用现配。

### A.5.2 仪器和设备

A.5.2.1 索式提取器装置图，见图 A.1。

A.5.2.2 比色管：10 mL。

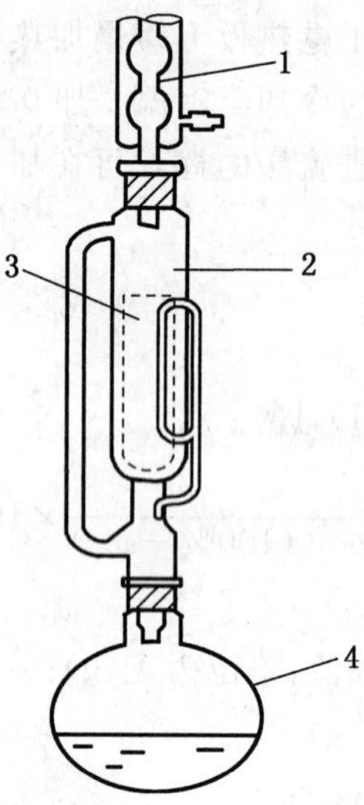


1——冷凝管；

2——索式提取器；

3——滤纸包；

4——烧瓶(50 mL)。

**图 A.1 索式提取器装置图**

### A.5.3 分析步骤

称取已通过 71 μm 试验筛并按附录 B 干燥的试样 1.00 g±0.01 g，用干净的滤纸包裹严密，置于索式提取器中，在烧瓶中加入 12.0 mL 环己烷，按图 A.1 连接好装置，将烧瓶置于 90 ℃～95 ℃水浴中连续提取 2 h。将提取液冷却后转移至比色管中。

标准溶液是将 10 mL 硫酸奎宁标准使用溶液置于比色管中。

在紫外灯(365 nm)下观察，样品溶液显示的颜色或荧光不超过标准溶液为通过试验。

## A.6 水溶物(以干基计)的测定

### A.6.1 仪器和设备

**A.6.1.1** 回流冷凝器。

**A.6.1.2** 电热恒温干燥箱：能控制温度 100 ℃±2 ℃。

### A.6.2 分析步骤

移取已通过 71 μm 试验筛并按附录 B 干燥的试样约 5 g，精确至 0.01 g。置于具有回流冷凝器和本生阀的 250 mL 干燥烧瓶中。加入 100.0 mL 水和几个玻璃球，加热回流 1 h。稍微冷却，然后使用中速定性滤纸进行干过滤，弃去最初的 10 mL 滤液。将其后的滤液冷却到室温。用移液管移取 25 mL 滤液，置于已于 100 ℃±2 ℃下干燥至质量恒定的蒸发皿中。将蒸发皿置于水浴上蒸发至滤液近干，在蒸发过程中不应使溶液沸腾。于 100 ℃±2 ℃下干燥至质量恒定。保留滤液 A 用于砷的测定。

### A.6.3 结果计算

水溶物的质量分数 $w_2$，按式(A.2)计算：

$$w_2=\frac{m_1-m_2}{m\times(25/100)}\times 100\% \quad\cdots\cdots(A.2)$$

式中：

$m_1$ ——干燥后残渣和蒸发皿的质量的数值，单位为克(g)；

$m_2$ ——蒸发皿的质量的数值，单位为克(g)；

$m$ ——试样的质量的数值，单位为克(g)；

25 ——移取试验溶液的体积，单位为毫升(mL)；

100——加入水的体积，单位为毫升(mL)。

实验结果以平行测定结果的算术平均值为准。在重复性条件下获得的两次独立测定结果的绝对差值不大于0.3%。

**A.7 砷(As)的测定**

移取20.00 mL保留的滤液A(A.6.2)，置于定砷仪中，作为试验溶液。以下按GB/T 5009.76进行测定。

**A.8 铅(Pb)的测定**

**A.8.1 方法提要**

用含硝酸的水萃取试样中的铅离子，在原子吸收分光光度计上，以空气-乙炔火焰，采用工作曲线法进行测定。

**A.8.2 试剂和材料**

**A.8.2.1** 硝酸。

**A.8.2.2** 硝酸溶液：1+5。

**A.8.2.3** 铅(Pb)标准溶液：0.10 mg/mL。

**A.8.2.4** 水：符合GB/T 6682—2008中二级水的规定。

**A.8.3 仪器和设备**

原子吸收分光光度计：配有铅空心阴极灯。

**A.8.4 测定步骤**

**A.8.4.1 仪器的清洗**

所用玻璃仪器均以硝酸溶液(A.8.2.2)浸泡过夜，用自来水反复冲洗，最后用水冲洗干净。

**A.8.4.2 工作曲线的绘制**

用移液管移取0 mL、0.50 mL、1.00 mL、1.50 mL铅标准溶液，分别置于四个50 mL容量瓶中，加1 mL硝酸，用水稀释至刻度，摇匀。在原子吸收分光光度计上，选用空气-乙炔火焰，于波长283.3 nm处，用水调零，选择最佳仪器工作条件，测量上述溶液的吸光度。

从标准溶液的吸光度中减去空白溶液的吸光度，以铅的浓度为横坐标，对应的吸光度为纵坐标，绘制工作曲线。

A.8.4.3 测定

称取约 5 g 试样，精确至 0.000 2 g，置于锥形瓶中，加 50 mL 水，加入 1 mL 硝酸，置于电炉上加热微沸腾 10 min，稍冷，用中速定性滤纸过滤，用少量水洗涤 3 次～5 次，洗液与滤液合并置于 50 mL 容量瓶中，冷却至室温，用水稀释至刻度，摇匀。

在原子吸收分光光度计上，选用空气-乙炔火焰，于波长 283.3 nm 处，用水调零，选择最佳仪器工作条件，测量试验溶液的吸光度。根据测得的吸光度，从工作曲线查出试验溶液中铅的浓度(mg/L)。

A.8.5 结果计算

铅(Pb)的质量分数 $w_3$，数值以毫克每千克(mg/kg)表示，按式(A.3)计算：

$$w_3=\frac{\rho\times 0.05\times 1\,000}{m\times(100\%-w_4)} \qquad \cdots\cdots\cdots\cdots(\text{A.3})$$

式中：

$\rho$ ——由工作曲线查出的铅浓度的数值，单位为毫克每升(mg/L)；

$m$ ——试样的质量的数值，单位为克(g)；

$w_4$ ——按附录 B 测定的干燥减量的质量分数，%；

0.05 ——容量瓶的容积，单位为升(L)；

1 000——换算因子。

实验结果以平行测定结果的算术平均值为准。在重复性条件下获得的两次独立测定结果的绝对差值不大于 2 mg/kg 。

# 附 录 B
# 干燥减量的测定

## B.1 仪器和设备

称量瓶：$\phi$50 mm×30 mm。

## B.2 分析步骤

使用已于 120 ℃±2 ℃下干燥至质量恒定的称量瓶称取 1 g～2 g 试样，精确至 0.000 2 g，于120 ℃±2 ℃下干燥 4 h。在干燥器中放置至室温后称量。

## B.3 结果计算

干燥减量的质量分数 $w_4$，按式(B.1)计算

$$w_4 = \frac{m_1 - m_2}{m} \times 100\% \qquad \text{(B.1)}$$

式中：

$m_1$——干燥前试样和称量瓶质量的数值，单位为克(g)；

$m_2$——干燥后试样和称量瓶质量的数值，单位为克(g)；

$m$ ——试样的质量的数值，单位为克(g)。

实验结果以平行测定结果的算术平均值为准。在重复性条件下获得的两次独立测定结果的绝对差值与算术平均值之比不大于 2%。

# 中华人民共和国国家标准

GB 29216—2012

# 食品安全国家标准
# 食品添加剂　丙二醇

2012-12-25 发布　　　　2013-01-25 实施

中华人民共和国卫生部　发布

# 食品安全国家标准
# 食品添加剂　丙二醇

## 1　范围

本标准适用于以环氧丙烷和水为原料，直接水合法制得的食品添加剂丙二醇。

## 2　分子式、结构式和相对分子质量

### 2.1　分子式

$C_3H_8O_2$

### 2.2　结构式

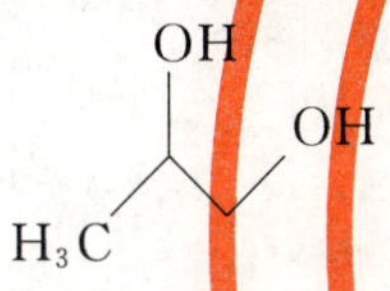


### 2.3　相对分子质量

76.10（按 2007 年国际相对原子质量）

## 3　技术要求

### 3.1　感官要求

应符合表 1 的规定。

**表 1　感官要求**

| 项目 | 要　　求 | 检验方法 |
|---|---|---|
| 色泽 | 无色 | 取适量样品，置于清洁、干燥的比色管中，在自然光线下，观察色泽和状态 |
| 状态 | 透明、无沉淀物和悬浮物的黏稠液体 | |

### 3.2　理化指标

应符合表 2 的规定。

表 2 理化指标

| 项目 | | | 指标 | 检验方法 |
|---|---|---|---|---|
| 丙二醇含量，$w$/% | | ≥ | 99.5 | 附录 A 中 A.4 |
| 沸程 | 初馏点/℃ | ≥ | 185 | GB/T 7534 |
| | 干点/℃ | ≤ | 189 | |
| 相对密度(25 ℃/25 ℃) | | | 1.035～1.037 | GB/T 4472 |
| 水分，$w$/% | | ≤ | 0.2 | GB/T 6283 |
| 酸度 | | | 通过试验 | 附录 A 中 A.5 |
| 烧灼残渣，$w$/% | | ≤ | 0.007 | 附录 A 中 A.6 |
| 铅(Pb)/(mg/kg) | | ≤ | 1 | 附录 A 中 A.7 |

# 附录A
# 检验方法

## A.1 警示

试验方法规定的一些试验过程可能导致危险情况,操作者应采取适当的安全和防护措施。

## A.2 一般规定

除非另有说明,在分析中仅使用确认为分析纯的试剂和GB/T 6682—2008中规定的三级水。

试验方法中所用标准滴定溶液、杂质测定用标准溶液、制剂及制品,在没有注明其他要求时,均按GB/T 601、GB/T 602和GB/T 603之规定制备。所用溶液,没有指明时均指水溶液。

## A.3 鉴别试验

采用红外吸收光谱法。样品的红外谱图与标准谱图比较,在波长3 800 $cm^{-1}$到650 $cm^{-1}$范围内的特征吸收峰应一致。

## A.4 丙二醇含量的测定

### A.4.1 方法提要

采用气相色谱法。在选定的色谱操作条件下,使样品汽化后经色谱柱分离,用热导检测器(TCD)检测,面积归一化法定量。

### A.4.2 试剂和材料

氦气:体积分数≥99.9%。

### A.4.3 仪器和设备

A.4.3.1 气相色谱仪:配有热导检测器(TCD),整机灵敏度和稳定性符合GB/T 9722的规定,线性范围满足分析要求。

A.4.3.2 色谱数据处理机或积分仪。

A.4.3.3 注射器:1 mL。

### A.4.4 色谱操作条件

本标准推荐的色谱柱和色谱操作条件见表A.1。其他能达到同等分离程度的色谱柱及色谱操作条件也可使用。

表 A.1 推荐的色谱柱和典型色谱操作条件

| | |
|---|---|
| 固定相 | 聚乙二醇-20M 涂敷在 0.25 mm～0.38 mm 的红色硅藻土担体上或适当的物料。固定液与担体质量分数比为 1∶25 |
| 填充色谱柱 | 不锈钢柱，1 m×8 mm(柱长×柱内径) |
| 柱箱温度 | 初始温度 120 ℃，以 5 ℃/min 的速度升温到 200 ℃ |
| 汽化室温度/℃ | 240 |
| 检测器温度/℃ | 250 |
| 载气(He)流量/(mL/min) | 75 |
| 进样量/μL | 10 |

### A.4.5 分析步骤

根据仪器说明书，调节仪器至表 A.1 所示的操作条件，待仪器稳定后即可进样测定。用校正面积归一化法定量。

色谱图中三个二丙二醇异构体的保留时间分别为 8.2 min、9.0 min 和 10.2 min。

### A.4.6 结果计算

丙二醇的质量分数 $w_1$，按式(A.1)计算：

$$w_1=\frac{A}{\sum A_i}\times(1-w_3)\times 100\% \qquad \text{(A.1)}$$

式中：

$A$ ——丙二醇的峰面积；

$A_i$ ——组分 $i$ 的峰面积；

$w_3$ ——测定的试样中水的质量分数的数值。

取两次平行测定结果的算术平均值为测定结果。两次平行测定结果的绝对差值不大于 0.1%。

## A.5 酸度的测定

### A.5.1 试剂和材料

A.5.1.1 氢氧化钠标准滴定溶液：$c(NaOH)=0.01$ mol/L。

A.5.1.2 酚酞指示液：10 g/L。

### A.5.2 分析步骤

在 250 mL 锥形瓶中加入约 50 mL 水，加入 3～6 滴酚酞指示液，用氢氧化钠标准滴定溶液滴定至溶液呈粉红色并保持 30 s。称取约 50 g 试样，精确至 0.01 g，加入该锥形瓶中，用氢氧化钠标准滴定溶液滴定至溶液呈粉红色并保持 15 s，消耗氢氧化钠标准滴定溶液体积应不超过 1.67 mL。

## A.6 灼烧残渣的测定

### A.6.1 试剂和材料

硫酸。

**A.6.2 仪器和设备**

**A.6.2.1** 坩埚:100 mL。

**A.6.2.2** 高温炉:能控温度 800 ℃±25 ℃。

**A.6.3 分析步骤**

称取约 50 g 试样,精确至 0.01 g,置于坩埚中,加热至试样点燃,停止加热,待试样燃尽,冷却坩埚,加入 5 mL 硫酸润湿残渣并加热至白烟消失。将坩埚放入高温炉中,于 800 ℃±25 ℃灼烧 15 min,取出坩埚放至干燥器中冷却,称量。

**A.6.4 结果计算**

灼烧残渣的质量分数 $w_2$,按式(A.2)计算:

$$w_2=\frac{(m_2-m_1)}{m}\times 100\% \qquad \text{(A.2)}$$

式中:

$m_1$——空坩埚质量的数值,单位为克(g);

$m_2$——坩埚加残渣质量的数值,单位为克(g);

$m$ ——试样质量的数值,单位为克(g)。

**A.7 铅(Pb)的测定**

按 GB 5009.12 规定的方法进行测定,试样的处理按 GB/T 5009.75 进行。采用石墨炉原子吸收光谱法时,可视试样情况将试样溶液进行适当的稀释。

中华人民共和国国家标准

GB 29217—2012

# 食品安全国家标准
## 食品添加剂　环己基氨基磺酸钙

2012-12-25 发布　　　　2013-01-25 实施

中华人民共和国卫生部　发布

# 食品安全国家标准

## 食品添加剂　环己基氨基磺酸钙

### 1　范围

本标准适用于以环己胺和氨基磺酸为原料反应生成环己基氨基磺酸后与氢氧化钙作用而制得的食品添加剂环己基氨基磺酸钙。

### 2　分子式、结构式和相对分子质量

#### 2.1　分子式

$$C_{12}H_{24}CaN_2O_6S_2 \cdot nH_2O(n=2\text{ 或 }4)$$

#### 2.2　结构式

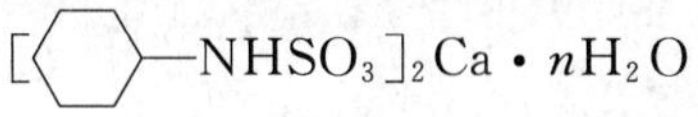


#### 2.3　相对分子质量

二水结晶品:432.57(按 2007 年国际相对原子质量)

四水结晶品:468.60(按 2007 年国际相对原子质量)

### 3　技术要求

#### 3.1　感官要求

应符合表 1 的规定。

**表 1　感官要求**

| 项　目 | 要　求 | 检验方法 |
|---|---|---|
| 色泽 | 白色 | 取适量样品,置于清洁、干燥的白瓷盘中,在自然光线下,目视观察色泽和状态 |
| 状态 | 粒状或粉状晶体 | |

#### 3.2　理化指标

应符合表 2 的规定。

表 2　理化指标

| 项　　目 | 指标 | | 检验方法 |
|---|---|---|---|
| | 二水结晶品 | 四水结晶品 | |
| 环己基氨基磺酸钙(以干基计)含量,$w$/% | 98.0～101.0 | | 附录 A 中 A.4 |
| 干燥减量,$w$/%　　　　　　≤ | 9.5 | 16.5 | 附录 A 中 A.5 |
| 环己胺/(mg/kg)　　　　　　≤ | 25 | | 附录 A 中 A.6 |
| 双环己胺 | 通过试验 | | 附录 A 中 A.7 |
| 铅(Pb)/(mg/kg)　　　　　　≤ | 1 | | 附录 A 中 A.8 |

# 附 录 A
# 检验方法

## A.1 警示

试验方法规定的一些试验过程可能导致危险情况，操作者应采取适当的安全和防护措施。

## A.2 一般规定

除非另有说明，在分析中仅使用确认为分析纯的试剂和GB/T 6682—2008中规定的三级水。

试验方法中所用标准滴定溶液、杂质测定用标准溶液、制剂及制品，在没有注明其他要求时，均按GB/T 601、GB/T 602和GB/T 603之规定制备。所用溶液在没有注明其他要求时，均指水溶液。

## A.3 鉴别试验

### A.3.1 试剂和材料

A.3.1.1 亚硝酸钠溶液：100 g/L。

A.3.1.2 盐酸溶液：1+3。

A.3.1.3 氯化钡溶液：50 g/L。

### A.3.2 鉴别方法

A.3.2.1 称取约1 g样品，溶于水并使成100 mL，作为试样溶液。取10 mL该试液，加1 mL盐酸溶液及1 mL氯化钡溶液混合，观察溶液，应呈透明；然后加1 mL亚硝酸钠溶液，生成白色沉淀且逸出气体。

A.3.2.2 取铁丝蘸取适量试样，在无色火焰中燃烧，火焰显砖红色。

## A.4 环己基氨基磺酸钙(以干基计)含量的测定

### A.4.1 方法提要

环己基氨基磺酸钙与亚硝酸钠反应完全后，过量的亚硝酸钠在酸性条件下与碘化钾反应生成碘，碘遇淀粉变蓝色。根据消耗亚硝酸钠标准滴定溶液的体积计算环己基氨基磺酸钙的含量。

### A.4.2 试剂和材料

A.4.2.1 盐酸溶液：1+1。

A.4.2.2 淀粉碘化钾试纸。

A.4.2.3 亚硝酸钠标准滴定溶液：$c(NaNO_2)=0.1$ mol/L。

### A.4.3 分析步骤

A.4.3.1 称取140 ℃干燥2 h后在冷凝器中刚刚冷却至室温的试样0.4 g，精确至0.000 2 g，于250 mL烧杯中。

**A.4.3.2** 加入 50 mL 水和 5 mL 盐酸溶液使之溶解。

**A.4.3.3** 用亚硝酸钠标准滴定溶液滴定，当滴定至最后 1 mL 滴定溶液时，应逐滴加入，直至用玻璃棒蘸 1 滴溶液于淀粉碘化钾试纸上立即出现蓝色，当滴定完全时，被滴液维持 1 min 仍能重现上述终点现象，即表明为滴定终点，记录消耗的亚硝酸钠标准滴定溶液的体积。

**A.4.3.4** 在测定的同时，按与测定相同的步骤，对不加试料而使用相同数量的试剂溶液做空白试验，记录消耗体积 $V_0$。

### A.4.4 结果计算

环己基氨基磺酸钙(以干基计)含量的质量分数 $w_1$，按式(A.1)计算：

$$w_1 = \frac{(V-V_0)cM}{m \times 1\,000} \times 100\% \qquad \cdots\cdots\text{(A.1)}$$

式中：

$V$ ——样品消耗亚硝酸钠标准滴定溶液的体积，单位为毫升(mL)；

$V_0$ ——空白消耗亚硝酸钠标准滴定溶液的体积，单位为毫升(mL)；

$c$ ——亚硝酸钠标准滴定溶液浓度的准确数值，单位为摩尔每升(mol/L)；

$m$ ——样品的质量，单位为克(g)；

1 000——换算因子；

$M$ ——环己基氨基磺酸钙的摩尔质量的数值，单位为克每摩尔(g/mol)($M$=198.27)。

取两次平行测定结果的算术平均值为报告结果。两次平行测定结果的绝对差值不大于 0.40%。

## A.5 干燥减量的测定

### A.5.1 分析步骤

称取约 2.0 g 样品，精确至 0.000 2 g，置于预先在 140 ℃±2 ℃干燥至质量恒定的称量瓶中。在 140 ℃±2 ℃的恒温干燥箱中干燥 2 h，置于干燥器中冷却 30 min 称量。

### A.5.2 结果计算

干燥减量的质量分数 $w_2$，按式(A.2)计算：

$$w_2 = \frac{m_1 - m_2}{m} \times 100\% \qquad \cdots\cdots\text{(A.2)}$$

式中：

$m$ ——干燥前试样的质量，单位为克(g)；

$m_1$——称量瓶和试样在干燥前的质量，单位为克(g)；

$m_2$——称量瓶和试样在干燥后的质量，单位为克(g)。

取两次平行测定结果的算术平均值为报告结果。两次平行测定结果的绝对差值不大于 0.20 %。

## A.6 环己胺的测定

### A.6.1 试剂和材料

**A.6.1.1** 无水硫酸钠。

**A.6.1.2** 碱性乙二胺四乙酸二钠溶液：称取乙二胺四乙酸二钠 100 g 和氢氧化钠 34 g，加水溶解，并用水稀释至 1 000 mL。

**A.6.1.3** 甲基橙硼酸溶液：称取甲基橙 2 g 和硼酸 35 g，加水 1 000 mL，置水浴上加热使其溶解，静置 24 h 以上。用前过滤。

**A.6.1.4** 三氯甲烷与正丁醇混合液：20+1。

**A.6.1.5** 甲醇与硫酸混合液：50+1。

**A.6.1.6** 环己胺标准溶液：每毫升含 0.002 5 mg 环己胺。称取环己胺 0.1 g，精确至 0.000 2 g，置 100 mL 容量瓶中，加水 50 mL 和盐酸 0.5 mL，溶解后用水稀释至刻度，摇匀。精确量取 5.0 mL，置于另一 100 mL 容量瓶中用水稀释至刻度，摇匀。精确量取此稀释液 5.0 mL 置 100 mL 容量瓶中，用水稀释至刻度，摇匀。

#### A.6.2 分析步骤

称取 10.0 g 试样，精确至 0.01 g，溶于约 60 mL 水中，置于 100 mL 容量瓶中，用水稀释至刻度，摇匀。准确吸取此溶液与环己胺标准溶液各 10.0 mL，分别置于两个 60 mL 分液漏斗中，分别依次加入碱性乙二胺四乙酸二钠盐溶液 10.0 mL、三氯甲烷与正丁醇混合液 15.0 mL，振摇 2 min，静置，取三氯甲烷层，各量取三氯甲烷提取液 10.0 mL，置于另两个 60 mL 分液漏斗中，各加入甲基橙硼酸溶液 2.0 mL，振摇 2 min，静置，取三氯甲烷层，各加入无水硫酸钠 1 g，振摇，静置，量取三氯甲烷溶液 5.0 mL，置于比色管中，各加入甲醇与硫酸混合液 0.5 mL，摇匀。试样溶液所显颜色不应深于标准。用分光光度计测定试样和标准吸光度：在 520 nm 波长下，用三氯甲烷校正零点，将溶液分别移入 1 cm 比色皿，测试结果试样吸光度不应大于标准吸光度。

### A.7 双环己胺的测定

#### A.7.1 试剂和材料

**A.7.1.1** 三氯甲烷：用水洗涤三次，每次用水量为三氯甲烷的 1/3，分出三氯甲烷层供测定用。

**A.7.1.2** 氢氧化钠溶液：40 g/L。

**A.7.1.3** 试剂 A：称取溴酚蓝 75 mg，加水 60 mL，加碳酸氢钠溶液（8.4 g/L）10 mL，搅拌使其溶解，以盐酸溶液（1+11）调 pH 至 4.0，用水稀释至 100 mL，摇匀，贮存于阴凉避光处，48 h 内使用。

**A.7.1.4** 试剂 B：量取盐酸溶液（1+11）200 mL，冰乙酸 166 mL 于 1 000 mL 容量瓶中，用水稀释至刻度，摇匀。

#### A.7.2 分析步骤

**A.7.2.1** 称取试样 10.0 g，精确至 0.01 g，于 250 mL 分液漏斗中，加碱性乙二胺四乙酸二钠溶液（A.6.1.2）100 mL 使其溶解，另取 100 mL 碱性乙二胺四乙酸二钠溶液（A.6.1.2）于另一个分液漏斗中做空白试验。

**A.7.2.2** 各加入 10 mL 氢氧化钠溶液，然后分别依次用 10 mL、10 mL、5 mL 三氯甲烷萃取，分别合并三氯甲烷萃取层于另两个分液漏斗中。

**A.7.2.3** 各加 100 mL 水，3 mL 试剂 B，1 mL 试剂 A，振摇 3 min 避光放置 30 min，静置分层后，分出三氯甲烷层于 25 mL 试管中，加三氯甲烷至 25 mL。

**A.7.2.4** 在 410 nm 波长下，用 5 cm 比色皿，以三氯甲烷调零，测定空白及试样溶液的吸光度。

**A.7.2.5** 试样溶液与空白吸光度之差不大于 0.15 为通过试验。

### A.8 铅（Pb）的测定

#### A.8.1 比色法（仲裁法）

按 GB/T 5009.75 进行测定（样品可不进行前处理）。

**A.8.2 原子吸收光谱法**

按 GB 5009.12 进行测定。采用石墨炉原子吸收光谱法时,可视样品情况将试样溶液进行适当的稀释。

# 中华人民共和国国家标准

GB 29218—2012

# 食品安全国家标准
## 食品添加剂　甲醇

2012-12-25 发布　　2013-01-25 实施

中华人民共和国卫生部　发布

# 食品安全国家标准

# 食品添加剂　甲醇

## 1　范围

本标准适用于以煤、天然气、轻油、重油为原料生产的食品添加剂甲醇。

## 2　分子式和相对分子质量

### 2.1　分子式

$CH_3OH$

### 2.2　相对分子质量

32.04(按2007年国际相对原子质量)

## 3　技术要求

### 3.1　感官要求

应符合表1的规定。

表1　感官要求

| 项　目 | 要　求 | 检验方法 |
|---|---|---|
| 色泽 | 无色 | 取适量样品，置于清洁、干燥的比色管中，在自然光线下，观察色泽和状态 |
| 状态 | 透明液体 | |

### 3.2　理化指标

应符合表2的规定。

表2　理化指标

| 项　　目 | | 指　标 | 检验方法 |
|---|---|---|---|
| 甲醇含量，$w$/% | ≥ | 99.5 | 附录A中A.4 |
| 水分，$w$/% | ≤ | 0.1 | GB 5009.3中卡尔·费休法 |
| 羰基化合物(以甲醛计)，$w$/% | ≤ | 0.010 | GB/T 6324.5—2008中4.2[a] |
| 蒸馏范围/℃ | | 64.5～65.5 | GB/T 7534 |
| 蒸发残渣/(mg/100 mL) | ≤ | 3 | GB/T 6324.2 |

表 2（续）

| 项　目 | | 指　标 | 检验方法 |
|---|---|---|---|
| 酸度(以甲酸计)/(mg/kg) | ≤ | 15 | 附录 A 中 A.5 |
| 碱度(以氨计)/(mg/kg) | ≤ | 3 | 附录 A 中 A.6 |
| 铅(Pb)/(mg/kg) | ≤ | 2 | GB 5009.12 |
| [a] 测定波长为 430 nm。 | | | |

# 附 录 A
# 检 验 方 法

## A.1 警示

试验方法规定的一些试验过程可能导致危险情况，操作者应采取适当的安全和防护措施。

## A.2 一般规定

除非另有说明，在分析中仅使用确认为分析纯的试剂和 GB/T 6682—2008 中规定的三级水。试验方法中所用标准滴定溶液、杂质测定用标准溶液、制剂及制品，在没有注明其他要求时，均按 GB/T 601、GB/T 602 和 GB/T 603 之规定制备；所用溶液在未注明溶剂时，均指水溶液。

## A.3 鉴别试验

### A.3.1 溶解性

易溶于水，乙醚和乙醇。

### A.3.2 折光率

按 GB/T 614 的规定进行测定。折光率 $n(20,D)$ 应为：1.328～1.330。

### A.3.3 密度

按 GB/T 4472 的规定进行测定。密度（$\rho_{20}$）应为 0.790 g/cm$^3$～0.793 g/cm$^3$。

### A.3.4 沸点

按照 GB/T 7534 中规定的方法进行测定。沸点应约为 65 ℃。

## A.4 甲醇含量的测定

### A.4.1 方法提要

在选定的工作条件下，样品经汽化通过色谱柱，各组分得以分离，用氢火焰离子化检测器检测。用面积归一化法测定甲醇的含量。

### A.4.2 试剂和材料

校准溶液（甲醇与 1,4-二氧杂环己烷混合液）：1＋250。

### A.4.3 仪器和设备

A.4.3.1 气相色谱仪：配有火焰离子化检测器，整机灵敏度和稳定性符合 GB/T 9722 中的有关规定。

A.4.3.2 记录仪：色谱数据处理机或色谱工作站。

A.4.3.3　进样器：微量注射器。

**A.4.4　色谱柱及典型色谱操作条件**

推荐的色谱柱和典型色谱操作条件见表A.1。其他能满足分析要求的色谱柱和色谱操作条件也可使用。

**表A.1　推荐的色谱柱和典型色谱操作条件**

| | |
|---|---|
| 色谱柱 | 柱长1.8 m，柱内径4 mm，填充物为105 μm～120 μm苯乙烯-二乙烯基苯极性单体共聚物 |
| 柱温/℃ | 160 |
| 汽化室温度/℃ | 200 |
| 检测器温度/℃ | 210 |
| 载气(氮气)流速/(mL/min) | 25 |
| 进样量/μL | 5～10 |

**A.4.5　分析步骤**

调节柱温和(或)载气的流速使甲醇的保留时间约为5 min～7 min。调节检测器使8 μL校准溶液产生的色谱峰在谱图量程范围的中间位置。注入5 μL～10 μL试样，获得色谱图，用面积归一化法测定甲醇的含量。

**A.4.6　结果计算**

甲醇的质量分数$w_1$，按式(A.1)计算：

$$w_1=\frac{A_1}{\sum A_i}\times 100\% \qquad \cdots\cdots(A.1)$$

式中：

$A_1$ ——甲醇的峰面积；

$\sum A_i$ ——所有组分的峰面积之和。

**A.5　酸度(以甲酸计)的测定**

**A.5.1　试剂和材料**

A.5.1.1　乙醇。

A.5.1.2　氢氧化钠标准滴定溶液：$c(NaOH)=0.02$ mol/L。

A.5.1.3　酚酞指示液：10 g/L。

**A.5.2　分析步骤**

将10 mL乙醇和25 mL水混合后加入0.5 mL酚酞指示液，用氢氧化钠标准滴定溶液滴定至第一次粉红色出现，并保持至少30 s。加19 mL(约15 g)样品，混匀，用氢氧化钠标准滴定溶液滴定，直到再次出现粉红色。氢氧化钠标准滴定溶液的用量应不大于0.25 mL。

**A.6 碱度(以氨计)的测定**

**A.6.1 试剂和材料**

A.6.1.1 硫酸标准滴定溶液:$c(1/2H_2SO_4)=0.02$ mol/L。

A.6.1.2 甲基红指示液:1 g/L。

**A.6.2 分析步骤**

向25 mL水中加入1滴甲基红指示液,用硫酸标准滴定溶液滴定至红色刚刚出现,加29 mL(约22.5 g)样品,混匀。用硫酸标准滴定溶液滴定使溶液再次出现红色,硫酸标准滴定溶液的用量应不大于0.2 mL。

中华人民共和国国家标准

GB 29219—2012

# 食品安全国家标准
## 食品添加剂　山梨糖醇

2012-12-25 发布　　2013-01-25 实施

中华人民共和国卫生部　发布

# 食品安全国家标准
## 食品添加剂　山梨糖醇

## 1　范围

本标准适用于以淀粉为原料，经水解、精制加工成葡萄糖，在催化剂的作用下高压氢化，再经过精制过程制得的食品添加剂山梨糖醇。

## 2　分子式、结构式和相对分子质量

### 2.1　分子式

$C_6H_{14}O_6$

### 2.2　结构式

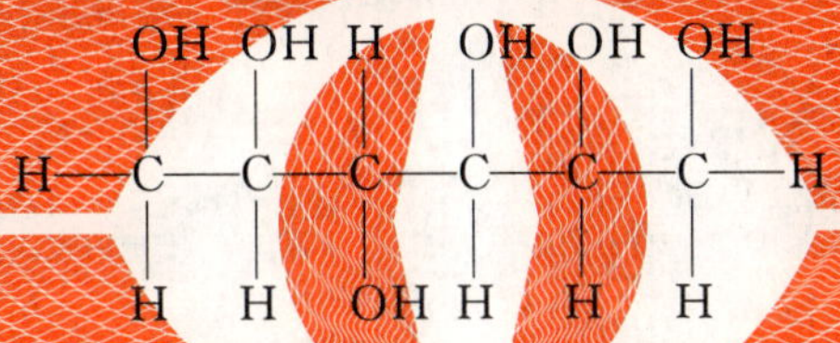

### 2.3　相对分子质量

182.17(按2007年国际相对原子质量)

## 3　技术要求

### 3.1　感官要求

应符合表1的规定。

**表1　感官要求**

| 项目 | 要　　求 | 检验方法 |
| --- | --- | --- |
| 色泽 | 白色 | 取适量样品置于清洁、干燥的白瓷盘中，在自然光线下，观察色泽和状态 |
| 状态 | 结晶性粉末、薄片或颗粒，具有吸湿性 | |

### 3.2　理化指标

应符合表2的规定。

表 2 理化指标

| 项　目 | | 指　标 | 检验方法 |
|---|---|---|---|
| 山梨糖醇(以干基计)含量，$w$/% | ≥ | 91.0 | 附录 A 中 A.3 |
| 水分，$w$/% | ≤ | 1.5 | GB 5009.3—2010 第二法或第四法(第四法为仲裁法) |
| 还原糖(以葡萄糖计)，$w$/% | ≤ | 0.3 | GB/T 5009.7 |
| 铅(Pb)/(mg/kg) | ≤ | 1.0 | GB 5009.12 |
| 硫酸盐(以 $SO_4$ 计)/(mg/kg) | ≤ | 100 | GB/T 9728 |
| 氯化物(以 Cl 计)/(mg/kg) | ≤ | 50 | GB/T 9729 |
| 镍(Ni)/(mg/kg) | ≤ | 2.0 | GB/T 5009.138 |
| 灼烧残渣，$w$/% | ≤ | 0.1 | 附录 A 中 A.4 |
| 总糖(以葡萄糖计)，$w$/% | ≤ | 1.0 | GB 7658—2005 中 4.9 |

# 附 录 A
# 检 验 方 法

## A.1 一般规定

本标准所用试剂和水，在没有注明其他要求时，均指分析纯试剂和 GB/T 6682—2008 规定的三级水。试验中所用标准溶液、杂质标准溶液、制剂及制品，在没有注明其他要求时，均按 GB/T 601、GB/T 602、GB/T 603 的规定制备。所用溶液在未注明溶剂时，均指水溶液。

## A.2 鉴别试验

在测定山梨糖醇含量试验中，试样溶液色谱图中的主峰保留时间应与标准溶液色谱图中的主峰保留时间一致。

## A.3 山梨糖醇(以干基计)含量的测定

### A.3.1 方法提要

用高效液相色谱法，在选定的工作条件下，以水作流动相，用高压输液泵将流动相泵入装有钙型强酸性阳离子交换树脂填充剂的色谱柱使样品溶液中各组分进行分离，用示差折光检测器进行检测，由数据处理系统记录和处理色谱信号。

### A.3.2 试剂和材料

A.3.2.1 水：符合 GB/T 6682—2008 规定的一级水。

A.3.2.2 山梨糖醇标准样品：纯度≥98%。

### A.3.3 仪器和设备

高效液相色谱仪，配备示差折光检测器。

### A.3.4 参考色谱条件

A.3.4.1 流动相：水(A.3.2.1)。

A.3.4.2 色谱柱：以钙型强酸性阳离子交换树脂为填充剂专用于糖及糖醇的分析柱，柱长 300 mm，柱内径 7.8 mm，或其他等效色谱柱。

A.3.4.3 流速：0.5 mL/min～1.0 mL/min。

A.3.4.4 柱温：70 ℃～90 ℃。

A.3.4.5 进样量：20 μL。

### A.3.5 分析步骤

#### A.3.5.1 标准溶液的制备

称取 5.0 g 山梨糖醇标准样品，精确至 0.000 2 g，于 100 mL 容量瓶，用流动相溶解，稀释定容至刻度，混匀。色谱分析前用 0.45 μm 微孔滤膜过滤。

**A.3.5.2 试样溶液的制备**

称取 5.0 g 试样，精确至 0.000 2 g，于 100 mL 容量瓶，用流动相溶解，稀释定容至刻度，混匀。色谱分析前用 0.45 μm 微孔滤膜过滤。

**A.3.5.3 测定**

在规定的色谱条件下，取标准溶液和试样溶液各 20 μL 分别注入液相色谱仪，记录所得的标准溶液山梨糖醇峰面积 $A_s$ 和试样溶液的山梨糖醇峰面积 $A_u$。

**A.3.6 结果计算**

山梨糖醇含量以山梨糖醇的质量分数 $w_1$ 计，按式(A.1)计算：

$$w_1 = \frac{A_u \times m_s \times w_s}{A_s \times m_u} \times 100\% \qquad \text{(A.1)}$$

式中：

$m_s$ ——山梨糖醇标准样品的质量的数值，单位为克(g)；

$m_u$ ——试样的干基质量的数值，单位为克(g)；

$A_s$ ——标准溶液中的山梨糖醇峰面积的数值；

$A_u$ ——试样溶液中的山梨糖醇峰面积的数值；

$w_s$ ——标准样品中山梨糖醇的质量分数，%。

实验结果以平行测定结果的算术平均值为准。在重复性条件下获得的两次独立测定结果的绝对差值不大于 0.5%。

## A.4 灼烧残渣的测定

**A.4.1 分析步骤**

称取试样 2 g，精确至 0.000 2 g，放入已质量恒定的坩埚中，加入足够量的硫酸以润湿试样，于电炉上加热炭化。然后移入高温炉中，于 800 ℃±25 ℃灼烧，使其完全灰化，然后称量至质量恒定。

**A.4.2 结果计算**

灼烧残渣的质量分数 $w_2$，按式(A.2)计算：

$$w_2 = \frac{m_2 - m_1}{m} \times 100\% \qquad \text{(A.2)}$$

式中：

$m$ ——试样的质量的数值，单位为克(g)；

$m_1$ ——空坩埚的质量的数值，单位为克(g)；

$m_2$ ——灼烧后残渣与坩埚的质量的数值，单位为克(g)。

实验结果以平行测定结果的算术平均值为准。在重复性条件下获得的两次独立测定结果的绝对差值不大于 0.02%。

中华人民共和国国家标准

GB 29220—2012

# 食品安全国家标准

# 食品添加剂　山梨醇酐三硬脂酸酯（司盘65）

2012-12-25 发布　　2013-01-25 实施

中华人民共和国卫生部　发布

# 食品安全国家标准

# 食品添加剂　山梨醇酐三硬脂酸酯（司盘65）

## 1　范围

本标准适用于以硬脂酸与失水山梨醇为原料，经酯化反应制得的食品添加剂山梨醇酐三硬脂酸酯（司盘65）。

## 2　化学名称

山梨醇酐三硬脂酸酯

## 3　技术要求

### 3.1　感官要求

应符合表1的规定。

表1　感官要求

| 项　目 | 要　求 | 检验方法 |
|---|---|---|
| 色泽 | 常温下为黄色至白色 | 取适量试样，置于清洁、干燥的白瓷盘中，在自然光线下目视观察色泽和状态 |
| 状态 | 常温下为蜡状固体 | |

### 3.2　理化指标

应符合表2的规定。

表2　理化指标

| 项　目 | 指　标 | 检验方法 |
|---|---|---|
| 脂肪酸，$w$/% | 85～92 | 附录A中A.4 |
| 多元醇，$w$/% | 14～21 | 附录A中A.5 |
| 酸值(以KOH计)/(mg/g)　≤ | 15 | 附录A中A.6 |
| 皂化值(以KOH计)/(mg/g) | 176～188 | 附录A中A.7 |
| 羟值(以KOH计)/(mg/g) | 66～80 | 附录A中A.8 |
| 水分，$w$/%　≤ | 1.5 | 附录A中A.9 |
| 灼烧残渣，$w$/%　≤ | 0.50 | GB/T 7531[a] |

表 2（续）

| 项　目 | | 指　标 | 检验方法 |
|---|---|---|---|
| 铅(Pb)/(mg/kg) | ≤ | 2 | GB 5009.12 |
| 凝固点/℃ | | 47～50 | 附录 A 中 A.10 |
| [a] 灼烧温度为 850 ℃±25 ℃。 | | | |

# 附 录 A
# 检 验 方 法

## A.1 警示

试验方法规定的一些试验过程可能导致危险情况，操作者应采取适当的安全和防护措施。

## A.2 一般规定

除非另有说明，在分析中仅使用确认为分析纯的试剂和 GB/T 6682—2008 中规定的三级水。

试验方法中所用标准滴定溶液、杂质测定用标准溶液、制剂及制品，在没有注明其他要求时，均按 GB/T 601、GB/T 602 和 GB/T 603 之规定制备。试验方法中所用溶液在未指明溶剂时，均指水溶液。

## A.3 鉴别试验

### A.3.1 脂肪酸酸值的测定

#### A.3.1.1 试剂和材料

**A.3.1.1.1** 无水乙醇。

**A.3.1.1.2** 氢氧化钠标准滴定溶液：$c(NaOH)=0.5\ mol/L$。

**A.3.1.1.3** 酚酞指示液：10 g/L。

#### A.3.1.2 分析步骤

称取约 3 g A.4.3.2 中的凝固物 D，精确至 0.001 g，置于锥形瓶中，加入 50 mL 无水乙醇溶解，必要时加热。加入 5 滴酚酞指示液，用氢氧化钠标准滴定溶液滴定至溶液呈粉红色，保持 30 s 不褪色为终点。

#### A.3.1.3 结果计算

脂肪酸酸值 $w_1$，以氢氧化钾(KOH)计，数值以毫克每克(mg/g)表示，按式(A.1)计算：

$$w_1=\frac{V_1\times c\times M}{m} \qquad \cdots\cdots(A.1)$$

式中：

$V_1$——氢氧化钠标准滴定溶液的体积的数值，单位为毫升(mL)；

$c$ ——氢氧化钠标准滴定溶液浓度的准确数值，单位为摩尔每升(mol/L)；

$m$ ——试样质量的数值，单位为克(g)；

$M$——氢氧化钾的摩尔质量的数值，单位为克每摩尔(g/mol)[$M=56.109$]。

取两次平行测定结果的算术平均值为报告结果。两次平行测定结果的绝对差值不大于 0.5(mg/g)。

#### A.3.1.4 结果判断

回收的脂肪酸酸值应为 190 mg/g～220 mg/g。

### A.3.2 多元醇显色试验

#### A.3.2.1 试剂和材料

A.3.2.1.1 硫酸。

A.3.2.1.2 邻苯二酚溶液:100 g/L,现用现配。

#### A.3.2.2 分析步骤

取A.5.2中的黏稠物E约2 g,加入2 mL邻苯二酚溶液,混匀;再加5 mL硫酸混匀,应显红或红褐色。

## A.4 脂肪酸的测定

### A.4.1 方法提要

样品通过皂化水解,经酸化后生成的脂肪酸和多元醇,通过反复萃取分离及浓缩干燥,得到回收脂肪酸的质量,称量计算脂肪酸的质量分数。

### A.4.2 试剂和材料

A.4.2.1 氢氧化钾。

A.4.2.2 乙醇(95%)。

A.4.2.3 石油醚。

A.4.2.4 硫酸溶液:1+2。

### A.4.3 分析步骤

A.4.3.1 皂化:称取约25 g试样,精确至0.01 g。置于500 mL烧瓶中,加入250 mL乙醇(95%)和7.5 g氢氧化钾。连接冷凝器,置于水浴中加热回流2 h。将皂化物转移至800 mL烧杯中,用约200 mL水洗涤烧瓶并转移至该烧杯中。将烧杯置于水浴上,蒸发直至乙醇挥发逸尽。用热水调节溶液的体积至约250 mL,为溶液A。

A.4.3.2 酸化、萃取分离:在加热搅拌下溶液A中加硫酸溶液,使其析出凝固物,再加入过量约10%的硫酸溶液,冷却分层。将上层凝固物转移至预先在80 ℃质量恒定的250 mL烧杯中,3次用20 mL热水洗涤,冷却后将洗液与下层溶液合并于500 mL分液漏斗中,3次用100 mL石油醚提取,静置分层。将下层溶液B转移至800 mL烧杯中;合并石油醚提取液于第二个500 mL分液漏斗中,3次用100 mL水洗涤。下层水洗液与溶液B合并为溶液C,留作测定多元醇含量用;转移上层石油醚提取液于盛凝固物的烧杯中,在水浴上浓缩至100 mL,于80 ℃干燥至质量恒定,得到回收的凝固物D作为脂肪酸的质量。称量后的凝固物D用作脂肪酸酸值的测定。

### A.4.4 结果计算

脂肪酸的质量分数$w_2$,按式(A.2)计算:

$$w_2=\frac{m_2-m_1}{m}\times 100\% \qquad \text{(A.2)}$$

式中:

$m_1$——250 mL烧杯质量的数值,单位为克(g);

$m_2$——250 mL烧杯加凝固物D的质量的数值,单位为克(g);

$m$ ——试样质量的数值，单位为克(g)。

取两次平行测定结果的算术平均值为报告结果。两次平行测定结果的绝对差值不应大于1%。

## A.5 多元醇的测定

### A.5.1 试剂和材料

A.5.1.1 无水乙醇。

A.5.1.2 氢氧化钾溶液：100 g/L。

### A.5.2 分析步骤

用氢氧化钾溶液中和 A.4.3.2 中得到的溶液 C 至 pH 为 7(用 pH 试纸检验)。将此溶液置于水浴上蒸发至白色结晶析出。然后 4 次用 150 mL 热无水乙醇提取残留物中的多元醇，合并提取液，用 G4 玻璃漏斗(滤板孔径 5 μm～15 μm)过滤，无水乙醇洗涤。滤液转移至另一个 800 mL 烧杯中，在水浴上浓缩至约 100 mL。再转移至预先在 80 ℃干燥至质量恒定的 250 mL 烧杯中，继续蒸发至黏稠状。在 80 ℃干燥至质量恒定，得到黏稠物 E 作为回收多元醇的质量。称量后的黏稠物 E 用作多元醇显色试验。

### A.5.3 结果计算

多元醇的质量分数 $w_3$，按式(A.3)计算：

$$w_3 = \frac{m_4 - m_3}{m} \times 100\% \qquad \cdots\cdots(A.3)$$

式中：

$m_3$——250 mL 烧杯的质量，单位为克(g)；

$m_4$——250 mL 烧杯加黏稠物 E 的质量，单位为克(g)；

$m$ ——A.4.4 中试样质量的数值，单位为克(g)。

取两次平行测定结果的算术平均值为报告结果。两次平行测定结果的绝对差值不应大于1%。

## A.6 酸值(以 KOH 计)的测定

### A.6.1 试剂和材料

A.6.1.1 异丙醇。

A.6.1.2 甲苯。

A.6.1.3 氢氧化钠标准滴定溶液：$c(NaOH)=0.1$ mol/L。

A.6.1.4 酚酞指示液：10 g/L。

### A.6.2 分析步骤

称取约 2.5 g 试样，精确至 0.000 2 g，置于锥形瓶中，加入异丙醇和甲苯各 40 mL，加热使其溶解。加入 5 滴酚酞指示液，用氢氧化钠标准滴定溶液滴定至溶液呈粉红色，保持 30 s 不褪色为终点。

### A.6.3 结果计算

酸值 $w_4$，以氢氧化钾(KOH)计，数值以毫克每克(mg/g)表示，按式(A.4)计算：

$$w_4 = \frac{V_2 \times c \times M}{m} \qquad \cdots\cdots(A.4)$$

式中：

$V_2$——氢氧化钠标准滴定溶液的体积的数值，单位为毫升(mL)；

$c$ ——氢氧化钠标准滴定溶液浓度的准确数值，单位为摩尔每升(mol/L)；

$m$ ——试样质量的数值，单位为克(g)；

$M$ ——氢氧化钾的摩尔质量的数值，单位为克每摩尔(g/mol)[$M$=56.109]。

取两次平行测定结果的算术平均值为报告结果。两次平行测定结果的绝对差值不应大于0.2 mg/g。

## A.7 皂化值(以KOH计)的测定

### A.7.1 试剂和材料

**A.7.1.1** 无水乙醇。

**A.7.1.2** 氢氧化钾乙醇溶液：40 g/L。

**A.7.1.3** 盐酸标准滴定溶液：$c$(HCl)=0.5 mol/L。

**A.7.1.4** 酚酞指示液：10 g/L。

### A.7.2 分析步骤

称取约2 g试样，精确至0.000 2 g，置于250 mL磨口锥形瓶中，加入25 mL±0.02 mL氢氧化钾乙醇溶液，连接冷凝管，于沸水浴中回流1 h，稍冷后用10 mL无水乙醇淋洗冷凝管，取下锥形瓶，加入5滴酚酞指示液，用盐酸标准滴定溶液滴定至溶液的红色刚刚消失，加热试液至沸。若出现粉红色，继续滴定至红色消失即为终点。

在测定的同时，按与测定相同的步骤，对不加试样而使用相同数量的试剂溶液做空白试验。

### A.7.3 结果计算

皂化值$w_5$，以氢氧化钾(KOH)计，数值以毫克每克(mg/g)表示，按式(A.5)计算：

$$w_5=\frac{(V_0-V_3)\times c\times M}{m} \qquad \text{(A.5)}$$

式中：

$V_0$——试样消耗盐酸标准滴定溶液体积的数值，单位为毫升(mL)；

$V_3$——空白试验消耗盐酸标准滴定溶液体积的数值，单位为毫升(mL)；

$c$ ——盐酸标准滴定溶液浓度的准确数值，单位为摩尔每升(mol/L)；

$m$ ——试样质量的数值，单位为克(g)；

$M$ ——氢氧化钾的摩尔质量的数值，单位为克每摩尔(g/mol)[$M$=56.109]。

取两次平行测定结果的算术平均值为报告结果。两次平行测定结果的绝对差值不应大于1 mg/g。

## A.8 羟值(以KOH计)的测定

### A.8.1 试剂和材料

**A.8.1.1** 吡啶：以酚酞为指示剂，用盐酸溶液(1+110)中和。

**A.8.1.2** 正丁醇：以酚酞为指示剂，用氢氧化钾乙醇标准滴定溶液中和。

**A.8.1.3** 乙酰化剂：乙酸酐与吡啶按1+3混匀，贮存于棕色瓶中。

**A.8.1.4** 氢氧化钾乙醇标准滴定溶液：$c$(KOH)=0.5 mol/L。

**A.8.1.5** 酚酞指示液：10 g/L。

### A.8.2 分析步骤

称取约1.2 g试样，精确至0.000 2 g，置于250 mL磨口锥形瓶中，加入5 mL±0.02 mL乙酰化剂，连接冷凝管，在水浴上加热回流1 h。从冷凝管上端加入10 mL水于锥形瓶中，继续加热10 min后，冷却至室温。用15 mL正丁醇冲洗冷凝管，拆下冷凝管，再用10 mL正丁醇冲洗瓶壁。加入8滴酚酞指示液，用氢氧化钾乙醇标准滴定溶液滴定至溶液呈粉红色即为终点。

在测定的同时，按与测定相同的步骤，对不加试样而使用相同数量的试剂溶液做空白试验。

为校正游离酸，称取约10 g试样，精确至0.01 g。置于锥形瓶中，加入30 mL吡啶，加入5滴酚酞指示液，用氢氧化钾乙醇标准滴定溶液滴定至溶液呈粉红色。

### A.8.3 结果计算

羟值 $w_6$，以氢氧化钾(KOH)计，数值以毫克每克(mg/g)表示，按式(A.6)计算：

$$w_6=\frac{(V_0-V_4)\times c\times M}{m}+\frac{V_5\times c\times M}{m_5} \qquad \text{( A.6 )}$$

式中：

$V_4$——试样消耗氢氧化钾乙醇标准滴定溶液体积的数值，单位为毫升(mL)；

$V_0$——空白试验消耗氢氧化钾乙醇标准滴定溶液体积的数值，单位为毫升(mL)；

$V_5$——校正游离酸消耗氢氧化钾乙醇标准滴定溶液体积的数值，单位为毫升(mL)；

$c$ ——氢氧化钾乙醇标准滴定溶液浓度的准确数值，单位为摩尔每升(mol/L)；

$m$ ——羟值测定时试样质量的数值，单位为克(g)；

$m_5$——校正游离酸测定时试样质量的数值，单位为克(g)；

$M$——氢氧化钾的摩尔质量的数值，单位为克每摩尔(g/mol)[$M$=56.109]。

取两次平行测定结果的算术平均值为报告结果。两次平行测定结果的绝对差值不应大于4 mg/g。

## A.9 水分的测定

称取约0.6 g试样，精确至0.000 2 g。置于25 mL烧杯中，加入少量三氯甲烷加热溶解并转移至25 mL容量瓶中，用三氯甲烷冲洗烧杯数次，一并转入容量瓶中，稀释至刻度。量取5 mL±0.02 mL该试样溶液，按GB/T 6283中直接电量法测定。

取两次平行测定结果的算术平均值为报告结果。两次平行测定结果的绝对差值不应大于0.05%。

## A.10 凝固点的测定

### A.10.1 仪器和设备

玻璃管：长100 mm，直径25 mm，壁厚1 mm。

### A.10.2 分析步骤

在玻璃管中加入约5 g试样，缓慢加热至试样溶解，并使温度略高于凝固点15 ℃～20 ℃，将玻璃管置于透明玻璃瓶(长150 mm，直径70 mm)中，用带孔的盖子盖住玻璃瓶，将标准温度计置于熔解的试样中，搅拌。如需要冷却，缓慢搅拌直到温度计水银柱上升状态30 s不变，停止搅拌使温度计在试样中间，观察水银柱上升，读取水银柱上升的最大温度值为凝固点。

---

# 中华人民共和国国家标准

GB 29221—2012

## 食品安全国家标准
## 食品添加剂　聚氧乙烯(20)山梨醇酐单月桂酸酯(吐温 20)

2012-12-25 发布　　2013-01-25 实施

中华人民共和国卫生部　发布

# 食品安全国家标准

## 食品添加剂 聚氧乙烯(20)山梨醇酐单月桂酸酯(吐温20)

### 1 范围

本标准适用于由山梨醇酐单月桂酸酯和环氧乙烷反应制得的食品添加剂聚氧乙烯(20)山梨醇酐单月桂酸酯(吐温20)。

### 2 化学名称

聚氧乙烯(20)山梨醇酐单月桂酸酯

### 3 技术要求

#### 3.1 感官要求

应符合表1的规定。

表1 感官要求

| 项目 | 要求 | 检验方法 |
|---|---|---|
| 色泽 | 常温下为淡黄色至黄色 | 取适量试样置于清洁、干燥的白瓷盘中,在自然光线下,观察色泽和状态 |
| 状态 | 常温下为黏稠液体 | |

#### 3.2 理化指标

应符合表2的规定。

表2 理化指标

| 项目 | | 指标 | 检验方法 |
|---|---|---|---|
| 酸值(以KOH计)/(mg/g) | ≤ | 2.0 | 附录A中A.4 |
| 皂化值(以KOH计)/(mg/g) | | 40～50 | 附录A中A.5 |
| 羟值(以KOH计)/(mg/g) | | 96～108 | 附录A中A.6 |
| 水分,$w$/% | ≤ | 3.0 | 附录A中A.7 |
| 灼烧残渣,$w$/% | ≤ | 0.25 | GB/T 7531[a] |
| 铅(Pb)/(mg/kg) | ≤ | 2 | GB 5009.12 |
| 氧乙烯基(以$C_2H_4O$计),$w$/% | | 70.0～74.0 | GB/T 7385 |
| [a] 灼烧温度为850 ℃±25 ℃。 | | | |

# 附 录 A
# 检 验 方 法

## A.1 警示

试验方法规定的一些试验过程可能导致危险情况，操作者应采取适当的安全和防护措施。

## A.2 一般规定

除非另有说明，在分析中仅使用确认为分析纯的试剂和 GB/T 6682—2008 中规定的三级水。

试验方法中所用标准滴定溶液、杂质测定用标准溶液、制剂及制品，在没有注明其他要求时，均按 GB/T 601、GB/T 602 和 GB/T 603 之规定制备。试验方法中所用溶液在未指明溶剂时，均指水溶液。

## A.3 鉴别试验

### A.3.1 试剂和材料

**A.3.1.1** 氢氧化钠溶液：43 g/L。

**A.3.1.2** 硫氰酸钴铵溶液：硫氰酸铵 17.4 g，硝酸钴 2.8 g，加水溶解成 100 mL。

**A.3.1.3** 盐酸溶液：23+77。

### A.3.2 鉴别方法

**A.3.2.1** 取 1 mL 试样，溶于 20 mL 水。取该溶液 10 mL，加 5 mL 硫氰酸钴铵溶液，混匀，加 5 mL 三氯甲烷，振摇混合，静置后，三氯甲烷层显蓝色。

**A.3.2.2** 取 1 mL 试样，溶于 20 mL 水。取该溶液 5 mL，加 5 mL 氢氧化钠溶液，煮沸数分钟，冷却，用盐酸溶液酸化，显乳白色浑浊。

## A.4 酸值（以 KOH 计）的测定

### A.4.1 试剂和材料

**A.4.1.1** 异丙醇。

**A.4.1.2** 甲苯。

**A.4.1.3** 氢氧化钠标准滴定溶液：$c(NaOH)=0.1$ mol/L。

**A.4.1.4** 酚酞指示液：10 g/L 。

### A.4.2 分析步骤

称取约 5 g 试样，精确至 0.000 2 g，置于锥形瓶中，加入异丙醇和甲苯各 40 mL，加热使其溶解。加入 5 滴酚酞指示液，用氢氧化钠标准滴定溶液滴定至溶液呈粉红色，保持 30 s 不褪色为终点。

### A.4.3 结果计算

酸值 $w_1$，以氢氧化钾(KOH)计，数值以毫克每克(mg/g)表示，按式(A.1)计算：

$$w_1 = \frac{V_1 \times c \times M}{m} \quad \cdots\cdots\cdots\cdots\cdots\cdots (A.1)$$

式中：

$V_1$——氢氧化钠标准滴定溶液的体积的数值，单位为毫升(mL)；

$c$ ——氢氧化钠标准滴定溶液浓度的准确数值，单位为摩尔每升(mol/L)；

$m$ ——试样质量的数值，单位为克(g)；

$M$ ——氢氧化钾的摩尔质量的数值，单位为克每摩尔(g/mol) [$M$=56.109]。

取两次平行测定结果的算术平均值为报告结果。两次平行测定结果的绝对差值不应大于 0.2 mg/g。

## A.5 皂化值(以 KOH 计)的测定

### A.5.1 试剂和材料

**A.5.1.1** 无水乙醇。

**A.5.1.2** 氢氧化钾乙醇溶液：40 g/L。

**A.5.1.3** 盐酸标准滴定溶液：$c(HCl)$=0.5 mol/L。

**A.5.1.4** 酚酞指示液：10 g/L。

### A.5.2 分析步骤

称取约 2.5 g 试样，精确至 0.000 2 g，置于 250 mL 磨口锥形瓶中，加入 25 mL ± 0.02 mL 氢氧化钾乙醇溶液，连接冷凝管，于水浴锅中回流 1 h，稍冷后用 10 mL 无水乙醇淋洗冷凝管，取下锥形瓶，加入 5 滴酚酞指示液，用盐酸标准滴定溶液滴定至溶液的红色刚刚消失，加热试液至沸。若出现粉红色，继续滴定至红色消失即为终点。

在测定的同时，按与测定相同的步骤，对不加试样而使用相同数量的试剂溶液做空白试验。

### A.5.3 结果计算

皂化值 $w_2$，以氢氧化钾(KOH)计，数值以毫克每克(mg/g)表示，按式(A.2)计算：

$$w_2 = \frac{(V_0 - V_2) \times c \times M}{m} \quad \cdots\cdots\cdots\cdots\cdots\cdots (A.2)$$

式中：

$V_2$——试样消耗盐酸标准滴定溶液体积的数值，单位为毫升(mL)；

$V_0$——空白试验消耗盐酸标准滴定溶液体积的数值，单位为毫升(mL)；

$c$ ——盐酸标准滴定溶液浓度的准确数值，单位为摩尔每升(mol/L)；

$m$ ——试样质量的数值，单位为克(g)；

$M$ ——氢氧化钾的摩尔质量的数值，单位为克每摩尔(g/mol) [$M$=56.109]。

取两次平行测定结果的算术平均值为报告结果。两次平行测定结果的绝对差值不应大于 1 mg/g。

## A.6 羟值(以 KOH 计)的测定

### A.6.1 试剂和材料

**A.6.1.1** 吡啶：以酚酞为指示剂，用 $c(HCl)$=0.1 mol/L 盐酸溶液中和。

**A.6.1.2** 正丁醇：以酚酞为指示剂，用氢氧化钾乙醇标准滴定溶液中和。

**A.6.1.3** 乙酰化剂：乙酸酐与吡啶按 1+3 混匀，贮存于棕色瓶中。

**A.6.1.4** 氢氧化钾乙醇标准滴定溶液：$c(KOH)$=0.5 mol/L。

A.6.1.5 酚酞指示液：10 g/L。

### A.6.2 分析步骤

称取约 2 g 试样，精确至 0.000 2 g，置于 250 mL 磨口锥形瓶中，加入 5 mL ± 0.02 mL 乙酰化剂，连接冷凝管，在水浴上加热回流 1 h。从冷凝管上端加入 10 mL 水于锥形瓶中，继续加热 10 min 后，冷却至室温。用 15 mL 正丁醇冲洗冷凝管，拆下冷凝管，再用 10 mL 正丁醇冲洗瓶壁。加入 8 滴酚酞指示液，用氢氧化钾乙醇标准滴定溶液滴定至溶液呈粉红色即为终点。

在测定的同时，按与测定相同的步骤，对不加试样而使用相同数量的试剂溶液做空白试验。

为校正游离酸，称取约 10 g 试样，精确至 0.01 g。置于锥形瓶中，加入 30 mL 吡啶，加入 5 滴酚酞指示液，用氢氧化钾乙醇标准滴定溶液滴定至溶液呈粉红色。

### A.6.3 结果计算

羟值 $w_3$，以氢氧化钾(KOH)计，数值以毫克每克(mg/g)表示，按式(A.3)计算：

$$w_3=\frac{(V_0-V_3)\times c\times M}{m}+\frac{V_4\times c\times M}{m_1} \qquad \text{(A.3)}$$

式中：

$V_3$——试样消耗氢氧化钾乙醇标准滴定溶液体积的数值，单位为毫升(mL)；

$V_0$——空白试验消耗氢氧化钾乙醇标准滴定溶液体积的数值，单位为毫升(mL)；

$V_4$——校正游离酸消耗氢氧化钾乙醇标准滴定溶液体积的数值，单位为毫升(mL)；

$c$ ——氢氧化钾乙醇标准滴定溶液浓度的准确数值，单位为摩尔每升(mol/L)；

$m$ ——羟值测定时试样质量的数值，单位为克(g)；

$m_1$——校正游离酸测定时试样质量的数值，单位为克(g)；

$M$——氢氧化钾的摩尔质量的数值，单位为克每摩尔(g/mol) [$M$=56.109]。

取两次平行测定结果的算术平均值为报告结果。两次平行测定结果的绝对差值不应大于 4 mg/g。

## A.7 水分的测定

称取约 0.6 g 试样，精确至 0.000 2 g。置于 25 mL 烧杯中，加入少量三氯甲烷，加热溶解并转移至 25 mL 容量瓶中，用三氯甲烷冲洗烧杯数次，一并转入容量瓶中，稀释至刻度。量取 5 mL±0.02 mL 该试样溶液，按 GB/T 6283 直接电量法测定。

取两次平行测定结果的算术平均值为报告结果。两次平行测定结果的绝对差值不应大于 0.05%。

中华人民共和国国家标准

GB 29222—2012

# 食品安全国家标准

# 食品添加剂 聚氧乙烯(20)山梨醇酐单棕榈酸酯(吐温40)

2012-12-25 发布

2013-01-25 实施

中华人民共和国卫生部 发布

# 食品安全国家标准

# 食品添加剂 聚氧乙烯(20)山梨醇酐单棕榈酸酯(吐温 40)

## 1 范围

本标准适用于以山梨醇酐单棕榈酸酯和环氧乙烷为原料制得的食品添加剂聚氧乙烯(20)山梨醇酐单棕榈酸酯(吐温 40)。

## 2 化学名称

聚氧乙烯(20)山梨醇酐单棕榈酸酯

## 3 技术要求

### 3.1 感官要求

应符合表 1 的规定。

表 1 感官要求

| 项目 | 要 求 | 检验方法 |
|---|---|---|
| 色泽 | 常温下为黄色至橙色 | 取适量试样,置于清洁、干燥的白瓷盘中,在自然光线下观察色泽和状态 |
| 状态 | 常温下黏稠液体或冻膏状物 | |

### 3.2 理化指标

应符合表 2 的规定。

表 2 理化指标

| 项 目 | | 指 标 | 检验方法 |
|---|---|---|---|
| 酸值(以 KOH 计)/(mg/g) | ≤ | 2.0 | 附录 A 中 A.4 |
| 皂化值(以 KOH 计)/(mg/g) | | 41～52 | 附录 A 中 A.5 |
| 羟值/(以 KOH 计)/(mg/g) | | 90～107 | 附录 A 中 A.6 |
| 水分,$w$/% | ≤ | 3.0 | 附录 A 中 A.7 |
| 灼烧残渣,$w$/% | ≤ | 0.25 | GB/T 7531[a] |
| 铅(Pb)/(mg/kg) | ≤ | 2 | GB 5009.12 |
| 氧乙烯基(以 $C_2H_4O$ 计),$w$/% | | 66.0～70.5 | GB/T 7385 |

[a] 灼烧温度为 850 ℃±25 ℃。

# 附 录 A
# 检 验 方 法

## A.1 警示

试验方法规定的一些试验过程可能导致危险情况,操作者应采取适当的安全和防护措施。

## A.2 一般规定

除非另有说明,在分析中仅使用确认为分析纯的试剂和 GB/T 6682—2008 中规定的三级水。

试验方法中所用标准滴定溶液、杂质测定用标准溶液、制剂及制品,在没有注明其他要求时,均按 GB/T 601、GB/T 602 和 GB/T 603 之规定制备。试验方法中所用溶液在未指明溶剂时,均指水溶液。

## A.3 鉴别试验

### A.3.1 试剂和材料

**A.3.1.1** 氢氧化钠溶液:43 g/L。

**A.3.1.2** 硫氰酸钴铵溶液:硫氰酸铵 17.4 g,硝酸钴 2.8 g,加水溶解成 100 mL。

**A.3.1.3** 盐酸溶液:23+77。

### A.3.2 鉴别方法

**A.3.2.1** 取 1 mL 试样,溶于 20 mL 水。取该溶液 10 mL,加 5 mL 硫氰酸钴铵溶液,混匀,加 5 mL 三氯甲烷,振摇混合,静置后,三氯甲烷层显蓝色。

**A.3.2.2** 取 1 mL 试样,溶于 20 mL 水。取该溶液 5 mL,加 5 mL 氢氧化钠溶液,煮沸数分钟,冷却,用盐酸溶液酸化,显乳白色浑浊。

**A.3.2.3** 取 6 mL 试样,加 4 mL 水混匀,在室温或低于室温时呈胶状物。

## A.4 酸值(以 KOH 计)的测定

### A.4.1 试剂和材料

**A.4.1.1** 异丙醇。

**A.4.1.2** 甲苯。

**A.4.1.3** 氢氧化钠标准滴定溶液:$c(NaOH)=0.1$ mol/L。

**A.4.1.4** 酚酞指示液:10 g/L。

### A.4.2 分析步骤

称取约 5 g 试样,精确至 0.000 2 g,置于锥形瓶中,加入异丙醇和甲苯各 40 mL,加热使其溶解。加入 5 滴酚酞指示液,用氢氧化钠标准滴定溶液滴定至溶液呈粉红色,保持 30 s 不褪色为终点。

### A.4.3 结果计算

酸值 $w_1$，以氢氧化钾(KOH)计，数值以毫克每克(mg/g)表示，按式(A.1)计：

$$w_1=\frac{V_1\times c\times M}{m} \qquad \cdots\cdots(A.1)$$

式中：

$V_1$——氢氧化钠标准滴定溶液的体积的数值，单位为毫升(mL)；

$c$ ——氢氧化钠标准滴定溶液浓度的准确数值，单位为摩尔每升(mol/L)；

$m$ ——试样质量的数值，单位为克(g)；

$M$——氢氧化钾的摩尔质量的数值，单位为克每摩尔(g/mol)[$M$=56.109]。

取两次平行测定结果的算术平均值为报告结果。两次平行测定结果的绝对差值不大于0.2 mg/g。

## A.5 皂化值(以 KOH 计)的测定

### A.5.1 试剂和材料

A.5.1.1 无水乙醇。

A.5.1.2 氢氧化钾乙醇溶液：40 g/L。

A.5.1.3 盐酸标准滴定溶液：$c$(HCl)=0.5 mol/L。

A.5.1.4 酚酞指示液：10 g/L。

### A.5.2 分析步骤

称取约2.6 g试样，精确至0.000 2 g，置于250 mL磨口锥形瓶中，加入25 mL±0.02 mL氢氧化钾乙醇溶液，连接冷凝管，于水浴锅中回流1 h，稍冷后用10 mL无水乙醇淋洗冷凝管，取下锥形瓶，加入5滴酚酞指示液，用盐酸标准滴定溶液滴定至溶液的红色刚刚消失，加热试液至沸。若出现粉红色，继续滴定至红色消失即为终点。

在测定的同时，按与测定相同的步骤，对不加试样而使用相同数量的试剂溶液做空白试验。

### A.5.3 结果计算

皂化值 $w_2$，以氢氧化钾(KOH)计，数值以毫克每克(mg/g)表示，按式(A.2)计：

$$w_2=\frac{(V_0-V_2)\times c\times M}{m} \qquad \cdots\cdots(A.2)$$

式中：

$V_2$——试样消耗盐酸标准滴定溶液体积的数值，单位为毫升(mL)；

$V_0$——空白试验消耗盐酸标准滴定溶液体积的数值，单位为毫升(mL)；

$c$ ——盐酸标准滴定溶液浓度的准确数值，单位为摩尔每升(mol/L)；

$m$ ——试样质量的数值，单位为克(g)；

$M$——氢氧化钾的摩尔质量的数值，单位为克每摩尔(g/mol)[$M$=56.109]。

取两次平行测定结果的算术平均值为报告结果。两次平行测定结果的绝对差值不大于1 mg/g。

## A.6 羟值(以 KOH 计)的测定

### A.6.1 试剂和材料

A.6.1.1 吡啶：以酚酞为指示剂，用 $c$(HCl)=0.1 mol/L 盐酸溶液中和。

**A.6.1.2** 正丁醇：以酚酞为指示剂，用氢氧化钾乙醇标准滴定溶液(A.6.1.4)中和。

**A.6.1.3** 乙酰化剂：乙酸酐与吡啶按1+3混匀，贮存于棕色瓶中。

**A.6.1.4** 氢氧化钾乙醇标准滴定溶液：$c(KOH)=0.5$ mol/L。

**A.6.1.5** 酚酞指示液：10 g/L。

### A.6.2 分析步骤

称取约2 g试样，精确至0.000 2 g，置于250 mL磨口锥形瓶中，加入5 mL±0.02 mL乙酰化剂，连接冷凝管，在水浴上加热回流1 h。从冷凝管上端加入10 mL水于锥形瓶中，继续加热10 min后，冷却至室温。用15 mL正丁醇冲洗冷凝管，拆下冷凝管，再用10 mL正丁醇冲洗瓶壁。加入8滴酚酞指示液，用氢氧化钾乙醇标准滴定溶液滴定至溶液呈粉红色即为终点。

在测定的同时，按与测定相同的步骤，对不加试样而使用相同数量的试剂溶液做空白试验。

为校正游离酸，称取约10 g试样，精确至0.01 g。置于锥形瓶中，加入30 mL吡啶，加入5滴酚酞指示液，用氢氧化钾乙醇标准滴定溶液滴定至溶液呈粉红色。

### A.6.3 结果计算

羟值$w_3$，以氢氧化钾(KOH)计，数值以毫克每克(mg/g)表示，按式(A.3)计算：

$$w_3=\frac{(V_0-V_3)\times c\times M}{m}+\frac{V_4\times c\times M}{m_1} \qquad \text{(A.3)}$$

式中：

$V_3$——试样消耗氢氧化钾乙醇标准滴定溶液体积的数值，单位为毫升(mL)；

$V_0$——空白试验消耗氢氧化钾乙醇标准滴定溶液体积的数值，单位为毫升(mL)；

$V_4$——校正游离酸消耗氢氧化钾乙醇标准滴定溶液体积的数值，单位为毫升(mL)；

$c$——氢氧化钾乙醇标准滴定溶液浓度的准确数值，单位为摩尔每升(mol/L)；

$m$——羟值测定时试样质量的数值，单位为克(g)；

$m_1$——校正游离酸测定时试样质量的数值，单位为克(g)；

$M$——氢氧化钾的摩尔质量的数值，单位为克每摩尔(g/mol)[$M=56.109$]。

取两次平行测定结果的算术平均值为报告结果。两次平行测定结果的绝对差值不大于4 mg/g。

## A.7 水分的测定

称取约0.6 g试样，精确至0.000 2 g。置于25 mL烧杯中，加入少量三氯甲烷，加热溶解并转移至25 mL容量瓶中，用三氯甲烷冲洗烧杯数次，一并转入容量瓶中，稀释至刻度。量取5 mL±0.02 mL该试样溶液，按GB/T 6283直接电量法测定。

取两次平行测定结果的算术平均值为报告结果。两次平行测定结果的绝对差值不大于0.05%。

# 中华人民共和国国家标准

GB 29223—2012

# 食品安全国家标准

## 食品添加剂 脱氢乙酸

2012-12-25 发布　　　　2013-01-25 实施

中华人民共和国卫生部　发布

# 食品安全国家标准

# 食品添加剂 脱氢乙酸

## 1 范围

本标准适用于双乙烯酮聚合反应制得的食品添加剂脱氢乙酸。

## 2 化学名称、分子式、结构式和相对分子质量

### 2.1 化学名称

3-乙酰基-6-甲基-脱(2),4-脱(3)氢二酮

### 2.2 分子式

$C_8H_8O_4$

### 2.3 结构式

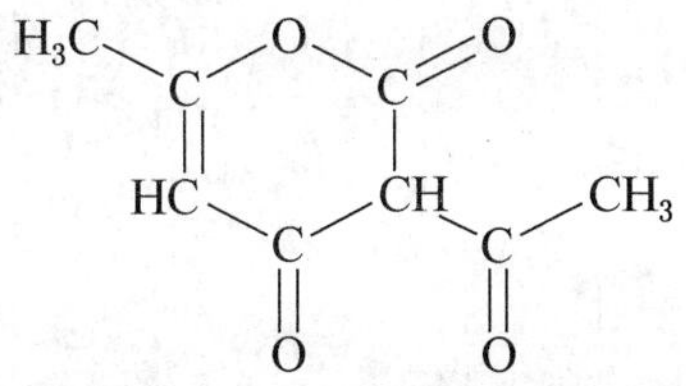


### 2.4 相对分子质量

168.15(按 2007 年国际相对原子质量)

## 3 技术要求

### 3.1 感官要求

应符合表 1 的规定。

表 1 感官要求

| 项目 | 要 求 | 检验方法 |
|---|---|---|
| 色泽 | 白色至浅黄色 | 取适量试样,置于清洁、干燥的白瓷盘中,在自然光线下,观察色泽和状态 |
| 状态 | 粉末 | |

### 3.2 理化指标

应符合表 2 的规定。

表 2 理化指标

| 项　目 | | 指　标 | 检验方法 |
|---|---|---|---|
| 脱氢乙酸($C_8H_8O_4$)含量(以干基计),$w$/% | | 98.0～100.5 | 附录 A 中 A.4 |
| 熔点/℃ | | 109.0～111.0 | 附录 A 中 A.5 |
| 干燥减量,$w$/% | ≤ | 1.0 | 附录 A 中 A.6 |
| 灼烧残渣,$w$/% | ≤ | 0.1 | 附录 A 中 A.7 |
| 铅(Pb)/(mg/kg) | ≤ | 0.5 | 附录 A 中 A.8 |

# 附 录 A
# 检 验 方 法

## A.1 警示

试验方法规定的一些试验过程可能导致危险情况，操作者应采取适当的安全和防护措施。

## A.2 一般规定

除非另有说明，在分析中仅使用确认为分析纯的试剂和 GB/T 6682—2008 中规定的三级水。试验方法中所用标准滴定溶液、杂质测定用标准溶液、制剂及制品，在没有注明其他要求时，均按 GB/T 601、GB/T 602 和 GB/T 603 之规定制备；所用溶液在未注明溶剂时，均指水溶液。

## A.3 鉴别试验

### A.3.1 试剂和溶液

**A.3.1.1** 乙醇。

**A.3.1.2** 氢氧化钠溶液：250 g/L。

**A.3.1.3** 水杨酸乙醇溶液：200 g/L。

**A.3.1.4** 酒石酸钾钠溶液：140 g/L。

**A.3.1.5** 乙酸铜溶液：取乙酸铜 13.3 g，加 300 g/L 乙酸溶液 5 mL，加水 195 mL，摇匀。

### A.3.2 鉴别方法

**A.3.2.1** 乙酰基试验：取 0.5 g 试样，加入氢氧化钠溶液 2 mL，水杨酸乙醇溶液 3 滴，在水浴上加热后呈红色反应。

**A.3.2.2** 铜盐试验：取 0.02 g 试样，加入乙醇 2 mL 溶解，加入酒石酸钾钠溶液 3 滴，乙酸铜溶液3 滴，振荡后有紫白色沉淀形成。

## A.4 脱氢乙酸($C_8H_8O_4$)含量（以干基计）的测定

### A.4.1 方法提要

试样以中性乙醇为溶剂，以酚酞为指示剂，用氢氧化钠标准滴定溶液滴定，根据消耗氢氧化钠标准滴定溶液的体积计算脱氢乙酸含量。

### A.4.2 试剂和材料

**A.4.2.1** 氢氧化钠标准滴定溶液：$c(NaOH)=0.1$ mol/L。

**A.4.2.2** 中性乙醇：以酚酞指示液为指示剂，用氢氧化钠溶液将 95%乙醇滴至中性。

**A.4.2.3** 酚酞指示液：10 g/L。

A.4.3 分析步骤

称取约 0.5 g 试样，精确至 0.000 2 g，置于锥形瓶中，加入 30 mL 中性乙醇溶解，加 3 滴酚酞指示液，用氢氧化钠标准滴定溶液滴定至微红色，并至少保持 30 s 不褪色即为终点。

A.4.4 结果计算

脱氢乙酸（以 $C_8H_8O_4$ 计）的质量分数 $w_1$，按式（A.1）计算：

$$w_1 = \frac{(V/1\,000)cM}{m(1-w_2)} \times 100\% \qquad \cdots\cdots\cdots\cdots(\text{A.1})$$

式中：

$V$ ——试样消耗氢氧化钠标准滴定溶液的体积，单位为毫升（mL）；

$c$ ——氢氧化钠标准滴定溶液的实际浓度，单位为摩尔每升（mol/L）；

1 000——换算因子；

$m$ ——试样的质量，单位为克（g）；

$M$ ——脱氢乙酸（$C_8H_8O_4$）的摩尔质量，单位为克每摩尔（g/mol）（$M$=168.2）；

$w_2$ ——A.6 测定的干燥减量的质量分数，%。

取两次平行测定结果的算术平均值为报告结果。两次平行测定结果的绝对差值不大于 0.2%。

A.5 熔点的测定

加热装置可选用高型烧杯：在烧杯中安装固定一蛇形玻璃管，蛇形玻璃管中固定一功率约 300 W 的电热丝，电热丝与一可调电压器的输出端连接。将烧杯放置在磁力搅拌器上，加热时开动磁力搅拌。其余按 GB/T 617—2006 中 4.1 的规定进行。

A.6 干燥减量的测定

A.6.1 分析步骤

称取 2 g～3 g 试样，精确至 0.000 2 g，置于预先在 105 ℃±2 ℃干燥至质量恒定的称量瓶中，铺成 5 mm 以下的层。在 80 ℃±2 ℃的恒温干燥箱中干燥 1 h，置于干燥器中冷却 30 min 称量。

A.6.2 结果计算

干燥减量的质量分数 $w_2$，按式（A.2）计算：

$$w_2 = \frac{m - m_1}{m} \times 100\% \qquad \cdots\cdots\cdots\cdots(\text{A.2})$$

式中：

$m$ ——干燥前试样的质量，单位为克（g）；

$m_1$ ——干燥后试样的质量，单位为克（g）。

取两次平行测定结果的算术平均值为测定结果，两次平行测定结果的绝对差值不大于 0.1%。

A.7 灼烧残渣的测定

A.7.1 测定方法

在已经质量恒定的瓷坩埚中称取约 2 g 试样，精确至 0.000 2 g，先用小火缓缓加热炭化，注意勿使着火，待烟消失后加盖，置高温炉中在 510 ℃～600 ℃灼烧灰化，称至质量恒定。

### A.7.2 结果计算

灼烧残渣的质量分数 $w_3$，按式(A.3)计算：

$$w_3 = \frac{m_2}{m_1} \times 100\% \qquad \cdots\cdots (A.3)$$

式中：

$m_1$——灼烧前试样的质量，单位为克(g)；

$m_2$——灼烧后试样的质量，单位为克(g)。

取两次平行测定结果的算术平均值为测定结果，两次平行测定结果的绝对差值不大于 0.02%。

## A.8 铅(Pb)的测定

称取 10.0 g 试样，精确至 0.001 g，置于瓷坩埚中，加入适量硫酸湿润试样，小心炭化后，加 4 mL 硝酸和 10 滴硫酸，小心加热直到白色烟雾挥尽，移入高温炉中，于 550 ℃±25 ℃灰化完全。冷后取出。加 2 mL 硝酸(1+1)溶液，加热使灰分溶解，将试样液转移至 50 mL 容量瓶中(必要时过滤)，并用少量水洗涤坩埚，洗液一并移入容量瓶中，加水至刻度，混匀备用。每 5 mL 溶液相当于 1.0 g 试样。其他按 GB 5009.12 进行。

# 中华人民共和国国家标准

GB 29224—2012

## 食品安全国家标准
## 食品添加剂　乙酸乙酯

2012-12-25 发布　　　　2013-01-25 实施

中华人民共和国卫生部　发布

# 食品安全国家标准

# 食品添加剂　乙酸乙酯

## 1　范围

本标准适用于以乙醇和乙酸为原料制得的食品添加剂乙酸乙酯。

## 2　分子式、结构式和相对分子质量

### 2.1　分子式

$C_4H_8O_2$

### 2.2　结构式

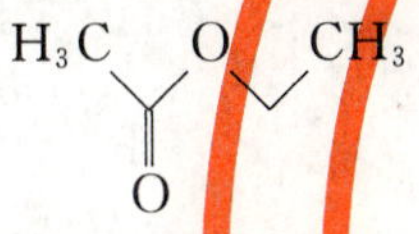


### 2.3　相对分子质量

88.11(按2007年国际相对原子质量)

## 3　技术要求

### 3.1　感官要求

应符合表1的规定。

表1　感官要求

| 项　目 | 要　求 | 检验方法 |
|---|---|---|
| 色泽 | 无色 | 取适量样品，置于清洁、干燥的比色管中，在自然光线下，观察其色泽及状态，按GB/T 14454.2检验气味 |
| 气味 | 果香味 | |
| 状态 | 透明液体 | |

### 3.2　理化指标

应符合表2的规定。

表2 理化指标

| 项目 | | 指标 | 检验方法 |
|---|---|---|---|
| 乙酸乙酯含量，$w$/% | ≥ | 99.0 | GB/T 12717 |
| 酸值(以 KOH 计)/(mg/g) | ≤ | 1.0 | GB/T 14455.5[a] |
| 密度($\rho_{20}$)/(g/cm$^3$) | | 0.897～0.902 | GB/T 4472 |
| 折光率 $n$(20,$D$) | | 1.370～1.375 | GB/T 14454.4 |
| [a] 试样为 20 g。 | | | |

# 附 录 A
# 检 验 方 法

## A.1 警示

试验方法规定的一些试验过程可能导致危险情况，操作者应采取适当的安全和防护措施。

## A.2 一般规定

除非另有说明，在分析中仅使用确认为分析纯的试剂和 GB/T 6682—2008 中规定的三级水。试验方法中所用标准滴定溶液、杂质测定用标准溶液、制剂及制品，在没有注明其他要求时，均按GB/T 601、GB/T 602 和 GB/T 603 之规定制备；所用溶液在未注明用何种溶剂配制时，均指水溶液。

## A.3 鉴别试验

用红外吸收分光光度法，将试样谱图与标准谱图（见图 A.1）比较，两者应基本一致。

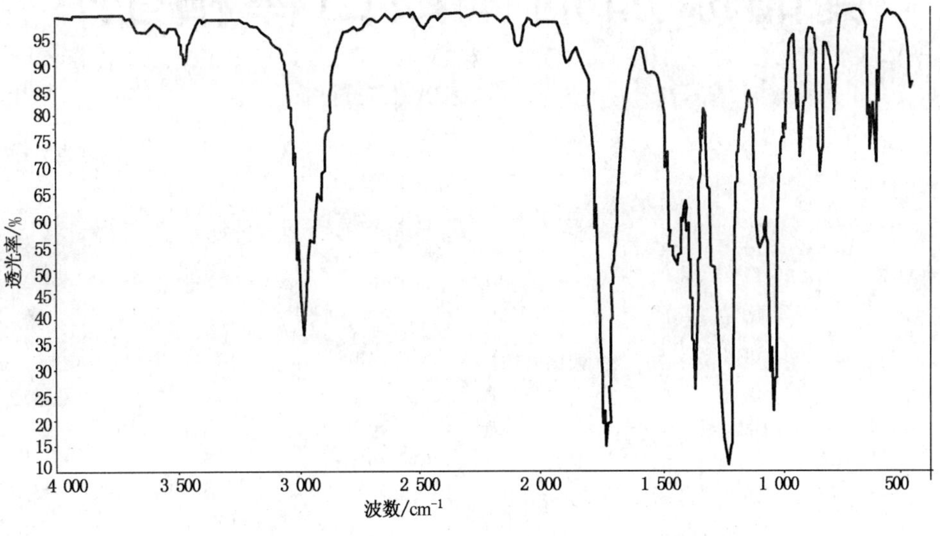


图 A.1 乙酸乙酯红外标准谱图

# 中华人民共和国国家标准

GB 29225—2012

# 食品安全国家标准
# 食品添加剂　凹凸棒粘土

2012-12-25 发布　　2013-01-25 实施

中华人民共和国卫生部　发布

# 食品安全国家标准
# 食品添加剂　凹凸棒粘土

## 1　范围

本标准适用于以凹凸棒粘土为原料采用酸活化、焙烧工艺生产的食品添加剂凹凸棒粘土。

## 2　分子式和相对分子质量

### 2.1　分子式

$(Mg,Al)_2Si_4O_{10}(OH)\cdot 4H_2O$

### 2.2　相对分子质量

463.85(按 2007 年国际相对原子质量)

## 3　技术要求

### 3.1　感官要求

应符合表 1 的规定。

表 1　感官要求

| 项　　目 | 要　　求 | 检验方法 |
|---|---|---|
| 色泽 | 灰白色或浅黄色 | 取适量试样置于 50 mL 烧杯中，在自然光下观察其色泽及状态 |
| 状态 | 粉末 | |

### 3.2　理化指标

应符合表 2 的规定。

表 2　理化指标

| 项　　目 | | 指　标 | 检验方法 |
|---|---|---|---|
| 脱色率，% | ≥ | 70 | 附录 A 中 A.4 |
| 水分，$w$/% | ≤ | 10.0 | 附录 A 中 A.5 |
| 游离酸(以 $H_2SO_4$ 计)，$w$/% | ≤ | 0.20 | 附录 A 中 A.6 |
| 细度(通过 75 μm 筛网)，$w$/% | ≥ | 85 | 附录 A 中 A.7 |
| 堆积密度/($g/cm^3$) | | 0.5～1.0 | 附录 A 中 A.8 |
| 重金属(以 Pb 计)/(mg/kg) | ≤ | 40 | GB/T 5009.74 |
| 总砷(以 As 计)/(mg/kg) | ≤ | 3 | GB/T 5009.76 |

# 附 录 A
# 检 验 方 法

## A.1 警示

本标准的检验方法中使用的部分试剂具有毒性或腐蚀性，操作时须小心谨慎！如溅到皮肤上应立即用水冲洗，严重者应立即治疗。

## A.2 一般规定

除非另有说明，在分析中仅使用确认为分析纯的试剂和 GB/T 6682—2008 中规定的三级水。试验方法中所用标准滴定溶液、杂质测定用标准溶液、制剂及制品，在没有注明其他要求时，均按GB/T 601、GB/T 602 和 GB/T 603 之规定制备；所用溶液在未指明溶剂时，均指水溶液。

## A.3 鉴别试验

### A.3.1 X 射线衍射光谱图鉴定

凹凸棒粘土的 X 射线衍射光谱图应与附录 B 中图 B.1 基本一致。

### A.3.2 氧化镁(MgO)含量试验

用 X 射线荧光光谱仪测定氧化镁的质量分数不应小于 6%。

## A.4 脱色率的测定

### A.4.1 方法提要

取一定质量的中和大豆油，加入一定质量的试样进行脱色，测得脱色后油的吸光度。根据吸光度的减少值计算，以百分数表示脱色率。

### A.4.2 试剂和材料

**A.4.2.1** 大豆油：澄清新鲜的中和大豆油，吸光度在 0.2～0.4 之间。

**A.4.2.2** 中速定性滤纸。

### A.4.3 仪器和设备

**A.4.3.1** 分光光度计：配有 1 cm 比色皿。

**A.4.3.2** 恒温磁力搅拌器。

### A.4.4 分析步骤

称取已于 105 ℃ ± 3 ℃ 干燥的试样 0.400 0 g，置于 50 mL 干燥磨口锥形瓶内，加入大豆油 40.00 g，油中插入温度计并用套管密封好，将其置于已预热的恒温磁力搅拌器上，边加热边搅拌，升温时间控制在 10 min 左右。搅拌强度以整个油样呈旋涡状运动为宜，保持温度计始终浸没在油样中，当温度升至 110 ℃时开始计时，维持温度在 115 ℃±5 ℃下搅拌脱色 25 min。脱色结束后，趁热用双层中速定性滤纸过滤于 50 mL 干燥烧杯内。将上述滤得的澄清油样在分光光度计上，于 520 nm 波长处，测定油样的吸光度(用 1 cm 比色皿，以水作参比，校正零位)。同时测定未脱色的大豆中和油在 520 nm 波长处的吸光度。

### A.4.5 结果计算

脱色率 $X_1$ 按式(A.1)计算：

$$X_1=\frac{A_0-A_1}{A_0}\times 100\% \qquad \cdots\cdots(A.1)$$

式中：

$A_0$——未脱色的油样在 520 nm 波长处的吸光度。

$A_1$——脱色后的油样在 520 nm 波长处的吸光度。

实验结果以平行测定结果的算术平均值为准，两次平行测定结果的绝对差值不大于 2%。

## A.5 水分的测定

水分的测定按 GB 5009.3 直接干燥法测定，干燥温度采用 105 ℃±3 ℃。

## A.6 游离酸(以 $H_2SO_4$ 计)的测定

### A.6.1 方法提要

用水浸出试样中的游离酸，以酚酞为指示剂，用氢氧化钠标准滴定溶液滴定，计算得到试样的游离酸含量。

### A.6.2 试剂和材料

**A.6.2.1** 氢氧化钠标准滴定溶液：$c(NaOH)=0.02$ mol/L。

**A.6.2.2** 酚酞指示液：称取 0.1 g 酚酞($C_{20}H_{14}O_4$)，溶解于 100 mL 无水乙醇中。

**A.6.2.3** 中速定性滤纸。

### A.6.3 分析步骤

称取试样约 1 g，精确至 0.000 1 g，置于 150 mL 烧杯中，加入 50 mL 水，加热煮沸 3 min。过滤于 250 mL 锥形瓶中，用热水洗涤烧杯和滤纸 4～5 次(总用水量约 50 mL)，盖上带有烧碱石棉干燥管的胶塞，冷却至室温。移去胶塞，用水吹洗锥形瓶壁，加入 2～3 滴酚酞指示液，立即用氢氧化钠标准滴定溶液滴定至微红色并保持 30 s 不褪色为终点。同时作空白实验。

### A.6.4 结果计算

游离酸(以 $H_2SO_4$ 计)的质量分数 $w_1$ 按式(A.2)计算：

$$w_1=\frac{[(V-V_0)/1\,000]\times c\times M}{m}\times 100\% \qquad \cdots\cdots(A.2)$$

式中：

$V$ ——滴定试样溶液消耗氢氧化钠标准滴定溶液的体积，单位为毫升(mL)；

$V_0$ ——滴定空白溶液消耗氢氧化钠标准滴定溶液的体积，单位为毫升(mL)；

$c$ ——氢氧化钠标准溶液的浓度，单位为摩尔每升(mol/L)；

$M$ ——硫酸($1/2H_2SO_4$)摩尔质量的数值，单位为克每摩尔(g/mol)($M$=49.04)；

$m$ ——试样质量，单位为克(g)；

1 000 ——换算因子。

实验结果以平行测定结果的算术平均值为准，两次测定结果的绝对差值不大于0.04%。

## A.7 细度的测定

### A.7.1 方法提要

取一定量的试样置于75 μm筛孔的标准筛中，干筛，将筛上的筛余物称量，计算通过筛网的百分数。

### A.7.2 仪器和设备

**A.7.2.1** 标准筛：75 μm筛孔，符合GB/T 6003.1的要求。

**A.7.2.2** 6号板刷。

### A.7.3 分析步骤

称取试样约20 g，精确至0.000 1 g，置于标准筛中，用6号板刷轻轻刷扫，直至筛内试样刷不下为止，称量筛余物的质量，精确至0.000 1 g。

### A.7.4 结果计算

细度(通过75 μm筛网)$w_2$以质量分数计，按式(A.3)计算：

$$w_2=\frac{m-m_1}{m}\times 100\% \qquad \cdots\cdots(A.3)$$

式中：

$m$ ——试样的质量，单位为克(g)；

$m_1$——未通过标准筛试样的质量，单位为克(g)。

实验结果以平行测定结果的算术平均值为准，两次平行测定结果的绝对差值不大于2%。

## A.8 堆积密度的测定

### A.8.1 方法提要

将试样置于堆积密度测定装置的漏斗中，使其落入已知体积的料罐中，然后在松散堆积状态下测定单位试样体积的质量。

### A.8.2 仪器和设备

堆积密度测定装置见图A.1，料罐容积已知，容积测定方法见附录C。

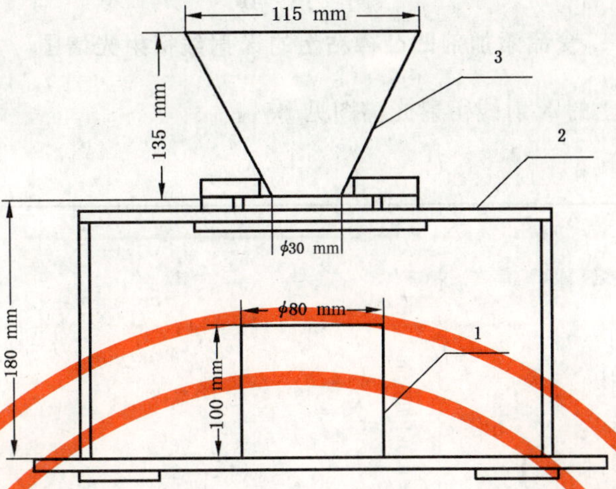


1——料罐；
2——支架；
3——漏斗。

**图 A.1 堆积密度测定装置**

**A.8.3 分析步骤**

**A.8.3.1** 按图 A.1 安装好堆积密度测定装置。

**A.8.3.2** 称量料罐质量，精确至 0.1 g。

**A.8.3.3** 关闭漏斗下底，将试样自然倒满，用直尺刮去高出部分。放置已知质量的料罐，打开漏斗下底，使试样全部流入料罐中（可用玻璃棒插下），用直尺刮去高出部分（刮平前勿移动料罐），称量试样和料罐的质量，精确至 0.1 g。

**A.8.4 结果计算**

堆积密度 $X_2$ 以克每立方厘米（$g/cm^3$）表示，按式（A.4）计算：

$$X_2=\frac{m_3-m_4}{V} \qquad \cdots\cdots (A.4)$$

式中：

$m_3$——料罐和试样的质量，单位为克（g）；

$m_4$——料罐的质量，单位为克（g）；

$V$ ——料罐的容积，单位为立方厘米（$cm^3$）。

实验结果以平行测定结果的算术平均值为准，两次平行测定结果的绝对差值不大于 0.02 $g/cm^3$。

## 附 录 B
## 食品添加剂凹凸棒粘土的X射线衍射光谱图

食品添加剂凹凸棒粘土的X射线衍射光谱图见B.1。

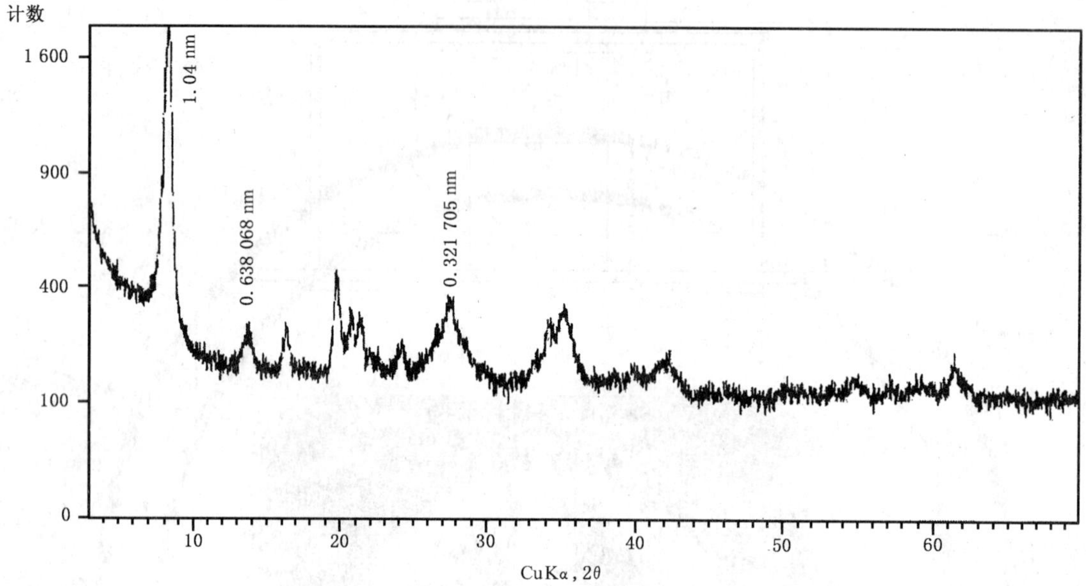


图 B.1 食品添加剂凹凸棒粘土的X射线衍射光谱图(Cu靶 $K\alpha$,$2\theta$)

# 附 录 C
## 料罐容积的测定

### C.1 分析步骤

将料罐洗净、晾干，盖上玻璃片，称量料罐和玻璃片的质量，精确至0.1 g。小心将水倒入料罐，近满时用滴管加至全满，盖上玻璃片，用滤纸吸干料罐及玻璃片外部的水，玻璃片与料罐中的水之间应无气泡。再称量料罐和玻璃片的质量，精确至0.1 g。

### C.2 结果计算

料罐容积 $V$ 以立方厘米($cm^3$)表示，按式(C.1)计算：

$$V=\frac{m_1-m_2}{\rho_0} \quad \cdots\cdots (C.1)$$

式中：

$m_1$——灌满水的料罐及玻璃片的质量，单位为克(g)；

$m_2$——未灌水的料罐及玻璃片的质量，单位为克(g)；

$\rho_0$——测定温度下水的密度，单位为克每立方厘米($g/cm^3$)。

# 中华人民共和国国家标准

GB 29226—2012

# 食品安全国家标准
# 食品添加剂 天门冬氨酸钙

2012-12-25 发布　　2013-01-25 实施

中华人民共和国卫生部 发布

# 食品安全国家标准
# 食品添加剂　天门冬氨酸钙

## 1　范围

本标准适用于以 L-天门冬氨酸与氢氧化钙或氧化钙或碳酸钙为原料，经螯合反应而制得的食品添加剂天门冬氨酸钙。

## 2　化学名称、分子式、结构式和相对分子质量

### 2.1　化学名称

天门冬氨酸钙

### 2.2　分子式

$C_8H_{12}O_8N_2Ca$

### 2.3　结构式

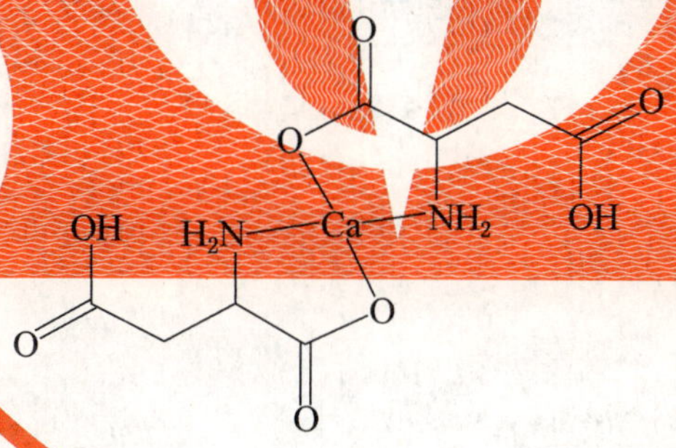


### 2.4　相对分子质量

304.2(按 2007 年国际相对原子质量)

## 3　技术要求

### 3.1　感官要求

应符合表 1 的规定。

**表 1　感官要求**

| 项目 | 要　求 | 检验方法 |
|---|---|---|
| 色泽 | 白色 | 取适量样品置于清洁、干燥的白瓷盘中，在自然光线下，观察其色泽和状态 |
| 状态 | 粉末状 | |

## 3.2 理化指标

应符合表 2 的规定。

表 2 理化指标

| 项　　目 | | 指　标 | 检验方法 |
|---|---|---|---|
| 钙(以 Ca 计)含量,$w$/% | | 12.0～13.8 | 附录 A 中 A.3 |
| L-天门冬氨酸含量,$w$/% | ≥ | 79.0 | 附录 A 中 A.4 |
| 比旋光度 $\alpha_m$(20 ℃,D)/[(°)·$dm^2$·$kg^{-1}$] | | +19.0～+23.0 | GB/T 613 |
| 水分,$w$/% | ≤ | 6.0 | GB 5009.3 直接干燥法 |
| pH | | 6.0～7.5 | GB/T 9724 |
| 铅(Pb)/(mg/kg) | ≤ | 2 | GB 5009.12 |
| 总砷(以 As 计)/(mg/kg) | ≤ | 1 | GB/T 5009.11 |

# 附 录 A
# 检 验 方 法

## A.1 一般规定

除非另有说明，在分析中仅使用确认为分析纯的试剂和GB/T 6682—2008中规定的三级水。试验方法中所用标准滴定溶液、杂质测定用标准溶液、制剂及制品，在没有注明其他要求时，均按GB/T 601、GB/T 602和GB/T 603之规定制备；所用溶液在未指明溶剂时，均指水溶液。

## A.2 鉴别试验

### A.2.1 试剂和材料

A.2.1.1 茚满三酮溶液：20 g/L。

A.2.1.2 铂丝。

### A.2.2 鉴别方法

#### A.2.2.1 茚满三酮试验

称取约1 g试样，精确至0.1 g，溶于1 000 mL水中，取此溶液5 mL，加1 mL茚满三酮溶液，加热至沸，约3 min后显紫色。

#### A.2.2.2 钙盐反应

取铂丝蘸取试样少许，在无色火焰上燃烧，火焰呈砖红色。

## A.3 钙含量的测定

### A.3.1 方法提要

本法以少量镁离子为辅助指示剂，即镁离子与铬黑T生成稳定的络合物指示颜色变化，用乙二胺四乙酸二钠（EDTA）标准滴定溶液滴定，根据乙二胺四乙酸二钠（EDTA）标准滴定溶液消耗的量计算钙含量。

### A.3.2 试剂和材料

A.3.2.1 三乙醇胺。

A.3.2.2 硫酸镁溶液：120 g/L。

A.3.2.3 氨-氯化铵缓冲液：pH=10.0。

A.3.2.4 乙二胺四乙酸二钠（EDTA）标准滴定溶液：$c$（EDTA）=0.05 mol/L。

A.3.2.5 铬黑T指示液：5 g/L。

### A.3.3 分析步骤

取硫酸镁溶液2滴，加氨-氯化铵缓冲液15 mL，加铬黑T指示液2滴，用EDTA标准溶液滴定至纯蓝色；另取试样0.35 g，精确至0.000 2g，加入水30 mL使其溶解，加入三乙醇胺5滴，并与上述滴定的硫酸镁溶液合并，再用 EDTA 标准溶液滴定，至颜色由紫红色变为纯蓝色即为终点。同时做空白实验。

**A.3.4　结果计算**

钙(以 Ca 计)含量的质量分数 $w$，按式(A.1)计算：

$$w=\frac{(V-V_0)\times c\times M}{1\,000\times m}\times 100\% \qquad \cdots\cdots(\text{A.1})$$

式中：

$V$　——试样消耗 EDTA 标准溶液滴定溶液体积的数值，单位为毫升(mL)；

$V_0$　——空白试验消耗 EDTA 标准溶液滴定溶液体积的数值，单位为毫升(mL)；

$c$　——EDTA 标准溶液的浓度，单位为摩尔每升(mol/L)；

$M$　——钙的摩尔质量的数值，单位为克每摩尔(g/mol)[$M(\text{Ca})=40.1$]；

$m$　——试样质量的数值，单位为克(g)；

1 000——换算因子。

取两次平行测定结果的算术平均值为报告结果。两次平行测定结果的绝对差值不大于 0.3%。

**A.4　L-天门冬氨酸含量的测定**

**A.4.1　方法提要**

天门冬氨酸钙与过量硫酸铜反应，生成可溶的天门冬氨酸铜，使其与碘化钾反应，用硫代硫酸钠标准溶液滴定，根据硫代硫酸钠标准滴定溶液的消耗量，计算 L-天门冬氨酸含量。

**A.4.2　试剂和材料**

**A.4.2.1**　碘化钾。

**A.4.2.2**　冰乙酸。

**A.4.2.3**　硫酸铜溶液：0.1 mol/L。

**A.4.2.4**　氢氧化钠溶液：1 mol/L。

**A.4.2.5**　氢氧化钠溶液：0.1 mol/L。

**A.4.2.6**　硫代硫酸钠标准滴定液：$c(Na_2S_2O_3)=0.02$ mol/L。

**A.4.2.7**　硼酸-氯化钾缓冲溶液(pH 9.0)：称取 3.09 g 硼酸，加 0.1 mol/L 氯化钾 500 mL，再加 210 mL 的 0.1 mol/L 氢氧化钠。

**A.4.2.8**　淀粉指示液：1 g/L。

**A.4.2.9**　酚酞指示液：5 g/L。

**A.4.3　分析步骤**

称取适量试样(约相当天门冬氨酸≤100 mg)，精确至 0.000 2 g，加水溶解并定容 30 mL 体积。将试样溶液置于 150 mL 锥形瓶中，加入硫酸铜溶液 5 mL，酚酞指示液 2 滴，用 1 mol/L 氢氧化钠溶液调节至溶液显蓝紫色，加入硼酸-氯化钾缓冲溶液 30 mL，摇匀。静置 1 h 后过滤，用 30 mL 硼酸-氯化钾缓冲溶液洗涤滤器及沉淀，合并洗液。加 1.5 mL 冰乙酸及碘化钾 7.0 g，振摇溶解，用硫代硫酸钠标准溶液滴定，近终点时，加入淀粉指示液 2 mL，继续滴定至蓝色消失。同时做空白实验。

**A.4.4　结果计算**

L-天门冬氨酸含量的质量分数 $w_1$，按式(A.2)计算：

$$w_1 = \frac{(V - V_0)c \times M}{1\,000 \times m} \times 100\% \qquad \cdots\cdots\cdots\cdots(A.2)$$

式中：

$V$ ——试样消耗硫代硫酸钠标准滴定溶液体积，单位为毫升(mL)；

$V_0$ ——空白试验消耗硫代硫酸钠标准滴定溶液体积，单位为毫升(mL)；

$c$ ——硫代硫酸钠标准溶液浓度，单位为摩尔每升(mol/L)；

$M$ ——L-天门冬氨酸的摩尔质量的数值，单位为克每摩尔(g/mol)[$M(C_4H_7O_4N)=133.1$]；

$m$ ——试样质量的数值，单位为克(g)；

1 000——换算因子。

取两次平行测定结果的算术平均值为报告结果。两次平行测定结果的绝对差值不大于0.3%。

# 中华人民共和国国家标准

GB 29227—2012

# 食品安全国家标准
## 食品添加剂　丙酮

2012-12-25 发布　　　　2013-01-25 实施

中华人民共和国卫生部　发布

# 食品安全国家标准
## 食品添加剂　丙酮

## 1　范围

本标准适用于异丙苯法和发酵法制得的食品添加剂丙酮。

## 2　分子式、结构式和相对分子质量

### 2.1　分子式

$C_3H_6O$

### 2.2　结构式

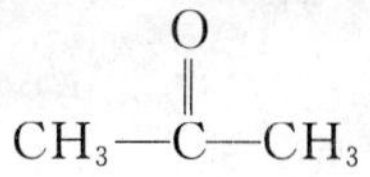

### 2.3　相对分子质量

58.08(按2007年国际相对原子质量)

## 3　技术要求

### 3.1　感官要求

应符合表1的规定。

表1　感官要求

| 项目 | 要　求 | 检验方法 |
| --- | --- | --- |
| 色泽 | 无色 | 取适量样品，置于清洁、干燥的比色管中，在自然光线下，观察色泽和状态 |
| 状态 | 透明液体；无沉淀物和悬浮物 | |

### 3.2　理化指标

应符合表2的规定。

表2　理化指标

| 项　　目 | 指　标 | 检验方法 |
| --- | --- | --- |
| 丙酮含量，$w$/%　　≥ | 99.5 | GB/T 6026 |
| 蒸馏范围/℃ | 55.5～57.0 | GB/T 7534 |

表 2（续）

| 项目 | 指标 | 检验方法 |
|---|---|---|
| 蒸发残渣，$w$/% ≤ | 0.001 | GB/T 6324.2 |
| 酸(以乙酸计)，$w$/% ≤ | 0.002 | 附录 A 中 A.4 |
| 苯酚，$w$/% ≤ | 0.001 | 附录 A 中 A.5 |
| 易氧化物 | 通过试验 | 附录 A 中 A.6 |

# 附 录 A
# 检 验 方 法

## A.1 警示

试验方法规定的一些试验过程可能导致危险情况。操作者应采取适当的安全和防护措施。

## A.2 一般规定

除非另有说明，在分析中仅使用确认为分析纯的试剂和 GB/T 6682—2008 中规定的三级水。试验方法中所用标准滴定溶液、杂质测定用标准溶液、制剂及制品，在没有注明其他要求时，均按 GB/T 601、GB/T 602 和 GB/T 603 之规定制备；所用溶液在未指明溶剂时，均指水溶液。

## A.3 鉴别试验

### A.3.1 溶解性

取适量试样，加入水或乙醇，制成试样溶液(1+10)，样品在 5 min 内应完全澄清透明。

### A.3.2 密度

按 GB/T 4472 的规定进行测定。密度($\rho_{20}$)应为 0.789 g/cm$^3$～0.792 g/cm$^3$。

### A.3.3 折光率

按 GB/T 614 的规定进行测定。折光率(20，$D$)应为 1.358～1.360。

## A.4 酸(以乙酸计)的测定

### A.4.1 试剂和材料

A.4.1.1 氢氧化钠标准滴定溶液：$c$(NaOH)＝0.1 mol/L。

A.4.1.2 酚酞指示液：10 g/L。

A.4.1.3 无二氧化碳的水。

### A.4.2 分析步骤

取 100 mL 不含二氧化碳水，置于锥形瓶中，加 4～5 滴酚酞指示液，用氢氧化钠标准滴定溶液滴定至溶液呈粉红色，用量筒加入 100 mL 试样，再用氢氧化钠标准滴定溶液滴定至溶液呈粉红色，保持 30 s 不褪色即为终点。

### A.4.3 结果计算

酸[以乙酸($CH_3COOH$)计]的质量分数 $w$，按式(A.1)计算：

$$w=\frac{(V_1/1\ 000)\times cM}{V\rho_t}\times 100\% \qquad \cdots\cdots (A.1)$$

式中：

$V_1$ ——氢氧化钠标准滴定溶液的体积的数值，单位为毫升(mL)；

$c$ ——氢氧化钠标准滴定溶液浓度的准确数值，单位为摩尔每升(mol/L)；

$M$ ——乙酸的摩尔质量的数值，单位为克每摩尔(g/mol)($M$=60.1)；

$\rho_t$ ——测定温度下样品的密度的数值，单位为克每立方厘米($g/cm^3$)；

1 000 ——换算因子；

$V$ ——试样的体积的数值($V$=50)，单位为毫升(mL)。

取两次平行测定结果的算术平均值为报告结果。两次平行测定结果的绝对差值不大于这两个测定值的算术平均值的20%。

## A.5 苯酚的测定

### A.5.1 试剂和材料

A.5.1.1 亚硝酸钠硫酸溶液：20 g/L。称取 0.1 g 亚硝酸钠溶于 5 mL 硫酸。

A.5.1.2 氢氧化钠溶液：$c$(NaOH)=2 mol/L。

### A.5.2 分析步骤

在坩埚中加入 3 mL 试样，在 60 ℃下蒸发至干，加入 3 滴亚硝酸钠硫酸溶液，保持 2 min～3 min。小心加入 3 mL 氢氧化钠溶液。没有颜色产生即为符合指标要求。

## A.6 易氧化物试验

### A.6.1 试剂和材料

配制高锰酸钾溶液用水：取一定量的水加入适量的高锰酸钾溶液(约 0.3 g/L)使呈淡粉红色，煮沸 30 min。如淡粉红色消失，补加高锰酸钾溶液再呈淡粉红色。冷却至室温，备用。

高锰酸钾溶液(0.3 g/L)：称取 0.3 g 高锰酸钾，精确至 0.001 g，用预先处理过的水溶解，置于 1 000 mL 棕色容量瓶中，并稀释至刻度，摇匀。此溶液室温下避光保存，两周内有效。

### A.6.2 分析步骤

取 30 mL 样品，加入 0.1 mL 高锰酸钾溶液，振摇，此溶液在 20 ℃下保持 15 min 不褪色即为通过试验。

ICS 33.040.35
M 11

# 中华人民共和国国家标准

GB/T 29228—2012

# 公用电信网设备安全技术要求 主叫用户号码信息

**Technical requirements for public telecommunication network equipments security—Calling party number information**

2012-12-31 发布　　2013-06-01 实施

中华人民共和国国家质量监督检验检疫总局
中国国家标准化管理委员会　发布

# 前　言

本标准是《公用电信网设备安全》系列标准之一。本系列的标准结构和名称预计如下：

——公用电信网设备安全技术要求　主叫用户号码信息；

——公用电信网设备安全测试方法　主叫用户号码信息。

本标准按照 GB/T 1.1—2009 给出的规则起草。

本标准由中华人民共和国工业和信息化部提出。

本标准由中国通信标准化协会归口。

本标准起草单位：工业和信息化部电信研究院、中国电信集团公司、中国移动通信集团公司、中国联合网络通信有限公司。

本标准主要起草人：龚双瑾、吴宏建、吕军、赵尽辉、孙立志、张强、张雪丽、刘东明、杨崑。

# 公用电信网设备安全技术要求
# 主叫用户号码信息

## 1 范围

本标准规定了应用于公用电信网上的固定交换设备、移动交换设备、智能网设备、IP网关设备、短消息设备和多媒体消息设备等网络设备对主叫用户号码信息的生成、传送和拦截的技术要求。

本标准主要适用于公用电信网中与主叫用户号码信息有关的设备。

## 2 规范性引用文件

下列文件对于本文件的应用是必不可少的。凡是注日期的引用文件，仅注日期的版本适用于本文件。凡是不注日期的引用文件，其最新版本(包括所有的修改单)适用于本文件。

YD/T 1157(所有部分) 网间主叫号码的传送

YD/T 1290(所有部分) 点对点短消息网间互通总体技术要求

YD/T 1604 点对点多媒体消息业务网间互通技术要求

## 3 术语、定义和缩略语

### 3.1 术语和定义

下列术语和定义适用于本文件。

3.1.1

**主叫用户号码信息 calling party number information**

所有可以直接或间接反映出主叫用户标识、特征和位置等信息的相关号码信息。在不同的网络中，其信息内容可以有所不同，例如在目前的公用电信网上使用的移动用户号码、固定电话号码等，均属于本标准涉及的主叫用户号码信息。

### 3.2 缩略语

下列缩略语适用于本文件。

CIC：运营商标识码(Carrier Identification Code)

SCP：业务控制点(Service Controlling Point)

SSP：业务交换点(Service Switching Point)

VPN：虚拟专用网(Virtual Private Network)

## 4 公用电信网设备对主叫用户号码信息的基本要求

### 4.1 主叫用户号码信息的格式和内容的要求

在公用电信网设备间使用行业标准规定的协议进行传送时，其主叫用户号码信息的格式应符合下面的要求。

a) 国内固定用户的主叫号码格式：
- PQR(S) ABCD，地址性质为本地用户号码(subscriber number)；
- "0"+$X_1X_2(X_3)$+PQR(S) ABCD，地址性质为国内有效号码；
- CC+$X_1X_2(X_3)$+PQR(S) ABCD，地址性质为国际号码。

b) 国内移动用户的主叫号码格式：
- $1XYH_0H_1H_2H_3ABCD$ 或 $01XYH_0H_1H_2H_3ABCD$，地址性质为国内有效号码；
- CC+$1XYH_0H_1H_2H_3ABCD$，地址性质为国际号码；
- 对于短消息业务：CC+$1XYH_0H_1H_2H_3ABCD$，地址性质为国际号码；
- 对于多媒体消息业务："+"+CC+$1XYH_0H_1H_2H_3ABCD$，地址性质为国际号码。

c) 业务号码，包括客户服务中心、业务台、政府公务类业务和紧急呼叫业务等，具体要求见 YD/T 1157。

d) 国际来去话的主叫号码格式：
- 主叫为固定用户的国际去话：CC+$X_1X_2(X_3)$+PQR(S) ABCD，地址性质为国际号码；
- 主叫移动用户的国际去话：CC+$1XYH_0H_1H_2H_3ABCD$，地址性质为国际号码；
- 当国际来话能传送主叫号码时，国内传递的主叫号码改为："00"+CC+国内有效号码，地址性质为国际号码；
- 当国际来话没有传送主叫号码时，国内传递的主叫号码设为："000"+CIC+中继的对端国国家码+国际局所在城市的长途区号+国际局的序号，地址性质为国际号码。

更多的号码格式的要求见 YD/T 1157。

当运营商内部开通 VPN 或 Centrex 业务时，其 VPN 短号码所采用的编号方案由运营商自行规定，但 VPN 短号码应只限于本网内使用，网间应传送真实的用户号码。

### 4.2 主叫用户号码信息的生成要求

4.2.1 公用电信网设备在特定的业务中如果需要生成主叫用户号码信息，生成的主叫用户号码信息应符合 YD/T 1157、YD/T 1290 以及 YD/T 1604 的要求。

4.2.2 接入公用电信网的用户设备应按照相关管理规定产生主叫号码信息，生成的主叫用户号码信息应是其所属运营商规定的主叫用户号码信息。

### 4.3 主叫用户号码信息的传送要求

4.3.1 在公用电信网局间设备之间应传送主叫用户号码信息，公用电信网设备应该具有准确传送的基本能力，传送的主叫号码格式应符合 YD/T 1157 要求的主叫号码。

4.3.2 公用电信网设备应按照相关管理规定增加、删除、修改主叫用户号码信息。公用电信网设备应该保证变换后的号码能够溯源。

### 4.4 主叫用户号码信息的拦截功能要求

4.4.1 公用电信网设备应提供一定的主叫用户号码信息鉴别能力，鉴别不通过的，应有能力对业务进行拦截。

4.4.2 公用电信网设备的拦截功能应该具有开启和关闭的能力，且功能的开启需要通过一定的鉴权保护，并有相关的开启记录。

4.4.3 公用电信网设备在产生拦截行为时，应产生详细的拦截记录和拦截原因。

4.4.4 本标准中涉及的拦截功能的实施与否，应遵从电信主管部门相关管理规定。

# 5 固定电话网交换设备

## 5.1 本地固定端局的要求

### 5.1.1 主叫用户号码信息的生成

固定端局应该能够产生主叫用户号码信息。对于接入端局的设备传送过来的主叫用户号码信息，固定端局负责核实，核实通过之后给予传送。

### 5.1.2 对主叫用户号码信息的处理

端局交换机应该具有修改主叫用户号码信息的能力。

对用户交换机传送过来的不符合规范的主叫用户号码信息，要能对其进行修改，但修改后的主叫用户号码信息格式应该符合 YD/T 1157 的规定。

### 5.1.3 号码拦截功能

本地固定端局应该能够根据和主叫号码相关的各种条件对呼叫进行拦截。对呼叫拦截的具体实施应遵从电信主管部门相关管理规定。

对于拦截的呼叫，本地固定端局应当产生相应的记录。

## 5.2 关口局的要求

### 5.2.1 主叫用户号码信息的处理

5.2.1.1 关口局应具备对收到的主叫号码进行鉴别和核实的能力。

5.2.1.2 对通过核实的主叫号码，关口局应保持主叫号码的内容不变，以保证主叫号码的真实性和有效性。

5.2.1.3 关口局对主叫号码的传送格式应符合 YD/T 1157 的规定。

5.2.1.4 关口局在根据 YD/T 1157 的要求变换主叫号码格式时，根据地址性质来决定是否需要增加长途字冠和区号。

### 5.2.2 号码拦截功能

关口局应该能够根据和主叫号码相关的各种条件对呼叫进行拦截。对呼叫拦截的具体实施应遵从电信主管部门相关管理规定。

对于拦截的呼叫，关口局应当产生相应的记录。

## 5.3 汇接局/长途局的要求

### 5.3.1 主叫用户号码信息的处理

5.3.1.1 汇接局/长途局应具备对收到的主叫号码进行鉴别和核实的能力。

5.3.1.2 对通过核实的主叫号码，汇接局/长途局应保持主叫号码的不变，以保证主叫号码的真实性和有效性，格式的变换应符合 YD/T 1157。

5.3.1.3 汇接局/长途局对主叫号码的传送格式应符合 YD/T 1157。

5.3.1.4 汇接局/长途局在根据 YD/T 1157 的要求变换主叫号码格式时，根据地址性质来决定是否需要增加长途字冠和区号。

### 5.3.2 号码拦截功能

汇接局/长途局应该能够根据和主叫号码相关的各种条件对呼叫进行拦截。对呼叫拦截的具体实施应遵从电信主管部门相关管理规定。

对于拦截的呼叫,汇接局/长途局应当产生相应的记录。

## 5.4 国际交换局

### 5.4.1 主叫用户号码信息的生成

#### 5.4.1.1 国际来话

当对方国家不能传送主叫号码,要求国际局交换机具备号码生成能力,生成的号码为:"000"+CIC+中继的对端国国家码+国际局所在城市的长途区号+国际局的序号。地址性质为国际号码。

#### 5.4.1.2 国际去话

国际去话的主叫号码应由市话端局、用户交换机生成,原则上在国际局交换机上不需要生成号码。

### 5.4.2 主叫用户号码信息的处理

国际局对主叫号码的传送格式应符合 YD/T 1157。

a) 国际来话

当对方国家能传送主叫号码时,国际局送出的主叫号码为:"00"+主叫用户的国际有效号码,即:"00"+国家号码+国内有效号码。

当对方国家不能传送主叫号码时,传送的号码为"000"+CIC+中继的对端国国家码+国际局所在城市的长途区号+国际局的序号。

b) 国际去话

- 国际交换局在传送主叫用户号码信息的时候应保持主叫号码不变,以保证主叫号码的真实性和有效性;
- 国际交换局在根据 YD/T 1157 的要求变换主叫号码格式时,根据地址性质来决定是否需要增加国家码。

### 5.4.3 号码拦截功能

#### 5.4.3.1 国际来话

当对方国际局能够传送有效的主叫号码时,可以分段或针对某些特定号码进行拦截,并对所有拦截进行记录,对于需要拦截或不需要拦截的号码,可以采用黑白名单的形式存储对所有无主叫号码的国际来话呼叫进行拦截。

所有的拦截都应遵从相关的管理规定,并且对所有拦截的呼叫都应进行记录。

#### 5.4.3.2 国际去话

对国际去话的拦截主要是针对某些特定号码的拦截,并对拦截进行记录,对于需要拦截或不需要拦截的号码,可以采用黑白名单的形式存储。

所有的拦截都应遵从相关的管理规定。

# 6 移动交换设备对主叫用户号码信息的要求

## 6.1 移动端局

### 6.1.1 主叫用户号码信息的生成

移动端局应能将来自空口的主叫用户信息，对应成是本端局所存储的移动用户号码，并在所有出局呼叫中传送该主叫用户号码信息。

### 6.1.2 主叫用户号码信息的处理

移动端局对主叫号码的传送格式应符合 YD/T 1157。

### 6.1.3 号码拦截功能要求

移动端局应能够根据和主叫号码相关的各种条件对呼叫进行拦截。对呼叫拦截的具体实施应遵从电信主管部门相关管理规定。

对于拦截的呼叫，端局应当产生相应的记录。

## 6.2 移动关口局

### 6.2.1 主叫用户号码信息的处理要求

6.2.1.1 移动关口局应具备对收到的主叫号码进行鉴别和核实的能力。

6.2.1.2 对通过核实的主叫号码，移动关口局应保持主叫号码的内容不变，以保证主叫号码的真实性和有效性。

6.2.1.3 移动关口局对主叫号码的传送格式应符合 YD/T 1157。

6.2.1.4 移动关口局在根据 YD/T 1157 的要求变换主叫号码格式时，根据地址性质来决定是否需要增加长途字冠和区号。

### 6.2.2 号码拦截功能要求

移动关口局应该能够根据和主叫号码相关的各种条件对呼叫进行拦截。对呼叫拦截的具体实施应遵从电信主管部门相关管理规定。

移动关口局根据主叫号码相关条件进行拦截的呼叫，应当产生相应的记录。

## 6.3 移动汇接局

### 6.3.1 主叫用户号码信息的处理要求

6.3.1.1 移动汇接局应具备对收到的主叫号码进行鉴别和核实的能力。

6.3.1.2 对通过核实的主叫号码，移动汇接局应保持主叫号码的内容不变，以保证主叫号码的真实性和有效性。

6.3.1.3 移动汇接局对主叫号码的传送格式应符合 YD/T 1157。

6.3.1.4 移动汇接局在根据 YD/T 1157 的要求变换主叫号码格式时，根据地址性质来决定是否需要增加长途字冠和区号。

### 6.3.2 号码拦截功能要求

移动汇接局应该能够根据和主叫号码相关的各种条件对呼叫进行拦截。对呼叫拦截的具体实施应遵从电信主管部门相关管理规定。

对于拦截的呼叫,移动汇接局应当产生相应的记录。

### 6.4 移动国际局

移动国际局的要求同5.4。

## 7 接入公用电信网的设备

### 7.1 概述

接入公用电信网的设备包括用户交换机设备、IP电话网关设备及其他业务平台等。此类设备通常通过租用运营商的中继线或其他线路接入到公用电信网中。

### 7.2 主叫用户号码信息的生成

采用中继线接入到端局的设备应该能够产生主叫用户号码信息,其他接入公用电信网的设备不能生成主叫用户号码。生成的主叫用户号码信息格式应该符合YD/T 1157。

### 7.3 对主叫用户号码信息的处理

接入公用电信网的设备应不能随意删除、修改主叫用户号码参数,对主叫号码的删除和修改要符合相关的管理规定。

主叫号码的传送格式应符合YD/T 1157。

对于IP电话网关,当主叫用户号码信息是由终端传送过来时,IP电话网关应负责核实,核实通过之后予以传送。当用户使用URI作为主叫用户地址时,如果涉及与传统网络互通,IP电话网关应当负责URI地址同E.164地址的转换。

IP电话网关设备在根据YD/T 1157的要求修改主叫用户号码信息时,应该根据地址性质决定是否需要增加长途字冠、区号和国家码。

### 7.4 号码拦截功能

接入电信网的设备应该能够根据和主叫号码相关的各种条件对呼叫进行拦截。对呼叫拦截的具体实施应遵从电信主管部门相关管理规定。

对于拦截的呼叫,用户交换机应当产生相应的记录。

## 8 智能网设备

### 8.1 业务交换点

业务交换点作为一个交换机,根据位置不同,除了应符合端局、汇接局或长途局的主叫号码生成、传送和拦截等要求外,还应符合本条的相关技术要求。

在固定网中,如果SCP为多个本地网提供服务时,固定网的SSP无论是作端局、汇接局还是长途局,如果收到的主叫号码不带长途区号,应在触发到SCP之前在主叫号码前加上正确的长途区号。如果收到的主叫号码已经带有长途区号,SSP应可识别,且不再加长途区号。

如果SSP从SCP收到了主叫用户号码信息,应该正确传送该主叫用户号码,号码的格式满足YD/T 1157的要求。

### 8.2 业务控制点

#### 8.2.1 主叫号码拦截要求

SCP 应能根据业务的需要，按照设定的原则(如时间、无条件等)对规定的主叫号码(全部或部分号码)进行拦截。SCP 应对拦截进行记录。

#### 8.2.2 主叫号码修改要求

SCP 对主叫号码的修改应要遵照相关的业务规定，并且能够实现主叫号码溯源。

## 9 信令设备和增值业务平台

### 9.1 信令转接点设备

信令转接点设备不能生成或修改信令消息中的主叫用户号码信息，通常是对用户的主叫用户号码信息进行无修改的转发和传送。

### 9.2 No.7 信令网关设备

No.7 信令网关设备不能生成、删除或修改信令消息中的主叫用户号码信息，通常是对用户的主叫用户号码信息进行无修改的转发和传送。

### 9.3 基于 No.7 信令的增值业务平台

#### 9.3.1 处理要求

基于 No.7 信令的增值业务平台设备应不能随意删除、修改主叫用户号码参数，主叫号码的传送格式应与 YD/T 1157 保持一致。主叫号码的修改应该遵照主管部门的相关规定。

增值业务平台对主叫号码的其他要求见相关业务平台的设备规范。

#### 9.3.2 拦截要求

基于 No.7 信令的增值业务平台应该能够根据和主叫号码相关的各种条件对呼叫进行拦截。对呼叫拦截的具体实施应遵从电信主管部门相关管理规定。

对拦截的呼叫，基于 No.7 信令的增值业务平台应当产生相应的记录。

## 10 短消息业务相关的设备

### 10.1 短消息网间互联网关设备

#### 10.1.1 主叫号码的处理功能

移动用户向外网用户发送短消息时，主叫用户归属的移动网网间互联网关识别主叫号码前两位，若不等于 86，则加上 86，若前两位等于 86，则不做处理，最终移动网互联网关向对方互联网关传送的主叫号码为:86＋移动电话用户号码。

固定用户向外网用户发送短消息时，主叫用户所在网络的互联网关向对方互联网关传送的主叫号码为:“0”＋长途区号＋固定本地用户号码。

#### 10.1.2 号码拦截和过滤功能

短消息网关应可以根据主叫号码，对过网的短消息提供拦截的功能。

短消息网关应该具备根据相关设置条件（如某个主叫号码的发送频次等），将符合条件的短消息过滤出来。

对拦截和过滤的短消息，短消息网关应产生相关的记录。

短消息的拦截应遵循电信主管部门的相关规定。

### 10.2 短消息中心设备

#### 10.2.1 主叫号码的处理功能

短消息中心传送的主叫号码应和 YD/T 1290 的规定保持一致。

#### 10.2.2 主叫号码的拦截和过滤功能

短消息中心应可以根据主叫号码，对经过短消息中心的短消息提供拦截功能。

短消息中心应该具备根据相关设置条件（某个主叫号码的发送频次等），将符合条件的短消息过滤出来。

对拦截和过滤的短消息，短消息中心应产生相关的记录。

短消息的拦截应遵循电信主管部门的相关规定。

### 10.3 短消息网关(SP)设备

#### 10.3.1 主叫号码的处理功能

与业务提供商(SP)相连的短消息网关传送的主叫号码应与 YD/T 1290 的规定保持一致。

#### 10.3.2 主叫号码的拦截和过滤功能

短消息网关应可以根据主叫号码，对过网的短消息提供拦截功能。

短消息网关应该具备根据相关设置条件（如某个主叫号码的发送频次等），将符合条件的短消息过滤出来。

对拦截和过滤的短消息，短消息网关应产生相关的记录。

短消息的拦截应遵循电信主管部门的相关规定。

## 11 多媒体消息业务相关设备

### 11.1 多媒体消息互联网关

#### 11.1.1 主叫用户号码信息的处理要求

多媒体消息互联网关发送的用户号码格式为：

移动用户号码格式为："+"+CC+1$X_0X_1H_0H_1H_2H_3$ABCD；

固定用户号码暂定为："0"+$X_1X_2(X_3)$+PQR(S) ABCD。

#### 11.1.2 号码拦截功能要求

多媒体消息互联网关应支持黑名单功能，对于主叫用户号码信息在黑名单上的多媒体消息应给以拦截。对于被拦截掉的多媒体信息，应该给以保存一定的时间，并产生相应地记录，以备日后发生纠纷的情况或者相关指定部门调查使用。

多媒体消息的拦截应遵循电信主管部门的相关规定。

### 11.2 多媒体消息中心

多媒体消息中心对主叫用户号码信息的要求与多媒体消息互联网关对主叫用户号码信息的要求相同。

---

ICS 33.180.01
M 33

# 中华人民共和国国家标准

GB/T 29229—2012

# 基于以太网方式的无源光网络（EPON）技术要求

Technical requirements for ethernet passive optical network(EPON)

2012-12-31 发布　　2013-06-01 实施

中华人民共和国国家质量监督检验检疫总局
中国国家标准化管理委员会　发布

# 前　言

本标准按照 GB/T 1.1—2009 给出的规则起草。

请注意本文件的某些内容可能涉及专利。本文件的发布机构不承担识别这些专利的责任。

本标准由中华人民共和国工业和信息化部提出。

本标准由中国通信标准化协会归口。

本标准起草单位:工业和信息化部电信研究院、华为技术有限公司、UT 斯达康(重庆)通讯有限公司、上海贝尔股份有限公司。

本标准起草人:陈洁、敖立、刘谦、党梅梅、程强、李云洁、葛坚、陆洋、李俊玮、林薇、白铁军、陈晓。

# 基于以太网方式的无源光网络(EPON)技术要求

## 1 范围

本标准规定了传输速率为千兆比特的基于以太网方式的无源光网络(EPON)系统的参考模型、业务承载能力和性能指标、接口类型(CT)、系统功能与协议、操作维护管理以及设备电气安全等方面的要求,并对EPON系统的PMD子层、RS子层以及MPCP、OAM协议进行了详细规范。

本标准适用于公众电信网环境下的EPON设备,专用电信网也可参照使用。

## 2 规范性引用文件

下列文件对于本文件的应用是必不可少的。凡是注日期的引用文件,仅注日期的版本适用于本文件。凡是不注日期的引用文件,其最新版本(包括所有的修改单)适用于本文件。

GB/T 7611 数字网系列比特率电接口特性

GB 9254 信息技术设备的无线电骚扰限值和测量方法

GB/T 9771(所有部分) 通信用单模光纤

GB/T 17618 信息技术设备抗扰度限值和测量方法

YD/T 1054 接入网技术要求 综合数字环路载波(IDLC)

YD/T 1082 接入网设备过电压过电流防护及基本环境适应性技术要求和试验方法

YD/T 1385 基于软交换的综合接入设备技术要求

YD/T 1522.1 会话初始协议(SIP)技术要求 第1部分:基本的会话初始协议

YD/T 1522.2 会话初始协议(SIP)技术要求 第2部分:基于会话初始协议(SIP)的呼叫控制的应用

YD/T 1530 接入网技术要求 频谱扩展的第二代不对称数字用户线(ADSL2+)

YD/T 1619 宽带光接入网总貌

YD/T 1996(所有部分) 接入网技术要求 第二代甚高速数字用户线(VDSL2)

YD/T 2275—2011 接入网技术要求 宽带用户接入线路(端口)标识

YD/T 2277—2011 接入网技术要求 无源光网络(PON)光链路监测与诊断

ITU-T G.707 同步数字系列(SDH)的网络节点接口[Network node interface for the synchronous digital hierarchy (SDH)]

ITU-T G.711 话音频率的脉冲编码调制[Pulse code modulation(PCM) of voice frequencies]

ITU-T G.723.1 以5.3 kbit/s和6.3 kbit/s速率传输的多媒体通信的双速率语音编码器(Dual rate speech coder for multimedia communications transmitting at 5.3 and 6.3 kbit/s)

ITU-T G.729 使用共轭结构代数码线形预测激励(CS-ACELP)的8kbit/s语音编码[Coding of speech at 8 kbit/s using conjugate-structure algebraic-code-excited linear prediction (CS-ACELP)]

ITU-T G.975 海底系统的前向纠错(Forward error correction for submarine systems)

ITU-T H.248.1 网关控制协议(Gateway control protocol)

ITU-T Y.1291 分组网络中支持业务质量(QoS)的结构框架(An architectural framework for support of quality of service in packet networks)

ITU-T Y.1730　以太网OAM功能需求(Requirements for OAM functions in ethernet-based networks and ethernet services)

IEEE 802　局域网和城域网的IEEE标准:概况和架构(IEEE Standard for Local and Metropolitan Area Networks:Overview and Architecture)

IEEE 802.1ad　局域网和城域网　虚拟桥接局域网　增补件4:业务提供者桥(Local and Metropolitan Area Networks—Virtual Bridged Local Area Networks,Amendment 4:Provider Bridges)

IEEE 802.1ag—2007　局域网和城域网　虚拟桥接局域网　增补件5:连接故障管理(Locla and Metropolitan Area Networks—Virtual Bridged Local Area Networks Amendment 5:Connectivity Fault Management)

IEEE 802.1D—2004　局域网和城域网　媒体接入控制(MAC)桥(Local and Metropolitan Area Networks—Media Access Control (MAC) Bridges)

IEEE 802.1Q—2005　局域网和城域网　虚拟桥接局域网(Local and Metropolitan Area Networks Virtual Bridged Local Area Networks)

IEEE 802.1X—2004　局域网和城域网　基于端口的网络接入控制(Local and Metropolitan Area Networks—Port-Based Network Access Control)

IEEE 802.3—2008　信息技术　系统间通信和信息交换　局域网和城域网特定要求　第3部分:CSMA/CD接入方式和物理层规范[Information Technology—Telecommunications and Information Exchange Between Systems—Local and Metropolitan Area Networks—Specific Requirements Part 3:Carrier Sense Multiple Access with Collision Detection (CSMA/CD) Access Method and Physical Layer Specifications]

IETF RFC2236　互联网组管理协议版本2(IGMP V2)(Internet Group Management Protocol, Version 2)

IETF RFC2933　互联网组管理协议MIB(Internet Group Management Protocol MIB)

IETF RFC3376　互联网组管理协议版本3(IGMP V3)(Internet Group Management Protocol, Version 3)

IETF RFC3550　实时应用传输协议(RTP)(RTP:A Transport Protocol for Real-Time Applications)

IETF RFC3985　伪PWE3架构[Pseudo Wire Emulation Edge-to-Edge (PWE3) Architecture]

IETF RFC4197　分组交换网上的时分复用(TDM)电路端到端仿真的要求[Requirements for Edge-to-Edge Emulation of Time Division Multiplexed (TDM) Circuits over Packet Switching Networks]

IETF RFC4553　分组网上结构未知的时分复用技术[Structure-Agnostic Time Division Multiplexing (TDM) over Packet (SAToP)]

IETF RFC5086　分组交换网上的结构化时分复用(TDM)电路仿真业务(CESOP)[Structure-Aware Time Division Multiplexed (TDM) Circuit Emulation Service over Packet Switched Network (CESoPSN)]

BBF TR-069　CPE广域网管理协议(CPE WAN Management Protocol)

MEF8　城域以太网PDH电路仿真实现约定(Implementation Agreement for the Emulation of PDH Circuits over Metro Ethernet Networks)

## 3　缩略语

下列缩略语适用于本文件。

ADSL2＋:频谱扩展的第二代不对称数字用户线(Asymmetric Digital Subscriber Line Transceiver)
BITS:大楼综合定时供给(系统)(Building Integrated Timing Supply)
BPDU:网桥协议数据单元(Bridge Protocol Data Unit)
CATV:有线电视(Cable Television)
CESoP:分组网电路仿真业务(Circuit Emulation Service over Packet)
CFM:连接故障管理(Connectivity Fault Management)
DA:目的地址(Destination Address)
DBA:动态带宽分配(Dynamic Bandwidth Allocation)
DHCP:动态主机配置协议(Dynamic Host Configuration Protocol)
DLF:目的地址查找失败(Destination Lookup Failure)
DSCP:差分服务代码点(Differentiated Services Code Point)
DTE:数据终端设备(Data Terminal Equipment)
EAP:扩展认证协议(Extensible Authentication Protocol)
EDFA:掺铒光纤放大器(Erbium-doped Optical Fiber Amplifer)
EFM:第一英里以太网(论坛)(Ethernet in the First Mile(Forum))
EPD:帧结束定界符(End of Packet Delimiter)
EPON:基于以太网方式的无源光网络(Ethernet Passive Optical Network)
FCS:帧校验序列(Frame Check Sequence)
FE:快速以太网(Fast Ethernet)
FEC:前向纠错(Forward Error Correction)
FTTB:光纤到大楼(Fiber to the Building)
FTTC:光纤到路边(Fiber to the Curb)
FTTH:光纤到户(Fiber to the Home)
FTTO:光纤到办公室(Fiber to the Office)
GE:千兆以太网(Gigabit Ethernet)
GMII:千兆比特媒质无关接口(Gigabit Media Independent Interface)
GVRP:GARP VLAN 注册协议(GARP VLAN Registration Protocol)
ICMP:互联网控制报文协议(Internet Control Message Protocol)
IGMP:互联网组管理协议(Internet Group Management Protocol)
IP:互联网协议(Internet Protocol)
IPG:包间隔(Inter-packet Gap)
IPoE:以太网上传送互联网协议(Internet Protocol over Ethernet)
LACP:链路汇聚控制协议(Link Aggregation Control Protocol)
LAN:局域网(Local Area Network)
LLID:逻辑链路标识(Logical Link Identifier)
LT:线路终端(Line Terminal)
MAC:媒质访问控制(Media Access Control)
MDI:媒质相关接口(Media Dependent Interface)
MGCP:媒体网关控制协议(Media Gateway Control Protocol)
MIB:管理信息库(Management Information Base)
MII:媒质无关接口(Media Independent Interface)
MLM:多纵模(Multi-longitudinal Mode)
MOS:平均意见评分(Mean Opinion Score)

MPCP:多点控制协议(Multi-point Control Protocol)

MPCPDU:MPCP 协议数据单元(MPCP Protocol Data Unit)

NT:网络终端(Network Terminator)

OAM:操作管理维护(Operations,Administration and Maintenance)

ODN:光分配网络(Optical Distribution Network)

OLT:光线路终端(Optical Line Terminal)

OMA:光调制幅度(Optical Modulation Amplitude)

ONT:光网络终端(Optical Network Terminator)

ONU:光网络单元(Optical Network Unit)

OSI:开放系统互联(Open System Interconnection)

P2MP:点到多点(Point to Multipoint)

P2PE:点到点仿真(Point to Point Emulation)

PCS:物理编码子层(Physical Code Sublayer)

PDU:协议数据单元(Protocol Data Unit)

PMA:物理媒质附加(子层)(Physical Media Attachment)

PMD:物理媒质相关(子层)(Physical Media Dependent)

PON:无源光网络(Passive Optical Network)

POTS:传统电话业务(Plain Old Telephone Service)

PPPoE:以太网上传送点到点协议(Point to Point Protocol over Ethernet)

PSQM:感知通话质量测试(Perceptual Speech Quality Measurement)

QoS:服务质量(Quality of Service)

RMS:均方根值(Root Mean Square)

RS:协调子层(Reconciliation sublayer)

RTT:往返时间(Round Trip Time)

SA:源地址(Source Address)

SCB:单拷贝广播(Single Copy Broadcast)

SFD:帧起始定界符(Start of Frame Delimiter)

SIP:会话初始协议(Session Initiation Protocol)

SLA:服务等级协议(Service Level Agreement)

SLD:LLID 起始定界符(Start of LLID Delimiter)

SLM:单纵模(Single-longitudinal Mode)

SNI:业务节点接口(Service Node Interface)

SOHO:小型家庭办公室(Small Office Home Office)

SP:严格优先级(Strict Priority)

STM:同步转移模式(Synchronous Transfer Mode)

S-VLAN:业务 VLAN(Service VLAN)

TBI:10 比特接口(Ten-bit Interface)

TCP:传输控制协议(Transmission Control Protocol)

TDM:时分复用(Time Division Multiplexing)

TDMA:时分多址接入(Time Division Multiple Access)

TDP:发送器色散代价(Transmitter and Dispersion Penalty)

TOS:服务类型(Type Of Service)
TPID:标签协议标识(Tag Protocol Identifier)
UCT:无条件转移(Un-condition Transition)
UDP:用户数据报协议(User Datagram Protocol)
UNI:用户网络接口(User Network Interface)
VDSL2:第二代甚高速数字用户线(Very-high-speed Digital Subscriber Line 2)
VLAN:虚拟局域网(Virtual Local Area Network)
VoIP:IP 语音(Voice over Internet Protocol)

## 4 系统配置和参考模型

### 4.1 参考模型

以太网无源光网络(EPON)是一种采用点到多点(P2MP)结构的单纤双向光接入网络,其典型拓扑结构为树型。

EPON 系统由局侧的光线路终端(OLT)、用户侧的光网络单元(ONU)和光分配网络(ODN)组成,为单纤双向系统。在下行方向(OLT 到 ONU),OLT 发送的信号通过 ODN 到达各个 ONU。在上行方向(ONU 到 OLT),ONU 发送的信号只会到达 OLT,而不会到达其他 ONU。为了避免数据冲突并提高网络利用效率,上行方向采用 TDMA 多址接入方式并对各 ONU 的数据发送进行调度。ODN 在 OLT 和 ONU 间提供光通道。

EPON 系统参考结构见图 1。

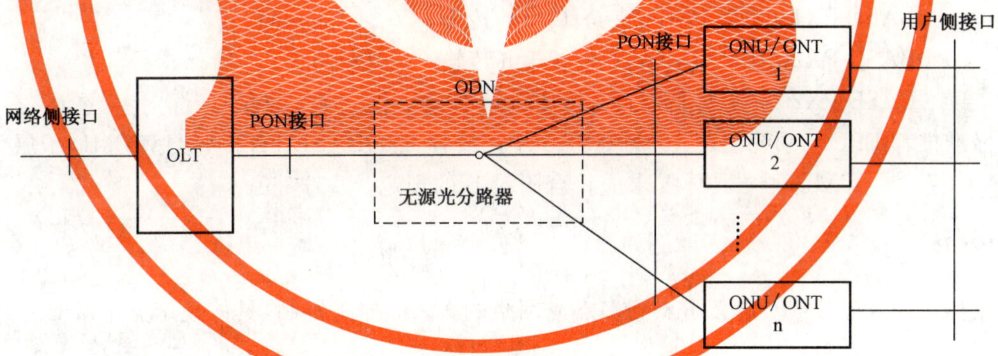


注:ODN 中的无源光分路器可以是一个或多个光分路器的级联。

图 1 EPON 系统参考结构

光网络终端(ONT)是指 FTTH 网络结构中包括用户端口功能的 ONU,在本标准中将 ONU 和 ONT 统称为 ONU。

EPON 系统的 ONU/ONT 可放置在用户、大楼和小区等不同的位置,形成 FTTH、FTTB、FTTC 等不同的网络结构。

EPON 系统承载 CATV 业务参见附录 A。

### 4.2 协议栈

EPON 系统的协议分层以及与 ISO/IEC 开放式系统互联(OSI)参考模型之间的关系见图 2。

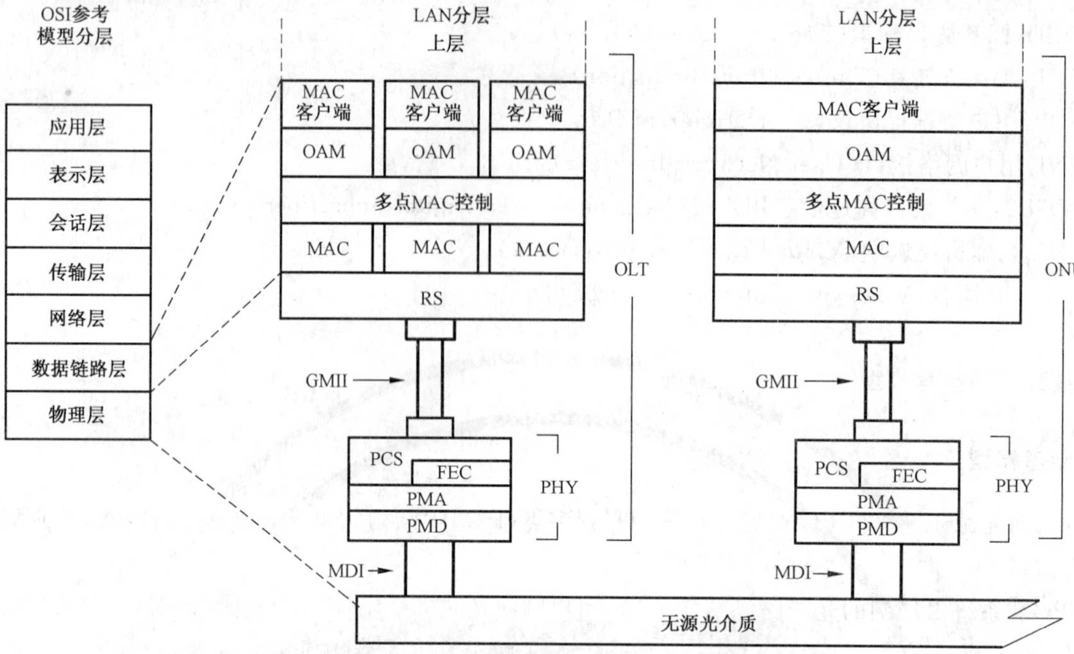


图 2 **EPON 协议栈**

### 4.3 PMD 子层

EPON 系统可使用以下三种 PMD 类型：

a) 1000BASE-PX10 类型 PMD,支持 10 km 传输；

b) 1000BASE-PX20 类型 PMD,支持 20 km 传输；

c) 1000BASE-PX20＋类型 PMD,支持 20 km 传输。

本标准推荐 EPON 系统使用 1000BASE-PX20 或者 1000BASE-PX20＋类型 PMD 子层。

EPON 系统的 PMD 子层具体要求应符合附录 B 的规定。

### 4.4 MPCP

多点控制协议(MPCP)定义了点到多点光网络的 MAC 控制机制,具体规定见附录 C。

### 4.5 RS 子层

EPON 系统的 RS 子层应符合附录 D 的规定。

### 4.6 OAM 子层

EPON 系统应支持 OAM 功能,具体实现方式应符合附录 E 的规定。

## 5 光网络要求

### 5.1 波长

EPON 系统应使用符合 GB/T 9771 要求的单模光纤。

EPON 系统为单纤双向系统,上、下行应分别使用不同的波长,其中上行应使用 1 260 nm～1 360 nm 波长,下行应使用 1 480 nm～1 500 nm 波长。

### 5.2 系统传输距离和分路比

EPON 系统支持的最大传输距离和最大分路比应符合以下规定中的一种：

a) 当系统支持 PX10 类型的 PMD 子层时，OLT 和 ONU 之间的最大传输距离不小于 10 km，支持的最大分路比至少为 1∶32；

b) 当系统支持 PX20 类型的 PMD 子层时，OLT 和 ONU 之间的最大传输距离不小于 20 km，支持的最大分路比至少为 1∶32；

c) 当系统支持 PX20+类型的 PMD 子层时，OLT 和 ONU 之间的最大传输距离不小于 20 km，支持的最大分路比至少为 1∶64。

## 6 业务承载能力和设备类型

### 6.1 业务承载能力

EPON 系统应支持业务类型 1 和类型 4，可选支持业务类型 2 和类型 3。

——业务类型 1：以太网/IP 数据业务；

——业务类型 2：TDM 业务，主要是 E1 业务（速率为 2.048 Mbit/s）；

——业务类型 3：VoIP 语音业务；

——业务类型 4：IP 视频业务。

### 6.2 ONU 设备类型

根据 ONU 支持的业务类型和功能的不同，在本标准中把 ONU 分为以下 4 类：

——类型 1：

该类 ONU 设备用于提供家庭或商业用户的基本数据接入功能，仅支持以太网/IP 数据业务，提供桥接或基本的路由功能。该类 ONU 一般可提供 1～4 个以太网口，也可以支持内置的 VoIP 功能通过 POTS 接口提供话音和传真等业务。该类 ONU 主要应用于 FTTH/FTTO 的场合，可以与家庭网关配合提供更为丰富的业务。

——类型 2：

该类 ONU 设备用于提供家庭或商业用户的数据和语音的综合方案，除支持类型 1 设备的基本数据功能外，同时还应通过内置的 VoIP 功能提供话音和传真等业务，以及 QoS 和安全功能，并支持 BBF TR-069 规定的远程管理功能。该类 ONU 还可以提供无线局域网接口，主要应用于 FTTH/FTTO 的场合，作为家庭或 SOHO 综合业务网关使用。

——类型 3：

该类 ONU 设备用于多个用户，具有多个独立的用户接口（如以太网接口或 ADSL2+接口或 VDSL2 接口等，一般具有 8 个、16 个、24 个或更多的用户接口），该类型 ONU 可选支持内置的 VoIP 功能，主要应用于 FTTB/FTTC 场合。

——类型 4：

该类 ONU 设备除应具备前面任一类型 ONU 的功能外，还应具备 TDM 模块并提供 E1 接口。

## 7 网络侧接口和用户侧接口

### 7.1 接口类型要求

根据支持的业务类型的不同，EPON 系统应提供相应的网络侧和用户侧接口。

OLT 的网络侧应支持 GE 接口，推荐支持 10GBASE-X 接口。当 OLT 终结 TDM 专线业务时，OLT 的网络侧还应支持 STM-1 接口或 E1 接口。

ONU 设备类型按 6.2 规定分为 4 类，各类 ONU 设备的用户侧接口要求如下：

类型 1 ONU 的用户侧应支持以太网电接口，可选支持 Z 接口或 Za 接口。

类型 2 ONU 的用户侧应支持以太网电接口，应支持 Z 接口或 Za 接口，可选支持无线局域网等接口。

类型 3 ONU 的用户侧应支持以太网电接口、ADSL2＋接口、VDSL2 接口或同轴电缆接口，可选支持 Z 接口或 Za 接口。

类型 4 ONU 除应支持类型 1、类型 2 或类型 3 要求的接口类型外，还应支持 E1 接口。

### 7.2 网络侧和用户侧接口要求

#### 7.2.1 以太网接口

GE、10GE、FE 等以太网接口应符合 IEEE 802.3—2008 的规定。

#### 7.2.2 STM-1 接口

STM-1 接口应符合 ITU-T G.707 的规定。

#### 7.2.3 E1 接口

E1 接口应符合 GB/T 7611 的规定。

#### 7.2.4 Z 接口

Z 接口应符合 YD/T 1054 的规定。

#### 7.2.5 Za 接口

Za 接口应符合 YD/T 1054 的规定。

#### 7.2.6 ADSL2＋接口

ADSL2＋接口应符合 YD/T 1530 的规定。

#### 7.2.7 VDSL2 接口

VDSL2 接口应符合 YD/T 1996 的规定。

#### 7.2.8 同轴电缆接口

具体要求待研究。

#### 7.2.9 无线局域网接口

无线局域网接口应符合国家相关规定。

## 8 功能要求

### 8.1 PON 基本功能

#### 8.1.1 ONU 认证功能

OLT 应支持根据 MAC 地址对 ONU 的合法性进行认证，应拒绝非法 ONU 接入网络获得服务。

非法 ONU 事件应记入系统日志，并应产生相应告警信息。

OLT 可选支持 ONU MAC 地址和 PON 接口绑定的功能。

### 8.1.2 动态带宽分配功能(DBA)

EPON 系统应采用动态带宽分配机制(DBA)来提高系统上行带宽利用率以及保证业务公平性和 QoS，应能根据 LLID 报告的队列状态信息分配带宽授权。

DBA 应支持如下三种分配带宽类型：

a) 固定带宽(Fixed Bandwidth)：固定带宽是完全预留给特定 ONU 或者 ONU 的特定业务的，即使在 ONU 没有上行固定带宽业务流的情况下，OLT 仍然为该 ONU 发送对应于该固定带宽的授权(grant)，这部分带宽也不能为其他 ONU 使用。固定带宽主要用于有 TDM 业务的 ONU(或者 LLID)以确保该业务较小的传输时延。固定带宽一般由 OLT 以较小的轮询周期(cycle time)和较高的 grant 频率给 ONU 发送固定数量的授权来实现。

b) 保证带宽(Assured Bandwidth)：保证带宽是保证 ONU 可获得的带宽，由 OLT 根据 ONU 发送的 REPORT 报文信息进行授权。当 ONU 的实际业务流量未达到保证带宽时，OLT 的 DBA 机制应能够将其剩余带宽分配给其他 ONU 的业务。如果 ONU 上行业务流量超过保证带宽，即使系统上行方向发生流量拥塞，也能保证该 ONU 获得至少等于"保证带宽"的带宽。

c) 尽力而为带宽(Best Effort Bandwidth)：当 EPON 接口上的带宽没有被其他高优先级的业务占用时，ONU 可以使用的这部分带宽。尽力而为带宽由 OLT 根据 PON 系统中全部在线 ONU 的 REPORT 信息以及 PON 接口上的带宽占用情况为 ONU 分配授权，系统不保证该 ONU 或者 ONU 的特定业务获得带宽的数量。属于优先级最低的业务类型。当然，即使系统上行带宽剩余，一个 ONU 获得的尽力而为带宽也不应超过所设定的值。

DBA 应支持上述 3 种带宽类型的组合，即对一个特定的 ONU，能够提供 Fixed＋Assured、Fixed＋Best Effort、Fixed＋Assured＋Best Effort、Assured＋Best Effort 等多种带宽类型组合的业务。DBA 应支持基于 LLID 对上述业务参数的配置。

ONU 的上行带宽配置的参数包括固定比特率(FIR，Fixed Information Rate)、保证比特率(CIR，Commited Information Rate)和峰值比特率(PIR，Peak Information Rate)。各种类型的带宽的大小与这些配置参数的关系如下：

——固定带宽：FIR；

——保证带宽：CIR-FIR；

——尽力而为带宽：PIR-CIR；

DBA 最小带宽分配粒度不应大于 256kbit/s。

DBA 的精度应优于±5%。

本标准对 DBA 算法不作具体规定。

### 8.1.3 业务 QoS

#### 8.1.3.1 基本要求

EPON 系统应支持基于 ITU-T Y.1291 的 QoS 机制，在上行和下行方向均应能根据 SLA 协议保证各类业务的 QoS。

QoS 机制包括业务流分类(Traffic classification)、优先级标记(Marking)、排队及调度(Queuing and scheduling)、流量整形(Traffic shaping)和流量管制(Traffic policing)、拥塞避免(Congestion avoidance)、缓存管理(Buffer management)等。

SLA 协议参数包括不同用户或业务的时延、抖动、保证带宽和最大带宽等。

8.1.3.2 业务流分类

8.1.3.2.1 OLT的业务流分类功能

OLT应具有对上行业务流进行分类的功能，应具有基于VLAN ID、以太网PRI字段、以太网帧封装协议（如PPPoE、IPoE等）、源/目的IP地址、IP协议类型（TCP、UDP、ICMP、IGMP等）、IP包的TOS/DSCP字段和TCP/UDP端口号对上行业务流进行分类的能力。

8.1.3.2.2 ONU的业务流分类功能

类型1的ONU应支持基于物理端口和VLAN ID对上行业务流进行分类。

类型2的ONU应支持基于物理端口、VLAN ID、以太网PRI字段、以太网帧封装协议（如PPPoE、IPoE等）对上行业务流进行分类，建议支持基于IP包的TOS/DSCP字段对上行业务流进行分类。

类型3的ONU应支持基于物理端口、VLAN ID、以太网PRI字段、以太网帧封装协议（如PPPoE、IPoE等）、源/目的IP地址、IP协议类型（TCP、UDP、ICMP、IGMP等）、IP包的TOS/DSCP字段和TCP/UDP端口号对上行业务流进行分类。

8.1.3.3 优先级标记方式

8.1.3.3.1 OLT的优先级标记方式

OLT应支持上行流分类与优先级标识的映射，应支持以太网PRI字段作为优先级标识，可选使用IP的TOS/DSCP域作为优先级标识。

OLT应支持优先级标识的修改功能。

OLT应支持将内层优先级标识复制到外层。

8.1.3.3.2 ONU的优先级标记方式

ONU应支持上行流分类与优先级标识的映射，应支持以太网PRI字段作为优先级标识，可选使用IP的TOS/DSCP域作为优先级标识。

ONU应支持优先级标识的修改功能。

8.1.3.4 队列调度

8.1.3.4.1 OLT的队列调度功能

OLT应支持绝对优先级(SP)、基于权重的相对优先级和混合优先级（绝对优先级＋相对优先级）的队列调度算法对上、下行业务流进行队列调度，并且每个上联接口应至少支持8个队列。

8.1.3.4.2 ONU的队列调度功能

类型1和类型2的ONU应支持绝对优先级队列调度算法对上行业务流进行本地队列调度，可选采用基于权重的相对优先级队列调度算法或混合优先级队列调度算法（绝对优先级＋相对优先级），并且每个用户侧接口应至少支持4个优先级队列。

类型3的ONU应支持绝对优先级队列调度算法、基于权重的相对优先级队列调度算法和混合优先级队列调度算法（绝对优先级＋相对优先级调度）对上行业务流进行本地队列调度，并且每个用户侧接口应至少支持4个优先级队列。

对于支持VoIP和E1业务的ONU应对该类业务采用严格优先级调度保证带宽需求。

8.1.3.5 限速功能

8.1.3.5.1 **OLT 的限速功能**

OLT 应支持基于 ONU、VLAN ID 和以太网 PRI 字段对下行业务流进行限速。

8.1.3.5.2 **ONU 的限速功能**

类型 3 的 ONU 应支持基于用户侧物理端口或基于 VLAN ID 对上、下行业务流进行限速。

8.1.4 加密功能

EPON 系统应支持对下行用户数据的加密,上行方向可选支持。

8.1.5 **ONU 掉电通知功能**

ONU 应支持通过 Dying Gasp 告警消息将自身掉电事件通知 OLT 的能力。

8.1.6 光纤保护倒换功能(可选)

为了提高网络可靠性和生存性,可在 EPON 系统中采用光纤保护倒换机制。光纤保护倒换可分为以下两种方式进行:

a) 自动倒换:由故障发现触发,如信号丢失或信号劣化等;

b) 强制倒换:由管理事件触发。

保护倒换发生后,系统应支持被保护业务的自动返回或人工返回功能。

主要的光纤保护倒换方式有两种:馈线(主干)光纤保护倒换和全光纤保护倒换,分别如图 3 和图 4 所示。

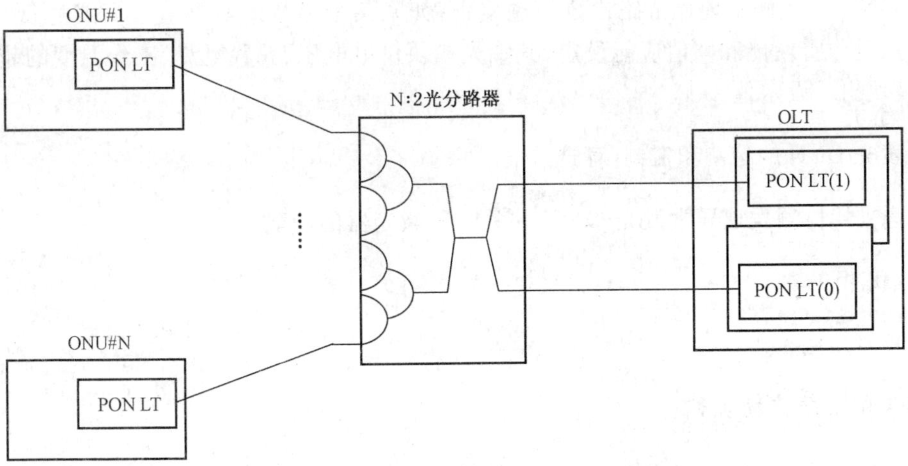


图 3 **EPON 系统馈线(主干)光纤保护倒换方式**

馈线(主干)光纤保护倒换配置对 OLT 以及 OLT 和光分路器之间的光纤进行备份,光分路器的 OLT 侧有两个输入/输出端口。这种配置方式仅能恢复 OLT 侧。

全光纤保护倒换配置对 OLT、ONU、光分路器和全部光纤进行备份。在这种配置方式下,通过倒换到备用设备可在任意点恢复故障,具有高可靠性。

全光纤保护倒换方式的一个特例是网络中有部分 ONU 以及 ONU 和光分路器之间的光纤没有备份,此时,没有备份的 ONU 不受保护。

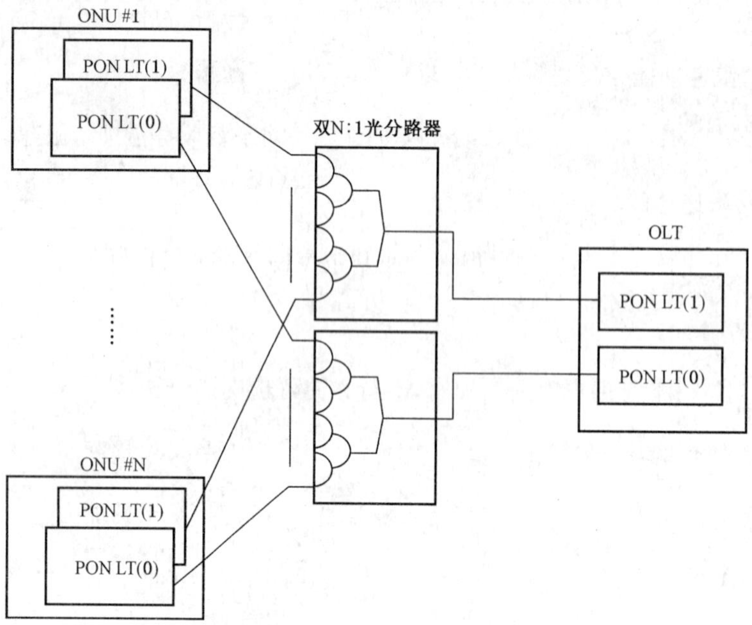


图 4 EPON 系统全保护光纤倒换方式

### 8.1.7 光链路测量和诊断

OLT 和 ONU 均应支持对光模块供电电压、偏置电流、工作温度、发送光功率和接收光功率这 5 个光链路参数进行测量，参数测量指标应符合 YD/T 2277—2011 的要求。

ONU 应支持将测量结果上报给 OLT。

OLT 和 ONU 在监测本地光链路参数的过程中，如果某个参数的监测值过高或过低，应能触发相应的越限告警，且告警使能和阈值应能设定，其中光模块供电电压、偏置电流、工作温度的越限告警阈值缺省采用光模块出厂设定值。

### 8.1.8 异常发光 ONU 的检测和控制(可选)

OLT 可选支持检测发现异常发光 ONU 并关闭其激光器的功能。

## 8.2 以太网/IP 相关功能

### 8.2.1 二层转发功能

#### 8.2.1.1 OLT 的二层转发功能

OLT 应支持 MAC 地址的动态学习，MAC 地址老化时间应可配置，转发能力应确保上下行业务的线速转发。

#### 8.2.1.2 ONU 的二层转发功能

ONU 应支持 MAC 地址的动态学习，MAC 地址老化时间应可配置。

### 8.2.2 二层汇聚

当 OLT 设备支持多个 PON 接口时，OLT 设备应支持各个 PON 接口的上行流量汇聚功能。

#### 8.2.3 二层隔离

OLT 应支持各 ONU 之间的二层隔离，并应支持基于 VLAN 进行配置。

类型 3 的 ONU 应支持各用户侧端口之间的二层隔离。

#### 8.2.4 VLAN

##### 8.2.4.1 OLT 的 VLAN 功能

OLT 应支持 IEEE 802.1Q—2005 协议，应支持对 VLAN 端口的 ACCESS、TRUNK 和 HYBRID 连接模式。

OLT 应支持单层 VLAN ID 的透传、增加、移除和 VLAN ID 的切换功能。

OLT 应支持根据物理端口和以太网封装协议划分 VLAN。

##### 8.2.4.2 ONU 的 VLAN 功能

ONU 应支持 IEEE 802.1Q—2005 协议，应支持对 VLAN 端口的 ACCESS 和 TRUNK 连接模式。

ONU 应支持根据用户侧端口和以太网封装协议划分 VLAN。

#### 8.2.5 VLAN Stacking

OLT 和类型 3 ONU 应支持基于 IEEE 802.1ad 的 VLAN Stacking(VLAN 堆叠)功能，其中外层标记的 TPID 值应可以配置。

OLT 和类型 3 ONU 应支持根据物理端口、IEEE 802.1D—2004 规定的以太网优先级标识(Pbit)或单层 VLAN ID 的值把上行以太网帧映射到不同的 S-VLAN。

OLT 和类型 3 ONU 的上联端口应能配置为支持 S-VLAN 的 TRUNK 模式。

#### 8.2.6 安全防攻击功能

##### 8.2.6.1 帧过滤

###### 8.2.6.1.1 OLT 的帧过滤功能

OLT 应支持根据以太网封装协议、源 MAC 地址、目的 MAC 地址、源 IP 地址、目的 IP 地址、TCP 端口号、UDP 端口号对上、下行以太网数据帧进行过滤。

OLT 应能过滤来自用户的 DHCP OFFER、ACK、NAK 帧、IP 组播数据流和 IGMP 查询帧。

OLT 应按照表 1 规定的方式对预定义和保留地址的 MAC 帧进行处理。表 1 中的“Block”是指不转发，“Forward”是指转发，“Peer”是指进行本地处理和应答。

**表 1 预定义和保留 MAC 地址**

| MAC 地址 | 作用 | 缺省行为 | 可选配置 | 参考标准 |
|---|---|---|---|---|
| 01-80-C2-00-00-00 | 桥组地址(BPDUs) | Block | None | IEEE 802.1D—2004 表 7-9 |
| 01-80-C2-00-00-01 | PAUSE | Block | None | IEEE 802.3—2008 |
| 01-80-C2-00-00-02 | 慢速协议(LACP, EFM OAM PDUs) | Peer | None | IEEE 802.3—2008 表 43B-1 |
| 01-80-C2-00-00-03 | EAP over LANs | Block | Peer | IEEE 802.1X—2004 表 7-2 |

表 1（续）

| MAC 地址 | 作用 | 缺省行为 | 可选配置 | 参考标准 |
|---|---|---|---|---|
| 01-80-C2-00-00-04-01-80-C2-00-00-0F | 保留 | Block | None | IEEE 802.1D—2004 表 7-9 |
| 01-80-C2-00-00-10 | 所有 LAN 的桥管理地址 | Block | None | IEEE 802.1D—2004 表 7-10 |
| 01-80-C2-00-00-20 | GMRP | Block | None | IEEE 802.1D—2004 表 12-1 |
| 01-80-C2-00-00-21 | GVRP | Block | None | IEEE 802.1Q—2005 表 11-1 |
| 01-80-C2-00-00-22-01-80-C2-00-00-2F | 保留 GARP 应用地址 | Block | Forward | IEEE 802.1D—2004 表 12-1 |
| 01-80-C2-xx-xx-xy | CFM | Forward | Block | IEEE 802.1ag—2007 表 8-9 |

#### 8.2.6.1.2 ONU 的帧过滤功能

ONU 应支持根据物理端口、以太网帧封装协议、源 MAC 地址、目的 MAC 地址、以太网优先级标识(Pbit)对上、下行以太网数据帧进行过滤。

建议 ONU 支持基于源 IP 地址、目的 IP 地址和 TCP 端口号、UDP 端口号对数据帧进行过滤。

ONU 应能过滤来自用户的 DHCP OFFER/ACK/NAK 帧、IP 组播数据流和 IGMP 查询帧。

ONU 应按照表 1 规定的方式对预定义和保留地址的 MAC 帧进行处理。

### 8.2.6.2 组播/广播/DLF 报文风暴抑制

OLT 应对二层组播/广播/DLF 报文的速率进行抑制。

### 8.2.6.3 MAC 地址学习数量限制

#### 8.2.6.3.1 OLT 的 MAC 地址学习数量限制功能

OLT 应能限制从每个 ONU 学习到的 MAC 地址的数量，限制的数量应可以灵活配置。

当达到 MAC 地址表深度时，OLT 应支持新 MAC 地址对最旧的 MAC 地址的覆盖，或者支持忽略新 MAC 地址直到有 MAC 地址老化等不同策略。

#### 8.2.6.3.2 ONU 的 MAC 地址学习数量限制功能

类型 2 和类型 3 的 ONU 应支持限制从每个用户侧端口学习到的 MAC 地址的数量，且限制的数量应可以灵活配置。

当达到 MAC 地址表深度时，ONU 应支持新 MAC 地址对最旧的 MAC 地址的覆盖，或者支持忽略新 MAC 地址直到有 MAC 地址老化等不同策略。

### 8.2.6.4 防止 MAC 地址欺骗

OLT 和类型 3 ONU 应能够检测用户 MAC 地址欺骗，应支持根据安全策略进行处理，例如丢弃 MAC 地址重复的帧。

OLT 应能够检测并丢弃来自用户的仿冒宽带网络网关(如 BRAS)MAC 地址的帧。

OLT 应过滤来自用户侧的与网络侧地址重复的 MAC 地址。

### 8.2.6.5 用户端口识别功能

OLT 和类型 3 ONU 设备应支持通过二层 DHCP 中继代理、PPPoE 中继代理实现用户端口识别和标记功能,具体实现方式应符合 YD/T 2275—2011 的规定。

OLT 和类型 3 ONU 还应支持通过 VLAN Stacking 标识用户端口。

#### 8.2.6.6 IP 地址绑定功能

OLT 和类型 3 的 ONU 应支持 IP 地址与端口或 VLAN 等的绑定,地址绑定功能应包含下面两个子功能:

a) 端口 a 被限制仅能使用地址 A,不能使用除地址 A 外的其他地址;

b) 端口 b 不能盗用端口 a 使用的地址 A。

OLT 和类型 3 的 ONU 应支持基于静态配置用户 IP 地址与用户端口或 VLAN 的绑定功能。

OLT 和类型 3 的 ONU 可选支持跟踪 DHCP 中的 IP 地址分配过程进行端口和 IP 地址的动态绑定的功能。

### 8.2.7 端口自协商

OLT 和 ONU 的以太网电接口应具有对端口双工方式、线速和流控等进行自协商的能力,以太网光接口应具有对流控进行自协商的能力。

### 8.2.8 流量控制功能

OLT 的网络侧接口和 ONU 的用户侧接口应支持全双工方式下的 IEEE 802.3—2008 流量控制协议(pause 帧)。

### 8.2.9 上联端口保护功能

#### 8.2.9.1 快速生成树功能(RSTP)

当 OLT 的网络侧具有多个 GE 或 10/100Base-T 接口时,应支持符合 IEEE 802.1D—2004 规定快速生成树协议(RSTP)。

#### 8.2.9.2 链路聚集

当 OLT 网络侧具有多个 GE 或 10/100Base-T 接口时,应支持 IEEE 802.3—2008 规定的链路聚集功能。

OLT 的链路聚集功能应实现链路负载分担和链路保护功能。

#### 8.2.9.3 上联端口镜像和重定向

OLT 应支持对特定的上联物理端口或逻辑端口的流镜像功能和流重定向功能。

### 8.2.10 组播功能

#### 8.2.10.1 基本要求

组播协议应支持 IETF RFC2236 规定的 IGMP V2,可选支持 IETF RFC3376 规定的 IGMP V3 和 IETF RFC2933 规定的组播管理协议的 MIB。

OLT 和 ONU 之间应支持以单拷贝广播(SCB)方式转发组播流,并且所有的组播流应使用唯一的特定 LLID 来指示,LLID 值为 0x7FFF。

#### 8.2.10.2 OLT 的组播功能

OLT 应支持 IGMP snooping 代理或 IGMP proxy 功能,并支持可控组播功能。

OLT 应支持基于用户端口的可控组播功能。可控组播功能应支持“允许”、“禁止”和“预览”三种组播权限。组播权限控制功能即可控组播功能，具体包括：

a) 对 ONU 启用/禁止组播服务；
b) 控制 ONU 加入授权的组播组或允许预览的组播组；
c) 限制 ONU 能同时加入的组播组个数；
d) 根据用户系统总带宽使用情况和用户服务等级合同中规定带宽的使用情况，限制 ONU 可同时收看的节目数量；
e) 对于用户的组播加入/离开活动等信息应计入日志。

OLT 应支持配置组播权限业务包(Package)，每个业务包(Package)可包括任意多个频道(组播组)。

#### 8.2.10.3 ONU 的组播功能

对于具有多个端口的类型 1 和类型 2 的 ONU 设备，应支持 IGMP snooping 功能，并实现 IGMP 快速离开功能。

对于类型 3 的 ONU 设备，应实现 IGMP snooping 代理或 IGMP proxy，支持 IGMP 快速离开功能，并应支持针对 ONU 用户侧端口的可控组播功能，可控组播功能应支持“允许”、“禁止”和“预览”三种组播权限。组播权限控制功能即可控组播功能具体包括：

a) 在用户端口上启用/禁止组播服务；
b) 组播权限控制，在用户端口上控制其加入授权的组播组或允许预览的组播组；
c) 限制用户端口能同时加入的组播组个数；
d) 根据用户系统总带宽使用情况和用户服务等级合同中规定带宽的使用情况，限制用户可同时收看的节目数量；
e) 对于用户的组播加入/离开活动等信息应计入日志。

ONU 应支持跨 VLAN 的组播，当组播业务数据流所在 VLAN 不同于用户所在 VLAN 时，组播业务数据能复制到不同的用户 VLAN 中。

### 8.2.11 用户环网检测

ONU 应支持对用户侧端口是否成环的检测，防止环网形成。

### 8.2.12 VoIP 相关协议和功能要求

当类型 1 和类型 3 的 ONU 通过 Z 接口或 Za 接口提供 VoIP 业务接入时，应支持 H.248 协议或 SIP 协议。

类型 2 的 ONU 应支持 H.248 协议或 SIP 协议。

ONU 实现 H.248 协议应符合 ITU-T H.248.1 的规定，实现 SIP 协议应符合 YD/T 1522 的规定。

当 ONU 支持 VoIP 语音业务时，应支持呼叫处理功能、媒体控制功能、语音处理功能、模拟用户电路功能和语音 QoS 管理功能，具体见 YD/T 1385 的规定。

# 9 业务承载方式和性能指标要求

## 9.1 Ethernet/IP 数据业务性能要求

Ethernet/IP 数据业务由 IEEE 802.3—2008 规范，并应遵守 IEEE 802.1D—2004 的规定。

OLT 和 ONU 的二层交换能力应确保业务的线速转发。

其业务性能指标主要包括传输时延、吞吐量和丢包率，具体指标暂不做规定。

## 9.2 IP 视频业务性能要求

OLT 应提供足够的带宽用于同时转发组播和单播 IP 视频业务。

EPON 支持组播视频业务时，OLT 整机和 PON 接口板内部均应无组播转发瓶颈，允许 OLT 整机和 PON 接口板下的所有用户同时访问相同或不同的组播组。这样，要求 PON 接口板应提供不小于 4M×128×单板 PON 接口数量的组播转发能力。

类型 3 的 ONU 应提供不小于 4M×用户端口数的组播转发能力。

## 9.3 TDM 专线业务性能要求

### 9.3.1 承载方式

EPON 系统应采用 CESoP 方式承载 TDM 专线业务，封装方式应符合 IETF RFC4553(非成帧方式)或 IETF RFC5086(成帧方式)或 MEF8 的规定。当采用 IETF RFC4553 或 IETF RFC5086 规定的封装方式时，还应符合 IETF RFC3550、RFC3985 和 RFC4197 的规定。

EPON 网络应能够支持 TDM 业务的透明传输，即无论这些业务是成帧格式或非成帧格式，与 EPON 网络同步或异步。

EPON 系统承载 TDM 专线业务时的时钟同步要求见第 10 章。

### 9.3.2 传输延时

TDM 专线业务在 T-V[或(a)-V]参考点之间的平均信号传输时延应小于 1.5 ms。

### 9.3.3 误比特率

在正常工作条件下，TDM 专线业务的 24h 误比特率为 0。

### 9.3.4 抖动转移特性

E1 信号抖动转移特性应满足图 5 的要求。

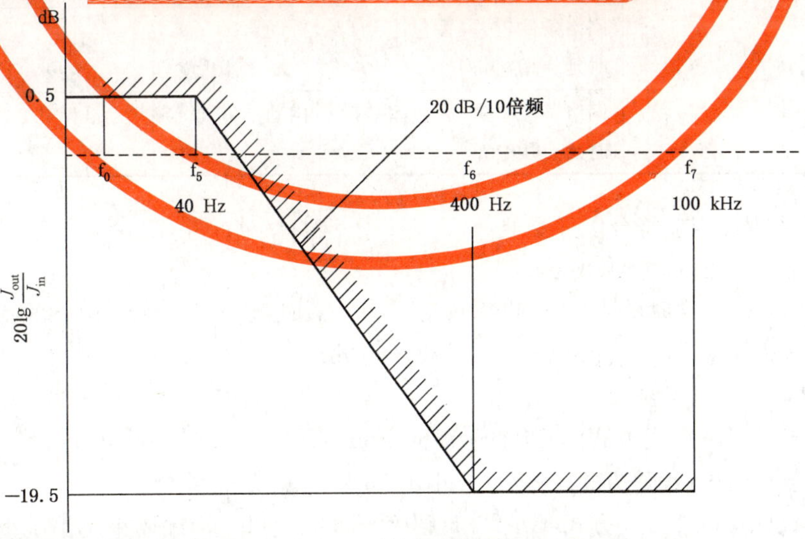


注 1：考虑到测试设备的限制，频率 $f_0$ 应小于 20 Hz 并尽可能低(如 10 Hz)。

注 2：为了测量准确，推荐选择使用带宽足够小(相对测量频率)的方式，但不应大于 40 Hz。

注 3：在 $f_6 \sim f_7$ 频率范围内容忍大于 −19.5 dB 杂散响应的需求有待进一步研究。

**图 5 E1 信号抖动转移特性**

## 9.4 VoIP 语音业务性能要求

如果 EPON 系统支持 VoIP 语音业务，则应在 ONU 上实现，并应满足以下性能指标要求：

a) 语音编码动态切换时间小于 60 ms。

b) 应具有 80 ms 缓冲存储能力，以保证不发生语音断续和抖动。

c) 语音的客观评定应符合表 2 的规定。

**表 2 VoIP 语音业务质量客观评定要求**

| 编码方式 | 编码率 | 网络状况 | PSQM | PESQ |
|---|---|---|---|---|
| G.723.1 | 5.3k | 网络条件很好 | ＜1.5 | ＞3.3 |
| | | 网络条件较差（丢包率＝1%，抖动＝20 ms，时延＝100 ms） | ＜1.8 | ＞3.2 |
| | | 网络条件恶劣（丢包率＝5%，抖动＝60 ms，时延＝400 ms） | ＜2.0 | ＞2.9 |
| G.723.1 | 6.3k | 网络条件很好 | ＜1.5 | ＞3.4 |
| | | 网络条件较差（丢包率＝1%，抖动＝20 ms，时延＝100 ms） | ＜1.8 | ＞3.2 |
| | | 网络条件恶劣（丢包率＝5%，抖动＝60 ms，时延＝400 ms） | ＜2.0 | ＞2.9 |
| G.729 | — | 网络条件很好 | ＜1.5 | ＞3.5 |
| | | 网络条件较差（丢包率＝1%，抖动＝20 ms，时延＝100 ms） | ＜1.8 | ＞3.2 |
| | | 网络条件恶劣（丢包率＝5%，抖动＝60 ms，时延＝400 ms） | ＜2.0 | ＞2.6 |
| G.711 | — | 网络条件很好 | ＜1.5 | ＞3.7 |
| | | 网络条件较差（丢包率＝1%，抖动＝20 ms，时延＝100 ms） | ＜1.8 | ＞3.5 |
| | | 网络条件恶劣（丢包率＝5%，抖动＝60 ms，时延＝400 ms） | ＜2.0 | ＞3.1 |

d) 语音的主观评定应符合以下要求：
- 网络条件很好时，MOS＞4.0；
- 网络条件较差时（丢包率＝1%，抖动＝20 ms，时延＝100 ms），MOS 应大于 3.5；
- 网络条件恶劣时（丢包率＝5%，抖动＝60 ms，时延＝400 ms），MOS 应大于 3.0。

e) 编码率应符合以下要求：
- 对于 G.711 编码方式，编码率应为 64 kbit/s；
- 对于 G.729a 编码方式，编码率应小于 18 kbit/s；
- 对于 G.723.1 编码方式，G.723.1（语音压缩 5.3 kbit/s）编码率应小于 12 kbit/s，G.723.1（语音压缩 6.3 kbit/s）编码率应小于 15 kbit/s。

f) 时延指标：

VoIP 的时延包括编/解码时延、收端输入缓冲时延和内部队列时延等，具体满足以下要求：
- 采用 G.729a 编码时，时延应小于 150 ms；

- 采用 G.723.1 编码时，时延应小于 200 ms。

## 9.5 光纤保护倒换性能指标要求

当 EPON 系统进行光纤保护倒换时，如果采用全光纤保护倒换方式，业务中断时间应小于 50 ms；如果采用馈线(主干)光纤保护倒换方式，业务中断时间宜小于 50 ms。

# 10 TDM 专线业务定时同步要求

## 10.1 OLT 定时能力

OLT 应按下列顺序优选定时源，并以此作为 OLT 线路的发送时钟：

a) 外部定时接口，如 BITS 输出的 2 MHz 或 2 Mbit/s 时钟；

b) STM-N 接口；

c) E1 接口；

d) 网络侧同步以太网接口；

e) 内部定时。

OLT 设备的定时功能应支持跟踪与自由振荡两种工作模式。在所有外部定时源均不可用的情况下，OLT 应自动倒换到自由振荡模式。OLT 工作在自由振荡模式时，内部时钟精度应不低于 3 级钟要求。

OLT 设备在定时源倒换过程中，不应引起业务损伤。

## 10.2 TDM 业务定时恢复方式

承载 TDM 专线业务时，应采用自适应法或差分法恢复业务定时。

# 11 操作管理维护要求

## 11.1 基本要求

EPON 系统的操作管理维护基本要求如下：

a) OLT 和类型 3 ONU 应能通过其所带的 CONSOLE 口对其进行带外方式的操作维护，应支持通过 SNMP V2c 或 SNMP V3 网管系统远程进行操作管理维护，可选支持 TELNET 或 WEB 方式的网管；

b) OLT 和类型 3 ONU 应支持带外管理和带内管理方式，带外访问方式应当提供所有带内访问方式的功能，带外访问方式应当实现访问控制，防止非授权访问；

c) 管理系统应具备对设备进行配置管理、故障管理、性能管理和安全管理方面的功能；

d) 管理系统建议采用中文界面。

## 11.2 配置管理要求

EPON 系统的配置管理要求如下：

a) 应能对网络侧和用户侧接口参数进行配置；

b) 应能对业务流参数进行配置，如固定带宽、保证带宽、最大带宽和业务优先级等，配置的保证带宽总和不应超过 PON 最大系统带宽；

c) 应能对板卡进行配置；

d) 应能配置以太网功能，如 VLAN、帧过滤、组播等；

e） 应能配置 PON 系统功能，如加密、光纤保护倒换等；

f） 网络拓扑结构发生变化时应能自动更新，如 ONU 上线/下线等；

g） 应能通过网管对系统软件进行升级；

h） 所有配置操作应记录到日志文件，并支持检索；

i） 应能对环境监控参数进行配置(可选)。

### 11.3 性能管理要求

EPON 系统的性能管理要求如下：

a） 网管应能启动性能测量功能，采集和处理测量数据，分析测量结果；

b） 性能管理应具备对系统性能管理事件的当天和前一天的每 15 min 计数以及 24 h 计数功能，统计参数应包括 PON 接口性能参数、网络侧和用户侧业务接口性能参数等；

c） 应能对 PON 系统带宽的使用情况、各 ONU 使用带宽情况进行统计(可选)；

d） 应能查询历史系统性能记录，并能将查询结果和统计结果保存到外部文件并输出；

e） OLT 可对 ONU 掉电事件进行记录，当 ONU 恢复上电后，掉电记录应更新。

### 11.4 故障管理要求

EPON 系统的故障管理要求如下：

a） 网管应能对系统的各个部分进行持续的或间断的测试、观察和监测，以发现故障或性能的降低；

b） 当 PON 接口物理层性能(如光通道误码率)严重下降时，系统应能产生告警；

c） 应能通过指示灯和告警信号指示设备的故障，不同的故障原因对应不同的告警信息；

d） 应能判定故障发生的时间和故障的位置，故障定位应能定位到电路板；

e） 故障事件恢复后，系统网管的相应告警信息应能自动清除；

f） 系统告警日志统计列表应可对故障类型基于故障严重程度、故障原因、时间段进行分级处理；

g） 应能按照不同等级、不同时间段和产生告警的原因等方式对告警统计进行过滤；

h） OLT 应支持系统关键部件、软件的故障自动倒换和备份，自动倒换后，系统应能正常工作。

### 11.5 安全管理要求

EPON 系统的安全管理要求如下：

a） 网管系统应通过定义个人访问权限的方式，提供对于管理员/操作系统访问的安全措施，拒绝非法用户和密码错误用户的登陆访问。不同级别的管理员有不同的权限，确保访问请求的发起者只能在自己的权限范围内执行管理操作。敏感信息，或固定用户终端鉴权属性，数据库和配置数据只能由有授权的个人和管理系统进行操作。

b） 网管系统应记录所有用户的操作，包括用户名、操作时间、操作类型。非法用户登陆应产生安全性告警，未经授权的操作尝试由系统日志记录并产生安全警告提示。

c） 可选支持管理区域的划分，将不同的资源分配到不同的管理区域，在不同管理区域内对相应资源进行管理操作。

## 12 其他要求

### 12.1 环境要求

#### 12.1.1 光纤温度交变要求

当 OLT 和 ONU 间的光纤处于－25 ℃～55 ℃的温度交变环境内时，OLT 和 ONU 应能正常工作，业务性能不应恶化或中断。

#### 12.1.2 运行环境要求

EPON 设备的运行环境应符合 YD/T 1619 的规定。

#### 12.1.3 防尘要求

在以下灰尘环境下，EPON 设备应能正常工作：

直径大于 5 μm 的灰尘浓度不大于 $3\times10^4$ 粒/$m^3$，灰尘粒子是非导电、导磁和腐蚀性的。

#### 12.1.4 大气压力要求

在以下大气压力条件下的环境中，设备应能正常工作：

86 kPa～106 kPa

#### 12.1.5 电源要求

OLT 和类型 3 ONU 应支持直流或交流供电方式，在 a）或者 b）条件下应能正常工作：

a） 直流电压及其波动范围要求：
- 标称电压：－48 V；
- 电压波动：在直流输入端子处测试的－48 V 电压允许变化范围为－57 V～－40 V。

b） 交流电压及其波动范围要求：
- 单相 220 V±22 V，频率 50 Hz±2.5 Hz，线电压波形畸变率小于 5％；
- 在正常情况下，设备的外壳与电源间的绝缘电阻不应小于 50 MΩ。

类型 1 和类型 2 ONU 应支持交流供电方式，在 b）条件下应能正常工作，可选支持备用电池供电。

### 12.2 电气安全要求

#### 12.2.1 绝缘电阻

正常情况下，设备的绝缘电阻应不小于 50 MΩ。

#### 12.2.2 设备接地要求

设备的接地电阻应小于 5 Ω。

#### 12.2.3 过压、过流保护

设备应安装过压、过流保护器。过压、过流保护器在外接电源异常时保护设备的核心部分。

设备应满足 YD/T 1082 对模拟雷电冲击、电力线感应、电力线接触等指标的要求。

#### 12.2.4 电磁兼容

设备的电磁兼容性指标应符合 GB 9254 以及 GB/T 17618 的规定。

# 附 录 A
（资料性附录）
# CATV 业务在 EPON 系统中的承载方式

EPON 系统采用第三波长方式承载 CATV 业务，应使用 1 540 nm～1 560 nm 波长。EPON 系统承载 CATV 业务示意图见图 A.1。

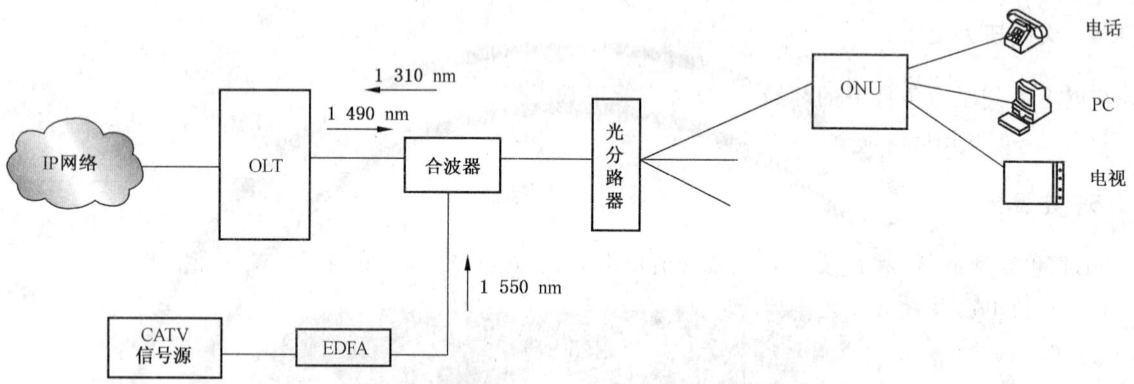


**图 A.1 EPON 承载 CATV 业务示意图**

EPON 系统接入 CATV 业务的指标要求不在本标准规定范围内。

# 附 录 B
## (规范性附录)
## 物理媒质相关(PMD)子层要求

### B.1 概述

#### B.1.1 基本类型定义

在EPON系统中,通过单模光纤网络和点到多点的拓扑结构,单个下行PMD(D-PMD)在下行方向(D-PMD到U-PMD)通过广播方式向多个上行PMD(U-PMD)发送数据;在上行方向接收多个U-PMD的突发数据。上下行方向使用同一根光纤。

1000BASE-PX10的一端使用1000BASE-PX10-U PMD,另一端使用1000BASE-PX10-D PMD。1000BASE-PX20的一端使用1000BASE-PX20-U PMD,另一端使用1000BASE-PX20-D PMD。1000BASE-PX20+的一端使用(1000BASE-PX20+)-U PMD,另一端使用(1000BASE-PX20+)-D PMD。后缀"U"和"D"用作表示链路两边的PMD的收发方向,"D"用于标识OLT,"U"用于标识ONU。如果网络使用前向纠错(FEC)技术,可增大分路比或增加传输距离。FEC用于点到多点光网络的前向纠错,具体定义可见D.2。最大可获得的传输距离不受此协议限制。

EPON系统可使用的各类PMD的基本属性见表B.1。

**表 B.1 PMD类型定义**

| 描述 | 1000BASEPX10-U | 1000BASEPX10-D | 1000BASEPX20-U | 1000BASEPX20-D | 1000BASEPX20+-U | 1000BASEPX20+-D | 单位 |
|---|---|---|---|---|---|---|---|
| 光纤类型 | 单模光纤 | | | | | | |
| 光纤数目 | 1 | | | | | | |
| 标称发射波长 | 1 310 | 1 490 | 1 310 | 1 490 | 1 310 | 1 490 | nm |
| 发射方向 | 上行 | 下行 | 上行 | 下行 | 上行 | 下行 | |
| 最小范围[a] | 0.5～10 000 | | 0.5～20 000 | | 0.5～20 000 | | m |
| 最大通道插入损耗[b] | 20 | 19.5 | 24 | 23.5 | 28 | 28 | dB |
| 最小通道插入损耗[c] | 5 | | 10 | | 10 | | dB |

[a] 如果在链路上启用前向纠错,可获得较大的最小传输范围;也可以允许链路上有较高的通道插入损耗。

[b] 在标称发射波长处。

[c] 链路的差分插入损耗是通道最大插入损耗和最小插入损耗之差。

1000BASE-PX10、1000BASE-PX20和1000BASE-PX20+具有以下基本特征:

——点到多点的光纤传输;

——在单模光纤上,以1 000 Mbit/s速率,分路比为1∶32,传输距离达到10 km;

——在单模光纤上,以1 000 Mbit/s速率,分路比为1∶32,传输距离达到20 km;

——在单模光纤上，以 1 000 Mbit/s 速率，分路比为 1∶64，传输距离达到 20 km；

——在物理层业务接口上，误码率小于或等于 $10^{-12}$。

### B.1.2 PMD 在 IEEE 802.3 体系结构中的位置

PMD 与其他子层以及 ISO/IEC 开放式系统互联(OSI)参考模型之间的关系如图 2 所示。

### B.1.3 PMD 子层服务接口

PMD 子层服务接口支持 PMA 和 PMD 实体间的 8B/10B 码组交换。PMD 子层将 PMA 的串行数据转换成适合于特定媒质的信号，并将来自特定媒质的信号转换成 PMA 的串行数据。规定的相关原语如下：

PMD_UNITDATA.request

PMD_UNITDATA.indicate

PMD_SIGNAL.request

PMD_SIGNAL.indicate

### B.1.4 延迟约束

#### B.1.4.1 基本要求

从 MDI 到 GMII 的延迟要求(包括 PMD 子层)，见 IEEE 802.3—2008 的规定。考虑到 PMD 子层包括尾纤的情况，应为每一个收发功能预留 20ns 的余量。

#### B.1.4.2 PMD_UNITDATA.request

该原语定义了从 PMA 到 PMD 的串行数据流的传输。

该原语的语法为 PMD_UNITDATA.request(tx_bit)。PMD_UNITDATA.request 所携带的数据是连续的比特流。Tx_bit 参数的取值范围为 1 或 0。PMA 以标称速率 1.25 GBd 向 PMD 连续发送比特流。一旦收到该原语，PMD 将特定的比特流转换为 MDI 处的相应信号。

#### B.1.4.3 PMD_UNITDATA.indicate

该原语定义了从 PMD 到 PMA 的数据传输。

该原语的语法为 PMD_UNITDATA.indicate(rx_bit)。PMD_UNITDATA.indicate 所携数据是连续的比特流。Rx_bit 参数的取值范围为 1 或 0。根据从 MDI 收到的信号，PMD 向 PMA 连续发送比特流。

#### B.1.4.4 PMD_SIGNAL.request

在上行方向，该原语由 PCS 生成，用以根据授权时间打开和关闭 PMD 发送器。

该原语的语法为 PMD_SIGNAL.request(tx_enable)。Tx_enable 参数的取值范围为启用(ENABLE)或禁用(DISABLE)，用于打开或关闭 PMD 发送器。PCS 产生该原语用以指示 tx_enable 值的变化。一旦收到该原语，PMD 相应地打开或关闭发送器。

#### B.1.4.5 PMD_SIGNAL.indicate

PMD 子层产生该原语用以指示从 MDI 接收到的信号的状态。

该原语的语法为 PMD_SIGNAL.indicate(SIGNAL_DETECT)。SIGNAL_DETECT 参数的取值为成功(OK)或失败(FAULT)，用来表示 PMD 接收器是否能检测到激光。如果 SIGNAL_DETECT=

FAULT，则 PMD_UNITDATA. indicate(rx_bit)无明确定义。PMD 产生此原语用来指示 SIGNAL_DETECT 值的变化。

注：SIGNAL_DETECT＝OK 并不能保证 PMD_UNITDATA. indicate(rx_bit)的正确与否。有时，在质量较差的链路上，即使 PMD 检测到了足够的激光(SIGNAL_DETECT＝OK)，也不能满足链路正常传输的误码率的指标要求。PMD_SIGNAL. indicate(SIGNAL_DETECT)在上行和下行方向有不同的特性，见 B. 2. 4。

## B. 2　PMD 功能规范

1000BASE-PX PMD 实现 PMD 服务接口和 MDI 接口之间的数据收发功能。

### B. 2. 1　PMD 框图

PMD 的 4 个参考点见图 B. 1，其中第一个数字代表下行方向，第二个数字代表上行方向。TP2 和 TP3 是兼容性参考点，TP1 和 TP4 是实现所用参考点。光发送信号定义在距接插线输出端 2 m～5 m 处(TP2)，该接插线的光纤类型与发送器类型应一致。光接收信号定义在连接接收器的光纤的输出端(TP3)。

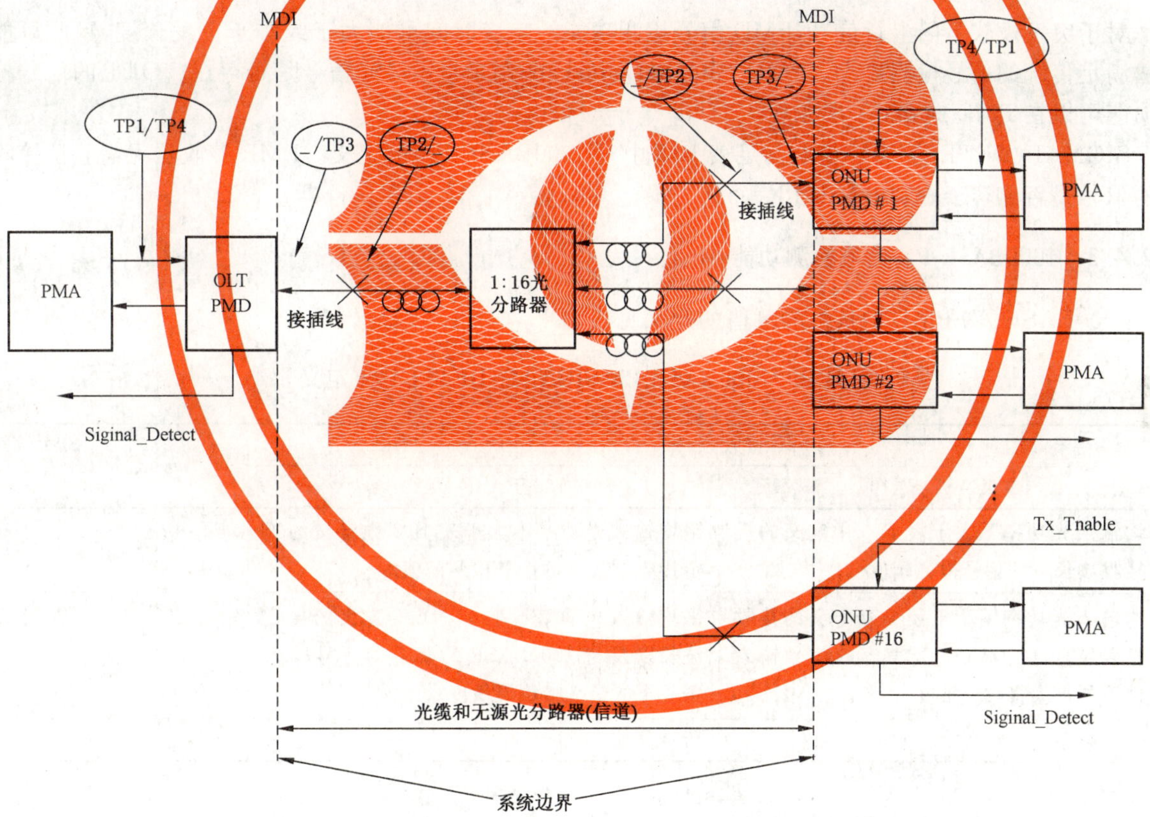


图 B. 1　1000BASE-PX 功能框图

PMD 服务接口(TP1 和 TP4)的电气规范由于在系统实现中无法对其进行测试，该要求并非系统的强制要求。

### B. 2. 2　PMD 发送功能

PMD 发送功能应该将 PMD 服务接口消息 PMD_UNITDATA. request(tx_bit)请求的数据发送到 MDI。Tx_bit＝1 对应于较高的光功率水平。

在上行方向，根据PMD_SIGNAL. request(tx_enable)消息来中断比特流。这就意味着共有3个级别"1"、"0"和"暗"，后者表示发送器处于"关闭"状态。

### B.2.3 PMD接收功能

利用PMD_UNITDATA. indicate(rx_bit)消息，PMD接收功能应该将从MDI接收到的比特流发送到PMD服务接口。Rx_bit=1对应于较高的光功率。

### B.2.4 PMD信号检测功能

#### B.2.4.1 ONU PMD信号检测(下行)

PMD的信号检测功能应该利用持续的PMD_SIGNAL. indicate(SIGNAL_DETECT)消息将连续的下行信号上报给PMD服务接口。PMD_SIGNAL. indicate消息用以指示光信号是否存在。

SIGNAL_DETECT参数的值应满足表B.2中对1000BASE-PX的定义。PMD接收器无需验证接收到的信号是否兼容于1000BASE-PX。

#### B.2.4.2 OLT PMD信号检测(上行)

对于突发模式下的上行信号，PMD信号检测功能的响应时间可能大于或小于突发长度，因此可能无法满足传统的信号检测要求。PMD_SIGNAL. indicate用来指示激光信号是否存在。OLT的信号检测功能可以在PMD或PMA层实现。

SIGNAL_DETECT参数值应满足表B.2中对1000BASE-PX的定义。PMD接收器无需验证接收到的信号是否兼容于1000BASE-PX。

#### B.2.4.3 1000BASE-PX信号检测功能

1000BASE-PX PMD的信号检测值的定义见表B.2。

**表B.2 1000BASE-PX SIGNAL_DETECT值定义**

| 接收条件 | | Signal_detect值 |
|---|---|---|
| 1000BASE-PX10 | 1000BASE-PX20 | |
| 平均输入光功率不大于表B.5中定义的规定接收波长下的信号检测阈值 | 平均输入光功率不大于表B.8中定义的规定接收波长下的信号检测阈值 | FAIL |
| 平均输入光功率不小于表B.5定义的接收波长以及与1000BASE-X兼容的信号输入条件下的最大接收灵敏度 | 平均输入光功率不小于表B.8定义的接收波长以及与1000BASE-X兼容的信号输入条件下的最大接收灵敏度 | OK |
| 所有其他条件 | 所有其他条件 | 未规定 |

### B.2.5 ONU PMD发送使能功能

定义PMD_SIGNAL. request(tx_enable)是因为存在多个ONU PMD。ONU PMD在发送数据之前应先判断是否收到PMD_SIGNAL. request(tx_enable)消息。

## B.3 1000BASE-PX10-D和1000BASE-PX10-U收发器PMD到MDI的光特性

### B.3.1 基本要求

表B.1定义了1000BASE-PX10收发器的工作范围。超出表B.1中工作范围但符合其他所有光特性的收发器可以认为是与 1000BASE-PX10 兼容的收发器。例如，工作在 10.5 km 但符合 0.5 m～10 km 1000BASE-PX10 的最小范围要求的单模方案。

注：应根据消光比、最小平均发射功率或最大接收机灵敏度定义 OMA。

### B.3.2 发送器光特性

1000BASE-PX10-D 和 1000BASE-PX10-U 发送器的信号速率、工作波长、谱宽、平均发射功率、消光比、回波损失容限、OMA、眼图以及 TDP 应该符合表 B.3 的规定。接收器的 $RIN_{15}$ OMA 应该符合表 B.3 的规定。另外，1000BASE-PX10-D 最大 RMS 谱宽与波长的对应关系见表 B.4，1000BASE-PX10-U 最大 RMS 谱宽与波长的对应关系见表 B.4。

**表 B.3　1000BASE-PX10-D 和 1000BASE-PX10-U 发送器的发射特性**

| 描述 | 1000BASE-PX10-D | 1000BASE-PX10-U | 单位 |
|---|---|---|---|
| 标称发射器类型[a] | 长波激光 | 长波激光 | |
| 信号速率范围 | $(1.25\pm100)\times10^{-6}$ | $(1.25\pm100)\times10^{-6}$ | GBd |
| 波长范围[b] | 1 480～1 500 | 1 260～1 360 | nm |
| SLM 激光器的−20 dB 谱宽(最大) | 1 | 1 | nm |
| SLM 激光器的边模抑制比(最小) | 30 | 30 | dB |
| MLM 激光器的 RMS 谱宽(最大) | 见图 B.2、表 B.4 | | nm |
| 平均发射功率(最大) | +2 | +4 | dBm |
| 平均发射功率(最小) | −3 | −1 | dBm |
| 发射器平均关断发射功率(最大) | −39 | −45 | dBm |
| 消光比(最小) | 6 | 6 | dB |
| $RIN_{15}$ OMA(最大) | −118 | −113 | dB/Hz |
| 发射 OMA(最小) | −2.2<br>(0.6) | −0.22<br>(0.95) | dBm<br>(mW) |
| 发射器眼图定义$\{x_1,x_2,y_1,y_2,y_3\}$ | {0.22,0.375,0.20,<br>0.20,0.30} | {0.22,0.375,<br>0.20,0.20,0.30} | UI |
| 打开时间 $T_{on}$(最大) | 不适用 | 512 | ns |
| 关闭时间 $T_{off}$(最大) | 不适用 | 512 | ns |
| 光回波损耗容限(最大) | 15 | 15 | dB |
| 光配线网络(ODN)的回波损耗(最小) | 20 | 20 | dB |
| 发射器反射系数(最大) | −10 | −6 | dB |
| 发射器色散代价(最大) | 1.3 | 2.8 | dB |
| TDP 的采样时间偏移(最小) | ±0.1 | ±0.125 | UI |

[a] 此标称设备类型不作原型要求，可被任何满足该表所定义发射器特性的设备替代。

[b] 代表 RMS 谱宽的中心波长±1σ 的范围。

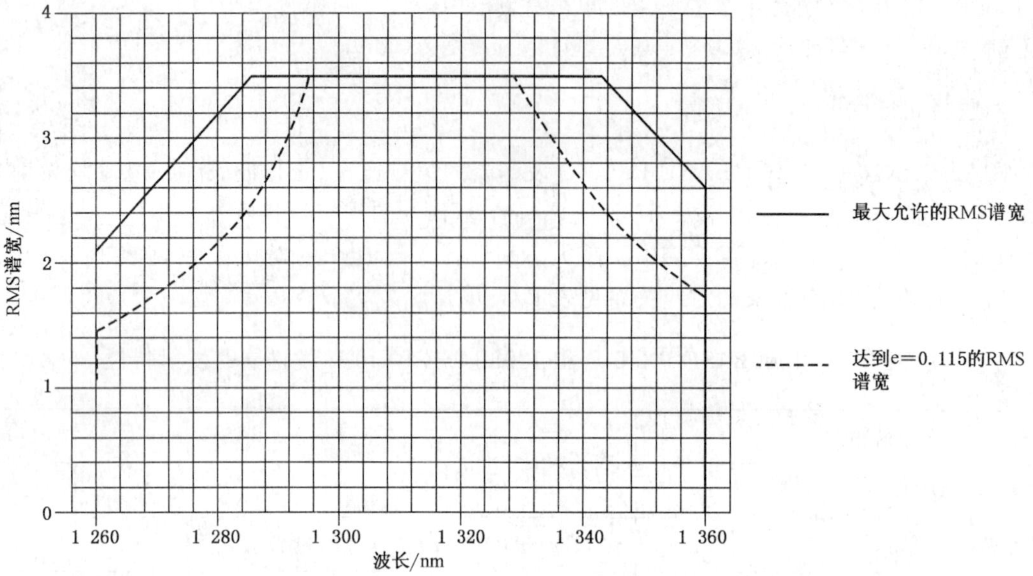


图 B.2 1000**BASE-PX10-U** 发送器频谱限制(**MLM** 激光器)

表 **B.4** 1000**BASE-PX10-D** 和 1000**BASE-PX10-U** 发送器频谱限制(**MLM** 激光器)

<table>
<tr><th>中心波长<br>nm</th><th>RMS 谱宽(最大)<br>nm</th><th>RMS 谱宽,当 ε≤0.115(参考值)<br>nm</th></tr>
<tr><td>1 260</td><td>2.09</td><td>1.43</td></tr>
<tr><td>1 270</td><td>2.52</td><td>1.72</td></tr>
<tr><td>1 280</td><td>3.13</td><td>2.14</td></tr>
<tr><td>1 286</td><td rowspan="6">3.50</td><td>2.49</td></tr>
<tr><td>1 290</td><td>2.80</td></tr>
<tr><td>1 297</td><td rowspan="2">3.50</td></tr>
<tr><td>1 329</td></tr>
<tr><td>1 340</td><td>2.59</td></tr>
<tr><td>1 343</td><td>2.41</td></tr>
<tr><td>1 350</td><td>3.06</td><td>2.09</td></tr>
<tr><td>1 360</td><td>2.58</td><td>1.76</td></tr>
<tr><td>1 480～1 500</td><td>0.88</td><td>0.60</td></tr>
</table>

### B.3.3 接收器光特性

1000BASE-PX10-D 和 1000BASE-PX10-U 接收器的信号速率、工作波长、饱和功率、灵敏度、反射率和信号检测应该符合表 B.5 的规定。严格要求下,1000BASE-PX10-D 和 1000BASE-PX10-U 接收特性在接收一致性测试条件下仍要符合表 B.5 的规定。接收器应满足表 B.5 定义的损伤门限,或者应标明其可持续正常工作而不致受损的最大光功率水平。

表 B.5 1000BASE-PX10-D 和 1000BASE-PX10-U 接收器的接收特性

| 描述 | 1000BASE-PX10-D | 1000BASE-PX10-U | 单位 |
|---|---|---|---|
| 信号速率范围 | $(1.25\pm100)\times10^{-6}$ | $(1.25\pm100)\times10^{-6}$ | GBd |
| 波长范围 | 1260～1360 | 1480～1500 | nm |
| 误比特率(最大) | $10^{-12}$ | | |
| 平均接收功率(最大) | −1 | −3 | dBm |
| 损伤门限(最大) | +4 | +2 | dBm |
| 接收机灵敏度(最大) | −24 | −24 | dBm |
| OMA 接收机灵敏度(最大) | −23.2<br>(5.0) | −23.2<br>(5.0) | dBm<br>($\mu$W) |
| 信号检测门限(最小) | −45 | −44 | dBm |
| 接收器反射系数(最大) | −12 | −12 | dB |
| 严格条件下的接收机灵敏度(最大)[a] | −22.3 | −21.4 | dBm |
| 严格条件下的 OMA 接收机灵敏度(最大) | −21.5<br>(7.0) | −20.7<br>(8.6) | dBm<br>($\mu$W) |
| 垂直眼图关闭代价(最小)[b] | 1.2 | 2.2 | dBm |
| 发送器稳定时间 $T_{receiver\_settling}$(最大)[c] | 400 | 不适用 | ns |
| 严格条件下的眼图抖动(最小) | 0.25 | 0.25 | $UI_{pp}$ |
| 抖动截止频率 | 637 | 637 | kHz |
| 严格条件下接收器一致性测试时所加正弦抖动的限值(最小,最大) | 0.05,0.15 | 0.05,0.15 | UI |

[a] 严格条件下的接收机灵敏度可选。

[b] 垂直眼图关闭代价和抖动规范是严格条件下的接收灵敏度的测试条件,并非接收器的特性要求。

[c] $T_{receiver\_settling}$ 规定仅供参考。而 $T_{receiver\_settling}$ 和 CDR 锁定时间的组合已经标准化。CDR 锁定时间见 D.3 的规定。

## B.4 1000BASE-PX20-D 和 1000BASE-PX20-U 收发器 PMD 到 MDI 的光特性

### B.4.1 基本要求

表 B.1 定义了 1000BASE-PX20 收发器的工作范围。超出表 B.1 定义的工作范围但符合其他所有光特性要求的收发器可以认为是与 1000BASE-PX20 兼容的收发器。例如,工作在 20.5 km 但符合 0.5 m～20 km 1000BASE-PX20 收发器最小范围要求的单模方案。

**注:** 应根据消光比、最小平均发射功率或最大接收机灵敏度定义 OMA。

### B.4.2 发送器光特性

1000BASE-PX20-D 和 1000BASE-PX20-U 发送器的信号速率、工作波长、谱宽、平均发射功率、消光比、回波损失容限、OMA、眼图以及 TDP 应该符合表 B.6 的规定。接收器的 $RIN_{15}$ OMA 应该符合表 B.6 的规定。1000BASE-PX20 最大 RMS 谱宽与波长的对应关系见表 B.7,1000BASE-PX20-U 最大 RMS 谱宽与波长的对应关系见图 B.3。

**表 B.6 1000BASE-PX20-D 和 1000BASE-PX20-U 发送器特性**

| 描述 | 1000BASE-PX20-D | 1000BASE-PX20-U | 单位 |
|---|---|---|---|
| 标称发射器类型[a] | 长波激光 | 长波激光 | |
| 信号速率范围 | $(1.25\pm100)\times10^{-6}$ | $(1.25\pm100)\times10^{-6}$ | GBd |
| 波长范围[b] | 1 480～1 500 | 1 260～1 360 | nm |
| SLM 激光器的－20 dB 谱宽(最大) | 1 | 1 | nm |
| SLM 激光器的边模抑制比(最小) | 30 | 30 | dB |
| MLM 激光器的 RMS 谱宽(最大) | 见图 B.3、表 B.7 | | nm |
| 平均发射功率(最大) | ＋7 | ＋4 | dBm |
| 平均发射功率(最小) | ＋2 | －1 | dBm |
| 发射器平均关断发射功率(最大) | －39 | －45 | dBm |
| 消光比(最小) | 6 | 6 | dB |
| $RIN_{15}$OMA(最大) | －115 | －115 | dB/Hz |
| 发射 OMA(最小) | 2.8<br>(1.9) | －0.22<br>(0.95) | dBm<br>(mW) |
| 发射器眼图定义{$x_1$,$x_2$,$y_1$,$y_2$,$y_3$} | {0.22,0.375,0.20,<br>0.20,0.30} | {0.22,0.375,0.20,<br>0.20,0.30} | UI |
| 打开时间 $T_{on}$(最大) | 不适用 | 512 | ns |
| 关闭时间 $T_{off}$(最大) | 不适用 | 512 | ns |
| 光回波损耗容限(最大) | 15 | 15 | dB |
| 光配线网络(ODN)的回波损耗(最小) | 20 | 20 | dB |
| 发射器反射系数(最大) | －10 | －10 | dB |
| 发射器色散代价(最大) | 2.3 | 1.8 | dB |
| TDP 的采样时间偏移(最小) | ±0.1 | ±0.125 | UI |

[a] 此标称设备类型不作原型要求，可被任何满足该表所定义发送器特性的设备替代。

[b] 代表 RMS 谱宽的中心波长±1σ 的范围。

**表 B.7 1000BASE-PX20-D 和 1000BASE-PX20-U 发送器频谱限制(MLM 激光器)**

| 中心波长<br>nm | RMS 谱宽(最大)<br>nm | RMS 频宽，当 ε≤0.10(参考值)<br>nm |
|---|---|---|
| 1 260 | 0.72 | 0.62 |
| 1 270 | 0.86 | 0.75 |
| 1 280 | 1.07 | 0.93 |
| 1 290 | 1.40 | 1.22 |
| 1 300 | 2.00 | 1.74 |

表 B.7（续）

| 中心波长<br>nm | RMS 谱宽（最大）<br>nm | RMS 频宽，当 ε≤0.10（参考值）<br>nm |
|---|---|---|
| 1 304 | 2.5 | 2.42 |
| 1 305 | 2.55 | 2.5 |
| 1 308 | 3.00 | |
| 1 317 | | |
| 1 320 | 2.53 | 2.2 |
| 1 321 | 2.41 | |
| 1 330 | 1.71 | 1.48 |
| 1 340 | 1.29 | 1.12 |
| 1 350 | 1.05 | 0.91 |
| 1 360 | 0.88 | 0.77 |
| 1 480～1 500 | 0.44 | 0.30 |

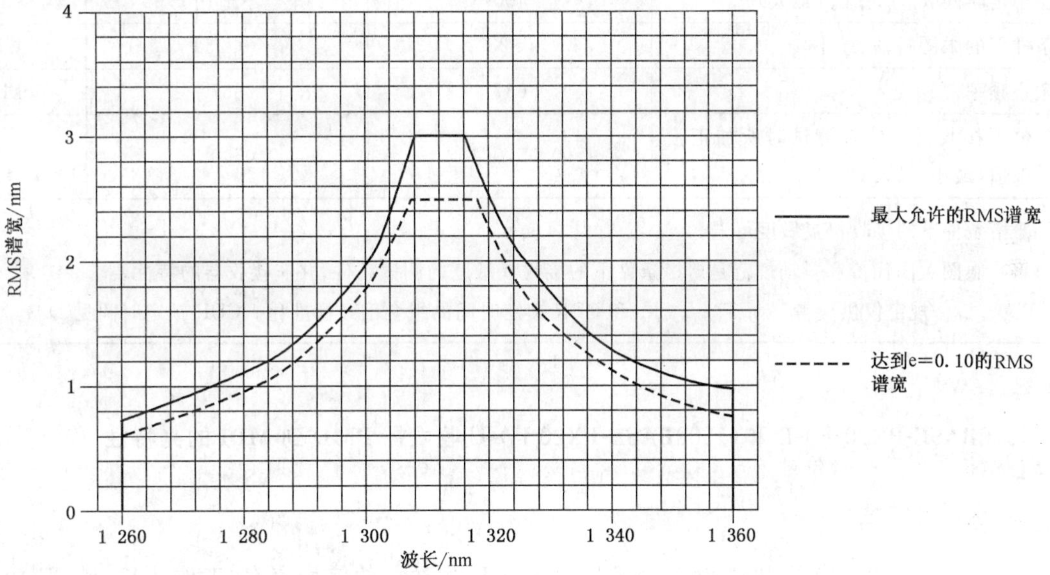


图 B.3　1000BASE-PX20-U 发送器频谱限制（MLM 激光器）

### B.4.3　接收器光特性

1000BASE-PX20-D 和 1000BASE-PX20-U 接收器的信号速率、工作波长、饱和功率、灵敏度、反射率和信号检测应该符合表 B.8 的规定。1000BASE-PX20-D 和 1000BASE-PX20-U 的严格条件下的接收特性应该符合表 B.8 的规定。接收器应满足表 B.8 定义的损伤门限，或者应标明其可持续正常工作而不致受损的最大光功率水平。

表 B.8 1000BASE-PX20-D 和 1000BASE-PX20-U 接收器的接收特性

| 描述 | 1000BASE-PX20-D | 1000BASE-PX20-U | 单位 |
|---|---|---|---|
| 信号速率范围 | $(1.25\pm100)\times10^{-6}$ | $(1.25\pm100)\times10^{-6}$ | GBd |
| 波长范围 | 1 260～1 360 | 1 480～1 500 | nm |
| 误码率(最大) | $10^{-12}$ | | |
| 平均接收功率(最大) | −6 | −3 | dBm |
| 损伤门限(最大) | +4 | +7 | dBm |
| 接收灵敏度(最大) | −27 | −24 | dBm |
| OMA 接收灵敏度(最大) | −26.2<br>(2.4) | −23.2<br>(5) | dBm<br>(μW) |
| 信号检测门限(最小) | −45 | −44 | dBm |
| 接收器反射系数(最大) | −12 | −12 | dB |
| 严格条件下的接收机灵敏度(最大)[a] | −24.4 | −22.1 | dBm |
| 严格条件下的 OMA 接收灵敏度(最大) | −23.6<br>(4.3) | −21.3<br>(7.4) | dBm<br>(μW) |
| 垂直眼图关闭代价(最小)[b] | 2.2 | 1.5 | dBm |
| 发送器稳定时间 $T_{receiver\_settling}$(最大)[c] | 400 | 不适用 | ns |
| 严格条件下的眼图抖动(最小) | 0.28 | 0.25 | $UI_{pp}$ |
| 抖动截止频率 | 637 | 637 | kHz |
| 严格条件下接收器一致性测试时所加正弦抖动的限值(最小,最大)) | 0.05,0.15 | 0.05,0.15 | UI |

[a] 严格条件下的接收机灵敏度可选。

[b] 垂直眼图关闭代价和抖动规范是严格条件下的接收灵敏度的测试条件,并非接收器的特性要求。

[c] $T_{receiver\_settling}$ 规定仅供参考。而 $T_{receiver\_settling}$ 和 CDR 锁定时间的组合已经标准化。CDR 锁定时间见 D.3。

## B.5 (1000BASE-PX20+)-D 和(1000BASE-PX20+)-U 收发器 PMD 到 MDI 的光特性

### B.5.1 发送器光特性

(1000BASE-PX20+)-D 和(1000BASE-PX20+)-U 发送器的信号速率、工作波长、谱宽、平均发射功率、消光比、回波损失容限、OMA、眼图以及 TDP 应该符合表 B.9 的规定。接收器的 $RIN_{15}$OMA 应该符合表 B.9 的规定。采用多纵模激光器的 1000BASE-PX20+最大 RMS 谱宽与波长的对应关系见表 B.10,(1000BASE-PX20+)-U 最大 RMS 谱宽与波长的对应关系见图 B.4。

表 B.9 (1000BASE-PX20+)-D 和(1000BASE-PX20+)-U 发送器特性

| 描述 | 1000BASE-PX20+-D | 1000BASE-PX20+-U | 单位 |
|---|---|---|---|
| 标称发射器类型[a] | 长波激光 | 长波激光 | |
| 信号速率范围 | $(1.25\pm100)\times10^{-6}$ | $(1.25\pm100)\times10^{-6}$ | GBd |

**表 B.9（续）**

| 描述 | 1000BASE-PX20+-D | 1000BASE-PX20+-U | 单位 |
|---|---|---|---|
| 波长范围[b] | 1 480～1 500 | 1 260～1 360 | nm |
| SLM 激光器的－20 dB 谱宽(最大) | 1 | 1 | nm |
| SLM 激光器的边模抑制比(最小) | 30 | 30 | dB |
| MLM 激光器的 RMS 谱宽(最大) | 见表 B.10、图 B.4 | | nm |
| 平均发射功率(最大) | ＋7 | ＋4 | dBm |
| 平均发射功率(最小) | ＋2.5 | 0 | dBm |
| 发射器平均关断发射功率(最大) | －39 | －45 | dBm |
| 消光比(最小) | 9 | 9 | dB |
| $RIN_{15}$ OMA(最大) | －115 | －115 | dB/Hz |
| 发射 OMA(最小) | 2.8<br>(1.9) | －0.22<br>(0.95) | dBm<br>(mW) |
| 发射器眼图定义{$x_1$,$x_2$,$y_1$,$y_2$,$y_3$} | {0.22,0.375,0.20,<br>0.20,0.30} | {0.22,0.375,0.20,<br>0.20,0.30} | UI |
| 打开时间 $T_{on}$(最大) | 不适用 | 512 | ns |
| 关闭时间 $T_{off}$(最大) | 不适用 | 512 | ns |
| 光回波损耗容限(最大) | 15 | 15 | dB |
| 光配线网络(ODN)的回波损耗(最小) | 20 | 20 | dB |
| 发射器反射系数(最大) | －10 | －10 | dB |
| 发射器色散代价(最大) | 2.3 | 1.8 | dB |
| TDP 的采样时间偏移(最小) | ±0.1 | ±0.125 | UI |

[a] 此标称设备类型不作原型要求，可被任何满足该表所定义发送器特性的设备替代。

[b] 代表 RMS 谱宽的中心波长±1σ 的范围。

**表 B.10　1000BASE-PX20+-D 和 1000BASE-PX20+-U 发送器频谱限制**

| 中心波长<br>nm | RMS 谱宽(最大)<br>nm | RMS 频宽，当 ε≤0.10(参考值)<br>nm |
|---|---|---|
| 1 260 | 0.72 | 0.62 |
| 1 270 | 0.86 | 0.75 |
| 1 280 | 1.07 | 0.93 |
| 1 290 | 1.40 | 1.22 |
| 1 300 | 2.00 | 1.74 |
| 1 304 | 2.5 | 2.42 |
| 1 305 | 2.55 | 2.5 |
| 1 308 | 3.00 | |
| 1 317 | | |

表 B.10（续）

| 中心波长<br>nm | RMS 谱宽（最大）<br>nm | RMS 频宽，当 ε≤0.10（参考值）<br>nm |
|---|---|---|
| 1 320 | 2.53 | 2.2 |
| 1 321 | 2.41 | |
| 1 330 | 1.71 | 1.48 |
| 1 340 | 1.29 | 1.12 |
| 1 350 | 1.05 | 0.91 |
| 1 360 | 0.88 | 0.77 |
| 1 480～1 500 | 0.44 | 0.30 |

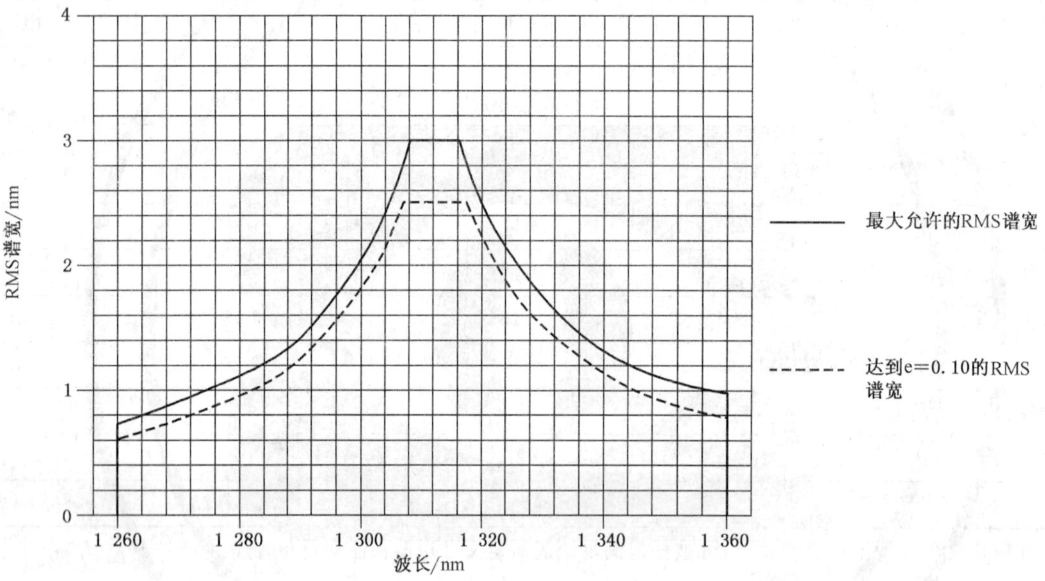


图 B.4 1000BASE-PX20-U 发送器频谱限制

### B.5.2 接收器光特性

（1000BASE-PX20＋）-D 和（1000BASE-PX20＋）-U 接收器的信号速率、工作波长、饱和功率、灵敏度、反射率和信号检测应该符合表 B.11 的规定。（1000BASE-PX20＋）-D 和（1000BASE-PX20＋）-U 的严格条件下的接收特性应该符合表 B.11 的规定。接收器应满足表 B.11 定义的损伤门限，或者应标明其可持续正常工作而不致受损的最大光功率水平。

表 B.11 （1000BASE-PX20＋）-D 和（1000BASE-PX20＋）-U 接收器的接收特性

| 描述 | 1000BASE-PX20＋<br>-D | 1000BASE-PX20＋<br>-U | 单位 |
|---|---|---|---|
| 信号速率范围 | $(1.25\pm100)\times10^{-6}$ | $(1.25\pm100)\times10^{-6}$ | GBd |
| 波长范围 | 1260～1360 | 1480～1500 | nm |
| 误码率（最大） | $10^{-12}$ | | |

表 B.11（续）

| 描述 | 1000BASE-PX20＋-D | 1000BASE-PX20＋-U | 单位 |
|---|---|---|---|
| 平均接收功率(最大) | −6 | −3 | dBm |
| 损伤门限(最大) | +4 | +7 | dBm |
| 接收灵敏度(最大) | −30 | −27 | dBm |
| OMA 接收灵敏度(最大) | 暂不规定 | 暂不规定 | dBm (μW) |
| 信号检测门限(最小) | −45 | −44 | dBm |
| 接收器反射系数(最大) | −12 | −12 | dB |
| 严格条件下的接收机灵敏度(最大)[a] | 暂不规定 | 暂不规定 | dBm |
| 严格条件下的 OMA 接收灵敏度(最大) | 暂不规定 | 暂不规定 | dBm (μW) |
| 垂直眼图关闭代价(最小)[b] | 2.2 | 1.5 | dBm |
| 发送器稳定时间 $T_{receiver\_settling}$(最大)[c] | 400 | 不适用 | ns |
| 严格条件下的眼图抖动(最小) | 0.28 | 0.25 | $UI_{pp}$ |
| 抖动截止频率 | 637 | 637 | kHz |
| 严格条件下接收器一致性测试时所加正弦抖动的限值(最小,最大) | 0.05,0.15 | 0.05,0.15 | UI |

[a] 严格条件下的接收机灵敏度可选。

[b] 垂直眼图关闭代价和抖动规范是严格条件下的接收灵敏度的测试条件，并非接收器的特性要求。

[c] $T_{receiver\_settling}$ 规定仅供参考。而 $T_{receiver\_settling}$ 和 CDR 锁定时间的组合已经标准化。

## B.6 1000BASE-PX10、1000BASE-PX20 和 1000BASE-PX20＋的通道和代价说明（参考性描述）

1000BASE-PX10、1000BASE-PX20 和 1000BASE-PX20＋通道功率预算的说明可见表 B.12。

注：此功率预算包括对接收器端−12dB 反射容值。

表 B.12 1000BASE-PX10、1000BASE-PX20 和 1000BASE-PX20＋通道插入代价说明

| 描述 | 1000BASE-PX10 | | 1000BASE-PX20 | | 1000BASE-PX20＋ | |
|---|---|---|---|---|---|---|
| | 上行 | 下行 | 上行 | 下行 | 上行 | 下行 |
| 光纤类型 | 单模光纤 | | | | | |
| 光纤测量波长 | 1310 | 1550[a] | 1310 | 1550[a] | 1310 | 1550[a] |
| 标称距离 | 10 | | 20 | | 20 | |
| 可获得光功率预算[b] | 23.0 | 21.0 | 26.0 | 26.0 | 30.0 | 29.5 |
| 通道插入损耗(最大)[c] | 20 | 19.5 | 24 | 23.5 | 28 | 28 |
| 通道插入损耗(最小)[d] | 5 | | 10 | | 10 | |

表 B.12（续）

| 描述 | 1000BASE-PX10 | | 1000BASE-PX20 | | 1000BASE-PX20＋ | |
|---|---|---|---|---|---|---|
| | 上行 | 下行 | 上行 | 下行 | 上行 | 下行 |
| 代价分配[e] | 3 | 1.5 | 2 | 2.5 | 2 | 1.5 |
| 光配线网络的光回波损失(最小) | 20 | | | | | |

[a] 标称传输波长为 1 490 nm。

[b] 在启用了前向纠错的链路中，如果不工作在色散限值，可获得的功率预算可提高 2.5 dB。

[c] 通道插入损耗取决于传输距离和标称测量波长下的线路衰减，包括连接器，耦合器和其他无源光器件（例如光分路器）引入的损耗。

[d] PX10、PX20 和 PX20＋链路的功率预算是假定在接收器和发射器之间有一个最小的插入损耗，PMD 的测试需要这个最小衰减值。

[e] 代价分配是可获得功率预算和通道插入损耗的插值，在正常和最差工作波长条件下插入损耗的插值定义为代价。该分配可用于补偿传输相关的代价。

## B.7 1000BASE-PX10、1000BASE-PX20 和 1000BASE-PX20＋收发器在 TP1 到 TP4 点的抖动（参考性定义）

表 B.13 和表 B.14 定义了高频抖动（大于 637 kHz），并不包含低频抖动和漂移。它们是基于峰峰值的测量。表 B.13 应用于下行方向，表 B.14 应用于上行方向，所有的值仅仅是参考性定义。对于 1000BASE-PX 的上行抖动预算，式（B.2）定义了抖动转移函数。通过该函数，接收器（ONU 的输入端）应满足当输入正弦抖动（见 IEEE 802.3—2008 58.8 节模板）时图 B.5 定义的抖动预算值，以及表 B.5 和表 B.8 中定义的抖动预算值。

表 B.13 1000BASE-PX10、1000BASE-PX20 和 1000BASE-PX20＋下行抖动预算（参考值）

| 参考点 | 总抖动 | | 确定性抖动 | |
|---|---|---|---|---|
| | UI | ps | UI | ps |
| TP1 | 0.24 | 192 | 0.10 | 80 |
| TP1 到 TP2 | 0.191 | 153 | 0.15 | 120 |
| TP2 | 0.431 | 345 | 0.25 | 200 |
| TP2 到 TP3 | 0.009 | 7 | 0 | 0 |
| TP3 | 0.44 | 352 | 0.25 | 200 |
| TP3 到 TP4 | 0.309 | 247 | 0.212 | 170 |
| TP4 | 0.749 | 599 | 0.462 | 370 |

表 B.14 1000BASE-PX10 和 1000BASE-PX20 和 1000BASE-PX20＋上行抖动预算（参考值）

| 参考点 | 无抖动输入到 ONU | | | | 有抖动输入到 ONU | | | |
|---|---|---|---|---|---|---|---|---|
| | 总抖动 | | 确定性抖动 | | 总抖动 | | 确定性抖动 | |
| | UI | ps | UI | ps | UI | ps | UI | ps |
| TP1 | 0.19 | 152 | 0.06 | 48 | 0.24 | 192 | 0.11 | 88 |

表 B.14（续）

| 参考点 | 无抖动输入到 ONU | | | | 有抖动输入到 ONU | | | |
|---|---|---|---|---|---|---|---|---|
| | 总抖动 | | 确定性抖动 | | 总抖动 | | 确定性抖动 | |
| | UI | ps | UI | ps | UI | ps | UI | ps |
| TP1 到 TP2 | 0.16 | 128 | 0.14 | 112 | 0.16 | 128 | 0.14 | 112 |
| TP2 | 0.35 | 280 | 0.20 | 160 | 0.40 | 320 | 0.25 | 200 |
| TP2 到 TP3 | 0.09 | 72 | 0.05 | 40 | 0.09 | 72 | 0.05 | 40 |
| TP3 | 0.44 | 352 | 0.25 | 200 | 0.49 | 392 | 0.30 | 24 |
| TP3 到 TP4 | 0.18 | 144 | 0.15 | 120 | 0.18 | 144 | 0.15 | 120 |
| TP4 | 0.62 | 496 | 0.40 | 320 | 0.67 | 536 | 0.45 | 360 |

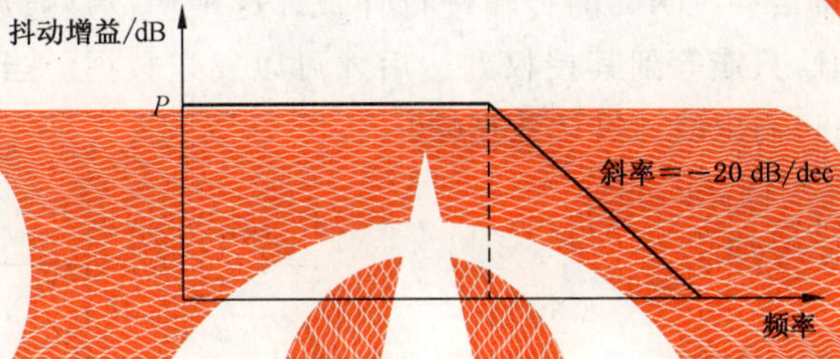


| | 值 | 单位 |
|---|---|---|
| $P$ | 0.3 | dB |
| $f_c$ | 1 274 | kHz |

图 B.5　1000BASE-PX10-U 和 1000BASE-PX20-U 抖动增益曲线值

表 B.13 和表 B.14 定义了两组上行抖动值，一组对应于下行无抖动的条件下上行链路的测试，另一组对应于下行有最大抖动的条件下上行链路的测试。

误比特率 BER=$10^{-12}$ 是表 B.14 中的总抖动值的测试条件。式(B.1)定义了通用模型：

$$TJ = 14.1\sigma + DJ \quad \cdots\cdots\cdots\cdots (B.1)$$

式中：

TJ——总抖动；

DJ——确定性抖动。

抖动转移计算方法见式(B.2)。

$$\text{抖动转移} = 20\lg\left[\frac{\text{上行抖动(UI)}}{\text{下行抖动 (UI)}}\right] \quad \cdots\cdots\cdots\cdots (B.2)$$

# 附 录 C
（规范性附录）
# 多点 MAC 控制

## C.1 概述

### C.1.1 基本描述

本附录描述了将 P2MP 拓扑纳入以太网框架所需的机制和控制协议。

P2MP 是基于树状(或者是树及分枝)拓扑的非对称媒介。在下行方向(从 OLT 到 ONU),OLT 发送的信号通过一个 1∶N 的无源分路器(或几个分路器的级联)到达各个 ONU。在上行方向(从各个 ONU 到 OLT),一个 ONU 发送的信号只会到达 OLT,而不会到达其他 ONU。为避免数据冲突并提高用户接入网的利用效率,需要对 ONU 的传输进行仲裁。这种仲裁是通过给各 ONU 分配发送窗口(授权)来实现的。每个 ONU 只能等到其授权到达后才可以发送数据。当一个 ONU 的授权到达后,该 ONU 在所指配的时间窗口内以线速发送数据帧。

一个简化的 P2MP 拓扑示例见图 C.1。

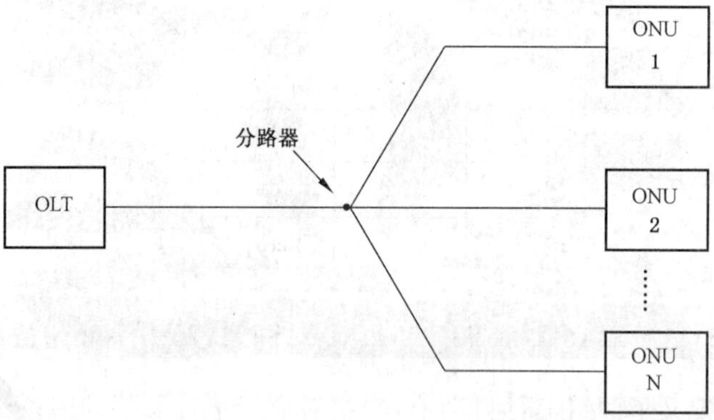


图 C.1 PON 拓扑示例

本附录讨论的内容涉及在不同 ONU 之间分配上行发送资源,ONU 加入网络的发现和注册,以及向上层报告拥塞状态以进行 PON 系统内的动态带宽分配和统计复用。

本附录不涉及具体的带宽分配策略、终端设备认证、服务质量定义、提供以及管理。

本附录规定了多点控制协议(MPCP),该协议定义了一个多点 MAC 控制子层以控制一个光多点网络。

每个 PON 由一个 OLT 节点和多个 ONU 节点组成,其中 OLT 是树的根节点,ONU 是树的叶节点。PON 网络在任何一个时刻都只允许一个 ONU 在上行方向发送数据。OLT 中的 MPCP 协议负责对各传输进行准确定时。各 ONU 报告的拥塞状态信息有助于优化 PON 网络内的带宽资源分配。

在 ONU 的自动发现过程中,通过分配逻辑链路 ID(LLID)将 ONU 绑定到 OLT 的一个端口上,同时将 MAC 动态绑定到此 OLT 上,最终实现 ONU 的注册。

实施多点 MAC 控制功能,要求用户接入设备包含点到多点物理层。

### C.1.2 基本特征

一个采用光介质的点到多点以太网络应具有以下特征:

——支持规范定义的点到点仿真(P2PE)；

——OLT 支持多个 LLID 和 MAC 客户端；

——每个 ONU 可支持一个或多个 LLID；

——支持单拷贝广播机制；

——支持动态带宽分配的灵活体系结构；

——使用 32 比特时间戳来发布定时信息；

——基于 MAC 控制的体系结构；

——对已发现设备进行测距来提高网络性能；

——进行连续测距以补偿往返时间的变化。

### C.1.3 多点 MAC 控制在 IEEE 802.3 体系中的位置

多点 MAC 控制定义了点到多点光网络的 MAC 控制。图 2 描绘了多点 MAC 控制子层和 MAC 子层、MAC 控制客户端的关系。多点 MAC 控制子层取代并扩展了 MAC 控制子层以支持多个客户端及其他的 MAC 控制功能。

多点 MAC 控制的定义延续了 MAC 控制子层的定义，MAC 控制子层定义见 IEEE 802.3—2008。MAC 控制子层设置了多种功能来处理实时控制和 MAC 子层操作。本附录定义了 MAC 控制机制的扩展功能以支持同时操作多个下层 MAC。本附录同时还定义了 MAC 控制的一种具体协议实现。

本附录定义的多点 MAC 控制子层能够支持未来新功能的实现并允许将这些新功能加入到本标准中，多点控制协议(MPCP)和 P2MP 的管理协议等均属于此类。非实时或准静态的控制(例如 MAC 操作参数的配置等)由层管理提供。多点 MAC 控制子层的操作对 MAC 是透明的。

如图 2 所示，分层系统包括多个 MAC 实体和一个物理层。每个 MAC 实体在 OLT 和 ONU 间提供点到点仿真业务。对于 MAC 实体与所有的 ONU 同时通信的特殊情况，可通过发送所有 ONU 都能接收到的单个帧拷贝来实现，这最大限度地利用了下行信道的广播特性，称为单拷贝广播(SCB)。

由于帧在到达 MAC 前由 RS 子层进行过滤，所以每个 ONU 只需要一个 MAC 实体。这样使得 ONU MAC 下层的仿真功能对 MAC 及其上层是透明的。

虽然图 2 中 OLT 内有多个 MAC，但实际上 OLT 也可以只使用一个单播 MAC 地址。在 EPON 网络内，MAC 是通过注册过程中动态指配的 LLID 来唯一标识的。

### C.1.4 功能框图

图 C.2 为多点 MAC 控制体系结构的功能块框图。

### C.1.5 服务接口

MAC 客户端通过标准的服务接口和控制复用器通信。多点 MAC 控制子层通过标准的服务接口和下层的 MAC 子层通信。类似地，多点 MAC 控制子层内部通过原语和接口进行通信。

### C.1.6 状态图约定

状态图包括相关的变量、常量、函数的定义。状态图中的标注和定时器约定如下：

——[start x_timer，y]设置定时器 x_timer 的失效时间 y。

——[stop x_timer]通过设置 x_timer_not_done 为不确定，放弃对定时器 x_timer 的操作。

状态图使用如下缩写，例如 MA_CONTROL.request 缩写为 MACR，MA_CONTROL.indication 缩写为 MACI。

状态图中的比特向量的标注使用 0 表示第一个接收到的比特，以此类推(例如数据[0：15])。当使用字节向量时，0 用来标识第一个接收到的字节，以此类推(例如 m_sdu[0..1])。

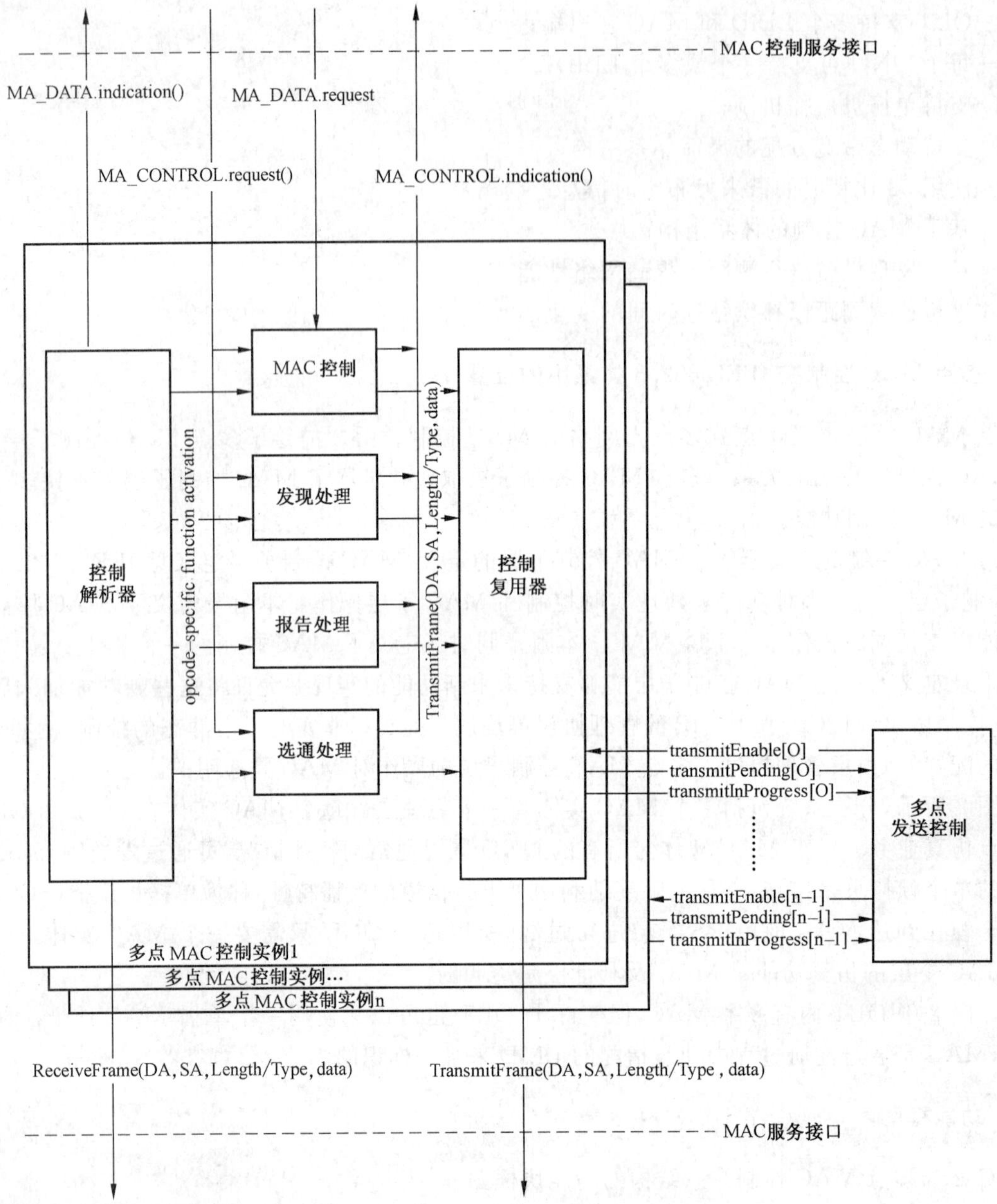


图 C.2 多点 MAC 控制功能框图

a＜b：用于比较两个(周期)时间值的函数，如 b 大于 a 那么返回值为真。这个比较是将 a 减去 b 并检查 MSB 得到。如果 MSB(a－b)＝1，那么返回值为真，否则返回值为假。同时，还定义了如下函数：

——a＞b 等价于！(a＜b 或 a＝b)；

——a≥b 等价于！(a＜b)；

——a≤b 等价于！(a＞b)。

## C.2 多点 MAC 控制操作

### C.2.1 概述

如图 C.2，多点 MAC 控制功能块包括如下功能：

——多点发送控制(Multi-point Transmission Control):该模块负责同步多点 MAC 控制实例。它维护多点 MAC 控制状态并控制多个实例化 MAC 的复用功能。

——多点 MAC 控制实例 n(Multi-point MAC Control Instance n):该模块负责对每个 MAC 以及与多点 MAC 控制相关联的 MAC 控制客户端进行实例化,它负责维护本实例中与操作各种 MAC 控制协议有关的所有变量和状态。

——控制解析器(Control Parser):该模块负责对 MAC 控制帧进行解析,并同 IEEE 802.3—2008 第 31 章规定的实体、操作码定义块、MAC 客户端进行接口。

——控制复用器(Control Multiplexer):该模板负责选择转发帧的源。

——MAC 控制:该模块负责表 B.1 定义的 MAC 控制行为,可支持传统业务和将来的新业务。

——发现、报告和选通处理(Discovery Processing,Report Processing,GATE Processing):这些模块负责处理 MAC 上下文中的 MPCP。

### C.2.2 多点 MAC 控制原理

#### C.2.2.1 基本描述

如图 C.2 所示,多点 MAC 控制子层可实例化多个多点 MAC 控制实体从而将上层的多个 MAC 控制客户端同下层的多个 MAC 进行接口。OLT 在与每个 ONU 通信时均使用一个单播 MAC 实体。各个 MAC 实体在 OLT 和 ONU 间使用点到点仿真服务。

ONU 侧仅使用一个 MAC 实体来同 OLT 的一个 MAC 实体进行通信,在这种情况下,多点 MAC 控制只包含控制解析器/复用器功能的唯一实体。

MPCP 支持多个 MAC 和客户端接口。任一时刻只有一个 MAC 接口和客户端接口允许发送。MAC 服务接口和客户端服务接口间具有严格的映射关系。特定地,$MAC_i$ 的接收帧(ReceiveFrame)接口设置为有效则将使能客户端 j 的指示接口。相应地,客户端 i 的请求服务接口设置为有效则将使能 $MAC_i$ 的发送帧(TransmitFrame)接口。应注意:多点 MAC 子层不需要在同一个接口同时接收和发送帧,这样多点 MAC 控制就像将多个 MAC 控制绑定在同一个公共部分上。

调度算法与实现相关,对多个发送请求同时产生的情况没有定义具体的调度算法。

接收操作如下:多点 MAC 控制实体向下层的 MAC 实体连续调用接收帧功能。由于这些 MAC 从同一个 PHY 接收帧,因而只有一个帧从 MAC 实体传递到多点 MAC 控制。响应接收帧的 MAC 实体称为使能 MAC,其服务接口称为使能 MAC 接口。MAC 把所有有效帧传递给多点 MAC 控制子层。在响应接收帧功能调用时,无效帧将不被传递给多点 MAC 控制子层。

多点 MAC 控制实体与多点发送控制(Multi-point Transmission Control)共同完成对发送服务接口的使能操作。MAC 控制产生的帧的优先级高于 MAC 客户端产生的帧,实际上,由于 MA_CONTROL 原语的优先级高于 MA_DATA 原语,因此,为了执行所请求的 MAC 控制功能,MA_DATA.request 原语可能会被延迟、丢弃或修改。为了发送 MAC 控制帧,多点 MAC 控制实体将使能 MAC 控制功能模块的转发功能,但不使能 MAC 客户端接口。接收帧时该 MAC 的接收帧接口将被使能。由于只有一个 PHY 接口,任意时刻只有一个 MAC 接收接口被使能。

被使能接口的信息存储在控制器状态变量中,并由复用控制块访问。

多点 MAC 控制子层使用下层的 MAC 子层的服务来交换数据和控制帧。

每个实体的接收操作包括:

——从下层的 MAC 接收帧;

——根据长度/类型域对帧进行解析;

——根据操作码对 MAC 控制帧解复用并转发给相应的处理功能块;

——通过设置 MA_DATA. indication 原语将数据帧转发给 MAC 客户端。

每个实体的发送操作包括：

——MAC 客户端通过设置 MA_DATA. request 指示一个帧的发送；或者根据先前的 MA_CONTROL. request 的结果或一个 MPCP 产生帧事件的结果，协议处理模块将尝试发送一个帧；

——当多点发送控制块允许其发送时，该帧被转发。

### C.2.2.2 测距及定时过程

OLT 和 ONU 都有每 16 ns 增 1 的 32 比特计数器。这些计数器提供一个本地时间戳。当 OLT 或 ONU 任一设备发送 MPCPDU 时，它将把计数器的值映射入时间戳域。从 MAC 控制发送给 MAC 的 MPCPDU 的第一个 8 位字节的发送时间被作为设定时间戳的参考时间。

当 ONU 接收到 MPCPDU 时，将根据所接收的 MPCPDU 的时间戳域的值来设置其计数器。

当 OLT 接收到 MPCPDU 时，将根据所接收到的时间戳来计算或校验 OLT 和 ONU 之间的往返时间。往返时间 RTT 等于定时器的值和接收到的时间戳之间的差。通过 MA_CONTROL. indication 原语将计算的 RTT 通知客户端。客户端的测距可利用该 RTT 来完成，如图 C.3 所示。

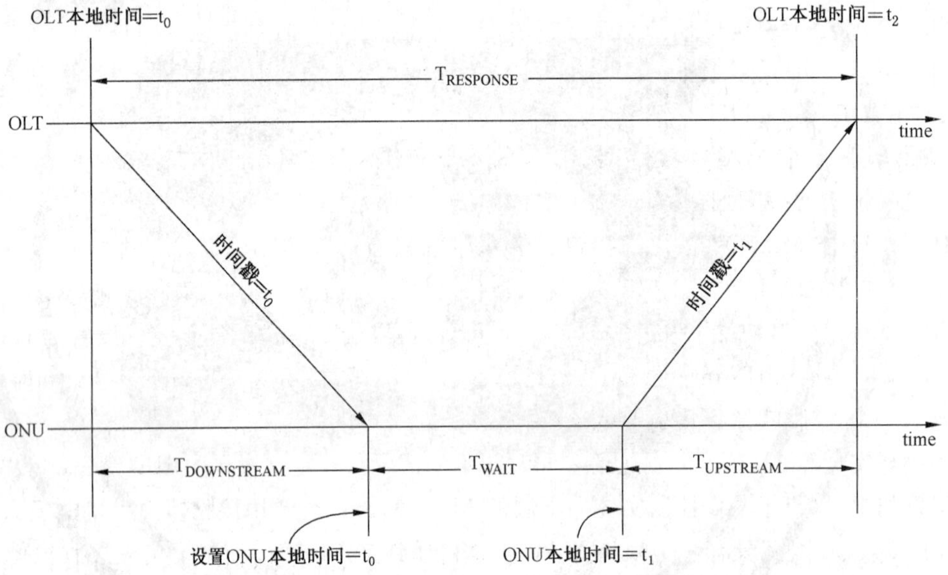


$T_{DOWNSTREAM}$=下行传输延迟

$T_{UPSTREAM}$=上行传输延迟

$T_{WAIT}$=在 ONU 上的等待时间$=t_1-t_0$

$T_{RESPONSE}$=在 OLT 上的响应时间$=t_2-t_0$

$RTT=T_{DOWNSTREAM}+T_{UPSTREAM}=T_{RESPONSE}-T_{WAIT}=(t_2-t_0)-(t_1-t_0)=t_2-t_1$

**图 C.3 往返时间(RTT)计算**

当 OLT 和 ONU 的时钟差超过预定门限时，将产生时间戳漂移错误(timestamp drift error)。这个时间戳漂移错误的触发条件可由 OLT 或 ONU 独立地检测到。当 OLT 检测到某一 ONU 的新旧 RTT 值之绝对差超过 OLT 保护门限(guardThresholdOLT)时，OLT 将检测到时间戳漂移错误的触发条件，如图 B.9 所示。当所接收的 MPCPDU 的时间戳和 localTime 计数器值之绝对差超过 ONU 保护门限(guardThresholdONU)时，ONU 将检测到时间戳漂移错误的触发条件，如图 C.10 所示。

### C.2.3 多点发送控制、控制解析器以及控制复用器

#### C.2.3.1 概述

多点发送控制的目的是任意时刻只允许多个 MAC 客户端中的一个向所关联的 MAC 以及 RS 子层发送数据，这通过任意时刻只使能一个 transmitEnable 信号实现，如图 C.4 所示。

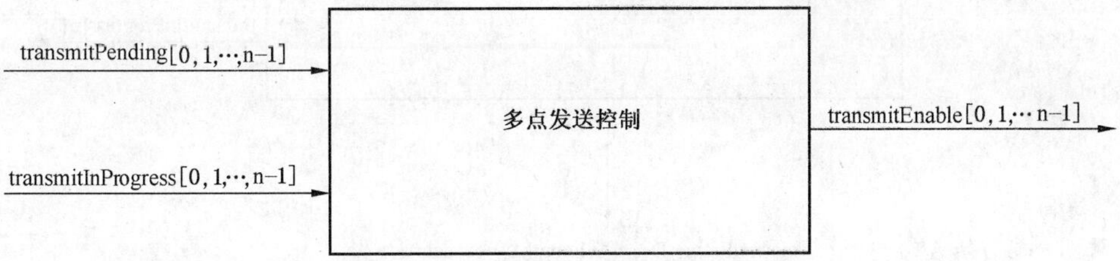


图 C.4 多点发送控制服务接口

多点 MAC 控制实体 n 功能块使用 transmitEnable[n]、transmitPending[n]，以及 transmitIn-Progress[n]状态变量(如图 C.2 所示)与多点发送控制进行通信。

控制解析器负责对接收通道上的 MAC 帧进行与操作码无关的解析。通过识别 MAC 控制帧，允许将其解复用到多个实体进行事件处理。同时，提供了与 IEEE 802.3—2008 规定的实体，MPCP 相关联的功能块，以及 MAC 客户端的接口，如图 C.5 所示。

控制复用器负责转发从 MAC 控制中与操作码相关的功能块及 MAC 客户端到 MAC 的帧。在发送方向进行复用处理。对于一个 MAC 客户端发来的 MA_DATA. request 原语，以及从 MAC 控制客户端发来的 MA_CONTROL. request 原语，将产生一个 TransmitFrame 用于发送。在 OLT 侧，多个 MAC 实体共享同一个多点 MAC 控制，因此为避免发送冲突，发送模块的使能要根据多点发送控制中的一个外部控制信号来进行。在 ONU 侧，GATE 处理功能块提供上行发送管理接口，如图 C.6 和图 C.7 所示。

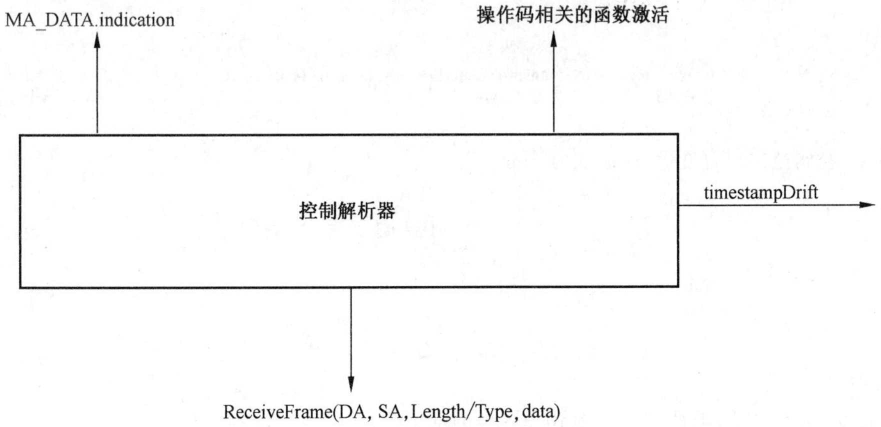


图 C.5 控制解析器服务接口

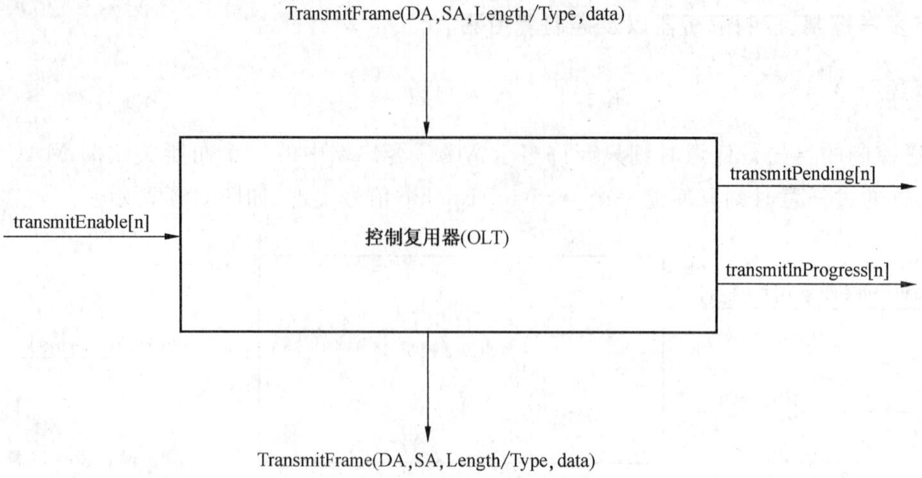


**注**：多个 MAC 控制处理块可发送 TransmitFrame 原语。

**图 C.6　OLT 控制复用器服务接口**

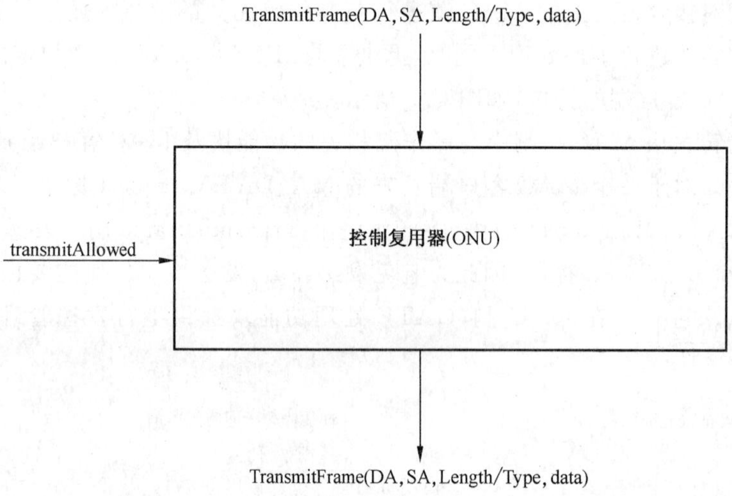


**注**：多个 MAC 控制处理块可发送 TransmitFrame 原语。

**图 C.7　ONU 控制复用器服务接口**

### C.2.3.2　常量

defaultOverhead

该常量为帧发送开销的大小，测量单位为时间量子(time-quantum)。

类型：整型

值：6

guardThresholdOLT

该常量为 OLT 所接收的时间戳的最大允许漂移，测量单位为 time_quantum(16 比特时间)。

类型：整型

值:8

guardThresholdONU

该常量为 ONU 所接收的时间戳的最大允许漂移,测量单位为 time_quantum(16 比特时间)。

类型:整型

值:12

MAC_Control_type

该常量为类型/长度域值。

类型:整型

值:0x8808

tailGuard

该常量值指示 ONU 在发送上行数据的末尾所预留的空间,不包括最后的 MAC 服务数据单元(m_sdu),单位为 8 位字节。为 MAC 开销预留的空间包括:前导、SFD、DA、SA、长度/类型域、FCS 以及帧结束定界符(EPD)。

类型:整型

值:29

time_quantum

所有与 localTime 变量的增量同步的机制都使用时间量子(time_quantum)为单位。表示计数器和时间间隔的所有变量都用时间量子(time_quantum)单位定义。一个 time_quantum 等于 16ns。

类型:整型

值:16

tqSize

该常量表示用八位字节发送次数表示的时间量子(time_quantum)。

类型:整型

值:2

#### C.2.3.3 计数器

localTime

该变量值为控制 MPCP 操作所需的本地定时器值。该变量根据 62.5MHz 的定时器进行增 1,同时以时间量子(time_quantum)计数。在 OLT 侧,计数器将跟踪发送时钟,同时在 ONU 侧,计数器将跟踪接收时钟。每当从 OLT 接收到时间戳,控制解析器通过重载入接收到的时间戳得到 localTime。在运行时不应要求通过层管理改变该变量,本标准对这种处理不做规定。

类型:32 比特无符号数

#### C.2.3.4 变量

BEGIN

该变量用于初始化功能块状态机。在初始化以及每次复位后,该值被设置为真(true)。

类型:布尔型

data_rx

该变量表示为一个以0为基的比特序列,它对应于接收到的MPCPDU的净荷。该变量用于解析接收到的MPCPDU帧。

类型:比特序列

data_tx

该变量表示为一个以0为基的比特序列,它对应于正被发送的MPCPDU的净荷。该变量用于访问发送MPCPDU帧中的净荷,例如用于设置时间戳值。

类型:比特序列

fecEnabled

该变量表示FEC功能是否被使能。如果FEC功能被使能,那么该变量为真(true),否则为假(false)。

类型:布尔型

newRTT

该变量用于暂时保存新测量到的ONU往返时间RTT。该新RTT值的单位为时间量子(time_quantum)。

类型:16比特无符号数

nextTxTime

该变量表示下一个帧的全部发送时间,同时也用于检查下一个帧是否在ONU余下的发送窗口中。nextTxTime包括帧发送时间和tailGuard,如果FEC被使能则还包括FEC奇偶校验数据开销。该变量测量单位为时间量子(time_quantum)。

类型:16比特无符号数

opcode_rx

该变量保存上一个接收到的MPCPDU操作码。

类型:16比特无符号数

opcode_tx

该变量保存正在发送的MPCPDU操作码。

类型:16比特无符号数

packet_initiate_delay

该变量用于设置packet_initiate_timer的超时时间间隔。该变量的单位为量子时间(time_quantum)。

RTT

该变量为所测量的到 ONU 的往返时间。RTT 值的单位为量子时间(time_quantum)。

类型:16 比特无符号数

stopTime

该变量保存对应于最近一个授权(grant)末尾的 localTime 计数器值。该变量的值由 GATE 处理功能设置。

类型:32 比特无符号数

timestamp

该变量保存上一个接收到的 MPCPDU 帧的时间戳值。

类型:32 比特无符号数

timestampDrift

当出现不可纠正的时间戳漂移时,该变量用于表示是否要产生一个错误。

类型:布尔型

transmitAllowed

该变量用于在 ONU 侧控制 PDU 发送。当发送通道被使能时,该变量被设置为 true,当发送路径被关断时,该变量被设置为 false。根据 GATE 处理功能块的状态来改变该变量的值。

类型:布尔型

transmitEnable[j]

这些变量用于控制 OLT 侧的多点 MAC 控制实例中的发送通道。将其设置为 on,表示允许所选择的实例发送帧。将其设置为 off,将禁止所选择的实例发送帧。任意时刻,只有一个 transmitEnable 可以被设置为 on。

类型:布尔型

tranmitInProgress[j]

该变量表示多点 MAC 控制实例 j 正在发送一个帧。

类型:布尔型

transmitPending[j]

该变量表示多点 MAC 控制实例 j 准备发送一个帧。

类型:布尔型

**C.2.3.5 函数**

abs(n)

该函数返回参数 n 的绝对值。

Opcode-specific function(opcode)

该函数从操作码相关的功能块中导出，并由相应的操作码所对应的MAC控制消息的到达而触发。

FEC_Overhead(length)

当对长度为length的帧进行编码时，该函数计算FEC编码器所加入的额外开销大小。参数length表示整个帧的大小，包括前导、SFD、DA、SA、长度/类型域以及FCS。FEC编码器对每239个8位字节的数据块要增加16个奇偶校验字节。此外，为了在高误比特率下实现可靠的帧边界检测，还需要26个码组来容纳IPG以及更长的帧起始和帧结束序列。本函数返回以时间量子(time_quantum)为单位的FEC开销大小。开销计算方法见式(C.1)：

$$\text{FEC—Overhead} = 13 + \left\lceil \frac{\text{length}}{239} \right\rceil \times 8 \qquad \text{(C.1)}$$

式中：

标注 $\lceil x \rceil$ 表示ceiling函数，其返回大于或等于变量x的最小整数值。

ReceiveFrame(DA,SA,Length/Type,data)

该MAC子层函数根据特定的参数来接收帧。

select

该函数选择下一个允许发送操作的多点MAC控制实例。它返回transmitPending阵列的索引，该索引所指的值不能是false。如果阵列中同时有多个活动项，则选择原则取决于具体的实现。

SelectFrame( )

该函数使能具有等待帧的接口。如果多个接口同时有帧在等待，那么只有一个接口被使能。如果一些接口中等待帧的类型/长度域为MAC_Control类型，那么这些接口中的一个将被使能。对于其他情况，选择原则不做规定。

sizeof(sdu)

该函数返回以8位字节为单位的sdu大小。

transmissionPending( )

只要有一个多点MAC控制实例有帧等待发送，那么该函数返回真。该函数可表示为式(C.2)：

$$\begin{aligned} \text{transmissionPending( )} = {} & \text{transmitPending}[0] + \\ & \text{transmitPending}[1] + \\ & \cdots + \\ & \text{transmitPending}[n-1] \end{aligned} \qquad \text{(C.2)}$$

式中：

n——多点MAC控制实例的总数。

TransmitFrame(DA,SA,Length/Type,data)

该MAC子层函数根据指定参数来发送帧。

#### C.2.3.6 定时器

packet_initiate_timer

该定时器用来延缓 MAC 控制帧的发送，以避免 MAC 延迟发生变化。同时，MAC 在上一个帧后强制加入 IPG。如果 FEC 被使能，该定时器将增加足够的帧间隔来容纳 FEC 编码器所增加的额外的奇偶校验数据。

#### C.2.3.7 消息

MA_DATA.indication(DA,SA,m_sdu,receiveStatus)

#### C.2.3.8 状态图

OLT 的多点发送控制功能应实现图 C.8 所示的状态图。OLT 的控制解析器功能应实现图 C.9 所示的状态图。ONU 的控制解析器功能应实现图 C.10 的状态图。OLT 的控制复用器功能应实现图 C.11 所示的状态图。ONU 的控制复用器功能应实现图 C.12 所示的状态图。

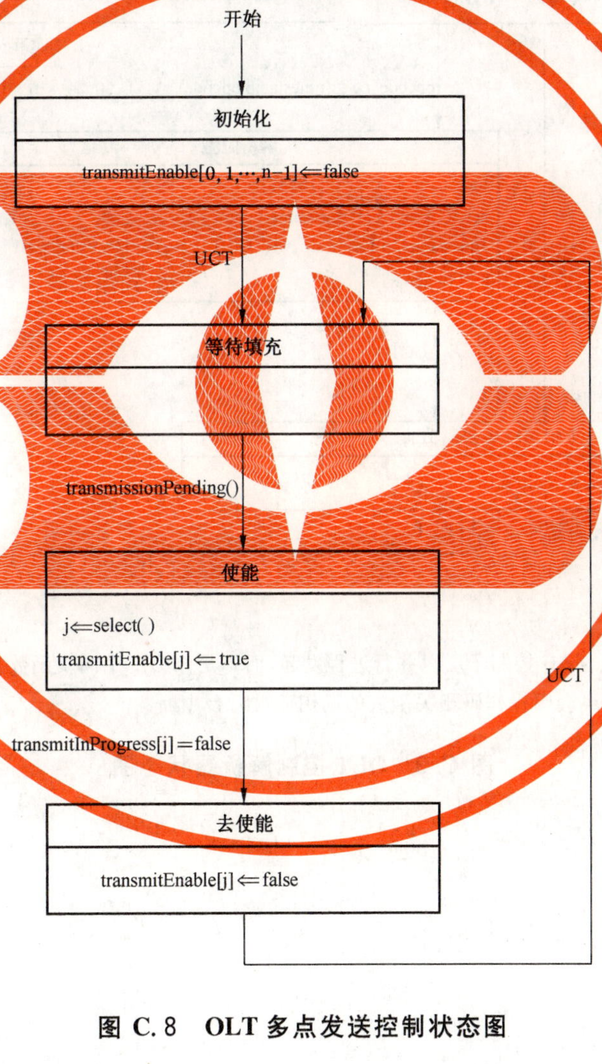


图 C.8 OLT 多点发送控制状态图

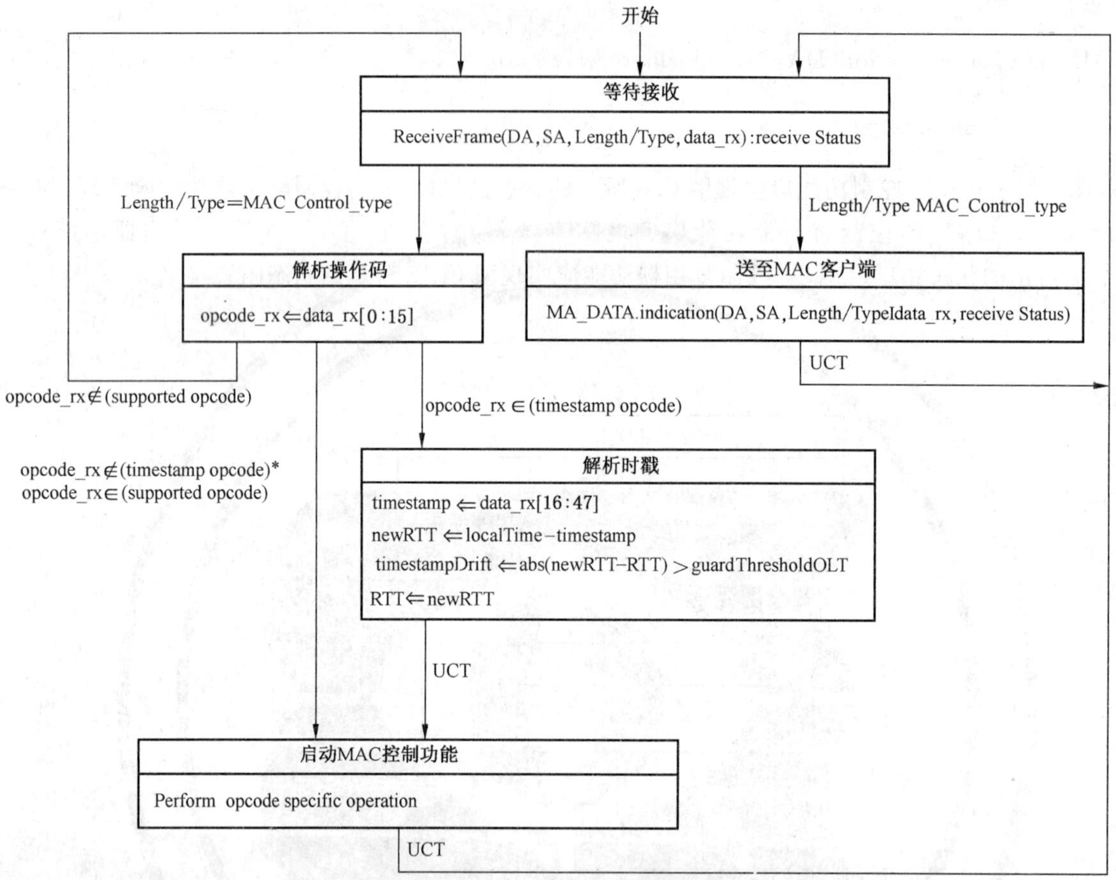


注：操作码相关的操作同 MAC 控制子层以并行进程发起，而不是作为一个同步函数发起。一般的 MAC 控制接收状态机（如图中所示）不会因操作码相关函数的调用而被后台中断。

**图 C.9 OLT 控制解析器状态图**

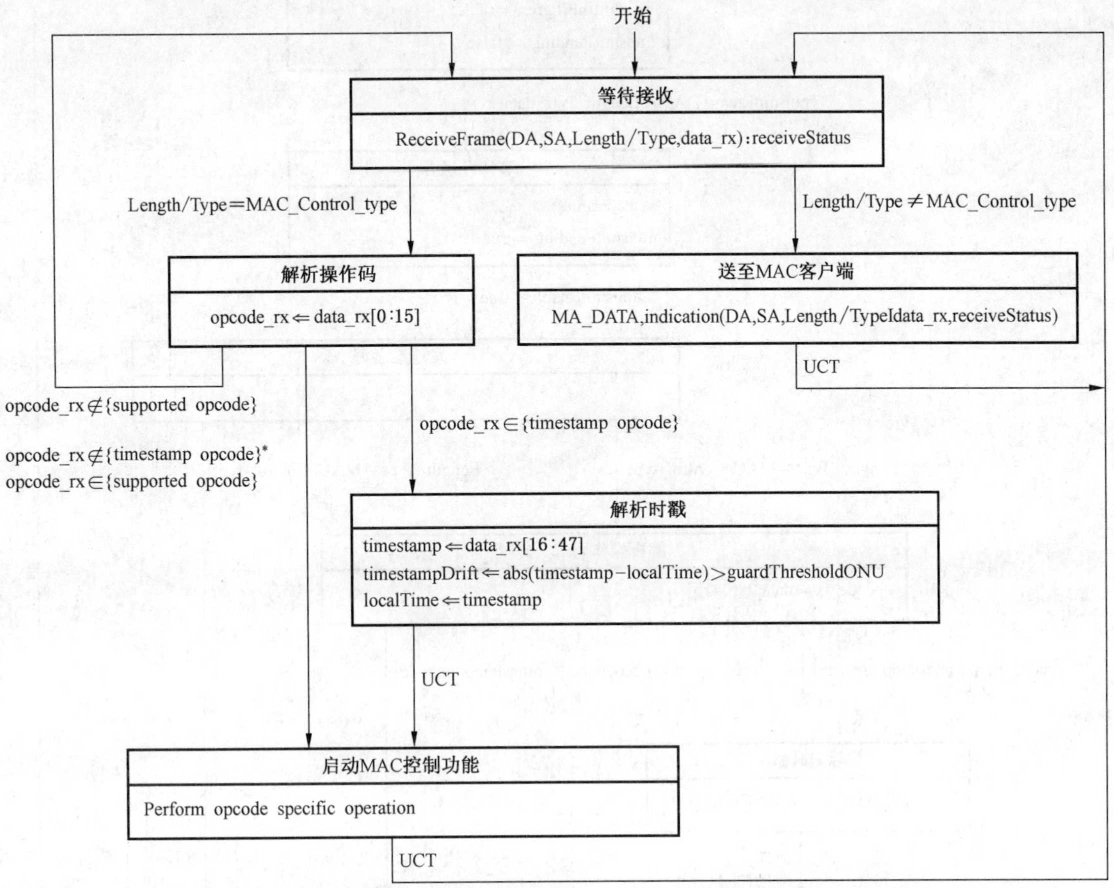


**注：** 操作码相关的操作由 MAC 控制子层以并行进程发起，而不是作为一个同步函数发起。一般的 MAC 控制接收状态机（如图中所示）不会因操作码相关函数的调用而被后台中断。支持的操作码和时戳操作码见 IEEE 802.3—2005 附录 31A 的规定。

**图 C.10　ONU 控制解析器状态图**

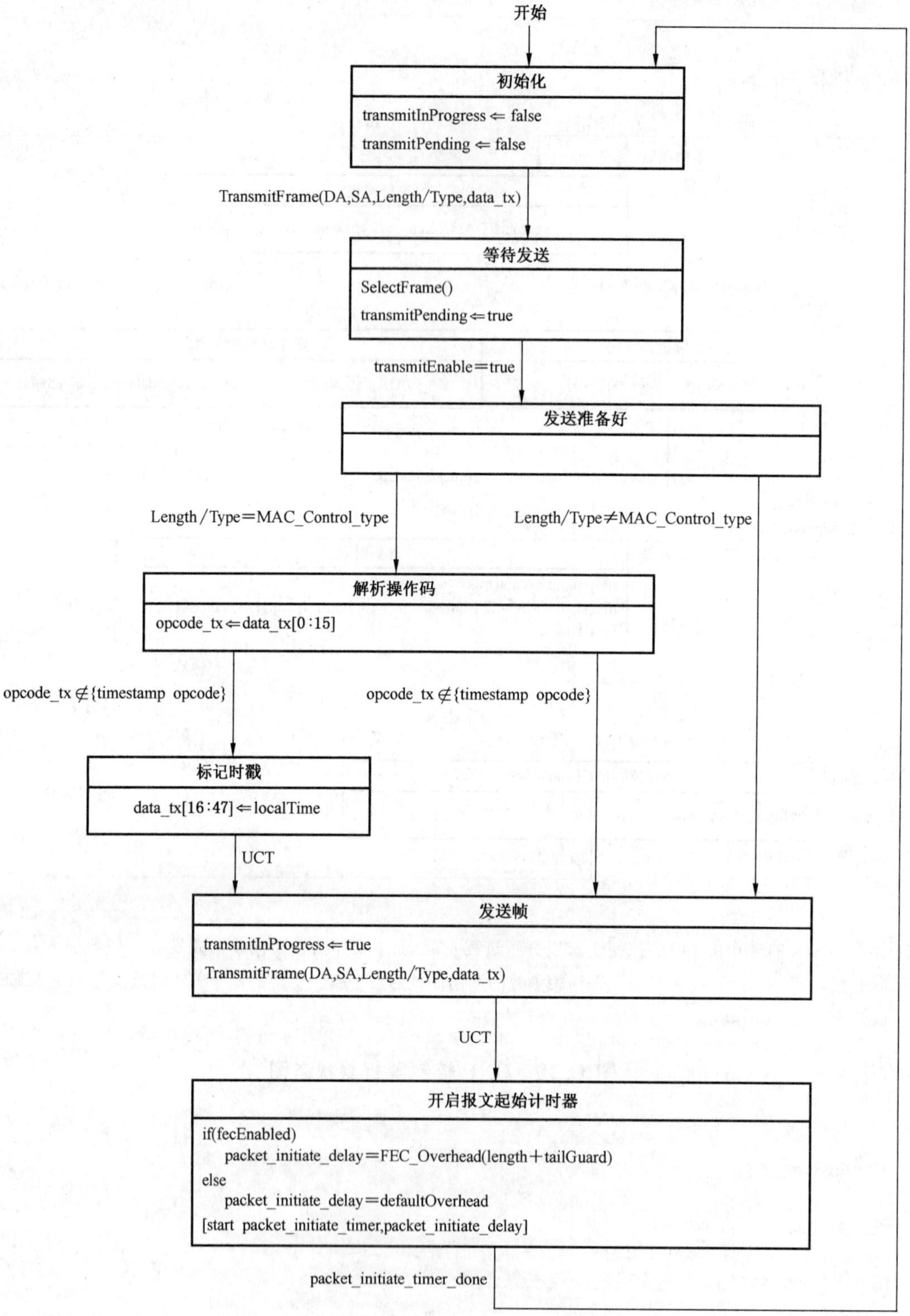


图 C.11 OLT 控制复用器状态图

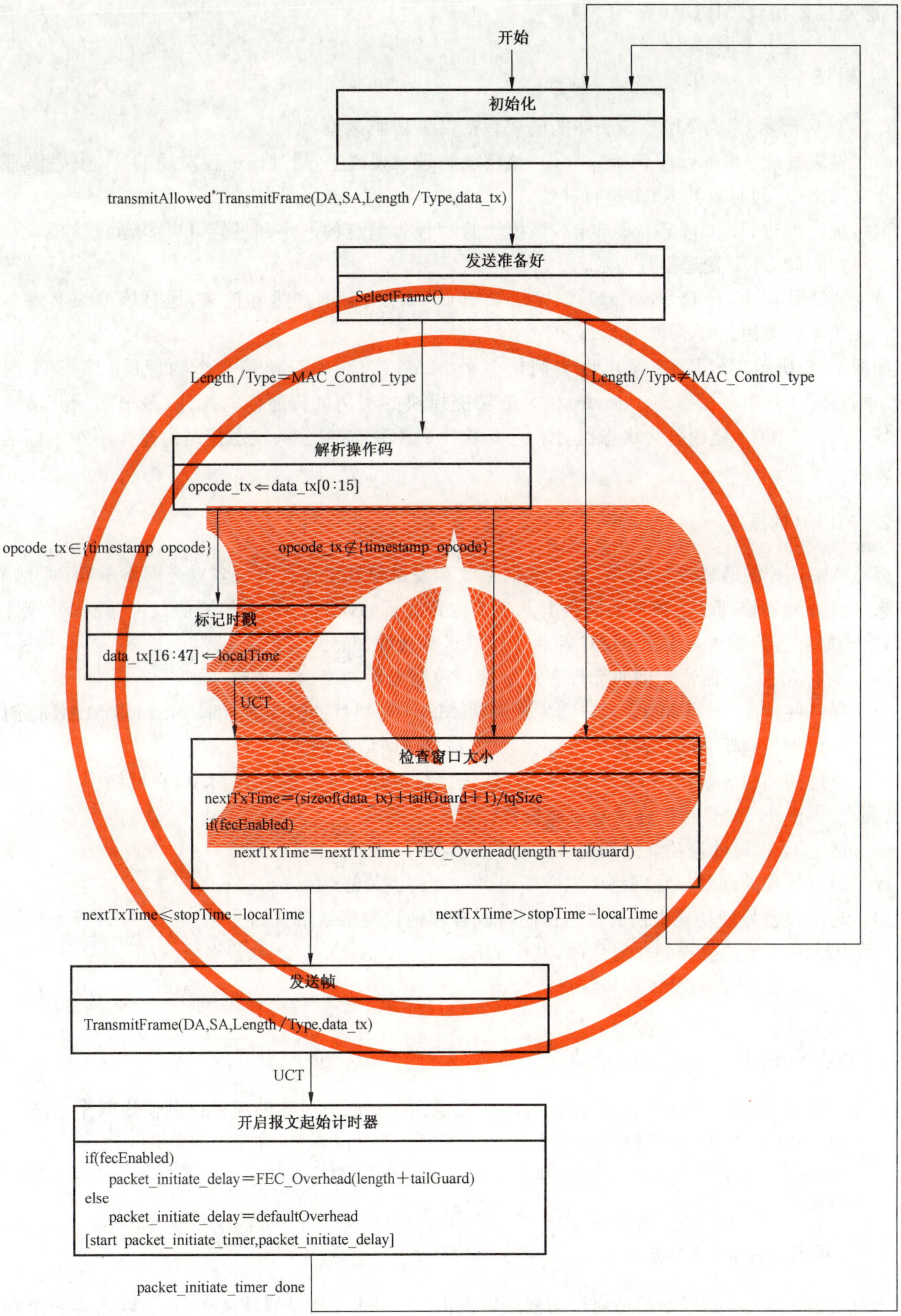


图 C.12 ONU 控制复用器状态图

### C.3 多点控制协议(MPCP)

#### C.3.1 概述

如图 C.2 所示,多点 MAC 控制功能模块包括以下功能:

a) 发现处理(Discovery Processing):该模块管理发现流程,通过该进程发现 ONU 并使其注册到网络中,同时对其 RTT 进行补偿。

b) 报告处理(Report Processing):该模块管理报告消息的产生和搜集,ONU 通过该模块在上行方向向 OLT 发送带宽请求。

c) 选通处理(Gate Processing):该模块管理 GATE 消息的产生和搜集,通过该模块实现多个发送端的复用。

如图 C.2 所示,分层的系统可以实例化多个 MAC 实体,而只使用一个物理层。每个实例化的 MAC 通过 MPCP 和与操作码(opcode)相关的功能模块的实例进行通信。此外,多个实例共享一些全局变量。通过 MPCP 使用公共状态控制来同步多个 MAC。有关公共状态控制的操作不在本标准规范的范围内。

#### C.3.2 MPCP 的原理

多点 MAC 控制通过控制 MAC 客户端的接收和发送使其工作在点对多点光网络中,而对 MAC 客户端来说就好象连接到一个独享的链路上。为了达到此目的,多点 MAC 控制协议遵循以下原则:

a) MAC 客户端通过多点 MAC 控制子层发送和接收帧;

b) 多点 MAC 控制决定何时允许客户端接口控制复用器发送一个帧;

c) 在某些情况下,当 MAC 客户端发送帧时 MAC 控制可能产生控制帧,并利用 MAC 控制帧传送优先级高于 MAC 客户帧的特性,优先发送 MAC 控制帧;

d) 通过使用时分复用(TDMA)的方法,在任意给定时刻仅允许一个 MAC 在网络中发送上行帧,使得多个 MAC 可以在共享介质上操作;

e) 通过 GATE 处理功能协调此类发送的 GATE;

f) 通过发现处理功能在网络中发现新设备并允许其发送数据;

g) 利用报告处理功能提供的反馈机制可以合理地控制网络带宽的分配;

h) P2MP 网络的操作是非对称的,其中 OLT 为主设备,ONU 为从设备。

#### C.3.3 兼容性考虑

#### C.3.4 PAUSE 操作

虽然 MPCP 和流量控制兼容,但是在传输时延很大的情况下可选的流量控制使用效率不高。

注:ONU 端的 MAC 可以接收来自单播信道和单拷贝广播(SCB)信道的帧。如果 SCB 信道用于向多个 ONU 广播数据帧,那么即使 ONU 已向它的单播远端发出了 PAUSE 请求,ONU 的 MAC 仍然可以继续从 SCB 信道接收数据帧。

##### C.3.4.1 可选的共享 LAN 仿真

通过结合 P2PE,ONU 端的适当过滤规则以及 OLT 端的适当过滤转发规则,可以仿真一个有效的共享 LAN。共享 LAN 仿真的支持是可选的,它需要 MAC 层上额外的一层,这超出了本标准规定的范围。因此,这里的共享 LAN 仿真仅仅做为一般性说明。

#### C.3.4.2 组播和单拷贝广播支持

在下行方向,PON 是一种广播介质。为利用 PON 的这一能力,使 OLT 向 ONU 发送广播帧时不对每个 ONU 都拷贝该帧,因此引入单拷贝广播(SCB)支持。

OLT 针对每个 ONU 至少有一个 MAC 与之对应。此外,OLT 还有一个标记为 SCB 的 MAC。SCB MAC 处理所有下行广播业务,但是不能用于上行方向的业务流(客户注册除外)。组播功能可通过可选的上层功能实现。这些层可能需要在 OLT 中进行为某些或者所有的 ONU 实例化额外的 MAC(组播 MAC),从而使 MAC 的总数超过(ONU 数+1)个。

当把 SCB MAC 连接到 IEEE 802.1D—2004 规定的桥接端口时,由于广播自身特点从而有可能形成回路。因此建议不把 SCB MAC 连接到 IEEE 802.1D—2004 规定的桥接端口。

D.1.3.4.3 节定义了 SCB 通道配置以及用于 SCB 支持的帧过滤和标记。

#### C.3.4.3 时延要求

MPCP 协议依赖于严格定时,这是通过分发时间戳来实现。为了维护时间戳机制的正确性,相应的实现应保证从 MAC 到 PHY 的时延不变。实际的时延大小取决于实现方式。但是,遵循规范的实现应该使所实现的 MAC 栈时延维持在一定范围内,而该范围变化不超过 16 比特时间。

为了使得 ONU 在接收到 GATE 消息后有足够的处理时间,OLT 不能发布起点时刻早于当前时刻加上 1 024 个时间量子(time_quantum)的授权。ONU 应该用小于这个时间段的时间来处理所有的消息。OLT 不应该以大于每 1 024 个时间量子(time_quantum)一个消息的速度向一个 ONU 发布消息。时间量子(time_quantum)的单位是 16 ns。

### C.3.5 发现处理

#### C.3.5.1 功能描述

发现是指新连接或者非在线的 ONU 接入 PON 的进程。该进程由 OLT 发起,它周期性地产生合法的发现时间窗口(Discovery Time Windows),使 OLT 有机会检测到非在线的 ONU。发现时间窗口的周期没有定义,由厂商决定。OLT 通过广播一个发现 GATE 消息来通知 ONU 发现窗口的周期。发现 GATE 消息包含发现窗口的开始时间和长度,非在线 ONU 接收到该消息后将等待该周期的开始,然后向 OLT 发送 REGISTER_REQ 消息。发现窗口是唯一有多个 ONU 同时访问 PON 的窗口,因此这些发送可能发生冲突。为了减少发送冲突,所有的 ONU 应使用同一种竞争算法。通过模拟 ONU 到 OLT 距离的随机分布等措施可以减少冲突发生的概率。每个 ONU 在发送 REGISTER_REQ 消息前应等待一段随机大小的时间,该时间段小于发现时间窗口的长度。值得注意的是在一个发现时间周期内 OLT 可能会接收到多个有效的 REGISTER_REQ 消息。REGISTER_REQ 消息中包括 ONU 的 MAC 地址以及最大等待授权(Pending Grant)的数目。OLT 接收到有效的 REGISTER_REQ 消息后,将注册该 ONU,分配和指定新端口的标识(LLID),并将相应的 MAC 和 LLID 绑定。

发现进程的下一步是 OLT 向新发现的 ONU 发送注册(Register)消息,该消息包含 ONU 的 LLID 以及 OLT 要求的同步时间。同时,OLT 还应对 ONU 最大等待授权的数目进行响应。此时 OLT 已经有足够的信息用于调度 ONU 访问 PON,并发送标准的 GATE 消息允许 ONU 发送 REGISTER_ACK。当接收到 REGISTER_ACK,该 ONU 的发现进程完成,该 ONU 注册成功并且可以开始发送正常的消息流。层管理(Layer Management)负责执行 MAC 绑定并开始对新注册的 ONU 进行发送和接收。图 C.13 给出了发现消息的交换过程,图 C.14、图 C.15 和图 C.16 分别给出了发现处理服务接口(OLT 广播实例)、发现处理服务接口(OLT 单播实例)和发现处理服务接口(ONU)。

OLT 可以要求 ONU 重新执行发现进程并重新注册。同样,ONU 也可以通知 OLT 请求注销,然后通过发现进程进行重注册。OLT 的 REGISTER 消息可以设置一个值来指示重注册(Reregister)或注销(Deregister),如果规定了上述的任一种,则将强制接收到该消息的 ONU 进行重注册。对于 ONU,REGISTER_ACK 消息可包含注销位,该比特通知 OLT 应注销本 ONU。

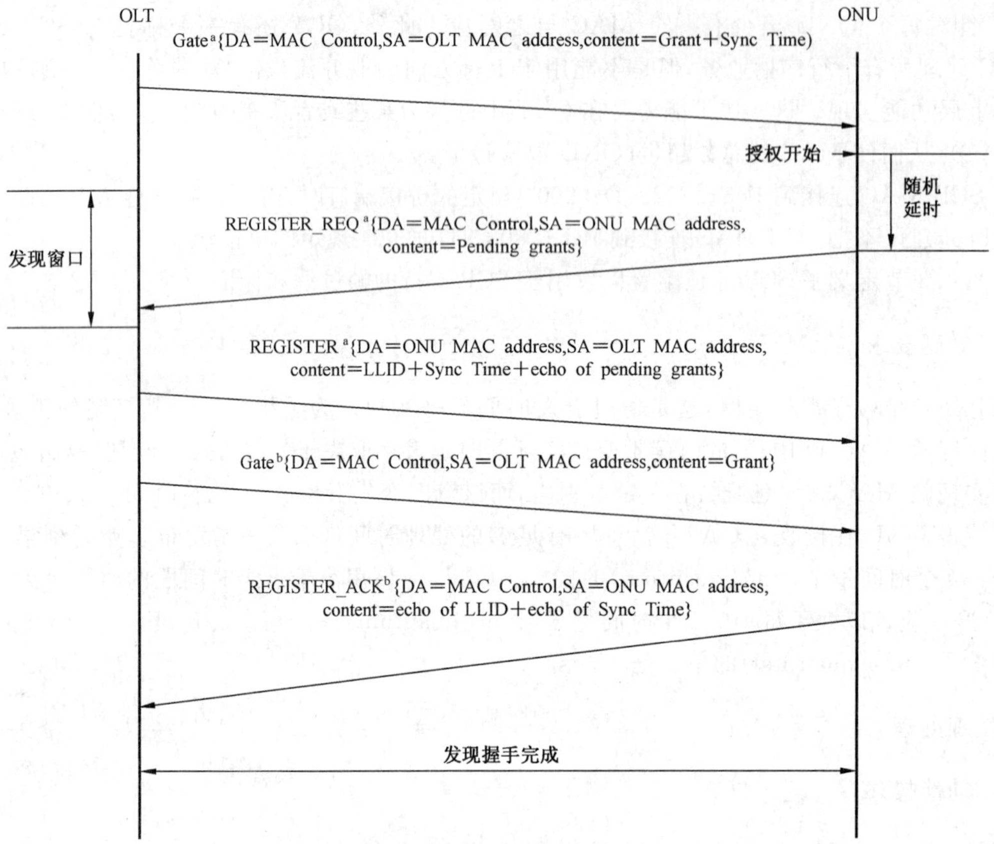


[a] 广播信道上传送的消息。

[b] 单播信道上传送的消息。

**图 C.13 发现握手消息交换**

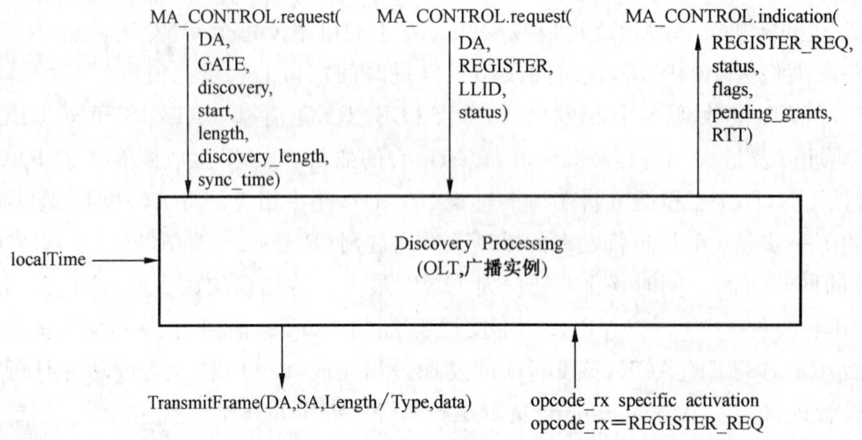


**图 C.14 发现处理服务接口(OLT 广播实例)**

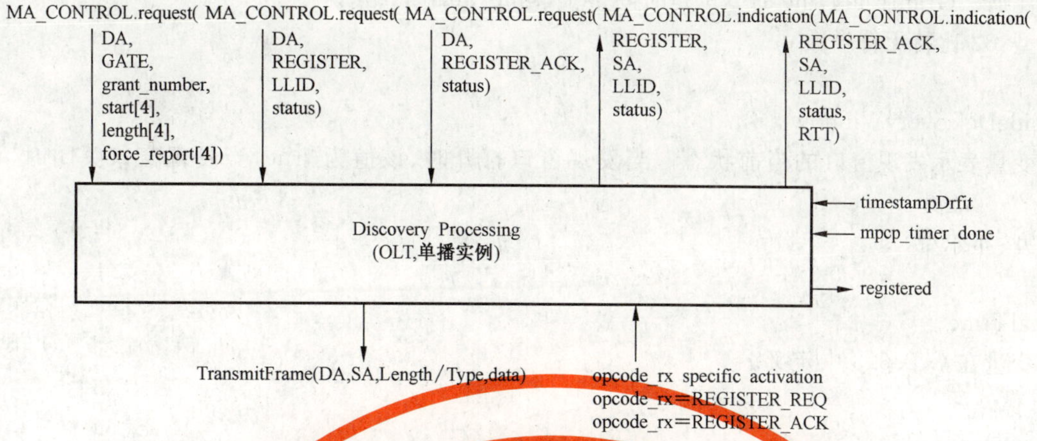


图 C.15 发现处理服务接口(OLT 单播实例)

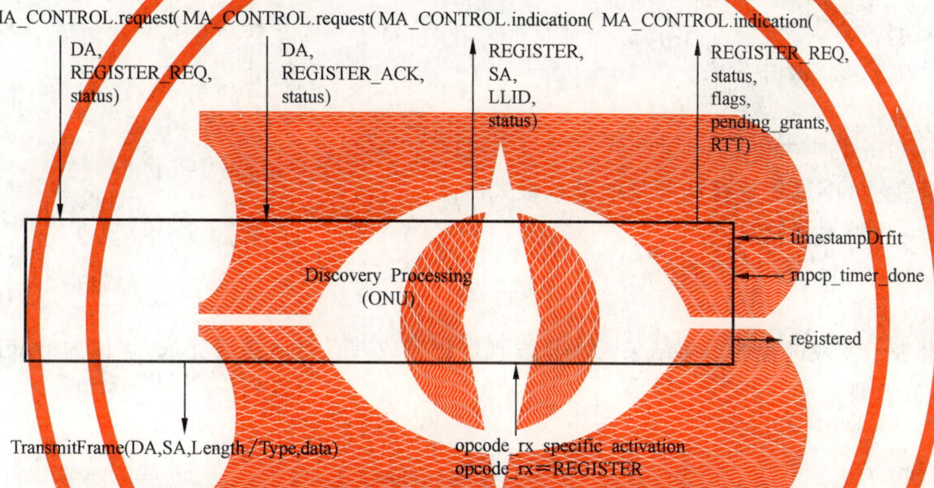


图 C.16 发现处理流程中的服务接口(ONU)

### C.3.5.2 常量

无定义。

### C.3.5.3 变量

BEGIN
该变量在 C.2.3.4 中定义。

data_rx
该变量在 C.2.3.4 中定义。

data_tx
该变量在 C.2.3.4 中定义。

grantEndTime
该变量表示 OLT 期望 ONU 授权完成的时刻。在发现进程中,如果 ONU 的 REGISTER_ACK 消息不能在 grantEndTime 前到达 OLT,则这个致命错误将导致指定的 ONU 注册失败,该 ONU 可在以后重新注册。GrantEndTime 的单位是时间量子(time_quantum)。

类型:32 比特无符号数

insideDiscoveryWindow

该变量表示发现窗口的当前状态。当发现窗口打开时,该值为 true,当发现窗口关闭时,该值为 false。

类型:布尔型

localTime

该变量在 C.2.3.3 中定义。

opcode_rx

该变量在 C.2.3.4 中定义。

opcode_tx

该变量在 C.2.3.4 中定义。

pendingGrants

该变量表示 ONU 能够排队等待的授权最大值。

类型:16 比特无符号数

registered

该变量表示发现进程的当前结果。一旦发现进程完成并且确认注册完成,该值为 true。

类型:布尔型

syncTime

该变量表示稳定 OLT 端接收机所需的时间。它从发送输出稳定时刻开始计时,直到获得同步时刻为止,以时间量子(time_quantum)为单位计数。syncTime 的值包括激光开启时间($T_{on}$)、增益调整时间($T_{receiver\_settling}$)、时钟同步时间($T_{cdr}$)以及码组对齐时间($T_{code\_group\_align}$)。OLT 将 syncTime 的值通过发现 GATE 和注册消息传给 ONU。在同步期间,ONU 只能发送 IDLE。

类型:16 比特无符号数

timestampDrift

该变量在 C.2.3.4 中定义。

#### C.3.5.4 函数

ReceiveFrame(DA,SA,Length/Type,data)

该函数在 C.2.3.5 中定义。

TransmitFrame(DA,SA,Length/Type,data)

该函数在 C.2.3.5 中定义。

#### C.3.5.5 定时器

discovery_window_size_timer

该定时器用于标识发现窗口终止的事件。

该定时器的值是根据接收到的发现选通(DISCOVERY GATE)消息中的参数而动态设定的。

mpcp_timer

该定时器用于测量链路中 MPCP 帧的到达速率。未能接收到帧将是致命错误并将导致注销。

#### C.3.5.6 消息

MA_CONTROL.request(DA,GATE,discovery,start,length,discovery_length,sync_time)

OLT 端的 MAC 控制客户端使用该服务原语来发起发现进程。该原语使用如下参数:

——DA:组播或单播 MAC 地址。

——GATE:表 C.1 中定义的 GATE MPCPDU 操作码。

——Discovery:该标志表示指定的 GATE 消息仅用于发现。

——start:发现窗口的开始时刻。

——length:用于发现的授权的长度。

——discovery_length:发现窗口进程的长度。

——sync_time:OLT 端用于稳定接收机所需的时间间隔。

**表 C.1 MAC 控制操作码**

| 操作码(16 进制) | MAC 控制功能 | 值/说明 | 时间戳 |
|---|---|---|---|
| 00-00 | 保留 | | |
| 00-01 | PAUSE | 接收方在功能参数表明的时间段停止发送非控制帧的请求 | 无 |
| 00-02 | GATE | 要求接收方在功能参数表明的时刻和时间段内发送帧 | 有 |
| 00-03 | REPORT | 表明由功能参数指示的接收方等待发送的请求 | 有 |
| 00-04 | REGISTER-REQ | 通过用于由功能参数指示的 GATE 发送过程的协议来识别站的请求 | 有 |
| 00-05 | REGISTER | 通知接收方,通过用于由功能参数指示的 GATE 发送过程的协议从而识别站 | 有 |
| 00-06 | REGISTER-ACK | 通知接收方,站的确认用于 GATE 发送过程 | 有 |
| 00-07~FF-FF | 保留 | | |
| 注:时间戳域由 MAC 控制产生,并且通过客户端接口时不可见。 | | | |

MA_CONTROL.request(DA,GATE,grant_number,start[4],length[4],force_report[4])

OLT 端的 MAC 控制客户端使用该服务原语向 ONU 发布 GATE 消息。该原语使用如下参数:

——DA:单播 MAC 地址。

——GATE:表 C.1 中定义的 GATE MPCPDU 操作码。

——grant_number:随 GATE 消息一起发布的授权的个数。授权个数从 0 到 4。

——start[4]:各个授权的开始时刻。目前只使用数组中第 1 个 grant_number 元素。

——length[4]:各个授权的长度。目前只使用数组中第 1 个 grant_number 元素。

——force_report[4]:标识是否在相应的授权中产生 REPORT 消息,只使用数组中第 1 个 grant_number 元素。

MA_CONTROL.request(DA,REGISTER_REQ,status)

ONU 端的 MAC 客户端使用该服务原语请求发现进程进行注册。该原语使用如下参数：

——DA：组播 MAC 控制地址，应符合 IEEE 802.3—2008 的定义。

——REGISTER_REQ：表 C.1 定义的 REGISTER_REQ MPCPDU 操作码。

——status：表 C.4 定义的 REGISTER_REQ MPCPDU 中的标志域。

MA_CONTROL.indication(REGISTER_REQ，status，flags，pengding_grants，RTT)

发现进程使用该原语来通知客户端和层管理，注册进程正在进行。该原语使用如下参数：

——REGISTER_REQ：表 C.1 中定义的 REGISTER_REQ MPCPDU 操作码。

——status：该参数指示加入或者重试。OLT 使用“加入”来表示成功接收到 REGISTER_REQ 消息。ONU 使用“重试”来通知客户注册失败，注册将被再次进行。

——flags：该参数为 REGISTER_REQ 消息中标志域的内容。仅当本原语由 OLT 的发现进程产生时，该参数的值才有效。

——pengding_grants：该参数为 REGISTER_REQ 消息中 pengding_grants 域的内容，仅当本原语由 OLT 的发现进程产生时，该参数的值才有效。

——RTT：该参数保存已测量的 ONU 往返时间。RTT 的单位是时间量子(time_quantum)。仅当本原语由 OLT 的发现进程产生时，该参数的值才有效。

MA_CONTROL.request(DA，REGISTER，LLID，status，pending_grants)

OLT 端的 MAC 控制客户端使用该服务原语来初始化 ONU 的接收。该原语使用如下参数：

——DA：组播 MAC 控制地址，应符合 IEEE 802.3—2008 附录 31B 的定义。

——REGISTER：表 C.1 中定义的 REGISTER MPCPDU 操作码。

——LLID：MAC 控制客户端指配的逻辑链路标识号。

——status：表 C.5 中定义的 REGISTER MPCPDU 中的标志域。

——pending_grants：该参数为先前接收到的 REGISTER_REQ 消息中的 pending_grants 域。

MA_CONTROL.indication(REGISTER，SA，LLID，status)

OLT 或 ONU 端的发现进程使用该服务原语将注册状态改变的结果通知 MAC 控制客户端和层管理。该原语使用如下参数：

——REGISTER：表 C.1 中定义的 REGISTER MPCPDU 操作码。

——SA：该参数为 OLT 的 MAC 地址。

——LLID：该参数为 MAC 控制客户端指配的逻辑链路标识号。

——status：该参数为 accepted/denied/deregistered/reregistered。

MA_CONTROL.request(DA，REGISTER_ACK，status)

ONU 和 OLT 端的 MAC 控制客户端使用该服务原语来确认注册完成。该原语使用如下参数：

——DA：组播 MAC 控制地址，应符合 IEEE 802.3—2008 附录 31B 的定义。

——REGISTER_ACK：表 C.1 中定义的 REGISTER_ACK MPCPDU 操作码。

——status：表 C.5 定义的 REGISTER MPCPDU 中的标志域值。

MA_CONTROL.indication(REGISTER_ACK，SA，LLID，status，RTT)

OLT 端的发现进程使用该服务原语将注册进程完成这一事件通知客户端和层管理。该原语使用如下参数：

——REGISTER_ACK：表 C.1 中定义的 REGISTER_ACK MPCPDU 操作码。

——SA：该参数为对端设备的 MAC 地址(ONU 侧的 OLT 地址，OLT 侧的 ONU 地址)。

——LLID：该参数为 MAC 控制客户端指配的逻辑链路标识号。

——status：该参数为 accepted/denied/reset/deregistered。

——RTT:该参数为已测量的 ONU 往返时间。RTT 的单位是时间量子。仅当 OLT 调用发现进程时,该参数才有效。

Opcode-specific function(opcode)

从操作码相关的功能块中导出的函数,这些函数由相应的操作码所对应的 MAC 控制消息的到达而触发。

#### C.3.5.7 状态转移图

OLT 端的发现进程应实现图 C.17 所示的发现窗口创建状态图,图 C.18 所示的请求处理状态图,图 C.19 所示的注册处理状态图以及图 C.20 所示的最终注册状态图。ONU 端的发现进程应实现图 C.21 所示的注册状态图。

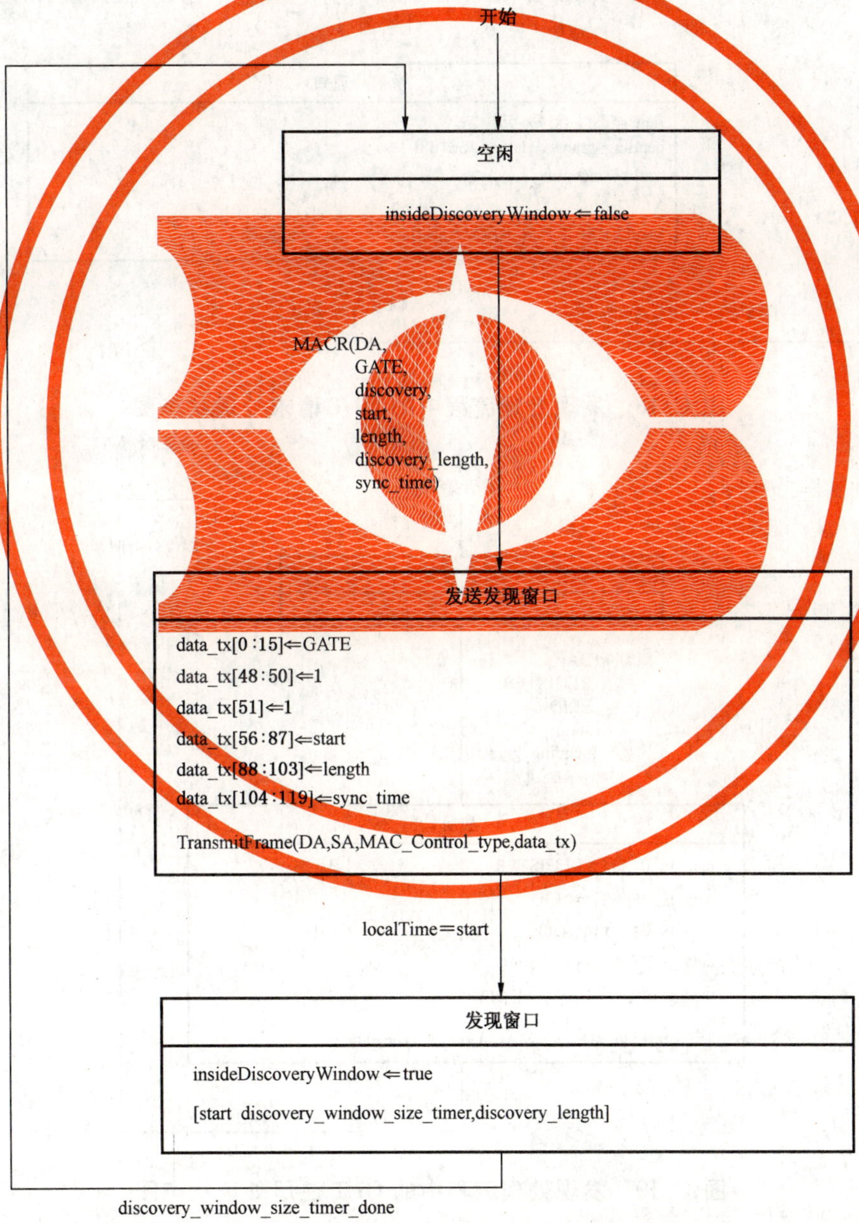


**图 C.17 发现处理流程中的 OLT 窗口创建状态图**

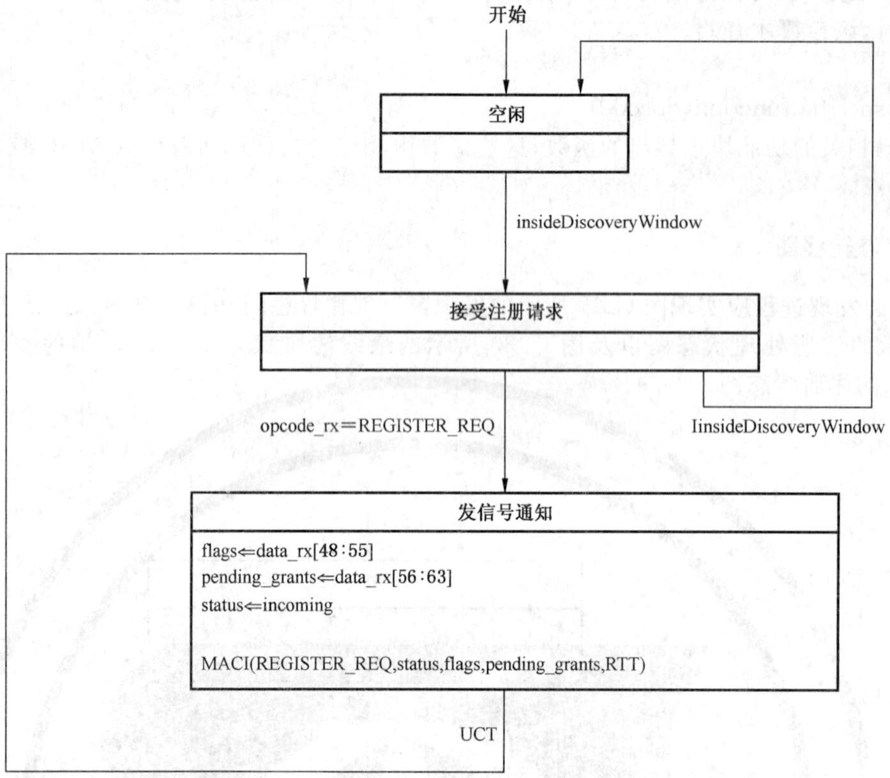


图 C.18　发现处理流程中的 OLT 请求处理状态图

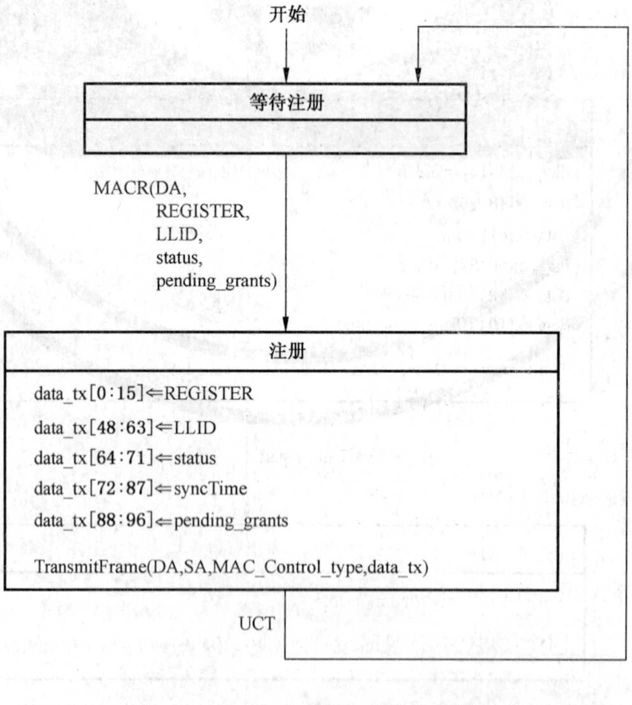


图 C.19　发现处理流程中的 OLT 注册处理状态图

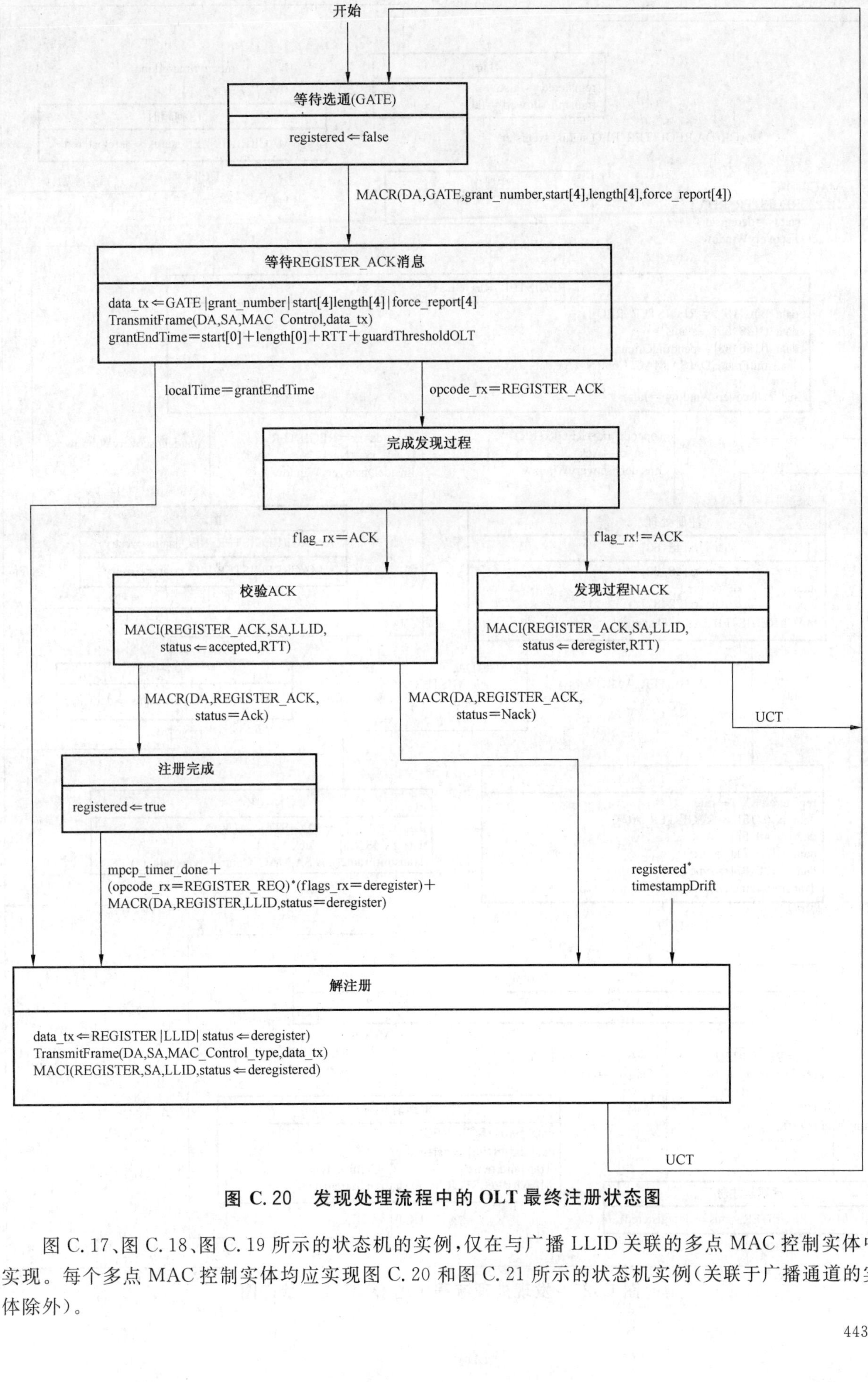


**图 C.20　发现处理流程中的 OLT 最终注册状态图**

图 C.17、图 C.18、图 C.19 所示的状态机的实例，仅在与广播 LLID 关联的多点 MAC 控制实体中实现。每个多点 MAC 控制实体均应实现图 C.20 和图 C.21 所示的状态机实例(关联于广播通道的实体除外)。

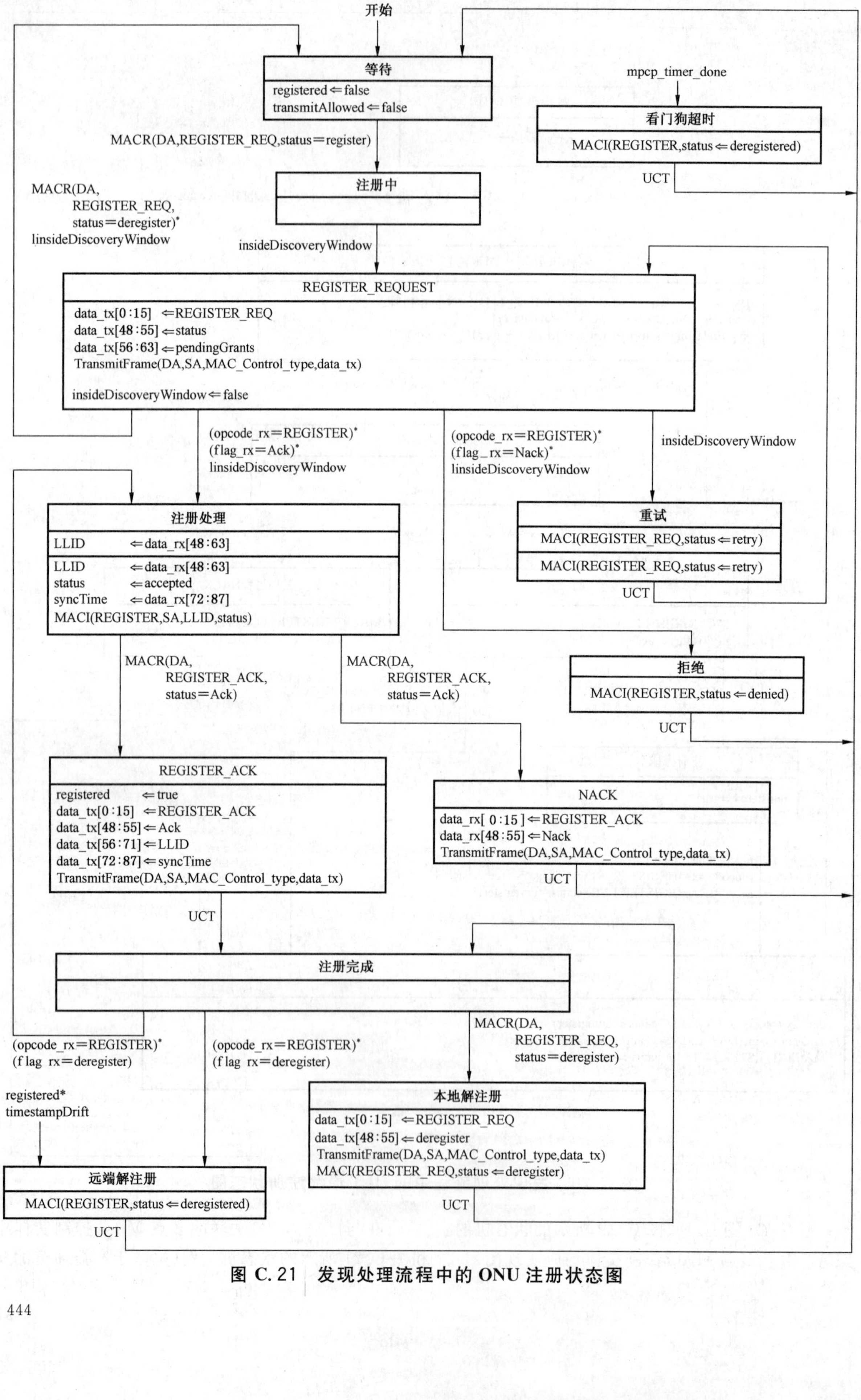


图 C.21 发现处理流程中的 ONU 注册状态图

在发送 REGISTER 消息后，MAC 控制客户端紧接着发送授权，该过程已考虑 ONU 处理 REGISTER 消息的时延。

### C.3.6 报告处理

#### C.3.6.1 概述

报告处理功能模块负责处理网络中的队列状态报告的产生和终结。上层产生报告并由 MAC 控制客户端传递给 MAC 控制子层。状态报告用于上报带宽的需求，也可用来为 OLT 安装看门狗定时器（watchdog Timer）。

即使没有带宽请求，也应该周期性的产生报告，这将保证 OLT 的看门狗定时器不会因超时注销 ONU。为了保证该机制正常运转，OLT 将周期性地向 ONU 授权。

报告处理功能模块以及 MPCP 协议设计为可与 IEEE 802.1D—2004 规定的桥协同使用。

图 C.22 定义报告处理服务接口。

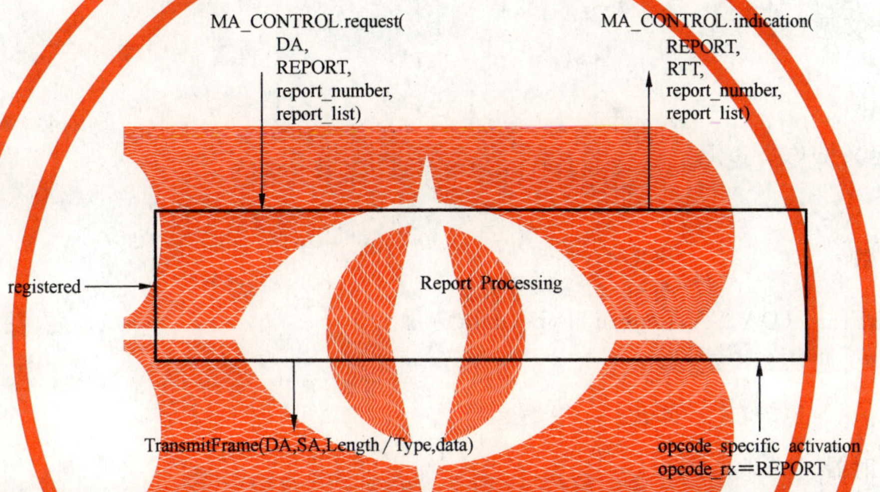


图 C.22 报告处理服务接口

#### C.3.6.2 常量

mpcp_timeout

该常量为两个 MPCPDU 消息之间的最大允许时间间隔。在此间隔内如果不能接收到至少一帧，那么将是一个致命的错误并将导致注销。

类型：32 比特无符号数

值：03-B9-AC-A0(1 s)

report_timeout

该常量表示由 ONU 产生的两个 REPORT 消息的最大允许时间间隔。

类型：32 比特无符号数

值：00-2F-AF-08(50 ms)

#### C.3.6.3 变量

BEGIN

该变量用于功能模块状态机的初始化操作。在初始化以及每次复位后，该变量设为 true。

类型：布尔型

data_rx

该变量定义见 C.2.3.4。

data_tx

该变量定义见 C.2.3.4。

opcode_rx

该变量定义见 C.2.3.4。

opcode_tx

该变量定义见 C.2.3.4。

registered

该变量定义见 C.2.3.4。

#### C.3.6.4 函数

TransmitFrame(DA,SA,Length/Type,data)

该函数定义见 C.2.3.5。

#### C.3.6.5 定时器

report_periodic_timer

要求 ONU 以小于 report_timeout 的周期产生 REPORT MPCPDU。在 ONU 强制产生 REPORT 消息之前，该定时器对剩余的时间进行倒计时。

mpcp_timer

该定时器定义见 C.3.5.5。

#### C.3.6.6 消息

MA_CONTROL.request(DA,REPORT,report_number,report_list)

MAC 控制客户端使用该服务原语请求 ONU 端的报告进程发送队列状态报告。为了反映网络的实时变化，可独立于授权进程并在任意间隔内调用该原语。该原语使用如下参数：

——DA：组播 MAC 控制地址。

——REPORT：表 C.1 中定义的 REPORT MPCPDU 操作码。

——report_number：报告列表中队列状态报告集的个数，取值范围 0～13。

——report_list：队列状态报告列表。队列状态报告包括两个域：valid 和 status。参数 valid 是长度为 8 的布尔型数组，'0'或'false'表示不存在相应的状态位（状态域的长度为 0），'1'或'ture'表示存在相应的状态域（状态域的长度是 2 个 8 位字节）。数组的索引和 IEEE 802.1D—

2004 命名规则中的优先级队列的编号一致。

——参数 status 为 16 比特无符号整型数组,该数组仅包含 valid 域中相应比特为 ture 的条目。

MA_CONTROL. indication(REPORT,RTT,report_number,report_list)

OLT 端的报告进程使用该服务原语将 MPCP 链路另一端的队列状态通知 MAC 控制客户端以及上层。为了反映网络的实时变化,可以多次调用该原语。该原语使用如下参数:

——REPORT:表 C.1 中定义的 REPORT MPCPDU 操作码。

——RTT:该参数为更新的往返路程时间,在每次接收到 REPORT 消息后重新计算该值。

——report_number:报告列表中队列状态报告集的个数,取值范围 0～13。

——report_list:队列状态报告的列表。队列状态报告包括两个域:valid 和 status。参数 valid 是一个长度为 8 的布尔型数组,'0'或'false'表示不存在相应的状态位(状态域的长度为 0),'1'或'ture'表示存在相应的状态域(状态域的长度是 2 个 8 位字节)。数组的索引和 IEEE 802.1D—2004 命名规则中的优先级队列的编号一致。

——参数 status 为 16 比特无符号整型数组,该数组仅包含 valid 域中相应比特为 ture 的条目。

——Opcode-specific function( opcode )

从操作码相关的功能块中导出的函数,这些函数由相应的操作码所对应的 MAC 控制消息的到达而触发。

### C.3.6.7 状态图

OLT 端的报告进程将实现图 C.23 所示的报告处理状态图。ONU 端的报告进程将实现图 C.24 所示的报告处理状态图。只有关联于单播 LLIDs 的多点 MAC 控制实体才实现图 C.23 和图 C.24 所示的状态机实例。

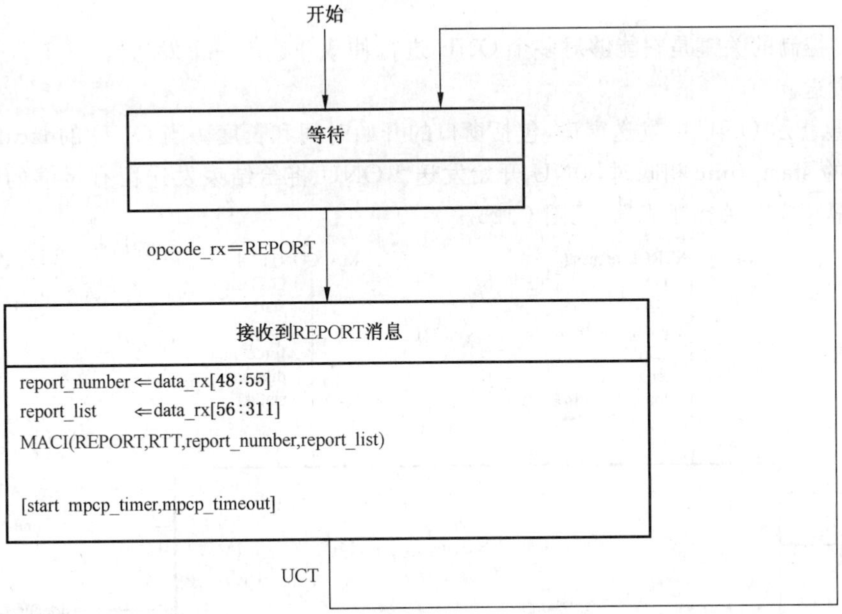


图 C.23 OLT 端的报告处理状态图

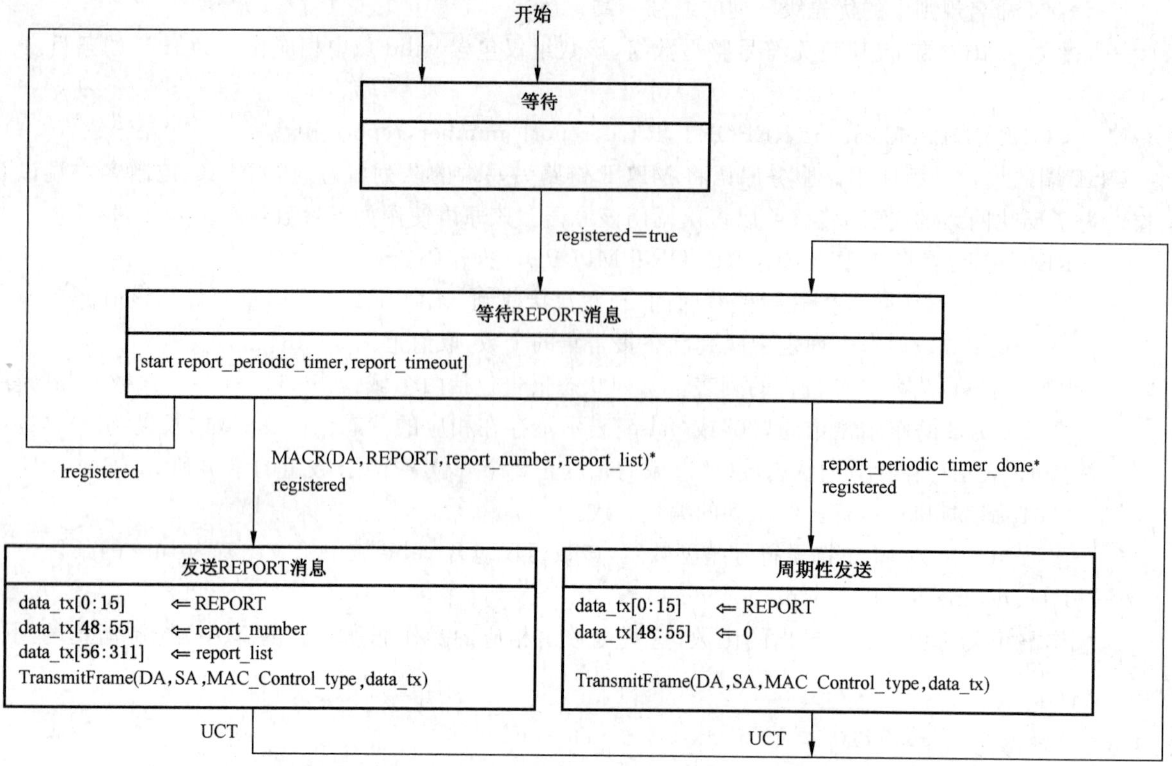


**图 C.24 ONU 端的报告处理状态图**

### C.3.7 选通处理(GATE Processing)

#### C.3.7.1 概述

多点 MAC 控制的关键是它能够对多个 ONU 进行仲裁并选出一个发送器。OLT 通过分配授权来控制 ONU 的发送。

GATE 消息指示 ONU 的发送窗口,包括窗口的开始时间和长度。当 ONU 的 localTime 计数器和 GATE 消息中的 start_time 相同时,ONU 开始发送。ONU 将给结束发送留有足够的余量,从而保证在授权长度间隔用完前关闭激光器,见图 C.25。

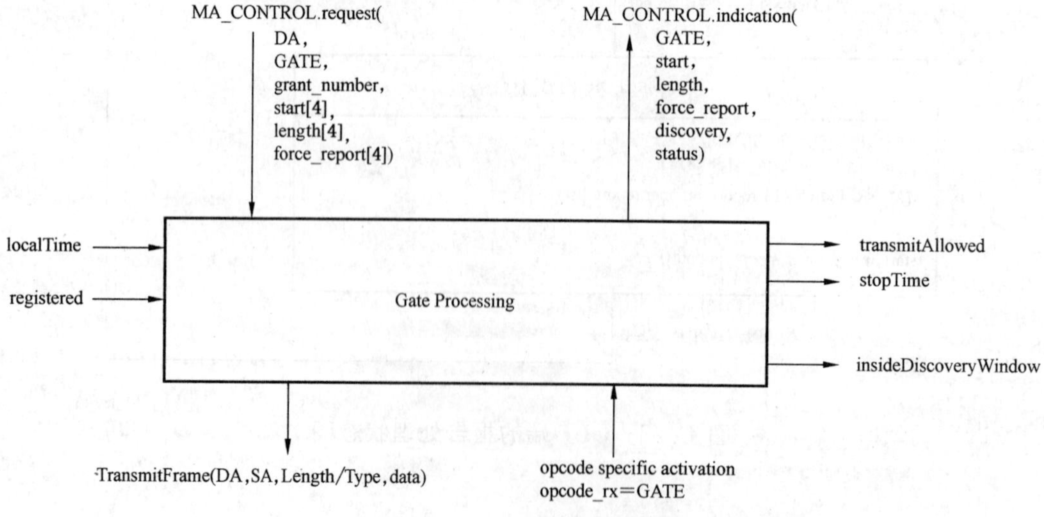


**图 C.25 GATE 处理服务接口**

可以向一个ONU发送多个授权。OLT发送授权数目不应多于ONU注册进程中声明支持的最大授权个数。

为了维护ONU端的看门狗定时器,OLT将周期性地产生授权。因此也会定期发送空的GATE消息。

在注册的时候,ONU将忽略所有已设置发现标志的GATE消息。

### C.3.7.2 常量

discoveryGrantLength

该常量表示在执行发现进程时ONU的发送持续时间。该常量包括MPCPDU的发送时间和C.2.3.2定义的tailGuard。该常量的单位是time_quantum。

类型:32比特无符号数

值:00-00-00-26(608 ns)

gate_timeout

该常量表示OLT为同一个ONU产生的两个GATE消息的最大允许时间间隔。

类型:32比特无符号数

值:00-2F-AF-08(50 ms)

laserOffTime

该常量为关闭激光器所需的时间。它以time_quantum为单位对关闭PMD所需的时间周期进行计数。

类型:32比特无符号数

值:00-00-00-20(512 ns)

laserOnTime

该常量为开启PMD所需的时间。它以time_quantum为单位对开启PMD所需的时间周期进行计数。

类型:32比特无符号数

值:00-00-00-20(512 ns)

max_future_grant_time

该常量为某个有效到达授权的期望到达的最大时刻。

类型:32比特无符号

数值:03-B9-AC-A0(1 s)

min_proccesing_time

该常量为ONU处理所需的时间。

类型:32比特无符号数

值:00-00-04-00(16.384 ns)

tqSize

该常量定义见C.2.3.2。

**C.3.7.3 变量**

BEGIN

该变量用于功能模块状态机的初始化操作。每当初始化以及复位后，该变量设为真。

类型：布尔型

couter

该变量是一个循环计数器，对 GATE 消息中的到达授权进行计数。

类型：整型

currentGrant

该变量用于处理期间本地存储等待的授权状态。GATE 处理功能模块动态设值该变量并且该变量不可见。授权状态是一个包含多个子域的结构体域。

类型：structure{

DA：48 比特无符号数，也就是 MAC 地址类型；

Start：32 比特无符号数；

Length：16 比特无符号数；

force_report：布尔；

discovery：布尔。

}

data_rx

该变量定义见 C.2.3.4。

data_tx

该变量定义见 C.2.3.4。

effectiveLength

该变量用于临时存储归一化的净时间(net time)。该变量保存授权净有效长度，该值用使用时间进行归一化处理，并用开启/关闭激光器以及等待接收器锁定时间进行补偿。

类型：32 比特无符号数

fecEnabled

该变量定义见 C.2.3.4。

GrantList

该变量用于存储等待授权的列表。GATE 处理功能模块动态设置该变量并且该变量不可见。一旦接收到授权就将其加入到列表中。列表的元素是包含多个子域的结构体域。该列表以每个元素的开始子域作为索引，从而可以加快搜索。

类型：列表中的元素使用 currentGrant 定义的结构体

insideDiscoveryWindow

该变量定义见 C.3.4.3。

maxDelay

该变量表示 ONU 在发送 REGISTER MPCPDU 前允许的最大时延。该时延的值应保证 ONU 有足够的时间来发送 REGISTER 消息和相应的开销(FEC 校验数据,帧结束序列等)以及在发现授权结束前关闭激光器。

类型:16 比特无符号数

nextGrant

该变量用于处理进程中在本地存储等待的授权状态。GATE 处理功能模块动态设置该变量并且该变量不可见。该变量的值为下一个即将被激活的授权。

类型:元素使用 currentGrant 定义的结构体

nextStopTime

该变量为相应于下一个结束时刻的 localTime 计数器的值。

类型:32 比特无符号数

registered

该变量定义见 C.3.5.3。

stopTime

该变量定义见 C.2.3.4。

syncTime

该变量定义见 C.3.5.3。

transmitAllowed

该变量定义见 C.2.3.4。

### C.3.7.4 函数

empty(list)

该函数用于检查列表是否为空。当列表中没有元素排队时,该函数返回 true。否则,返回 false。

InsertInorder(sorted_list,inserted_element)

该函数用于把某个元素插到已排序的列表中,并对插入后的列表进行排序。如果列表已满,那么该元素将被丢弃。列表的长度是变化的,它的最大值等于注册进程中给出的等待授权的最大个数。

IsBroadcast(grant)

该函数用于检查它所带的参数是否表示广播授权,即给多个 ONU 的授权。这取决于相应 GATE 消息的目的 MAC 地址。当 MAC 地址是全局分配的 MAC 控制地址时,该函数返回 true,否则返回 false。

PeekHead(sorted_list)

该函数用于检查已排序列表的内容。它返回列表头的元素,且不从列表中清除该元素。

Random(r)

该函数用于计算一个均匀分布于 0 和 r 之间的随机整数。该函数返回这个随机产生的整数。

RemoveHead(sorted_list)

该函数用于从已排序列表中清除头元素。该函数的返回值为被清除的元素。

TransmitFrame(DA,SA,Length/Type,data)

该函数定义见 C.2.3.5。

### C.3.7.5 定时器

gntStTmr

该定时器用于等待标识授权窗口开始的事件。

值:根据标识的授权开始时刻来动态设置定时器的值。

gntWinTmr

该定时器用于等待标识授权窗口结束的事件。

值:根据标识的授权长度来动态设置定时器的值。

gate_periodic_timer

要求 OLT 以小于 gate_timeout 的周期来产生 GATE MPCPDU。在 OLT 强制产生一个 GATE 消息前,该定时器对剩余的时间进行倒计时。

mpcp_timer

该定时器定义见 C.3.5.5。

mdDlyTmr

该定时器用于在发现窗口内测量随机时延。该时延用于在注册过程中事先减小发送重叠的概率,从而在 PON 中降低注册时间的期望值。

值:该随机值小于净发现窗口的大小减掉 REGISTER_REQ MPCPDU 帧大小,空闲周期和激光器的开启和关闭时延,前导大小和 IFG 大小。该定时器的值将根据客户端发来的参数动态设定。

### C.3.7.6 消息

MA_CONTROL.request(DA,GATE,grant_number,start[4],length[4],force_report[4])

该服务原语定义见 C.3.6.6。

MA_CONTROL.indication(GATE,start,length,force_report,discovery,status)

ONU 端的 GATE 进程使用该服务原语将某个授权正在等待的消息通知 MAC 控制客户端和上层。当包含多个授权的一个单独的 GATE 消息到达时,将多次调用该原语。当授权激活时,在每个授权的开始和结束时刻同样产生该原语。该原语使用以下参数:

——GATE:表 B.1 中定义的 GATE MPCPDU 操作码。

——start:授权的开始时刻。当状态位的值为非激活时,该参数不存在。

——length:授权的长度。当状态位的值为非激活时,该参数不存在。

——force_report:用于指示在该授权中是否发送 REPORT 消息的标志。当状态位的值为非激活时,该参数不存在。

——discovery:当授权用于发现进程时,该参数的值为 true,否则为 false。当状态位的值为非激活时,该参数不存在。

——status:该参数为接收授权进程中的 arrive 值,当授权激活时,该参数为激活(active),在授权结束时,该参数为非激活(deactive)。

——Opcode-specific function(opcodc)

从操作码相关的功能块中导出的函数,这些函数由相应的操作码所对应的 MAC 控制消息的到达而触发。

### C.3.7.7 状态图

OLT 端的 GATE 进程应该实现图 C.26 和图 C.27 所示的 GATE 处理状态图。ONU 端的 GATE 进程应该实现图 C.27 和图 C.28 所示的 GATE 处理状态图。所有的多点 MAC 控制实体应执行图 C.26、图 C.27 和图 C.28 所示的状态机实例。

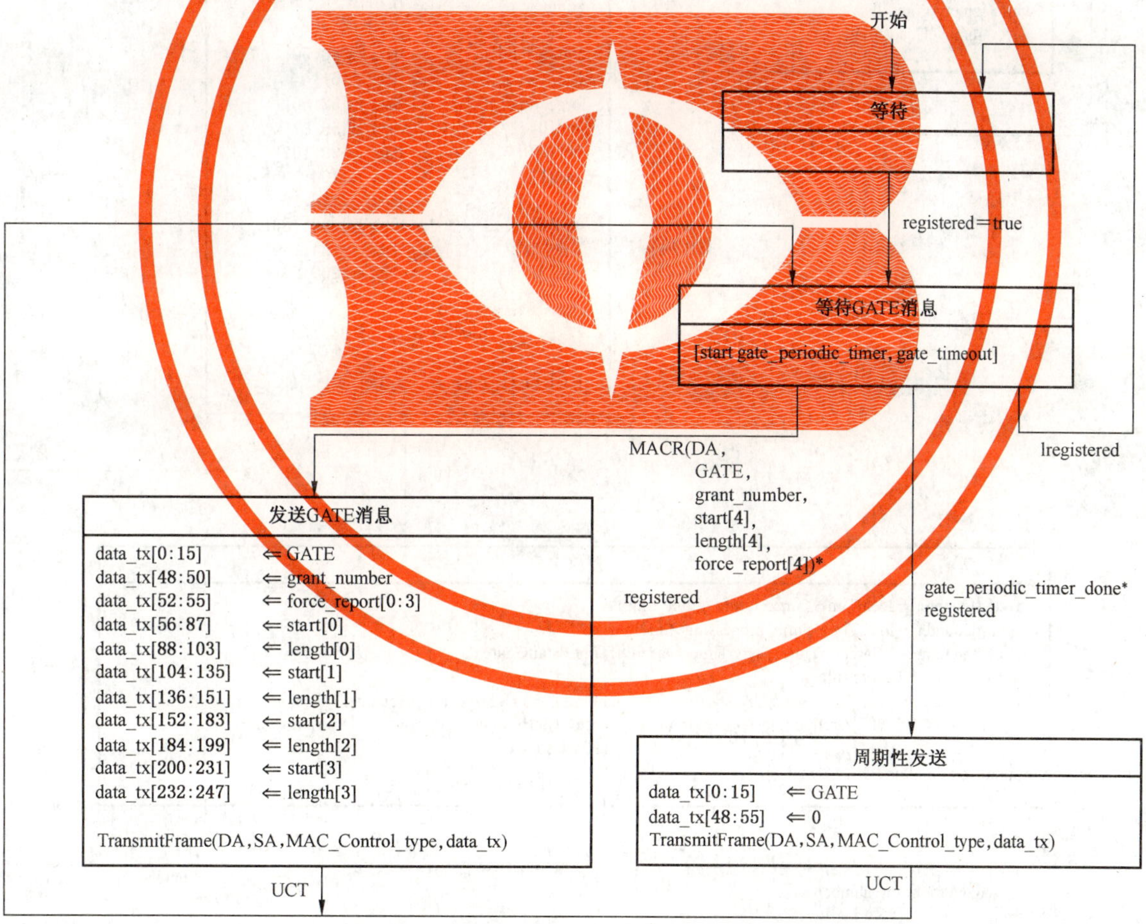


**图 C.26 OLT 端 GATE 处理流程状态图**

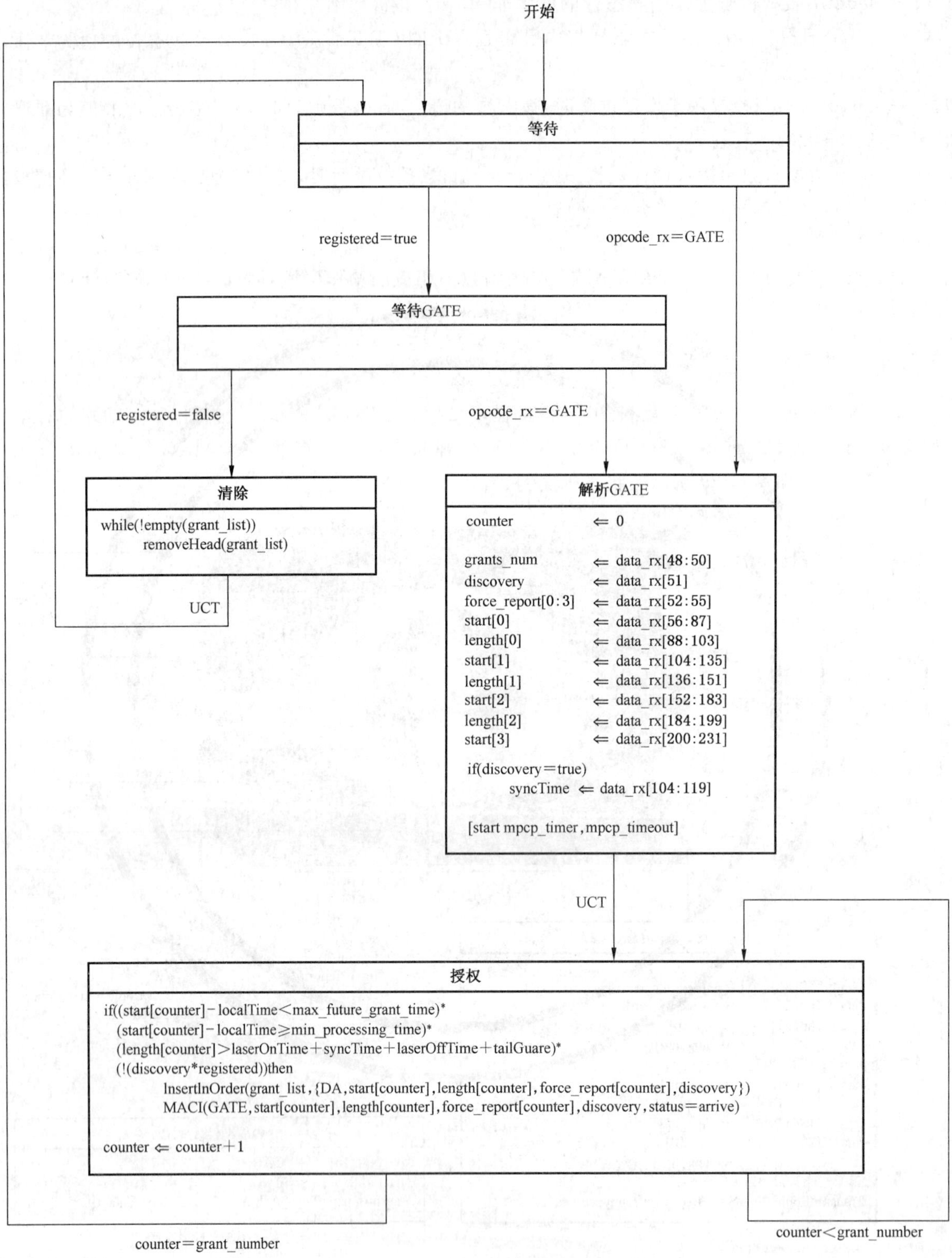


图 C.27 GATE 处理 ONU 编程状态图

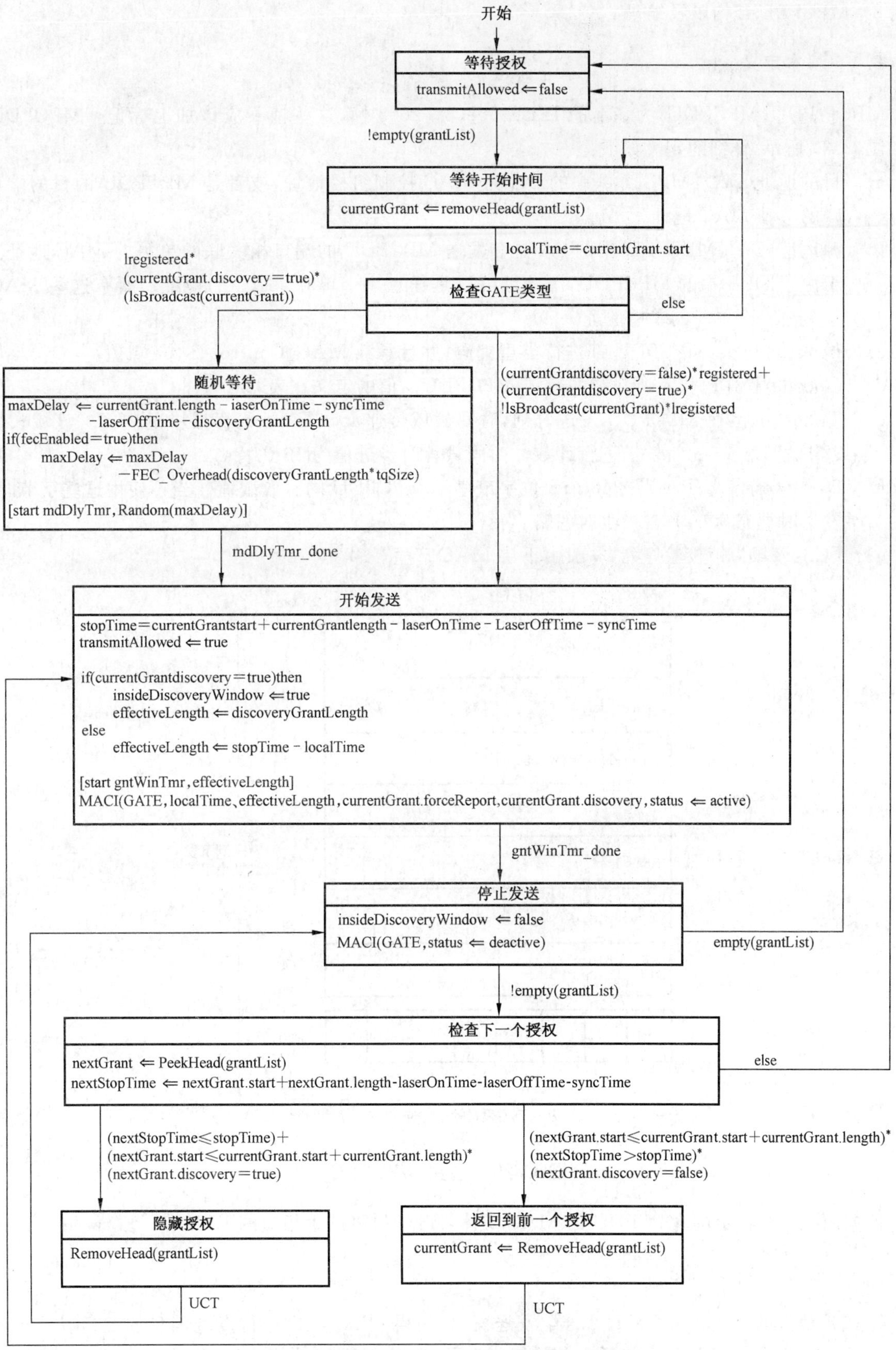


**图 C.28　GATE 处理 ONU 激活状态图**

### C.3.8 MPCPDU 结构以及编码

#### C.3.8.1 基本定义

MPCP PDU(MPCPDU)为基本的 IEEE 802.3—2008 帧,这些帧不应该加上标记。MPCPDU 结构如图 C.29 所示,详细的定义如下:

a) 目的地址(DA):MPCPDU 中的 DA 为 MAC 控制组播地址,或者是 MPCPDU 的目的端口关联的单独 MAC 地址。
b) 源地址(SA):MPCPDU 中的 SA 是和发送 MPCPDU 的端口相关联的单独的 MAC 地址。对于源于 OLT 端的 MPCPDU,源地址可以是任意一个单独 MAC 的地址。所有这些 MAC 可以共享一个单一的单播地址。
c) Length/Type:MPCPDU 都进行类型编码,并且承载 MAC_Control_Type 域值。
d) Opcode:操作码指示所封装的特定 MPCPDU。值的定义在表 C.1 中。
e) Timestamp:在 MPCPDU 发送时刻,时间戳域传递 localTime 寄存器中的内容。该域长度为 32 比特,对 16 比特发送进行计数。时间戳计时步进值为 16 比特。
f) Data/Reserved/PAD:这 40 个 8 位字节用于 MPCPDU 的有效载荷。当不使用这些字节时,在发送时填充为 0,并在接收时忽略。
g) FCS:该域为帧校验序列,一般由下层 MAC 产生。

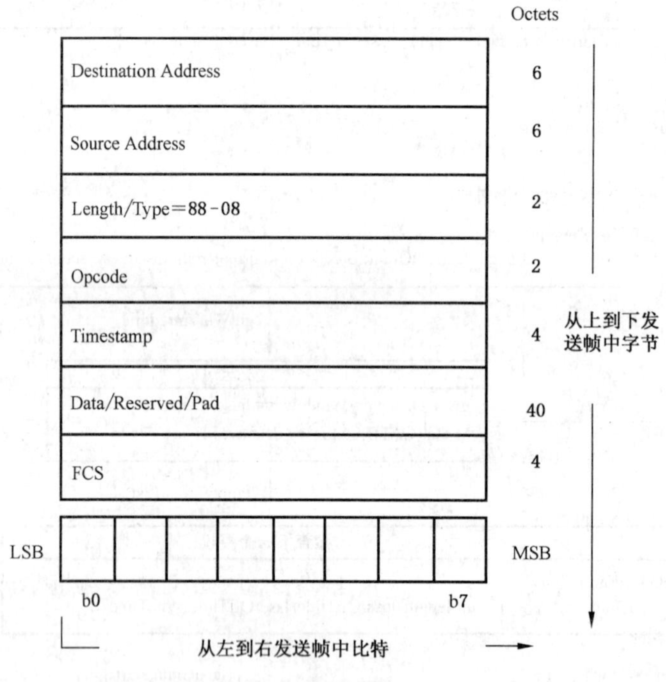


图 C.29 通用 MPCPDU

根据用于产生特定的 MPCPDU 的 MAC 实体,RS 子层将产生相应的 LLID。

#### C.3.8.2 选通(GATE)描述

GATE 消息的目的在于给 ONU 分配发送窗口,使得 ONU 可以进行发现消息的发送以及正常的数据发送。一个 GATE 消息可包括 4 个授权。为了将 GATE 消息作为 MPCP 从而使得 OLT 到 ONU 保持激活状态,授权的个数可以被设置为 0。

GATE MPCPDU 是通用 MPCPDU 的一个实例,如图 C.30 所示,进一步定义如下:

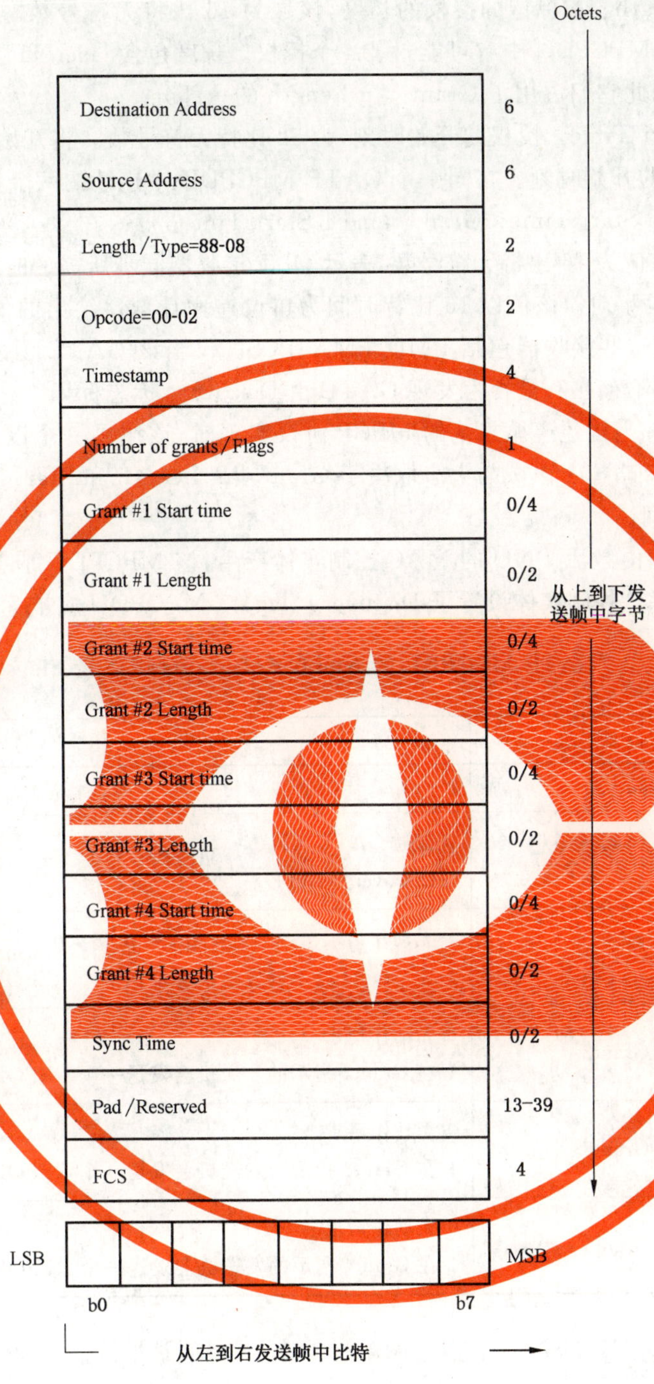


**图 C.30 GATE MPCPDU**

a) Opcode:GATE MPCPDU 的操作码是 00-02。

b) Flag:由一个 8 比特标志(Flag)寄存器保存下列标志,如表 C.2 所述。Number of grants 标志域包含授权的个数,授权由有效长度以及该 MPCPDU 中的开始时间组成。个数介于 0 到 4 之间。注意:当 Number of grants 设为 0 时,那么该消息的唯一目的就是向 ONU 传递时间戳。Discovery 标志域表明被标记的授权将用于发现进程,在这种情况下 GATE 消息将发布一个单一的授权。Force Report 标志域请求 ONU 发布 REPORT 消息,而该消息和 GATE

中标明的相应发送机会的授权序号对应。

c) Grant ＃n Length。被标记的授权的长度，该域为 16 比特无符号数。长度以 16 比特时间计数。在 GATE MPCPDU 中有可能封装 4 个授权。长度包含 laserOnTime、syncTime 以及 laserOffTime，因此它们占用了 Grant ＃n Length 的一部分。

d) Grant ＃n Start Time。授权的开始时刻，为 32 比特无符号数。将开始时刻和本地时钟比较，从而校正授权的开始时刻。在同一个 GATE MPCPDU 中连续的两个授权的发送值应该满足条件 Grant ＃n Start Time＜Grant ＃n＋1 Start Time。

e) Sync Time。该值为 16 比特无符号数，表示 OLT 接收器同步所需的时间。在同步期间，ONU 将发送 IDLE 码字对。该值以 16 比特时间为单位递增计数。给出的值包括所有接收器同步所需的时间，而这些接收器包括 PMD、PMA、PCS。仅当该 GATE 为发现 GATE 时，该域才存在，否则该域不存在。是否为发现 GATE 由 Discovery 标志标识。

f) Pad/Reserved。当构建遵循规范的 MPCP 协议实现时，该域是一个以比特 0 填充的空域，在接收的时候被忽略掉。该域的大小取决于 Grant ＃n Length 和 Start Time，因此长度大小介于 13 和 39 之间。

GATE MPCPDU 应由激活 ONU 的 MAC 控制实体产生，该 MPCPDU 应被标记为 LLID 的单播类型。而当 ONU 的 MAC 控制实体设置了 Discovery flag，该 MPCPDU 应被标记为广播 LLID。

**表 C.2 GATE MPCPDU 的 Number of grants 域以及 Flags 域**

| 比特 | Flag 域 | 值 |
|---|---|---|
| 0～2 | Number of grants | 0～4 |
| 3 | Discovery | 0-普通 GATE<br>1-Discovery GATE |
| 4 | Force Report Grant1 | 0-无动作请求<br>1-在 Grant1 指示的发送机会发送一个 REPORT 帧 |
| 5 | Force Report Grant2 | 0-无动作请求<br>1-在 Grant2 指示的发送机会发送一个 REPORT 帧 |
| 6 | Force Report Grant3 | 0-无动作请求<br>1-在 Grant3 指示的发送机会发送一个 REPORT 帧 |
| 7 | Force Report Grant4 | 0-无动作请求<br>1-在 Grant4 指示的发送机会发送一个 REPORT 帧 |

### C.3.8.3 REPORT 消息描述

报告(REPORT)消息有几个功能。每个报告消息中的时间戳用于计算 RTT。ONU 在每个报告消息中指明针对 IEEE 802.1Q—2005 规定的每个优先级队列所需的上行带宽。同时报告消息用于保持 ONU 到 OLT 的激活状态。为了保持 OLT 端的链路如 B.3.4 节所规定，ONU 将周期性地发布报告消息。此外，OLT 可以明确地请求一个报告消息。

报告 MPCPDU 是通用 MPCPDU 的一个实例，如图 C.31 所示，具体定义如下：

a) 操作码(Opcode)。报告 MPCPDU 的操作码是 00-03。

b) 队列的数量(Number of Queue Sets)。该域具体说明报告消息中请求队列的个数。报告帧可以包括在 Number of Queue Sets 域中声明的第 n 个队列(Queue ＃n)和报告位图(Report bitmap)组成的多个集合。

c) 报告位图(Report bitmap)。这是一个 8 比特标志寄存器,指明哪些队列在 Report MPCPDU 中,如表 C.3 所示。

d) Queue ♯n Report。该值表示在报告消息产生时刻队列 n 的长度。根据必要的帧间隔以及 FEC(如果 FEC 使能)校验数据开销可适当调整该长度。该域为 16 比特无符号整数,以时间量子(time_quantum)为单位。仅当报告位图的相应标志设置时,该域才有效。

e) Pad/Reserved。当构建遵循规范的 MPCP 协议实现时,这是一个比特 0 填充的空域,并且在接收的时候忽略掉。该域的大小取决于已使用的队列报告的条目数,因此长度大小介于 0 和 39 之间。

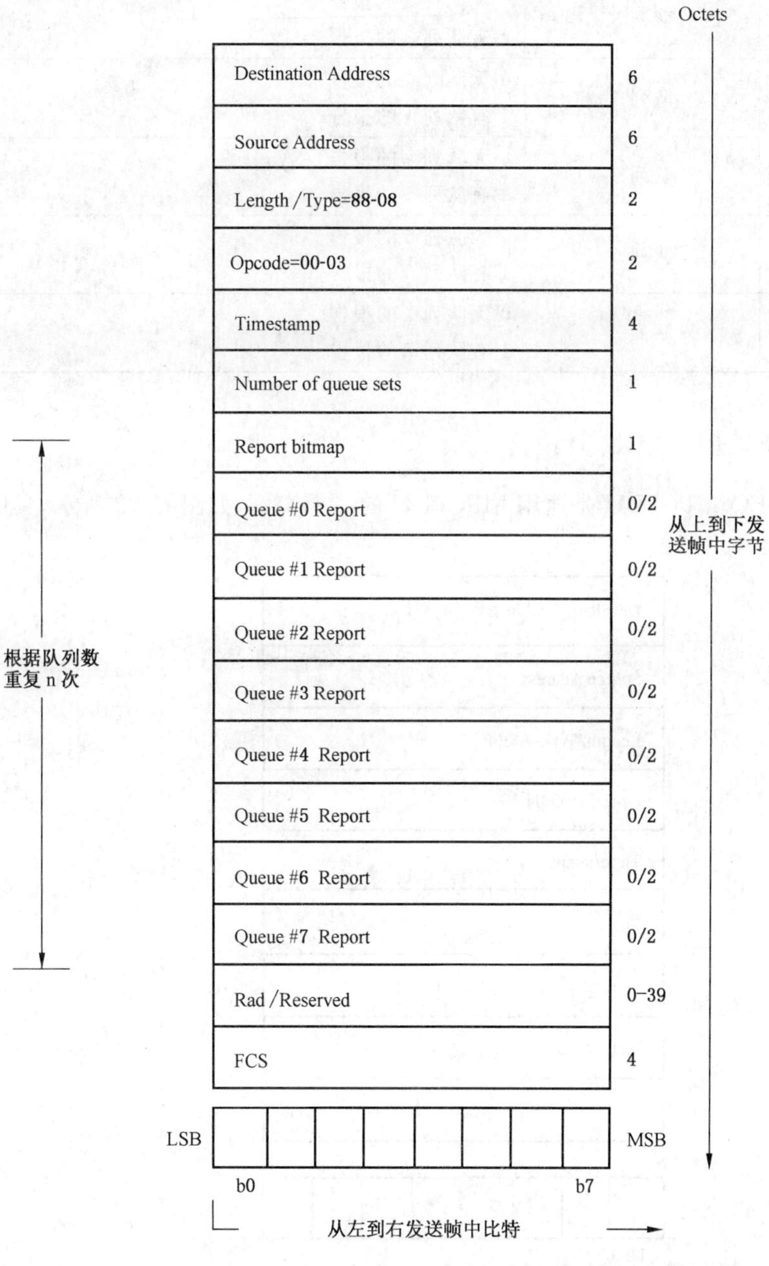


图 C.31 REPORT MPCPDU

REPORT MPCPDU 由某个激活的 ONU 的 MAC 控制实体产生。该 MPCPDU 被标记为单播类型的 LLID。

表 C.3　REPORT MPCPDU 的 Report bitmap 域

| 比特 | Flag 域 | 值 |
|---|---|---|
| 0 | 队列 0 | 0-无队列 0 的报告<br>1-有队列 0 的报告 |
| 1 | 队列 1 | 0-无队列 1 的报告<br>1-有队列 1 的报告 |
| 2 | 队列 2 | 0-无队列 2 的报告<br>1-有队列 2 的报告 |
| 3 | 队列 3 | 0-无队列 3 的报告<br>1-有队列 3 的报告 |
| 4 | 队列 4 | 0-无队列 4 的报告<br>1-有队列 4 的报告 |
| 5 | 队列 5 | 0-无队列 5 的报告<br>1-有队列 5 的报告 |
| 6 | 队列 6 | 0-无队列 6 的报告<br>1-有队列 6 的报告 |
| 7 | 队列 7 | 0-无队列 7 的报告<br>1-有队列 7 的报告 |

### C.3.8.4　REGISTER_REQ 描述

REGISTER_REQ MPCPDU 是通用 MPCPDU 的一个实例，如图 C.32 所示，具体定义如下：

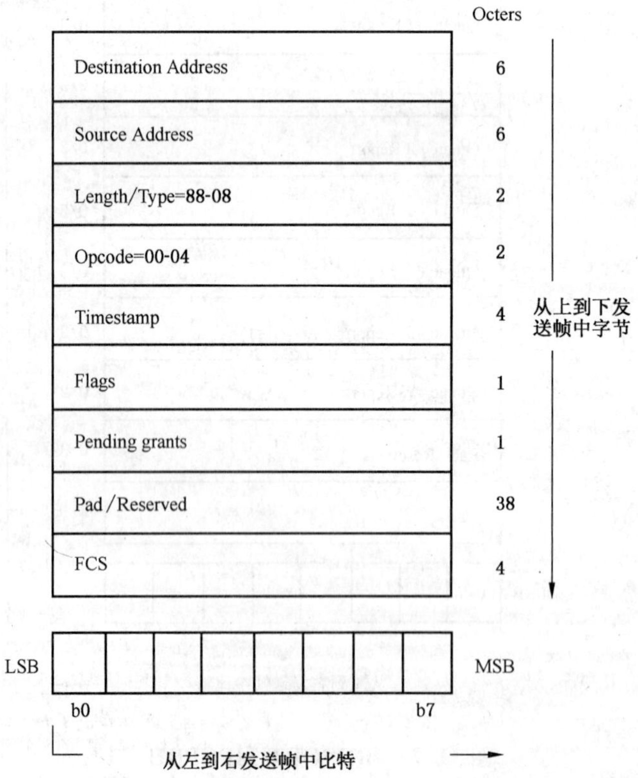


图 C.32　REGISTER_REQ MPCPDU

a) Opcode。报告 REGISTER_REQ 的操作码是 00-04。

b) Flags。这是一个 8 比特的标志寄存器,用以说明注册的具体要求,如表 C.4 所示。

c) Pending grants。这是一个 8 比特无符号值,表明 ONU 被配置成可以缓存即将到达授权的最大数目。OLT 不应该将多于该数目的授权赋予 ONU。等待授权的向量为{start,length,force_report,discovery}。

d) Pad/Reserved。当构建遵循规范的 MPCP 协议实现时,这是一个以比特 0 填充的空域,并且在接收的时候被忽略掉。

**表 C.4 REGISTER_REQ MPCPDU 的标志域**

| 值 | 指示 | 描　　述 |
|---|---|---|
| 0 | 保留 | 接收时忽略 |
| 1 | Register | ONU 注册尝试 |
| 2 | 保留 | 接收时忽略 |
| 3 | Deregister | ONU 的重注册请求。相应地,解除分配的 MAC 并重新使用 LLID |
| 4～255 | 保留 | 接收时忽略 |

REGISTER_REQ MPCPDU 由某个未发现 ONU 的 MAC 控制实体产生。该 MPCPDU 被标记为广播类型的 LLID。

### C.3.8.5 REGISTER 描述

REGISTER MPCPDU 是通用 MPCPDU 的一个实例,如图 C.33 所示,具体定义如下:

a) DA。目的地址应该是单独的 MAC 地址。

b) Opcode。用于 REGISTER MPCPDU 的操作码是 00-05。

c) Assigned Port。该域为 16 比特无符号的值,它反映注册后指配端口的 LLID。

d) Flags。这是一个 8 比特的标志寄存器,表示注册的特定需求,如表 C.5 所示。

e) Sync Time。该域为 16 比特无符号数,表明 OLT 接收器同步所需的时间。在同步期间 ONU 仅发送 IDLE 码字对,以 16 比特时间增量对该值进行计数。给出的值包括所有接收器的同步要求,其中包括 PMD、PMA 以及 PCS。

f) Echoed pending grants。该域为 8 比特无符号数,表明 ONU 在激活前可以缓存的即将到达授权的个数。OLT 不赋予 ONU 多于该个数的授权。

g) Pad/Reserved。当构建遵循规范的 MPCP 协议实现时,这是一个以比特 0 填充的空域,并且在接收的时候被忽略掉。

**表 C.5 REGISTER MPCPDU 的标志域**

| 值 | 指示 | 描　　述 |
|---|---|---|
| 0 | 保留 | 接收时忽略 |
| 1 | Register | 要求 ONU 进行重注册 |
| 2 | Deregister | 请求解除端口分配并释放 LLID,相应地也要解除 MAC 分配 |
| 3 | Ack | 请求重注册成功 |
| 4 | Nack | 高层实体否定重注册请求 |
| 5～255 | 保留 | 接收时忽略 |

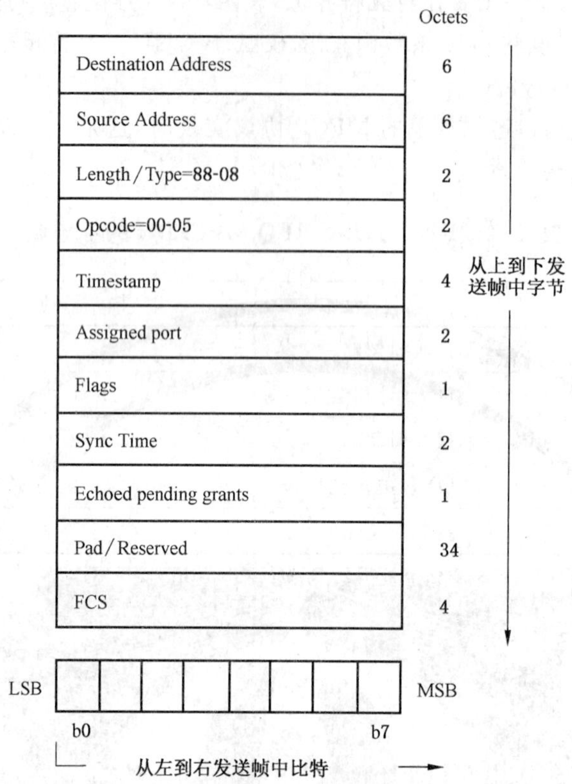


**图 C.33　REGISTER MPCPDU**

REGISTER MPCPDU 由对应于所有 ONU 的 MAC 控制实体产生，并被标记为广播 LLID。

### C.3.8.6　REGISTER_ACK 描述

REGISTER_ACK 是通用 MPCPDU 的一个实例，如图 C.34 所示，具体定义如下：

a) Opcode。用于 REGISTER_ACK MPCPDU 的操作码是 00-06。

b) Flags。这是一个 8 比特的标志寄存器，声明注册的特定需求，如表 C.6 所示。

c) Echoed assigned port。该域为 16 比特无符号数，它反映注册后指配端口的 LLID。

d) Echoed Sync Time。这是一个 16 比特无符号数，响应先前所通告的 OLT 接收器所需同步时间。

e) Pad/Reserved。当构建遵循规范的 MPCP 协议实现时，这是一个以比特 0 填充的空域，在接收的时候被忽略掉。

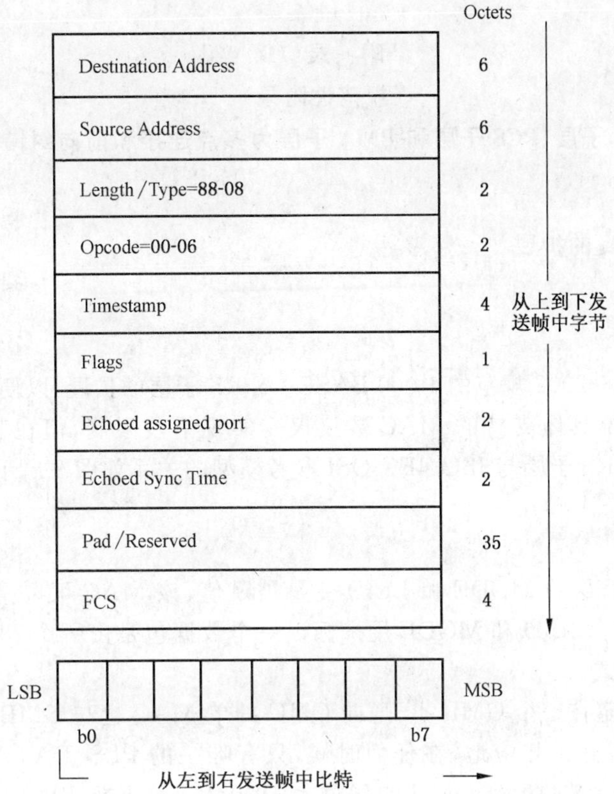


图 C.34 REGISTER_ACK MPCPDU

表 C.6 REGISTER_ACK MPCPDU 的标志域

| 值 | 指示 | 描述 |
|---|---|---|
| 0 | Nack | 上层实体否定请求的重注册尝试 |
| 1 | Ack | 重注册进程成功确认 |
| 2～255 | 保留 | 接收时应忽略 |

REGISTER_ACK MPCPDU 由对应于某个激活的 ONU 的 MAC 控制实体产生，该 MPCPDU 被标记为单播类型的 LLID。

# 附 录 D
## （规范性附录）
## 1000BASE-X 的 RS 子层、PCS 子层和 PMA 子层为多点连接和前向纠错功能所做的扩展

### D.1 RS 子层对点到点仿真的扩展

#### D.1.1 概述

本节是对 IEEE 802.3—2008 规范的 1 000 BASE-LX RS 子层的扩展，以便多种数据链路层能够使用统一的物理层接口。系统具体支持的 MAC 数仅仅受实现手段限制，但在某一时刻只能有唯一的 MAC 能与 RS 子层连接。RS 子层与 ISO/IEC OSI 参考模型的关系如图 2 所示。

#### D.1.2 实现原理

注册过程完成后，MAC 层的 MODE 和 LLID 变量被赋值，该 MAC 可以是 OLT 多个 MAC 中的一个或 ONU 的唯一 MAC。LLID 和 MODE 用来标识一个数据包是由哪个 MAC 发送和接收。OLT 的 PCS 工作模式为单向模式。

OLT 的多点 MAC 绑定在一个 GMII 上，通向 ONU 的单 MAC 也与 GMII 绑定，MPCP 保证任一时刻只有一个 MAC 进行发送。相应地，在任何时候，只有唯一的 PLS_DATA. request 原语被激活。激活的 PLS_DATA. request 被映射到 GMII 的 TXD<7：0>、TX_EN、TX_ER 和 GTX_CLK。RS 层用发送的 MAC MODE 和 LLID 变量值代替 GMII 中的前导码。

在接收侧，前导码中的 MODE 和 LLID 值，通过 RS 层完成到 GMII 信号的解映射后，来完成对 MAC 帧的目的地址的识别，而后根据 GMII 的 RXD<7：0>、RX_ER、RX_CLK 和 RX_DV，给出正确的 PLS_DATA. indicate 和 PLS_DATA_VALID. indication 原语信号。

#### D.1.3 功能描述

##### D.1.3.1 概述

下面的变量提供了 MODE 和 LLID 与多点 MAC 之间的映射关系，这个映射只存在于 OLT 中，ONU 并不需要，根据这个映射关系可实现前导码与 MODE 和 LLID 域之间的转换，从而完成 MAC 帧的正确传送。

##### D.1.3.2 变量

enable
类型：Boolean
说明：这一变量在 ONU 始终为真，在 OLT 中，定义如下：
——TURE：当 MAC 已经被指派了 MODE 和 LLID 值后，表示此时 MAC 已经可以接收数据帧了。
——FALSE：当 MAC 不可用时。

mode
变量定义：1bit
说明：这一变量在 ONU MAC 中始终为 0，在 OLT MAC 中，可为 1 或 0，定义如下：
——当 LLID 用来表示一个单拷贝广播或是组播通路时，置为 1；
——在表示单播数据时，置为 0。

Logical_link_id

变量定义：15bit

说明：这一变量值为 0x7FFF 时，表示对未注册 ONU MAC 的广播帧，对于注册后的 ONU MAC 可以用 0x7FFF 之外的其他值。

#### D.1.3.3 发送

##### D.1.3.3.1 基本描述

扩展后的 RS 子层数据的前导码由以下部分构成：SLD（LLID 定界符）、LLID 和 CRC8。SLD 用来定界 LLID 和 CRC8，LLID 域识别源 MAC 或目的 MAC。CRC8 用于校验。具体定义见表 D.1。

**表 D.1 前导码/SFD 替换映射表**

| 偏移量 | 数据域 | 原前导码/SFD | 替换后的前导码/SFD |
|---|---|---|---|
| 1 | — | 0x55 | 相同 |
| 2 | — | 0x55 | 相同 |
| 3 | SLD | 0x55 | 0xd5 |
| 4 | — | 0x55 | 相同 |
| 5 | — | 0x55 | 相同 |
| 6 | LLID[15：8] | 0x55 | ＜mode,logical_link_id[14：8]＞[a] |
| 7 | LLID[7：0] | 0x55 | ＜logical_link_id[7：0]＞[b] |
| 8 | CRC8 | 0xd5 | 计算从 3 到 7 字节之间数据的 CRC |

[a] mode 映射到 TXD[7]，logical_link_id[14]映射到 TXD[6]，logical_link_id[8]映射到 TXD[0]。

[b] logical_link_id[7]映射到 TXD[7]，logical_link_id[0]映射到 TXD[0]。

##### D.1.3.3.2 SLD

SLD 域长度为一个字节，用于替代前导码的第三个字节数据。

1000BASE-X PCS 发送功能用/S/码组替换前导码第一个字节，或者丢弃第一个字节并用/S/码组替换前导码第二个字节，这取决于 PCS 发送状态图的奇偶对齐的需要。而 1000BASE-X PCS 接收功能将/S/码组还原成前导码。从前导码第三个字节开始，码流不经过调制直接在 1000BASE-X 物理层透明传送。

##### D.1.3.3.3 LLID

LLID 域长度为两个字节，在发送时代替前导码的最后两个字节。LLID 域由 MODE 和 logical_link_id 联合构成。

##### D.1.3.3.4 CRC8

CRC8 域是一个 8 位循环冗余码，用于对 SLD 和 LLID 域进行校验，其生成多项式是：

$G(x) = x^8 + x^2 + x + 1$

寄存器实现如图 D.1 所示。

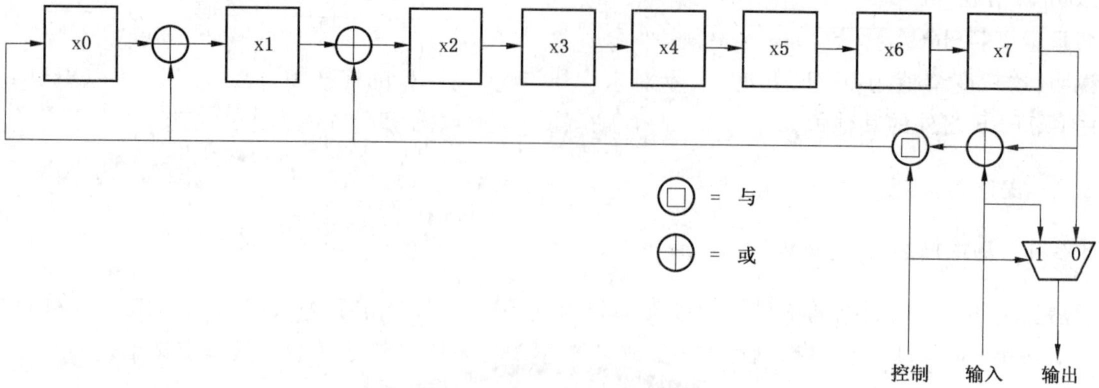


注：当移动修改后的前导码或进行 CRC 计算时，控制信号为 1；当发送 CRC8 域时控制信号为 0。

**图 D.1 CRC8 生成器**

### D.1.3.4 接收功能

#### D.1.3.4.1 基本描述

扩展 RS 的接收功能如下：

a) 定位 SLD 域；

b) 根据 SLD 域位置，定位 CRC8 域并进行接收数据校验；

c) 根据 SLD 域位置，定位 LLID 域且解析出目的 MAC；

d) 如果数据包不因 CRC 校验错或 LLID 未知而被丢弃，则以正常的前导码代替 SLD 和 LLID 域并传送数据包到目的 MAC；

e) 否则，丢弃整个数据包，用正常的插入帧替换。

前导码/SFD 的替换映射关系见表 D.2。

**表 D.2 前导码/SFD 的替换映射表**

| 信号 | 通过 GMII[a] 接收到的位组比特值 | | | | | | | | | |
|---|---|---|---|---|---|---|---|---|---|---|
| RXD0 | X | 1[b] | 1 | 1[c] | 1 | 1 | logical_link_id[8][d] | logical_link_id[0][e] | X7[f] | D0[g] |
| RXD1 | X | 0 | 0 | 0 | 0 | 0 | logical_link_id[9] | logical_link_id[1] | X6 | D1 |
| RXD2 | X | 1 | 1 | 1 | 1 | 1 | logical_link_id[10] | logical_link_id[2] | X5 | D2 |
| RXD3 | X | 0 | 0 | 0 | 0 | 0 | logical_link_id[11] | logical_link_id[3] | X4 | D3 |
| RXD4 | X | 1 | 1 | 1 | 1 | 1 | logical_link_id[12] | logical_link_id[4] | X3 | D4 |
| RXD5 | X | 0 | 0 | 0 | 0 | 0 | logical_link_id[13] | logical_link_id[5] | X2 | D5 |
| RXD6 | X | 1 | 1 | 1 | 1 | 1 | logical_link_id[14] | logical_link_id[6] | X1 | D6 |
| RXD7 | X | 0 | 0 | 1 | 0 | 0 | mode | logical_link_id[7] | X0 | D7 |
| RX_DV | 0 | 1 | 1 | 1 | 1 | 1 | 1 | 1 | 1 | 1 |

[a] 最左边的字节最先接收。

[b] 该字节有可能在 1000BASE-X PCS 发送时被忽略。

[c] SLD 域。

[d] LLID 的第一个字节。

[e] LLID 的第二个字节。

[f] CRC8 域。

[g] D0 到 D7 是 PDU 的第一个字节(目的地址的第一个字节)。

#### D.1.3.4.2 SLD

1000BASE-X 发送时应保证 Start_of_Packet 定界符偶对齐，发送时可能以/S/码组代替前导码第一个字节并且透传第二个字节，也可能忽略第一个字节而以/S/码组代替前导码的第二个字节。在第三字节中发送 SLD。

解析码流中的 SLD 只有以下两种可能操作：如果没有发现 SLD 域则丢弃数据包，如果检测到并定位 SLD，则 SLD 将被正常前导码替代，并透传前面的字节及随后的两个字节。

#### D.1.3.4.3 LLID

在 SLD 域之后的第三和第四个字节是 LLID 域，包含 MODE 和 logical_link_id 值，OLT 和 ONU 对其取值不同。

如果是 OLT 设备，需要进行以下比较：

——接收到的 MODE 位被忽略；

——如果接收到的 logical_link_id 是 0x7FFF，且 ONU MAC 已被激活并具有有效 logical_link_id 值，则认为 MAC 匹配；

——如果接收的 logical_link_id 值是 0x7FFF 之外的任何值，且接收 MODE 值为 0，并且 ONU MAC 已被激活，则对接收到的 logical_link_id 进行匹配，如果匹配成功，则标识 MAC 数据有效。

对于 ONU 装置，需进行以下比较：

——如果接收到的 MODE 值为 0，且接收的 logical_link_id 与自己的 logical_link_id 相同，则匹配成功；

——如果接收到的 MODE 值是 1，而且接收到的 logical_link_id 值不同于自己的 logical_link_id 分配值，或者接收到的 logical_link_id 为 0x7FFF，则认为匹配成功。

如果匹配不成功，那么数据包在 RS 层将被丢弃。如果匹配成功，那么数据包将被传送，如果数据包被转送，那么 LLID 域的两个字节将被替换为正常的前导码。

#### D.1.3.4.4 CRC8

在 LLID 域之后的字节是 CRC8 域。用于对从 SLD 域到 LLID 域之间的数据流进行校验，如果出现 CRC 校验错，数据包将被丢弃。如果校验正确，数据包将被转送，转送时 CRC8 域将以 SFD 代替。

## D.2 PCS 子层对数据监测和前向纠错的扩展

### D.2.1 概述

本节是对 IEEE 802.3—2008 定义的 1000BASE-LX PCS 层的扩展，以支持在点对多点物理介质中的突发模式操作。本节也描述了一个可选择的前向纠错机制，用于提高光连接可靠性和传输距离。1000BASE-X 设备可使用自协商机制进行连接，但在 1000BASE-PX 的 P2MP 网络中，禁止使用自协商协议。

### D.2.2 突发模式操作

#### D.2.2.1 概述

为了避免近端 ONU 的发射噪声造成远端 ONU 的信号衰减，ONU 的激光器在信号发送间隔应能够关闭。为了控制激光器，PCS 应进行扩展以便能根据信号状态产生 PMD_SIGNAL.request(tx_enable)信号,在正确的时刻开/关激光器。图 D.2 描述了这一有信号监测功能的实现原理。

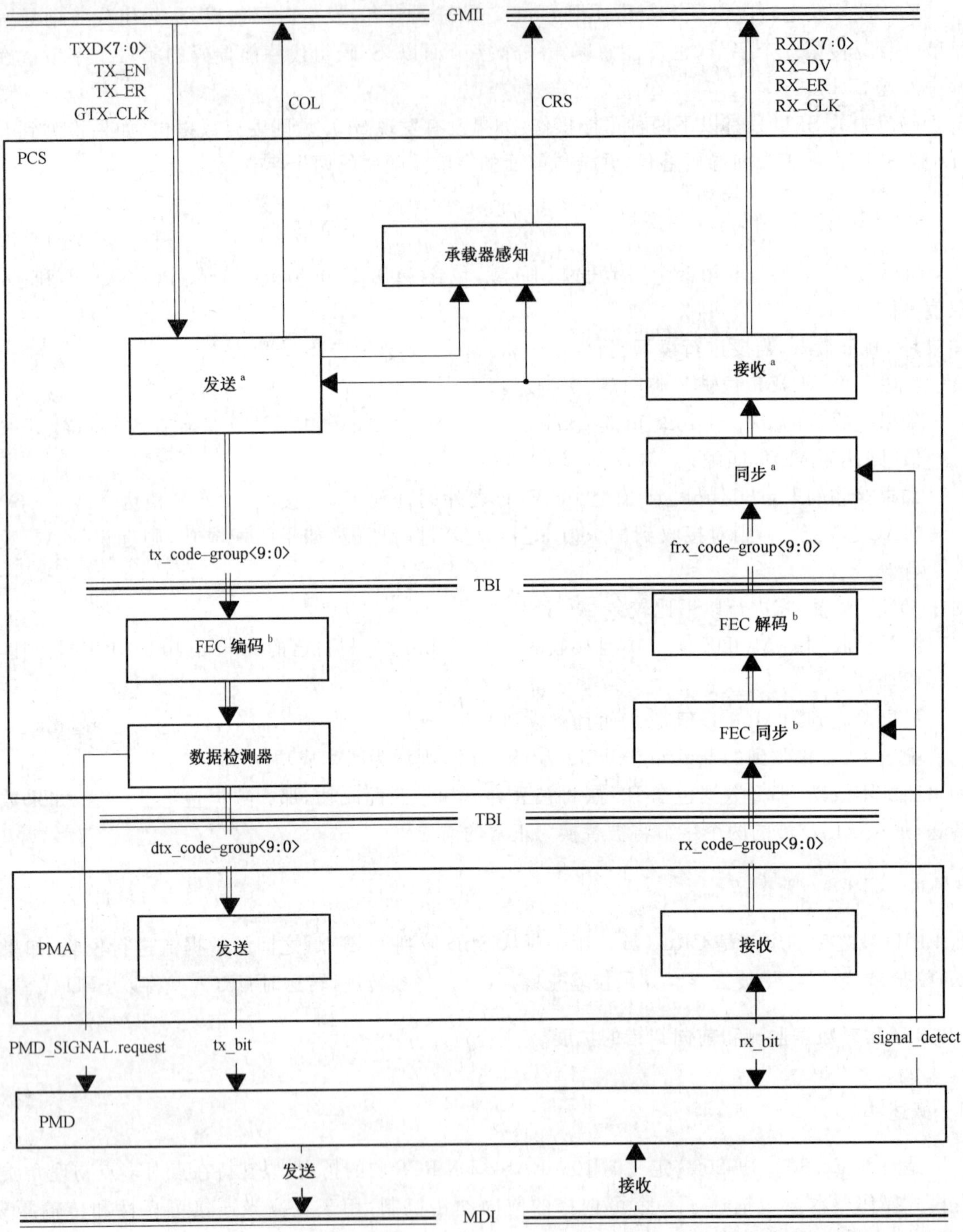


[a] 传统的 1000Base-X 功能。

[b] FEC 功能。

图 D.2 PCS 扩展功能框图

#### D.2.2.2 操作原则

数据检测器使用一个延迟队列(FIFO 缓冲器)来缓存要发送的码组。FIFO 缓冲器的长度应能够使 PMA 有足够的时间去打开激光器并发送预定数目的 idle 字符。一定量的 idle 字符用于接收器调整接收增益($T_{receiver\_settling}$)、同步接收时钟($T_{cdr}$)并完成同步流程($T_{sync}$)。

在初始化时,FIFO 缓冲器用/I/填充而且关闭激光器。当第一个非/I/码组到达时,数据监测器置 PMD_SIGNAL. request(tx_enable)信号为 ON,并通知 PMD 子层打开激光器,如图 C.2 所示。

当缓冲区数据清空时(例如,仅包含/I/序列),数据监测器将置 PMD_SIGNAL. request(tx_enable)为 OFF,并通知 PMD 子层把激光器关掉。在数据包发送间隔,/I/或/R/字节序列将送入缓冲区。如果这些/I/或/R/序列不足以填满缓冲区,则激光器不会被关闭。

图 D.3 显示了填充缓冲器和产生 laser_control 之间的关系。因为 OLT 的激光器一直处于打开状态,所以 OLT 的数据监测器不需要缓冲数据。

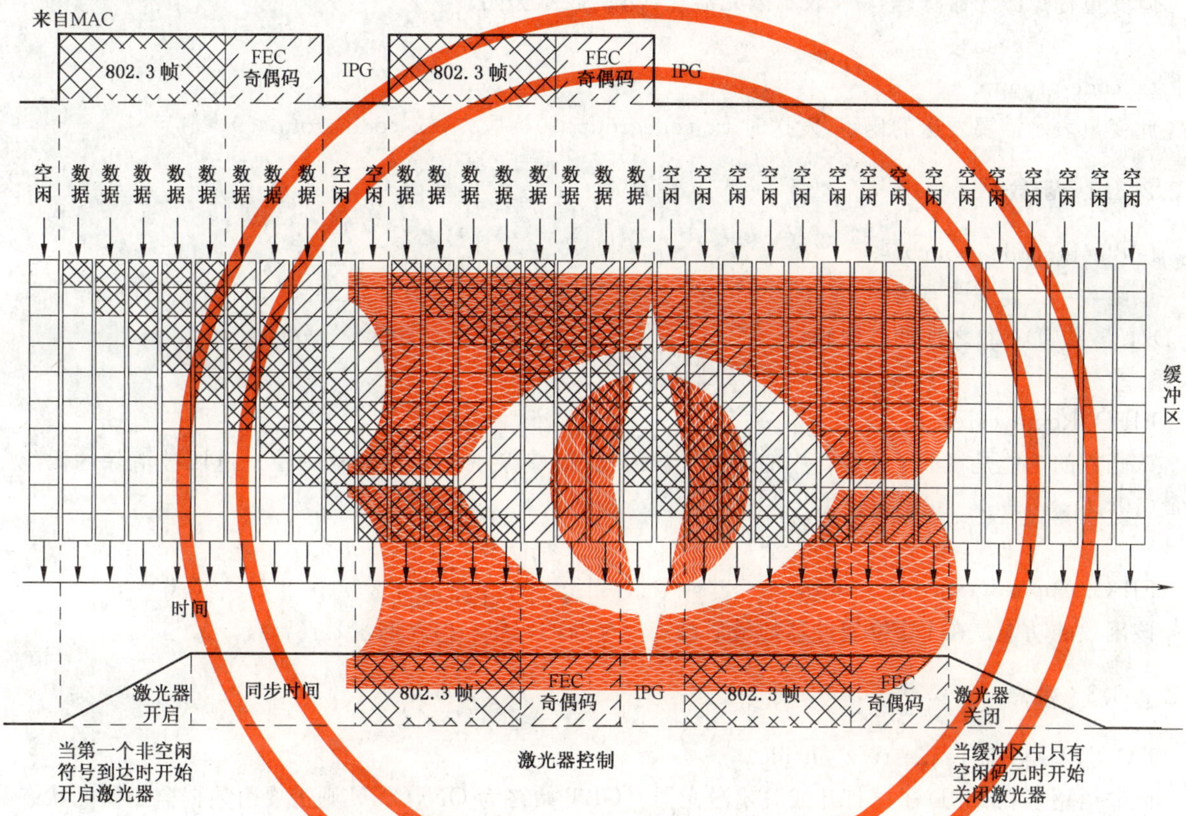


**图 D.3 激光器控制与缓冲区数据关系图**

### D.2.2.3 详细的功能和流程图

本节主要描述功能实现,包括变量、常数和功能定义。表中的变量没有特别说明的,均为缺省值。

#### D.2.2.3.1 变量

BEGIN
类型:Boolean
用法:此变量用于初始化,在初始化或复位时置位为 true。

DelayBound
类型:16bit 无符号数
默认值:00～6A (106 个码组＝ 848 ns)

用法:用于标识激光器的稳定时间,此变量仅在 ONU 使用。

默认值根据 laserOnTime 和 SyncTime 来确定。

dtx_code-group

一个 10bit 向量组构成一个码组,数据检测器将其作为 PMA_UNITDATA. request(dtx_code-group)的参量发送到 PMA。数据流发送时 dtx_code-group＜0＞居先,dtx_code-group＜9＞最后。

laser_control

类型:boolean

此变量标识激光器状态,ON 表示激光器开,OFF 表示关闭。

tx_code-group

此变量表示需要发送的码组,发送时 tx_codegroup＜0＞居先,tx_code-group＜9＞最后。

**D.2.2.3.2 函数**

IsIdle(tx_code-group)

该函数用设定发送码组类型,tx_code-group 类型可以是/T/、/R/、/K28.5/,或者在/K28.5/后除了/D21.5/或/D2.2/之外的其他码组。

FIFO. RemoveHead()

该函数的功能是将 FIFO 缓存中的第一个码组清除,剩余的码组均前移一位。返回被清除的码组向量(10bit)。

FIFO. Append(tx_code_group)

该函数的功能是在 FIFO 缓冲器的最后添加一个新的码组(10bit 向量)。

**D.2.2.3.3 消息**

PMD_SIGNAL. request(tx_enable)

此原语用于在 PMD 子层打开或关闭激光器。OLT 始终为 ON,ONU 则需要由数据监测器的状态确定其值(见图 D.4)。

PUDR

PMA_UNITDATA. request(tx_code-group＜9：0＞)的简称。

**D.2.2.3.4 计数器**

IdleLength

该计数器计算连续插入的 idle 字符的数目,以最近的 tx_code-group 结尾。如果最近一个 tx_code-group 表征的是非填充字符,则 IdleLength 复位为 0。

类型:32bit 无符号数

**D.2.2.4 流程图**

ONU 的数据解码实现流程见图 D.4,图中状态描述见 D.2.2.3。

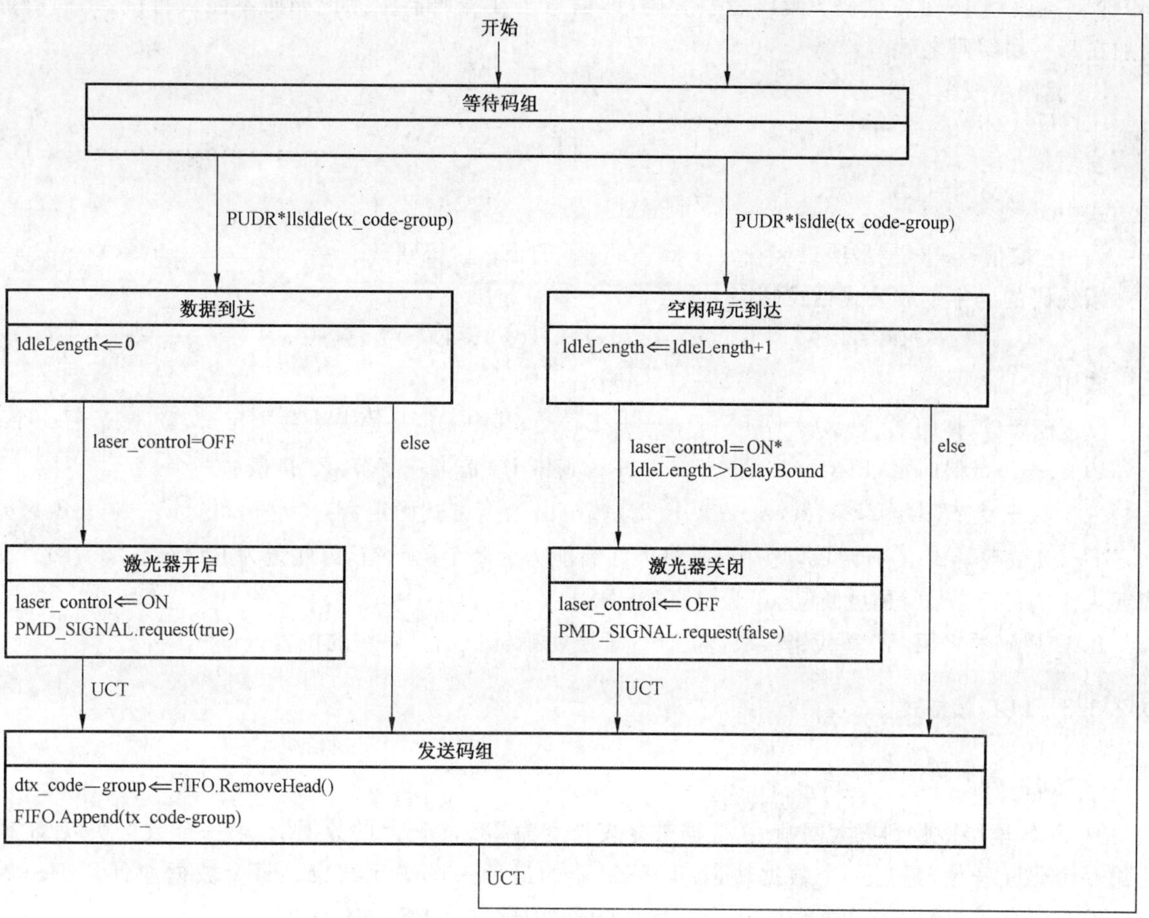


**图 D.4　ONU 数据解码流程图**

### D.2.3　前向纠错(可选)

#### D.2.3.1　概述

前向纠错码(FEC)是经过二进制运算后(例如用 Galois 算法)附加在以太网数据包后面的一组数据,附加的纠错码(如 FEC 奇偶码)用于在接收侧进行数据校验和纠错。

FEC 包括三部分功能:FEC 编码,FEC 解码,FEC 同步,如图 D.2 所示。如果不需要 FEC,图 D.2 中的 TBI 之间模块可以省略。虽然 FEC 功能是可选的,但在多点光链路中的实现还是要遵循本节的规定。

FEC 具有以下基本特性:

——保证帧格式符合 1000BASE-X PCS;

——支持功能可选;

——向后兼容 1000BASE-X 设备;

——支持 PCS 子层 $10^{-12}$ 误码特性;

——支持 FEC 子层 $10^{-4}$ 误码特性。

#### D.2.3.2　FEC 编码

FEC 编码的规范、属性和技术性能应满足 ITU-T G.975 的规范。

FEC 编码使用的线性循环分组码是基于 $GF(2^8)$ 的 Reed-Solomon 码(255,239,8),这种编码包含

239 个信息码和 16 个奇偶码。编码是系统码，即信息码在编码器中无论如何不能被打乱，奇偶码分别附加在每一块编码之后。

RS 编码生成多项式见式(D.1)：

$$G(x)=\prod_{i=0}^{15}(x-\alpha^{i}) \qquad \text{(D.1)}$$

式中：

$\alpha^{i}$——取值 0x02，是多项式 $x^8+x^4+x^3+x^2+1$ 的根。

系统码的码字生成公式见式(D.2)：

$$D(x)+P(x)=G(x)\times L(x) \qquad \text{(D.2)}$$

式中：

D(x)——数据向量，$D(x)=D_{238}X^{254}+\cdots+D_0X^{16}$，其中 $D_{238}$ 是第一个数据字节，$D_0$ 是最后一个；

P(x)——奇偶向量，$P(x)=P_{15}X^{15}+\cdots+P_0$，其中 $P_{15}$ 是第一字节，$P_0$ 是最后一个。

一个数据字节($d_7$，$d_6$，…，$d_1$，$d_0$)在 GF($2^8$)域中由以下方式确定：$d_7\times\alpha^7+d_6\times\alpha^6+\cdots+d_1\times\alpha^1+d_0$，GF($2^8$)是基于 $2^8$ 的有限域，此种编码最大纠错能力为 8 个码元错，因此记为 RS(255,239,8)。一个码元大小为一字节，$d_0$ 是最低位，$d_7$ 为最高位。

FEC 解码器将用/V/替代错误块，向 PCS 子层明确标识出错误块的位置。

**D.2.3.3 FEC 帧格式**

**D.2.3.3.1 奇偶码**

从 PCS 子层接收到以太网帧后，数据被分成长度为 239 个码元的数据块，第一个数据块以/S/码组后第一个码元开始，最后一个数据块以/T/码组前的最后一个码元结束。每个数据块使用 RS(255,239,8)编码器进行编码，同时产生 16 个奇偶校验码，因此每个 RS 码字有 255 个码元。生成的 16 个奇偶码附加在数据包的末尾。

**D.2.3.3.2 末尾短数据块处理**

在对数据进行块分割的时候，最后一块数据经常会少于 239 个码元，这种数据块成为短数据块。处理如下：

在长度为 x 的短数据块中，$D_{238}$ 到 $D_r$ 之间的数据填充为 0，$D_{r-1}$ 到 $D_0$ 之间为有效数据，其中 $D_{r-1}$ 是短块中第一个数据字节，$D_0$ 是最后一个字节，填充后的数据块编码后产生 16 个奇偶码，数据在发送时将去掉值为 0 的填充码元，在接收端，解码器将恢复完整长度的块(填充 0 码元)后进行解码。

**D.2.3.3.3 特殊帧标识**

以太网帧包括起始标志和数据帧，在接收器进行 FEC 解码前，要先进行帧同步，FEC 不会对以太网帧标识进行校验保护，因此为了提高抗干扰性，在 FEC 编码中增加了特殊的起止帧标识，另外通过简单的运算保证特殊标识的可靠性，标识长度至少 5 字节，以保证可靠检测，起始的 FEC 帧序列为/S_FEC/，结束序列为/T_FEC/。

为监测 FEC 编码的起始帧，对输入的码流进行/S_FEC/序列匹配扫描，在小于 d/2 错误时，确认起始，结束判断扫描序列为/T_FEC_0/或/T_FEC_E/，匹配小于 d/2 错误时，确认结束。

上述 d 值选为 10，编码序列在不采用 FEC 的 PCS 子层可以透传(在虚装载模式下)。

起始和终止的符号码采用 8B/10B 码组：

/S_FEC/：FEC 起始码，码序列为：/K28.5/D6.4/K28.5/D6.4/S/

/T_FEC_E/：FEC 结束码，偶对齐方式码序列为：/T/R/I/T/R/

/T_FEC_O/：FEC 结束码，奇对齐方式码序列为：/T/R/R/I/T/R/

/S/、/T/、/R/ 和 /I/序列定义见 IEEE 802.3—2008 第 36 章规定。/I/序列可分为/T_FEC_E/和/T_FEC_O/两种序列，记为/I1/和/I2/。

图 D.5 描述了 FEC 码的以太网帧格式，在 FCS 和 PARITY 域之间，T_FEC 可以采用/T_FEC_E/或/T_FEC_O/序列，PARITY 域之后，T_FEC 只能用/T_FEC_E/序列。

| | | | | | | |
|---|---|---|---|---|---|---|
| S_FEC | PREAMBLE/SLD | FRAME | FCS | T_FEC | PARITY | T_FEC |

**图 D.5 FEC 编码的以太网帧**

### D.2.3.4 FEC 操作

#### D.2.3.4.1 工作原理

在发送端，FEC 子层从 PCS 子层接收到数据包，进行 FEC 编码，添加校验码之后将数据传送到 PMA 层。

在接收端，FEC 子层从 PMA 子层接收到数据，完成字节对齐，监测 FEC 起始序列，解码 FEC 编码，纠正编码错误（如果有错误码）后，将奇偶码替换为 IDLE 后传送到 PCS。

为完成正确的 MPCP 操作，FEC 应保证所有码流信号连续并且等延迟地通过 PMA 进入 PCS 层。FEC 的功能实现不得增加数据延迟。

#### D.2.3.4.2 功能框图

如图 D.2 所示，FEC 子层包含发送侧和接收侧。

#### D.2.3.4.3 发送

图 D.6 描述了 FEC 子层数据传输通道的框图，首先监测从 PCS 层来的数据包定界符。将/I/I/S/替换成/S_FEC/序列。将 8B/10B 数据解码以便进行 FEC 编码和并产生校验码，相应地，将检测到的/T/R/I/I/或/T/R/R/I/I/序列替换成/T_FEC_E/或/T_FEC_O/。然后加入奇偶码和另外一个/T_FEC_E/来替换扩展帧间间隔。

FEC 的发送过程是根据 PMA_UNITDATA.request 和 tx_code-group<9：0>的数据状态，生成连续的码组，并随即将之通过 ftx_code-group<9：0>发送到 PMA 层接口。

#### D.2.3.4.4 接收

图 D.7 描述了 FEC 子层接收数据通道的接收同步处理过程。FEC 同步处理模块根据通过 PMA_UNITDATA.indicate 服务原语连续进行码组接收，并根据通过 SYNC_UNITDATA.indicate 服务原语将码组转送到 FEC 接收处理模块。FEC 同步处理通过设置同步状态标识来指示来自 PMA 数据是否已经可以无误接收。

图 D.8 描述了 FEC 子层接收数据处理的过程，FEC 的接收处理根据 SYNC_UNITDATA.indicate 连续接收码组，将码组加入缓冲区，同时将误码小于 d/2 的/S_FEC/转换为/I/I/S/序列，并将所有误码少于 d/2 的/T_FEC/转换为完全的/T_FEC/。缓存在接收到足够的数据并且奇偶码能完成数据纠错之前一直有效，数据纠错在缓存中完成。当缓存清空时，奇偶码连同第一个/T_FEC/之后的/T/R/序列以及整个第二个/T_FEC/序列全部转换为/I/。

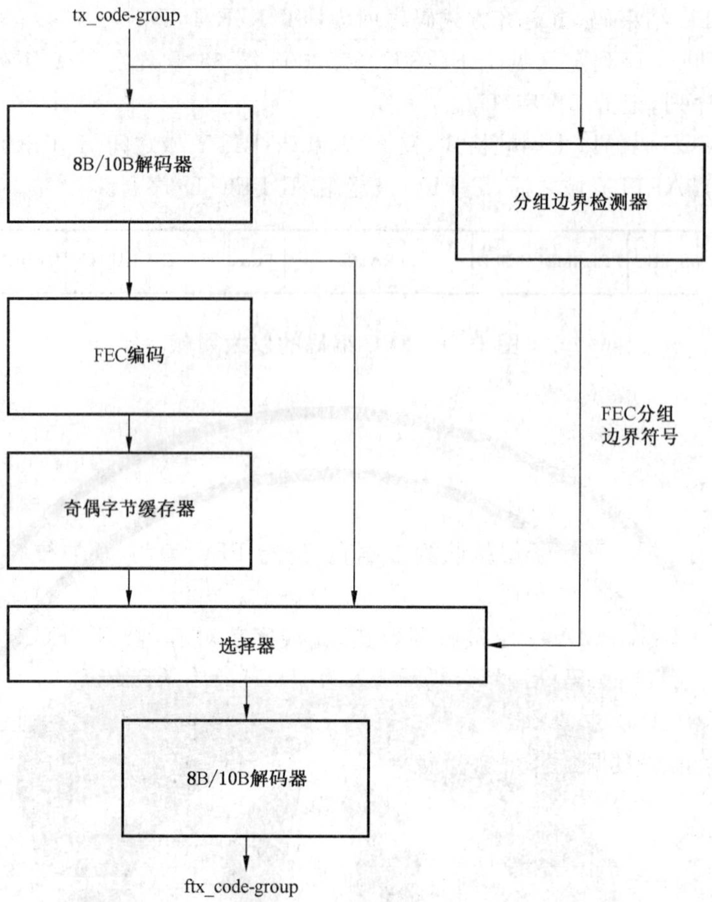


图 D.6　发送功能框图

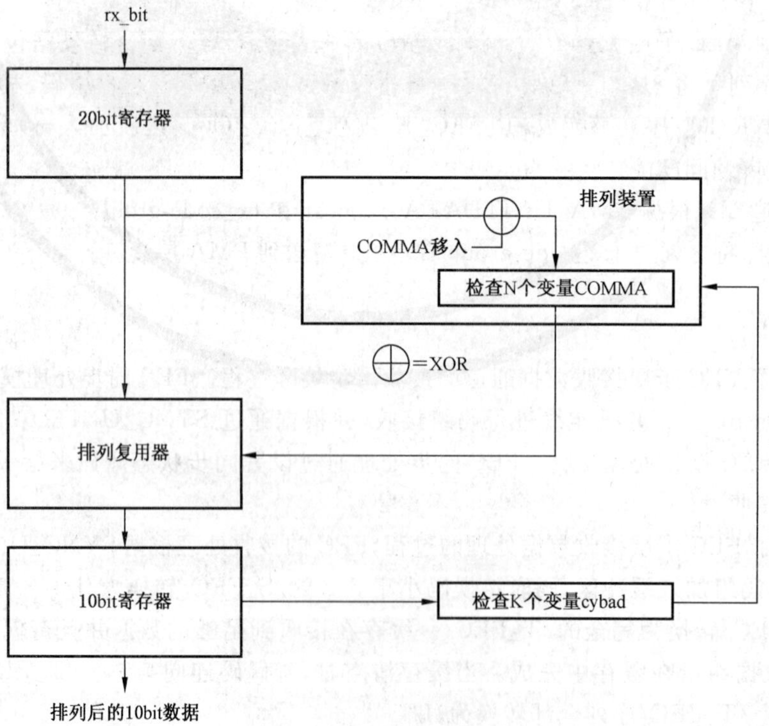


图 D.7　接收同步处理框图

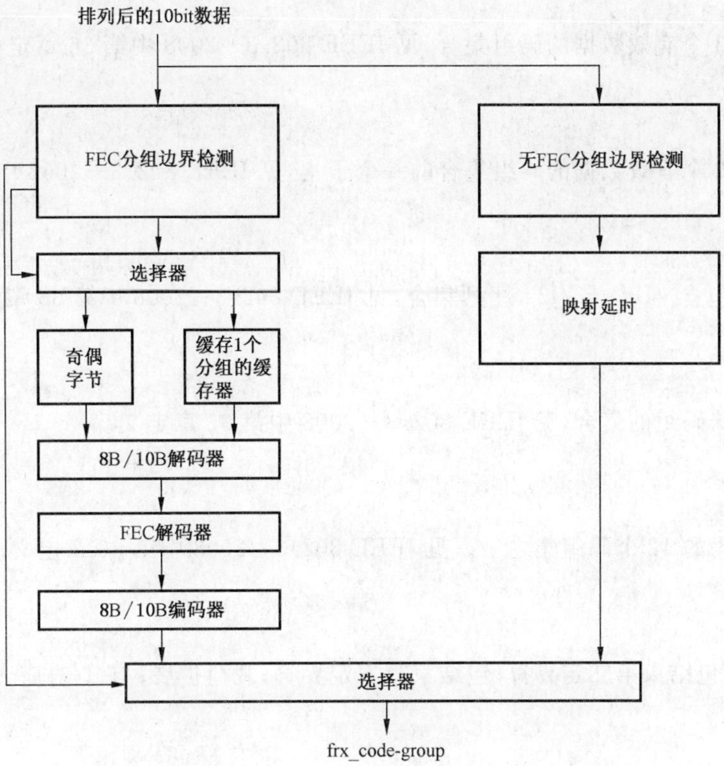


图 D.8 数据接收处理框图

在特殊情况下,PCS 可能会产生大量的 FALSE_CARRIER 事件。因为 FEC 编码仅仅保护以太网数据,不保证 IDLES 数据。因此,在空闲(idle)期间,过多的比特错误将导致 FALSE_CARRIER 事件,另外,当具有 FEC 功能和不具有 FEC 功能的设备在同一 EPON 系统中使用时,不具有 FEC 功能的设备将对 FEC 的奇偶数据产生 FALSE_CARRIER 事件。

#### D.2.3.5 详细功能和实现流程图

##### D.2.3.5.1 状态变量

无。

##### D.2.3.5.2 符号约定

/x/

表示 36.2.5.1.2 中定义的常量码组(有效码组应符合 IEEE 802.3—2008 中第 36 章的规定)。

[/x/]

表示缓存的接收到的码组。此码组可以是码组数据(/x/),或是由 SYNC_UNITDATA.indicate 消息转送的数据,见 IEEE 802.3—2008 中第 36 章定义。

##### D.2.3.5.3 常量定义

/COMMA/

是一种包含逗点的码组集合,见 IEEE 802.3—2008 中第 36 章定义。

/D/

是一个包含256个有效数据的码组集合，见IEEE 802.3—2008中第36章定义。

/Dx.y/

是一个包含256个有效数据的码组集合的一个子集，见IEEE 802.3—2008中第36章定义。

/I/

IDLE序列组，包含 /I1/ 或 /I2/ 序列集合，见IEEE 802.3—2008中第36章定义。

/INVALID/

无效数据或特殊码组的集合，见IEEE 802.3—2008中第36章定义。

/Kx.y/

含有效特殊编码的12个码组集之一。见IEEE 802.3—2008中第36章定义。

/R/

用于以下用途：包结束第二定界符；包结束第三定界符；载荷扩展；与/I/对应。

/S/

包起始定界符(SPD)，见IEEE 802.3—2008中第36章定义。

/T/

用于包结束第一定界符。

/V/

差错传播码组，见IEEE 802.3—2008中第36章定义。

#### D.2.3.5.4 变量

Buffer

接收处理时接收码组的缓存。

buffer_head

接收缓存的头指针。

Cgbad

下面算式的简称：

((rx_code-group∈/INVALID/) + (rx_code-group=/COMMA/ * rx_even=TRUE)) * PMA_UNITDATA.indicate

Cggood

下面算式的简称：

!((rx_code-group∈/INVALID/) + (rx_code-group=/COMMA/ * rx_even=TRUE)) *

PMA_UNITDATA. indicate

fec_encode

在 FEC 发送处理中用于指示函数 RS_Encode(Data)返回状态。

取值：TRUE，表示数据已经被 RS_Encode(Data)函数确定有效，即 FEC 编码结束；

FALSE，表示数据无效，即 FEC 编码未完成。

ftx_bit

是一个二进制参数，表示根据 PMD_UNITDATA. request 服务原语，从 PMA 发送到 PMD 的数据位。

取值：ZERO，数据位为逻辑 0；

ONE，数据位是逻辑 1。

ftx_code-group＜9：0＞

FEC 将要发送的码组向量，作为 PMA_UNITDATA. request (ftx_code-group)函数的参量传送到 PMA. 发送顺序是 ftx_code-group＜0＞最先发送，ftx_code-group＜9＞ 最后发送。

parity＜D7：D0＞

是一个 8 比特向量，存放 FEC 发送处理过程中生成的当前奇偶码；在进入 XMIT_PARITY 状态后，将会被下一个 8 比特奇偶码覆盖。

parity_buffer_empty

布尔变量，由 FEC 发送处理赋值，指示是否有奇偶字节需要编码。

取值：TRUE，表示没有奇偶字节需要编码；

FALSE，有奇偶字节需要编码。

rx_disparity

布尔变量，由 FEC 接收处理赋值，以二进制位标识接收到的 0、1 数目比较。

取值：POSITIVE；NEGATIVE。

rx_even

布尔变量，在 FEC 同步过程中标识接收的码组数目是奇数还是偶数。

取值：TRUE，偶数个码组被接收；

FALSE，奇数个码组被接收。

rx_code-group＜9：0＞

10 比特向量，标识刚从 PMA 接收到的码组。rx_code-group＜0＞是最后接收位，rx_code-group＜9＞是最先接收位，所有位收齐后，刚好构成一个码组。

signal_detect

布尔变量，由 PMD 根据 PMD_SIGNAL. indicate(signal_detect)消息进行置位，标识信号连接状态。

取值：FAIL，链路无信号；

OK,链路有信号。

sync_status

FEC 同步过程的返回,指示接收同步状态。

取值:FAIL,接收器没有同步好码组数据边界;

OK,接收器已经同步好码组数据边界。

tx_bit

二进制参数,标识依据 PMD_UNITDATA.request 服务原语从 PMA 向 PMD 发送的数据位。

取值:ZERO,数据位为逻辑 0;

ONE,数据位为逻辑 1。

tx_code-group＜9：0＞

PCS 将要发送的码组向量,属性定义见 IEEE 802.3—2008 中第 36 章。作为 PMD_UNITDATA.request(tx_bit)服务原语的参数发送到 PMA。tx_code-group＜0＞首先发送,tx_code-group＜9＞最后发送。

tx_disparity

布尔变量,标识 FEC 发送过程完成后,所发送的 0/1 数目比较值。算法见 IEEE 802.3—2008 中第 36 章定义。

取值:POSITIVE;

NEGATIVE。

**D.2.3.5.5 功能函数**

check_ahead_tx

检测函数,用于 FEC 发送处理时识别包起始符,以便将包起始符及其两个 IDLE 前导码替换为/S_FEC/。

check_ahead_rx

检测函数,用于 FEC 接收处理时检测少于 $d/2$ 个错误的/S_FEC/ 和/T_FEC/。

DECODE ([/x/])

在 PCS 接收处理过程中,用于锁存 rx_code-group＜9：0＞([/x/])的值,以进行解码,返回值为 GMII RXD＜7：0＞、rx_Config_Reg＜D7：D0＞或 rx_Config_Reg＜D15：D8＞DECODE 同时更新 0/1 比较(running disparity)计算结果。算法见 IEEE 802.3—2008 中第 36 章。

ENCODE(x)

在 PCS 发送时,对发送数据进行编码,发送数据包括 GMII TXD＜7：0＞、tx_Config_Reg＜D7：D0＞或 tx_Config_Reg＜D15：D8＞,返回值为 10 比特码组。ENCODE 还完成 0/1 比计算更新。

POP_BUFFER

移出接收缓冲区的第一个字节,使下一个字节成为可用。

RS_Encode(Data)
完成对数据的 RS(255,239,8)编码。

RS_Decode(Data)
用于对 RS(255,239,8)编码数据进行解码。

signal_detectCHANGE
用于 PCS 信号同步处理,标识链路信号监测值(signal_detect)是否发生变化。
取值:TRUE,链路信号连接状态发生了变化;
　　FALSE,链路状态没有变化。

**D.2.3.5.6 计数器**

good_cgs
用于计数连续收到的有效码组。

loop_count
3bit 计数器,用于计算接收同步过程中的锁定(loop)次数。

**D.2.3.5.7 消息定义**

FEC_UNITDATA. indicate(frx_code-group＜9：0＞)
FEC 接收过程中的信号标志,表示已经有数据要发送。

FUDI
FEC_UNITDATA. indicate(frx_code-group＜9：0＞)的简写。

PMA_UNITDATA. indicate(rx_code-group＜9：0＞)
PMA 接收处理过程中的标识,表示有数据已经可以接收。

PMA_UNITDATA. request(tx_code-group＜9：0＞)
发送给 PMA 或 FEC 发送处理模块的信号标识,标识数据准备好,等待发送。

PUDI
PMA_UNITDATA. indicate(rx_code-group＜9：0＞)的简写。

PUDR
PMA_UNITDATA. request(tx_code-group＜9：0＞)的简写。

SUDI
SYNC_UNITDATA. indicate(parameters)的简写。

SYNC_UNITDATA. indicate(parameters)
在传送以下参数时,由 FEC 同步处理过程向 FEC 接收处理过程发送的信号标识。
参数:[/x/],标志码组(/x/)的锁存值;EVEN/ODD,接收奇偶状态变量(rx_even)的锁存值。

当为 EVEN 时，rx_even＝TRUE；为 ODD 时，rx_even＝FALSE。

#### D.2.3.6 状态图

##### D.2.3.6.1 发送流程状态图

FEC 发送功能实现流程图见图 D.9。

##### D.2.3.6.2 接收同步处理流程图

FEC 同步处理实现流程见图 D.10。

##### D.2.3.6.3 接收功能流程图

FEC 接收功能流程见图 D.11 和图 D.12。

只有接收到缓冲器中的数据才能进行 FEC 解码。

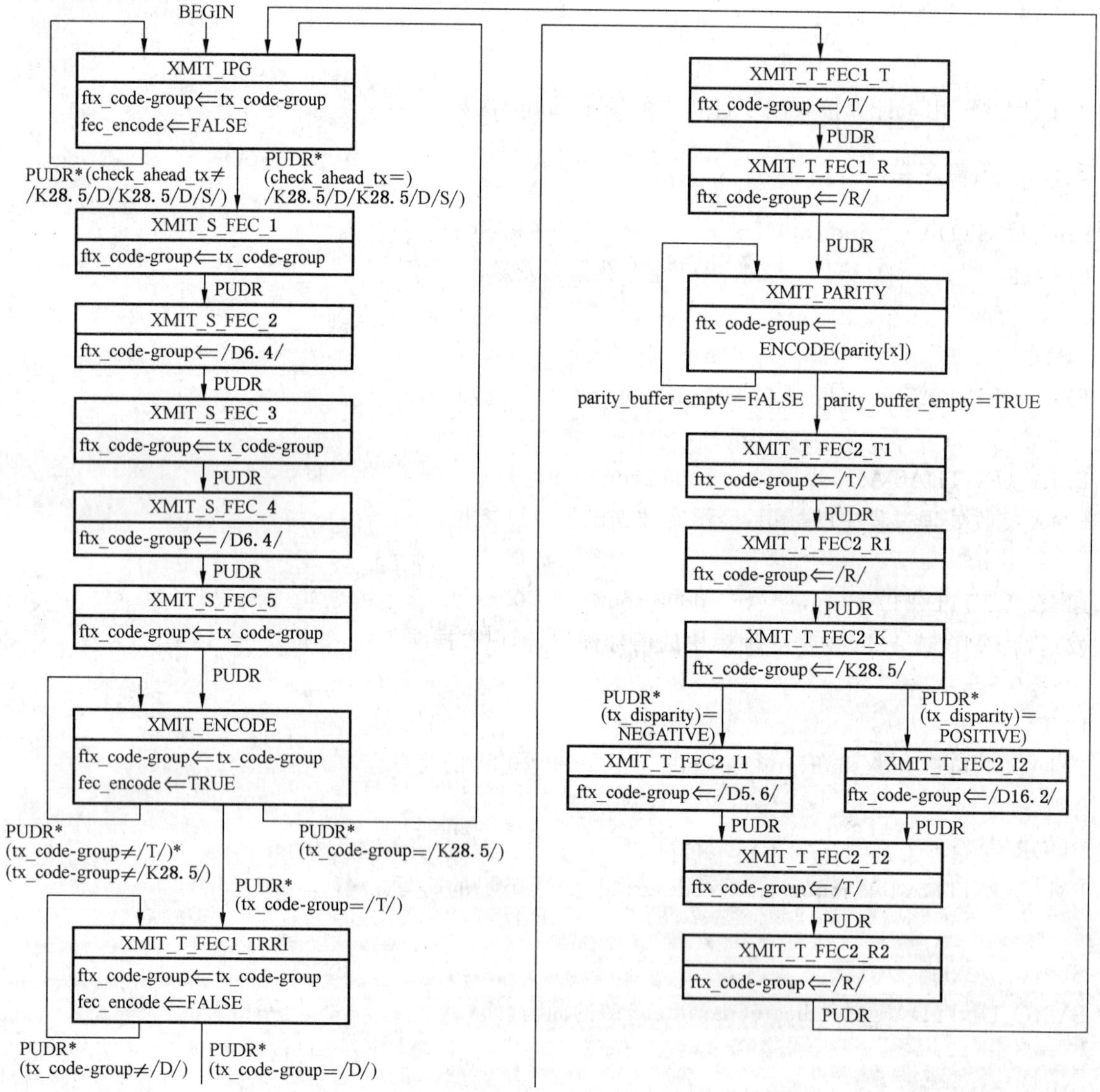


图 D.9 发送功能流程图

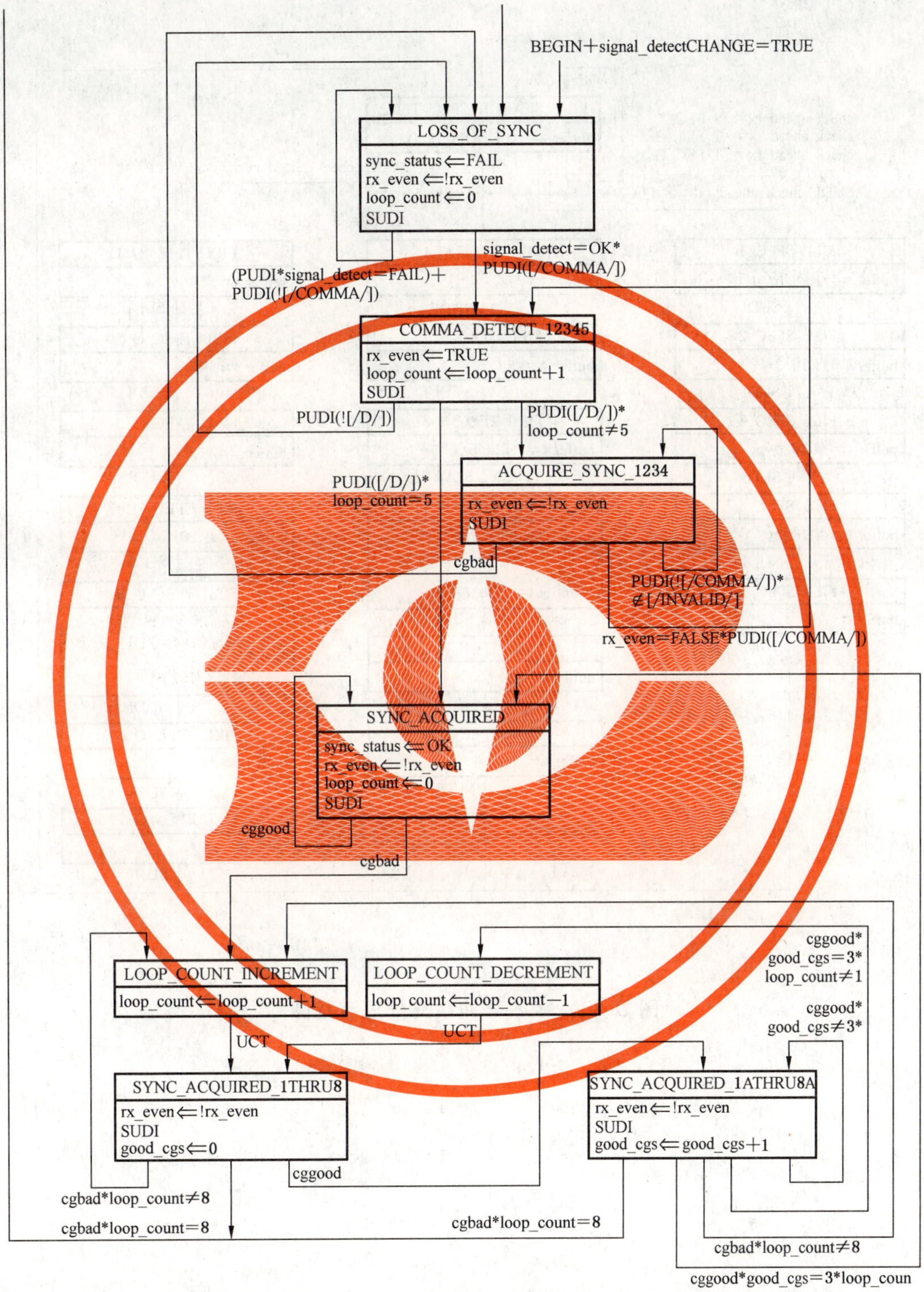


**图 D.10 接收同步功能流程图**

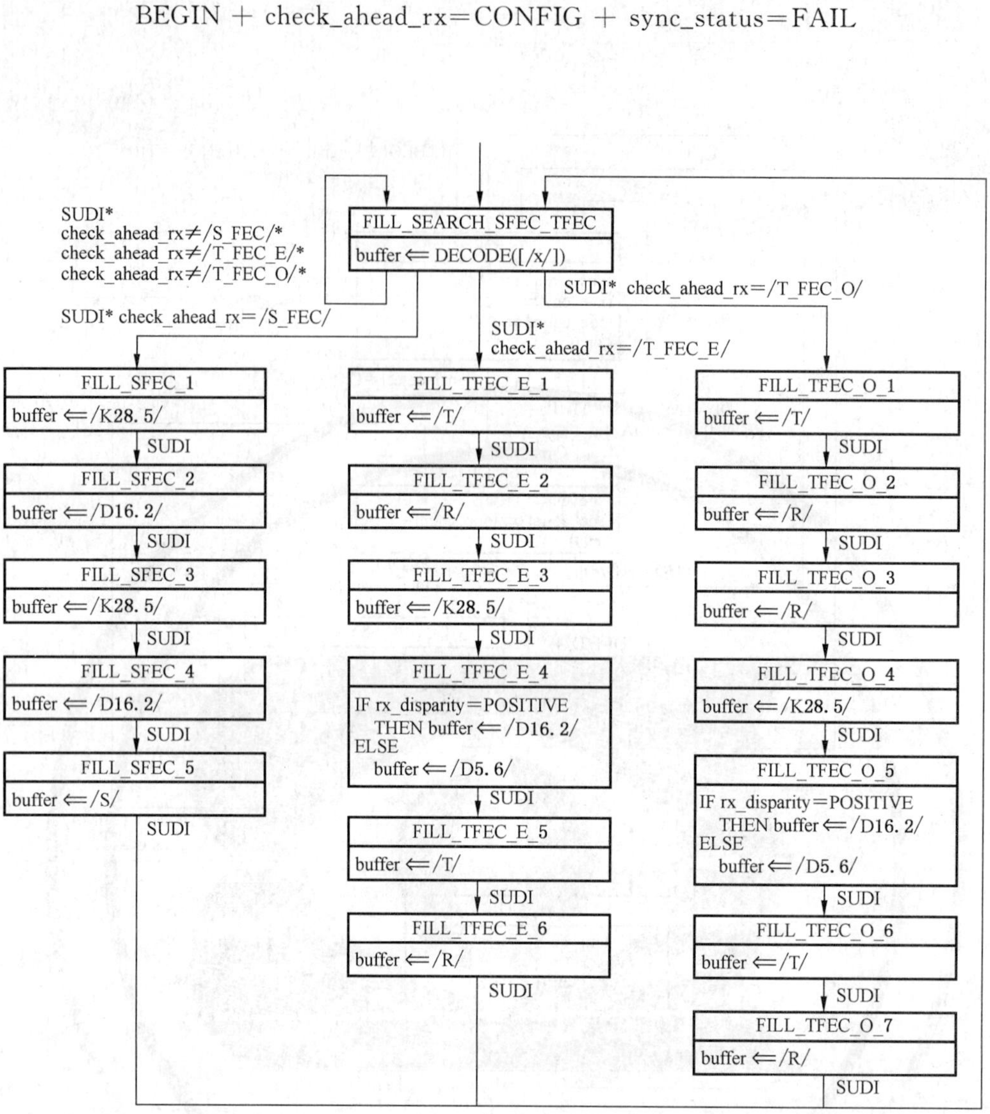


图 D.11 接收缓冲填充处理流程图

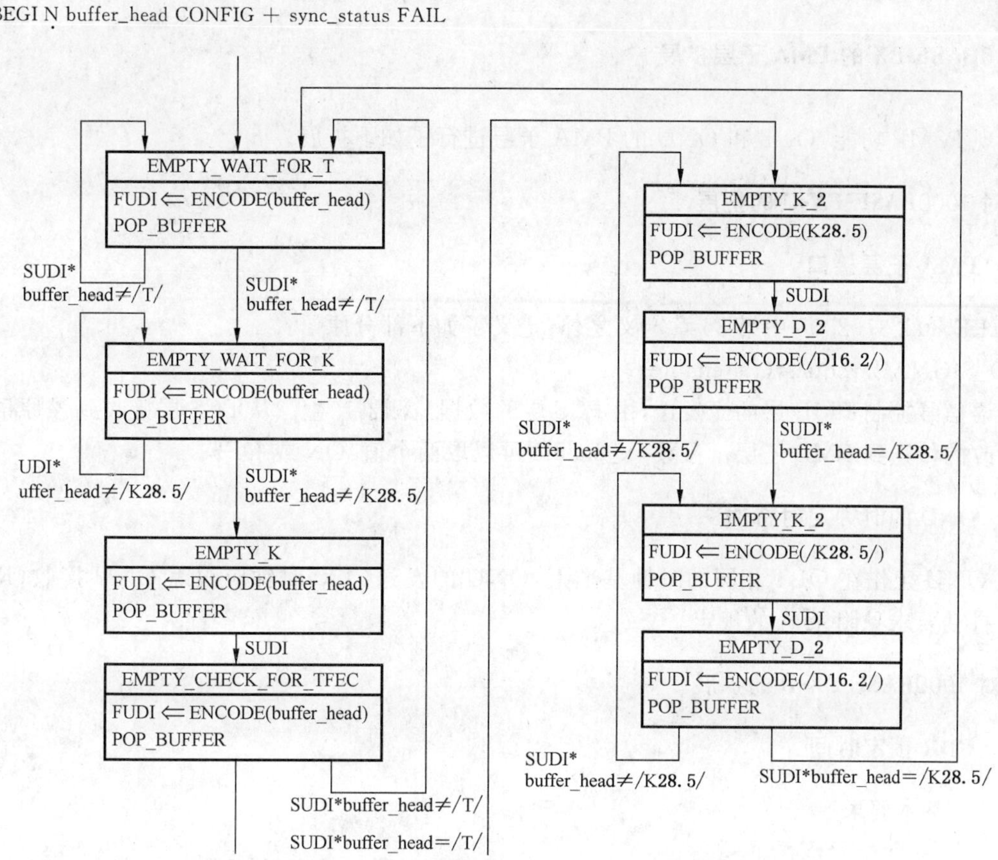


图 D.12 接收缓冲区清空处理流程图

#### D.2.3.7 误码监测能力

以下计数器用于 FEC 子层的管理和误码监测。如果提供 MDIO 接口(见 IEEE 802.3—2008 中第 22 章),则通过该接口完成。如果不提供,建议采用类似方式实现。计数器在 FEC 子层复位或被读出后清零,在计数器溢出后,停止计数。这些计数器用于帮助检测链路质量。

##### D.2.3.7.1 buffer _head_coding_violation_counter

32 位计数器,在链路中每收到一个无效码组时计数器加一,计数值可以通过管理接口映射到寄存器中。

##### D.2.3.7.2 FEC_corrected_blocks_counter

32 位计数器,在 FEC 解码时,每校正一个错码块时计数器加一,计数值可以通过管理接口映射到寄存器中。

##### D.2.3.7.3 FEC_uncorrected_Blocks_counter

32 位计数器,在 FEC 解码过程中,每出现一个不能校正的 FEC 块计数器加一,其值可以通过管理接口映射到寄存器中。

## D.3 1000BASE-PX 的 PMA 子层扩展

为实现 P2MP 功能,OLT 和 ONU 的 PMA 子层进行了如下扩展。

### D.3.1 对 1000BASE-PX-U 的扩展

#### D.3.1.1 PMA 子层接口

在 IEEE 802.3—2008 中第 36 章定义之外,定义了如下部分原语:

PMD_SIGNAL.request(tx_enable)

该原语信号控制 PMD 层的光发送,由 PCS 层的数据监测器产生。从 PCS 层接收到该原语后应及时且无更改的传送到 PMD 子层。参数 tx_enable 可以取两个值:ON 或 OFF。

#### D.3.1.2 ONU 的时钟定时特性

为使 ONU 工作在 OLT 相同的时钟基准上,ONU 的发送(TX)时钟应跟踪 ONU 接收(RX)的时钟。时钟抖动要求见附录 A 的规定。

### D.3.2 对 1000BASE-PX-D 的扩展

#### D.3.2.1 CDR 锁定时间

##### D.3.2.1.1 基本要求

PMA 子层位同步时间($T_{cdr}$)应小于 400ns,当 PMA_TX_CLK 频率两倍于 PMA_RX_CLK 频率时,在 TP4 点出现有效 1000BASE-X IDLE 图案码后,完成码组同步时间($T_{code\_group\_alignment}$)应在 32ns 内。

##### D.3.2.1.2 定义

CDR 时间($T_{CDR}$)是指在接收器从数据流进入到完成时钟恢复和相位及频率锁定的时间。$T_{CDR}$ 是用于衡量信号从 PMD 的 TP4 点到达接收器后,完成时钟相位和频率恢复,而且信号抖动和误码特性满足下述网络性能要求的时间指标。

网络性能要求:在非 FEC 系统中,误码率小于 $10^{-12}$,在 FEC 系统中误码率小于 $10^{-4}$。

$T_{CDR}$ 和 $T_{code\_group\_alignment}$ 值之和应小于 432ns。

#### D.3.2.2 信号延迟指标要求

MPCP 机制的严格定时是通过分发时间标签来完成的。因此对信号传送有严格的延迟要求。要求信号通过 RS、PCS 和 PMA 层后的总延迟时间不能超过 16 个比特位传输时间。

# 附 录 E
（规范性附录）
操作、管理和维护（OAM）

## E.1 概述

### E.1.1 基本概念

本附录定义的操作、管理和维护（OAM）子层提供了诸如远端故障指示和远端环回控制等管理链路运行的一种机制。OAM 给网络运营者提供了保障网络良好运行状态和快速故障定位的能力。

OAM 信息由 OAM 协议数据单元（OAMPDU）承载，OAMPDU 包含的控制和状态信息可用于管理、测试和诊断已激活 OAM 功能的链路。OAMPDU 仅在对等 OAM 实体间的单一链路上传送，不会被 MAC 客户端（如桥设备和交换机）转发。

OAM 不包括状态管理、带宽分配和提供功能。

OAM 子层在 IEEE 802.3—2008 协议分层中的位置如图 2 所示。

### E.1.2 主要功能和定义

下面描述了 OAM 的主要功能需求，它们是 ITU-T Y.1730 的子集：

a) 远端故障指示
   1) 指示对端本地接收通道处于不工作状态；
   2) 支持单向操作的物理层设备在故障期间可支持 OAM 远端故障指示；
   3) 符合附录 C 规定的用户接入物理层设备在故障期间可支持 OLT 至 ONU 的单向 OAM 远端故障指示操作；
   4) 除上面列出的物理层设备外，其他设备在故障期间不支持 OAM 远端故障指示单向操作，一些设备在物理层有专门的远端故障指示机制。
b) 远端环回
   提供了一种支持数据链路层帧一级环回模式的机制。
c) 链路监控
   1) 支持包括诊断信息的事件通知；
   2) 支持轮询 MIB 变量。
d) 其他
   1) OAM 的实现和激活是可选的；
   2) 完成 OAM 能力的发现；
   3) 可扩展用于高层应用。

### E.1.3 兼容性考虑

#### E.1.3.1 具有 OAM 能力的 DTE 间的互操作性

DTE 可判断一个远端 DTE 的 OAM 功能是否已激活。OAM 发现机制可获知某一链路上的配置参数（如 OAMPDU 的长度）和所支持的功能（如 OAM 远端环回）。

#### E.1.3.2 MAC Control PAUSE

MAC Control PAUSE 通常指 Flow Control，它禁止包括 OAMPDU 在内的所有 MA_DATA.request 服务原语的发送。这将延迟或阻止严重事件通知,如不可恢复的错误状态和链路故障。

#### E.1.3.3 MAC Control 客户端接口

OAM 子层对产生 MA_CONTROL.request 服务原语的 MAC Control 客户端没有作用。MAC Control 客户端直接和 MAC Control 实体通信。

#### E.1.3.4 OAM 远端环回期间的帧丢失

调用 OAM 远端环回会导致帧丢失。OAM 远端环回是一种强行插入操作,会阻止链路在本地 DTE 和远端 DTE 的 MAC 客户端之间发送帧。

## E.2 功能规定

### E.2.1 层间服务接口

图 E.1 描绘了 OAM 使用的层间接口。

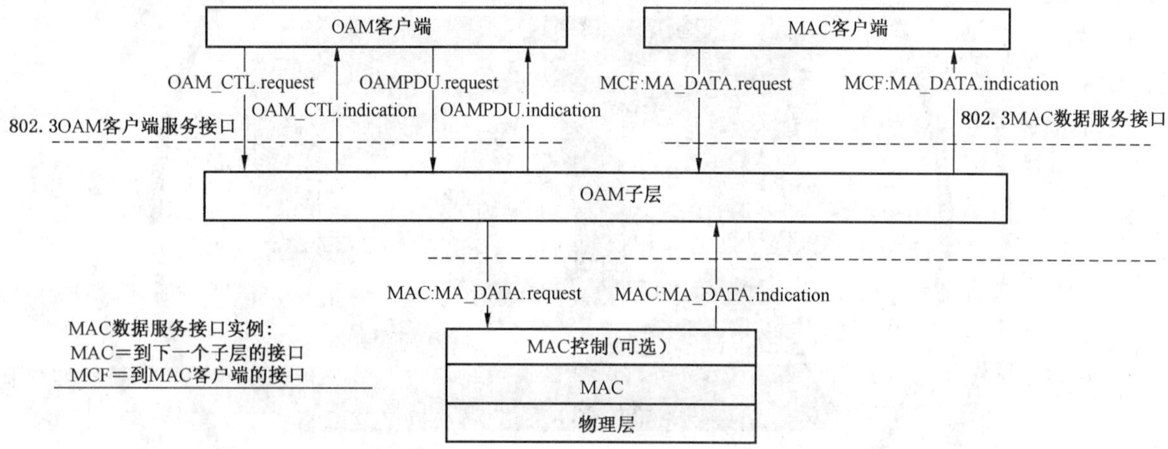


**图 E.1 OAM 子层支持的层间服务接口**

### E.2.2 操作原则

OAM 遵循下列原则:

a) OAM 子层对上层是一个标准的 IEEE 802.3 MAC 服务接口,这里的上层包括 MAC Client 和 Link Aggregation;

b) OAM 子层对下层使用一个标准的 IEEE 802.3 MAC 服务接口,这里的下层包括 MAC 和 MAC Control;

c) 来自上层的帧通过 OAMPDU 复用到 OAM 子层;

d) OAM 子层解析收到的帧并把 OAMPDU 发送到 MAC Client,非 OAMPDU 则送至上层。在 OAM 远端环回模式下,非 OAMPDU 被环回到下层;当对端 OAM 实体处于 OAM 远端环回模式下时,OAM 子层将丢弃 OAMPDU,上层(如桥)将不对环回帧进行处理;

e) OAM 子层不要求识别物理层;

f) OAM 在单一链路上传递,仅在 OAM Client 实体间或 OAM 子层实体间传送,不会被 OAM Client 转发;

g) OAM 通过使用 Organization Specific OAMPDU、Organization Specific Information TLV 和 Organization Specific Event TLV 进行扩展，但扩展后的功能超出本标准讨论的范围。

### E.2.3 MAC 数据服务接口实例

上层如 MAC Client 通过标准的 MAC 数据服务接口与 OAM 子层通信。同样的，OAM 子层通过相同的标准服务接口与下层如 MAC Control 或 MAC 通信。

本节使用了 2 个 MAC 数据服务接口实例，每个服务原语前加上一个前缀以指示相关的两个接口，如图 D.1 所示。使用的前缀说明如下：

a) MCF：在上层和 OAM 子层间的接口上发送的原语使用该前缀，MCF 是 MAC Client Frame 的缩写；

b) MAC：在下层(如 MAC 子层等)和 OAM 子层间的接口上发送的原语使用该前缀。

### E.2.4 OAM Client 的作用

OAM Client 对于建立和管理链路 OAM 有重要的作用。OAM Client 使能和配置 OAM 子层实体。在 OAM 发现流程中，OAM Client 监控来自远端 DTE 的 OAMPDU，并根据本地和远端状态、配置参数来使能链路上的 OAM 功能。

OAM 建立后，OAM Client 负责管理 OAMPDU 响应。例如，OAM Client 不响应非法请求如变量请求和来自被动模式 DTE 的 Lookback Control OAMPDU。OAM Client 还通过响应特殊的 OAMPDU 和变更本地配置参数来管理 OAM 远端环回模式。

链路事件通知在对等 OAM 实体间传递，OAM Client 通过发送和接收特殊的 OAMPDU 来进行事件通知。为了增加远端 DTE 接收到特定事件通知的机会，OAM Client 会重复发送事件通知。

### E.2.5 OAM Client 互操作

#### E.2.5.1 基本要求

OAM 子层实体与 OAM Client 通信时使用下列新的层间服务接口(强制)：

OAMPDU.request

OAMPDU.indication

OAM_CTL.request

OAM_CTL.indication

#### E.2.5.2 OAMPDU.request

##### E.2.5.2.1 功能

该原语规定了从 OAM Client 实体到 OAM Client 实体的数据发送。

##### E.2.5.2.2 服务原语的语法

服务原语描述如下：

```
OAMPDU.request      (
                         source_address,
                         flags,
                         code,
                         data
                         )
```

source_address 参数规定了一个独立的 MAC 地址。

flags 参数用于产生待发送 OAMPDU 的 Flags 域。因为 OAM_CTL.request 服务原语中已经包含了 Flags 域中的指示比特 2∶0,所以 flags 参数中仅包含 Flags 域中的指示比特 15∶3。

code 参数用于产生待发送 OAMPDU 的 Code 域。

data 参数用于产生待发送 OAMPDU 的 Data 域。

#### E.2.5.2.3 产生时间

该原语在 OAMPDU 发送至对等实体时由 OAM Client 实体产生,是对等实体对 OAM Client 请求的响应或者是对发送至 OAM Client 的内部产生数据的响应。

#### E.2.5.2.4 接收的效果

接收到该原语后,OAM 子层实体将接收到的信息插入所有的 OAMPDU 域,包括 DA、SA、Length/Type 和 Subtype,并将形成的 OAMPDU 发送至较低的协议层最终发送给对等 OAM Client 实体。

### E.2.5.3 OAMPDU.indication

#### E.2.5.3.1 功能

该原语规定了从 OAM 子层实体到 OAM Client 实体的数据传送。

#### E.2.5.3.2 服务原语的语法

服务原语描述如下:

```
OAMPDU.indication      (
                            source_address,
                            flags,
                            code,
                            data
                            )
```

source_address 参数是接收到的 OAMPDU 的源 MAC 地址。

flags 参数是接收到的 OAMPDU 完整的 Flags 域。

code 参数是接收到的 OAMPDU 的 Code 域。

data 参数是接收到的 OAMPDU 的 Data 域。

#### E.2.5.3.3 产生时间

该原语从 OAM 子层实体传送至 OAM Client 实体,向本地 OAM 子层实体指示一个 OAMPDU 的到达。该原语仅通知格式合法且被正确接收的 OAMPDU 的到达。

#### E.2.5.3.4 接收的效果

未规定。

### E.2.5.4 OAM_CTL.request

#### E.2.5.4.1 功能

该原语规定了从 OAM Client 实体到 OAM 子层实体的控制信息传送。

E.2.5.4.2 服务原语的语法

服务原语描述如下：

```
OAM_CTL.request     (
                        local_unidirectional,
                        local_link_status,
                        local_dying_gasp,
                        local_critical_event,
                        local_satisfied,
                        remote_state_valid,
                        remote_stable,
                        local_mux_action,
                        local_par_action,
                        information_data
                        )
```

local_unidirectional 参数用来指示发送点支持单向(unidirectional)链路上的 OAMPDU 传送。

local_link_status、local_dying_gasp 和 local_critical_event 参数用来指示应传送给对等 OAM 实体的紧急事件：

——local_link_status 参数用于传递物理层确定的链路状态，当设置为 FAIL 时，会导致 OAM 子层实体发送 Information OAMPDU，其中 Flags 域中的 Link Fault 比特被设置但没有 Information TLV；

——local_dying_gasp 参数用于通知本地不可恢复的错误状态。如果设置了该参数，则会导致 OAM 子层实体发送 Information OAMPDU，其中 Flags 域中的 Dying Gasp 比特被设置；

——local_critical_event 参数用于通知未定义的严重链路事件，如果设置了该参数，则会导致 OAM 子层实体发送 Information OAMPDU，其中 Flags 域中的 Critical Event 比特被设置。

local_satisfied、remote_state_valid 和 remote_stable 参数用于发现流程。OAM Client 对本地配置和收到的 Local Information TLV 中的远端配置进行比较后，将对 local_satisfied 参数进行设置。

local_mux_action 和 local_par_action 参数用于控制 OAM 子层的 Multiplexer 和 Parser 功能的状态。

information_data 参数包含 Local Information TLV 域。如果有用，Transmit 流程的 Information OAMPDU 可包含 Remote Information 和 Organization Specific Information TLV 域。

E.2.5.4.3 产生时间

该原语从 OAM Client 实体发送至 OAM 实体，用于更新控制信息。

E.2.5.4.4 接收的效果

接收到该原语后，OAM 子层会产生 Information OAMPDU 或更新以后发送的 Information OAMPDU 的特定域。此外，会根据新更改的控制信息对 OAM 功能重新进行评估。

E.2.5.5 OAM_CTL.indication

E.2.5.5.1 功能

该原语规定了从 OAM 子层实体到 OAM Client 实体的控制信息传送。

E.2.5.5.2 服务原语的语法

服务原语描述如下：

OAM_CTL. indication (
local_pdu,
local_stable,
local_lost_link_timer_done
)

local_pdu 和 local_stable 参数在发现流程中被 OAM 子层用于指示 OAM Client 状态信息。

local_lost_link_timer_done 参数用于传递 local_lost_link_timer 的超时信息。

#### E.2.5.5.3 产生时间

该原语从 OAM 子层实体传送至 OAM Client 实体并指示本地状态信息已经发生改变。

#### E.2.5.5.4 接收的效果

未规定。

### E.2.6 OAM 内部服务接口实例

OAM 子层使用 OAM 内部服务接口进行内部通信,并使用了 2 个 OAM 内部服务接口实例。每个服务原语分配了一个前缀,用于指示相关的两个接口。前缀说明如下:

——LBF:在 Parser 和 Multiplexer 间的接口上发送的服务原语使用该前缀,LBF 是 look back frame 的缩写;

——CTL:在 Control 和其他 OAM 功能间的接口上发送的服务原语使用该前缀,CTL 是 Control 功能的缩写。

### E.2.7 内部功能块图

图 E.2 描述了 OAM 子层的主要功能块和相互关系。

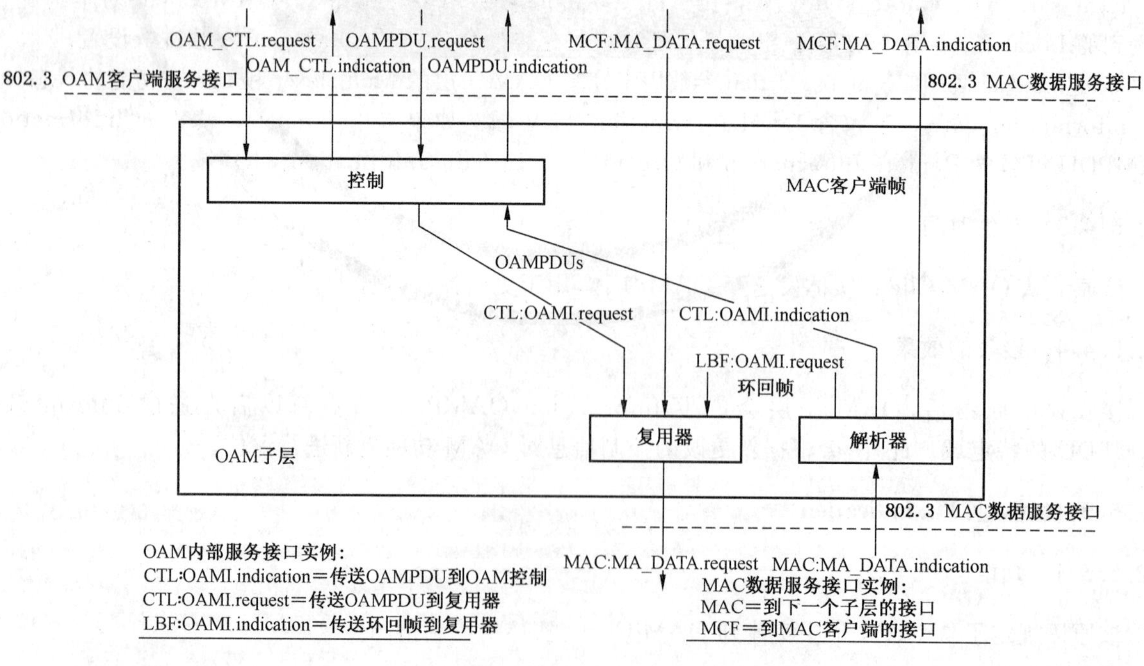


图 E.2 OAM 子层功能块图

### E.2.8 OAM 内部互操作

#### E.2.8.1 基本要求

OAM 子层实体使用下列新的内部服务接口(强制):

OAMI.request

OAMI.indication

#### E.2.8.2 OAMI.request

##### E.2.8.2.1 功能

该原语规定了到 Multiplexer 功能块的帧传送,是一种 OAM 子层内部的动作。

##### E.2.8.2.2 服务原语的语法

服务原语描述如下:

```
OAMI.request      (
                   destination_address,
                   source_address,
                   oam_service_data_unit,
                   frame_check_sequence
                   )
```

destination_address 参数定义了一个多播地址。

source_address 参数定义了一个单独的 MAC 地址。

oam_service_data_unit 参数规定了在 OAM 子层实体内发送的服务数据单元,包括 Length/Type、Subtype、Flags、Code 和 Data/Pad 域,OAM 子层实体将有充足的相关信息来确定数据单元的长度。

frame_check_sequence 参数规定了帧中的帧校验序列域。

##### E.2.8.2.3 产生时间

当一个帧经过 Multiplexer 功能块要环回至远端 DTE 时,Parser 功能块产生该原语。当 OAMPDU 经过 Multiplexer 功能块被传送至对等 OAM 实体时,Control 功能块也会产生该原语,这是 OAM 子层内部的动作。

##### E.2.8.2.4 接收的效果

接收到该原语后,Multiplexer 功能块会将格式正确的帧通过 MAC 数据服务接口传送至下层。

#### E.2.8.3 OAMI.indication

##### E.2.8.3.1 功能

该原语规定了到 Control 功能块的帧传送,是一种 OAM 子层内部的动作。

##### E.2.8.3.2 服务原语的语法

服务原语描述如下:

```
OAMI.indication   (
                   destination_adress,
```

source_address,
oam_service_data_unit,
frame_check_sequence,
reception_status
)

destination_adress 参数定义了一个多播地址,由收到的帧的 DA 域决定。

source_adress 参数定义了一个单独的 MAC 地址,由收到的帧的 DA 域决定。

oam_service_data_unit 参数规定的 OAM 服务数据单元和内部 OAM 功能块接收到的一致。

frame_check_sequence 参数是收到的帧 FCS 域规定的循环冗余校验值。

reception_status 参数用于将状态信息传送至内部 OAM 功能块。reception_status 的取值见 IEEE 802.3 的 4.3.2。

#### E.2.8.3.3 产生时间

当 Parser 功能块将接收到的 OAMPDU 传送到 Control 功能块时产生该原语,并且只有当 OAMPDU 格式正确且被正确接收时该原语才会产生。

#### E.2.8.3.4 接收的效果

收到该原语后,Control 功能块会更新内部状态变量并通过 OAMPDU. indication 服务原语将 OAMPDU 传送至 OAM Client。

### E.2.9 模式

#### E.2.9.1 要求

DTE 的 OAM 子层可支持主动和/或被动模式。当 OAM 被使能时,应选择支持主动或被动模式。表 E.1 列出了主动和被动模式 DTE 的动作。

**表 E.1 主动和被动模式行为**

| 能力 | 主动模式 | 被动模式 |
|---|---|---|
| 初始化 OAM 发现流程 | 是 | 否 |
| 响应 OAM 发现流程初始化 | 是 | 是 |
| 被要求发送 Informtion OAMPDU | 是 | 是 |
| 允许发送 Event Notification OAMPDU | 是 | 是 |
| 允许发送 Variable Request OAMPDU | 是 | 否 |
| 允许发送 Variable Response OAMPDU | 是[a] | 是 |
| 允许发送 Loopback Control OAMPDU | 是 | 否 |
| 响应 Loopback Control OAMPDU | 是 | 是 |
| 允许发送 Organization Specific OAMPDUs | 是[a] | 是 |
| [a] 要求对端 DTE 处于主动模式。 | | |

#### E.2.9.2 主动模式

主动模式的 DTE 根据 Discovery 流程规定对 Information OAMPDU 交换进行初始化。Discovery

流程实现后，就允许主动模式的DTE在与远端主动模式的OAM对等实体连接时发送任何OAMPDU。如果远端OAM实体处于被动模式则主动模式DTE的操作会受限。主动模式DTE不响应来自被动模式DTE的远端环回命令和变量请求。

#### E.2.9.3 被动模式

被动模式的DTE不对Discovery流程进行初始化。被动模式DTE响应远端DTE发起的Discovery流程初始化。被动DTE不应发送Variable Request OAMPDU或Loopback Control OAMPDU。

### E.2.10 OAM事件

#### E.2.10.1 概述

OAM定义了一组影响链路操作的事件。OAM包含与远端DTE进行通信的机制。

#### E.2.10.2 严重链路事件

表E.2列出了严重链路事件定义。严重链路事件由OAMPDU中的Flags域承载。

**表E.2 严重链路事件**

| 严重链路事件 | 描　述 |
|---|---|
| Link fault | 物理层确定本地DTE接收方向发生了故障 |
| Dying gasp | 发生了不可恢复的本地错误状态 |
| Critical Event | 发生了未定义的严重事件 |
| 注：包含Critical Event、Dying Gasp和Link Fault标志的特定故障定义可特殊实现，但不在本标准规定范围内。 | |

#### E.2.10.3 链路事件

链路事件通过Link Event TLV来通知，包括Errored Symbol Period Event和Errored Frame Event。

#### E.2.10.4 本地事件处理流程

本地事件通过下面描述的两种机制之一通知对端DTE：

a) D.2.10.2定义的严重链路事件通过OAM_CTL.request服务原语通知OAM子层。OAM子层对严重链路事件的响应是设置或清除后续产生的所有OAMPDU的Flags域中的相关比特。

b) OAM Client为每个事件发送包含Link Event TLV的Event Notification OAMPDU，但不通知远端DTE。OAM Client使用OAMPDU.request服务原语来发送Event Notification OAMPDU。为了提高劣化链路上远端DTE接收的可靠性，OAM Client可重复发送Event Notification OAMPDU。

#### E.2.10.5 远端事件处理流程

本地OAM Client可通过下面描述的两种机制之一检测远端事件：

a) 本地OAM子层应通过收到的OAMPDU中的Flags域来检测D.2.10.2定义的严重链路事件。OAM子层使用OAMPDU.indication服务原语来通知OAM Client。在接收来自远端

DTE 的指示 Link Fault 的 Information OAMPDU 时，建议 OAM Client 将 OAM_CTL. request 服务原语中的 local_link_status 参数设置为 OK，这种处理方式可避免链路两端处于死锁状态使两端的 DTE 均无法接收帧。

b) 本地 OAM 子层应通过接收 Event Notification OAMPDU 以及通过 OAMPDU. indication 服务原语将 OAMPDU 传送给 OAM Client 来检测其他所有的链路事件。OAM Client 将丢弃接收到的重复的 Event Notification OAMPDU。

### E. 2. 11 OAM 远端环回

#### E. 2. 11. 1 基本功能

OAM 提供了一个数据链路层帧级的远端环回模式，该模式可选。OAM 远端环回可用于故障定位和链路性能测试。当远端 DTE 处于 OAM 远端环回模式时，在任意时刻可要求本地和远端 DTE 统计性能并进行比较。在环回帧发送到远端 DTE 之前、期间或之后，均可产生这种询问请求。此外，由 OAM 子层对环回帧进行分析以确定链路运行是否正常。图 E. 3 描绘了 OAM 环回帧经过本地和远端 DTE 各子层的传输路径。

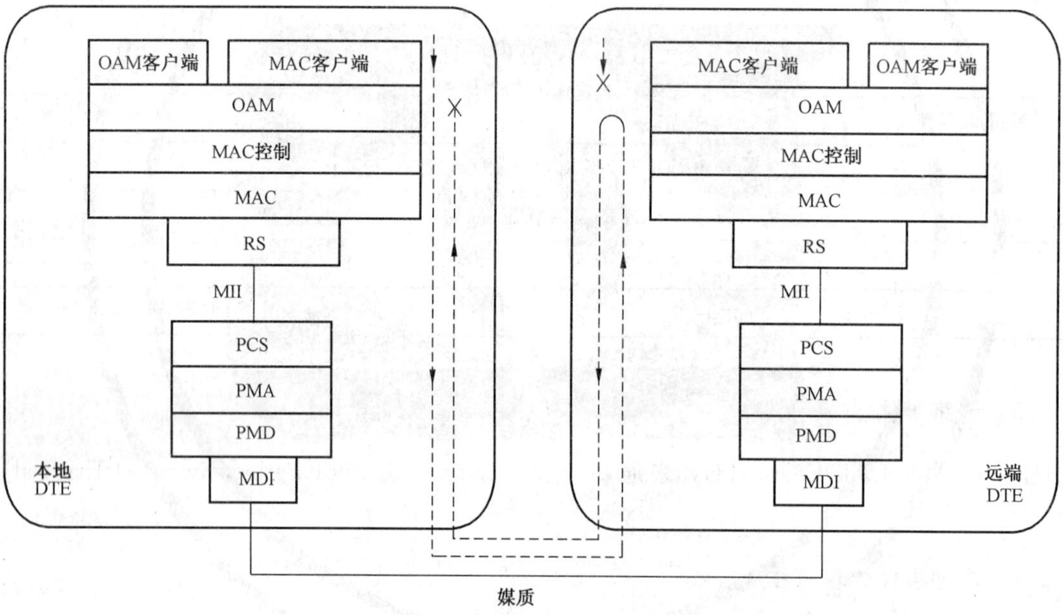


图 E. 3 OAM 远端环回

#### E. 2. 11. 2 初始化 OAM 远端环回

为了初始化 OAM 远端环回，本地 OAM Client 通过 OAM_CTL. request 服务原语将 local_mux_action 参数和 local_par_action 参数置为 DISCARD。本地 OAM Client 发送携带 Enable OAM Remote Lookback 命令的 Loopback Control OAMPDU。远端 OAM Client 收到 Loopback Control OAMPDU 后，首先将它的 local_par_action 参数置为 LB 并通过 OAM_CTL. request 服务原语将它的 local_mux_action 参数置为 DISCARD，然后发送一个 Information OAMPDU 来指示其参数状态的更新。本地 OAM Client 收到远端 OAM Client 发送的指示状态已经更新的 Information OAMPDU 后，会将 local_mux_action 置为 FWD。

如果 OAM Client 已经发送了 Loopback Control OAMPDU 并正在等待来自对端 DTE 的指示已处于远端 OAM 环回模式的响应 Information OAMPDU，同时又收到对端发来的 OAM 远程环回命令，则推荐采用以下规则：

a) 如果本地 DTE 的 source_address 比对端的高(higher)，则本地 DTE 在接收到对端命令后应进入 OAM 远端环回模式；

b) 如果本地 DTE 的 source_address 比对端的低(lower)，则本地 DTE 不处理对端发来的 OAM 远端环回命令。

如果不遵循以上原则，则两端 OAM Client 可能会同时发送 OAM 远端环回命令并导致不确定的结果。

#### E.2.11.3 OAM 远端环回期间

当处于 OAM 远端环回模式时：

a) 本地 DTE 从 MAC Client 发送帧并从 OAM Client 或 OAM 子层发送 OAMPDU；

b) 在远端 OAM 子层实体中，每个非 OAMPDU(包括其他 Slow Protocol 帧)不做任何改变就进行环回；

c) 远端 DTE 收到的 OAMPDU 被送至远端 OAM Client；

d) 为了使 Discovery 流程不处于重起状态，两端 DTE 都应向对端发送 OAMPDU，也可以向对端发送其他 OAMPDU；

e) 本地 DTE 收到的帧由 OAM 子层进行解析，OAMPDU 送至 OAM Client 而其他所有的帧都将被丢弃。

#### E.2.11.4 退出 OAM 远端环回

当本地 DTE 期望结束 OAM 远端环回测试时，本地 OAM Client 将自己的 loacal_mux_action 参数置为 DISCARD，并发送携带 Disable OAM Remote Loopback 命令的 Lookback Control OAMPDU。远端 OAM Client 收到携带 Disable OAM Remote Loopback 命令的 Lookback Control OAMPDU 后，首先通过 OAM_CTL. request 服务原语将自己的 local_par_action 和 local_mux_action 参数置为 FWD，然后发送指示参数更新的 Information OAMPDU。收到指示 local_par_action 和 local_mux_action 参数置为 FWD 的 Information OAMPDU 后，本地 OAM Client 也通过 OAM_CTL. request 服务原语将自己的 local_par_action 和 local_mux_action 参数置为 FWD。远端 Parser 继续处理接收到的非 OAMPDU 并向上送至 MAC Client，而本地 Multiplexer 继续转发来自本地 MAC Client 的所有帧。

#### E.2.11.5 OAM 远端环回期间的 OAMPDU 丢失

在 OAM 远端环回测试之前、期间或之后都有可能会丢失 OAMPDU。丢失 Lookback Control OAMPDU 和 Information OAMPDU 会对 OAM 远端环回的运行造成特殊影响。通过检查所有接收到的 Information OAMPDU，本地 OAM Client 可以确认远端 OAM Client 是否已经收到 Lookback Control OAMPDU。因为要连续发送 Information OAMPDU 以保证 Discovery 流程不处于重起状态，所以偶尔丢失一个 Information OAMPDU 不会严重影响 OAM 远端环回模式的运行。

#### E.2.11.6 OAM 远端环回期间的帧丢失

当链路处于 OAM 远端环回模式时，远端 OAM 子层实体不应发送 MAC Client 帧。根据远端 DTE 对 OAM 环回的实现方式，不是所有接收到的帧都会被环回至本地 DTE。本地和远端 DTE 之间的时钟差异是导致帧丢失的原因之一，因为帧发送速率和接收速率之间的差值会使任一端 DTE 的缓存区溢出。传输中发生错误的帧将被接收帧的 MAC 子层丢弃。远端 DTE 插入的 OAMPDU 也会影响环回帧的可用带宽。在确定 OAM 远程环回模式下的帧发送速率时，应考虑拓扑结构(如点到点仿真、不对称链路等)。当双向链路的数据速率不对称时，如果接收带宽小于发送带宽则会发生帧丢失。

应统计被远端 DTE 的 OAM 子层丢弃的环回帧的数目，这可区分帧丢失是由链路错误造成还是被 OAM 子层丢弃，从而有助于检测链路运行状况。

#### E.2.11.7 OAM 远端环回的定时考虑

为了使 OAM 远端环回操作更有效率，应严格限制远端 OAM Client 收到 Lookback Control OAMPDU 后的响应时间。

为了保证正确的操作，在收到携带 Enable OAM Remote Loopback 命令的 Lookback Control OAMPDU 之后 1s 内，OAM Client 应进行以下操作：

a） 通过 OAM_CTL.request 服务原语将 local_par_action 参数置为 LB，local_mux_action 参数置为 DISCARD；
b） 发送 Information OAMPDU。

为了保证正确的操作，在收到携带 Disable OAM Remote Loopback 命令的 Lookback Control OAMPDU 之后 1s 内，OAM Client 应进行以下操作：

a） 通过 OAM_CTL.request 服务原语将 local_par_action 参数和 local_mux_action 参数置为 FWD；
b） 发送 Information OAMPDU。

在远端 OAM Client 发送指示 local_par_action 参数已经改变的 Information OAMPDU 之前，远端 MAC Client 可能会发送帧，这些远端 MAC Client 帧将被本地 DTE 丢弃。

### E.2.12 单向 OAM 操作

当链路的一个方向无法运行并传送数据时，OAM 应提供一种基于 OAMPDU 的机制来通知远端 DTE。出于诊断目的的链路单向运行能力可帮助实现错误检测与通知等维护工作。

一些物理层设备可支持单向 OAM 操作。当链路处于单向 OAM 模式时，OAM 子层应保证仅向链路发送 Information OAMPDU，该 OAMPDU 携带了 Link Fault critical link event 指示但没有 Information TLV，且每秒发送一个。

## E.3 具体功能描述和状态图

### E.3.1 概述

如图 E.2 所示，OAM 子层具有以下功能：

a） Multiplexer：该功能负责将来自高层（如 MAC Client 子层）的帧、来自 Control 功能模块的 OAMPDU 和来自 Parser 的环回帧发送到下层（如 MAC 子层）；
b） Parser：该功能区分 OAMPDU、MAC Client 帧和环回帧并将它们发送至相应的实体，分别是 Control、高层和 Multiplexer；
c） Control：该功能负责提供 OAM Client 实体和功能与 OAM 子层间的内部接口。它包括 Discovery 流程，负责发现远端 DTE OAM 功能的存在和能力，还包括 Transmit 流程，负责控制 OAMPDU 到 Multiplexer 功能模块的发送，以及一组 Receive 规则，负责控制 OAMPDU 的接收。

### E.3.2 状态图变量

#### E.3.2.1 常量

OAM_subtype

该常量表示 OAMPDU 的 Subtype 域的值。

Slow_Protocols_Multicast
该常量表示 Slow Protocols Multicast Address 值。

Slow_Protocols_Type
该常量表示 Slow Protocols Length/Type 域的值。

### E.3.2.2 变量

BEGIN
描述:该变量可复位 OAM 功能。
取值:TRUE,当 OAM 子层复位或 local_oam_enable 置为 DISABLE 时;
FALSE,当(重)初始化完成和 local_oam_enable 置为 ENABLE 时。

ind_DA
ind_SA
ind_mac_service_data_unit
ind_reception_status
描述:MA_DATA.indication 服务原语的参数。

ind_subtype
描述:Slow Protocol 帧中 Length/Type 域后的字节的值。
取值:整型

local_critical_event
描述:OAM_CTL.request 服务原语的参数,指示 DTE 经过了一个不期望的严重事件状态。
取值:FALSE,表示严重事件没有发生;
TRUE,表示严重事件已经发生。

local_dying_gasp
描述:OAM_CTL.request 服务原语的参数,指示 DTE 经过了一个不可恢复的错误状态。
取值:FALSE,表示不可恢复的本地错误没有发生;
TRUE,表示不可恢复的本地错误已经发生。

local_link_status
描述:OAM_CTL.request 服务原语的参数,指示已经建立链路的状态。
取值:FAIL,表示存在链路故障;
OK,表示无链路故障。

local_lost_link_timer_done
描述:OAM_CTL.indication 服务原语的参数,用于指示 local_lost_link_timer 已经超时。
取值:TRUE,表示 local_lost_link_timer 已经超时;
FALSE,表示 local_lost_link_timer 没有超时。

local_mux_action

OAM_CTL. request

描述:OAM_CTL. request 服务原语的参数,负责控制通过 Multiplexer 功能模块的来自 MAC Client 的帧。

取值:FWD,表示 Multiplexer 将 MAC Client 帧发送至下层;

DISCARD,表示 Multiplexer 丢弃 MAC Client 帧。

local_oam_enable

描述:用于激活/去激活 OAM 子层实体。

取值:DISABLE,表示接口不使用 OAM 子层功能;

ENABLE,表示接口使用 OAM 子层功能。

local_oam_mode

描述:用于配置 OAM 子层实体处于主动(Active)或被动(Passive)模式。

取值:PASSIVE,表示 OAM 子层实体配置为被动模式;

ACTIVE,表示 OAM 子层实体配置为主动模式。

local_par_action

描述:OAM_CTL. request 服务原语的参数,负责控制通过 Paser 功能模块的非 OAMPDU 流。

取值:FWD,表示 Parser 把接收到的非 OAMPDU 发送至上层;

LB,表示在远端环回测试中 Paser 将接收到的非 OAMPDU 发送至 Multiplexer;

DISCARD,表示 Parser 丢弃接收到的非 OAMPDU。

local_pdu

描述:作为 Discovery 流程的一部分用于控制 OAMPDU 的发送和接收。

取值:LF_INFO,表示只允许发送携带 Link Fault critical link event set 但没有 Information TLV 的 Information OAMPDU,并且置允许接收 Information OAMPDU;

PX_INFO,表示不允许发送任何 OAMPDU,并且只允许接收 Information OAMPDU;

INFO,表示只允许发送和接收 Information OAMPDU;

ANY,表示可以发送和接收任何允许的 OAMPDU。

local_satisfied

描述:OAM_CTL. request 服务原语的参数,指示 OAM Client 发现本地和远端 OAM 配置一致。

取值:FALSE,表示任一端的 OAM Client 没有发现或不满意本地和远端设置;

TRUE,表示 OAM Client 满意本地和远端设置。

local_stable

描述:由 Discovery 状态图设置的一个变量,用于指示本地 OAM Client 知道和满意远端 OAM 状态信息。

取值:FALSE,指示本地 DTE 没有发现或不满意远端状态信息;

TRUE,指示本地 DTE 已经发现并满意远端状态信息。

local_unidirectional

描述:OAM_CTL. request 服务原语的一个参数,指示链路接收方向不可操作时 DTE 可以发送 OAMPDU。

取值:FALSE,表示当接收通道不可操作时 DTE 不能发送 OAMPDU;

TRUE,表示当接收通道不可操作时 DTE 可以发送 OAMPDU。

pdu_req

描述:表示 OAMPDU 的发送请求,用在 Transmit 状态图中。

取值:NONE,表示无 OAMPDU. request;

CRITICAL,表示携带一个或多个 critical link event OAM_CTL. request 参数集(local_dying_gasp,local_link_status,local_critical_event)的 OAMPDU. request;

NORMAL,表示不携带 critical link event 集的 OAMPDU. request。

remote_stable

描述:OAM_CTL. request 服务原语的参数。OAM Client 从接收到的 OAMPDU 中提取远端状态信息,该参数用于指示远端 OAM Clien 知道并满意本地 OAM 状态信息。

取值:FALSE,指示远端 DTE 没有发现或不满意本地状态信息;

TRUE,指示远端 DTE 已经发现并满意本地状态信息。

remote_state_valid

描述:OAM_CTL. request 服务原语的参数,用于指示 OAM Client 已经从 Local Information TLV 或接收到的 Information OAMPDU 中收到远端状态信息。

取值:FALSE,指示 OAM Client 没有发现远端状态信息;

TRUE,指示 OAM Client 已经发现远端状态信息。

req_DA

req_SA

req_mac_service_data_unit

req_frame_check_sequence

描述:MA_DATA. request 服务原语的参数。

#### E.3.2.3 消息

CTL:OAMI. indication

描述:该服务原语用于将接收到的具有特定参数的帧发送至内部 OAM 功能模块。

CTL:OAMI. request

LBF:OAMI. request

描述:该服务原语用于发送具有特定参数的帧。

MAC:MA_DATA. indication

MCF:MA_DATA. indication

描述:该服务原语用于将接收到的具有特定参数的帧发送至 Client。

MAC:MA_DATA. request

MCF:MA_DATA. request

描述:该服务原语用于发送具有特定参数的帧。

MADI

描述:MA_DATA. indication(ind_DA,ind_SA,ind_mac_service_data_unit,ind_reception_status)的缩写。

MADR

描述:MA_DATA. request(req_DA,req_SA,req_mac_service_data_unit,req_frame_check_sequence)的缩写。

OAMII

描述:OAMI. indication(DA, SA, oam_service_data_unit, frame_check_sequence, reception_status)的缩写。

OAMIR

描述:OAMI. request(DA,SA,oam_service_data_unit,frame_check_sequence)的缩写。

RxOAMPDU

描述:ind_DA = Slow_Protocols_Multicast * ind_Length/Type = Slow_Protocols_Type * ind_subtype = OAM_subtype 的缩写。

rxOK

描述:ind_reception_status = receiveOK 的缩写。

valid_pdu_req

描述:(local_pdu≠RX_INFO * pdu_req=NORMAL * pdu_cnt≠0)+(local_pdu=ANY * pdu_req=CRITICAL)的缩写。

#### E.3.2.4 计数器

pdu_cnt

描述:该计数器用于限制每秒发送 OAMPDU 的数量并保证在 Transmit 状态图中每秒至少发送一个 OAMPDU。

#### E.3.2.5 定时器

local_lost_link_timer

描述:用于复位 Discovery 状态图。

周期:5s±0.5 s

pdu_timer

描述:用于保证 OAM 子层符合每秒发送 OAMPDU 最大数量要求并且每秒至少发送一个 OAMPDU。

周期:1s±0.1 s

### E.3.3 Control

#### E.3.3.1 概述

Control 功能模块提供与 OAM Client 的接口，该接口对于发送和接收 OAMPDU 以及传送控制和状态参数是应的。Control 功能模块还包含促使链路建立 OAM 的 Discovery 流程，以及控制 OAMPDU 发送至 Multiplexer 模块的 Transmit 流程，另外还包含控制 OAMPDU 接收的规程。

#### E.3.3.2 OAM Discovery

##### E.3.3.2.1 状态图

OAM 提供了发现远端 DTE OAM 子层功能的一种机制，即 Discovey 流程。OAM 子层实体应实现图 E.4 所示的 OAM Discovery 状态图。

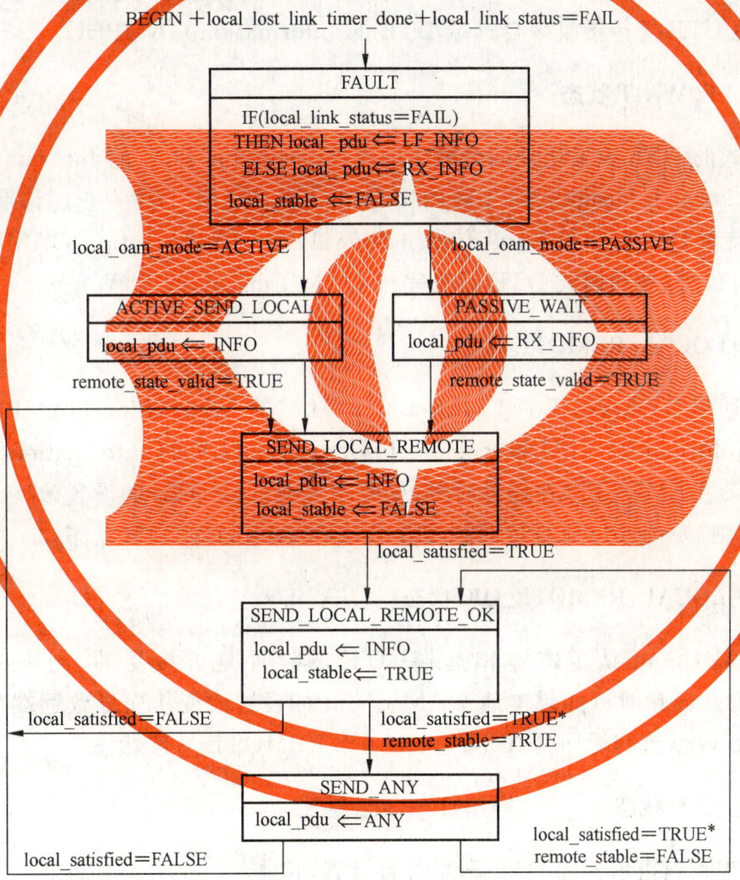


图 E.4 OAM Discovery 状态图

OAM 子层在每个状态周期性的发送特定 OAMPDU，通常每秒一次。

当 local_pdu 置为 LF_INFO 时，OAM 子层发送 Flags 域置 Link Fault 比特且无任何 Information TLV 的 Information OAMPDU。当 local_pdu 置为 RX_INFO 时，OAM 子层不发送任何 OAMPDU。当 local_pdu 置为 INFO 时，只发送 Information OAMPDU。当 local_pdu 置为 ANY 时，可发送任何允许的 OAMPDU。

#### E.3.3.2.2 FAULT 状态

当进入 FAULT 状态时，应根据 local_link_status 值设置 local_pdu。如果 local_link_status 置为 FAIL，则 local_pdu 置为 LF_INFO，否则置为 RX_INFO，而 local_stable 置为 FALSE。当 local_link_status 置为 FAIL 时，DTE 应保持此状态向远端 DTE 指示链路故障。这可通过每秒一次发送 Flags 域置 Link Fault 比特且数据域无任何 Information TLV 的 Information OAMPDU 来实现。某些物理编码子层可支持 Information OAMPDU 的单向传输。

如果 OAM 被复位、去激活、local_lost_link_timer 超时或 local_link_status 为 FAIL，Discovery 流程返回 FAULT 状态。

#### E.3.3.2.3 ACTIVE_SEND_LOCAL 状态

当 local_link_status 置为 OK 时，DTE 应评估 local_oam_mode。配置为主动模式的 DTE 应发送仅包含 Local Information TLV 的 Information OAMPDU，该状态称为 ACTIVE_SEND_LOCAL。当处于该状态时，本地 DTE 等待接收来自远端 DTE 的 Information OAMPDU。

#### E.3.3.2.4 PASSIVE_WAIT 状态

配置为被动模式的 DTE 在发送任何带有 Local Information TLV 的 Information OAMPDU 前应等待直到收到带有 Local Information TLV 的 Information OAMPDU 为止。该状态称为 PASSIVE_WAIT。因为应等待直到收到带有 Local Information TLV 的 Information OAMPDU，所以当连接到另一个被动模式 DTE 时，被动模式 DTE 无法完成 OAM Ddiscovery 流程。

#### E.3.3.2.5 SEND_LOCAL_REMOTE 状态

当接收到来自远端 DTE 带有 Local Information TLV 的 Information OAMPDU 时，本地 DTE 开始发送包含 Local Information TLV 和 Remote Information TLV 的 Information OAMPDU。该状态称为 SEND_LOCAL_REMOTE。在任意时刻，如果本地或远端 DTE 的设置改变从而导致本地 OAM Client 不满意设置，则 Discovery 流程返回到 SEND_LOCAL_REMOTE 状态。

#### E.3.3.2.6 SEND_LOCAL_REMOTE_OK 状态

如果本地 OAM Client 认定本地和远端 DTE 的设置是可接受的，则进入 SEND_LOCAL_REMOTE_OK 状态。任意时刻如果本地 OAM Client 的设置改变从而导致远端 OAM Client 不满意设置，则 OAM Discovery 流程返回到 SEND_LOCAL_REMOTE_OK 状态。

#### E.3.3.2.7 SEND_ANY 状态

当 OAMPDU 接收到指示远端 DTE 满意各自设置时，本地 DTE 进入 SEND_ANY 状态。在全操作链路上这是 OAM 期待的正常操作状态。

#### E.3.3.2.8 发送 Discovery 状态至对端

Flag 域的 Local Stable 和 Local Evaluating 比特将本地 Discovery 流程的状态传至对端。当 OAM Discovery 流程开始时，本地 DTE 通过将 Local Stable 比特置为 0 和 Local Evaluating 比特置为 1，指示 OAM Discovery 流程没有完成。

在发现远端 DTE 设置后，如果本地 OAM Client 不满意远端设置，则将 Local Stable 比特和 Local Evaluating 比特置为 0 来指示 Discovery 流程不能成功完成。如果满意对端设置，则本地 DTE 将 Local Stable 比特置为 1 和 Local Evaluating 比特置为 0 来指示本地 OAM Client 满意对端设置。

当 Local Stable 置为 1,Local Evaluating 置为 0,而 Remote Stable 置为 1,Remote Evaluating 置为 0 时,指示双方 OAM Client 都满意对端设置,OAM Discovery 流程成功完成且 local_pdu 置为 SEND_ANY。

#### E.3.3.3 Transmit

##### E.3.3.3.1 状态图

OAM 子层实体应实现图 E.5 所示的 Transmit 状态图。

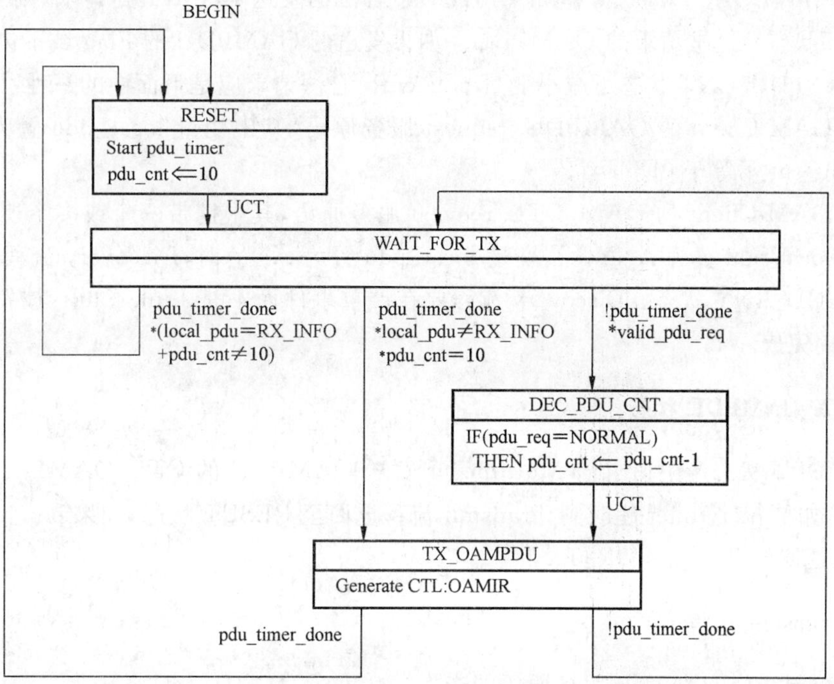


图 E.5 Transmit 状态图

##### E.3.3.3.2 RESET 状态

初始化时进入 RESET 状态,并启动一个 1s 的计时器 pdu_timer。变量 pdu_cnt 被 10 重置,10 是每秒可发送 OAMPDU 的最大数目。RESET 状态之后进入 WAIT_FOR_TX 状态。

##### E.3.3.3.3 WAIT_FOR_TX 状态

当处于 WAIT_FOR_TX 状态时,Transmit 流程等待下面三种情况之一的发生:

a) pdu_timer 超时

前 1 s 内发送一个或多个 OAMPDU;

前 1 s 内没有发送任何 OAMPDU 并且没有任何合法的未判定的发送 OAMPDU 请求。

b) 发送 OAMPDU 的合法请求出现。

##### E.3.3.3.4 pdu_timer 超时

当处于 WAIT_FOR_TX 状态时,如果 pdu_timer 超时并且在前 1s 内发送了一个或多个 OAMPDU,则 transmit 流程转移到 RESET 状态。但如果 pdu_timer 超时并且在前 1 s 内没有发送

OAMPDU,也没有发送 OAMPDU 的合法请求出现,则 Transmit 流程转移到发送 Information OAMPDU 的 TX_OAMPDU 状态。这防止 Discovery 流程发生重起。如果 local_pdu 置为 LF_INFO,则 Transmit 流程应保证 Information OAMPDU 的 Flag 域置 Link Fault 比特,数据域没有 Information TLV。

如果 OAM 子层实体配置成不发送任何 OAMPDU,如变量 local_pdu 置为 RX_INFO,则 Transmit 功能模块将通过返回至 RESET 状态来重起。

#### E.3.3.3.5 发送 OAMPDU 的合法请求

当处于 WAIT_FOR_TX 状态时,如果出现一个合法的发送 OAMPDU 请求,则 Transmit 流程在 TX_OAMPDU 状态发送被请求的 OAMPDU。如果发送的 OAMPDU 的 Flag 域不包含任何严重链路事件,则在 DEC_PDU_CNT 状态下减小变量 pdu_cnt。合法请求应是下面中的一种:

a) 来自 OAM Client 的 OAMPDU.request 服务原语,其中变量 local_pdu 置为 INFO 或 ANY 且 pdu_cnt 不等于 0;
b) 来自 OAM Client 的 OAM_CTL.request 服务原语,其中携带一个或多个严重事件参数集且变量 local_pdu 置为 ANY。当变量 local_pdu 置为 ANY 时,Discovery 流程已经完成并且处于 SEND_ANY 状态。Discovery 流程要在严重事件而不是 Link Fault,被发送到对端 OAM 实体前完成。

#### E.3.3.3.6 TX_OAMPDU 状态

TX_OAMDPU 状态产生请求向 Multiplexer 发送 OAMPDU 的 CTL:OAMI.request 服务原语。该请求产生后,如果 pdu_timer 超时则 Transmit 流程返回至 RESET 状态,如果 pdu_timer 没有超时则 Transmit 流程返回至 WAIT_FOR_TX 状态。

#### E.3.3.3.7 Transmit 规程

以下规程控制 CTL:OAMIR 服务原语的产生:

a) 当 local_pdu 置为 LF_INFO 时,只能产生 Flag 域置 Link Fault 比特且没有 Information TLV 的 Information OAMPDU;
b) 当 local_pdu 置为 RX_INFO 时,不应产生 CTL:OAMIR 服务原语;
c) 当 local_pdu 置为 INFO 时,只能产生 Information OAMPDU;
d) 当 local_pdu 置为 ANY 时:
   - 带有一个或多个严重链路事件参数集的 OAM_CTL.request 服务原语应产生一个 CTL:OAMIR 服务原语,并请求发送 Flag 域置相应比特的 Information OAMPDU;
   - OAMPDU.request 服务原语应产生一个 CTL:OAMIR 服务原语,并请求发送特殊的 OAMPDU。

#### E.3.3.3.8 Receive 规程

CTL:OAMII 服务原语指示接收到一个 OAMPDU 并根据下面的规程轮流向 OAM Client 实体产生 OAMPDU.indication 服务原语:

a) 当 local_pdu 不置为 ANY 时,应将 Information OAMPDU 发送至 OAM Client 并丢弃非 Information OAMPDU。
b) 当 local_pdu 置为 ANY 时,应将所有的 OAMPDU(包括不知道编码域的 OAMPDU)发送至 OAM Client。期望 OAM Client 忽略不知道或不支持 OAMPDU。

## E.3.4 Multiplexer

### E.3.4.1 流程图

OAM 子层应实现图 E.6 所示的 Multiplexer 流程图。

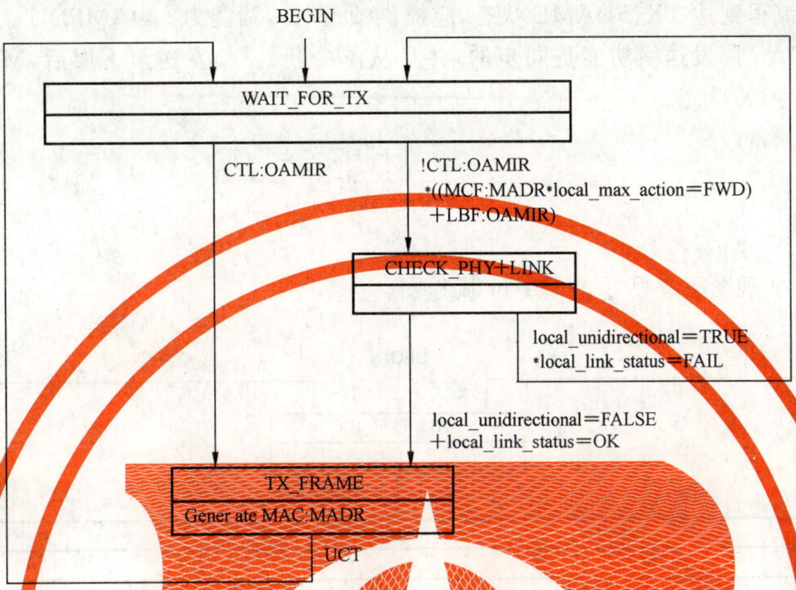


**图 E.6 Multiplexer 流程图**

### E.3.4.2 WAIT_FOR_TX 状态

#### E.3.4.2.1 概述

初始化时进入 WAIT_FOR_TX 状态。当处于 WAIT_FOR_TX 状态时，Multiplexer 等待下面两种状态之一的发生：

a) 出现合法的 OAMPDU 发送请求；

b) 转发 MAC Client 帧或从 Parser 环回帧的合法请求。

#### E.3.4.2.2 合法的 OAMPDU 发送请求

当处于 WAIT_FOR_TX 状态时，如果出现 OAMPDU 发送请求，则 Multiplexer 功能模块在 TX_FRAME 状态发送被请求 OAMPDU。

#### E.3.4.2.3 合法的转发或环回帧请求

当处于 WAIT_FOR_TX 状态时，如果出现合法的转发或环回帧请求而没有 OAMPDU 发送请求，则 Multiplexer 将检查物理层的状态和单向配置（在 CHECK_PHY＋LINK 状态下），或者在 TX_FRAME 状态下发送帧或者返回 WAIT_FOR_TX 状态。

转发来自上层的帧的合法请求由变量 MCF:MADR 指示，和帧变量 local_mux_action 置为 FWD 时一样 Multiplexer 将对帧进行转发。从 Parser 功能模块环回帧的请求由变量 LBF:OAMIR 指示。当任一请求发生时，为了在 TX_FRAM 状态下发送帧至下层，变量 local_unidirectional 应置为 FALSE 或变量 local_link_status 置为 OK。因为在单向链路上只能发送带有 Link Fault critical link event indication set 且无 Information TLV 的 Information OAMPDU，所以应对链路状态进行评估以确保不支持可选单向 OAM 能力的设备能进行相同动作。当 local_link_status 为 OK 时，不必考虑单向 OAM 能力或设置都将发送 MAC Client 帧。

#### E.3.4.3 TX_FRAME 状态

Multiplexer 流程到达 TX_FRAME 状态，应提供帧透明传输能力。OAMPDU 的发送不应影响底层帧的发送(如 MAC 层发送帧功能是同步的，并且从不中断)。帧发送至下层后，Multiplexer 流程返回至 WAIT_FOR_TX 状态。

### E.3.5 Parser

#### E.3.5.1 流程图

OAM 子层应实现图 E.7 所示的 Parser 流程图。

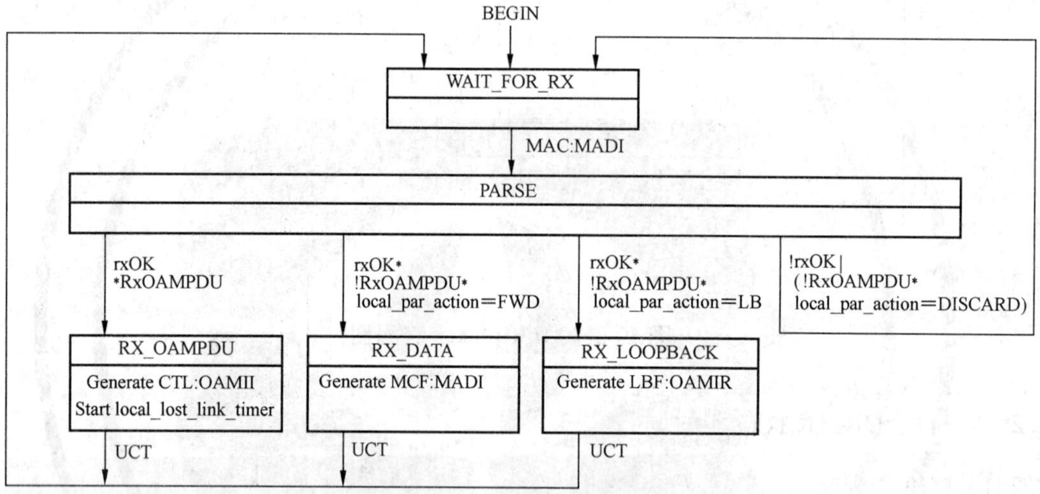


图 E.7 Parser 流程图

Parser 对从下层收到的帧进行解码，将 OAMPDU 送至 Control 功能模块，MAC Client 帧送至高层，而环回帧送至 Multiplexer 功能模块。复位后，Parser 功能模块进入 WAIT_FOR_RX 状态。当产生 MAC:MADI 服务原语时，应检测帧的接收。当接收帧时，Parser 功能模块进入 PARSE 状态。

#### E.3.5.2 OAMPDU 的接收

当判定收到的帧是 OAMPDU 时进入 RX_OAMPDU 状态。收到的 OAMPDU 通过 CTL:OAMII 服务原语被送至 OAM Control 功能模块。根据接收规程，OAM Control 功能模块会将收到的 OAMPDU 送至 OAM Client。此外，local_lost_link_timer 被复位，Parser 功能模块返回到 WAIT_FOR_RX 状态。

#### E.3.5.3 非 non-OAMPDU 的接收

根据 local_par_action 参数设置来处理收到的非 OAMPDU。

##### E.3.5.3.1 FWD 模式下非 OAMPDU 的接收

当判定收到的帧不是 OAMPDU 并且 local_par_action 变量置为 FWD 时，进入 RX_DATA 状态。

收到的帧通过 MCF:MADI 服务原语送至上层。Parser 返回至 WAIT_FOR_RX 状态。

#### E.3.5.3.2 LB 模式下非 OAMPDU 的接收

当判定收到的帧不是 OAMPDU 并且 local_par_action 变量置为 LB 时,进入 RX_LOOPBACK 状态。收到的帧通过 LBF:OAMIR 服务原语送至 Multiplexer 功能模块并环回到远端 DTE。帧送至 Multiplexer 功能模块后,Parser 功能模块返回至 WAIT_FOR_RX 状态。

#### E.3.5.3.3 DISCARD 模式下非 OAMPDU 的接收

如果 local_par_action 参数置为 DISCARD,Parser 功能模块返回至 WAIT_FOR_RX 状态。

## E.4 OAMPDU

### E.4.1 字节排序和表示

所有的 OAMPDU 包含整数个字节。生成 OAMPDU 应遵循以下规则:

——字节发送从上到下;

——字节中的 b0 在左,b7 在右;

——用连续字节表示二进制数时,首先发送有最高有效值的字节;

——用连续字节表示 MAC 地址时,MAC 地址第一个比特值分配到第一个字节的 LSB,MAC 地址的第二个比特值分配到第一字节的 MSB,依此类推。

对 OAMPDU 进行编码时,b0 是 LSB。

OAMPDU 的 OUI(Organizationally Unique Identifier)域的比特/字节排序和 DA/SA 的 OUI 比特/字节排序一致。OUI 格式的具体规定见 IEEE 802。

### E.4.2 帧结构

#### E.4.2.1 基本规定

OAMPDU 帧结构如图 E.8 所示。

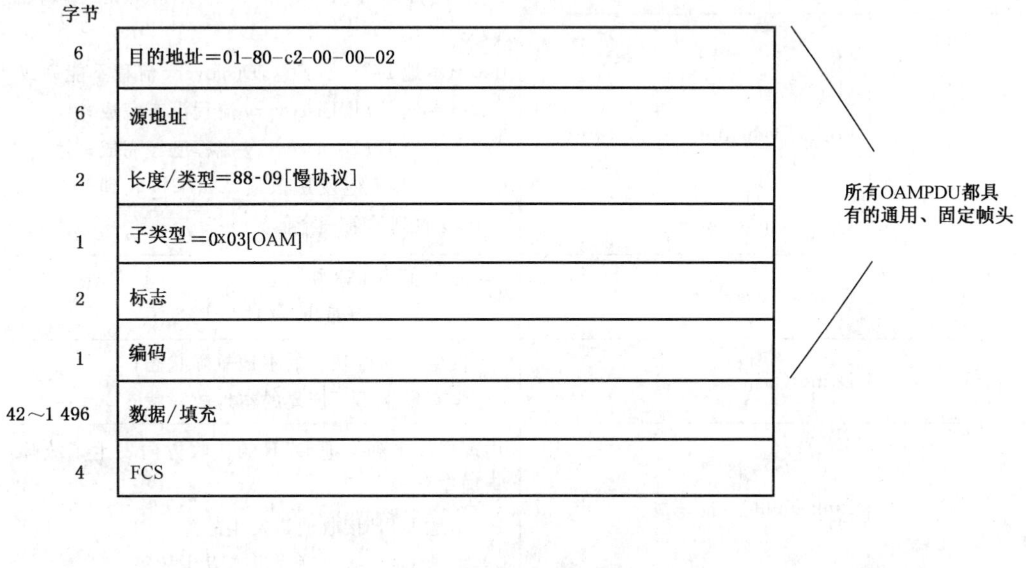


图 E.8 OAMPDU 帧结构

OAMPDU 帧中各域描述如下：

——Destination Address (DA)：OAMPDU 中的 DA 是 Slow_Protocols_Multicast 地址，使用和编码规定见 IEEE 802.3—2008 附录 43B；

——Source Address (SA)：OAMPDU 中的 SA 是独立的 MAC 地址，该地址与发送 OAMPDU 的端口相关联；

——Length/Type：OAMPDU 采用 Type 编码，并且承载 Slow_Protocols_Type 域值，使用和编码规定见 IEEE 802.3—2008 附录 43B；

—— Subtype：Subtype 域标识封装的特定的 Slow Protocol，OAMPDU Subtype 域值为 0x03；

——Flags：Flags 域包含状态比特；

——Code：Code 域标识特定的 OAMPDU；

——Data/Pad：包含 OAMPDU 数据和任何必需的 pad，应至少支持最小帧长（minFrameSize）OAMPDU 的实现；

——FCS：Frame Check Sequence。

### E.4.2.2 Flags 域

Flags 域两个字节的比特独立进行编码，如表 E.3 所示。其他诊断信息可使用 Event Notification OAMPDU 进行发送。

**表 E.3 Flags 域**

<table>
<tr><th>比特</th><th>名称</th><th>描　述</th></tr>
<tr><td>15：7</td><td>Reserved</td><td>预留将来使用，发送 OAMPDU 时 Reserved 比特置为 0，接收时应忽略</td></tr>
<tr><td>6</td><td>Remote Stable</td><td rowspan="2">当 remote_state_valid 置为 TRUE 时，Remote Stable 和 Remote Evaluating 值应是收到来自远端 DTE 的前 Local Stable 和 Local Evaluating 值的复制。否则 Remote Stable 和 Remote Evaluating 应置为 0</td></tr>
<tr><td>5</td><td>Remote Evaluating</td></tr>
<tr><td>4</td><td>Local Stable</td><td rowspan="2">2 比特的 Local Stable 和 Local Evaluating 编码如下：<br>4：3<br>0x0＝本地 DTE 不满意，Discovery 流程不能完成；<br>0x1＝本地 DTE Discovery 流程没有完成；<br>0x2＝本地 DTE Discovery 流程已经完成；<br>0x3＝预留，不应发送该值。如果接收到 0x3，应忽略并且不改变收到的前一个值</td></tr>
<tr><td>3</td><td>Local Evaluating</td></tr>
<tr><td>2</td><td>Critical Event</td><td>1＝发生了严重事件；<br>0 ＝没有发生严重事件</td></tr>
<tr><td>1</td><td>Dying Gasp</td><td>1＝发生了不可恢复的本地故障状态；<br>0＝没有发生不可恢复的本地故障状态</td></tr>
<tr><td>0</td><td>Link Fault</td><td>物理层检测到本地 DTE 的接收方向发生了故障（如链路、物理层）<br>1＝本地 DTE 接收通道发生故障；<br>0＝本地 DTE 接收通道没有发生故障</td></tr>
<tr><td colspan="3">注：特殊故障定义包括 Critical Event、Dying Gasp 和 Link Fault flags 的实现不在本标准规定范围内。</td></tr>
</table>

#### E.4.2.3 Code 域

Code 域的值由 control 功能模块的 transmit 流程设置。OAM Client 对所有它产生的 OAMPDU 的 Code 域值进行设置。如表 E.4 所示。

**表 E.4 Code 域**

| 编码 | OAMPDU | 注释 | 源 |
|---|---|---|---|
| 00 | Information | 本地和远端 OAM 消息通信 | OAM Client/OAM 子层 |
| 01 | Event Notification | 通知远端 DTE 链路事件 | OAM Client |
| 02 | Variable Request | 请求一个或多个特定的 MIB 变量 | OAM Client |
| 03 | Variable Response | 返回一个或多个特定的 MIB 变量 | OAM Client |
| 04 | Lookback Control | 激活/去激活 OAM 远端环回 | OAM Client |
| 05-FD | Reserved | 预留 | OAM Client |
| FE | Organization Specific | 预留用于 Organization Specific Extensions,由 Organizationally Unique Identifier 鉴别 | OAM Client |
| FF | Reserved | 预留 | OAM Client |

### E.4.3 OAMPDU 描述

本地 OAM 子层通过 OAMPDU 与远端 OAM 子层通信。OAMPDU 用特定编码来标识。OAMPDU 格式应兼容 IEEE 802.3 帧。OAMPDU 定义见图 E.8,包含 IEEE 802.3—2008 规定的 Length/Type 域后的 Subtype 域、Flags 域和 Code 域。OAMPDU 中的 Data 域从固定位置开始。不同 OAMPDU 的 Data 域内容不同。所有收到的 OAMPDU(包括具有保留 Code 域值的 OAMPDU)被送至 OAM Client。具有保留 Code 域值的 OAMPDU 不应被发送。

#### E.4.3.1 Information OAMPDU

Information OAMPDU 的编码域值为 0x00,用于将 OAM 状态信息发送至远端 DTE。Information OAMPDU 帧结构如图 E.9 所示。

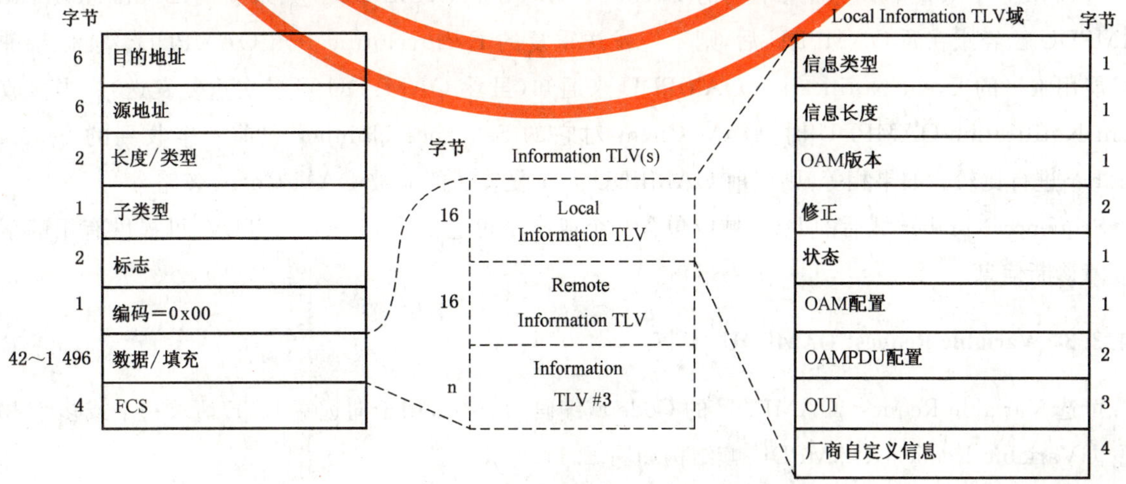


**图 E.9 Information OAMPDU 帧结构**

当 local_pdu 置为 LF_INFO 时,Information OAMPDU Data 域不应有任何 Information TLVs。当 local_pdu 不置为 LF_INFO 时,Information OAMPDU Data 域应包含紧跟 Code 域的 Local Information TLV。此外,如果 Discovery 状态图变量 remote_state_valid 为 TRUE,Data 域也应包含紧跟 Local Information TLV 的 Remote Information TLV,也可以包含其他 Information TLVs。

#### E.4.3.2 Event Notification OAMPDU

可选的 Event Notification OAMPDU 的 Code 域设为 0x01,用于通知远端 DTE 链路事件。Event Notification OAMPDU 帧结构见图 E.10 所示。

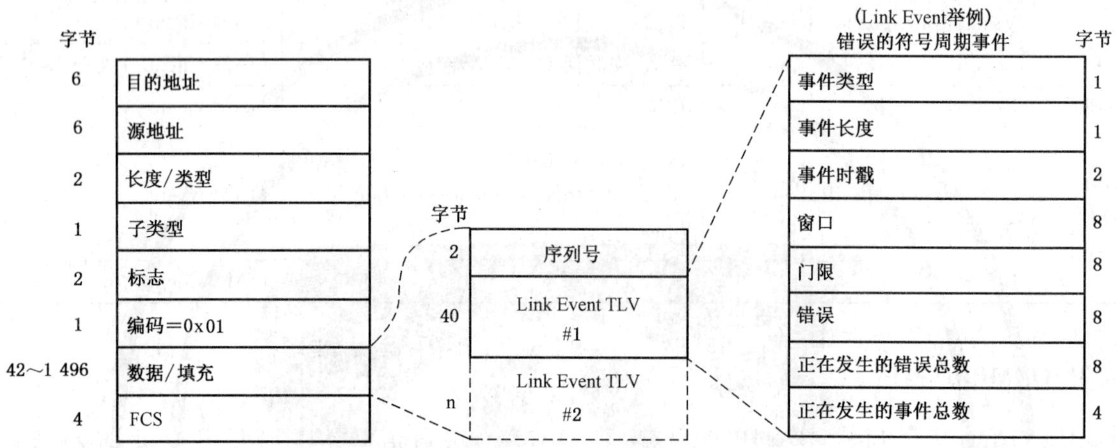


图 E.10 Event Notification OAMPDU 帧结构

Data 域的头两个字节应包含一个类型为 16 比特无符合整型的 Sequence Number。OAM Client 可重复发送 Event Notification OAMPDU 以增强远端 DTE 收到特殊事件通知的机率。OAM Client 每生成一个 Event Notification OAMPDU 就将 Sequence Number 加 1。特殊 Event Notification OAMPDU 可使用相同的 Sequence Number 重复发送多次。建议源 OAMPDU 后重复发送的 Event Notification OAMPDU 不应插入不同的 Event Notification OAMPDU。如果新的 Event Notification OAMPDU 已经跟在源 OAMPDU 后,则不应发送重复的 Event Notification OAMPDU。任何特殊事件只能用唯一的 Event Notification OAMPDU 来通知(虽然 OAMPDU 可多次重复发送)。当接收到 Event Notification OAMPDU 时,OAM Client 对它的 Sequence Number 和前一个收到的 Sequence Number 进行比较。如果相等,则当前 OAMPDU 是重复发送的应被 OAM Client 忽略。

Sequence Number 域后的 Data 域应包含一个或多个可选的 Link Event TLV,可提供有用的事件和故障诊断信息。

#### E.4.3.3 Variable Request OAMPDU

可选 Variable Request OAMPDU 的 Code 域编码为 0x02,用于向远端 DTE 请求一个或多个 MIB 变量。Variable Request OAMPDU 帧结构如图 E.11 所示。

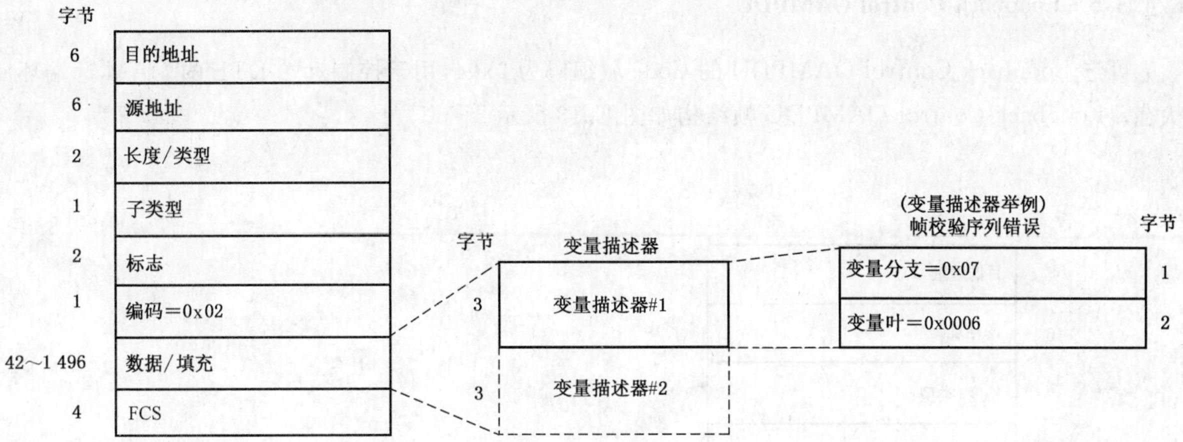


图 E.11　Variable Request OAMPDU 帧结构

Variable Request OAMPDU 的 Data 域应包含一个或多个变量描述。

#### E.4.3.4　Variable Response OAMPDU

可选 Variable Response OAMPDU 的 Code 域编码为 0x03，用于返回一个或多个 MIB 变量。Variable Response OAMPDU 帧结构如图 E.12 所示。

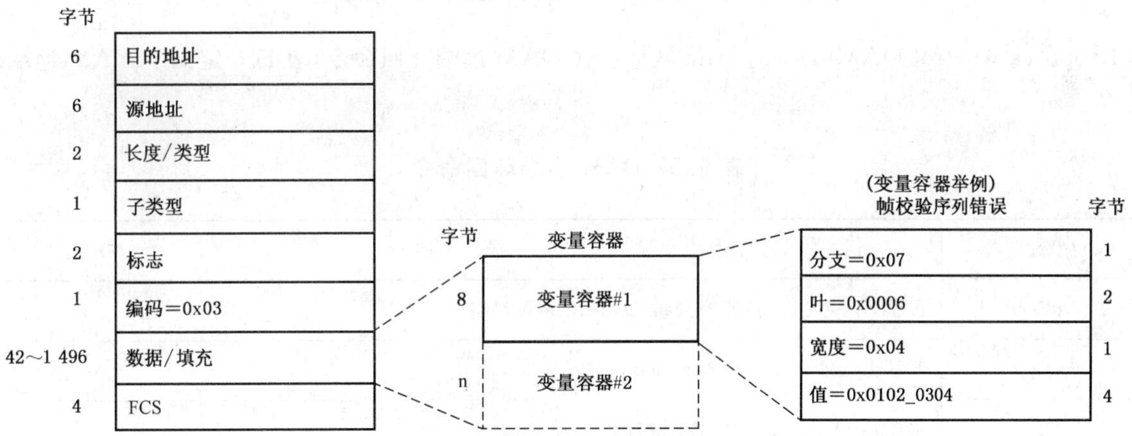


图 E.12　Variable Response OAMPDU 帧结构

Variable Response OAMPDU 的 Data 域应包含一个或多个 Variable Container。OAM Client 收到 Variable Request OAMPDU 后在 1s 内发送 Variable Response OAMPDU。如果 DTE 不能获得一个或多个变量，应在 1s 内进行相应并指示错误。如果 DTE 不能在分组包或对象中获得一个或多个属性，应进行下面其中之一的动作：

——返回与特殊属性对应的 Variable Indication 并返回所有其他要求的变量；

——返回与整个分组包或对象对应的 Variable Indication。

#### E. 4. 3. 5 Loopback Control OAMPDU

可选 Loopback Control OAMPDU 的 Code 域编码为 0x04,用于控制远端 DTE 的 OAM 远端环回状态。Loopback Control OAMPDU 帧结构如图 E. 13 所示。

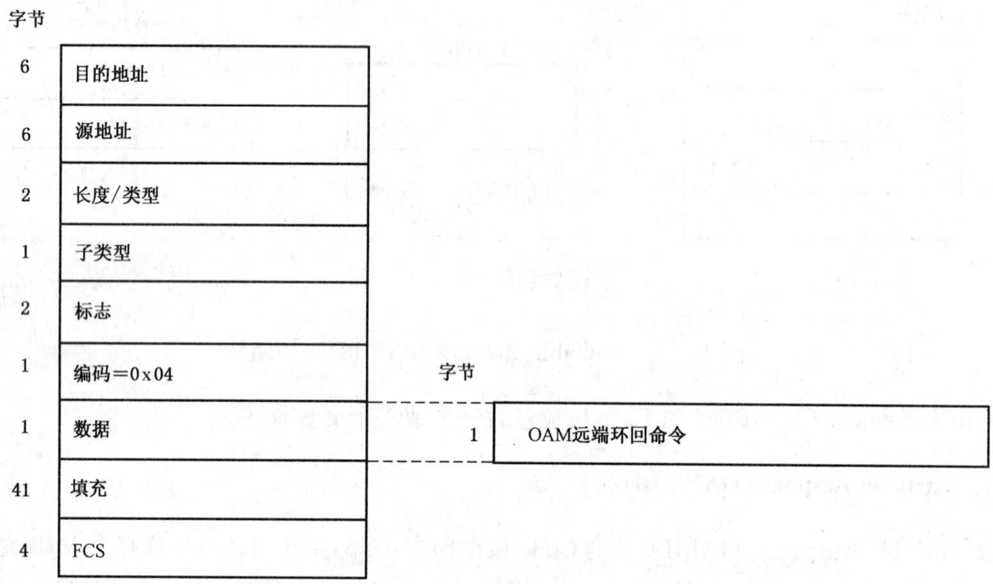


**图 E. 13 Loopback Control OAMPDU 帧结构**

Loopback Control OAMPDU 的 Data 域应包含 OAM 远端环回命令,表 E. 5 定义了 OAM 远端环回命令。

**表 E. 5 OAM 远端环回命令**

| 命令 | 描 述 |
|---|---|
| 0x00 | 预留,不应发送,接收时应被 OAM Client 忽略 |
| 0x01 | 激活 OAM Remote Lookback |
| 0x02 | 去激活 OAM Remote Lookback |
| 0x03-0xFF | 预留,不应发送,接收时应被 OAM Client 忽略 |

#### E. 4. 3. 6 Organization Specific OAMPDU

可选 Organization Specific OAMPDU 的 Code 域编码为 0xFE,用于组织特定扩展。Organization Specific OAMPDU 帧结构如图 E. 14 所示。

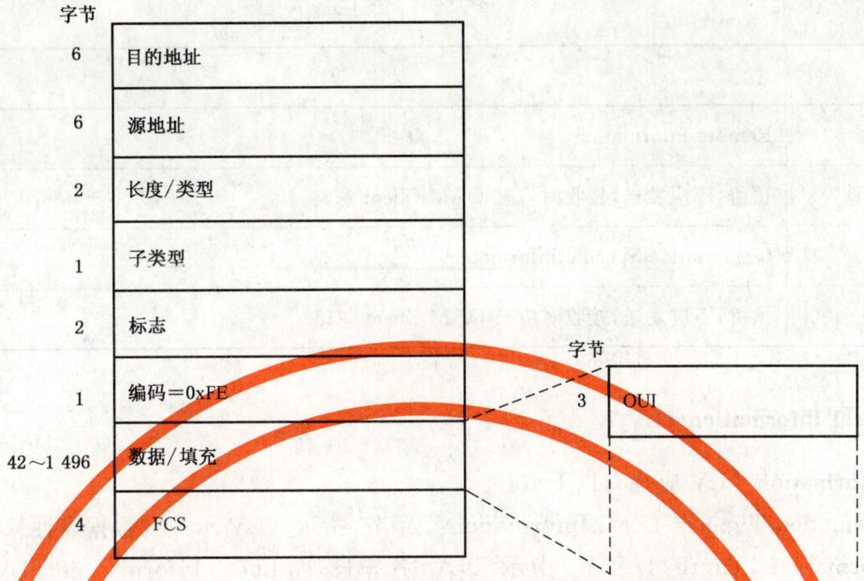


**图 E.14　Organization Specific OAMPDU 帧结构**

Organization Specific OAMPDU Data 域的头 3 个字节应包含 OUI，其他部分的格式和功能由 OUI 值决定，这不在本标准规定范围内。

## E.5　OAM TLV

### E.5.1　解析(Parsing)

OAM Client 对 OAM TLV 进行解析。所有的 OAM TLV 均包含 1 字节的 Type 域和 1 字节的 Length 域。Length 域覆盖了整个 TLV，包括 Type 域和 Length 域。TLV 的处理应遵循以下原则：

——检测到 TLV Type 值为 0x00，则应指示不处理 TLV(Type 值为 0x00 的 TLV 的长度和值可被忽略)；
——Length 域值为 0x00 或 0x01 的 TLV 被视为非法，认为 OAMPDU 无 TLV；
——不认识或不期望类型的 TLV 应被忽略；
——如果 TLV 的长度与 Type 域对应的长度不一致，TLV 和帧中余下部分应被忽略；
——如果 TLV 长度指示 TLV 超出帧(如长度和帧的长度与起始点不符)，则 TLV 应被忽略。

### E.5.2　Information TLVs

#### E.5.2.1　基本定义

Information TLV 位于 Information OAMPDU 中，表 E.6 定义了 Information TLV。

**表 E.6　Information TLV 类型**

| 类型 | 描　述 |
|---|---|
| 0x00 | TLV 结束标志 |
| 0x01 | Local Information |

表 E.6（续）

| 类型 | 描　述 |
|---|---|
| 0x02 | Remote Information |
| 0x03-0xFD | 预留,不应发送,接收时应被 OAM Client 忽略 |
| 0xFE | Organization Specific Information |
| 0xFF | 预留,不应发送,接收时应被 OAM Client 忽略 |

### E.5.2.2 Local Information TLV

Local Information TLV 应具有以下域：

a) Information Type = Local Information:1 字节,指示 TLV 承载的数据属性。

b) Information Length:1 字节,指示 TLV 字节长度,Local Information TLV 长度值为 16 (0x10)。

c) OAM Version:1 字节,指示 DTE 支持的版本号,应包含值 0x01 表示要求兼容协议 Version 1。

d) Revision:2 字节,指示 Information TLV 的当前修订版本。Revision 域值应从 0 开始,每次 Information TLV 改变时该域值增加。当从对端收到 Information TLV 时,OAM Client 可使用该域值来决定是否需要处理(不应处理 Revision 值与前一 Information TLV 一致的 Information TLV,因为域值指示没有任何变化)。

e) State:1 字节,包含 OAM 状态信息,如表 E.7 所示。

f) OAM Configuration:1 字节,包含 OAM 配置变量,如表 E.8 所示。

g) OAMPDU Configuration:2 字节,包含 OAMPDU 配置变量,如表 E.9 所示。

h) OUI:3 字节,包含 24 比特 Organizationally Unique Identifier,如表 E.10 所示。

i) Vendor Specific Information:4 字节,包含 Vendor Specific Information 域,如表 E.11 所示。

表 E.7　State 域

| 比特 | 名称 | 描　述 |
|---|---|---|
| 7：3 | 预留 | 当发送 OAMPDU 时,Local Information TLV 中的预留比特应置为 0,接收时应忽略 |
| 2 | Multiplexer Action | 0=向下层转发非 OAMPDU(local_mux_action = FWD)<br>1=丢弃非 OAMPDU(local_mux_action = DISCARD) |
| 1：0 | Parser Action | 00=向高层转发非 OAMPDU(local_par_action = FWD)<br>01=环回非 OAMPDU 至下层(local_par_action = LB)<br>10=丢弃非 OAMPDU(local_par_action = DISCARD)<br>11=预留,Local Information TLV 不应发送该值,若收到该值应忽略并且不改变收到的上一个值 |

**表 E.8 OAM Configuration 域**

| 比特 | 名称 | 描　述 |
|---|---|---|
| 4 | 变量提取 | 1＝DTE 支持发送 Variable Response OAMPDU<br>0＝DTE 不支持发送 Variable Response OAMPDU |
| 3 | Link Event | 1＝DTE 支持分析 Link Event<br>0＝DTE 不支持分析 Link Event |
| 2 | OAM 远端环回支持 | 1＝DTE 支持 OAM 远端环回模式<br>0＝DTE 不支持 OAM 远端环回模式 |
| 1 | 单向支持 | 1＝当接收通路处于非运行状态时,DTE 可以发送 OAM<br>0＝当接收通路处于非运行状态时,DTE 不可以发送 OAM |
| 0 | OAM 模式 | 1＝DTE 处于主动模式<br>0＝DTE 处于被动模式 |

**表 E.9 OAMPDU Configuration 域**

| 比特 | 名称 | 描　述 |
|---|---|---|
| 15 : 11 | 预留 | 当发送 OAMPDU 时,Local Information TLV 中的预留比特应置为 0,接收时应忽略 |
| 10 : 0 | Maximum OAMPDU Size | 11 比特,表示 DTE 支持的最大 OAMPDU 的字节数。将该值与远端 Maximum PDU Size 进行比较,使用其中较小值。<br>在交换并协商成功 Maximum OAMPDU Size 前,DTE 应发送 minFrameSize OAMPDU。Maximum OAMPDU Size 最小值为 minFrameSize/8,最大值为 maxUntaggedFrameSize。<br>本地 DTE 的最大 OAMPDU 长度和收到的 Information OAMPDU 指示的远端最大 OAMPDU 长度限制了 DTE 发送 OAMPDU。因为各端动态决定所用的最大 OAMPDU 长度,所以协商好一个长度后不应要求 DTE 改变该值 |

**表 E.10 OUI 域**

| 比特 | 名称 | 描　述 |
|---|---|---|
| 23 : 0 | OUI | 24 比特的厂商 Organizationally Unique Identifier |

**表 E.11 Vendor Specific Information 域**

| 比特 | 名称 | 描　述 |
|---|---|---|
| 31 : 0 | Vendor Specific Information | 32 比特标识,可用于区分厂商产品型号和版本 |

#### E.5.2.3 Remote Information TLV

Remote Information TLV 应是前一个收到的 Local Information TLV 的复制，Local Information TLV 来自远端 OAM 并带有期望的 Information Type 域。

#### E.5.2.4 Organization Specific Information TLV

Organization Specific Information TLV 应包含以下各域：

a) Information Type = Organization Specific Information：1 字节，指示 TLV 承载的数据属性；

b) Information Length：1 字节，指示 TLV 的字节长度，Organization Specific Information TLV 的长度未作规定；

c) Organizationally Unique Identifier：3 字节，应包含 24 比特的 Organizationally Unique Identifier（OUI）；

d) Organization Specific Value：指示 Organization Specific Information TLV 的值，该域长度和内容未作规定。

### E.5.3 Link Event TLV

#### E.5.3.1 基本定义

Link Event TLV 在 Event Notification OAMPDU 中，如表 E.12 定义。

表 E.12 Link Event TLV 类型值

| 类型 | 描 述 |
|---|---|
| 0x01 | Errored Symbol Period Event |
| 0x02 | Errored Frame Event |
| 0x03 | Errored Frame Period Event |
| 0x04 | Errored Frame Seconds Summary Event |
| 0x05-0xFD | 预留，不应发送该值，OAM Client 收到该值应忽略 |
| 0xFE | Organization Specific Event |
| 0xFF | 预留，不应发送该值，OAM Client 收到该值应忽略 |

#### E.5.3.2 Errored Symbol Period Event TLV

Errored Symbol Period Event TLV 统计一定时间段内的错误符号数目。时间段的大小由物理层在一个时间间隔内可接收的符号数来决定。当错误符号计数等于或超过规定的门限值时产生该事件报告。

Errored Symbol Period Event TLV 应包含下列域：

a) Event Type = Errored Symbol Period Event：1 字节，指示 TLV 承载的信息属性，该域编码见表 E.12。

b) Event Length：1 字节，指示 TLV 的字节长度，Errored Symbol Period Event 的长度域值为 40（0x28）。

c) Event Time Stamp：2 字节，指示事件产生时的时间参考，时间间隔为 100ms，用 16 比特无符号整型进行编码。

d) Errored Symbol Window：8 字节，指示时间段内的符号数，用 64 比特无符号整型进行编码。
   1) 默认值是物理层每秒的符号数；
   2) 下限是物理层每秒的符号数；
   3) 上限是物理层每分钟的符号数。
e) Errored Symbol Threshold：8 字节，指示事件发生时应大于或等于的一段时间内的错误符号数，用 64 比特无符号整型进行编码。
   1) 默认值是 1 个错误符号；
   2) 下限是 0 个错误符号；
   3) 上限无规定。
f) Errored Symbols：8 字节，指示一定时间段内的错误符号数，用 64 比特无符号整型进行编码。
g) Error Running Total：8 字节，指示从 OAM 子层复位以来的错误符号总数。
h) Event Running Total：4 字节，指示从 OAM 子层复位以来产生的 Errored Symbol Period Event TLV 的总数。

该事件在事件窗口末尾产生，而不是在超过门限时产生。

#### E.5.3.3 Errored Frame Event TLV

Errored Frame Event TLV 统计一定时间段内检测到的误帧数目。统计时间段由时间间隔确定。如果误帧计数等于或大于规定的门限值，应产生误帧事件报告。误帧是指 MAC 子层检测到的传输错误帧，通过 MA_DATA. indication 服务原语的 reception_status 参数进行通信。

Errored Frame Event TLV 应包含以下域：

a) Event Type＝Errored Frame Event：1 字节，指示 TLV 承载的信息属性，该域编码见表 E.12。
b) Event Length：1 字节，指示 TLV 的字节长度，Errored Frame Event 的长度域值为 26(0x1A)。
c) Event Time Stamp：2 字节，指示事件产生时的时间参考，时间间隔为 100ms，用 16 比特无符号整型进行编码。
d) Errored Frame Window：2 字节，指示时间周期，以 100ms 为时间间隔，用 16 比特无符号整型进行编码。
   1) 默认值是 1s；
   2) 下限是 1s；
   3) 上限是 1min。
e) Errored Frame Threshold：4 字节，指示事件发生时应大于或等于的一段时间内检测到的误帧数目，该域用 32 比特无符号整型进行编码。
   1) 默认值是 1 个错误帧；
   2) 下限是 0 个错误帧；
   3) 上限无规定。
f) Errored Frame：4 字节，指示一定时间内检测到的误帧数目，用 32 比特无符号整型进行编码。
g) Error Running Total：8 字节，指示从 OAM 子层复位以来检测到的误帧总数。
h) Event Running Total：4 字节，指示从 OAM 子层复位以来产生的 Errored Frame Event TLV 总数。

该事件在事件窗口末尾产生，而不是在超过门限时产生。

#### E.5.3.4 Errored Frame Period Event TLV

Errored Frame Period Event TLV 统计一定时间段内检测到的误帧数目。统计时间段由接收帧数目来确定。如果误帧数目等于或超过该时间段内规定的门限值则应产生该事件(例如，接收 1 000 000

个帧产生的误帧数大于或等于10)。误帧是指 MAC 子层检测到的传输错误帧,通过 MA_DATA. indication 服务原语的 reception_status 参数进行通信。

Errored Frame Period Event TLV 应包含以下域:

a) Event Type = Errored Frame Period Event:1 字节,指示 TLV 承载信息的属性,该域编码值见表 E.12。

b) Event Length:1 字节,指示 TLV 的字节长度,Errored Frame Period Event 的长度域值为 28 (0x1C)。

c) Event Time Stamp:2 字节,指示事件产生时的时间参考,时间间隔为 100ms,用 16 比特无符号整型进行编码。

d) Errored Frame Window:4 字节,指示时间周期,以帧为单位。该域用 32 比特无符号整型进行编码。

   1) 默认值是物理层在 1 s 内能收到的 minFrameSize 帧数目;
   2) 下限是物理层在 100 ms 内能收到的 minFrameSize 帧数目;
   3) 上限是物理层在 1 min 内能收到的 minFrameSize 帧数目。

e) Errored Frame Threshold:4 字节,指示事件发生时应大于或等于的一段时间内检测到的误帧数目,该域用 32 比特无符号整型进行编码。

   1) 默认值是 1 个错误帧;
   2) 下限是 0 个错误帧;
   3) 上限无规定。

f) Errored Frames:4 字节,指示一定时间内检测到的误帧数目,用 32 比特无符号整型进行编码。

g) Error Running Total:8 字节,指示从 OAM 子层复位以来检测到的误帧总数。

h) Event Running Total:4 字节,指示从 OAM 子层复位以来产生的 Errored Frame Event TLV 总数。

该事件在事件窗口末尾产生,而不是在超过门限时产生。

#### E.5.3.5 Errored Frame Seconds Summary Event TLV

Errored Frame Seconds Summary Event TLV 统计一定时间段内的误帧秒数目。统计时间段由时间间隔确定。如果误帧秒数目大于或等于该时间段内规定的门限值则应产生该事件。误帧秒是指在 1 s 内至少检测到一个误帧。误帧是指 MAC 子层检测到的传输错误帧,通过 MA_DATA. indication 服务原语的 reception_status 参数进行通信。

Errored Frame Seconds Summary Event TLV 应包含以下域:

a) Event Type = Errored Frame Seconds Summary Event:1 字节,指示 TLV 承载信息的属性,该域编码值见表 E.12。

b) Event Length:1 字节,TLV 的字节长度,Errored Frame Seconds Summary Event 的长度域值为 18(0x12)。

c) Event Time Stamp:2 字节,指示事件产生时的时间参考,时间间隔为 100ms,用 16 比特无符号整型进行编码。

d) Errored Frame Seconds Summary Window:2 字节,指示时间周期,以 100ms 为时间间隔,用 16 比特无符号整型进行编码。

   1) 默认值为 60 s;
   2) 下限是 10 s;
   3) 上限是 900 s。

e) Errored Frame Seconds Summary Threshold:2 字节,指示事件发生时应大于或等于的误帧秒

数目,用 16 比特无符号整型进行编码。

1) 默认值是 1 个误帧秒;

2) 下限是 0 个误帧秒;

3) 上限未规定。

f) Errored Frame Seconds Summary:2 字节,指示一定时间内的误帧秒数目,用 16 比特无符号整型进行编码。

g) Error Running Total:4 字节,指示从 OAM 子层复位以来检测到的误帧秒总数。

h) Event Running Total:4 字节,指示从 OAM 子层复位以来检测到的 Errored Frame Seconds Summary Event TLV 总数,用 32 比特无符号整型进行编码。

该事件在事件窗口末尾产生,而不是在超过门限时产生。

#### E.5.3.6 Organization Specific Event TLV

可选的 Organization Specific Event TLV 可用于管理对事件机制定义的扩展。Organization Specific Event TLV 应具有以下域:

a) Event Type = Organization Specific Event:1 字节,指示 TLV 承载的信息属性,该域编码值见表 E.12。

b) Event Length:1 字节,TLV 的字节长度,Organization Specific Event 的长度域值未规定。

c) Organizationally Unique Identifier:3 字节,应包含 24 比特 Organizationally Unique Identifier。

d) Organization Specific Value:该域指示 Organization Specific Value 的值,未规定。

## E.6 变量

### E.6.1 基本定义

使用 Variable Request OAMPDU 和 Variable Response OAMPDU 可查询和返回 MIB 变量。Variable Request OAMPDU 的数据结构称为 Variable Descriptor(见 E.6.2)。OAM Client 可在每个 Variable Request OAMPDU 中请求一个或多个变量。Variable Response OAMPDU 的数据结构称为 Variable Container(见 E.6.3)。每个返回的 Variable Container 应由单一 Variable Response OAMPDU 承载。如果单一 Variable Response OAMPDU 不能承载一个 Variable Container,返回错误码。在返回请求变量时,OAM Client 对收到的每个 Variable Request OAMPDU 至少产生一个或多个 Variable Response OAMPDU。

### E.6.2 Variable Descriptor

Variable Descriptor 用于请求 MIB 属性、对象和分组包,并使用 CMIP 协议进行编码(见 IEEE 802.3 的附录 30A)。Variable Descriptor 结构见表 E.13。

**表 E.13 Variable Descriptor 格式**

| 字节数 | 名 称 | 描 述 |
|---|---|---|
| 1 | Variable Branch | Variable Branch 会涉及属性、对象或分组包。如果涉及对象或分组包,则在 Variable Container 中只有对象或分组包的属性。Variable Container 中不应有动作 |
| 2 | Variable Leaf | Variable Leaf 域使用 CMIP 协议编码 |

### E.6.3 Variable Container

Variable Container 用于返回 MIB 属性、对象和分组包。Variable Response OAMPDU 的 Data 域可包含一个或多个 Variable Container。

#### E.6.3.1 返回属性时的 Variable Container 格式

返回属性的 Variable Container 的结构见表 E.14。

**表 E.14 返回属性时的 Variable Container 格式**

| 字节数 | 名称 | 描　述 |
| --- | --- | --- |
| 1 | Variable Branch | Variable Branch 会涉及属性、对象或分组包。如果涉及对象或分组包，则在 Variable Container 中只有对象或分组包的属性。Variable Container 中不应有动作 |
| 2 | Variable Leaf | Variable Leaf 域使用 CMIP 协议编码 |
| 1 | Variable Width | 当 b7＝1 时，b6∶0 表示 Variable Indication，如表 E.17 所示。无 Variable Value 域。<br>当 b7＝0 时，b6∶0 表示 Variable Value 域的字节长度，编码 0x00 表示 128 字节，其他编码表示准确值 |
| 可变 | Variable Value | Variable Value 域长度可以是 1 到 128 字节，其宽度由 Variable Width 域决定 |

第一个域是 1 字节的 Variable Branch 域，第二个域是 2 字节的 Variable Leaf 域，表 E.16 是 Variable Branch 和 Variable Leaf 的举例。第三个域是 1 字节的 Variable Width 域，该域或者包含属性的实际宽度，或者包含携带不能返回的特殊属性信息的 Variable Indications，如表 E.17 所示。如果 Variable Width 域包含一个宽度值，则第四个域是包含属性的 Variable Value 域。该域长度最大为 128 字节，最高有效字节居先。如果 Variable Width 域包含 Variable Indications，则 Variable Value 域不存在。

#### E.6.3.2 返回对象和分组包时的 Variable Container 格式

返回对象和分组包时的 Variable Container 格式见表 E.15。

**表 E.15 返回对象和分组包时的 Variable Container 格式**

| 字节数 | 名　称 | 描　述 |
| --- | --- | --- |
| 1 | Variable Branch | Variable Branch 会涉及属性、对象或分组包。如果涉及对象或分组包，则在 Variable Container 中只有对象或分组包的属性。Variable Container 中不应有动作 |
| 2 | Variable Leaf | Variable Leaf 域使用 CMIP 协议编码 |
| 1 | Variable Width | 当 b7＝1 时，b6∶0 表示 Variable Indication，如表 E.17 所示。无 Variable Value 域。<br>当 b7＝0 时，b6∶0 表示 Variable Value 域的字节长度，编码 0x00 表示 128 字节，其他编码表示准确值 |
| 可变 | Variable Value | Variable Value 域长度可以是 1 到 128 字节，其宽度由 Variable Width 域决定 |

分组包定义为一组 MIB 属性和/或动作。对象是一组分组包，由 MIB 属性和/或动作按序组成。Variable Container 提供了一个返回分组包和对象的有效方式。分组包和对象中的属性按照 IEEE 802.3—2008 中所列属性的顺序返回。

返回分组包和对象的 Variable Container 和返回属性的 Variable Container 非常相似。第一个域是 1 字节的 Variable Branch 域，用于返回特定的分组包和对象。第二个域是 2 字节的 Variable Leaf 域，用于返回特定的分组包和对象。表 E.16 是 Variable Branch 和 Variable Leaf 的举例。第三个域 1 字节，是返回的分组包或对象中第一个属性的 Variable Width 域。该域或者包含属性的实际宽度，或者包含携带不能返回的特殊属性信息的 Variable Indications，如表 E.17 所示。如果 Variable Width 域包含一个宽度值，则第四个域是 Variable Value 域，包含返回分组包和对象的第一个属性。该域长度最大是 128 字节，最高有效字节居先。如果 Variable Width 域包含 Variable Indications，则 Variable Value 域不存在。

对于分组包中的每个后续属性(如果实现)，Variable Width 域和 Variable Value 域将重复。

对于对象中的每个后续分组包中的每个后续属性(如果实现)，Variable Width 域和 Variable Value 域将重复。

### E.6.4 Parsing

OAM Client 解析 Variable Descriptor 和 Variable Container。所有 Variable Descriptor/Container 均包含一个 1 字节的 Variable Branch 域和一个 2 字节的 Variable Leaf 域。Variable Descriptor/Container 的处理应遵循以下原则：

a) Variable Branch 域值为 0x00，表示没有 Variable Descriptor/Container 要处理(后续的域被忽略)；

b) Variable Branch 或 Variable Leaf 域包含不认识或不期望的值时应被忽略；

c) 如果 Variable Width 域指示 Variable Container 扩展超过了帧(例如，长度和帧长、起始点不匹配)，则 Variable Container 应被忽略；

d) Variable Indication 值为 0x40，指示对象中没有其他属性需要处理；

e) Variable Indication 值为 0x60，指示分组包中没有其他对象需要处理。

### E.6.5 Variable Branch/Leaf 举例

表 E.16 包含一组返回属性、分组包和对象的 Branch 和 Leaf 值。

**表 E.16 Variable Branch/Leaf 举例**

| 变量类型 | 变量名称 | Variable Branch | Variable Leaf |
|---|---|---|---|
| 属性 | aFramesTransmittedOK | 0x07 | 0x002 |
| 属性 | aFramesReceivedOK | 0x07 | 0x005 |
| 分组 | pMandatory | 0x04 | 0x001 |
| 分组 | pRecommended | 0x04 | 0x002 |
| 对象 | oMACEntity | 0x03 | 0x001 |
| 对象 | oPHYEntity | 0x03 | 0x002 |

### E.6.6 Variable Indication

如果 DTE 不能获得一个或多个变量，则使用 Variable Container 返回特殊变量对应的 Variable Indication。Variable Indication 定义见表 E.17。

**表 E.17　Variable Indication**

| | |
|---|---|
| 0x00 | 预留,不应发送,接收时 OAM Client 应忽略该值 |
| 0x01 | 所请求的 Variable Container 长度超过了 OAMPDU 的 Data 域 |
| 0x02-1F | 预留,不应发送,接收时 OAM Client 应忽略该值 |
| 属性指示 | |
| 0x20 | 因为一个不确定的错误无法返回所请求的属性 |
| 0x21 | 因为本地 DTE 不支持,所以无法返回所请求的属性 |
| 0x22 | 所请求的属性可能被重起动作中断 |
| 0x23 | 因为硬件故障无法返回所请求的属性 |
| 0x24 | 所请求属性发生溢出错误 |
| 0x25-3F | 预留,不应发送,接收时 OAM Client 应忽略该值 |
| 对象指示 | |
| 0x40 | 对象指示结束 |
| 0x41 | 因为一个不确定的错误无法返回所请求的属性 |
| 0x42 | 因为本地 DTE 不支持,所以无法返回所请求的属性 |
| 0x43 | 所请求的属性可能被重起动作中断 |
| 0x44 | 因为硬件故障无法返回所请求的属性 |
| 0x45-5F | 预留,不应发送,接收时 OAM Client 应忽略该值 |
| 分组包指示 | |
| 0x60 | 分组包指示结束 |
| 0x61 | 因为一个不确定的错误无法返回所请求的属性 |
| 0x62 | 因为本地 DTE 不支持,所以无法返回所请求的属性 |
| 0x63 | 所请求的属性可能被重起动作中断 |
| 0x64 | 因为硬件故障无法返回所请求的属性 |
| 0x65-7F | 预留,不应发送,接收时 OAM Client 应忽略该值 |

ICS 33.180.01
M 33

# 中华人民共和国国家标准

GB/T 29230.1—2012

## 塑料光纤系统用光-电-光双向波长转换器 第1部分：百兆以太网650 nm与1 550 nm/1 310 nm/850 nm波长转换器

**Opto-electronic-opto bidirectional wavelength converter for plastic optical fiber transmission system—Part 1: Wavelength converter between 650 nm and 1 550 nm (or 1 310 nm or 850 nm) of 100 Mbit/s ethernet**

2012-12-31 发布 2013-06-01 实施

中华人民共和国国家质量监督检验检疫总局
中国国家标准化管理委员会
发布

# 前　言

GB/T 29230《塑料光纤系统用光-电-光双向波长转换器》分为以下几个部分：

——第1部分：百兆以太网650 nm与1 550 nm/1 310 nm/850 nm波长转换器；

……

本部分为GB/T 29230的第1部分。

本部分按照GB/T 1.1—2009给出的规则起草。

请注意本文件的某些内容可能涉及专利。本文件的发布机构不承担识别这些专利的责任。

本部分由中华人民共和国工业和信息化部提出。

本部分由中国通信标准化协会归口。

本部分起草单位：西安飞讯光电有限公司、扬州华裕光伏材料有限公司、东莞市华鹰电子有限公司、扬州职业大学、中国科学院西安光学精密机械研究所、信息产业部有线通信产品质量监督检验中心。

本部分主要起草人：徐蓉艳、彭新玲、缪立山、吴文军、缪德俊、赵卫、谢小平、甘露、肖势川。

# 塑料光纤系统用光-电-光双向波长转换器 第1部分：百兆以太网650 nm与1 550 nm/1 310 nm/850 nm波长转换器

## 1 范围

GB/T 29230的本部分规定了百兆以太网650 nm与1 550 nm/1 310 nm/850 nm波长转换器的术语和定义、组成与功能、要求和测试方法、可靠性试验、检验规则及标志、包装、运输、贮存。

本部分适用于百兆以太网650 nm与1 550 nm/1 310 nm/850 nm光-电-光波长转换器，以下简称“波长转换器”。

## 2 规范性引用文件

下列文件对于本文件的应用是必不可少的。凡是注日期的引用文件，仅注日期的版本适用于本文件。凡是不注日期的引用文件，其最新版本(包括所有的修改单)适用于本文件。

GB/T 191—2008 包装储运图示标志

GB/T 2423.1—2008 电工电子产品环境试验 第2部分：试验方法 试验A：低温

GB/T 2423.2—2008 电工电子产品环境试验 第2部分：试验方法 试验B：高温

GB/T 2423.3—2006 电工电子产品环境试验 第2部分：试验方法 试验Cab：恒定湿热试验

GB/T 2829—2002 周期检验计数抽样程序及表(适用于对过程稳定性的检验)

GB/T 3873—1983 通信设备产品包装通用技术条件

YD/T 1141—2007 以太网交换机测试方法

SJ/T 11363—2006 电子信息产品中有毒有害物质的限量要求

SJ/T 11364—2006 电子信息产品污染控制标识要求

IEEE 802.3u—1995 100Base-T访问控制方法与物理层规范[Supplement to carrier sense multiple access with collision detection (CSMA/CD) access method and physical layer specifications media access control (MAC) parameters, physical layer, medium attachment units, and repeater for 100 Mb/s operation, type 100BASE-T]

## 3 术语和定义

下列术语和定义适用于本文件。

3.1

**波长转换器 wavelength converter**

一种将石英光纤1 550 nm/1 310 nm/850 nm光信号与650 nm塑料光纤光信号双向波长转换的设备，分为1 550 nm与650 nm双向转换的波长转换器、1 310 nm与650 nm双向转换的波长转换器和850 nm与650 nm双向波长转换器。

3.2

**平均发送光功率 mean launched power**

全调制条件下，光发送器在参考点(S点)耦合进光纤的光以太网信号的平均光功率。

3.3

**中心波长　central wavelength**

在发射光谱中，最高强度(或幅宽)的50%处两点的中心所对应的波长。

3.4

**接收灵敏度　receiver sensitivity**

在100 Mbit/s速率以太网工作条件下，波长转换器丢帧率为零时，在光接收侧参考点(S点)所测得的最小平均接收光功率。

3.5

**过载光功率　overload**

在100 Mbit/s速率以太网工作条件下，波长转换器丢帧率为零时，在光接收侧参考点(S点)所测得的最大平均接收光功率。

3.6

**时延　latency**

对于存储转发设备，是从输入帧的最后一个比特到达输入端口开始，至在输出端口上看到输出帧的第一个比特为止的时间间隔。

对于比特转发设备，是从输入帧的第一个比特到达输入端口开始，至在输出端口上看到输出帧的第一个比特为止的时间间隔。

3.7

**吞吐量　throughput**

波长转换器在不丢帧情况下所能达到的最大传输速率。

3.8

**丢帧率　frame loss rate**

在稳态负载下，波长转换器所丢失帧数量占所发送帧数量的比率，通常用百分数表示。

3.9

**光谱宽度　spectral width**

基于不同的光源类型，光谱宽度有几种不同的定义：均方根谱宽(RMS)、−3 dB谱宽(FWHM)和−20 dB谱宽。

3.9.1

**均方根谱宽　root mean square spectral width**

在标准工作条件下，光谱包络分布用高斯函数$P(\lambda)$来近似，若$\sigma_{\mathrm{r.m.s.}}$为均方根谱宽值，则其值可从式(1)得出。

$$\sigma_{\mathrm{rms}}^2=\int_{-\infty}^{+\infty}(\lambda-\lambda_0)^2P(\lambda)\mathrm{d}\lambda\Big/\int_{-\infty}^{+\infty}P(\lambda)\mathrm{d}\lambda \quad \cdots\cdots(1)$$

式中：

$\lambda$——光源波长，单位为纳米(nm)；

$\lambda_0$——光源中心波长，单位为纳米(nm)。

3.9.2

**−3 dB谱宽　−3 dB spectral width**

半高全宽(FWHM)谱宽

在标准工作条件下，主纵模峰值波长的幅度下降一半处光谱线两点间的波长间隔。

3.9.3

**−20 dB谱宽　−20 dB spectral width**

在标准工作条件下，主纵模峰值波长的幅度下降20 dB处光谱线两点间的波长间隔。

## 4 组成与功能

### 4.1 组成

波长转换器主要由主控模块、光收发合一模块(波长为 1 550 nm、1 310 nm、850 nm)、650 nm 塑料光纤收发模块、电源模块和指示模块等部分组成,如图 1 所示。

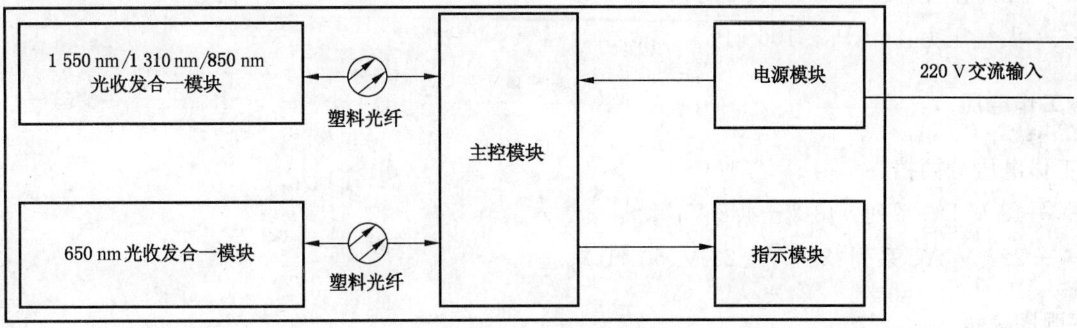


图 1 波长转换器的组成

主控模块具有符合 IEEE 802.3u 的全部物理层功能,包括物理编码子层等,实现不同波长光信号与 650 nm 光信号的转换;电源模块用于为波长转换器提供电源;指示模块用于动态显示光收发器的工作状态。

### 4.2 功能

波长转换器为塑料光纤系统的一个组成部件,塑料光纤系统组成如图 2 所示。

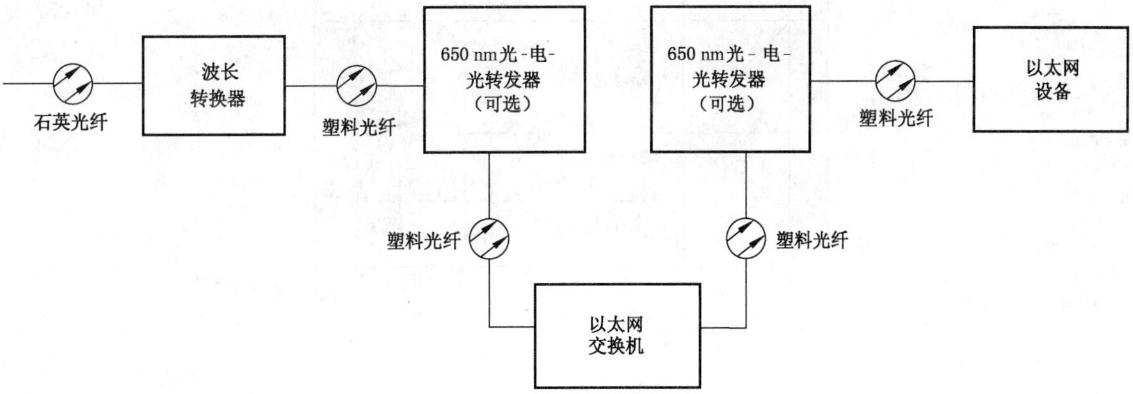


图 2 塑料光纤系统应用组成方框图

波长转换器应具备以下功能:

——即插即用;

——符合 IEEE 802.3u 100Base-Fx 快速以太网标准;

——提供网络工作状态指示;

——支持光纤端口的热插拔功能。

## 5 要求

### 5.1 工作环境条件

波长转换器工作环境条件如下：

——温度：−10 ℃～45 ℃(室内型)，−20 ℃～45 ℃(室外型)；

——相对湿度：≤85%(+30 ℃时)；

——大气压力：86 kPa～106 kPa。

### 5.2 工作电压

工作电压分两挡：

——48 V DC系列：48 V±4.8 V；

——220 V AC系列：220 V±22 V(50 Hz)。

### 5.3 眼图模板

波长转换器的眼图应符合图3所示，其参数值应符合表1的要求。

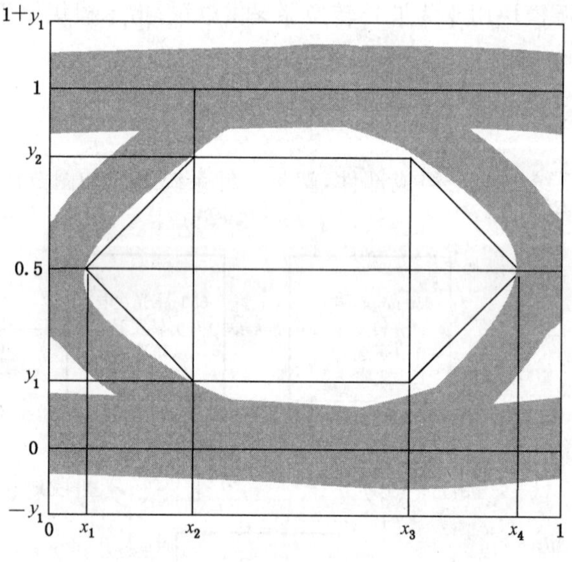


图3 模块眼图

表1 眼图模板计算参数值

| | |
|---|---|
| $x_1/x_4$ | 0.15/0.85 |
| $x_2/x_3$ | 0.35/0.65 |
| $y_1/y_2$ | 0.20/0.80 |

### 5.4 光接口指标

#### 5.4.1 1 550 nm 光接口指标

波长转换器 1 550 nm 光接口的指标应符合表 2 的要求。

**表 2 波长转换器 1 550 nm 光接口指标**

| 参数 | 符号 | 单位 | 最小 | 典型 | 最大 |
|---|---|---|---|---|---|
| 平均发送光功率 | $P_o$ | dBm | −9 | — | 0 |
| 中心波长 | $\lambda$ | nm | 1 430 | 1 550 | 1 576 |
| 接收灵敏度[a] | $S_{en}$ | dBm | — | — | −28 |
| 过载光功率 | $P_{MAX}$ | dBm | — | — | 0 |
| −3 dB 谱线宽度 | $\Delta\lambda_{-3}$ | nm | — | — | 2.5 |
| 上升/下降时间(10%～90%) | $t_r/t_f$ | ns | — | — | 3 |
| 眼图 | 见 5.3 模块眼图 | | | | |

[a] 接收灵敏度是在石英光纤的互联距离约 15 km 的短程局间应用的条件下测试得出。

#### 5.4.2 1 310 nm 光接口指标

波长转换器 1 310 nm 光接口的指标应能符合表 3 的要求。

**表 3 波长转换器 1 310 nm 光接口指标**

| 参数 | 符号 | 单位 | 最小 | 典型 | 最大 |
|---|---|---|---|---|---|
| 平均发送光功率 | $P_o$ | dBm | −9 | — | 0 |
| 中心波长 | $\lambda$ | nm | 1 270 | 1 310 | 1 330 |
| 接收灵敏度[a] | $S_{en}$ | dBm | — | — | −23 |
| 过载光功率 | $P_{MAX}$ | dBm | — | — | 0 |
| −3 dB 谱线宽度 | $\Delta\lambda_{-3}$ | nm | — | — | 4 |
| 上升/下降时间(10%～90%) | $t_r/t_f$ | ns | — | — | 3 |
| 眼图 | 见 5.3 模块眼图 | | | | |

[a] 接收灵敏度是在石英光纤的互联距离不大于 2 km 的短程局间应用的条件下测试得出。

#### 5.4.3 850 nm 光接口指标

波长转换器 850 nm 光接口的指标应能符合表 4 的要求。

表 4 波长转换器 850 nm 光接口指标

| 参数 | 符号 | 单位 | 最小 | 典型 | 最大 |
|---|---|---|---|---|---|
| 平均发送光功率 | $P_o$ | dBm | −9 | — | 0 |
| 中心波长 | $\lambda$ | nm | 770 | 850 | 860 |
| 接收灵敏度[a] | $S_{en}$ | dBm | — | — | −17 |
| 过载光功率 | $P_{MAX}$ | dBm | — | — | 0 |
| −3 dB 谱线宽度 | $\Delta\lambda_{-3}$ | nm | — | — | 1 |
| 上升/下降时间(10%～90%) | $t_r/t_f$ | ns | — | — | 3 |
| 眼图 | 见 5.3 模块眼图 | | | | |
| [a] 接收灵敏度是在石英光纤的互联距离不大于 2 km 的短程局间应用的条件下测试得出。 | | | | | |

### 5.4.4 650 nm 光接口指标

波长转换器 650 nm 光接口的指标应能符合表 5 的要求。

表 5 波长转换器 650 nm 光接口指标

| 参数 | 符号 | 单位 | 最小 | 典型 | 最大 |
|---|---|---|---|---|---|
| 平均发送光功率 | $P_o$ | dBm | −9 | — | 0 |
| 中心波长 | $\lambda$ | nm | 640 | 650 | 670 |
| 接收灵敏度 | $S_{en}$ | dBm | — | −26 | −21 |
| 过载光功率 | $P_{MAX}$ | dBm | — | — | 0 |
| 上升/下降时间(10%～90%) | $t_r/t_f$ | ns | — | — | 3 |
| 眼图 | 见 5.3 模块眼图 | | | | |

## 5.5 性能特性

### 5.5.1 吞吐量

在测试速率为端口速率的 100%时，各类帧的吞吐量应符合表 6 规定。

表 6 吞吐量的要求

| 帧长<br>Byte | 吞吐量<br>100% |
|---|---|
| 64 | 100 |
| 128 | 100 |
| 256 | 100 |
| 512 | 100 |
| 1 024 | 100 |
| 1 280 | 100 |
| 1 518 | 100 |

### 5.5.2 丢帧率

波长转换器在不同速率和帧长度下的丢帧率应符合表7要求。

**表7 帧丢失率的要求**

| 帧长<br>Byte | 测试速率<br>% | 平均丢帧率<br>% |
|---|---|---|
| 64 | 100 | 0 |
| 128 | 100 | 0 |
| 256 | 100 | 0 |
| 512 | 100 | 0 |
| 1 024 | 100 | 0 |
| 1 280 | 100 | 0 |
| 1 518 | 100 | 0 |

### 5.5.3 时延

波长转换器时延应符合表8要求。

**表8 时延的要求**

| 帧长<br>Byte | 测试速率<br>% | 存储转发平均时延<br>μs(100 M-100 M) |
|---|---|---|
| 64 | 100 | ≤20.0 |
| 128 | 100 | ≤30.0 |
| 256 | 100 | ≤40.0 |
| 512 | 100 | ≤60.0 |
| 1 024 | 100 | ≤100.0 |
| 1 280 | 100 | ≤130.0 |
| 1 518 | 100 | ≤150.0 |

## 5.6 环保符合性

波长转换器的组成单元分类应符合SJ/T 11363—2006中表1的要求，有毒有害物质的含量应符合SJ/T 11363—2006中表2要求。

# 6 测试方法

## 6.1 测试环境的要求

波长转换器的参数测试应在以下标准大气条件下进行：

——环境温度：15 ℃～35 ℃；

——相对湿度：45%～75%；

——大气压力:86 kPa～106 kPa。

若不能在上面大气压条件下测试,应在测试报告上说明。

## 6.2 外观与结构检查

6.2.1 用目视方法检查外观。经涂覆处理的金属结构件,其表面涂层附着力应牢固,不应有起皮、掉漆等缺陷;无挂流、划痕、露底、气泡及发白等现象。

6.2.2 用装配工具检查紧固件,触摸可操作部位。结构应牢固,箱体及内部部件装配结束后,结构件不扭曲。紧固件连接应牢固、可靠、无松动。

## 6.3 光接口指标测试

### 6.3.1 平均发送光功率

#### 6.3.1.1 测试配置

主要测试仪表:光功率计、信号源。

测试配置如图4所示。

图4 平均发送光功率测试配置

#### 6.3.1.2 测试方法

测试步骤如下:

a) 按图4所示连接;

b) 信号源按被测设备的光接口要求发送满负荷数据流;

c) 用光功率计测试光接口的平均发送光功率。

### 6.3.2 中心波长

#### 6.3.2.1 测试配置

主要测试仪表:光谱分析仪。

测试配置如图5所示。

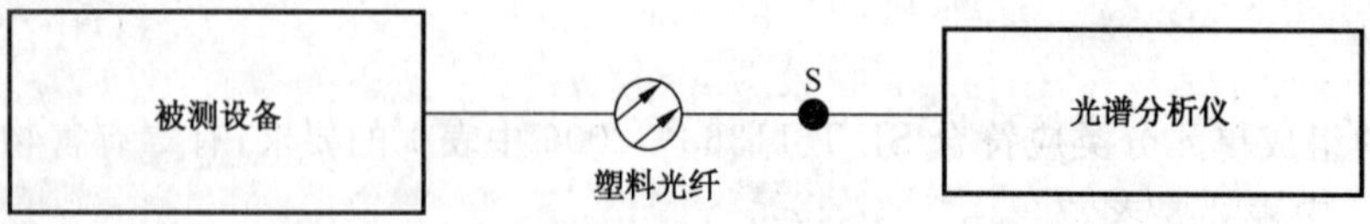


图5 中心波长测试配置

#### 6.3.2.2 测试方法

测试步骤如下:

a) 按图5所示连接;

b) 用光谱仪读出发送光中心波长。

### 6.3.3 接收灵敏度

#### 6.3.3.1 测试配置

主要测试仪表：以太网性能分析仪、光衰减器、光功率计。

测试配置如图6所示。

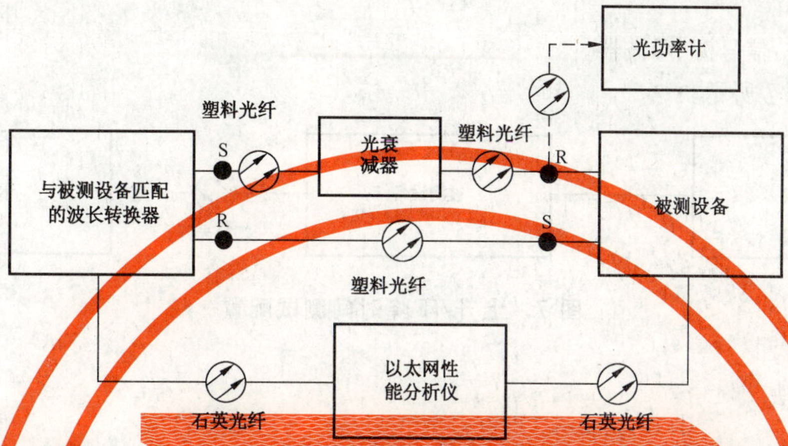


图6 光接收灵敏度测试配置

#### 6.3.3.2 测试方法

测试步骤如下：

a) 按图6所示连接；

b) 配置被测设备和与被测设备的波长转换器正常传送业务；

c) 设置帧长为1 518 Byte，在满负荷数据流量下，逐渐增加光可变衰减器的衰减量，使被测设备的接收光功率逐渐减小，直到无帧丢失的临界状态，观察时间120 s；

d) 断开与被测设备光接收端连接的光纤活动连接器，接入光功率计(虚线)，从光功率计读出的光功率即为光接收灵敏度。

注：若设备支持全双工，在全双工状态下测试即可；若设备只支持半双工，即在半双工状态下测试。

### 6.3.4 过载光功率

#### 6.3.4.1 测试配置

测试仪表及配置如图6所示。

#### 6.3.4.2 测试方法

测试步骤如下：

a) 按图6所示连接；

b) 配置被测设备和与被测设备的波长转换器正常传送业务；

c) 满负荷数据流量下，逐渐减小光可变衰减器的衰减量，使被测设备的接收光功率逐渐增大，直到无帧丢失的临界状态，观察时间120 s；

d) 断开与被测设备光接收端连接的光纤活动连接器，接入光功率计(虚线)，从光功率计读出的光功率即为过载光功率。

注：若设备支持全双工，在全双工状态下测试即可；若设备只支持半双工，即在半双工状态下测试。

#### 6.3.5 光谱宽度

按 YD/T 1141—2007 中 5.1 的规定进行测试。

#### 6.3.6 上升/下降时间测试

##### 6.3.6.1 测试配置

主要测试仪表:信号源、示波器。

测试配置如图 7 所示。

图 7 上升/下降时间测试配置

##### 6.3.6.2 测试方法

测试步骤如下:

a) 按图 7 所示连接;

b) 将信号源按被测设备的光接口要求发送满负荷数据流;

c) 将被测信号送入示波器,调整示波器,待波形稳定后调出 155 bit/s 以太网眼图模板,通过调整与对准(需加 OC-3 滤波);

d) 在示波器上观察到正确信号波形后,对示波器进行上升/下降时间设置,记录示波器上面上升/下降过程 10%~90%之间的时间段值。

#### 6.3.7 光接口眼图

##### 6.3.7.1 测试配置

测试配置如图 7 所示。

##### 6.3.7.2 测试方法

测试步骤如下:

a) 按图 7 所示连接;

b) 将信号源按被测设备的光接口要求发送满负荷数据流;

c) 将被测信号送入示波器,调整示波器,待波形稳定后调出 155 bit/s 以太网眼图模板,通过调整与对准(需加 OC-3 滤波);

d) 观察波形是否符合图 3 和表 1。

### 6.4 性能测试

#### 6.4.1 吞吐量

##### 6.4.1.1 测试配置

测试配置如图 7 所示。

#### 6.4.1.2 测试方法

测试步骤如下：

a) 按图7所示连接；

b) 配置被测设备和与被测设备匹配的波长转换器正常传送业务；

c) 对以太网性能分析仪进行吞吐量测试设置，允许的丢帧率设置为0%，测试采用7个典型帧长字节64、128、256、512、1 024、1 280、1 518；

d) 测试时间设置为120 s，执行吞吐量测试。

### 6.4.2 丢帧率

#### 6.4.2.1 测试配置

测试配置如图7所示。

#### 6.4.2.2 测试方法

测试步骤如下：

a) 按图7所示连接；

b) 配置被测设备和与被测设备匹配的波长转换器正常传送业务；

c) 对以太网性能分析仪进行丢帧率测试设置，测试采用7个典型帧长字节64、128、256、512、1 024、1 280、1 518；

d) 测试流量设置以吞吐量为起点，10%为增长步长直至100%流量；

e) 测试时间设置为120 s，测出各种帧长在不同流量下的丢帧率。

### 6.4.3 时延

#### 6.4.3.1 测试配置

测试配置如图7所示。

#### 6.4.3.2 测试方法

测试步骤如下：

a) 按图7所示连接；

b) 配置被测设备和与被测设备匹配的波长转换器正常传送业务；

c) 对以太网性能分析仪进行时延测试设置，测试流量设置为吞吐量，测试采用7个典型帧长字节64、128、256、512、1 024、1 280、1 518；

d) 测试时间设置为120 s，测出各种帧长的帧转发时延。

## 6.5 电源适应性试验

### 6.5.1 测试配置

主要测试仪表：以太网性能分析仪、可调交流电源。

测试配置如图8所示。

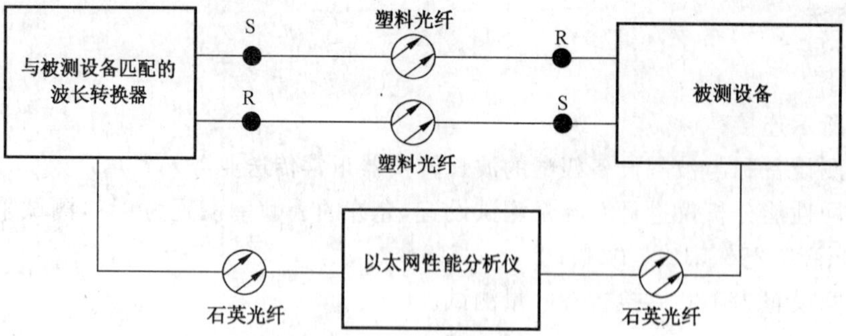


图 8 电源适应性测试配置

6.5.2 测试方法

测试步骤如下：

a) 按图 8 所示连接，被测设备通过可调交流电源供电；

b) 配置被测设备正常传送业务；

c) 调节可调交流电源 198 VAC～242 VAC，被测试设备应能正常传送业务。

## 7 可靠性试验

### 7.1 高温试验

按 GB/T 2423.2—2008 中试验 Bb 方法进行试验，把设备放入精度为±2 ℃的高低温恒温箱内，并使设备通电，直至最高温度 45 ℃，保持恒温 2 h。在此条件下，其技术指标应符合 5.4 的要求。

### 7.2 低温试验

按 GB/T 2423.1—2008 中试验 Ab 方法进行试验，把设备放入精度为±2℃的高低温恒温箱内，并使设备通电，直至最低温度－10 ℃，保持恒温 2 h。在此条件下，其技术指标应符合 5.4 的要求。

### 7.3 湿热试验

按 GB/T 2423.3—2006 中试验方法进行试验，把设备放入温度精度为±2 ℃，湿度精度为±2%（相对湿度）的恒温恒湿箱内，并使设备通电，直至温度为 30 ℃，相对湿度为 85%，持续时间 48 h。在此条件下，其技术指标应符合 5.4 的要求。

## 8 检验规则

### 8.1 检验分类

产品检验分出厂检验和型式检验。

### 8.2 出厂检验

8.2.1 产品进行 100%检验，发现不合格产品可在返修后重新进行交收检验。交收检验不合格的产品不得出厂，出厂产品应附有合格证。

8.2.2 交收检验的项目按本部分 6.3、6.4 规定进行。

### 8.3 型式检验

8.3.1 检验样品应从合格的产品中随机抽取，按 GB/T 2829—2002 中一次抽样方案进行，样本量为 2，判别水平 RQL=80，Ac=1，Re=2(RQL 为不合格质量水平，Ac 为接收数，Re 为拒收数)。如遇下列情况之一时，应进行型式检验：

——新产品定型或老产品转产时；

——正式生产后，如结构、材料、工艺有较大改变，可能影响产品性能时；

——产品长期停产 12 个月后，恢复生产时；

——出厂检验结果与鉴定时的型式检验有较大差别时；

——正常生产 24 个月后；

——国家质量监督机构提出进行型式检验要求时。

8.3.2 型式检验前，按第 6 章规定，对样品的光接口指标和性能指标进行测试，测试结果符合第 5 章相关要求，并记录测试结果。然后按第 7 章要求进行可靠性试验。

## 9 标志、包装、运输、贮存

### 9.1 标志

产品上应标明下列内容：

a) 产品型号；

b) 产品名称；

c) 制造日期；

d) 制造厂名；

e) 环保标识：污染控制标志应按 SJ/T 11364—2006 中第 5 章规定，在包装盒和产品上印有电子信息产品污染控制标志。

### 9.2 包装

产品包装应满足如下基本要求：

a) 包装应符合 GB/T 3873—1983 的规定；

b) 产品装箱时应附有产品使用说明书、产品合格证、装箱单；

c) 应在包装箱上标明符合 GB/T 191—2008 标志规定的"小心轻放""请勿倒置""向上""防潮"等标志。

### 9.3 运输

包装好的产品应能适应常规运输工具运输，应避免雨雪淋袭及剧烈碰撞。

### 9.4 贮存

9.4.1 产品应贮存在温度 −50 ℃～+65 ℃，相对湿度不大于 90%，周围环境不含腐蚀性气体的干燥、通风的库房内。

9.4.2 产品储存期超过 6 个月以上，应开箱通电作必要检查，通电时间不得少于 24 h。

---

ICS 33.180.01
M 33

# 中华人民共和国国家标准

GB/T 29231—2012

# 塑料光纤系统用650 nm百兆以太网光-电-光转发器

**Opto-electronic-opto transceiver of 650 nm 100 Mbit/s ethernet for plastic optical fiber transmission system**

2012-12-31 发布 2013-06-01 实施

中华人民共和国国家质量监督检验检疫总局
中国国家标准化管理委员会 发布

# 前　言

本标准按照 GB/T 1.1—2009 给出的规则起草。

请注意本文件的某些内容可能涉及专利。本文件的发布机构不承担识别这些专利的责任。

本标准由中华人民共和国工业和信息化部提出。

本标准由中国通信标准化协会归口。

本标准起草单位:西安飞讯光电有限公司、扬州华裕光伏材料有限公司、扬州职业大学、中国科学院西安光学精密机械研究所、工业和信息化部有线通信产品质量监督检验中心。

本标准主要起草人:缪德俊、彭新玲、缪立山、徐蓉艳、赵卫、谢小平、甘露、肖势川。

# 塑料光纤系统用650 nm百兆以太网光-电-光转发器

## 1 范围

本标准规定了塑料光纤系统用650 nm百兆以太网光-电-光转发器的术语和定义、组成与功能、要求和测试方法、可靠性试验、检验规则及标志、包装、运输及贮存。

本标准适用于塑料光纤系统用650 nm百兆以太网光-电-光转发器，以下简称“650 nm光-电-光转发器”。

## 2 规范性引用文件

下列文件对于本文件的应用是必不可少的。凡是注日期的引用文件，仅注日期的版本适用于本文件。凡是不注日期的引用文件，其最新版本(包括所有的修改单)适用于本文件。

GB/T 191—2008 包装储运图示标志

GB/T 2423.1—2008 电工电子产品环境试验 第2部分:试验方法 试验A:低温

GB/T 2423.2—2008 电工电子产品环境试验 第2部分:试验方法 试验B:高温

GB/T 2423.3—2006 电工电子产品环境试验 第2部分:试验方法 试验Cab:恒定湿热试验

GB/T 2829—2002 周期检验计数抽样程序及表(适用于对过程稳定性的检验)

GB/T 3873—1983 通信设备产品包装通用技术条件

SJ/T 11363—2006 电子信息产品中有毒有害物质的限量要求

SJ/T 11364—2006 电子信息产品污染控制标识要求

## 3 术语和定义

下列术语和定义适用于本文件。

3.1

**平均发送光功率 mean launched power**

全调制条件下，光发送器在参考点(S点)耦合进光纤的光以太网信号的平均光功率。

3.2

**中心波长 central wavelength**

在发射光谱中，最高强度(或幅宽)的50%处两点的中心所对应的波长。

3.3

**接收灵敏度 recevier sensitivity**

在100 Mbit/s速率以太网工作条件下，650 nm光-电-光转发器丢帧率为零时，在光接收侧参考点(S点)所测得的最小平均接收光功率。

3.4

**过载光功率 overload**

在100 Mbit/s速率以太网工作条件下，650 nm光-电-光转发器丢帧率为零时，在光接收侧参考点(S点)所测得的最大平均接收光功率。

3.5

**时延　latency**

对于存储转发设备，是从输入帧的最后一个比特到达输入端口开始，至在输出端口上看到输出帧的第一个比特为止的时间间隔。

对于比特转发设备，是从输入帧的第一个比特到达输入端口开始，至在输出端口上看到输出帧的第一个比特为止的时间间隔。

3.6

**吞吐量　throughput**

650 nm 光-电-光转发器在不丢帧情况下所能达到的最大传输速率。

3.7

**丢帧率　frame loss rate**

650 nm 光-电-光转发器在单向传输数据帧时，所丢失帧数量占所发送帧数量的比率，通常用百分数表示。

## 4　组成与功能

### 4.1　组成

650 nm 光-电-光转发器主要由两个光收发合一模块和电源模块等部分组成，如图 1 所示。

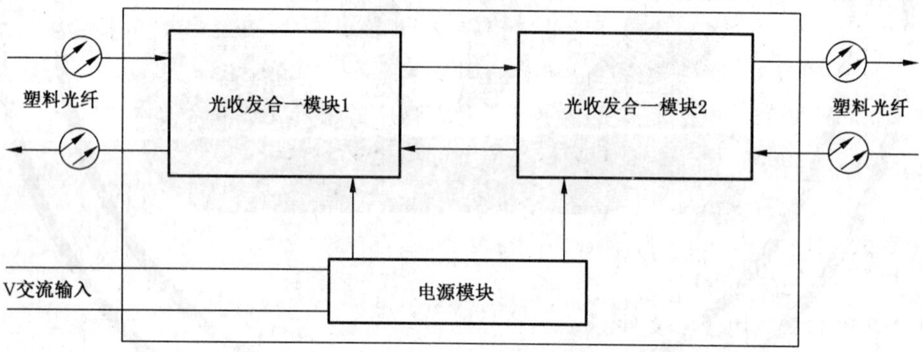


**图 1　650 nm 光-电-光转发器的组成**

光收发合一模块是同时具有光发送功能和光接收功能的光模块，包含光发送部分和光接收部分；电源模块是用于为 650 nm 光-电-光转发器提供电源适配。

### 4.2　功能

650 nm 光-电-光转发器为塑料光纤系统中的一个组成部件，塑料光纤系统组成方框图如图 2 所示（波长转发器是将 1 550 nm/1 310 nm/850 nm 石英光纤光信号转变为 650 nm 的塑料光纤的光信号）。

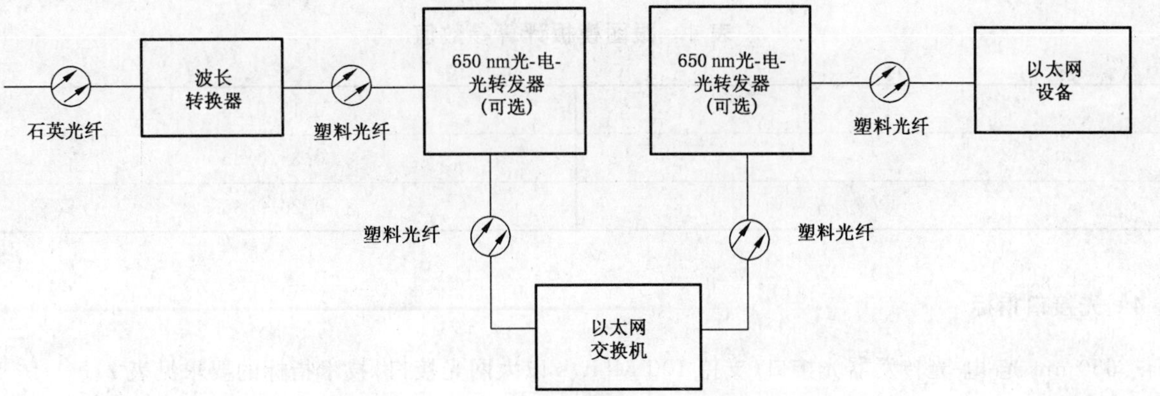


图 2　塑料光纤系统应用组成方框图

650 nm 光-电-光转发器的功能是对塑料光纤中传送的 650 nm 光信号进行中继。

## 5　要求

### 5.1　工作环境条件

650 nm 光-电-光转发器的工作环境条件如下：

——温度：−10 ℃～＋45 ℃(室内型)，−20 ℃～＋45 ℃(室外型)；

——相对湿度：≤85%(＋30 ℃时)；

——大气压力：86 kPa～106 kPa。

### 5.2　工作电压

650 nm 光-电-光转发器的工作电压分两档：

——48 V DC 系列：48 V±4.8 V；

——220 V AC 系列：220 V±22 V(50 Hz)。

### 5.3　眼图模板

650 nm 光-电-光转发器的眼图应符合图 3 所示，其参数值应符合表 1 的要求。

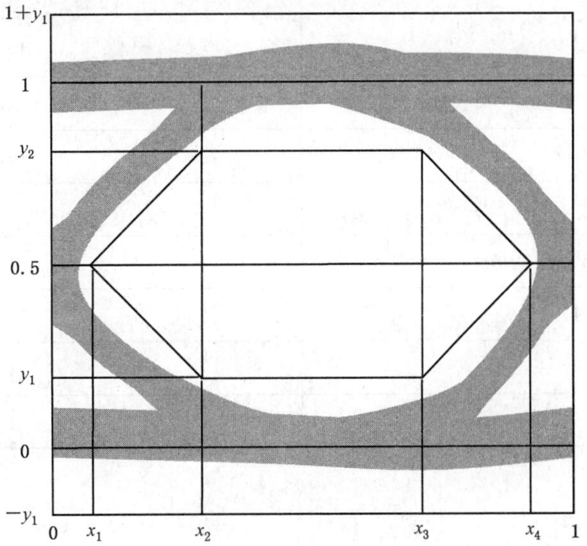


图 3　模块眼图

表 1 眼图模板计算参数值

| | |
|---|---|
| $x_1/x_4$ | 0.15/0.85 |
| $x_2/x_3$ | 0.35/0.65 |
| $y_1/y_2$ | 0.20/0.80 |

## 5.4 光接口指标

650 nm 光-电-光转发器光接口(支持 100 Mbit/s 以太网光接口)技术指标的要求见表 2。

表 2 光接口参数

| 参数 | 符号 | 单位 | 最小 | 典型 | 最大 |
|---|---|---|---|---|---|
| 平均发送光功率 | $P_o$ | dBm | −9 | — | 0 |
| 中心波长 | $\lambda$ | nm | 640 | 650 | 670 |
| 接收灵敏度 | $S_{en}$ | dBm | — | −26 | −21 |
| 过载光功率 | $P_{MAX}$ | dBm | — | — | 0 |
| 上升/下降时间(10%～90%) | $t_r/t_f$ | ns | — | — | 3 |
| 眼图 | 参见 5.3 模块眼图 | | | | |

## 5.5 性能特性

### 5.5.1 吞吐量

在测试速率为端口速率的 100%时,各类帧的吞吐量应符合表 3 规定。

表 3 吞吐量的要求

| 帧长<br>Byte | 吞吐量<br>100% |
|---|---|
| 64 | 100 |
| 128 | 100 |
| 256 | 100 |
| 512 | 100 |
| 1 024 | 100 |
| 1 280 | 100 |
| 1 518 | 100 |

### 5.5.2 丢帧率

650 nm 光-电-光转发器在不同速率和帧长度下的丢帧率应符合表 4 要求。

**表 4 帧丢失率的要求**

| 帧长<br>Byte | 测试速率<br>% | 平均丢帧率<br>% |
|---|---|---|
| 64 | 100 | 0 |
| 128 | 100 | 0 |
| 256 | 100 | 0 |
| 512 | 100 | 0 |
| 1 024 | 100 | 0 |
| 1 280 | 100 | 0 |
| 1 518 | 100 | 0 |

### 5.5.3 时延

650 nm 光-电-光转发器时延应符合表 5 要求。

**表 5 时延的要求**

| 帧长<br>Byte | 测试速率<br>% | 存储转发平均时延(100 M-100 M)<br>μs |
|---|---|---|
| 64 | 100 | ≤20.0 |
| 128 | 100 | ≤30.0 |
| 256 | 100 | ≤40.0 |
| 512 | 100 | ≤60.0 |
| 1 024 | 100 | ≤100.0 |
| 1 280 | 100 | ≤130.0 |
| 1 518 | 100 | ≤150.0 |

### 5.6 环保符合性

650 nm 光-电-光转发器的组成单元分类应符合 SJ/T 11363—2006 中表 1 的要求,有毒有害物质的含量应符合 SJ/T 11363—2006 中表 2 要求。

## 6 测试方法

### 6.1 测试环境的要求

650 nm 光-电-光转发器的参数测试应在以下标准大气条件下进行:

——环境温度:15 ℃～35 ℃;

——相对湿度:45%～75%;

——大气压力:86 kPa～106 kPa。

若不能在上面大气压条件下测试,应在测试报告上说明。

### 6.2 外观与结构检查

6.2.1 用目视方法检查外观。经涂覆处理的金属结构件，其表面涂层附着力应牢固，不应有起皮，掉漆等缺陷。其外观色泽应均匀、光滑平整、漆膜附着牢固，并没有挂流、划痕、露底、气泡及发白等现象。

6.2.2 用装配工具检查紧固件，触摸可操作部位。结构应牢固，箱体及内部部件装配结束后，结构件不扭曲。装配具有一致性和互换性。紧固件连接应牢固、可靠、无松动。

### 6.3 光接口指标测试

#### 6.3.1 平均发送光功率

##### 6.3.1.1 测试配置

主要测试仪表：光功率计、信号源。

测试配置如图 4 所示。

图 4 平均发送光功率测试配置

##### 6.3.1.2 测试方法

测试步骤如下：

a) 按图 4 所示连接；

b) 信号源按被测设备的光接口要求发送满负荷数据流；

c) 用光功率计测试光接口的平均发送光功率。

#### 6.3.2 中心波长

##### 6.3.2.1 测试配置

主要测试仪表：光谱分析仪。

测试配置如图 5 所示。

图 5 中心波长测试配置

##### 6.3.2.2 测试方法

测试步骤如下：

a) 按图 5 所示连接；

b) 用光谱仪读出发送光中心波长。

### 6.3.3 接收灵敏度

#### 6.3.3.1 测试配置

主要测试仪表：以太网性能分析仪、光衰减器、光功率计。
测试配置如图 6 所示。

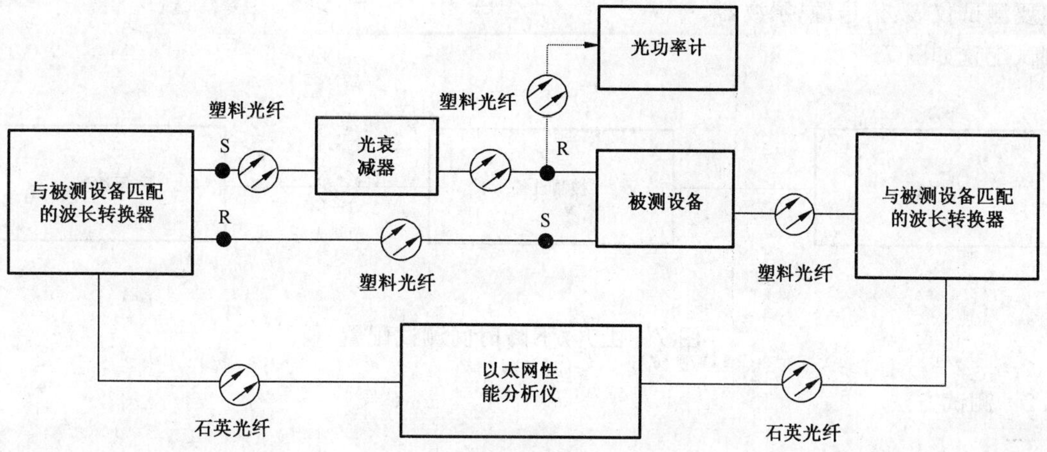


图 6 光接收灵敏度测试配置

#### 6.3.3.2 测试方法

测试步骤如下：

a) 按图 6 所示连接；

b) 配置被测设备和与被测设备的波长转换器(将石英光纤的 1 550 nm/1 310 nm/850 nm 的光信号转换为 650 nm 塑料光纤的光信号)正常传送业务；

c) 设置帧长为 1 518 Byte，在满负荷数据流量下，逐渐增加光可变衰减器的衰减量，使被测设备的接收光功率逐渐减小，直到无帧丢失的临界状态，观察时间 120 s；

d) 断开与被测设备光接收端连接的光纤活动连接器，接入光功率计(虚线)，从光功率计读出的光功率即为光接收灵敏度。

注：若设备支持全双工，在全双工状态下测试即可；若设备只支持半双工，即在半双工状态下测试。

### 6.3.4 过载光功率

#### 6.3.4.1 测试配置

测试配置如图 6 所示。

#### 6.3.4.2 测试方法

测试步骤如下：

a) 按图 6 所示连接；

b) 配置被测设备和与被测设备的波长转换器(将石英光纤的 1 550 nm/1 310 nm/850 nm 的光信号转换为 650 nm 塑料光纤的光信号)正常传送业务；

c) 满负荷数据流量下，逐渐减小光可变衰减器的衰减量，使被测设备的接收光功率逐渐增大，直到无帧丢失的临界状态，观察时间 120 s；

d) 断开与被测设备光接收端连接的光纤活动连接器，接入光功率计(虚线)，从光功率计读出的光功率即为过载光功率。

注：若设备支持全双工，在全双工状态下测试即可；若设备只支持半双工，即在半双工状态下测试。

#### 6.3.5 上升/下降时间测试

##### 6.3.5.1 测试配置

主要测试仪表：信号源、示波器。

测试配置如图 7 所示。

图 7 上升/下降时间测试配置

##### 6.3.5.2 测试方法

测试步骤如下：

a) 按图 7 所示连接；

b) 将信号源按被测设备的光接口要求发送满负荷数据流；

c) 将被测信号送入示波器，调整示波器，待波形稳定后调出 155 Mbit/s 以太网眼图模板，通过调整与对准(需加 OC-3 滤波)；

d) 在示波器上观察到正确信号波形后，对示波器进行上升/下降时间设置，记录示波器上面上升/下降过程 10%～90%之间的时间段值。

#### 6.3.6 光接口眼图

##### 6.3.6.1 测试配置

测试配置如图 7 所示。

##### 6.3.6.2 测试方法

测试步骤如下：

a) 按图 7 所示连接；

b) 将信号源按被测设备的光接口要求发送满负荷数据流；

c) 将被测信号送入示波器，调整示波器，待波形稳定后调出 155 Mbit/s 以太网眼图模板，通过调整与对准(需加 OC-3 滤波)；

d) 观察波形是否符合图 3 和表 1。

### 6.4 性能测试

#### 6.4.1 吞吐量

##### 6.4.1.1 测试配置

测试配置如图 6 所示。

#### 6.4.1.2 测试方法

测试步骤如下：

a) 按图 6 所示连接；

b) 配置被测设备和与被测设备匹配的波长转换器正常传送业务；

c) 对以太网性能分析仪进行吞吐量测试设置，允许的丢帧率设置为 0%，测试采用 7 个典型帧长字节 64、128、256、512、1 024、1 280、1 518；

d) 测试时间设置为 120 s，执行吞吐量测试。

### 6.4.2 丢帧率

#### 6.4.2.1 测试配置

测试配置如图 6 所示。

#### 6.4.2.2 测试方法

测试步骤如下：

a) 按图 6 所示连接；

b) 配置被测设备和与被测设备匹配的波长转换器正常传送业务；

c) 对以太网性能分析仪进行丢帧率测试设置，测试采用 7 个典型帧长字节 64、128、256、512、1 024、1 280、1 518；

d) 测试流量设置以吞吐量为起点，10%为增长步长直至 100%流量；

e) 测试时间设置为 120 s，测出各种帧长在不同流量下的丢帧率。

### 6.4.3 时延

#### 6.4.3.1 测试配置

测试配置如图 6 所示。

#### 6.4.3.2 测试方法

测试步骤如下：

a) 按图 6 所示连接；

b) 配置被测设备和与被测设备匹配的波长转换器正常传送业务；

c) 对以太网性能分析仪进行时延测试设置，测试流量设置为吞吐量，测试采用 7 个典型帧长字节 64、128、256、512、1 024、1 280、1 518；

d) 测试时间设置为 120 s，测出各种帧长的帧转发时延。

## 6.5 电源适应性测试

### 6.5.1 测试配置

主要测试仪表：以太网性能分析仪、可调交流电源。

测试配置如图 8 所示。

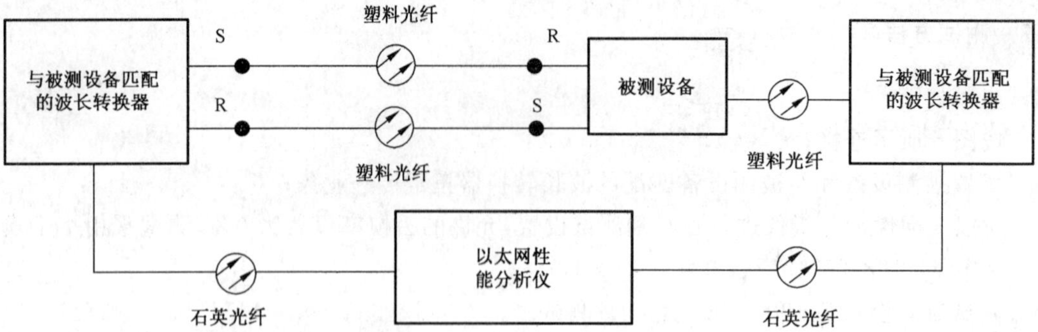


**图 8　电源适应性测试配置**

### 6.5.2　测试方法

测试步骤如下：

a）按图 8 所示连接，被测设备通过可调交流电源供电；

b）配置被测设备正常传送业务；

c）调节可调交流电源 198 VAC～242 VAC，被测试设备应能正常传送业务。

## 7　可靠性试验

### 7.1　高温试验

按 GB/T 2423.2—2008 中试验 Bb 方法进行试验，把设备放入精度为±2 ℃的高低温恒温箱内，并使设备通电，直至最高温度 45 ℃，保持恒温 2 h。在此条件下，其技术指标应符合表 2 要求。

### 7.2　低温试验

按 GB/T 2423.1—2008 中试验 Ab 方法进行试验，把设备放入精度为±2 ℃的高低温恒温箱内，并使设备通电，直至最低温度－10 ℃，保持恒温 2 h。在此条件下，其技术指标应符合表 2 要求。

### 7.3　湿热试验

按 GB/T 2423.3—2006 中试验方法进行试验，把设备放入温度精度为±2 ℃，湿度精度为±2％（相对湿度）的恒温恒湿箱内，并使设备通电，直至温度为 30 ℃，相对湿度为 85％，持续时间 48 h。在此条件下，其技术指标应符合表 2 要求。

## 8　检验规则

### 8.1　检验分类

产品检验分出厂检验和型式检验。

### 8.2　出厂检验

8.2.1　对出厂产品进行 100％检验，发现不合格产品，由制造单位返修。返修后的产品应重新进行交收检验。出厂检验不合格的产品不得出厂，出厂产品应附有合格证。

8.2.2　出厂检验的项目按本标准 5.3、5.4、5.5 规定进行。

### 8.3 型式检验

8.3.1 检验样品应从合格的产品中随机抽取，按GB/T 2829—2002中一次抽样方案进行，样本量为2，判别水平RQL=80，Ac=1，Re=2(RQL为不合格质量水平，Ac为接收数，Re为拒收数)。如遇下列情况之一时，应进行型式检验：

——新产品定型或老产品转产时；

——正式生产后，如结构、材料、工艺有较大改变，可能影响产品性能时；

——产品长期停产12个月后，恢复生产时；

——出厂检验结果与鉴定时的型式检验有较大差别时；

——正常生产24个月后；

——国家质量监督机构提出进行型式检验要求时。

8.3.2 型式检验前，按第6章规定，对样品的光接口指标和性能指标进行测试，测试结果符合第5章相关要求，并记录测试结果。生产后按第7章要求进行可靠性试验。

## 9 标志、包装、运输、贮存

### 9.1 标志

产品上应标明下列内容：

a) 产品型号；

b) 产品名称；

c) 制造日期；

d) 制造厂名；

e) 环保标识：污染控制标志应按SJ/T 11364—2006中第5章规定，在包装盒和产品上打印上电子信息产品污染控制标志。

### 9.2 包装

产品包装应满足如下基本要求：

a) 包装应符合GB/T 3873—1983的规定；

b) 产品装箱时应附有产品使用说明书、产品合格证、装箱单；

c) 应在包装箱上标明符合GB/T 191—2008标志规定的“小心轻放”、“请勿倒置”、“向上”、“防潮”等标志。

### 9.3 运输

包装好的产品应能适应常规运输工具运输，应避免雨雪淋袭及剧烈碰撞。

### 9.4 贮存

9.4.1 产品应贮存在温度−50 ℃～+65 ℃，相对湿度不大于90%，周围环境不含腐蚀性气体的干燥、通风的库房内。

9.4.2 产品储存期超过6个月以上，应开箱通电，通电时间不得少于24 h。

ICS 33.180.01
M 33

# 中华人民共和国国家标准

GB/T 29232—2012

# 650 nm 百兆以太网塑料光纤网络适配器

## Network adapter of 650 nm 100 Mbit/s ethernet for plastic optical fiber

2012-12-31 发布　　　　2013-06-01 实施

中华人民共和国国家质量监督检验检疫总局
中国国家标准化管理委员会　发布

# 前言

本标准按照 GB/T 1.1—2009 给出的规则起草。

请注意本文件的某些内容可能涉及专利。本文件的发布机构不承担识别这些专利的责任。

本标准由中华人民共和国工业和信息化部提出。

本标准由中国通信标准化协会归口。

本标准起草单位：西安飞讯光电有限公司、扬州华裕光伏材料有限公司、扬州职业大学、中国科学院西安光学精密机械研究所、工业和信息化部有线通信产品质量监督检验中心。

本标准主要起草人：缪立山、彭新玲、徐蓉艳、缪德俊、赵卫、谢小平、甘露、肖势川。

# 650 nm 百兆以太网塑料光纤网络适配器

## 1 范围

本标准规定了650 nm百兆以太网塑料光纤网络适配器的术语和定义、组成与功能、要求和测试方法、可靠性试验、检验规则及标志、包装、运输、贮存。

本标准适用于650 nm百兆以太网塑料光纤网络适配器，以下简称“光网络适配器”。

## 2 规范性引用文件

下列文件对于本文件的应用是必不可少的。凡是注日期的引用文件，仅注日期的版本适用于本文件。凡是不注日期的引用文件，其最新版本(包括所有的修改单)适用于本文件。

GB/T 191—2008 包装储运图示标志

GB/T 2423.1—2008 电工电子产品环境试验 第2部分：试验方法 试验A：低温

GB/T 2423.2—2008 电工电子产品环境试验 第2部分：试验方法 试验B：高温

GB/T 2423.3—2006 电工电子产品环境试验 第2部分：试验方法 试验Cab：恒定湿热试验

GB/T 2829—2002 周期检验计数抽样程序及表(适用于对过程稳定性的检验)

GB/T 3873—1983 通信设备产品包装通用技术条件

SJ/T 11363—2006 电子信息产品中有毒有害物质的限量要求

SJ/T 11364—2006 电子信息产品污染控制标识要求

YD/T 1141—2007 以太网交换机测试方法

IEEE 802.3u—1995 100Base-T访问控制方法与物理层规范(Supplement to carrier sense multiple access with collision detection (CSMA/CD) access method and physical layer specifications media access control (MAC) parameters, physical layer, medium attachment units, and repeater for 100 Mb/s operation, type 100BASE-T)

## 3 术语和定义

下列术语和定义适用于本文件。

3.1

**平均发送光功率 mean launched power**

全调制条件下，光发送器在参考点(S点)耦合进光纤的光以太网信号的平均光功率。

3.2

**中心波长 central wavelength**

在发射光谱中，最高强度(或幅宽)的50%处两点的中心所对应的波长。

3.3

**接收灵敏度 recevier sensitivity**

在100 Mbit/s速率以太网工作条件下，光网络适配器丢帧率为零时，在光接收侧参考点(S点)所测得的最小平均接收光功率。

3.4

**过载光功率 overload**

在 100 Mbit/s 速率以太网工作条件下,光网络适配器丢帧率为零时,在光接收侧参考点(S 点)所测得的最大平均接收光功率。

3.5

**时延 latency**

对于存储转发设备:从输入帧的最后一个比特到达输入端口开始,至在输出端口上看到输出帧的第一个比特为止的时间间隔。

对于比特转发设备:从输入帧的第一个比特到达输入端口开始,至在输出端口上看到输出帧的第一个比特为止的时间间隔。

3.6

**吞吐量 throughput**

光网络适配器在不丢帧情况下所能达到的最大传输速率。

3.7

**丢帧率 frame loss rate**

光网络适配器在单向传输数据帧时,所丢失帧数量占所发送帧数量的比率,通常用百分数表示。

## 4 缩略语

下列缩略语适用于本文件。

LED:发光二极管(Light Emitting Diode)

MAC:介质访问控制(Media Access Control)

POF:塑料光纤(Polymer Optical Fibe)

PCI:外设部件互连标准(Peripheral Component Interconnect)

I/O:输入输出端口(Input/Output)

IRQ:中断请求(Interrupt Request)

## 5 组成和功能

### 5.1 组成

光网络适配器主要由 PCI 总线(或 USB 接口)、收发逻辑模块、访问配置控制器模块和光收发合一模块等部分组成,如图 1 所示。光接口传输介质为塑料光纤。

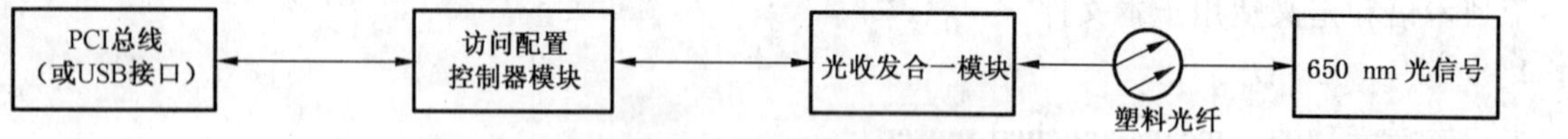


**图 1 光网络适配器的组成**

PCI 总线宽度为 32 位;访问配置控制器模块用于 MAC 地址接收,数据信号的识别及输出;光收发合一模块用于光信号的输入/输出通道,实现光信号的收发交换。

### 5.2 功能

光网络适配器主要完成以太网交换机的光接口和计算机及以太网网络设备之间的适配功能。光网络适配器应包括但不限于以下功能:

——支持即插即用;

——符合 PCI 接口或 USB 2.0 接口;
——PCI 总线宽度为 32 位;
——符合 IEEE 802.3u 100Base-Fx 快速以太网标准;
——提供网络工作时数据传输状态的双 LED 指示;
——数据传输速度为 100 Mbit/s;
——支持 650 nm 光纤端口的线缆热插拔功能。

## 6 要求

### 6.1 工作环境条件

光网络适配器工作环境条件如下:
——温度:−10 ℃~45 ℃;
——相对湿度:≤85%(+30 ℃时);
——大气压力:86k Pa~106 kPa。

### 6.2 眼图模板

光网络适配器的眼图应符合图 2 所示,其参数值应符合表 1 的要求。

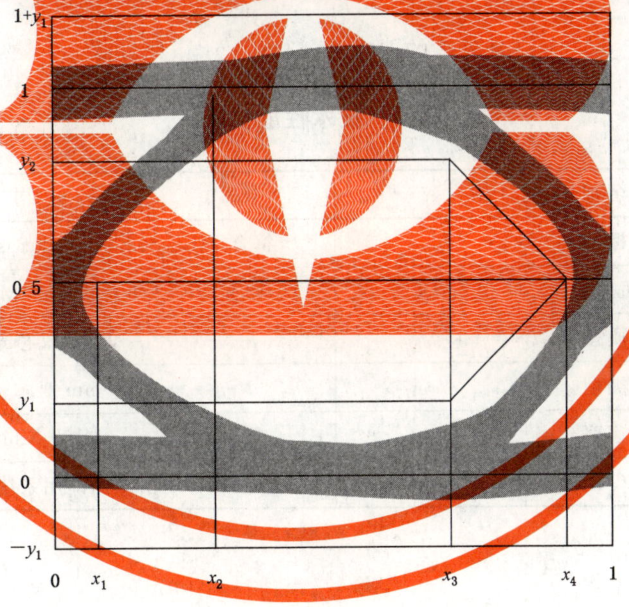


图 2 模块眼图

表 1 眼图模板计算参数值

| | |
|---|---|
| $x_1/x_4$ | 0.15/0.85 |
| $x_2/x_3$ | 0.35/0.65 |
| $y_1/y_2$ | 0.20/0.80 |

### 6.3 光接口指标

光网络适配器的光接口指标应符合表2的要求。

**表2 光接口指标**

| 参数 | 符号 | 单位 | 最小 | 典型 | 最大 |
|---|---|---|---|---|---|
| 平均发送光功率 | $P_o$ | dBm | −9 | — | 0 |
| 中心波长 | $\lambda$ | nm | 640 | 650 | 670 |
| 接收灵敏度 | $S_{en}$ | dBm | — | −26 | −21 |
| 过载光功率 | $P_{MAX}$ | dBm | — | — | 0 |
| 上升/下降时间（10%～90%） | $t_r/t_f$ | ns | — | — | 3 |
| 眼图 | 见6.2模块眼图 | | | | |

### 6.4 性能特性

#### 6.4.1 基本要求

光网络适配器的性能要求应符合表3的要求。

**表3 技术性能要求**

| 项目名称 | 要求 |
|---|---|
| 网络标准 | 符合 IEEE 802.3u 100Base-Fx 快速以太网标准 |
| 计算机接口 | 32位 PIC 2.1 总线(Bus Master)(或 USB 接口) |
| 传输介质接口 | POF 双芯光接口 |
| 网线类型 | 650 nm 双芯塑料光纤 |
| 传输速率 | 100 Mbit/s |
| I/O、IRQ 地址 | 由即插即用系统自动分配 |

#### 6.4.2 吞吐量

光网络适配器在测试速率为端口速率的100%时，各类帧的吞吐量应符合表4规定。

**表4 吞吐量的要求**

| 帧长<br>Byte | 吞吐量<br>100% |
|---|---|
| 64 | 100 |
| 128 | 100 |
| 256 | 100 |
| 512 | 100 |

表 4（续）

| 帧长<br>Byte | 吞吐量<br>100% |
|---|---|
| 1 024 | 100 |
| 1 280 | 100 |
| 1 518 | 100 |

### 6.4.3 丢帧率

光网络适配器在不同速率和帧长度下的丢帧率应符合表 5 要求。

表 5 丢帧率的要求

| 帧长<br>Byte | 测试速率<br>% | 平均丢帧率<br>% |
|---|---|---|
| 64 | 100 | 0 |
| 128 | 100 | 0 |
| 256 | 100 | 0 |
| 512 | 100 | 0 |
| 1 024 | 100 | 0 |
| 1 280 | 100 | 0 |
| 1 518 | 100 | 0 |

### 6.4.4 时延

光网络适配器时延应符合表 6 要求。

表 6 时延的要求

| 帧长<br>Byte | 测试速率<br>% | 存储转发平均时延(100 M-100 M)<br>μs |
|---|---|---|
| 64 | 100 | ≤20.0 |
| 128 | 100 | ≤30.0 |
| 256 | 100 | ≤40.0 |
| 512 | 100 | ≤60.0 |
| 1 024 | 100 | ≤100.0 |
| 1 280 | 100 | ≤130.0 |
| 1 518 | 100 | ≤150.0 |

### 6.5 环保符合性

光网络适配器的组成单元分类应符合 SJ/T 11363—2006 中表 1 的要求，有毒有害物质的含量应符合 SJ/T 11363—2006 中表 2 要求。

## 7 测试方法

### 7.1 测试环境的要求

光网络适配器的参数测试应在以下标准大气条件下进行：

——环境温度：15 ℃～35 ℃；

——相对湿度：45%～75%；

——大气压力：86 kPa～106 kPa。

若不能在上面大气压条件下测试，应在测试报告上说明。

### 7.2 外观与结构检查

7.2.1 用目视方法检查外观。其外观色泽应均匀、光滑平整、漆膜附着牢固，并没有挂流、划痕、露底、气泡及发白等现象。

7.2.2 用装配工具检查紧固件，触摸可操作部位。紧固件连接应牢固、可靠、无松动。

### 7.3 光接口指标测试

#### 7.3.1 平均发送光功率

##### 7.3.1.1 测试配置

主要测试仪表：光功率计、信号源。

测试配置如图 3 所示。

图 3 平均发送光功率测试配置

##### 7.3.1.2 测试方法

测试步骤如下：

a) 按图 3 所示连接；

b) 信号源按被测适配器的光接口要求发送满负荷数据流；

c) 用光功率计测试光接口的平均发送光功率。

#### 7.3.2 中心波长

##### 7.3.2.1 测试配置

主要测试仪表：光谱分析仪。

测试配置如图 4 所示。

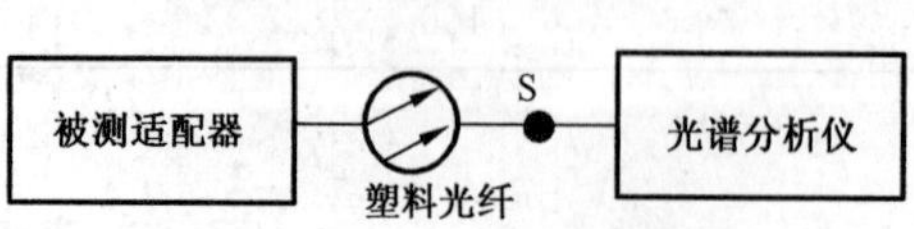


图 4 中心波长测试配置

7.3.2.2 测试方法

测试步骤如下：

a) 按图 4 所示连接；

b) 用光谱仪读出发送光中心波长。

7.3.3 接收灵敏度

7.3.3.1 测试配置

主要测试仪表：以太网性能分析仪、光衰减器、光功率计。

测试配置如图 5 所示。

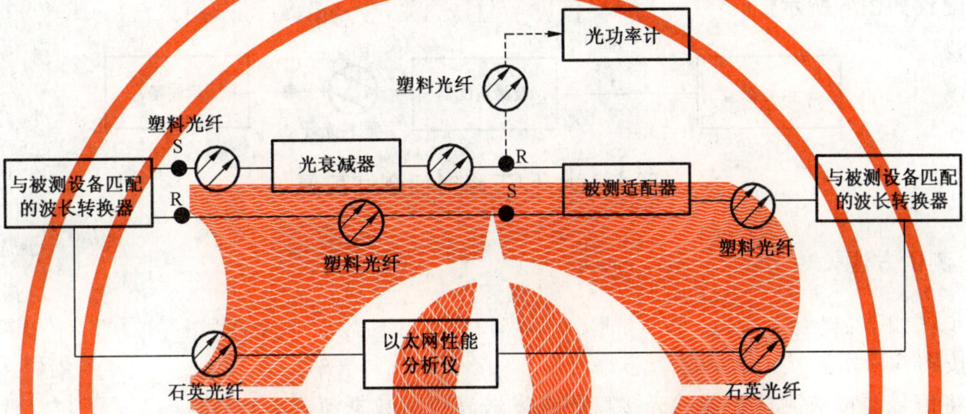


图 5 光接收灵敏度测试配置

7.3.3.2 测试方法

测试步骤如下：

a) 按图 5 所示连接；

b) 配置被测适配器和与被测适配器的波长转换器(将石英光纤的 1 550 nm/1 310 nm/850 nm 的光信号转换为 650 nm 塑料光纤的光信号)正常传送业务；

c) 设置帧长为 1 518 Byte，在满负荷数据流量下，逐渐增加光可变衰减器的衰减量，使被测适配器的接收光功率逐渐减小，直到无帧丢失的临界状态，观察时间 120 s；

d) 断开与被测适配器光接收端连接的光纤活动连接器，接入光功率计(虚线)，从光功率计读出的光功率即为光接收灵敏度。

注：若设备支持全双工，在全双工状态下测即可；若设备只支持半双工，即在半双工状态下测试。

7.3.4 过载光功率

7.3.4.1 测试配置

测试配置如图 5 所示。

7.3.4.2 测试方法

测试步骤如下：

a) 按图 5 所示连接；

b) 配置被测适配器和与被测适配器的波长转换器(将石英光纤的1 550 nm/1 310 nm/850 nm的光信号转换为650 nm塑料光纤的光信号)正常传送业务；

c) 满负荷数据流量下，逐渐减小光可变衰减器的衰减量，使被测适配器的接收光功率逐渐增大，直到无帧丢失的临界状态，观察时间120 s；

d) 断开与被测适配器光接收端连接的光纤活动连接器，接入光功率计(虚线)，从光功率计读出的光功率即为过载光功率。

注：若设备支持全双工，在全双工状态下测试即可；若设备只支持半双工，即在半双工状态下测试。

### 7.3.5 上升/下降时间

#### 7.3.5.1 测试配置

主要测试仪表：信号源、示波器。

测试配置如图6所示。

图6 上升/下降时间测试配置

#### 7.3.5.2 测试方法

测试步骤如下：

a) 按图6所示连接；

b) 将信号源按被测适配器的光接口要求发送满负荷数据流；

c) 将被测信号送入示波器，调整示波器，待波形稳定后调出1.25 GHz吉比特以太网眼图模板，通过调整与对准(需加Geb滤波)；

d) 在示波器上观察到正确信号波形后，对示波器进行上升/下降时间设置，记录示波器上面上升/下降过程10%～90%之间的时间段值。

### 7.3.6 光接口眼图

#### 7.3.6.1 测试配置

测试配置如图6所示。

#### 7.3.6.2 测试方法

测试步骤如下：

a) 按图6所示连接；

b) 将以太网交换机按被测适配器的光接口要求发送满负荷数据流；

c) 将被测信号送入示波器，调整示波器，待波形稳定后调出1.25 GHz吉比特以太网眼图模板，通过调整与对准(需加Geb滤波)；

d) 观察波形是否符合图2和表1。

## 7.4 性能测试

### 7.4.1 吞吐量

#### 7.4.1.1 测试配置

测试配置如图5所示。

#### 7.4.1.2 测试方法

测试步骤如下：

a) 按图5所示连接；

b) 配置被测适配器和与被测适配器匹配的以太网交换机正常传送业务；

c) 对以太网性能分析仪进行吞吐量测试设置，允许的丢帧率设置为0%，测试采用7个典型帧长字节64、128、256、512、1 024、1 280、1 518；

d) 测试时间设置为120 s，执行吞吐量测试。

### 7.4.2 丢帧率

#### 7.4.2.1 测试配置

测试配置如图5所示。

#### 7.4.2.2 测试方法

测试步骤如下：

a) 按图5所示连接；

b) 配置被测适配器和与被测适配器匹配的波长转换器正常传送业务；

c) 对以太网性能分析仪进行丢帧率测试设置，测试采用7个典型帧长字节64、128、256、512、1 024、1 280、1 518；

d) 测试流量设置以吞吐量为起点，10%为增长步长直至100%流量；

e) 测试时间设置为120 s，测出各种帧长在不同流量下的丢帧率。

### 7.4.3 时延

#### 7.4.3.1 测试配置

测试配置如图5所示。

#### 7.4.3.2 测试方法

测试步骤如下：

a) 按图5所示连接；

b) 配置被测适配器和与被测适配器匹配的波长转换器正常传送业务；

c) 对以太网性能分析仪进行时延测试设置，测试流量设置为吞吐量，测试采用7个典型帧长字节64、128、256、512、1 024、1 280、1 518；

d) 测试时间设置为120 s，测出各种帧长的帧转发时延。

## 7.5 功能测试

### 7.5.1 连通

#### 7.5.1.1 测试配置

测试配置如图7所示。

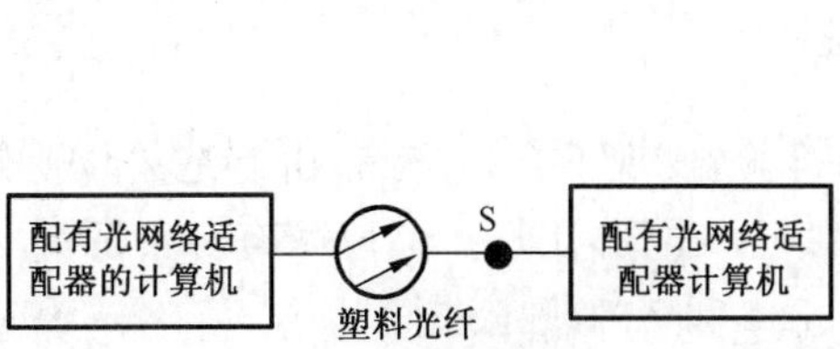


图7 连通测试框图

7.5.1.2 测试方法

测试步骤如下：

a) 按图 7 所示连接；

b) 互通传输工作应正常。

7.5.2 以太网帧接收

7.5.2.1 测试配置

测试配置同图 7。

7.5.2.2 测试方法

分别测试：

a) 以太网单播帧接收；

b) 以太网广播帧接收；

c) 处理不属于自己的以太网单播帧。工作应正常。测试方法按 YD/T 1141—2007 中 6.5 规定进行。

## 8 可靠性试验

8.1 高温试验

按 GB/T 2423.2—2008 中试验 Bb 方法进行试验，光网络适配器经受温度为 45 ℃，持续时间 2 h 的高温试验后，其技术指标应符合表 2 规定。

8.2 低温试验

按 GB/T 2423.1—2008 中试验 Ab 方法进行试验，光网络适配器经受温度为－10 ℃，持续时间 2 h 的低温试验后，其技术指标应符合表 2 规定。

8.3 湿热试验

按 GB/T 2423.3—2006 中试验方法进行试验，光网络适配器经受温度为 30 ℃，相对湿度为 82%～88%，持续时间 2 d 的湿热试验后，其技术指标应符合表 2 规定。

## 9 检验规则

9.1 检验分类

产品检验分出厂检验和型式检验。

9.2 出厂检验

9.2.1 对出厂产品进行 100%检验，发现不合格产品，由制造单位返修。返修后的产品应重新进行交收检验。出厂检验不合格的产品不得出厂，出厂产品应附有合格证。

9.2.2 出厂检验的项目按 7.3、7.4 和 7.5 规定进行。

### 9.3 型式检验

9.3.1 检验样品应从合格的产品中随机抽取，按 GB/T 2829—2002 中一次抽样方案进行，样本量为 2，判别水平 RQL=80，Ac=1，Re=2(RQL 为不合格质量水平，Ac 为接收数，Re 为拒收数)。如遇下列情况之一应进行型式检验：

——新产品定型或老产品转产时；

——正式生产后，如结构、材料、工艺有较大改变，可能影响产品性能时；

——产品长期停产 12 个月后，恢复生产时；

——出厂检验结果与鉴定时的型式检验有较大差别时；

——正常生产 24 个月后；

——国家质量监督机构提出进行型式检验要求时。

9.3.2 型式检验前，按第 7 章规定，对样品的光接口指标和性能指标进行测试，测试结果符合第 6 章相关要求，并记录测试结果。生产后按第 8 章要求进行可靠性试验。

## 10 标志、包装、运输、贮存

### 10.1 标志

产品上应标明下列内容：

a) 产品型号；

b) 产品名称；

c) 制造日期；

d) 制造厂名；

e) 环保标识：污染控制标志应按 SJ/T 11364—2006 中第 5 章规定，在包装盒和产品上打印上电子信息产品污染控制标志。

### 10.2 包装

产品包装应满足如下基本要求：

a) 包装应符合 GB/T 3873—1983 的规定；

b) 产品装箱时应附有产品使用说明书、产品合格证、装箱单；

c) 应在包装箱上标明符合 GB/T 191—2008 标志规定的“小心轻放”“请勿倒置”“向上”“防潮”等标志。

### 10.3 运输、贮存

10.3.1 包装好的产品应能适应常规运输工具运输，运输时应避免雨雪淋袭及剧烈碰撞。

10.3.2 产品应贮存在温度−50 ℃～+65 ℃，相对湿度不大于 90%，周围环境不含腐蚀性气体的干燥、通风的库房内。

10.3.3 产品贮存期超过 6 个月以上，应开箱通电，通电时间不得少于 24 h。

ICS 33.180.10
M 33

# 中华人民共和国国家标准

GB/T 29233—2012

# 管道、直埋和非自承式架空敷设用单模通信室外光缆

**Singlemode optical fibre telecommunication cables for outdoor duct, directly buried, and lashed aerial application**

(IEC 60794-3-11:2010, Optical fibre cables—Part 3-11: Outdoor cables—Product specification for duct, directly buried, and lashed aerial single-mode optical fibre telecommunication cables, MOD)

2012-12-31 发布　　2013-06-01 实施

中华人民共和国国家质量监督检验检疫总局
中国国家标准化管理委员会　发布

# 前　言

本标准按照 GB/T 1.1—2009 给出的规则起草。

本标准修改采用 IEC 60794-3-11:2010《光缆　第 3-11 部分:室外光缆　管道、直埋和非自承式架空用通信单模光缆产品规范》。

本标准与 IEC 60794-3-11:2010 相比在结构上有较多调整,附录 A 中列出了本标准与 IEC 60794-3-11:2010 的章条编号对照一览表。

本标准与 IEC 60794-3-11:2010 相比存在技术性差异,这些差异涉及的条款已通过在其外侧页边空白位置的垂直单线(|)进行了标示。附录 B 中给出了相应技术性差异及其原因的一览表。

本标准还做了下列编辑性修改:

——为便于使用,将 IEC 60794-3-11:2010 中的引用标准 IEC/TR 62000 增加为本标准的附录 E;

——增加了资料性附录 F“光缆铠装的设计导则”;

——增加了资料性附录 G“光缆抗生物攻击保护层的设计导则”。

请注意本文件的某些内容可能涉及专利。本文件的发布机构不承担识别这些专利的责任。

本标准由中华人民共和国工业和信息化部提出。

本标准由中国通信标准化协会归口。

本标准起草单位:大唐电信科技产业集团、北京通和实益电信科学技术研究所有限公司、武汉邮电科学研究院、长飞光纤光缆有限公司。

本标准主要起草人:薛梦驰、王则民、刘湘荣、郭志宏、宋志佗、杨亚宁、熊壮、高华。

# 管道、直埋和非自承式架空敷设用单模通信室外光缆

## 1 范围

本标准规定了管道、直埋和非自承式架空敷设用单模通信室外光缆的结构和材料、性能要求、试验方法、包装和运输等。

本标准适用于以管道、直埋或非自承式架空方式敷设使用的单模通信室外光缆。

## 2 规范性引用文件

下列文件对于本文件的应用是必不可少的。凡是注日期的引用文件，仅注日期的版本适用于本文件。凡是不注日期的引用文件，其最新版本(包括所有的修改单)适用于本文件。

GB/T 2951.11—2008 电缆和光缆绝缘和护套材料通用试验方法 第11部分：通用试验方法——厚度和外形尺寸测量——机械性能试验(IEC 60811-1-1:2001,IDT)

GB/T 6995.2 电线电缆识别标志方法 第2部分：标准颜色

GB/T 7424.1—2003 光缆总规范 第1部分：总则(IEC 60794-1-1:2001,MOD)

GB/T 7424.2—2008 光缆总规范 第2部分：光缆基本试验方法(IEC 60794-1-2:2003,MOD)

GB/T 7424.3—2003 光缆 第3部分：分规范 室外光缆(IEC 60794-3:2001,MOD)

GB/T 9771(所有部分) 通信用单模光纤

GB/T 13993.2—2002 通信光缆系列 第2部分：核心网用室外光缆

GB/T 13993.4—2002 通信光缆系列 第4部分：接入网用室外光缆

GB/T 15972—2008(所有部分) 光纤试验方法规范[IEC 60793-1(所有部分)]

GB/T 17650.2—1998 取自电缆或光缆的材料燃烧时释出气体的试验方法 第2部分：用测量PH值和电导率来测定气体的酸度(idt IEC 60754-2:1991)

GB/T 17651.1—1998 电缆或光缆在特定条件下燃烧的烟密度测定 第1部分：试验装置(idt IEC 61034-1:1997)

GB/T 17651.2—1998 电缆或光缆在特定条件下燃烧的烟密度测定 第2部分：试验步骤和要求(idt IEC 61034-2:1997)

GB/T 18380.11—2008 电缆和光缆在火焰条件下的燃烧试验 第11部分：单根绝缘电线电缆火焰垂直蔓延试验 试验装置(IEC 60332-1-1:2004,IDT)

GB/T 18380.12—2008 电缆和光缆在火焰条件下的燃烧试验 第12部分：单根绝缘电线电缆火焰垂直蔓延试验 1 kW预混合型火焰试验方法(IEC 60332-1-2:2004,IDT)

GB/T 18900—2002 单模光纤偏振模色散的试验方法(ITU-T G.650:2000,NEQ)

GB/T 29199—2012 光缆防鼠性能测试方法

JB/T 8137(所有部分) 电线电缆交货盘

YD/T 837.2—1996 铜芯聚烯烃绝缘铝塑综合护套市内通信电缆试验方法 第2部分：电气性能试验方法

YD/T 837.3—1996 铜芯聚烯烃绝缘铝塑综合护套市内通信电缆试验方法 第3部分：机械物理性能试验方法

YD/T 837.4—1996　铜芯聚烯烃绝缘铝塑综合护套市内通信电缆试验方法　第4部分：环境性能试验方法

YD/T 837.5—1996　铜芯聚烯烃绝缘铝塑综合护套市内通信电缆试验方法　第5部分：电缆结构试验方法

YD/T 901—2009　层绞式通信用室外光缆

YD/T 979—2009　光纤带技术要求和检验方法

## 3　术语和定义

下列术语和定义适用于本文件。

3.1

**偏振模色散系数(PMD系数)　polarisation mode dispersion coefficient(PMD coefficient)**

光缆的PMD值除以其长度的平方根，单位为 $ps/\sqrt{km}$，简称PMD系数。

3.2

**光缆光单元　fibre optic cable elements**

在光缆内由光纤组合成的结构性单元，是构成光缆的最核心组件。

3.3

**长期运行张力　long term operating load**

光缆在整个寿命期内可能经受的长时间的拉伸负载。这个力可以由安装后的残余负载或者环境的影响而产生。

3.4

**额定最大安装张力　maximum rated cable installation load**

光缆在安装时或处理过程中，能够短暂经受而又不发生损坏的最大拉伸负载，也可能代表制造商推荐的最大拉伸负载。

## 4　符号和缩略语

下列符号和缩略语适用于本文件。

$F_{LT}$：光缆拉伸试验时采用的长期拉力

$F_{ST}$：光缆拉伸试验时采用的短期拉力

OTDR：光时域反射仪

PMD：偏振模色散

SZ：一种周期性换向绞合形式

$T_{A1}$：光缆温度循环试验中的次低温度限值

$T_{A2}$：光缆温度循环试验中的最低温度限值

$T_{B1}$：光缆温度循环试验中的次高温度限值

$T_{B2}$：光缆温度循环试验中的最高温度限值

$t_1$：光缆温度循环试验中的恒温时间

UV：紫外线

$\lambda_{cc}$：光缆中光纤的截止波长。

# 5 总则

## 5.1 概述

单模光纤应成缆保护以满足安装环境的功能要求。为将光缆单独地或组合地送入管道或子管道中,可能会使用拖拽、推送或气吹等安装技术。直埋光缆则应根据不同的环境和基层结构而采用不同的安装方法,例如刨地和掘沟。直埋光缆也因而需要一些基于多层铠装和护套的特殊设计。某些设计同样适用于管道安装和非自承式架空安装。本标准中所规定的功能要求和试验方法是基于 GB/T 7424.1—2003 附录 A 中所规范的光缆安装方法。

## 5.2 光纤的特性概述

单模光纤可按其应用的波长和其色散特性来进行分类。本标准中所规定的光缆应使用GB/T 9771 所规范的 B 类光纤,参见本标准附录 C 的表 C.1。

## 5.3 光纤的可接续性

本标准覆盖的所有同类型的光纤使用现已商用的接续技术均可获得较低的接头损耗。同类型光纤之间典型的双向接续损耗平均值(OTDR 测试值)在 1 550 nm 应不大于 0.10 dB。当在同一网络中使用不同类型的光纤时,接续损耗的典型值将较大,并应考虑光纤的兼容性问题。光纤兼容性导则参见本标准附录 E。

注:当不影响链路传输能力时,可允许更大的接续损耗。

## 5.4 光缆光单元的特性概述

光缆光单元包括缓冲套管(松套或非松套)、光纤带、光纤束、中心骨架槽等。应适当设计和使用这些光单元,以在光缆的制造、安装和终接时能对光纤进行充分的定位、识别、模块化和保护。这些光单元的结构和材料应在光缆和接头盒的整个使用期内不会对光纤性能有任何长期的损害。为满足这些功能要求,不同的光单元应满足本标准第 6 章和第 7 章相关条目以及其他相关标准对光缆光单元的规定。

## 5.5 光缆的设计考虑

本标准所规范的光缆在设计及制造时应充分考虑以下因素。

### 5.5.1 微弯

由于局部的侧向压力而引起的、短距离内辐度为几个微米的、高频次的弯曲或局部的轴向错位,称为微弯。制造、安装或运行过程中的应变和由于温度变化引起光缆材料的尺寸变化,都有可能造成光纤的微弯。微弯可引起光纤损耗的增加。为减小微弯损耗,在光缆的制造过程中,及安装过程中或完成后,都应消除沿光纤轴向随机分布的侧向压力。

### 5.5.2 宏弯

光缆制造或安装后所造成的光缆的弯曲称为宏弯。如果弯曲半径太小,宏弯也可引起光纤损耗增加。

应适当选择光缆中的加强构件和安装的弯曲半径,以限制光缆的动态应变。光缆安装后所余留的弯曲半径应足够大,以限制宏弯损耗和长期应变,从而使预计的光纤寿命不会缩短。光缆的最小静态弯曲半径和最小动态弯曲半径应在详细规范中规定。

### 5.5.3 抗机械应力

光缆的自重、安装过程或环境条件等(例如温度变化、风压、冰载)造成的拉伸、扭转、弯曲和蠕变等都有可能引起光纤的应变,当超过规定的长期应变时将有可能导致光纤衰减增加和光纤断裂。光缆应提供对光纤的保护,可以通过放置适当的增强或(和)抗扭曲构件来将光纤应变限制在安全的水平。这些构件可以是金属的或者非金属的,可以放置在光缆中心或者缆芯的外围,可以嵌入光缆外护套之中或者处于外护套之下。

过大的光缆拉伸负载将增加光纤损耗,并且若不放松光缆,还可能增大光纤中的残余应变。为避免这种情况,在设计光缆的结构和加强件时,应充分地考虑光缆在制造、安装和使用过程中允许承受的最大拉伸强度,不应超过由光缆的结构和加强件设计所决定的最大拉伸强度。

光缆在安装和运行过程中可能受到的压扁和冲击可能会永久地或短暂地增加光纤的衰减,严重时甚至可造成光纤断裂。因此在光缆设计时还应考虑对压扁和冲击的保护。

当光缆安装在桥上时,它将承受振幅相对较高的各种低频振动,这取决于桥梁的结构和交通的稠密程度。地埋光缆也可能会承受由于交通、铁路、打桩、爆破等引起的振动。光缆应能承受这些振动而不发生故障或信号降级。同时,应仔细地选择安装路线,以减小这类问题。

光缆铠装的设计导则参见本标准附录F。

### 5.5.4 耐温

由于光缆中的各种元件具有不同的热膨胀系数(其最小值和最大值可能相差百倍),这种在温度变化时的伸缩差异,可能引起微弯或宏弯,从而导致光纤衰减增加。故应预知光缆敷设环境的温度范围,从而进行适当的光缆设计。并应通过温度循环试验来验证光缆的耐温性能。

通常,架空光缆比地埋光缆受到的温度变化更明显。在这些条件下,缆中光纤衰减的变化应不超过规定值,并且应可恢复。

### 5.5.5 挡潮

当潮气渗透过光缆的护套并到达缆芯后,光纤的抗拉强度及平均寿命都将减小。有多种材料可用作阻隔潮气的屏障以减小渗透率。如果需要,连续的、有足够搭接宽度的金属包带或薄膜能有效地阻隔潮气的渗透。而填充复合物可有效地阻止水和潮气的纵向渗透,但不能显著地阻隔潮气穿过护套在径向的渗透。无金属光缆难以获得完美的挡潮性能。而对于架空光缆,通常潮气不是一个严重的问题。

### 5.5.6 阻水

如果光缆的护套或接头盒被损坏,则水沿光缆缆芯的纵向渗透就有可能发生。水的渗透引起的效应类似于潮气,故应尽量减少甚至阻止水的纵向渗透。水的渗透在合适的环境条件下还有可能引起缆芯冰冻,使光纤受压导致衰耗增加甚至光纤断裂。可采用在缆芯中全填充复合物,或间断地设置阻水屏障,或使用可遇水膨胀的材料(例如阻水带、阻水纱、阻水粉等),或使用组合材料等方法来阻水。

### 5.5.7 阻燃

使用在隧道中的光缆应满足相关的燃烧性能要求,以避免大规模事故的发生。其他应用环境有阻燃要求时,例如架空穿越森林时,可由供需双方商定。当使用低烟无卤阻燃聚烯烃材料来进行阻燃时,应充分考虑材料的机械强度和相关环境特性是否满足应用环境的要求。

### 5.5.8 生物攻击

应充分考虑光缆可能遭受的生物攻击,尤其是针对直埋光缆以及架空光缆。潜在的生物攻击包括啮齿动物(光缆比较偏小的尺寸使其容易遭受啮齿动物的伤害,如鼹鼠、松鼠等)、真菌类、白蚁等。除了尽量选择避开这些攻击的敷设路线外,当光缆使用在不能排斥上述生物的环境中时,光缆缆芯外应设置额外的抗生物攻击保护层,或采用特殊的护套材料,以使光缆具有足够的耐啮蚀性能。当需要时,光缆周围还应该采用适当和有效的保护措施。光缆抗生物攻击保护层的设计导则参见本标准附录G。

### 5.5.9 化学伤害

对于直埋光缆,光缆安装后,若接触到某些化学制剂,可能会使光缆外护套对缆芯的保护能力大大下降。因此,应对光缆可能埋设的区域可能存在的化学制剂进行评估,决定采用何种光缆护套,并检测这种护套对可能的化学制剂的耐受程度。

### 5.5.10 析氢

当存在潮气和金属元件时,有可能发生析氢。氢气可扩散进入硅玻璃光纤,从而引起光损耗增加(即氢损)。因此,光缆中的氢气浓度应足够低,以保证对光损耗的长期影响是可接受的。通过使用动态气体增压、吸氢材料、谨慎选择材料及结构,可在光缆寿命期内将氢损维持在可接受的限度内。光缆内的各种组件单独或与其他可能出现的物质(例如水)相互组合时,在缆芯内产生的析氢量都应较低。

### 5.5.11 强电磁危害

含有金属元件的光缆易于遭受雷电的打击或高压感应电流的伤害,当这种光缆被敷设在含有天燃气的管道或隧道中时,还有可能引发爆炸。故设计时应充分考虑这一因素。含有金属元件的光缆,每一光缆段长内所有金属组件应保持电气导通。在使用时,宜将加强芯和挡潮层搭接,并以适当方式接地。

带有金属通信导体(例如对称或同轴线对)的光缆,线对外应有足够绝缘强度的材料充分覆盖,护层中应有合适的金属屏蔽层。在使用时,应将金属屏蔽层以适当方式接地。

无金属光缆不需要防止强电磁感应、雷电损害和金属腐蚀,然而当无金属光缆安放在地下金属管道时,有可能会受到雷电的损害。

## 5.6 环境及产品的安全性要求

应尽可能考虑光缆的环境安全要求。光缆中使用的所有材料都应为无毒的,与环境接触的材料应对环境及人类健康无害。本标准所规定的光缆类型在安装后都很少会再与人体接触,故如果存在任何有害物质,与之接触的风险主要发生在制造和安装的过程中。当需要时,制造商应能提供光缆对环境影响的详细情况。

本标准并不指定某些可能会被用来满足特殊应用要求的光缆材料和设计,例如极高的温度或抵御某种特殊的化学攻击。若遇这种情况,用户和生产者应针对可能应用的设计和材料协商一致,保证满足国家相关法规要求,并采取必要的明示和预防措施。

## 5.7 试验

除非详细规范中另有规定,本标准中规定的所有试验条件均为标准大气条件,即温度25 ℃±10 ℃,相对湿度25%～75%。所有测试及计算值都应取整到其相应验收标准中的小数位数。测试的光纤数量应由相关标准规定。

测量误差或由于缺乏适当的参照标准而造成的校准误差,都有可能导致测量的不确定度。试验中光纤传输衰减的变化宜采用传输功率监测法进行测量,其总测量不确定度应不超过±0.03 dB(指衰减);光纤传输衰减系数的变化宜采用后向散射监测法进行测量,其总测量不确定度应不超过±0.02 dB/km(指衰减系数),当测得的光纤衰减的变化量不超过上述范围时,应判为衰减无明显变化,并且可表示为“衰减无明显变化(≤0.03 dB)”或“衰减系数无明显变化(≤0.02 dB/km)”。

试验中光纤应变的总测量不确定度应不超过±0.01%,当测得的光纤应变的变化量不超过上述范围时,应判为“应变为零”。

某些机械性能和环境性能试验可在一整根缆中的一个短段上进行。

## 6 结构和材料

### 6.1 总则

光缆的结构应在光缆的运输、存储、安装和使用过程中,对光纤提供可靠的保护。应能在光缆的整个寿命周期内,保持光纤的光学和传输性能。

### 6.2 光纤材料

应使用GB/T 9771所规定的单模光纤。对光纤涂覆层的表面进行清洁应使用光纤制造商所推荐的清洁剂,任何情况下不应使用氯基的清洁剂,以免危害健康。光缆中的光纤不允许有接头。

### 6.3 光缆光单元设计

#### 6.3.1 概述

光缆光单元的设计是以某种适当的方式集合光纤,使得在光缆内或剥去外护套时,均能保持光纤集合的结构。设计光缆光单元的目的还需使光纤组合便于识别,并易于操作处理。典型的光缆光单元形式包括:含有光纤的松套管、光纤带、中心管、光纤束、含有光纤或光纤带的骨架槽,或其他包含一群光纤的可识别的单元等。

#### 6.3.2 光单元芯数系列

最常用的光纤组合为1、2、4、6、8、12、24芯。也可为供需双方商定的其他芯数。

#### 6.3.3 同一光单元中光纤的识别

6.3.3.1 光缆中同一光单元中的光纤应能通过光纤涂覆层或缓冲层的颜色来加以唯一识别。颜色应符合GB/T 6995.2的规定,并应在光缆的整个寿命期内都具有很好的稳定性,不褪色,不迁移。标准的识别色谱列于表1。

表1 光纤或光单元的识别色谱

| 序号 | 1 | 2 | 3 | 4 | 5 | 6 | 7 | 8 | 9 | 10 | 11 | 12 |
|---|---|---|---|---|---|---|---|---|---|---|---|---|
| 颜色 | 蓝 | 橘 | 绿 | 棕 | 灰 | 白 | 红 | 黑 | 黄 | 紫 | 粉红 | 青绿 |
| 注:在不影响识别的情况下,允许使用本色代替本表中的某一颜色。 | | | | | | | | | | | | |

6.3.3.2 当光单元中的各个光纤的位置相对固定时(例如光纤带),也可通过各个光纤所处的位置来加以唯一识别。

6.3.3.3 当同一光单元中含有12根以上的光纤时,光纤应采用组合的方法来进行识别,例如间隔的色环或纵向的色条。前12根光纤采用表1的色谱来进行识别,之后应依次用表1的色谱作为底色,加以黑色的色环来进行识别。当底色为黑色时,应使用白色的色环来代替,或由供需双方商定识别方法。色环应清晰可辨,同一根光纤上色环的间距应为50 mm~100 mm。

#### 6.3.4 光缆中各个光单元的识别

##### 6.3.4.1 层绞式套管的识别

层绞式套管的识别可采用全色谱方式,也可采用领示色谱方式,具体如下:

a) 当采用全色谱时,面向光缆A端看,在顺时针方向上松套管序号增大,松套管序号及其对应的颜色应符合表1规定。颜色应在光缆的整个寿命期内都具有很好的稳定性,不褪色,不迁移。当超过12个单元时,超出后的单元可以使用色环或色条,或按全色谱序列循环使用。其要求应参照6.3.3.3。

b) 当采用领示色谱时,领示色应为红色和绿色,其余元构件应为其他的相同颜色,宜为本色。面向光缆A端看,在顺时针方向上红和绿顺序排列且松套管序号增大(填充绳不计序号)。当套管数量超过8个时,不宜采用领示色谱方式。

##### 6.3.4.2 光纤带的识别

光纤带的识别可采用全色谱光纤带加印字的方式,也可采用领示色谱方式,具体如下:

a) 当采用全色谱光纤带加印字的方式时,光纤带中光纤采用全色谱方式识别,带阵中光纤带采用带上印字或条纹标志识别序号。面向光缆A端看,转动光缆把光纤带调整到水平方位,且光纤带的印字向上和序号1的光纤带在最上层。此时,光纤从左到右的序号及色谱应符合表1规定;光纤带的序号由上向下增加。

b) 当采用领示色谱时,光纤带中光纤采用领示色谱子带循环方式识别,带阵中光纤带采用光纤带中的领示色识别。面向光缆A端看,转动光缆把光纤带调整到水平方位时,光纤从左到右的序号和光纤带从上到下的序号及其色谱示例见表2。

表2 光纤带阵列的领示色谱识别方式

| 光纤带序号 | 光纤序号 | | | | | | | | | | | |
|---|---|---|---|---|---|---|---|---|---|---|---|---|
| | 1 | 2 | 3 | 4 | 5 | 6 | 7 | 8 | 9 | 10 | 11 | 12 |
| 1 | 蓝 | 白 | 蓝 | 白 | 蓝 | 白 | 蓝 | 白 | 蓝 | 白 | 蓝 | 白 |
| 2 | 橘 | 白 | 橘 | 白 | 橘 | 白 | 橘 | 白 | 橘 | 白 | 橘 | 白 |
| 3 | 绿 | 白 | 绿 | 白 | 绿 | 白 | 绿 | 白 | 绿 | 白 | 绿 | 白 |
| 4 | 棕 | 白 | 棕 | 白 | 棕 | 白 | 棕 | 白 | 棕 | 白 | 棕 | 白 |
| 5 | 灰 | 白 | 灰 | 白 | 灰 | 白 | 灰 | 白 | 灰 | 白 | 灰 | 白 |
| 6 | 白 | 蓝 | 白 | 红 | 白 | 蓝 | 白 | 红 | 白 | 蓝 | 白 | 红 |
| 7 | 红 | 白 | 红 | 白 | 红 | 白 | 红 | 白 | 红 | 白 | 红 | 白 |
| 8 | 黑 | 白 | 黑 | 白 | 黑 | 白 | 黑 | 白 | 黑 | 白 | 黑 | 白 |
| 9 | 黄 | 白 | 黄 | 白 | 黄 | 白 | 黄 | 白 | 黄 | 白 | 黄 | 白 |
| 10 | 紫 | 白 | 紫 | 白 | 紫 | 白 | 紫 | 白 | 紫 | 白 | 紫 | 白 |
| 11 | 粉红 | 白 | 粉红 | 白 | 粉红 | 白 | 粉红 | 白 | 粉红 | 白 | 粉红 | 白 |
| 12 | 青绿 | 白 | 青绿 | 白 | 青绿 | 白 | 青绿 | 白 | 青绿 | 白 | 青绿 | 白 |

6.3.4.3 光纤束的识别

光纤束通常是通过对一组分立光纤进行扎纱而形成的，对于这种光纤束，宜采用不同颜色的光纤束扎带来进行识别，或供需双方商定的其他识别方式。对于以UV固化方式形成的光纤束宜通过固化后光纤束涂覆层的颜色来进行识别。

6.3.4.4 其他识别方法

其他识别方法包括在光单元上印制序号、标记、分组编号等，例如对于骨架槽，可在骨脊上印制标记线，或在骨架外缠绕标记带等。

6.3.5 光缆光单元的材料

松套管应能在光缆运行过程中起缓冲作用，并使光纤保持其性能稳定。宜采用非再生的热塑性材料制成，也可使用复合材料来增加套管的机械强度。管中可填充触变型复合物。松套管的外径和管壁厚度应在详细规范中规定，其标称尺寸可随管中的光纤芯数改变，但在同一光缆中通常应相同。

其他光缆光单元的材料和尺寸应在详细规范中规定。

6.4 加强构件

6.4.1 产品的技术规格书应指明光缆中加强构件的位置和材料，必要时应以光缆截面示意图标明。

6.4.2 加强构件一般不允许有整体接头，但当加强构件由多根(股)组成时，例如绕包钢丝或芳纶纱，在保证光缆的机械性能(例如拉伸和弯曲性能)的情况下，每根(股)允许有1个接头，但在任意200 m光缆长度内只允许1个接头。加强构件的接头应至少保持原来80%的强度，应抗弯曲和扭转，接头处的直径应不大于加强构件的常规直径。

6.5 金属导线

需要时，允许光缆中包含绝缘铜线(例如单线、对绞线或四对线等)，但不得影响光单元性能。

6.6 缆芯

6.6.1 光缆元件的绞合

多个类似的光缆元件可以螺旋绞或正反绞(SZ绞)方式放置在缆芯中。通常，填充件或绝缘铜线(例如对绞线或四对线)也可以和光缆元件一起绞合。

6.6.2 阻水结构

除非另有规定，光缆缆芯应能纵向阻水。可以使用膏状复合物、吸水膨胀的干式材料或其他合适的材料来保持缆芯阻水。这些阻水材料应无嗅味、无毒、对健康无害、和与其相接触的光缆材料相互兼容、对光纤无负面影响、不妨碍光纤接续操作。各种阻水材料的性能应满足相关材料标准的要求。

6.6.3 缆芯一体化

缆芯应结构紧凑。加强构件及缆芯的各个组件间应紧密相附，以获得温度稳定性，并防止光缆在受拉时组件之间相互纵向滑移。通常采用扎纱、包带和(或)内护套进行绑扎或加固。

6.7 挡潮层

宜采用金属纵包带作为挡潮层。金属包带应双面复合塑料薄膜，并保证金属包带纵包后有足够的搭接宽度，并与护套粘结牢固。金属包带与护套之间的粘结强度应进行测试。金属复合带的基带标称厚度应足够大，以保证金属带足以阻隔潮气的渗透。挡潮层也可以是类似结构的金属铠装层。挡潮层既有可能位于内护套之下，也有可能位于外护层中。

### 6.8 内护套

对于外护层中含有铠装层的光缆，缆芯外的包带层上宜再有一层内护套，其标称厚度应不小于0.8 mm，最小厚度应不小于标称厚度的80%。材料宜采用聚乙烯。

### 6.9 外护层

#### 6.9.1 总则

外护层由可能有的铠装层、外套，以及可能有的抗生物攻击保护层组成，用以增强对光缆的保护。

#### 6.9.2 铠装层

当需要增加抗拉强度，或提供对可能的外部伤害(例如压扁、冲击、啃咬等)的保护时，应对光缆进行铠装。金属铠装应考虑由于腐蚀而造成的析氢，以及对光缆优势(例如轻便、柔软)的减弱。非金属光缆可使用芳纶纱、玻璃纤维增强绳或包带等。

对于直埋光缆，根据其应用的机械和环境条件，必要时应设置金属的或非金属的铠装层。光缆铠装的设计导则参见本标准附录F。

#### 6.9.3 光缆外套

##### 6.9.3.1 外套材料

6.9.3.1.1 外套宜采用抗紫外线的线性低密度、中密度或高密度黑色聚乙烯护套料，当需要阻燃时，可使用低烟无卤(或低卤)阻燃聚烯烃材料，也可采用其他合适的材料。

6.9.3.1.2 外套的表面应圆整光滑，任何横断面上均应无目力可见的气泡、砂眼和裂纹。

##### 6.9.3.2 外套厚度

除非另有规定，最小外套厚度应满足以下规定：

a) 对于多层护套的光缆，其最小外套厚度应不小于0.8 mm；
b) 对于单层护套的非铠装光缆，其最小外套厚度应不小于0.9 mm；
c) 对于单层护套的铠装光缆，其最小外套厚度应不小于1.0 mm；
d) 对于含有嵌入式加强件的光缆，其加强件外侧护套厚度的最小值应不小于0.4 mm。

对于特殊应用的场合，经供需双方同意，也可采用其他不同的外套厚度。

#### 6.9.4 抗生物攻击保护层

通常，铠装层和外套可兼备抗生物攻击保护层的功能。但当需要时，可单独设置抗生物攻击保护层。该保护层应采用适当性能和厚度的材料，包括金属屏障(例如钢带或外围满布铠装钢丝)，或非金属屏障(例如玻璃圆杆、玻璃纱或玻璃带、较大硬度塑料等)。保护层材料应对人体无害、不污染环境。光缆抗生物攻击保护层的设计导则参见本标准附录G。

#### 6.9.5 光缆护套的剥除

需要时，护套下应放置1～2根撕裂绳，用以开剥光缆护套。

### 6.10 阻燃结构

阻燃光缆的外套应采用低烟无卤(或低卤)阻燃聚乙烯护套料,其他元构件,例如加强构件、阻水填充物、填充件、包带等宜尽可能采用不燃和阻燃的材料,以保证光缆能通过规定的燃烧试验。

### 6.11 护套标志

#### 6.11.1 标志方法

光缆护套上应采用以下方法之一来进行标志:烧结、压纹、热贴、喷码、凹痕、烙印等。

当出现错误时应擦去重印或用黄色在光缆外套圆周的另一侧重印。当光缆上同时包含两套标志时,除非光缆标签上另有指明,否则应以黄色的标志为准。

#### 6.11.2 标志内容

在每一单位长度上均应有光缆标志,标志应至少包括以下内容:

a) 光缆名称(例如以文字或图示表明此缆为光缆)或型号;

b) 光纤芯数;

c) 光纤种类;

d) 制造厂名称(或代号)或(和)商标;

e) 制造年份;

f) 计米长度。

#### 6.11.3 光缆长度标志

光缆上应有计米长度标志。计米长度的误差应在0~1%范围(即保证实际长度应始终不短于计米长度);计米标志应连续并间隔1 m;计米标志可以从非零的数字开始;在整个光缆交货段长中,计米标志不应跨越零。

## 7 性能要求和试验方法

### 7.1 总则

光缆的各项性能应按表3规定的试验项目和试验方法来进行验证。

表3 试验项目和试验方法及检验规则

| 序号 | 项目 | 性能要求<br>(本标准条文或执行标准) | 试验方法 | 检验类别 |
|---|---|---|---|---|
| 1 | 光缆结构完整性及外观 | 6 | 目力检查 | ▲ |
| 2 | 识别色谱 | | | |
| 2.1 | 光纤识别色谱 | 6.3.3 | 目力检查 | ▲ |
| 2.2 | 松套管或其他光缆光单元识别 | 6.3.4 | 目力检查 | ▲ |
| 2.3 | 颜色不迁移和不褪色 | 6.3 | 待定 | ● |
| 3 | 光缆结构尺寸 | | | |
| 3.1 | 松套管外径和壁厚 | 6.3.5 | GB/T 2951.11—2008 | △ |

表 3（续）

| 序号 | 项 目 | 性能要求<br>（本标准条文或执行标准） | 试验方法 | 检验类别 |
|---|---|---|---|---|
| 3.2 | 内护套和外套的厚度 | 6.8,6.9 | GB/T 2951.11—2008 | ▲ |
| 3.3 | 其他结构尺寸 | 由详细规范规定 | YD/T 837.5—1996 | △ |
| 4 | 光缆长度 | GB/T 13993.2—2002 和 GB/T 13993.4—2002 的相关规定 | 根据计米印字，或光学方法（OTDR） | ▲ |
| 5 | 光纤特性 | | | |
| 5.1 | 尺寸参数 | GB/T 9771 相关部分 | GB/T 15972.20—2008 | △ |
| 5.2 | 模场直径 | GB/T 9771 相关部分 | GB/T 15972.45—2008 | △ |
| 5.3 | 截止波长 | 7.2.4 | GB/T 15972.44—2008 | △ |
| 5.4 | 衰减系数 | 7.2.2 | GB/T 15972.40—2008 | ▲ |
| 5.5 | 波长附加衰减 | GB/T 9771 相关部分 | GB/T 15972.40—2008 | △ |
| 5.6 | 衰减不连续性 | 7.2.3 | GB/T 15972.40—2008 | ▲ |
| 5.7 | 色散 | GB/T 9771 相关部分 | GB/T 15972.42—2008 | △ |
| 5.8 | 偏振模散系数 | 7.2.5 | GB/T 18900—2002 | △ |
| 6 | 光缆光单元性能 | | | |
| 6.1 | 光纤带几何尺寸 | YD/T 979—2009 中 4.2.2.1 | GB/T 7424.2—2008 的方法 G2 | △ |
| 6.2 | 光纤带可分离性 | YD/T 979—2009 中 4.4.2.1 | GB/T 7424.2—2008 的方法 G5 | △ |
| 6.3 | 光纤带扭转 | YD/T 979—2009 中 4.4.2.3 | GB/T 7424.2—2008 的方法 G6 | ● |
| 6.4 | 套管弯折 | 7.3.2 | GB/T 7424.2—2008 的方法 G7 | ● |
| 7 | 护层性能 | | | |
| 7.1 | 金属元件的电气导通性 | 7.6.6.1 | YD/T 837.2—1996 中 4.9 | ▲ |
| 7.2 | 粘结护套剥离强度 | YD/T 901—2009 中 4.3.2.2 | YD/T 837.3—1996 中 4.9 | △ |
| 7.3 | 热老化前后的拉伸强度和断裂伸率 | YD/T 901—2009 中表 3 | YD/T 837.3—1996 中 4.10 和 4.11 | ● |
| 7.4 | 热收缩率 | YD/T 901—2009 中表 3 | YD/T 837.3—1996 中 4.12 | ● |
| 7.5 | 聚乙烯套耐环境应力开裂 | YD/T 901—2009 中表 3 | YD/T 837.4—1996 中 4.1 | ● |
| 8 | 光缆机械性能 | | | |
| 8.1 | 弯曲 | 7.5.2 | GB/T 7424.2—2008 的方法 E11 | ● |
| 8.2 | 冲击 | 7.5.3 | GB/T 7424.2—2008 的方法 E4 | ● |
| 8.3 | 压扁 | 7.5.4 | GB/T 7424.2—2008 的方法 E3 | ● |
| 8.4 | 拉伸 | 7.5.5 | GB/T 7424.2—2008 的方法 E1 | ● |
| 8.5 | 扭转 | 7.5.6 | GB/T 7424.2—2008 的方法 E7 | ● |
| 8.6 | 反复弯曲 | 7.5.7 | GB/T 7424.2—2008 的方法 E6 | ● |
| 8.7 | 护套耐磨损 | 7.5.8 | GB/T 7424.2—2008 的方法 E2A | ● |

表 3（续）

| 序号 | 项　　目 | 性能要求<br>（本标准条文或执行标准） | 试验方法 | 检验类别 |
|---|---|---|---|---|
| 8.8 | 张力下弯曲 | | | |
| | a）曲挠 | 7.5.9 | GB/T 7424.2—2008 的方法 E8 | ○ |
| | b）过滑轮试验 | 7.5.9 | GB/T 7424.2—2008 的方法 E18 | ○ |
| 8.9 | 弯折 | 7.5.10 | GB/T 7424.2—2008 的方法 E10 | ● |
| 8.10 | 枪击 | 7.5.11 | GB/T 7424.2—2008 的方法 E13 | ○ |
| 9 | 光缆环境性能 | | | |
| 9.1 | 衰减温度特性 | 5.5.4 | 7.6.1 | ● |
| 9.2 | 已成缆光纤的剥离力稳定性 | 7.6.2 | GB/T 7424.2—2008 的方法 E5 | ● |
| 9.3 | 渗水性能 | 5.5.6 | GB/T 7424.2—2008 的方法 F5B | ▲ |
| 9.4 | 滴流性能 | 7.6.4 | GB/T 7424.2—2008 的方法 F6 | ● |
| 9.5 | 光缆材料的相容性 | 7.6.5 | GB/T 7424.2—2008 的方法 E5 及详细规范 | ● |
| 9.6 | 聚乙烯套完整性 | | | |
| | a）电火花 | GB/T 13993.2—2002 中 4.5.2.1 | YD/T 837.4—1996 中 4.6 | ▲ |
| | b）浸水 | GB/T 13993.2—2002 中 4.5.2.2 | YD/T 901—2009 中 5.6.3 | ● |
| 9.7 | 阻燃光缆的燃烧性能 | | | |
| | a）阻燃性 | 5.5.7，YD/T 901—2009 中 4.3.4.6 | GB/T 18380.11—2008<br>GB/T 18380.12—2008 | ○ |
| | b）烟密度 | YD/T 901—2009 中 4.3.4.6 | GB/T 17651.1～17651.2—1998 | ○ |
| | c）腐蚀性 | YD/T 901—2009 中 4.3.4.6 | GB/T 17650.2—1998 | ○ |
| 9.8 | 闪电 | 5.5.11 | 可参见 ITU-T K.25 及 ITU-T K.47 | ○ |
| 9.9 | 核辐射 | 由详细规范规定 | GB/T 7424.2—2008 的方法 F7 | ○ |
| 9.10 | 日光辐射 | 7.6.8 | 7.6.8 | ○ |
| 9.11 | 抗生物攻击 | | | |
| | a）防蚁性能 | 5.5.8，6.9.4 | 待定 | ○ |
| | b）防鼠性能 | 5.5.8，6.9.4 | GB/T 29199—2012 | ○ |
| 10 | 光缆标志 | | | |
| 10.1 | 标志的完整性和可识别性 | 6.11 | 目力检查 | ▲ |
| 10.2 | 标志耐磨损 | 7.5.8.2 | GB/T 7424.2—2008 的方法 E2B | ● |

表 3（续）

| 序号 | 项　目 | 性能要求<br>（本标准条文或执行标准） | 试验方法 | 检验类别 |
|---|---|---|---|---|
| 10.3 | 计米标志误差 | 6.11.3 | 使用钢板尺测量计算 | △ |
| 11 | 包装 | 8 | 目力检查 | ▲ |

注 1：▲表示“出厂全检”；△表示“出厂抽检”；●表示“型式检验”；○表示“仅对特定环境用光缆进行的型式检验”。具体的检测项目可根据具体的详细规范来进行。

注 2：“出厂抽检”项目的抽检比例应由详细规范另定。

注 3：进行型式检验时，所有出厂检验项目都应包含。

注 4：“仅对特定环境用光缆进行的型式检验”是仅当光缆应用的环境中存在该种危害时才作要求；或当用户有要求时，由供需双方商定。

注 5：光缆端的光纤尺寸参数、模场直径、截止波长、色散和波长附加衰减允许用光纤成缆前可追溯的同端头的实测值作为出厂检验值。

## 7.2 对单模光纤的性能要求

### 7.2.1 总则

所有光纤的性能应满足 GB/T 9771 的相应规定。成缆后光纤的特性应满足 7.2.2～7.2.6 的规定，光纤的其他特性见附录 D。

### 7.2.2 衰减系数

成缆后光纤的衰减系数应满足表 4 的规定，或由供需双方商定。衰减系数的测试应根据 GB/T 15972.40—2008 规定的方法进行。

表 4　各种类型光纤的衰减系数和截止波长

| 参数 | | 光纤类型 | | | | | | |
|---|---|---|---|---|---|---|---|---|
| | | B1.1 | B1.2 | B1.3 | B2 | B4 | B5 | B6.a |
| 衰减系数<br>最大值 dB/km | 1 310 nm | 0.38 | — | 0.38 | 0.50 | 注 1 | — | 0.38 |
| | 1 383 nm | — | — | 0.38 | — | — | — | 0.38 |
| | 1 460 nm | — | — | — | — | — | 0.35 | — |
| | 1 550 nm | 0.24 | 0.22 | 0.24 | 0.22 | 0.25 | 0.25 | 0.24 |
| | 1 625 nm | 0.28 | 0.40 | 0.28 | 0.30 | 0.30 | 0.30 | 0.28 |
| 截止波长 $\lambda_{cc}$<br>nm | | ≤1 260 | ≤1 530 | ≤1 260 | ≤1 270 | ≤1 450 | ≤1 450 | ≤1 260 |

注 1：1 310 nm 不作规定，除非用户与制造商之间另有规定。

注 2：1 383 nm 处的衰减为氢老化后的值。

注 3：1 625 nm 处的衰减值指标可根据用户要求取舍。

#### 7.2.3 衰减不连续性

在 1 310 nm 和 1 550 nm 波长上，同一光纤连续长度不应有超过 0.10 dB 的不连续点。衰减不连续性的测试应根据 GB/T 15972.40—2008 规定的方法 C 进行。测试波长为 1 310 nm 和(或)1 550 nm。

#### 7.2.4 光缆中光纤截止波长

光缆中光纤截止波长 $\lambda_{cc}$应满足表 4 的规定。截止波长的测试应根据 GB/T 15972.44—2008 规定的方法进行。

#### 7.2.5 偏振模散系数(PMD)

偏振模散系数(PMD)的测试应选择 GB/T 18900—2002 中规定的适当方法进行。

对于链路长度大于 400 km 的情况，偏振模散系数的链路设计值($PMD_Q$)应不大于 0.20 ps/$km^{0.5}$。此最大链路设计值可允许 10 Gbit/s 信号传输 3 000 km，或 40 Gbit/s 信号传输 80 km～200 km。

对于链路长度不大于 400 km 的情况，偏振模散系数的链路设计值($PMD_Q$)应不大于 0.50 ps/$km^{0.5}$。此最大链路设计值可允许 10 Gbit/s 信号传输 400 km。

注：链路 PMD 值通常根据相关规范中的公式计算，但也可以测量。

#### 7.2.6 群折射率指数

群折射率指数用于根据 GB/T 15972.22—2008 中的方法 B 来测定光纤的长度，或结合光缆的结构来测定光缆的长度。对所有类型的单模光纤，都应给出 1 550 nm 的群折射率指数，对 B1.1 类、B1.3 类和 B2 类光纤，还应给出 1 310 nm 的群折射率指数。对于规定需要在 1 625 nm 波长运行的光纤，也应给出 1 625 nm 的群折射率指数。

### 7.3 对光缆光单元的性能要求

#### 7.3.1 光纤带

光纤带的性能应在相关产品标准中规定。光纤带的几何尺寸可用 GB/T 7424.2—2008 的方法 G2、G3、G4 中合适的方法进行测量。

光纤带的可分离性可采用 GB/T 7424.2—2008 的方法 G5 进行测试。光纤带剥离时，应对光纤不造成机械损伤，并且光纤着色层不脱落。

#### 7.3.2 套管弯折

松套管元件的抗弯折试验应采用 GB/T 7424.2—2008 中的方法 G7 进行。其中试验条件规定为：

a) 循环数：5；
b) 其他各试验参数要求见表 5 所示；
c) 验收要求：松套管不发生弯折。

**表 5 松套管弯折试验参数要求**

单位为毫米

| 松套管直径范围 | L | L1 | L2 |
|---|---|---|---|
| $d \leqslant 2.0$ | 100 | 350 | 100 |
| $2.0 < d \leqslant 2.8$ | 70 | 350 | 100 |
| $2.8 < d \leqslant 4.0$ | 50 | 350 | 100 |

表 5（续）

单位为毫米

| 松套管直径范围 | L | L1 | L2 |
|---|---|---|---|
| $4.0<d\leqslant 6.0$ | 170 | 850 | 230 |
| $6.0<d\leqslant 8.0$ | 230 | 1 200 | 360 |
| $8.0<d\leqslant 10.0$ | 250 | 1 400 | 400 |
| $10.0<d$ | $10\pi d$ | $50\pi d$ | $50d$ |
| 注：$d$ 为套管外直径。 | | | |

### 7.4 护套厚度及光缆外径

护套厚度的测量方法应采用 GB/T 2951.11—2008 中相关方法，进行端头样品取样测试。

光缆外径的测量方法应采用 GB/T 2951.11—2008 中相关方法，测量值应不超过制造商给出的最大值。

### 7.5 光缆的机械性能

#### 7.5.1 总则

光缆的机械性能试验中，光纤传输衰减的变化应采用传输功率监测法进行测量，光纤拉伸应变应采用 GB/T 15972.22—2008 附录 C 规定的相移法进行监测。对监测系统不确定度的表达应满足本标准 5.7 的规定。

#### 7.5.2 弯曲

光缆的弯曲试验应根据 GB/T 7424.2—2008 中的方法 E11 进行。细节规定如下：

a) 详细要求：
   1) 室温下在 1 550 nm 波长，试验后衰减应无明显变化（≤0.03 dB），护套应无目力可见开裂。若需在 1 625 nm 波长应用，附加衰减指标应由供需双方商定。
   2) 当用户有要求时，在－30 ℃或在规定的最低安装温度下进行弯曲试验后，附加衰减应不大于 0.10 dB。

b) 试验条件：
   1) 心轴直径：应不大于 $20D$，或不大于供需双方商定的静态弯曲直径。对于缆中含有非金属圆杆，或金属铠装元件的，心轴直径应不大于 $30D$。其中 $D$ 为光缆外径。
   2) 缠绕圈数：4；
   3) 循环次数：3。

#### 7.5.3 冲击

光缆的冲击试验应根据 GB/T 7424.2—2008 中的方法 E4 进行。细节规定如下：

a) 详细要求：
   1) 试验后护套及光缆元件应无目力可见损坏。冲击表面的痕迹不被认为是损坏。
   2) 在 1 550 nm 波长，试验后衰减应无明显变化（≤0.03 dB）。

b) 试验条件：
   1) 冲击柱面半径：12.5 mm；
   2) 冲锤重量：对非铠装光缆，450 g；对铠装光缆，1 kg；

3） 冲锤落高：1 m；

4） 冲击次数：每点 1 次，3 个点，每点间隔不小于 500 mm；

5） 测试波长：1 550 nm。若需在 1 625 nm 波长应用，附加衰减指标应由供需双方商定。

### 7.5.4 压扁

光缆的压扁试验应根据 GB/T 7424.2—2008 中的方法 E3 进行。细节规定如下：

a） 详细要求：

1） 在短期压力压扁时，在 1 550 nm 波长附加衰减应不大于 0.10 dB；

2） 在短期压力卸载后，在 1 550 nm 波长衰减应无明显变化(≤0.03 dB)；

3） 在长期压力压扁时，在 1 550 nm 波长衰减应无明显变化(≤0.03 dB)；

4） 若需在 1 625 nm 波长应用，附加衰减指标应由供需双方商定；

5） 试验后护套及光缆元件应无目力可见损坏。压块接触面的压痕不被认为是损坏。

b） 试验条件：

1） 压扁方式：试验采用“钢板-钢板”方式；

2） 试验程序：短期和长期压扁试验应分别进行，或先进行短期压扁；

3） 压扁负载：详见表 6 规定。特殊应用时的其他负载值可由供需双方商定；

4） 负载持续时间：短期压扁 1 min，长期压扁 10 min。

**表 6 光缆的允许拉伸力和压扁力**

| 敷设方式 | 允许拉伸力 | | | 允许压扁力 | |
|---|---|---|---|---|---|
| | $F_{ST}/G$ | $F_{ST}$/N | $F_{LT}$/N | $F_{SC}$/(N/100 mm) | $F_{LC}$/(N/100 mm) |
| 管道、非自承式架空 | 1.0[a] | 1 500[a] | 40%×$F_{ST}$，且最大不超过 1 000 N | 1 500 | 750 |
| 直埋(Ⅰ) | — | 3 000 | 1 000 | 3 000 | 1 000 |
| 直埋(Ⅱ) | — | 4 000 | 1 600 | 3 000 | 1 000 |
| 直埋(Ⅲ) | — | 10 000 | 4 000 | 5 000 | 3 000 |

[a] 对于管道和非自承式架空光缆，通常要求短期拉力 $F_{ST}$ 应取 $a\times G$ 或 1 500 N 这两者中较大者。其中，$G$ 为每公里光缆净重(牛顿)；系数 $a=F_{ST}/G$，可根据应用条件而改变，通常取值为 1。

### 7.5.5 拉伸

光缆的拉伸试验是施加类似于安装时或运行时受到的张力，并检验光缆中光纤衰减和应变的变化。本试验应根据 GB/T 7424.2—2008 中的方法 E1 进行。细节规定如下：

a） 详细要求：见表 7。

b） 试验条件：

1） 受试光缆长度：不少于 50 m。若测试精度及端接条件允许，经供需双方同意，也可采用更短的长度。

2） 负载持续时间：5 min。

3） 拉伸速率：5 mm/min～10 mm/min。

4） 拉伸负载：试验时的短期拉力 $F_{ST}$ 应不小于光缆额定最大安装张力，长期拉力 $F_{LT}$ 应不小于光缆长期运行张力，见表 6。特殊应用时的其他负载值可由供需双方商定。

5) 卡盘直径:通常为 640 mm±50 mm,但应不小于 30$D$。其中 $D$ 为光缆外径。

6) 衰减测试波长:1 550 nm。若需在 1 625 nm 波长应用,附加衰减指标应由供需双方商定。

表 7 拉伸试验的指标要求

| 拉力 | 光纤应变要求 | 附加衰减 | 卸载后 |
|---|---|---|---|
| 短期拉力下 | 分立光纤≤0.3%;<br>光纤带中光纤≤0.4% | 分立光纤≤0.15 dB;<br>光纤带中光纤≤0.20 dB | 光纤无明显残余应变;<br>衰减无明显变化(≤0.03 dB);<br>光缆残余应变应不大于 0.08% |
| 长期拉力下 | 分立光纤≤0.10%;<br>光纤带中光纤≤0.20% | 衰减无明显变化<br>(≤0.03 dB) | — |
| 注:试验后护套及光缆元件应无目力可见损坏。 | | | |

### 7.5.6 扭转

光缆的扭转试验应根据 GB/T 7424.2—2008 中的方法 E7 进行。细节规定如下:

a) 详细要求:

1) 试验后护套及光缆元件应无目力可见损坏;

2) 在 1 550 nm 波长,扭转时附加衰减应不大于 0.10 dB。试验后应无明显残余附加衰减(≤0.03 dB)。若需在 1 625 nm 波长应用,附加衰减指标应由供需双方商定。

b) 试验条件:

1) 扭转长度:1 m;

2) 扭转角度:对非铠装光缆,±180°;对铠装光缆,±90°;

3) 轴向负载:管道或架空光缆为 150 N,直埋光缆为 250 N;

4) 循环次数:5。

### 7.5.7 反复弯曲

光缆的弯曲试验应根据 GB/T 7424.2—2008 中的方法 E6 进行。细节规定如下:

a) 详细要求:试验后应无明显残余附加衰减(≤0.03 dB);护套及光缆元件应无目力可见损坏。

b) 试验条件:

1) 弯曲半径:不大于 20$D$;其中 $D$ 为光缆外径。

2) 负载:管道或架空光缆为 150 N,直埋光缆为 250 N。

3) 循环次数:25 次。特殊应用时的其他次数可由供需双方商定。

4) 每一循环的用时:约 2 s。

### 7.5.8 耐磨损

#### 7.5.8.1 护套耐磨损

安装过程中的磨损作用在光缆的外护套上,可能使外护套的厚度减小,并影响其对光缆的保护能力。因此,应根据 GB/T 7424.2—2008 中的方法 E2A 对光缆进行磨损试验,要求试验后光缆外径的减小不超过 1 mm。

#### 7.5.8.2 护套标志耐磨损

护套标志的耐磨损性应满足 GB/T 7424.2—2008 中方法 E2B 的要求。具体根据所采用标志方法

的不同,应采用以下两种不同的试验方法:

a) 方法1:适用于坚硬的标志类型,例如压凸纹、压凹痕和烧结的标志。细节规定如下:
   1) 擦磨工具:直径为1.0 mm的钢针;
   2) 负载:4N;
   3) 循环次数:100～300次,根据用户要求。
b) 方法2:适用于上述类型之外的标志。细节规定如下:
   1) 擦磨工具:使用水浸透的毛毡,或含羊毛不超过30%的人造纤维毡;
   2) 重量:不小于450 g;
   3) 循环次数:3次。

#### 7.5.9 张力下弯曲

本试验用于验证光缆的安装是否会造成光缆性能的损坏或降低。根据光缆类型不同,应采用以下两种不同的试验方法:

a) 方法1:曲挠。本试验仅对管道和直埋敷设用光缆进行。光缆的曲挠试验应根据GB/T 7424.2—2008中的方法E8进行。
b) 方法2:过滑轮试验。本试验仅对架空敷设用光缆进行。光缆的过滑轮试验应根据GB/T 7424.2—2008中的方法E18进行。

#### 7.5.10 弯折

光缆的弯折试验应根据GB/T 7424.2—2008中的方法E10进行。

#### 7.5.11 枪击

枪击试验仅用于评估架空光缆是否适合在有枪击危险的地区使用,是否进行此项试验应由供需双方商定。光缆的枪击试验应根据GB/T 7424.2—2008中的方法E13进行。具体试验参数应由详细规范规定,或由供需双方商定。

### 7.6 光缆的环境性能

#### 7.6.1 温度循环

光缆的温度循环试验用以验证光缆在储存、运输、运行的过程中环境温度发生变化时,光纤衰减的稳定性。光缆的温度循环试验应根据GB/T 7424.2—2008中的方法F1进行。最后一个循环采用组合试验程序(见图1),其他所有循环采用单循环试验程序(见图2)。细节规定如下:

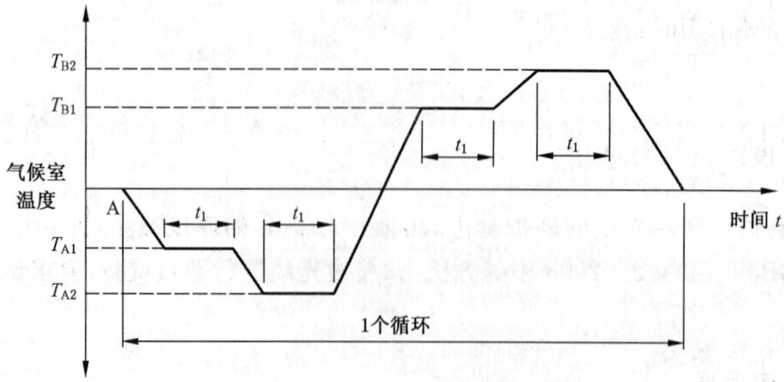


图1 组合试验温度循环图

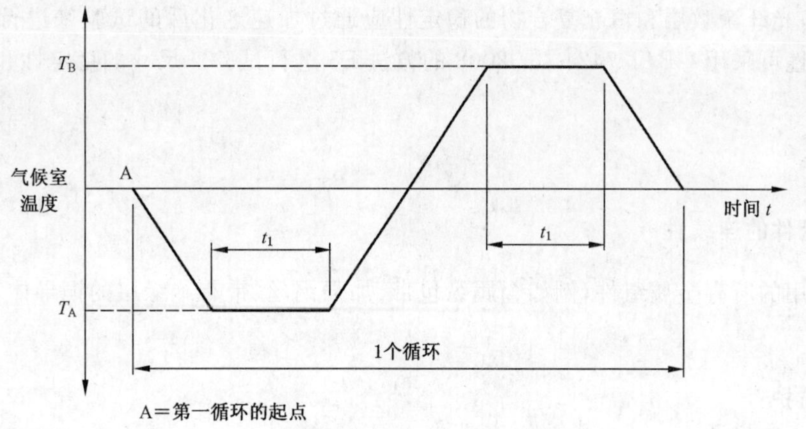


图 2　单循环试验温度循环图

a) 详细要求：
   1) 在温度 $T_{A2}$ 和 $T_{B2}$ 恒温后，最后一个循环在 1 550 nm 波长测试的衰减系数相对于在初始环境温度下的衰减系数变化值应不大于 0.15 dB/km。
   2) 在温度 $T_{A1}$ 和 $T_{B1}$ 恒温后，最后一个循环在 1 550 nm 波长测试的衰减系数相对于在初始环境温度下的衰减系数应不大于 0.05 dB/km。
   3) 在试验完成并回复到环境温度后，衰减变化值应不大于 0.05 dB/km。
   4) 若需在 1 625 nm 波长应用，附加衰减指标应由供需双方商定。
b) 试验条件：
   1) 样品长度：最少 1 000 m。
   2) 温度：高温 $T_{B2}$ 为＋60 ℃～＋70 ℃；低温 $T_{A2}$ 为－40 ℃～－45 ℃；高温 $T_{B1}$ 为＋30 ℃～＋60 ℃；低温 $T_{A1}$ 为－10 ℃～－20 ℃。其他高温或低温可根据偏热或偏冷的环境气温，由供需双方商定。
   3) 热交换速率：应足够慢，以保证冷却时不致引起温度冲击。
   4) 恒温时间 $t_1$：应足够长以使光缆在整个受试长度内达到热稳定。
   5) 循环次数：2 次。当特殊应用需要更多循环次数时可由供需双方商定。

注：对某些光缆结构，指定哪些光纤应被测试可能是很重要的。例如光纤带光缆，应测试处在叠带四角和中心的光纤。

### 7.6.2　已成缆光纤的剥离力稳定性

已成缆光纤的剥离力稳定性试验应根据 GB/T 7424.2—2008 中的方法 E5 进行。细节规定如下：

a) 详细要求：剥除 50 mm 长的光纤涂覆层的平均剥离力应不大于 5 N，且不小于 1 N。
b) 试验条件：试验条件应由供需双方商定。例如，可在 70 ℃下预处理 24 h。

### 7.6.3　渗水

光缆的阻水性能应在端头取样，并根据 GB/T 7424.2—2008 中的方法 F5 进行试验。

### 7.6.4　滴流

光缆中填充型复合物在不超过 70 ℃时应不会从填充光缆中流出，并采用 GB/T 7424.2—2008 的方法 F6 进行试验。

### 7.6.5　光缆材料的相容性

填充复合物及其他阻水材料和与之相接触的其他材料之间应具有相容性。例如，光纤涂敷层和填充复合物应相容,光纤涂敷层和填充复合物的稳定性应通过加速老化后的试验来进行验证。光纤涂敷层剥离力的稳定性可采用 GB/T 7424.2—2008 的方法 E5 进行试验。尺寸的稳定性和涂敷层的透射率应进行检查。

#### 7.6.6 电气保护

##### 7.6.6.1 金属元件的连续性

在光缆中使用的所有金属组件,例如金属纵包带、加强钢丝、带有绝缘层的铜导体等,都应保持电气导通性。

##### 7.6.6.2 雷电防护

为减少或阻止雷电的损坏,光缆的闪电防护性能可参考 ITU-T K.25 和 ITU-T K.47 进行设计和试验。

#### 7.6.7 核辐照

光缆在核辐射环境中的适用性应根据 GB/T 7424.2—2008 中的方法 F7 进行试验。

#### 7.6.8 日光辐射

日光辐射试验用于评估架空光缆的护套耐日光辐射的能力，仅当光缆被用于日照时间较长且紫外线强度较大的地区时,才需进行此项试验。光缆的日光辐射试验应按如下方法进行：

a) 按照 GB/T 2951.11—2008 中 9.2 规定的方法制备试样,试样数量为 10 个,其中 5 个按照 GB/T 2951.11—2008 中 9.2 规定的方法进行抗张强度和断裂伸率试验,取 5 个试样的平均值为抗张强度和断裂伸率的试验值。
b) 将另外 5 个试样置于氙灯辐射箱内。每 2 h 为一个循环,其中 102 min 辐射,18 min 辐射加喷水,水的 pH 为 6.0～8.0。在喷水停止时,试样上平衡黑板的温度为 65.0 ℃±3 ℃。在 290 nm<$\lambda \leqslant$800 nm 的通带内,辐射强度为 550 W/$m^2$,在 340 nm 波长下辐射强度为 0.35 W/$m^2$。辐射时间为 300 h。对扁形缆进行处理时,光缆的宽面应对着电弧。
c) 从试验箱内取出试样,将试样放置在静止空气的室内环境中恢复 16 h,然后按照 GB/T 2951.11—2008 中 9.2 规定的方法进行抗张强度和断裂伸率试验,取 5 个试样的平均值为抗张强度和断裂伸率的试验值。
d) 将经过辐射后的试样的抗张强度和断裂伸率试验值除以未经过辐射的试样的抗张强度和断裂伸率试验值,结果不小于 0.85 时,该项试验合格。

## 8 包装、运输和贮存

### 8.1 包装

8.1.1 光缆成品的包装和运输一般都采用一次性使用的、可丢弃的盘具。常规产品不需要附加的组件和额外的保护。只有当光缆需要和其他光缆或设备直接对接时,才需使用接头盒等硬件以保护熔接头或机械接头。

8.1.2 盘装光缆每盘只能是一个制造长度,无铠装光缆的盘筒体直径应不小于光缆外径的 25 倍,有铠装光缆的应不小于 30 倍。

8.1.3 光缆两端应密封,并固定在盘子上,其内端应预留可移出长度不少于 3 m,以供测试之用。层绞式光缆的两端还应有表示端别的颜色标志,A 端为红色,B 端为绿色。

8.1.4 光缆盘应满足 JB/T 8137 规定,并能满足 8.1.2 有关要求。

8.1.5 光缆盘上应标明:

a) 制造厂名称和产品商标;

b) 光缆标记;

c) 光缆长度;

d) 毛重,kg;

e) 制造年、月;

f) 表示缆盘正确旋转方向的箭头;

g) 保证贮运安全的其他标志。

## 8.2 运输和贮存

光缆运输和贮存时应注意:

a) 不得使缆盘处于平放方位,不得堆放;

b) 盘装光缆应按缆盘标明的旋转箭头方向滚动,但不得作长距离滚动;

c) 不得遭受冲撞、挤压和任何机械损伤;

d) 防止受潮和长时间暴晒;

e) 贮运温度应控制在 $-40$ ℃～$+60$ ℃,如果超出这个温度范围,交付使用前应进行复检。

# 9 质量保证

应通过进行本标准相关部分的试验来验证产品性能与规范要求的符合性。但这并不是指每个制造长度的光缆都要进行所有试验,试验的频次应由详细规范规定或由供需双方商定。制造商应建立质量保证体系,使光缆产品质量保持稳定可靠。当用户需要指定其他验收试验或质量程序时,双方应在执行订单前协商一致。

# 附 录 A
# （资料性附录）
# 本标准与 IEC 60794-3-11:2010 相比的结构变化情况

本标准与 IEC 60794-3-11:2010 相比在结构上有较多调整，具体章条编号对照情况见表 A.1。

表 A.1 本标准与 IEC 60794-3-11:2010 的章条编号对照情况

| 本标准章条编号 | 对应的 IEC 60794-3-11:2010 章条编号 |
|---|---|
| 1 | 1 |
| 2 | 2 |
| 3 | 3.1 |
| 4 | 3.2 |
| 5.1 | 4.1 |
| 5.2 | 4.2.1 |
| 5.3 | 4.3 |
| 5.4 | 4.2.2 |
| 5.5 | — |
| 5.5.3 | 4.2.3 的部分内容 |
| 5.5.5 | 4.2.3 的部分内容 |
| 5.5.6 | 4.2.3 的部分内容 |
| 5.6 | 4.2.4 |
| 5.7 | 4.4 |
| 6.1 | 7.1.1 的第一段 |
| 6.2 | 5.1 |
| 6.3.1 | 6.1.1 |
| 6.3.2 | 6.1.2 |
| 6.3.3 | 6.1.3.1 |
| 6.3.4 | 6.1.3.2 |
| 6.3.5 | 7.3.4 |
| 6.4.1 | 7.1.1 的第三段 |
| 6.4.2 | 7.1.3 |
| 6.5 | — |
| 6.6.1 | 7.1.4 |
| 6.6.2 | 7.1.2 |
| 6.6.3 | — |
| 6.7 | 7.4.4 |
| 6.8 | — |

表 A.1（续）

| 本标准章条编号 | 对应的 IEC 60794-3-11:2010 章条编号 |
| --- | --- |
| 6.9.1 | — |
| 6.9.2 | 7.1.8 |
| 6.9.3.1 | 7.4.1 |
| 6.9.3.2 | 7.4.2 的部分内容 |
| 6.9.4 | 7.4.5 |
| 6.9.5 | 7.1.7 |
| 6.10 | — |
| 6.11.1 | 7.2.1 的第一段 |
| 6.11.2 | 7.2.2 |
| 6.11.3 | 7.2.3 |
| 7.1 | — |
| 7.2.1 | 5.2.1 |
| 7.2.2 | 5.2.2 |
| 7.2.3 | 5.2.3 |
| 7.2.4 | 5.2.4 |
| 7.2.5 | 5.2.5 |
| 7.2.6 | 5.2.6 |
| 7.3.1 | 6.2.1 |
| 7.3.2 | 6.2.2 |
| 7.4 | 7.4.2 的最后一段和 7.4.3 |
| 7.5.1 | 7.5.1 |
| 7.5.2 | 7.5.2 |
| 7.5.3 | 7.5.3 |
| 7.5.4 | 7.5.4 |
| 7.5.5 | 7.5.5 |
| 7.5.6 | 7.5.6 |
| 7.5.7 | 7.5.7 |
| 7.5.8.1 | — |
| 7.5.8.2 | 7.2.1 |
| 7.5.9 | — |
| 7.5.10 | — |
| 7.5.11 | — |
| 7.6.1 | 7.6.1 |
| 7.6.2 | 7.6.2 |

表 A.1(续)

| 本标准章条编号 | 对应的 IEC 60794-3-11:2010 章条编号 |
|---|---|
| 7.6.3 | 7.6.3 |
| — | 7.6.4 |
| 7.6.4 | 7.3.2 |
| 7.6.5 | 7.3.3 |
| 7.6.6.1 | 7.7 |
| 7.6.6.2 | — |
| 7.6.7 | — |
| 7.6.8 | — |
| 8 | — |
| 8.1.1 | 4.2.3 的部分内容 |
| 9 | 8 |
| 附录 A | — |
| 附录 B | — |
| 附录 C | 附录 A |
| 附录 D | 附录 B |
| 附录 E | — |
| 附录 F | — |
| 附录 G | — |
| 参考文献 | Bibliography |

# 附 录 B
# （资料性附录）
# 本标准与 IEC 60794-3-11:2010 的技术性差异及其原因

表 B.1 给出了本标准与 IEC 60794-3-11:2010 的技术性差异及其原因。

**表 B.1 本标准与 IEC 60794-3-11:2010 的技术性差异及其原因**

| 本标准章条编号 | 技术性差异 | 原因 |
|---|---|---|
| 1 | 增加了包装和运输 | 产品标准必备内容 |
| 2 | 规范性引用文件的差异主要有以下三类：<br>1) 部分 IEC 标准以相对应的国家标准代替，具体如下：<br>IEC 60793-1 用 GB/T 15972-2008(IEC 60793-1:2001,MOD)代替<br>IEC 60794-1-1 用 GB/T 7424.1-2003(IEC 60794-1-1:2001,MOD)代替<br>IEC 60794-1-2 用 GB/T 7424.2-2008(IEC 60794-1-2:2003,MOD)代替<br>IEC 60794-3 用 GB/T 7424.3—2003(IEC 60794-3:2001,MOD)代替<br>IEC 60811-1-1 用 GB/T 2951.11—2008(IEC 60811-1-1:2001,IDT)代替<br>2) 部分 IEC 标准进行了变更，具体如下：<br>IEC 60708 更改为 YD/T 837.3—1996<br>IEC 60793-2-50 更改为 GB/T 9771(所有部分)<br>IEC 60794-3-10 更改为参考文献<br>IEC/TR 61931 删去，因国内没有相应术语标准<br>IEC/TR 62000 更改为资料性附录<br>3) 增加了一些国家标准或行业标准，具体如下：<br>GB/T 6995.2<br>GB/T 13993.2—2002 和 GB/T 13993.4—2002<br>GB/T 17650.2—1998(idt IEC 60754-2:1991)<br>GB/T 17651.1—1998(idt IEC 61034-1:1997)<br>GB/T 17651.2—1998(idt IEC 61034-2:1997)<br>GB/T 18380.11—2008(IEC 60332-1-1:2004,IDT)<br>GB/T 18380.12—2008(IEC 60332-1-2:2004,IDT)<br>GB/T 18900—2002(ITU-T G.650:2000,NEQ)<br>GB/T 29199—2012<br>YD/T 837.2—1996<br>YD/T 837.4—1996<br>YD/T 837.5—1996 | 为与国内标准保持协调，引用标准尽量采用等同或修改采用原国际标准的国家标准；增加引用标准是由于本标准增加了识别方法、试验项目、包装等内容 |

表 B.1(续)

| 本标准章条编号 | 技术性差异 | 原因 |
|---|---|---|
| 2 | YD/T 901—2009<br>YD/T 979—2009<br>JB/T 8137—1999 | |
| 3 | 增加了4个术语和定义 | 增加的术语和定义在IEC原标准中均有提到,只是没有放进术语一章。本标准为便于理解、避免歧义,将其单独定义 |
| 4 | 增加了多个符号和缩略语 | 以便于理解,避免歧义 |
| 5.5 | 增加了“光缆的设计考虑”共11项因素,以及相应的性能要求 | 参照ITU-T相关建议L.10、L.26、L.43,以及我国实际使用要求而增加 |
| 5.7 | 将IEC规定的标准大气条件,即温度23 ℃±5 ℃,相对湿度20%～70%,改为温度25 ℃±10 ℃,相对湿度25%～75% | 根据我国的实际气候情况,并与我国的其他相关光缆标准保持一致 |
| 5.7 | IEC规定的总测量不确定度应不超过±0.05 dB(指光纤衰减)、±0.05 dB/km(指光纤衰减系数),及±0.05%(指光纤应变)。本标准加严为不超过±0.03 dB(指光纤衰减)、±0.02 dB/km(指光纤衰减系数),及±0.01%(指光纤应变) | 目前所使用的光纤衰减和应变测量系统本身的不确定度并没有IEC标准这么大,而且我国实际已执行的各个光缆标准也与加严后的指标一致 |
| 6.3.3和6.3.4 | 详细规定了光纤和各种光单元的识别方法 | 为使此产品标准更具可操作性、便于使用,因而需要细化各种识别方法 |
| 6.7 | 将IEC规定的金属包带应至少有一面复合塑料薄膜,改为应双面复合塑料薄膜 | 单面覆膜的金属带可能有无覆膜一面钢带锈蚀或铝带氧化的隐患,影响光缆的长期机械、挡潮性能,缩短使用寿命,并且可导致搭接处粘接不牢 |
| 6.8 | 增加了对内护套最小厚度的要求 | 明确规定内护套最小厚度有利于保证光缆质量水平,提高标准可操作性 |
| 7 | 增加了护层性能的各项试验项目;在光缆机械性能中增加了护套耐磨损、张力下弯曲、弯折、枪击等试验项目;在光缆环境性能中增加了聚乙烯套完整性、阻燃光缆的燃烧性能、冰冻、核辐射、日光辐射、闪电、抗生物攻击等试验项目 | 使本标准更完整,更能全面地规范对管道、直埋和非自承式架空敷设用单模通信室外光缆的性能要求 |
| 表3 | 增加了表3“试验项目和试验方法及检验规则” | 便于对照、查询、使用 |
| 表4 | 全面提高了表4中的光纤衰减指标,比IEC规定的衰减指标提高了0.02 dB/km～0.13 dB/km不等 | 与GB/T 9771的所有部分保持协调一致,并且根据当前制造和使用经验,光缆中的光纤衰减实际水平也远好于IEC规定 |
| 表5 | 修正了对直径较大松套管(当 $d$>4.0 mm时)的套管弯折试验参数要求 | 依据YD/T 769—2010《中心管式通信用室外光缆》的最新修订结果 |

**表 B.1**（续）

| 本标准章条编号 | 技术性差异 | 原因 |
| --- | --- | --- |
| 7.5.2 | 在弯曲试验中，对于缆中含有非金属圆杆，或金属铠装元件的，将弯曲直径由 IEC 规定的 20*D*～80*D*，改为应不大于 30*D* | IEC 规定的 20*D*～80*D* 范围过宽，尤其对直径较粗的光缆，可操作性较差。改为应不大于 30*D*，是依据现行光缆标准的最小静态弯曲直径 |
| 7.5.3 | 在冲击试验中，冲击面半径由 IEC 的 10 mm，修改为 12.5 mm。将非铠装光缆的冲锤重量（冲击能量），由 IEC 的 300 g 修改为 450 g，试验参数高于 IEC 的规定；试验后衰减变化由≤0.1 dB）修改为应无明显变化（≤0.03 dB） | 国内现行试验设备和标准的冲击面半径为 12.5 mm，冲锤重量为 450 g，试验后衰减应无明显变化（≤0.03 dB）。国家标准高于国际标准较为合理 |
| 7.5.4 | 在压扁试验中，修改了压扁力和压扁时指标要求，试验参数高于 IEC 的规定。具体差异详见 IEC 60794-3-11 的 7.5.4 和本标准中 7.5.4 | 国家标准高于国际标准较为合理 |
| 7.5.5 | 在拉伸试验中，对 IEC 规定的拉力和应变指标都略有提高，并增加了"光缆残余应变应不大于 0.08%"的要求。同时，将卡盘直径由 IEC 规定的 1 m，改为通常为 640 mm±50 mm，但应不小于 30*D*。具体差异详见 IEC 60794-3-11 的 7.5.5 和本标准中 7.5.5 | 减小卡盘直径是为了防止缆内各构件相互打滑，进而影响测试的准确性；其他指标提高是为保持和现行相关光缆国家标准的一致性，并使本标准指标高于国际标准，保证光缆质量水平 |
| 7.5.6 | 在扭转试验中，将非铠装光缆的扭转角度从±90°提高到±180°；同时增加了负载的要求 | 提高指标是为保持和现行相关光缆标准的一致性，并使本标准指标高于国际标准，保证光缆质量水平 |
| 7.5.7 | 在反复弯曲试验中，将弯曲半径从 20*D* 改为不大于 20*D*，并增加了"试验后应无明显残余附加衰减（≤0.03 dB）"的要求，并明确负载为"管道或架空光缆为 150 N，直埋光缆为 250 N" | 提高指标是为保持和现行相关光缆标准的一致性，并使本标准指标高于国际标准，保证光缆质量水平，增加光缆可操作性 |
| 7.6 | 删除了油膏试验 | 因其应由相关原材料标准进行规范 |
| 8 | 增加了第 8 章"包装、运输和贮存"的内容 | 产品标准必备内容 |

# 附 录 C
（资料性附录）
## ITU-T 和 IEC 的单模光纤标准导则

IEC 60793-2 和 IEC 60793-2-50 中将单模光纤划分为 B1.1、B1.2、B1.3、B2、B4、B5、B6 等类别，ITU-T 也在 G.652、G.653、G.654、G.655、G.656、G.657 等建议中分别规范了各种单模光纤的定义和特性，而 GB/T 9771 的各部分参照 IEC 60793-2-50 和 ITU-T G.65x 系列制定。其对应关系在表 C.1 中总述。

一种给定型号的单模光纤（例如：B4），通过对模场直径（也称有效面积）、色散系数、色散曲线的斜率、截止波长等参数进行适配的最优化，而获得不同的应用方式。

**表 C.1 单模光纤的分类和定义**

| 常规命名 | GB/T 9771.1～9771.7<br>以及 IEC 分类名称 | ITU 分类名称 | 主要特征 |
|---|---|---|---|
| 非色散位移单模光纤 | B1.1 | G.652.A<br>G.652.B | 零色散波长在 1 300 nm～1 324 nm 之间，在 1 310 nm窗口性能最优化，在 1 550 nm 窗口也能兼容使用 |
| 截止波长位移单模光纤 | B1.2_b<br>B1.2_c | G.654.A<br>G.654.B<br>G.654.C | 截止波长位移至 1 310 nm～1 530 nm 之间，并且在 1 550 nm 窗口性能最优化。B1.2 类光纤主要应用在海底光缆中，偶尔也可应用于陆地光缆中 |
| 波长段扩展的非色散位移单模光纤 | B1.3 | G.652.C<br>G.652.D | B1.3 类光纤除性能与 B1.1 类光纤相似之外，还具有 1 383 nm 水峰处较低的衰减，从而也能在 1 360 nm～1 460 nm 窗口兼容使用 |
| 色散位移单模光纤 | B2_a<br>B2_b | G.653.A<br>G.653.B | 零色散波长在 1 525 nm～1 575 nm 之间，在 1 550 nm窗口性能最优化。为避免四波混频效应只有在低功率或可能的场合或固定信道时才可以采用复用频道传输 |
| 非零色散位移单模光纤 | B4_c<br>B4_d<br>B4_e | G.655.A、B、C<br>G.655.D<br>G.655.E | 零色散波长在 1 530 nm～1 565 nm 波段之外，在 1 550 nm窗口性能最优化，并且截止波长可以转移到 1 310 nm 以上区域 |
| 宽波长段光传输用非零色散位移单模光纤 | B5 | G.656 | 在 1 460 nm～1 625 nm 窗口性能最优化，并且零色散波长小于 1 460 nm |
| 接入网用弯曲不敏感单模光纤 | B6_a1<br>B6_a2 | G.657.A1<br>G.657.A2 | 与 B1.3 类光纤兼容，但最小弯曲半径为 10 mm 或 7.5 mm，适合在接入网中及室内使用。工作波长在 1 260 nm～1 625 nm |
| | B6_b2<br>B6_b3 | G.657.B2<br>G.657.B3 | 不与 B1.3 类光纤兼容，但最小弯曲半径为 7.5 mm 或 5.0 mm，适用于室内短距离的通信传输，工作波长在 1 310 nm、1 550 nm 和 1 625 nm |

# 附　录　D
（规范性附录）
单模光纤的材料和特性参数

## D.1　光纤材料

光缆中光纤的制造材料应具有相同的质量。纤芯和包层应采用洁净的高质量石英玻璃（$SiO_2$）制成，并精密控制其折射率差异。纤芯和包层的折射率通过高纯度的掺杂材料来控制。

玻璃表面应采用一层或多层适当的惰性涂覆材料来进行保护，例如UV固化的丙烯酸脂材料。涂覆层应与包层表面紧密接触，在需要进行光纤接续时易于剥除并且不损坏光纤，不出现分层而导致玻璃表面暴露在环境中。

光纤本身的强度是足够的，但强度会由于某些环境因素的组合而降低，制造、处理、成缆、安装过程中的压力等不可避免地会造成光纤表面的微裂纹。强度的降低还可能由于动态或静态的疲劳和老化造成。动态疲劳发生在安装过程中，而静态疲劳则是在光纤的生命周期内由于残余应力，或由于光纤缠绕存留在接头盒内的弯曲应力而产生的。若在受到机械应力和环境伤害时，光缆不能对光纤提供适当的保护，或在光缆结构中使用了不合适或不兼容的材料，则成缆后光纤的衰减也会增加。可靠性导则可参见IEC TR 62048。

本标准中推荐的光缆设计、试验参数和性能要求均是为了减小上述光纤可能受到的风险和伤害。

## D.2　光纤的特性参数列表

光纤的各项特性参数及试验方法详见表D.1～表D.5。

表D.1　尺寸参数及测量方法

| 特性参数 | 测量方法 |
|---|---|
| 包层直径 | GB/T 15972.20—2008 |
| 包层不圆度 | GB/T 15972.20—2008 |
| 芯-包同心度误差 | GB/T 15972.20—2008 |
| 涂层直径 | GB/T 15972.21—2008 |
| 涂层不圆度 | GB/T 15972.21—2008 |
| 涂-包同心度误差 | GB/T 15972.21—2008 |
| 光纤长度 | GB/T 15972.22—2008 |

表D.2　机械参数及试验方法

| 特性参数 | 测量方法 |
|---|---|
| 筛选试验 | GB/T 15972.30—2008 |
| 拉伸强度 | GB/T 15972.31—2008 |

表 D.2（续）

| 特性参数 | 测量方法 |
| --- | --- |
| 涂覆层剥离力 | GB/T 15972.32—2008 |
| 压力敏感性 | GB/T 15972.33—2008 |
| 光纤翘曲度 | GB/T 15972.34—2008 |

**表 D.3 传输性能及试验方法**

| 特性参数 | 测量方法 |
| --- | --- |
| 衰减系数 | GB/T 15972.40—2008 |
| 色散 | GB/T 15972.42—2008 |
| 成缆后光纤截止波长 | GB/T 15972.44—2008 |
| 模场直径 | GB/T 15972.45—2008 |
| 光传输变化 | GB/T 15972.46—2008 |
| 宏弯损耗 | GB/T 15972.47—2008 |
| 偏振模散 | GB/T 18900—2002 |

**表 D.4 环境暴露试验**

| 特性参数 | 测量方法 |
| --- | --- |
| 湿热试验 | GB/T 15972.50—2008 |
| 干热试验 | GB/T 15972.51—2008 |
| 温度变化试验 | GB/T 15972.52—2008 |
| 浸水试验 | GB/T 15972.53—2008 |

**表 D.5 暴露在环境中之时或之后的性能试验**

| 特性参数 | 测量方法 |
| --- | --- |
| 光传输变化 | GB/T 15972.46—2008 |
| 衰减 | GB/T 15972.40—2008 |
| 涂覆层剥离力 | GB/T 15972.32—2008 |
| 拉伸强度 | GB/T 15972.31—2008 |
| 压力敏感性 | GB/T 15972.33—2008 |

# 附 录 E
（资料性附录）
单模光纤的兼容性导则

## E.1 范围

在计划进行下列方式的光纤接续时，需要考虑本附录提供的指导条款：

a) 同型号单模光纤的不同应用方式，例如：对 B 型单模光纤的不同应用方式；

b) 不同类型的单模光纤，例如：把 B1.1 型和 B4 型光纤接续。

本附录不考虑使用不同生产厂家的相同类型光纤进行接续的兼容性问题，这已经在标准化的程序中考虑过了。

## E.2 系统问题

不同特性的 B 型光纤有计划的混接能够优化系统链路的色散性能，包括全色散系数和色散斜率。事实上色散系数相反的光纤混接，可以实现在整个链路中一定的波长区域内的色散趋近于零。最终结果要依赖于精确的单光纤色散测试和尽可能的光纤长度匹配。

可以在传输链路上采取色散管理的方式，来进行不同色散系数的光纤混接。最常用的方式是在一定的区域使用色散补偿光纤。

使用不同有效面积的光纤混接同样是一种降低总系统的非线性影响的可行的方法。例如，把有效面积较大的光纤接在链路中传输功率相对较大的起始端，可以最大程度地减少附加的非线性影响。在远离光源的链路远端，选用有效面积较小的光纤，可以尽可能地降低色散斜率，以减少对拉曼放大器的影响。选择不同有效面积的光纤规格和放置位置是系统设计中的关键问题。

当不同有效面积（或模场直径）的光纤混接时，接续损耗问题也应当同时考虑，具体见 D.3.2。

## E.3 光纤问题

### E.3.1 截止波长

不同类型的光纤是为用于不同的工作波长区域而设计的，因此有着不同的截止波长。当光源波长小于截止波长时，会出现不期望产生的多模传输。

光纤在成缆和安装后截止波长会降低，而光纤的折射率分布图即光纤类型决定了截止波长降低的程度。如果指定了光纤的截止波长，在光纤成缆和安装后，按照不同的光纤类型可以估计出其截止波长将向下偏移几十纳米。因而光缆的截止波长有独立的标准作规范，可参照 GB/T 9771 和 GB/T 15972.44—2008。

当不同类型的光纤进行接续时（如使用 B4 型和 B1 型光纤混接）也应当考虑上述问题，以避免由于光源波长低于光纤的截止波长，而产生对系统性能有影响的多模传输和噪声。

### E.3.2 熔接问题

为使熔接损耗最小，在条件具备的情况下，应优先使用同一类型、且同一厂家的同一批次光纤来进行熔接。若这些条件不能同时具备，也可使用符合 GB/T 9771 规范的不同厂家的同一类型光纤来进行熔接,通常也能获得符合规范的熔接损耗值。在同一光缆链路中,不推荐使用不同类型的光纤来进行熔接,除非链路传输需要或供需双方商定时。

在 GB/T 9771 中规范的不同种类光纤,它们之间的模场直径差异很大,当不同种类的光纤进行混接时会带来较大的熔接损耗。应采用带有合适的校准装置的熔接设备,并对不同种类光纤接续损耗有正确评估。此种方式引起的接头损耗要远大于传统的光纤接续损耗。

针对不同类型的光纤,如 B1 和 B4 型光纤,或不同组合的光纤,要优化熔接机的参数设置。

另外一个因素是应考虑的,当使用 OTDR 来测量不同模场直径的光纤熔接损耗时,要严格使用双向法来测试。模场直径的不匹配会导致一端的单向接续损耗远大于另外一端。当采用 OTDR 进行单向测试时,有可能会显示接头损耗为负损耗即增益。参看 IEC TR 62316 中更详细的介绍。

当使用 OTDR 测量由不同模场直径光纤组成的多段光纤的长度时,由于不同光纤的群速度可能是不同的,显示出的测试长度与实际长度也就不吻合。为了准确地测试光纤长度,OTDR 的校准设置应按照实际使用的光纤的分段和种类情况来调整。

#### E.3.3 混接光纤的参数:色散系数、色散斜率、偏振模散

两种光纤混接的色散系数同光纤的长度和占比成线性关系。组合不同的光纤或用色散补偿装置有可能实现预期的整体系统色散值。

当不同种类的光纤混接,建议用每一段光纤的色散值来计算整体的系统色散(单位:ps/nm),而不要通过混接光纤时有可能产生误导的参数来进行计算,如零色散波长或色散斜率。事实上,对于有些种类的光纤是没有定义其零色散波长和色散斜率的。

有时会发现混接情况下色散斜率被补偿,这是由于被混接的光纤的色散系数有着各自不同的波长依赖关系。最终混接光纤的色散-波长关系曲线是链路中各种光纤的原始曲线以所占长度为权重的线性组合。

关于色散调节、色散补偿、色散斜率补偿在 IEC TR 61282-5 中有详细说明。设计和实施链路的色散管理是一个复杂的过程,需要系统设计者、光缆供应商和维护运营公司的相互合作。

对于混接链路的偏振模散(PMD)值是一个正交值,即各段光纤 PMD 值平方和的开方,而不像光纤色散那样成线性关系。由于光纤链路 PMD 值具有随机特性,其定义为统计值。关于光缆链路的 PMD 计算可参见 GB/T 7424.3—2003 附录 A 中信息,混合链路的 PMD 计算(包括链路中其他诸如放大器等器件产生的影响)可参见 IEC TR 61282-3 中的计算方法。更多关于 PMD 的一般原则和理论的介绍可参见 IEC TR 61282-9。

#### E.3.4 非线性效应

非线性效应是在传输介质中所传输的脉冲的光功率过大时而产生的对光功率敏感的一种传输现象,非线性效应的程度取决于能量在光纤纤芯中的集中程度(因此和光功率成正比,和有效面积成反比)及光传输的距离。

光纤的局部色散同样也会恶化非线性效应。依赖于信道密度、比特率、调制方式等。

参见 IEC TR 61282-4 中的更多信息。

对于 10 Gbit/s 甚至更高速率的密集波分复用系统,光纤局部色散应不为零,其数值由系统具体组成来决定。一个给定链路的色散系数和有效面积的最佳值与链路中光信道数量、信道的光功率、比特率、调制方式(选用不归零或者归零)之间存在平衡关系。

混合链路的整体特性由组成该链路的不同种类光纤决定,在最初的链路设计中应当考虑整体的畸变、光信噪比、接收机的灵敏度等。

## E.4 接入光纤、尾纤、接插线和跳线

对于已经测试和熔接到一个系统中的尾纤，一般没必要再考虑采用光纤类型是否相同。在某些情况下更关心的是接插线和跳线的使用是否合适。

接入光纤一般需选用和被测光纤相同类型的光纤，仅当要关注来自连接点的后向反射脉冲时除外。参见 IEC TR 62316。

## E.5 总结

当进行不同种类的光纤进行互接时，应当考虑并尽可能优化表 E.1 中所列的相关问题的性能指标。

**表 E.1 不同类型单模光纤相互熔接情况**

| 光纤类型 | T1 | T2 | T3 | T4 | T5 |
|---|---|---|---|---|---|
| T1 | — | 3 | 1+2+3+4 | 1+2+3+4 | 1+2+3+4 |
| T2 | 3 | — | 1+2+3+4 | 1+2+3+4 | 1+2+3+4 |
| T3 | 1+2+3+4 | 1+2+3+4 | — | 3 | 1+2+3+4 |
| T4 | 1+2+3+4 | 1+2+3+4 | 3 | — | 1+2+3+4 |
| T5 | 1+2+3+4 | 1+2+3+4 | 1+2+3+4 | 1+2+3+4 | — |

光纤类型的关联：

T1＝B4 型光纤、标准模场直径、低截止波长、正色散、低色散斜率

T2＝B4 型光纤、标准模场直径、低截止波长、负色散、低色散斜率

T3＝B4 型光纤、大模场直径、高截止波长、正色散、高色散斜率

T4＝B4 型光纤、大模场直径、高截止波长、负色散、高色散斜率

T5＝B1.1 或 B1.2 或 B1.3 型光纤、大模场直径、低截止波长、正色散、标准色散斜率

B5 型和 B6 型光纤：有待研究

相关问题：

1＝光缆截止波长的考虑(参照：C.3.1)

2＝接续损耗(参照：C.3.2)

3＝色散补偿(参照：C.3.3)

4＝色散斜率补偿(参照：C.3.3)

注：系统的整体性能可以因为某些已指出的问题而降低(例如：2)，同时也可以因为其他问题而改善(例如 3 和 4)。

# 附 录 F
（资料性附录）
光缆铠装的设计导则

## F.1 铠装的类型

最常用的光缆铠装包括两类：

a） 包带铠装：由相互搭接的钢带或其他包带，沿光缆护套外纵包而成。

b） 钢丝铠装：由圆形的、扁平的或梯形的钢丝围绕光缆护套螺旋缠绕而成，适用于相对较长的距离。

出于结构、机械性能或防腐蚀等原因，这两种铠装常被与其他保护层（如麻绳、塑料等）组合应用。

## F.2 铠装的选择

在决定是否使用铠装和在各种结构之间选择时，应仔细考虑安装条件，包括：

a） 缆是否是敷设在管道中，或直埋在土壤中；

b） 缆是否是敷设在沿路边的沟渠内，或在私有的地面上；

c） 光缆的护套是什么材料；

d） 是否已有或会有其他缆被敷设在同一路径上；

e） 土壤的特性：是坚如岩石还是沙质，是否有腐蚀性、存在微生物；

f） 沟渠的深度，在任何情况下不应小于 50 cm，对较大的缆不应小于 80 cm；

g） 有无电磁感应危险；

h） 有无遭受啮齿动物或昆虫伤害的危险；

i） 暴露在闪电中的程度；

j） 钢丝铠装能提供额外的保护，尤其是在人孔中。

## F.3 提供的防护

当光缆是被直埋在土壤中时，由于铠装能使光缆免除或减轻以下因素的伤害，从而可提高安装的安全性和运行的可靠性：

a） 由石头或者挖掘设备或工具引起的伤害；

b） 啮齿动物和昆虫；

c） 化学或电气腐蚀；

d） 大气放电效应；

e） 由于靠近电力线而产生的感应现象。

## F.4 钢带铠装

钢带铠装适合用于防护由于尖锐的挖掘工具和石头引起的伤害。它也用于对缆的电流提供电磁屏蔽，而在这一点上钢丝铠装的效率要差很多，因为钢丝围绕在缆的外围，每个单一钢丝之间的空气间隙会显著地减小铠装护套和缆芯内导体之间的电磁耦合。

## F.5 钢丝铠装

钢丝铠装能提供额外的拉伸强度，并能提供长距离抗压力的保护，适合于地下沉陷区域、水下等。

## F.6 铠装的一般类型

对于塑料护套的缆，可能会使用轻型铠装，即间于两层塑料材料（PE 或 PVC）之间的金属包带层。这种设计的缆主要可抵御 F.3 中所述的 b)和 c)两种伤害，也可在一定程度上抵御 F.3 中所述的 a)和 d)两种伤害。

## F.7 铠装的连接

长距离缆的铠装应在接续点保持电气连接，以获得对大气放电和电磁感应的最大限度保护。应减小铠装层和金属护套之间的电位差。从头到尾相接可能会产生腐蚀问题，从而减小金属铠装的寿命。

## F.8 铠装的省略

通常，省略铠装层只在下述情形中是安全的：

a) 存在机械损伤的风险，但光缆是被布放在管道中时；

b) 不存在机械损伤的风险，且没有电磁屏蔽的要求（或电磁屏蔽的功能已由其他金属层提供），也没有腐蚀的风险（或防腐蚀的功能已由其他保护层提供）时；

c) 对于直埋光缆，当土壤的质地较为均匀，并且不含有可能损伤光缆的硬石，也没有被啮齿动物或昆虫伤害的风险时。

同时，即使在上述情形下，特殊的当地条件也有可能使铠装层仍然是必须的。

# 附 录 G
（资料性附录）
# 光缆抗生物攻击保护层的设计导则

## G.1 范围

有证据表明室外光缆可能遭受到由生物攻击引起的伤害。某些生物攻击发生在特定的外界环境中。有时，将光缆的敷设路由远离这些区域足以避免伤害，但更典型的方法是通过铠装防护阻止伤害的穿透。

## G.2 主要的生物攻击及缆的防护结构

外护套由聚乙烯、聚氯乙烯、氯丁橡胶或其他聚合体制成的缆都易遭受生物攻击。表G.1是能对相应伤害提供保护的一些缆的结构的例子。

表 G.1 可防护相应生物伤害的缆的结构

| 攻击者 | 攻击对象 | 后果 | 结构上的防护措施 | 其他对策 |
|---|---|---|---|---|
| 家鼠 | 直埋缆<br>管道缆<br>室内缆 | 咬痕直至光纤断裂 | 全覆盖的金属或非金属铠装（例如钢带、不锈钢带、钢丝、玻璃纤维或芳纶铠装）；<br>化学添加剂 | 装甲网；管道密封 |
| 田鼠、仓鼠、鼹鼠 | 直埋缆 | 咬痕直至光纤断裂 | 全覆盖的金属或非金属铠装（例如钢带、不锈钢带、钢丝、玻璃纤维或芳纶铠装） | 装甲网 |
| 松鼠 | 架空缆 | 咬痕直至光纤断裂 | 全覆盖的金属或非金属铠装（例如钢带、不锈钢带、钢丝、玻璃纤维或芳纶铠装） | — |
| 啄木鸟；<br>其他鸟类 | 架空缆 | 啄痕，凿洞，筑巢 | 全覆盖的金属铠装；钢护套或钢带保护层；铜带 | — |
| 蚂蚁和白蚁 | 直埋缆，架空缆 | 咬痕 | 聚酰胺（尼龙）护套；<br>钢带或黄铜带 | 接头盒密封 |
| 蝉 | 架空缆 | 产卵，凿洞 | 钢带 | — |
| 甲虫和幼虫 | 架空缆 | 产卵，凿洞 | 螺旋状的、相互搭接的钢带（厚度至少0.2 mm） | 外覆含有沥青的复合物 |
| 细菌 | — | — | — | — |

由于啮齿动物种类多，体形差异大，强壮程度也各不相同。不同类型、尺寸的金属铠装和非金属铠装层的实际防鼠性能存在较大差异。应用时应根据实际的环境条件，选用GB/T 29199—2012中规定的适当的测试方法进行评估。

铝带只能提供有限的保护,尤其铝箔(例如厚度为 0.1 mm)很易被穿透。所以铝带的厚度应谨慎考虑。

使用钢铠装或介质铠装(例如玻璃纤维)的缆,只要铠甲完好无损,就不会对这种缆有任何伤害。铠甲不连续可导致甲虫和幼虫的伤害。

为了对抗白蚁的伤害,对于直埋光缆,可在光缆内外护套之间挤一层聚酰胺 12 或其他合适材料作为保护层;对于管道光缆,可在护套外挤一层聚酰胺 12 或其他合适材料作为保护层。

## 参 考 文 献

[1] GB/T 16422.2—1999 塑料实验室光源暴露试验方法 第2部分:氙弧灯(idt ISO 4892-2:1994)

[2] IEC 60794-3-10 Ed. 2.0,01/2009,光缆 第3-10部分:室外光缆 管道、直埋和非自承式架空用通信光缆门类规范(第2.0版)

[3] IEC TR 61282-3,Ed. 2.0,10/2006,Fibre optic communication system design guides—Part 3:Calculation of link polarization mode dispersion

[4] IEC TR 61282-4,Ed. 1.0,06/2003,Fibre optic communication system design guides—Part 4:Accommodation and utilization of non-linear effects

[5] IEC TR 61282-5,Ed. 1.0,04/2002,Fibre optic communication system design guides—Part 5:Accommodation and compensation of dispersion

[6] IEC TR 61282-5,Ed. 1.0,07/2006,Fibre optic communication system design guides—Part 9:Guidance on polarization mode dispersion measurements and theory

[7] IEC TR 62000 Ed. 1.0,11/2005,单模光纤的兼容性导则

[8] IEC TR 62048 Ed. 1.0,05/2002,光纤的可靠性 幂定律理论

[9] IEC TR 62316,Ed. 2.0,01/2007,Guidance for the interpretation of OTDR backscattering traces

[10] ITU-T 建议 L.3(11/1988) 光电缆的铠装

[11] ITU-T 建议 L.10(12/2002) 应用于管道或隧道内的光缆

[12] ITU-T 建议 L.14(07/1992) 光缆在负载下抗拉伸性能的测试方法

[13] ITU-T 建议 L.26(12/2002) 架空应用的光缆

[14] ITU-T 建议 L.43(12/2002) 直埋应用的光缆

[15] ITU-T 建议 L.46(10/2000) 通信用光电缆对生物攻击的防护技术

[16] ITU-T 建议 K.25(02/2000) 光缆的闪电防护

[17] ITU-T 建议 K.29(01/1992) 通信用地下光电缆对闪电的协同保护方案

[18] ITU-T 建议 K.47(12/2000) 使用金属导体的通信线路对直击闪电的防护

[19] UL1581 电线、电缆和软线的参考标准

ICS 33.040.99
M 19

# 中华人民共和国国家标准

GB/T 29234—2012

# 基于公用电信网的宽带客户网络安全技术要求

Security technical requirements for broadband customer network based on telecommunication network

2012-12-31 发布　　2013-06-01 实施

中华人民共和国国家质量监督检验检疫总局
中国国家标准化管理委员会　发布

# 前　言

本标准按照 GB/T 1.1—2009 给出的规则起草。

请注意本文件的某些内容可能涉及专利。本文件的发布机构不承担识别这些专利的责任。

本标准由中华人民共和国工业和信息化部提出。

本标准由中国通信标准化协会归口。

本标准起草单位：工业和信息化部电信研究院。

本标准主要起草人：程强、敖立、刘谦、陆洋。

# 基于公用电信网的宽带客户网络安全技术要求

## 1 范围

本标准规定了基于公用电信网的宽带客户网络的安全威胁、安全需求、安全机制和安全算法、设备认证证书轮廓以及安全功能。

本标准适用于电信网络提供的业务和应用通过网关在宽带客户网络内部实现的情况，对仅在宽带客户网络内部设备之间信息流通的情况也可参考使用。

## 2 规范性引用文件

下列文件对于本文件的应用是必不可少的。凡是注日期的引用文件，仅注日期的版本适用于本文件。凡是不注日期的引用文件，其最新版本(包括所有的修改单)适用于本文件。

YD/T 1448—2006　基于公用电信网的宽带客户网络总体技术要求

ITU-T X.509　信息技术　开放系统互连　号码簿：公钥和属性鉴别框架(Information technology—Open systems interconnection—The directory:Public-key and attribute certificate frameworks)

ITU-T X.805　提供端到端通信的系统的安全体系(Security architecture for systems providing end-to-end communications)

ITU-T X.1121　移动端到端数据通信的安全技术框架(Framework of security technologies for mobile end-to-end data communications)

Broadband Forum TR-069 Amendment 1(2006)　CPE WAN 管理协议(CPE WAN Management Protocol)

## 3 术语和定义

下列术语和定义适用于本文件。

3.1

**授权证书　authorization certificate**

用于为对象授权的一个签名物。它至少包括一个发放者和一个对象。它可以包括有效性条件、授权和委托信息。通常，证书可以分为三类：身份证书、属性证书和授权证书。身份证书用于映射对象的名字和公钥，属性证书用于映射对象的名字和授权，授权证书用于映射对象的授权和公钥。获得一个授权证书或属性证书可以代表对象从发放者获得所有或部分权限。

3.2

**身份证书　ID certificate**

一段信息，其中至少声明了授权发放者名称、证书对象身份、该对象公钥、证书有效期、序号和认证中心的数字签名。

3.3

**设备证书　device certificate**

身份证书的一种，在宽带客户网络中，它是一个符合 ITU-T X.509 版本 3 的证书，用于认证宽带客户网络设备。它可以由宽带客户网络内部CA发放,也可由外部CA发放。

3.4

**加盐　salt**

就是在已执行哈希运算的密码中插入一个随机数字。这一策略有助于阻止潜在的攻击者利用预先计算的字典进行攻击。

3.5

**Smurf攻击　smurf attack**

一种拒绝服务攻击的方法,通过伪装成受害主机的源IP地址发送目的地址为广播地址的PING包,利用大量的PING响应攻击受害者。

3.6

**LAND攻击　LAND attack**

一种拒绝服务攻击的方法,通过向受害主机发送源和目的地址相同设为受害主机地址的IP报文,导致受害主机连续地向自身发送响应报文。

3.7

**拒绝服务攻击　DoS attack**

阻止正常合法用户对资源的访问或对时间关键的操作进行延迟的攻击。

3.8

**中间人攻击　man-in-the-middle attack**

一种主动窃取被攻击者之间的通信的手段。通过在被攻击者之间对消息进行截取并转发,获得被攻击者的通信信息或插入伪造的信息。

## 4　缩略语

下列缩略语适用于本文件。

ACL:访问控制列表(Access Control List)

ANY:任意(Any)

ARP:地址解析协议(Address Resolution Protocol)

CA:证书机构(Certificate Authority)

CHAP:质询握手认证协议(Challenge Handshake Authentication Protocol)

DoS:拒绝服务(Denial of Service)

DMZ:隔离区(DeMilitarized Zone)

EUTE:用户终端功能实体(End User Terminal Entity)

FPE:功能处理实体(Functional Processing Entity)

FTP:文件传输协议(File Transfer Protocol)

HTTP:超文本传送协议(Hypertext Transfer Protocol)

HTTPS:超文本安全传送协议(Hypertext Transfer Protocol Secure)

ICMP:互联网控制消息协议(Internet Control Message Protocol)

IGMP:互联网组管理协议(Internet Group Management Protocol)

ID:身份(Identity)

IP:互联网协议(Internet Protocol)

IPoE:以太网承载IP(IP over Ethernet)

IPTV:IP电视(IP Television)

LAN:局域网(Local Area Network)
MAC:媒质访问控制(Media Access Control)
MGCP:媒体网关控制协议(Media Gateway Control Protocol)
NAE:网络接入实体(Network Access Entity)
NAT:网络地址翻译(Network Address Translation)
NCE:网络核心功能实体(Network Core Entity)
PAP:密码认证协议(Password Authentication Protocol)
PPP:点到点协议(Point to Point Protocal)
PPPoE:以太网承载 PPP(PPP over Ethernet)
PPPoA:ATM 承载 PPP(PPP over ATM)
QoS:服务质量(Quality of Service)
RBAC:基于角色的访问控制(Role-based Access Control)
SIP:会话初始协议(Session Initiation Protocol)
SNMP:简单网络管理协议(Simple Network Management Protocol)
SSH:安全壳协议(Secure Shell Protocol)
SSID:服务集标识(Service Set identifier)
SSL:安全套接字层(Secure Socket Layer)
TCP:传输控制协议(Transmission Control Protocol)
TLS:传送层安全(Transport Level Security )
UDP:用户数据报协议(User Datagram Protocol)
VoIP:IP 承载的语音(Voice over IP)
WAN:广域网(Wide Area Network)
WLAN:无线局域网(Wireless Local Area Network)

## 5 宽带客户网络的安全概述

### 5.1 宽带客户网络的参考模型

YD/T 1448—2006 给出了基于公用电信网的宽带客户网络的参考模型,如图 1 所示。

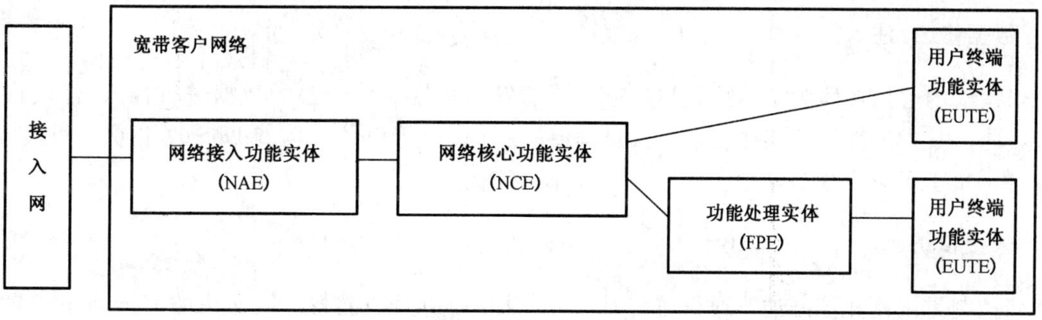


**图 1 宽带客户网络参考模型**

在图 1 中:

——NAE 为宽带客户网络提供接入功能;

——NCE负责完成宽带客户网络的核心功能，包括：宽带客户网络内部设备的联网、远程管理、QoS、安全等；

——FPE负责IP/非IP的转换，以及信令、媒体格式的转换；

——EUTE由用户直接使用，提供UI界面。

## 5.2 宽带客户网络安全的特点

宽带客户网络位于网络的末端，混合了有线和无线联网技术，并且直接给用户提供使用界面，具有以下独特的安全特点：

——使用各种不同的传输媒质；

——混合有线和无线的联网技术；

——不同的客户有不同的应用场景和安全要求；

——用户可能随身携带终端；

——宽带客户网络设备多种多样，安全能力各不相同。

# 6 宽带客户网络面临的安全威胁

## 6.1 概述

宽带客户网络可以由有线联网和无线联网或其混合组成，因此宽带客户网络面临的安全威胁包括了有线网络和无线网络。宽带客户网络的安全威胁可以分为两类：通用的安全威胁和移动环境的安全威胁。

## 6.2 通用安全威胁

### 6.2.1 窃听/泄露

在开放的网络环境下最易遭遇的安全问题是通过窃听进行匿名攻击。窃听攻击者可以主动地截获传输的数据导致信息的泄露。

### 6.2.2 通信阻断/通信拥塞

当一个通信链路上的需要收发的数据量通过有意或无意的方式超过了链路容量，可以有效地使该链路失效。例如DoS攻击可以产生该威胁。

### 6.2.3 数据修改/注入

当未授权的通信实体为了劫持数据连接或恶意发送数据而对传输的数据进行插入、修改或删除时产生该威胁。其中未授权的实体可以是人员、程序或计算机等设备。例如DoS攻击或中间人(man-in-the-middle)攻击可以产生该威胁。

### 6.2.4 未授权访问

访问控制是限制和控制通过通信链路对业务/服务的访问的能力。当非法的实体通过仿冒合法用户获得对业务/服务的访问权时产生该威胁。试图进行未授权访问的实体应被鉴别或认证。例如，暴露的WAN口的网关管理接口容易收到非授权访问威胁。

### 6.2.5 抵赖

当发送者或接收者否认曾经发送或接收某消息的事实时产生该威胁。

### 6.2.6 数据包错误转发

该威胁是数据流中的数据包并未向预定的端点转发或被预定端点收取。例如在家庭网关中的路由表的配置错误可导致该威胁。

## 6.3 移动环境的安全威胁

### 6.3.1 窃听/泄露

在移动通信环境中，由于无线信号传输的开放性，截获发送的信号并解码其中的数据更加容易。例如，宽带客户网络内未经加密传输的 WLAN 数据有可能被窃听。

### 6.3.2 通信阻断/通信拥塞

对于使用无线传输技术的网络，该威胁更易实施。该威胁有两种不同的方式：拥塞终端设备和拥塞网元设备。通过前者可以仿冒和干扰合法的无线终端，通过后者可以仿冒和干扰带有无线接口的网元设备，阻断正常的通信。例如 WLAN 的 AP 会受到此种威胁。

### 6.3.3 移动终端丢失

由于移动终端被用户四处携带，丢失终端将导致存储其中的信息的泄露或损失。

### 6.3.4 通信意外中断

由于移动终端有限的电源供应或通信环境不稳定，该威胁可能造成数据丢失。

# 7 宽带客户网络的安全需求

## 7.1 概述

考虑到宽带客户网络混合了有线和无线网络技术，宽带客户网络中的安全需求与 ITU-T X.1121 中描述的安全需求类似。另外，加入了 ITU-T X.805 中对通信流安全的要求。

## 7.2 宽带客户网络安全需求

### 7.2.1 数据保密性

数据保密性保护数据防范未经授权的泄露。数据保密性应确保数据内容无法被未授权的实体读取。加密、访问控制和文件权限都是用来提供数据保密性的常用方法。

### 7.2.2 数据完整性

数据完整性应确保数据的正确性和精确性。数据应可以防范未授权的修改、删除、创建和复制，并可以提供这些未授权活动的指示。

### 7.2.3 认证

认证过程是指鉴别用户身份与其所声称的是否一致或是确保消息的来源与其宣称的发送者是否一致。有两种不同的认证：

——实体认证；

——消息认证。

实体认证确保实体身份的有效性，消息认证确保消息的来源的有效性。实体认证用于证实参与通信的实体的身份，消息认证证实参与通信的实体所声明的身份(例如，个人、设备、服务或应用)并且提供手段防止实体试图假冒或非法重放过去的通信过程。认证可以通过使用ID证书和宽带客户网络设备证书实现。

### 7.2.4 访问控制或授权

访问控制防止未授权地使用网络资源。访问控制应保证只有获授权的个人或设备才可访问网络、存储的信息、信息流、业务或应用。另外，基于角色的访问控制可提供不同的访问级别来精细化个人或设备被授权可以访问的内容和执行的操作。

有三种不同的授权方式：

——使用ACL授权；

——使用认证服务器授权；

——使用授权证书或属性证书和身份证书。

访问控制或授权可以通过使用授权证书和ACL完成。在宽带客户网络的入口点的访问控制和授权可以通过宽带客户网络网关中的防火墙实现。防火墙的主要目的是阻止来自公众网络的未授权的访问。防火墙常用于阻止未授权的因特网用户访问连接到因特网的私有网络，例如，内联网(Intranet)。所有进出内联网的消息都要经过防火墙，阻止那些不符合特定的安全准则或安全策略的消息。

### 7.2.5 不可抵赖性

不可抵赖性通过各种网络相关的活动的证据用于防止个人或实体否认曾经对数据进行过特定的操作。这些证据包括委托或许诺的证据、数据来源的证据、拥有权的证据、资源使用的证据等。不可抵赖性提供的证据可以提供给第三方用于证明某个事件或行为曾经发生过。

### 7.2.6 通信流安全

通信流安全确保信息流仅在授权的通信端点间流动。在宽带客户网络环境下通信流安全应通过宽带客户网络网关实现。

### 7.2.7 隐私安全

隐私安全保护有利于防止通过观察网络活动或通信推测用户信息。这些隐私信息包括：用户访问的Web站点信息、用户的地理位置、业务提供商网络设备的源和目的IP地址以及域名。另外，隐私还包括宽带客户网络中的ID隐私。

### 7.2.8 可用性

可用性确保不可通过网络活动试图阻碍对网络、存储的信息、信息流、业务和应用的授权的访问。有多种攻击可以导致可用性的丧失或下降。有些攻击手段可以通过认证和加密来应对，然而防范其他类型的攻击需要通过某些物理的方式防止可用性的丧失。

## 7.3 安全需求与安全威胁的关系

本标准描述的每个安全需求是为了应对宽带客户网络中的某些特定的安全威胁。安全需求和安全威胁的关系见表1和表2。表格中的“Y”表示为了抵御特定的威胁所需的安全需求。

**表 1 安全需求与通用安全威胁的关系**

| 安全需求 | | 威胁 | | | | | | | | | |
|---|---|---|---|---|---|---|---|---|---|---|---|
| | | 窃听 | | 通信阻断/通信拥塞 | | 数据修改/注入 | | 未授权访问 | | 抵赖 | 数据包错误转发 |
| | | 存储数据 | 通信数据 | 存储数据 | 通信数据 | 存储数据 | 通信数据 | 存储数据 | 通信数据 | | |
| 保密性 | 通信数据 | | Y | | | | | | Y | | |
| | 存储数据 | Y | | | | | | Y | | | |
| 完整性 | 通信数据 | | | | | | Y | | | | |
| | 存储数据 | | | | | Y | | | | | Y |
| 认证 | 实体 | Y | | Y | | Y | | Y | | Y | |
| | 消息 | Y | | Y | | | Y | Y | | Y | |
| 不可抵赖 | | | | | | | | | | Y | |
| 访问控制 | 通信数据 | | | | | | Y | | Y | | |
| | 存储数据 | Y | | Y | | Y | | Y | | | |
| 可用性 | 通信数据 | | | | Y | | | | | | |
| | 存储数据 | | | Y | | | | | | | |
| 隐私 | 通信数据 | | Y | | | | | | | | |
| | 存储数据 | | | | | | | | | | |
| 通信流安全 | | | | | | | | | | | Y |

**表 2 安全需求与移动环境安全威胁的关系**

| 安全需求 | | 威胁 | | | | | |
|---|---|---|---|---|---|---|---|
| | | 窃听 | | 通信阻断 | | 终端丢失 | 意外中断 |
| | | 存储数据 | 通信数据 | 存储数据 | 通信数据 | | |
| 保密性 | 通信数据 | | Y | | | | |
| | 存储数据 | Y | | | | Y | |
| 完整性 | 通信数据 | | | | | | |
| | 存储数据 | | | | | | |
| 认证 | 实体 | Y | | Y | | Y | |
| | 消息 | Y | | Y | | | |
| 不可抵赖 | | | | | | | |
| 访问控制 | 通信数据 | | | | | | |
| | 存储数据 | Y | | Y | | Y | |
| 可用性 | 通信数据 | | | | Y | | Y |
| | 存储数据 | | | Y | | | |

表 2（续）

| 安全需求 | | 威胁 | | | | | |
|---|---|---|---|---|---|---|---|
| | | 窃听 | | 通信阻断 | | 终端丢失 | 意外中断 |
| | | 存储数据 | 通信数据 | 存储数据 | 通信数据 | | |
| 隐私 | 通信数据 | | Y | | | | |
| | 存储数据 | Y | | | | Y | |
| 通信流安全 | | | | | Y | | |

## 8 宽带客户网络的安全机制概述

### 8.1 加密

对数据加密可保证通信的保密性，也可保证存储数据的保密性。在宽带客户网络中，加密功能可以在网关上实现。

### 8.2 数字签名

数字签名包括两个方面：第一是对数据加签名，即采用私钥产生签名；第二是对已加签名的数据进行验证，即采用公钥验证签名的有效性。

### 8.3 访问控制

为了确定和实现实体的访问能力，要使用实体的已认证身份进行访问控制。如果实体企图使用未授权的资源，或对已授权的资源进行超权限的访问，那么访问控制机制应拒绝此类企图，或在安全审计记录上留下一条记录。访问控制功能可以在宽带客户网络的网关上实现。

### 8.4 数据完整性

数据完整性要保证数据的正确性和准确性，即接收方收到的数据与发送方发出的数据完全相同。数据完整性要保证数据在传送过程中未被修改、删除、生成、复制。数据完整性函数一般使用哈希函数或数字签名算法。在宽带客户网络中，数据完整性功能一般在宽带客户网络的网关上实现。

### 8.5 认证

#### 8.5.1 概述

认证包括对用户的认证和对设备的认证。

对宽带客户网络的用户进行认证，规定认证方法，如口令、数字证书和生物特征识别等。根据业务的不同，规定安全级别和相应的用户认证模型。

对设备的认证包括对宽带客户网络的设备进行认证以及客户宽带网络设备对公网设备进行的互认证，用于标识设备的身份和归属。

#### 8.5.2 用户认证机制

如图 2 所示，宽带客户网络的用户认证采用客户/服务器模型。根据访问方式的不同，用户认证有三种情形：

a) 用户通过公网远程访问宽带客户网络；

b) 在宽带客户网络内部；

c) 宽带客户网络的用户访问公网。

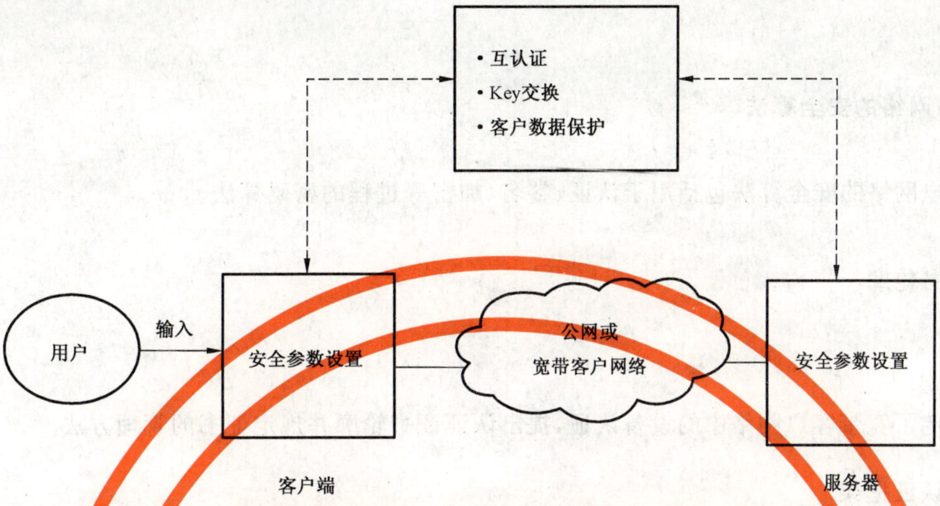


图 2 用户认证机制的范畴

认证方式由客户与服务器进行约定，如口令、数字证书和生物特征识别等。

用户通过公网远程访问宽带客户网络：用户需要通过宽带客户的安全网关的认证。

在宽带客户网络内部：用户要通过认证服务器的认证，认证服务器可以位于安全网关上，也可是宽带网络内部的一台单独的服务器。

宽带客户网络的用户访问公网：宽带客户网络的安全网关起认证中继作用。

### 8.5.3 设备认证机制

与用户认证类似，宽带客户网络的设备认证采用客户/服务器模型。设备认证有两种情形：

a) 宽带客户网关与远程管理服务器关联获得管理配置信息；

b) 终端设备与宽带客户网关关联并产生交互。

认证方式由客户与服务器进行约定，如口令、数字证书等。

### 8.5.4 安全级别

为了规范宽带客户网络的用户认证，可以根据业务的不同，规定安全级别和认证机制，如表 3 所示。

表 3 安全级别与认证机制

| 安全级别 | 第一级 | 第二级 | 第三级 |
|---|---|---|---|
| 最低安全需求 | ● 无身份证明<br>● 客户认证<br>● 单要素认证<br>● 对所存储的用户秘密进行读保护和写保护 | ● 提供身份证明<br>● 相互认证<br>● 单要素认证<br>● 对所存储的用户秘密进行单向哈希、加密或加盐(salt) | ● 提供身份证明<br>● 相互认证<br>● 密钥交换<br>● 对所存储的用户秘密进行单向哈希、加密或加盐(salt)<br>● 双要素认证<br>● 在认证协议中通过共享密钥保护敏感数据或结果数据 |

### 8.6 密钥管理

密钥管理功能是用来生成、发放、传输、删除和销毁密码密钥，密钥管理功能可以在宽带客户网络的网关上实现。

## 9 宽带客户网络的安全算法

宽带客户网络的安全算法包括用于认证、签名、加密等过程的密码算法。

## 10 设备证书轮廓

### 10.1 概述

本章规定了宽带客户网络中的设备认证，提出认证证书轮廓并规定证书的管理方法。

### 10.2 设备认证框架

宽带客户网络的设备证书框架分为两种：一种是内部发放证书的模型，另一种是外部发放证书的模型。前者在宽带客户网络中包含一个内部证书机构 CA，它通常在安全网关上实现，内部 CA 产生密钥对，并向宽带客户网络中的设备发放数字证书。后者是所有宽带客户网络中的设备都使用外部证书机构 CA 发放的数字证书。

### 10.3 证书轮廓

宽带客户网络的设备证书轮廓遵从 ITU-T X.509 的规定。基本证书域包括：版本号、序列号、签名、发放者、有效性、对象、对象公开密钥信息等。由于宽带客户网络的设备计算能力有限，因此证书轮廓只包含基本证书域，不包含扩展证书域。

### 10.4 证书管理

宽带客户网络的证书机构 CA 可以是安全网关。证书的管理涉及到设备的证书的发放、查询、更新、归档、废除和有效期限管理等。

## 11 宽带客户网络安全功能要求

### 11.1 内部联网安全

#### 11.1.1 有线联网技术

对于家庭内部和外部网络共享媒质的有线联网技术（例如电力线、同轴电缆等），应在宽带客户网络与公众网络线路的边界处进行滤波，防止家庭内部通信信号泄露到公众网络中。

#### 11.1.2 无线联网技术

对于 WLAN、蓝牙等使用无线媒质的联网技术，应支持通信双方链路层的互认证和数据加密功能。对于支持 WLAN 的宽带客户网关，还应支持对其 WLAN 无线信号的发送功率和工作信道的设定，以及 SSID 隐藏的功能。

## 11.2 IP 访问安全

### 11.2.1 防火墙功能

#### 11.2.1.1 概述

作为宽带客户网络与公众网络的 IP 边界设备，宽带客户网关应支持 IP 防火墙，对内部 IP 网络进行隔离和保护。

#### 11.2.1.2 安全等级设定

支持防火墙高中低等级设置，每个安全等级的内容可以修改。

可选支持在本地 Web 界面配置防火墙的等级，分为高、中、低三级。

#### 11.2.1.3 报文过滤

支持根据源 MAC 地址、目的 MAC 地址进行报文过滤。

支持根据源 IP 地址及范围段、目的 IP 地址及范围段进行报文过滤。

支持根据 IP 源端口及范围段、目的端口及范围段进行报文过滤。

支持根据以太网包的协议类型进行报文过滤。

支持根据以太网包的传输层协议类型进行报文过滤，要求有 IPoE/PPPoE/ARP 的选项。

支持根据 IP 包的传输层协议类型进行报文过滤，要求有 TCP/UDP/ICMP/TCP＋UDP/ANY 的选项。

支持对匹配规则的报文进行处理模式的选择，对匹配规则的报文的处理模式有允许和禁止两种，默认为禁止模式。

#### 11.2.1.4 防攻击功能

设备应支持防 DoS 攻击功能，对收到的数据包进行解析，并判断是否是 DoS 攻击，对于 DoS 攻击的报文进行防 DoS 攻击处理。该保护适用于所有终结在本设备的 IP 和桥接的 IP 的情况。DoS 攻击的类型包括：

——Ping of Death(Ping 攻击)；

——SYN Flooding(SYN 泛洪)；

——ARP Flooding(ARP 泛洪)；

——Spoofing 攻击(哄骗)；

——LAND 攻击；

——Smurf 攻击；

——其他。

停止攻击后，设备能恢复正常工作，攻击过程中，设备不能死机。

#### 11.2.1.5 防端口扫描功能

宽带客户网关应支持防端口扫描功能，延缓攻击者通过端口扫描试探设备上打开的端口和服务。

#### 11.2.1.6 支持端口映射功能

应支持端口映射的设置，包括：

——目的 IP 地址采用私网地址；

——可以组合源/目的 IP 地址、协议类型(TCP、UDP)、端口或者端口范围，映射到指定的 LAN 设备的某个端口；

——支持默认应用列表，支持通用的应用协议的配置，如：FTP、HTTP 等；

——默认应用列表端口映射规则可查看、可修改。

端口映射可选支持端口触发(port trigger)功能，当 NAT 网关设备收到内部网络的数据包满足触发条件时，这个触发条件一般是协议端口符合预设的端口范围，就会根据预设的开放端口进行端口映射，以提供外部网络访问这些端口的能力。

#### 11.2.1.7 DMZ 功能

支持 DMZ 主机。

### 11.2.2 访问控制功能

#### 11.2.2.1 WAN 侧隔离

缺省情况下不允许通过 WAN 侧以远程登录(TELNET)/HTTP/FTP 等方式访问网关设备本身进行设备数据配置，但基于 HTTP 的 TR-069 管理协议除外。

#### 11.2.2.2 服务访问控制

支持 ACL 规则的配置，可以配置授权的地址范围(默认为任何 IP 地址)，可以配置访问的接口(WAN/LAN)，可以配置接入方式 HTTP/FTP/远程登录(TELNET)/SNMP/SSH，默认情况下不允许通过 WAN 侧访问设备。

#### 11.2.2.3 黑白名单

访问控制规则可以以黑名单或者白名单方式生效。

### 11.2.3 网络防护功能

#### 11.2.3.1 MAC 地址限制功能

宽带客户网关应能配置限制从每个用户 LAN 端口学习到的源 MAC 地址的数量。

#### 11.2.3.2 组播源禁止功能

宽带客户网关应能防止用户做源的组播。可以禁止用户端口向网络侧发送的 IGMP 查询和组播数据报文。

#### 11.2.3.3 协议报文抑制速率功能

宽带客户网关应能对发往网络侧的特定协议的广播/组播包(例如 DHCP、ARP、IGMP 等)的速率进行抑制，并能对其他两层广播报文进行速率限制。

## 11.3 用户认证和业务安全

### 11.3.1 用户认证

应支持 PAP 方式的用户接入认证。在通过 PPPoE 或 PPPoA 等 PPP 方式接入时，可以通过 PAP 方法进行用户认证。

应支持 CHAP 方式的用户接入认证。在通过 PPPoE 或 PPPoA 等 PPP 方式接入时，可以通过 CHAP 方法进行用户认证。

应支持基于运营商信息的用户接入认证。在拨号过程中，家庭网关从认证过程中提取运营商信息并基于该信息确定是否进行后续的拨号流程。

应支持基于 PPPoE 或 PPPoA 用户账号的用户接入认证的代理。即家庭网关收到用户终端的包含用户名和密码的 PPPoE 或 PPPoA 上网请求后，家庭网关终结 PPPoE 或 PPPoA 请求，然后使用截获的用户名和密码向网络侧发起链接请求。由家庭网关给用户终端分配内部网络地址允许用户终端进行网络接入。如果家庭网关收到新的用户终端使用该用户名密码拨号，那么家庭网关直接为用户终端分配内部网络地址，不再向网络侧发起新的连接，直接使用已有的连接上网。当存在多条不同账号的网络侧 PPPoE 或 PPPoA 连接时，对应的用户侧账号的连接应仅绑定在相应账号的网络侧连接上。

#### 11.3.2 IPTV 业务认证

为了保证 IPTV 业务的安全，在访问 IPTV 业务时需要对 IPTV 用户进行认证。

应支持基于 HTTP 的基本认证。

应支持基于 HTTP 的摘要认证。

密码在网络上传输时应进行加密处理。

应支持业务账号和用户标识信息的绑定认证。

#### 11.3.3 VoIP 业务认证

基于 SIP 协议的 VoIP 客户端在注册时应支持摘要认证。

基于 MGCP 协议的 VoIP 客户端在注册时应支持用户认证。

#### 11.3.4 绿色上网

宽带客户网络需要对网络上的不良信息（如淫秽、色情、暴力等对青少年健康成长不利的信息）、垃圾信息（如垃圾邮件、垃圾短信、垃圾多媒体信息）进行有效过滤。

信息过滤功能可选择安装在安全网关上，也可以选择安装在其他网元上。

宽带客户网络设备初始化并获取安全网关或其他网元 IP 地址后，下载访问网络的安全配置，并根据这些配置来允许和禁止访问相关网络。

宽带客户网关应具有网址过滤（以黑白名单形式提供）的功能。文本过滤或/和图像过滤等可以在第三方设备实现，可选在宽带客户网关中提供。

宽带客户网络还可具备应用程序管理、时间管理、移动介质管理等辅助过滤功能，以及权限管理、日志管理、过滤等级设定、远程告知、远程控制、软件升级和帮助等功能。

### 11.4 设备管理安全

#### 11.4.1 设备认证

远程管理服务器对宽带客户网络进行远程管理之前，宽带客户网络设备应该对远程管理服务器执行设备认证，认证的方式包括：

——基于 HTTP 的基本认证；

——基于 HTTP 的摘要认证；

——基于 SSL/TLS 的证书认证（可选）。

#### 11.4.2 安全日志

宽带客户网络设备应具有独立的防火墙日志，该防火墙日志记录该网络设备检测到的宽带客户网络中违背该防火墙规则的网络行为，每条记录应该打上时间戳。防火墙日志应该至少能够包含 100 条记录。

防火墙日志应该不能被修改。日志也不应该被删除,除非被复位至出厂/默认配置。

### 11.4.3 安全管理

宽带客户网关设备应该具有两种权限进行不同的本地维护管理功能:普通用户管理权限和管理员本地管理权限。用户进行网络管理是所使用的登录口令的长度应不少于8个字符。

普通用户管理权限可以对宽带客户网络设备的一些非重要参数进行配置和查询。

管理员本地维护管理权限可以对宽带客户网络设备的重要参数进行配置和查询。

## 12 安全性能要求

对于启用安全功能的宽带客户网络设备(例如,家庭网关),其转发性能与未启用安全功能相比不应有显著下降。具体指标待定。

# 参 考 文 献

[1] ITU-T X.1111 Framework of security technologies for home network.

[2] ITU-T X.1112 Device certificate profile for the home network.

[3] ITU-T X.1113 Guideline on user authentication mechanism for home network services.

[4] ITU-T X.1114 Authorization framework for home network.

[5] ITU-T X.1121 Framework of security technologies for mobile end-to end data communications.

[6] YDN 138—2006 基于PC终端的互联网内容过滤软件技术要求.